Dunlop • Rükl • Tirion

Der Kosmos-Atlas Sterne und Planeten

Mit allen Sternbildern und Mondkarten

KOSMOS

Umschlaggestaltung von eStudio Calamar unter Verwendung einer Illustration von Shigemi Numazawa (© Bildagentur Astrofoto/Shigemi Numazawa).

Mit 152 Sternkarten und 35 Illustrationen von Wil Tirion sowie 36 Mondkarten und 39 Illustrationen von Antonín Rükl. Die Fotografien auf den Seiten 94, 95, 202, 203 und 204 stammen von NASA/STScI. Die Marskarte auf Seite 202 wird mit freundlicher Genehmigung der Unione Astrofili Italiani (Paolo Tanga, Mario Frassati) abgedruckt.

Die Originalausgabe ist in englischer Sprache erschienen bei Collins, einem Imprint von HarperCollins Publishers Ltd., unter dem Titel:

ATLAS OF THE NIGHT SKY

ISBN der Originalausgabe: 0 00 717223 0

Aus dem Englischen übersetzt von Michael Vogel

Bibliografische Information der Deutschen Bibliothek:
Die Deutsche Bibliothek verzeichnet diese Publikation in der Deutschen Nationalbibliografie.
Detaillierte bibliografische Angaben sind im Internet über http://dnb.ddb.de abrufbar.

Gedruckt auf chlorfrei gebleichtem Papier

Für die deutschsprachige Ausgabe:

ISBN 3-440-10144-4
Redaktion: Sven Melchert
Produktion: Siegfried Fischer / Johannes Geyer
Printed in Thailand / Imprimé en Thailand

Storm Dunlop und Wil Tirion danken Steve Edberg, Steve O'Meara und Katie Piper (vormals bei HarperCollins) für ihre Unterstützung bei der Konzeption dieses Atlas sowie Mary Chibnall und Peter Hingley (RAS Library), Peter Gill und Brian Marsden für Hilfe zu speziellen Fragen. Der Dank der Autoren geht auch an Myles Archibald, Helen Brocklehurst und Emily Pitcher von HarperCollins für deren Geduld bei der Entwicklung dieses Werkes.
Mondkarten der neuesten Generation zu entwickeln, war dank der Kooperation bekannter Spezialisten möglich, die zahlreiche Ratschläge gaben und den Zugang zu notwendigem Datenmaterial ermöglichten. In erster Linie waren dies: Dr. Merton E. Davies (RAND Cooperation/USA), Ewen A. Whitaker (Lunar and Planetary Laboratory, University of Arizona/USA), Dr. Thomas W. Rackham (Jodrell Bank/England) und Professor Zdeněk Kopal (University of Manchester/England). Antonín Rükl dankt ihnen allen für ihre freundliche Unterstützung und besonders Storm Dunlop für dessen wertvolle Anregungen zur Gestaltung der Mondkarten.
Sein besonderer Dank gilt außerdem seinem Sohn Michael, einem IT-Spezialisten, der den Computern seines Vaters zu entsprechender Leistung verhalf, sowie seiner Frau Sonja für deren Geduld und Rückhalt, die sie ihm während der Arbeit an diesem Atlas gegeben hat.

Inhalt

Einleitung

Erläuterungen zum Gebrauch

Dieser Atlas liefert Amateurastronomen alle Informationen, die sie für eine unbeschwerte Beobachtung des Sternhimmels benötigen. Dazu kombiniert er übersichtliche Sternkarten mit ausführlichen, detaillierten Informationen über jedes Sternbild und ist in vier Kapitel unterteilt:

Kapitel 1 umfasst 20 Sternkarten des gesamten Himmels bis zu einer Grenzgröße von $6\overset{m}{,}5$ und die Daten besonderer Objekte, die auf den jeweiligen Karten zu finden sind. Eine Übersichtskarte zur schnellen Orientierung finden Sie auf den S. 216-217.

Kapitel 2 behandelt alle 88 Sternbilder genauer und beschreibt interessante Objekte. Zu jedem Sternbild enthält der Atlas eine eigene Sternkarte mit der Grenzgröße $7\overset{m}{,}5$. Für komplexe oder besonders lohnenswerte Objekte gibt es zusätzliche Karten in einem größeren Maßstab sowie teilweise Fotografien.

Kapitel 3 liefert umfassende Informationen über den Mond in Verbindung mit detaillierten Originalkarten von Antonín Rükl. Jeder Mondkarte ist eine kleinere umgekehrte Ansicht zur Seite gestellt, damit die Orientierung beim Blick durch ein Teleskop leichter fällt.

Das letzte Kapitel enthält Details über die Objekte des Sonnensystems und für vier verschiedene Breitengrade die Sichtbarkeit der großen Planeten in den kommenden fünf Jahren.

Durch die Übersichten am Ende des Buches kann man schnell und bequem die Mondformationen und Sternbilder finden, die man sucht.

Himmelskugel und Sternbilder

Alle astronomischen Objekte scheinen sich an einer großen Kugel zu befinden, in deren Zentrum der Beobachter steht. Diese Himmelskugel ist in 88 Sternbilder aufgeteilt, die auf den S. 52-155 mit ihren offiziellen lateinischen Namen aufgeführt sind. Die Gruppe aus sieben Sternen, die man als „Großer Wagen" kennt, ist beispielsweise ein Teil des (größeren) Sternbildes Ursa Major.

Eine Position am Himmel lässt sich mit verschiedenen Koordinatensystemen beschreiben, von denen zwei besonders gängig sind: Das erste ist das horizontale oder azimutale System, das auf der Position des Beobachters und dem Horizont beruht (Abb. 1). Die Position eines beliebigen Objekts wird dann als seine Höhe in Grad über (+) oder unter (–) dem Horizont angegeben sowie als sein Azimut, das als Winkel in Grad entlang des Horizonts von Norden aus bis zur senkrechten Linie durch das Objekt gemessen wird (über Ost, Süd und West zurück nach Nord). Zwei Punkte der Himmelskugel haben bestimmte Bezeichnungen: Direkt über dem Beobachter befindet sich der Zenit und unter ihm der Nadir. Eine Linie (ein Großkreis) ist ebenfall besonders wichtig: der Meridian. Er verläuft vom Nordpunkt durch den Zenit zum Südpunkt.

Das andere verbreitete Koordinatensystem ähnelt dem Prinzip der Längen- und Breitengrade auf der Erde.

Das Koordinatensystem des Himmels

Infolge der Erdrotation dreht sich die Himmelskugel scheinbar einmal pro Tag um ihre Achse (die Verlängerung der Erdachse), die durch Himmelsnord- und Himmelssüdpol verläuft (Abb. 2). Polaris, der Polarstern, befindet sich sehr nahe beim Himmelsnordpol, aber es gibt keinen hellen Stern in der Nähe des Himmelssüdpols.

In der Mitte zwischen den beiden Polen, in derselben Ebene wie der Erdäquator, befindet sich der Himmelsäquator. Im Laufe eines Jahres scheint die Sonne entlang einer Linie zu wandern, die Ekliptik genannt wird. Sie ist rund $23\overset{\circ}{,}5$ gegen den Himmelsäquator geneigt und schneidet ihn im Frühlings- und Herbstpunkt. Die

Abb. 1

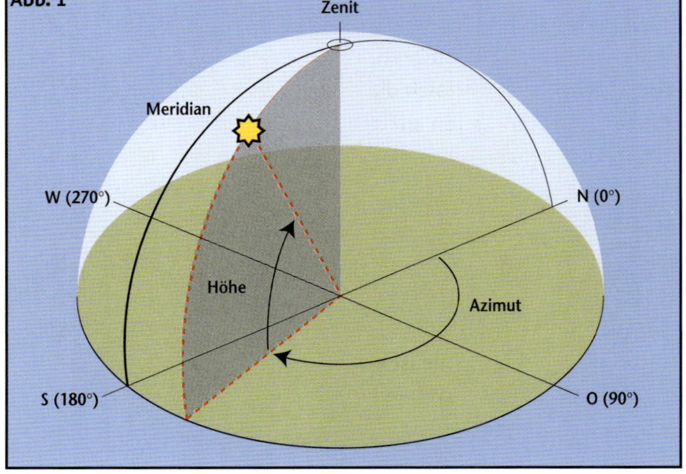

Abb. 2

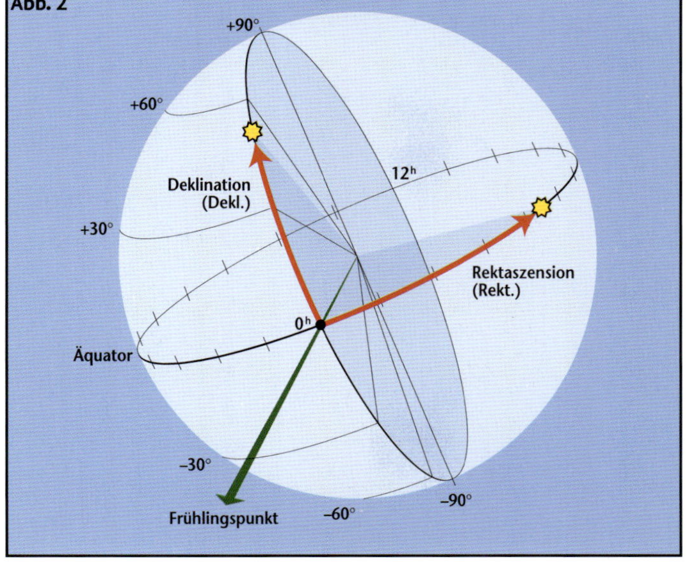

Ekliptik ist in den Hauptkarten (S. 12-51) als rot gestrichelte Linie eingezeichnet.

Mit Hilfe dieser Punkte lässt sich ein Koordinatensystem definieren, mit dem man Objekte am Himmel finden kann und das vergleichbar mit den Längen- und Breitengraden auf der Erde ist. Die den Breitengraden entsprechende Koordinate heißt Deklination (Dek.) und wird in Grad, Bogenminuten und Bogensekunden nördlich (+) und südlich (-) des Himmelsäquators gemessen. Die den Längengraden entsprechende Koordinate heißt Rektaszension (RA). Da sie mit der Rotation der Erde zusammenhängt, misst man sie in Stunden, Minuten und Sekunden in Richtung Osten entlang des Himmelsäquators. Der Nullpunkt ist der Frühlingspunkt, den die Sonne bei ihrer Bewegung entlang der Ekliptik von Süden nach Norden überquert (Abb. 3).

Astronomische Positionsangaben erfolgen in der Reihenfolge RA, Dek. Die Position des hellsten Sterns am Himmel, Sirius, ist beispielsweise RA = $06^h45^m19^s$, Dek. = –16°43′.

Durch die Gravitation der anderen Körper des Sonnensystems (besonders des Mondes) steht die Erdachse nicht fest im Raum, sondern beschreibt alle 25 800 Jahre einen Kreis. Infolge dieser Präzession wandert der Schnittpunkt zwischen Ekliptik und Himmelsäquator im Laufe der Zeit, weshalb sich wiederum die Himmelskoordinaten verändern. Daher bezieht sich das Koordinatensystem immer auf einen bestimmten Zeitpunkt, die Epoche. In diesem Atlas beziehen sich die Karten auf die Epoche 2000.0, während andere Sternkarten auf den Epochen 1950, 1900 oder noch früher beruhen können.

Rektaszension und Deklination sind für jeden Beobachter auf der Erde gültig, da sie nicht vom Standort abhängen. Die für einen bestimmten Beobachter sichtbaren Sterne sowie die scheinbaren Bahnen von Sonne, Mond, Planeten und Sternen am Himmel hängen dagegen vom Breitengrad des Beobachtungsortes ab. An einem der Pole ist eine Himmelshalbkugel ständig sichtbar, während die andere Hälfte permanent unter dem Horizont bleibt. Die Sternbahnen sind dann Kreise parallel zum Horizont (Abb. 4). Am Äquator ist dagegen der gesamte Himmel zu sehen, und die Sterne gehen senkrecht zum Horizont auf (Abb. 5). In mittleren Breiten entspricht die Höhe des entsprechenden Himmelspols dem Wert des Breitengrades. Auf 50° nördlicher Breite hat der nördliche Himmelspol beispielsweise eine Höhe von 50° über dem Horizont (Abb. 6). Alle Sterne innerhalb von 50° um den Pol stehen dann ständig über dem Horizont. Oder anders gesagt: alle Sterne mit einer Deklination größer als +40° (90°–50°) sind immer sichtbar (zirkumpolar). Am Äquator gibt es keine Zirkumpolarsterne.

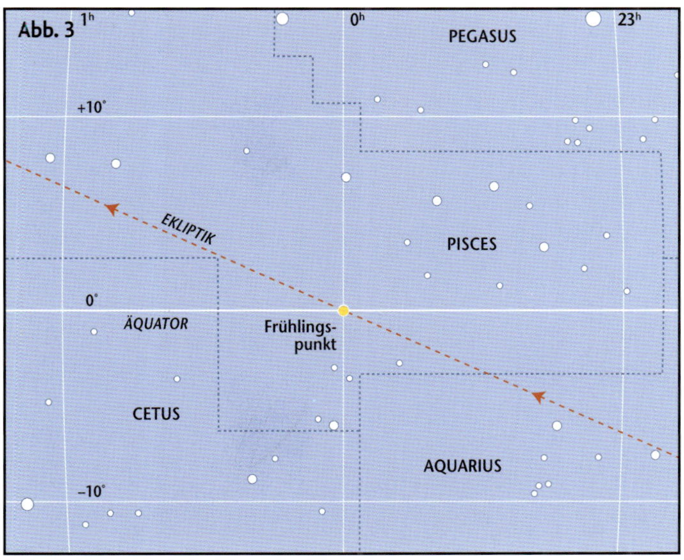

Abb. 4

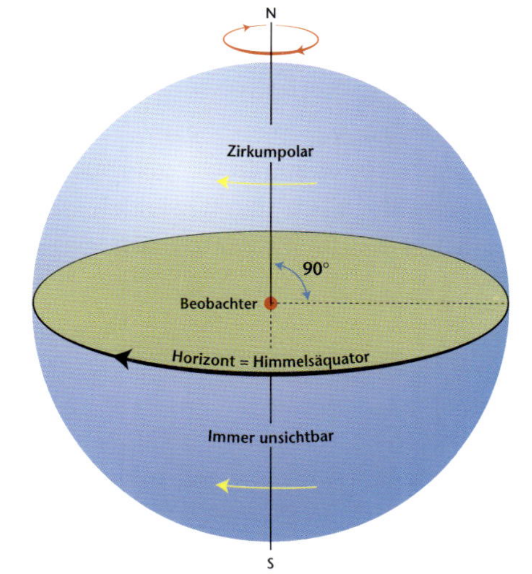

Abb. 5

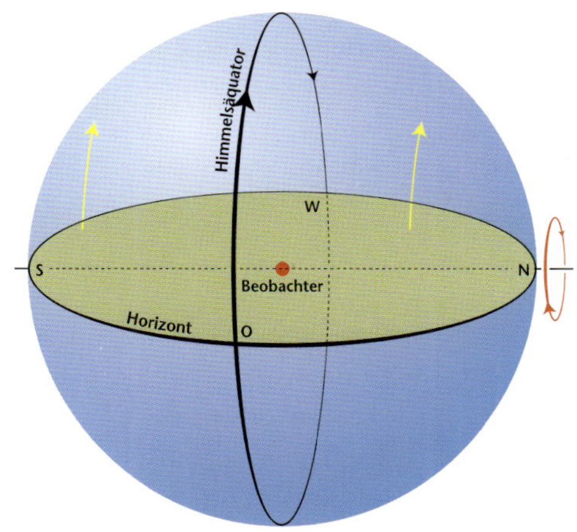

Abb. 6

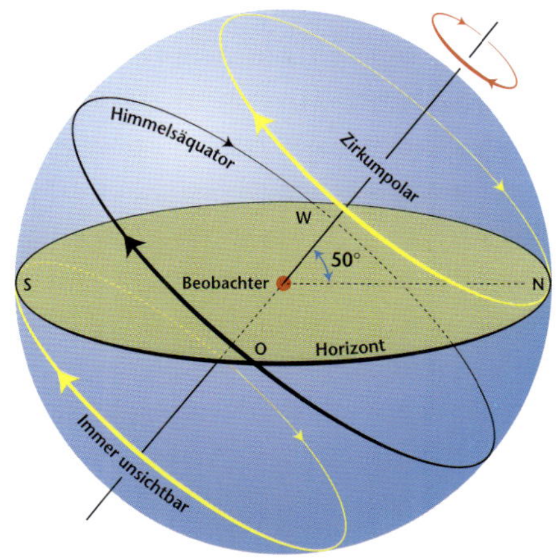

Weil sich die Erde um die Sonne dreht, sind das Jahr über verschiedene Sternbilder im Laufe der Nacht zu sehen. Die besten Beobachtungsbedingungen für ein Sternbild ergeben sich während seiner Kulmination (wenn es am höchsten steht). Dabei durchläuft es den Meridian (die Nord-Süd-Linie). Bei den Beschreibungen der einzelnen Sternbilder ist jeweils vermerkt, wann sie um Mitternacht Ortszeit kulminieren (jeweils bezogen auf die Mitte des Sternbildes). Zirkumpolare Sterne kulminieren im Prinzip zweimal, einmal über dem Himmelspol (obere Kulmination) und einmal unter ihm (untere Kulmination). Für diese Fälle ist nur die obere Kulmination angegeben.

Jeder Stern umläuft auf seiner Bahn das Zentrum unserer Galaxis. Auf sehr lange Zeiträume betrachtet, verändern die Sterne ihre Positionen zueinander. Amateure können diese Eigenbewegung im Allgemeinen vernachlässigen, weil sie so klein ist. Haben benachbarte Sterne identische Eigenbewegungen, deutet dies darauf hin, dass sie womöglich zur selben Gruppe oder zum selben Sternhaufen gehören. Bei Doppelsternen ist das ein deutlicher Hinweis darauf, dass es sich um ein gravitativ gebundenes System handelt, selbst wenn keine Umlaufbewegung nachweisbar ist.

Andere Koordinatensysteme

Es gibt weitere Koordinatensysteme, und zwei von ihnen finden in der Astronomie gelegentlich Verwendung. Die ekliptikalen Koordinaten werden schon länger als die Rektaszension und Deklination verwendet; mit ihnen kann man die Positionen von Objekten des Sonnensystems wie Planeten oder Kometen beschreiben. Sie beruhen auf der Ekliptik, der scheinbaren Bahn der Sonne am Himmel, bei der es sich eigentlich um die Ebene der Erdbahn um die Sonne handelt. Am häufigsten gibt man die Position eines Objekts dabei mit seiner ekliptikalen Breite nördlich (+) und südlich (–) der Ekliptik sowie seiner ekliptikalen Länge an, die in Grad (0-360°) vom Frühlingspunkt aus gemessen wird. Der Tierkreis ist der 16° breite Bereich (±8° Breite) des Himmels, in dessen Mitte die Ekliptik liegt und innerhalb dem sich Sonne, Mond und Planeten aufhalten.

Das zweite Bezugssystem sind die galaktischen Koordinaten, die die Position eines Objekts in Bezug zur Hauptebene der Galaxis, dem galaktischen Äquator, festlegen. Dieser Äquator ist stark gegen die Ekliptik und den Himmelsäquator geneigt. In den Hauptkarten (S. 12-51) ist er als grün gestrichelte Linie dargestellt. Der galaktische Nordpol befindet sich im Sternbild Coma Berenices (Karte 5), der galaktische Südpol in Sculptor (Karte 14). Die galaktische Breite wird wiederum in Grad nördlich (+) und südlich (–) des galaktischen Äquators gemessen. Die galaktische Länge wird vom Zentrum der Galaxis aus in Grad (0-360°) gemessen. Dieses befindet sich im Sternbild Sagittarius (RA 17^h46^m, Dek. –28°56′) nahe an der Grenze zu Ophiuchus und Scorpius.

Verschiedene Objektklassen sind unterschiedlich stark zum galaktischen Äquator hin konzentriert, was letztlich ihre Verteilung innerhalb der Galaxis widerspiegelt. So liegen Offene Sternhaufen, Emissionsnebel und Novae tendenziell nahe am galaktischen Äquator, während Kugelsternhaufen einen kugelförmigen Bereich ausfüllen, dessen Mitte mit dem galaktischen Zentrum zusammenfällt.

Relative Positionsangaben am Himmel

Häufig muss man den Ort eines Objekts in Bezug zu einem anderen – etwa einem hellen Stern – angeben. Diesem Buch liegt dafür das Prinzip des Kompass zu Grunde. Schaut man beispielsweise auf der nördlichen Halbkugel nach Süden, steht ein Objekt nordöstlich eines bestimmten Sterns, wenn es höhere Deklinations- und Rektaszensionswerte hat – es steht also links vom Beobachter. Zwar werden von der Südhalbkugel aus beim Blick nach Norden Rektaszensions- und Deklinationswerte weiterhin größer sein, aber der Stern steht dann rechts vom Beobachter. Um Verwirrung zu vermeiden, sprechen erfahrene Beobachter von „Nord vorangehend" (oder „preceding"), „Nord folgend" (oder „following"), „Süd vorangehend" oder „Süd folgend" (Abb. 7). Besonders nützlich sind diese Ausdrücke, wenn ein Teleskop ohne automatische Nachführung zum Einsatz kommt. Denn egal, wie die Orientierung des Bildes ist, gilt die Regel, dass vorangehende Objekte sich aus der Mitte des Gesichtsfelds entfernen, während folgende Objekte sich ihr nähern. Relative Positionen lassen sich aber auch durch Positionswinkel und Distanz beschreiben (siehe unten).

Abb. 7

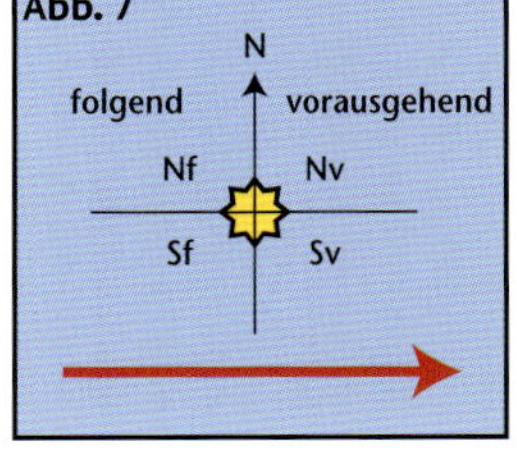

Sternnamen

Viele helle Sterne tragen Eigennamen wie Sirius oder Arcturus. Die meisten sind arabischen Ursprungs, manche stammen auch aus dem Griechischen oder Lateinischen. Häufig bevorzugen Astronomen jedoch Bezeichnungen, die Johannes Bayer im ersten Sternatlas, der „Uranometria", im Jahr 1603 eingeführt hat. Er verwendete griechische Buchstaben (siehe Tab. 1) für die hellsten Sterne eines jeden Sternbilds; in einigen Sternbildern verwendete er zusätzlich römische Buchstaben. Diese Bezeichnungen verwendet man in Verbindung mit dem Genitiv des Sternbildnamens. Einige Beispiele sind α Andromedae, β Orionis oder auch γ Cygni.

Viele schwächere Sterne tragen Nummern als Namen, teils mit einem oder mehreren vorangestellten Buchstaben, der einen bestimmten Katalog bezeichnet. Im vorliegenden Atlas sind die am häufigsten vorkommenden die Flamsteed-Nummern, die der erste königliche Astronom John Flamsteed in seinem Katalog von 1725 festgelegt hat. Im Allgemeinen folgen die Buchstaben innerhalb eines Sternbildes steigenden Rektaszensionswerten. Beispiele sind 61 Cygni, 16 und 17 Draconis sowie 47 Ursae Majoris.

Außerdem gibt es Spezialkataloge für besondere Sterne. Solche Bezeichnungen werden oft ohne den Namen des Sternbildes angegeben. Im vorliegenden Atlas sind die häufigsten „Σ" und „OΣ" für „Struve" und „Otto Struve" (Vater und Sohn), die Doppelsterne katalogisierten. Ein Beispiel ist Σ 1785, ein Doppelstern

Tabelle 1: Das griechische Alphabet

α alpha	ζ zeta	λ lambda	π pi	φ phi
β beta	η eta	μ mü	ρ rho	χ chi
γ gamma	ϑ, θ theta	ν nü	σ sigma	ψ psi
δ delta	ι iota	ξ xi	τ tau	ω omega
ε epsilon	κ kappa	ο omicron	υ ypsilon	

in Bootes. Die Bezeichnung „β" steht wiederum für einen Katalog, den S. W. Burnham zusammengestellt hat, und „h" wird für ein paar südliche Objekte verwendet, die J. F. W. Herschel beschrieben hat.

Veränderliche Sterne haben ihre eigene Nomenklatur, nur die Bezeichnungen mit griechischen Buchstaben hat man beibehalten. Alle weiteren Veränderlichen bekommen in jedem Sternbild in der Reihenfolge ihrer Entdeckung einen Buchstaben zwischen R und Z (Bayer verwendete Buchstaben bis Q). Dann kommen jeweils zwei Buchstaben zum Einsatz: RR, RS ... YZ, ZZ. Reichen auch diese Kombinationen nicht, so beginnt die Reihe mit AA, AB ... AZ; BB, BC ... BZ; CC, CD ... CZ ... ZZ (J hat man ausgelassen). Dieses komplizierte Schema erlaubt die Benennung von 334 Veränderlichen in jedem Sternbild. Weitere Neuentdeckungen bezeichnet man dann mit dem Buchstaben „V" und einer Nummer, beginnend mit 335. Beispiele sind δ Cephei, P Cygni, R Aquilae und V 1500 Cygni.

Entfernungen der Sterne und anderer Objekte

Astronomische Entfernungen zu messen ist schon immer schwierig gewesen. Innerhalb des Sonnensystems kommt man mit geometrischen Verfahren weiter, wobei die Entfernungen in Astronomischen Einheiten (1 AE = 149 597 870 km) gemessen werden. Dies entspricht der mittleren Entfernung zwischen Erde und Sonne. Auch bei der Betrachtung von Planetensystemen um andere Sterne findet diese Einheit Verwendung.

Die Entfernungen von Sternen und anderen Objekten in diesem Atlas werden im Allgemeinen in Lichtjahren (LJ) angegeben. Dabei handelt es sich um die Entfernung, die das Licht in einem Jahr zurücklegt. Der nächste bekannte Stern, Proxima Centauri, ist 4,22 LJ entfernt. Häufig verwenden Astronomen eine andere Einheit: das Parsec (pc), die Abkürzung von „Parallaxensekunde". Dabei handelt es sich um jene Entfernung, bei der der mittlere Erdbahnradius eine scheinbare Ausdehnung von einer Bogensekunde hat. Sie entspricht 3,2616 LJ – alle Sterne liegen also in einer größeren Entfernung als 1 pc.

Die Distanzen zu den Objekten in der unmittelbaren Nachbarschaft der Sonne sind dank des Hipparcos-Satelliten mit ausreichender Genauigkeit bekannt. Für Entfernungen innerhalb unserer Galaxis verwendet man häufig Kiloparsec (1 kpc = 1000 pc = 3261,6 LJ), für die Abstände zwischen den Galaxien Megaparsec (1 Mpc = 1 Mio. pc = 3 261 600 LJ). Solch große Entfernungen ermittelt man mit verschiedenen Verfahren, das wichtigste beruht auf den charakteristischen Eigenschaften bestimmter veränderlicher Sterne. So hängt bei den Cepheiden die Periode des Lichtwechsels streng mit ihrer Leuchtkraft zusammen, und bestimmte Supernovae haben eine ähnlich gut definierte Amplitude.

Namen der Deep-Sky-Objekte

Zu den Deep-Sky-Objekten gehören die verschiedenen Typen von Nebeln, Sternhaufen und Galaxien. In der Antike haben ein paar Sternhaufen Eigennamen bekommen, etwa die Plejaden oder die Praesepe. Die meisten jedoch tragen nur Nummern, die sie in verschiedenen Katalogen zugewiesen bekommen haben. Die häufigsten Bezeichnungen beziehen sich auf den Messier-Katalog, den New General Catalogue und den Index Catalogue, abgekürzt mit M, NGC bzw. IC. Aus Platzgründen verwenden wir in den Sternkarten ein I für den Letzteren. Beispiele sind M 45, NGC 404 und IC 2149 („I.2149").

Helligkeiten von Sternen und anderen Objekten

Sternhelligkeiten misst man in Größenklassen (magnitudines), auf den Karten sind sie mit unterschiedlich großen Kreisen angegeben. Dieses System hat ursprünglich der griechische Astronom Hipparch eingeführt, der die Sterne in sechs Größenklassen einteilte: die hellsten als erste Größenklasse und die gerade noch mit bloßem Auge sichtbaren als sechste Größenklasse. Inzwischen hat diese Skala eine mathematische Grundlage: Ein Stern erster Größenklasse ist exakt 100-mal so hell wie ein Stern sechster Größenklasse. (Es handelt sich um einen logarithmischen Maßstab, bei dem jede Größenklasse sich um den Faktor 2,512 von der benachbarten unterscheidet.) Als Nullpunkt hat man dafür den Stern Wega (α Lyrae) verwendet und ihm $0\overset{\mathrm{m}}{,}0$ zugewiesen. Da manche Objekte heller als Wega sind, gibt es auch negative Helligkeitswerte: Sirius hat eine scheinbare Helligkeit von $-1\overset{\mathrm{m}}{,}44$, Venus kann rund $-4\overset{\mathrm{m}}{,}4$ erreichen und der Vollmond hat ungefähr $-13\overset{\mathrm{m}}{,}0$.

Bei den meisten Helligkeiten, die in den Objektbeschreibungen auftauchen, handelt es sich um scheinbare Helligkeiten (m) – also so, wie sie dem menschlichen Auge erscheinen. Aber zwei Sterne der gleichen scheinbaren Helligkeit können in ganz unterschiedlichen Entfernungen stehen: ein sehr leuchtkräftiger in großer Entfernung und ein viel leuchtschwächerer in der Nähe. Daher verwenden Astronomen eine andere Größe, um die wahre Leuchtkraft eines Sterns zu beschreiben: die absolute Helligkeit (M). Dabei handelt es sich um jene Helligkeit, die ein Stern in einer Entfernung von 10 pc (32,616 LJ) hätte. In einigen Fällen wird diese absolute Helligkeit bei den Beschreibungen einzelner Sterne erwähnt.

Bei der Mehrzahl der Helligkeitsangaben in diesem Atlas handelt es sich um visuelle Größenklassen, also so, wie das Objekt dem menschlichen Auge erscheint. In einigen Fällen steht nach der Helligkeitsangabe jedoch ein „p", was auf einen fotografischen Wert hinweist. Solche fotografischen Helligkeiten ermittelt man heutzutage nicht mehr, aber wir geben sie an, wenn keine aktuellere Angabe verfügbar ist; im Allgemeinen unterscheiden sich solche Werte leicht von visuellen Helligkeitsangaben. Wie in der Astronomie üblich, weist ein „:" auf eine unsichere Helligkeitsangabe hin. Ist die Helligkeit eines Sterns nicht genau bekannt, wird sie also beispielsweise mit „$10\overset{m}{,}2$:" angegeben, was „ungefähr $10\overset{m}{,}2$" bedeutet.

Die Helligkeit von Objekten wie Sternhaufen oder Galaxien gibt man ebenfalls in Größenklassen an, aber diese Zahlen sind trügerisch, weil sie die Gesamthelligkeit beschreiben (d. h. die Helligkeit integriert über die gesamte Fläche). Anders als Sterne können sich diese Objekte über eine beträchtliche Fläche erstrecken, so dass sie daher meist viel schwächer wirken, als ihre Helligkeitsangabe erwarten lässt. Daran sollte man denken, wenn man sich die Tabellen oder Beschreibungen ansieht. Erfahrene Beobachter setzen das „indirekte Sehen" bei schwachen Objekten ein. Dabei schaut man nicht direkt das Objekt an, sondern leicht daran vorbei, wodurch das Licht auf Teile der Netzhaut fällt, die empfindlicher sind. Am deutlichsten ist dieser Effekt, wenn man das Objekt Richtung Nasenwand und nach unten im Gesichtsfeld verschiebt.

Farbe und Temperatur der Sterne

Bei hellen Sternen erkennt man leicht, dass sie unterschiedliche Farben haben. Rigel (β Orionis) ist blauweiß, Antares (α Scorpii) und Beteigeuze (α Orionis) sind rot. Diese Farben spiegeln die Spanne der Oberflächentemperaturen wieder: von den heißesten, blauweißen Sternen über die gelben (wie die Sonne) und orangefarbenen (wie Arcturus, α Bootis) bis zu den kühlen, tiefroten Sternen wie μ Cephei (der Granatstern) oder R Leporis (der Purpurstern). Stellare Temperaturen gibt man in der Kelvin-Skala an, die beim absoluten Nullpunkt (-273,16 °C) beginnt. Rigel hat eine Oberflächentemperatur von rund 11 500 K, Beteigeuze rund 3450 K. Die heißesten Sterne können Oberflächentemperaturen von 50 000 K erreichen.

Das menschliche Auge erkennt Farben erst oberhalb einer gewissen Helligkeitsschwelle. Daher gibt es für jede Art der Beobachtung – egal, ob mit bloßem Auge, Fernglas oder Teleskop – eine Grenze, unter der alle Sterne weiß erscheinen. Die Grenze variiert leicht von Mensch zu Mensch.

Sternspektren

Fällt das Licht eines Sterns durch ein Prisma oder Beugungsgitter, dann wird sein Spektrum sichtbar. Aus ihm lassen sich viele Informationen über die Zusammensetzung und Temperatur eines Sterns ziehen, weshalb man Sterne oft anhand ihres Spektraltyps beschreibt. Wenn man die hellen und dunklen Spektrallinien außer Acht lässt, die etwas über die Zusammensetzung des Sterns aussagen, so kann man die Spektralreihe als ein Abbild der Oberflächentemperatur interpretieren.

Die Spektralklassen folgen – von heiß nach kühl – der Reihe O, B, A, F, G, K, M (der Standardmerkspruch dazu lautet „Oh Be A Fine Girl, Kiss Me"). In jüngster Zeit hat man das kühle Ende um die Klassen L und T erweitert, um Sterne mit extrem niedriger Oberflächentemperatur und so genannte Braune Zwerge zu berücksichtigen. Weitere Klassen verwendet man, um besondere chemische Zusammensetzungen zu beschreiben: R, N, S und C (kühle Sterne) sowie WN und WC (heiße Sterne). Die meisten der einzelnen Klassen haben zehn Unterteilungen, die mit 0 bis 9 (von heiß nach kühl) bezeichnet werden – gelegentlich sind noch feinere Unterteilungen in Gebrauch. Die Mehrzahl der Sterne gehört den Spektralklassen zwischen O5 und M8 an. Die Sonne beispielsweise ist ein G2-Stern mit einer Oberflächentemperatur von rund 6000 K (Tab. 2).

Tabelle 2: Farben, Spektralklassen und Temperaturen der Sterne

Stern	Farbe	Spektralklasse	Temperatur
Regor (γ Vel)	blauweiß	WC8	50 000 K
Acrux (α Cru)	blauweiß	B0,5	28 000 K
Bellatrix (γ Ori)	blauweiß	B2	21 450 K
Regulus (α Leo)	blauweiß	B7	12 000 K
Rigel (β Ori)	blauweiß	B8	11 550 K
Merope (23 Tau)	blauweiß	B6	10 600 K
Wega (α Lyr)	weiß	A0	9960 K
Sonne	gelb	G2	5800 K
Arctur (α Boo)	orange	K1,5	4420 K
μ Cephei	tieforange	M2	3500 K
Beteigeuze (α Ori)	rot	M2	3450 K
R Leporis	tiefrot	C7.6	3000 K

Sterndurchmesser und Leuchtkraftklassen

Die Sterndurchmesser variieren in einem großen Bereich. Es gibt riesige Objekte wie μ Cephei, der am Ort der Sonne bis über die Saturnumlaufbahn hinausreichen würde, Weiße Zwerge, die kleiner als die Erde sind, und sogar Neutronensterne mit nur 10 bis 20 km Durchmesser. Aus historischen Gründen unterteilt man Sterne in Zwerge (wie die Sonne), Riesen (wie Arcturus, α Bootis) und Überriesen (wie Beteigeuze, α Orionis; Deneb, α Cygni; Antares, α Scorpii). In jüngster Zeit hat man einige besonders große, leuchtkräftige Sterne als Hyperriesen bezeichnet.

Eine wichtige Eigenschaft der Sterne ist ihre Leuchtkraft. Große Sterne wie Beteigeuze haben zwar niedrige Oberflächentemperaturen, aber wegen ihrer gewaltigen Größe strahlen sie eine riesige Menge an Energie ab. In Abhängigkeit von Ihrer Größe haben daher Sterne der gleichen Oberflächentemperatur sehr unterschiedliche Leuchtkräfte. Leuchtkraftklassen werden gelegentlich in den Beschreibungen erwähnt, sie sind in Tab. 3 aufgeführt.

Veränderliche Sterne

Viele Sterne zeigen Helligkeitsschwankungen, und tatsächlich sind alle Sterne im Laufe ihrer Entwicklung mehr als einmal veränderlich. Unter der Lichtkurve versteht man ein Diagramm, in dem die Helligkeit gegen die Zeit aufgetragen ist, und die verschiedenen Veränderlichentypen zeigen in dem Diagramm typische Abstände zwischen den Maxima (oder den Minima). Die Spanne der Perioden ist dabei extrem: Von einem Flackern innerhalb von Sekunden oder Minuten bis zu Perioden von vielen Jahren ist alles vertreten. Die Zeit zwischen zwei Ausbrüchen von bestimmten eruptiven Veränderlichen schätzt man auf hunderte, teils sogar tausende von Jahren. Genauso fällt die Spanne der Helligkeitsschwankungen (die Amplitude) sehr unterschiedlich aus: von einem Flackern im Bereich von Tausendstel Größenklassen bis zu Supernovae, die einen Helligkeitsanstieg von 20 Größenklassen oder mehr zeigen (d. h. ein Anstieg der Leuchtkraft um das 100-Millionenfache oder mehr).

Es gibt drei grundlegende Veränderlichentypen:

Bedeckungsveränderliche: ein Doppelstern, bei dem eine Komponente periodisch die andere bedeckt, wodurch sich die Helligkeit verringert. Abhängig von der Form der Lichtkurve unterteilt man sie in die Typen EA, EB, EW (und Ell).

Pulsationsveränderliche: Sterne, die sich tatsächlich ausdehnen und wieder zusammenziehen, häufig sehr gleichmäßig, weshalb sich ihre Helligkeit ändert. Zu dieser Gruppe gehören die Cepheiden (Cep und CW), die langperiodischen oder Mira-Sterne (M), die Halbregelmäßigen (SR), die RV-Tauri-Sterne (RV) und die Irregulären (Irr).

Eruptive oder kataklysmische Veränderliche: Sterne, die unvermutet heller werden. Bei diesen Ausbrüchen kann es sich um ein kurzes Aufflackern handeln, das nur mit ausgeklügelten Geräten nachweisbar ist, oder um Supernovae, in denen der ganze Stern durch eine Explosion zerstört wird. Zu den Eruptiven gehören Supernovae (SN), Novae und wiederkehrende Novae (N und NR), U-Geminorum-Sterne (UG) und Z-Andromedae-Sterne (ZAND). Sterne des Typs γ Cassiopeiae (GCAS) und R Coronae Borealis (RCB) kann man ebenfalls dazuzählen.

Es gibt viele verschiedene Veränderlichentypen, die hier nicht alle erwähnt werden können. Viele von ihnen lassen sich nur mit professionellen Teleskopen untersuchen. Genauere Angaben zu einigen Veränderlichen, die bei den Beschreibungen der Sternbilder auftauchen, stehen in Tab. 4.

Tabelle 3: Leuchtkraftklassen

Ia-0	extreme Überriesen („Hyperriesen“)	II	helle Riesen
		III	Riesen
Ia	helle Überriesen	IV	Unterriesen
Iab	gewöhnliche Überriesen	V	Zwerge
Ib	schwächere Überriesen		

Tabelle 4: Veränderliche Sterne

Abk.	Name	Art der Veränderlichkeit	Typische Periode
Cep	Klassische Cepheiden	Pulsation	Tage
CW	W-Virginis-Sterne	Pulsation	Tage
E	Bedeckungsveränderliche	Bedeckung	Stunden bis Jahre
EA	Algol-Sterne	keine außerhalb der Bedeckung	Stunden bis Jahre
EB	β-Lyrae-Sterne	kontinuierlich; unterschiedliche Minima	Stunden bis Jahre
EW	W-Ursae-Majoris-Sterne	kontinuierlich; gleich tiefe Minima	Stunden
GCAS	γ-Cassiopeiae-Sterne	plötzlicher Helligkeitsanstieg	nicht vorhersagbar
Irr	Irreguläre oder Unregelmäßige	Pulsation, keine Periode erkennbar	keine
M	Mira- oder langperiodische Sterne	Pulsation, asymmetrische Maxima	mehr als 100^d
N	Novae	plötzliche Ausbrüche	Maximum: 10 bis 100^d, Wiederkehr nach hunderten von Jahren
NR	Wiederkehrende Novae	wiederholte Ausbrüche	Intervalle von Jahren (nicht vorhersagbar)
RCB	R-Coronae-Borealis-Sterne	gelegentliche tiefe Einbrüche	nicht vorhersagbar
RV	RV-Tauri-Sterne	halbregelmäßig; abwechselnd tiefe und flache Minima; Untertyp hat längere Sekundärperiode	hunderte Tage bei der Sekundärperiode
SDOR	S-Doradus-Sterne	gelegentlicher Helligkeitsanstieg	unregelmäßig, meist Jahrzehnte
N	Supernovae	explosive Zerstörung eines Sterns	–
SR	Halbregelmäßige Veränderliche	Pulsation, irreguläre Phasen	hunderte von Tagen
UG	U-Geminorum-Sterne (Zwergnovae)	Ausbrüche um mehrere Größenklassen	$10–1000^d$
UV	UV-Ceti-Sterne	Aufflackern um bis zu 6^m	Anstieg innerhalb von Sekunden oder Minuten; Abnahme in Minuten bis Stunden
ZAND	Z-Andromedae- Sterne (symbiotische Sterne)	unregelmäßige Fluktuationen	Monate bis Jahre

Doppelsterne

Viele Sterne gehören zu einem Doppel- oder Mehrfachsystem; häufig stehen die Komponenten so dicht beisammen, dass man sie ohne optische Hilfsmittel nicht trennen kann. Es gibt auch gelegentlich Sternpaare, die nur an der gleichen Stelle am Himmel stehen, aber in ganz unterschiedlichen Entfernungen; solche Paare nennt man „optische Doppelsterne".

Die meisten Sterne gehören jedoch zu einem gravitativ gebundenen System (die Sonne ist eine der Ausnahmen). Fällt die Ebene der Umlaufbahnen mit der Sichtlinie des irdischen Beobachters zusammen, so handelt es sich bei dem Doppelstern um einen Bedeckungsveränderlichen. Meistens ist diese geometrische Situation jedoch nicht gegeben, so dass man die Komponenten mit einem ausreichend großen Teleskop auflösen kann. In Doppelsternen bezeichnet man die hellere Komponente als Hauptstern, die schwächere als Sekundärstern. In Mehrfachsystemen, von denen es viele gibt, tragen die einzelnen Komponenten die Buchstaben A, B, C usw. Man kennt Systeme mit fünf bis sechs oder sogar noch mehr Komponenten. Gelegentlich entdeckt man erst nach der Benennung der einzelnen Mitglieder eines Mehrfachsystems, dass eine der Komponenten tatsächlich nochmals doppelt ist. Dann verwendet man doppelte Buchstaben, beispielsweise A, Ba, Bb, C und D.

Die Position zweier Doppelsternkomponenten zueinander wird mit Positionswinkel und Distanz beschrieben (Abb. 8). Bezugspunkt ist der Hauptstern, von dem der Positionswinkel als Verbindungslinie zum Sekundärstern (von Norden über Osten in Grad) gemessen wird. Ihre Distanz, den gegenseitigen Abstand, gibt man gewöhnlich in Bogensekunden (″) an. Wenn in den Beschreibungen des Atlas sich Distanz und Positionswinkel nicht auf die Komponenten A und B beziehen, wurde dies entsprechend vermerkt. Im Allgemeinen wird die Information beispielsweise wie folgt dargestellt: PA (BC) 219°, Dist. 10″,2 – was besagt, dass der Positionswinkel des BC-Paares 219 Grad beträgt und die Distanz 10,2 Bogensekunden. Falls die Umlaufzeit bekannt ist, wird sie als „P = 107^a" (a für Jahr) aufgeführt.

Es ist bei vielen Doppel- und Mehrfachsternen sehr schwierig, endgültige Werte für Positionswinkel und Distanz zu bekommen. Die Quellen liefern sehr unterschiedliche Daten für ein bestimmtes Objekt, häufig weil die Messungen aus weit auseinander liegenden Jahren stammen. Auch die Umlaufzeiten sind oft nur unzureichend bekannt, weshalb man für viele Systeme nicht weiß, ob sich ihr Abstand vergrößert oder verkleinert – und mit welcher Geschwindigkeit dies geschieht. Es gibt viele Doppelsterne, die außergewöhnlich lange Umlaufzeiten haben und sich seit ihrer Entdeckung im 19. Jahrhundert kaum verändert haben. Man sollte die Angaben also lediglich als Anhaltspunkt für die realen Verhältnisse verstehen.

Abb. 8

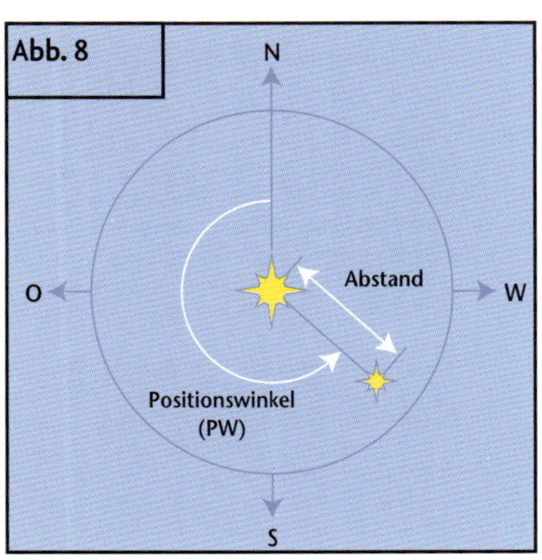

Die Komponenten einiger Doppelsterne stehen so nahe beisammen, dass sie sich optisch nicht trennen lassen. Sie wurden durch spektrale Besonderheiten entdeckt, anhand von doppelten Absorptionslinien oder aufgrund der Überlagerung der beiden Sternspektren. Solche Systeme bezeichnet man als spektroskopische Doppelsterne, was entsprechend vermerkt ist.

Offene Sternhaufen und Kugelsternhaufen

Offene Sternhaufen – auch als galaktische Sternhaufen bekannt – sind lockere Sterngruppen, die im Allgemeinen nahe der Milchstraßenebene stehen (dem galaktischen Äquator). Sie bestehen aus jungen Sternen, die im selben Raumbereich ungefähr zur selben Zeit entstanden sind. Im Laufe der Jahrmillionen lösen sich Offene Sternhaufen auf, so dass ihre Mitgliedssterne sich mit den anderen Sternen der Galaxis vermischen. Die Mitglieder der jüngsten Haufen (wie M 45, die Plejaden, Karte 2) bilden noch immer eine feste Gruppe. Bei den Helligkeitsangaben des vorliegenden Atlas handelt es sich um die Gesamthelligkeit. Sehr lockere Haufen wie M 44, die Praesepe (Karte 10), sind deshalb schwieriger zu sehen, als ihre Helligkeit es erwarten lässt. Die Spalte „Sternzahl" nennt die Zahl der Mitgliedssterne.

Kugelsternhaufen haben eine ungefähr sphärische Form und enthalten tausende Sterne. Diese Haufen sind in einem gewaltigen kugelförmigen Raumbereich um das Zentrum der Galaxis verteilt. Obwohl es eine Konzentration der Kugelsternhaufen um das galaktische Zentrum in Sagittarius und den benachbarten Sternbildern gibt, findet man sie auch weit außerhalb der galaktischen Ebene. Ihre Mitgliedssterne sind im Gegensatz zu den offenen Haufen die ältesten Sterne unserer Galaxis. Wiederum beziehen sich die Helligkeitsangaben im Atlas auf den gesamten Haufen, aber da Kugelsternhaufen stärker verdichtet erscheinen, sind sie meist leicht zu erkennen.

Diffuse Gasnebel

Bei diffusen Gasnebeln handelt es sich um Ansammlungen aus Gas und Staub und häufig um Regionen, in denen Sterne entstehen. Solche Nebel gibt es in den Spiralarmen des Milchstraßensystems und nahe der galaktischen Ebene. Es gibt drei verschiedene Typen. Im Atlas ist ihre Größe (Länge x Breite in Bogenminuten) in der Spalte „Durchmesser" aufgeführt.

In Emissionsnebeln (E) bringen nahe stehende heiße Sterne (oft blauweiße) das interstellare Gas zum Leuchten. Das häufigste Gas ist Wasserstoff, das auf Aufnahmen rosa erscheint, dem menschlichen Auge aber eher grün – wobei schwache Nebel überhaupt keine Farbe erkennen lassen. Bei einigen Emissionsnebeln handelt es sich um Supernovaüberreste (SNR), also um Material, das ein Stern bei einer Supernovaexplosion in den Raum geschleudert hat. Sie leuchten, weil sie der Originalstern dazu angeregt hat oder weil sie mit dem interstellaren Medium zusammenstoßen. Der Krabbennebel (M 1) in Taurus (Karten 3 und 9) ist das berühmteste Beispiel dafür.

Reflexionsnebel (R) bestehen aus Staub, der das Licht der Nachbarsterne reflektiert. Sie haben meist blaue Farbe, weil heiße, blauweiße Sterne am meisten Energie abstrahlen, aber es gibt auch Reflexionsnebel, die von orange oder rötlich leuchtenden Sternen beleuchtet werden und daher diese Farben tragen. Besonders auffällig ist dies bei den Reflexionsnebeln nahe Antares (α Scorpii) und ρ Ophiuchi. Beleuchtet ein bestimmter Stern einen Emissions- oder Reflexionsnebel, dann wird dessen Helligkeit in der Spalte „Hell. Stern“ genannt.

Der dritte Nebeltyp besteht aus einer Staubwolke, die das Licht von hinter ihr liegenden Sternen absorbiert – sie erscheint also dunkel. Das „Great Rift“ in Cygnus (Karte 7), das bis ins galaktische Zentrum reicht, ist eine solche Wolke mit abwechselnd höherer und geringerer Dichte. Der Kohlensack in Crux (Karte 17 & 20) ist das auffälligste Beispiel eines isolierten Dunkelnebels, aber dunkle Bänder lassen sich häufig vor dem leuchtenden Gas der Emissionsnebel beobachten. Ein bemerkenswertes Beispiel dafür ist M 20 (der Trifid-Nebel) in Sagittarius (Karte 12 & 18).

Planetarische Nebel

Planetarische Nebel haben eine völlig andere Struktur. Sie haben allerdings nichts mit den Planeten zu tun, manche sehen aber einem Planetenscheibchen sehr ähnlich. Bei ihnen handelt es sich um Gashüllen, die ein Stern in einer späten Phase seiner Entwicklung abgestoßen hat. Wie bei den Emissionsnebeln wird das Gas durch die Strahlung des Sterns zum Leuchten angeregt; der teilweise sichtbare Zentralstern ist dabei entweder ein heißer Heliumstern oder ein Weißer Zwerg. Dessen Helligkeit wird wiederum in der Spalte „Sternhelligkeit“ angegeben.

Einige Planetarische Nebel haben einen hellen Kern und schwächere Außenbereiche, die nur in größeren Teleskopen zu sehen sind. Im Atlas wird der Durchmesser in Bogensekunden angegeben, wobei der Durchmesser der Außenbereiche in Klammern vermerkt ist. Bei NGC 6369 in Ophiuchus (Karte 18) zum Beispiel steht „30 (60)“. M 57 (der Ringnebel) in Lyra und M 27 (der Hantelnebel) in Vulpecula (beide Karte 6) sind sehr bekannte Planetarische Nebel.

Galaxien

Es gibt verschiedene Galaxientypen, und Berufsastronomen teilen sie in ein komplexes Klassifikationsschema ein. In diesem Atlas verwenden wir ein einfacheres Schema (Abb. 9) aus vier Grundtypen: Elliptische (E), Spiralen (S), Balkenspiralen (SB) und Irreguläre (Irr). Elliptische Galaxien haben keine Spiralarme, Staubwolken, Offene Sternhaufen oder diffuse Nebel. Da die Sternbildung in ihnen faktisch zum Erliegen kam, enthalten sie keine hellen, jungen, blauen Sterne. Man unterteilt sie aufgrund ihrer Abplattung:

Abb. 9

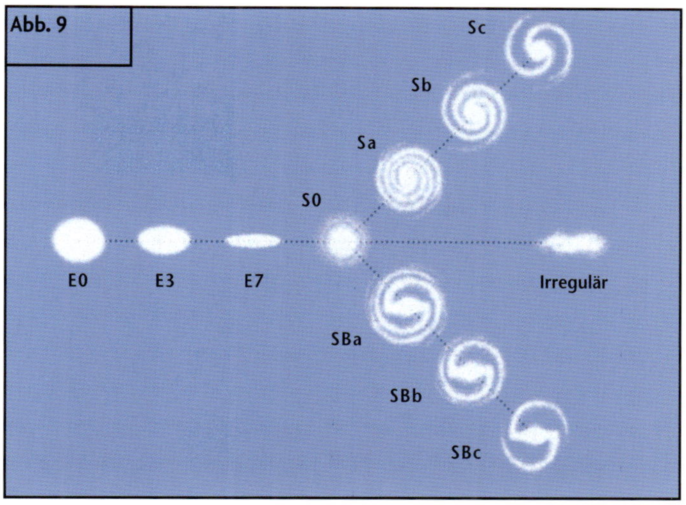

E0 sind kugelförmige Systeme, und E7 sind linsenförmige Systeme (beispielsweise NGC 3384 in Leo).

Spiralgalaxien dagegen enthalten Spiralarme, Staubwolken, Offene Sternhaufen und diffuse Nebel. Man unterteilt sie anhand der Öffnung ihrer Arme: von Sa für eng gewundene Arme bis Sd für weit offene Arme. Der Untertyp S0 – linsenförmige Galaxien – beschreibt Objekte mit einem zentralen Kern, der von einer Scheibe umgeben ist.

Balkenspiralen ähneln gewöhnlichen Spiralgalaxien, haben aber eine balkenförmige Anordnung aus Sternen in der Mitte. Vermutlich gehört unsere Galaxis zu diesem Typ. Wie gewöhnliche Spiralen unterteilt man sie anhand der Öffnung ihrer Arme (SBa, SBb, SBc, SBd). Sowohl in Spiralgalaxien als auch in Balkenspiralen entstehen noch Sterne.

Irreguläre Galaxien zeigen keine Struktur. Die Kleine Magellansche Wolke ist möglicherweise ein Beispiel, aber die Große Magellansche Wolke, die man früher ebenfalls für irregulär hielt, gilt inzwischen als Balkenspirale. Einige Galaxien passen nicht in dieses Schema, weshalb man sie als „pekuliar“ („besonders“) bezeichnet. Ihre unregelmäßige, verzerrte Form dürfte das Ergebnis der Kollision zweier Galaxien sein. Achtung: Die Anordnung der Galaxien im Diagramm darf man nicht als Entwicklungsweg interpretieren.

01 | Nördlich von Deklination +65°

ABKÜRZUNGEN FÜR VERÄNDERLICHE

Cep Klassischer Cepheide	**EB** β Lyrae-Typ	**Irr** Irregulärer	**Rn** Wiederkehrende Nova
CW Typ II Cepheid	**EW** W-Ursae-Majoris-Typ	**RCB** R-Coronae-Borealis-Typ	**N** Nova
E Bedeckungsveränderlicher	**M** Mira (langperiodischer) Typ	**δ Sct** Delta-Scuti-Typ	**RV** RV-Tauri-Typ
EA Algol Typ	**SR** Halbregelmäßiger	**ZA** Z-Andromedae-Typ	**SD** S-Doradus-Typ

VERÄNDERLICHE STERNE

Stern	RA h m	Dekl. ° '	Helligkeit	Typ	Periode Tage	Spektrum	Anmerkung
YZ Cas	00 45,7	+44 59	5,7–6,1	EA	4,47	A2 + F2	
RZ Cas	02 48,9	+69 38	6,2–7,7	EA	1,20	A3	
R UMa	10 44,6	+68 47	6,7–13,4	M	301,7	M	
VY UMa	10 45,1	+67 25	5,9–6,5	Irr	–	M	*
RY Dra	12 56,4	+66 00	6,0–8,0	SR	172,5:	K	
RR UMi	14 57,6	+65 56	6,1–6,5 p	SR	40:	M	
UX Dra	19 21,6	+76 34	5,9–7,1	SR	168:	C	

DOPPEL- UND MEHRFACHSTERNE

Stern	RA h m	Dekl. ° '	Helligkeit	Positions-winkel °	Distanz "	Anmerkung
ψ Cas	01 25,9	+68 88	4,7 + 9,6	25	33,4	
48 Cas	02 02,0	+70 54	4,7 + 6,4	263	0,9	P = 60,4 a
ι Cas	02 29,1	+67 24	4,6 + 6,9	230	2,5	AB, P = 840 a
			8,4	114	7,2	AC
α UMi	02 31,8	+89 16	2,0 + 9,0	218	18,4	Polaris *
ψ¹ Dra	17 41,9	+72 09	4,8 + 5,8	15	30,3	*
40, 41 Dra	18 00,2	+80 00	5,7 + 6,1	232	19,3	
ε Dra	19 48,2	+70 16	3,8 + 7,4	15	3,1	
κ Cep	20 08,9	+77 43	4,4 + 8,4	122	7,4	
β Cep	21 28,7	+70 34	3,2 + 7,9	249	13,3	Alfirk
π Cep	23 07,9	+75 23	4,6 + 6,6	357	1,2	P = 147 a
ο Cep	23 18,6	+68 07	4,9 + 7,1	223	2,8	P = 796,2 a

OFFENE STERNHAUFEN

NGC/IC	Anderer Name	Sternbild	RA h m	Dekl. ° '	Helligkeit	Durchmesser '	Stern-zahl	Anmerkung
188		Cep	00 44,4	+85 20	8,1	14	120	*

HELLE GASNEBEL

NGC/IC	anderer Name	Sternbild	RA h m	Dekl. ° '	Typ	Durchmesser '	Hell. Stern	Anmerkung
7822		Cep	00 03,6	+66 37	E	60 x 30	–	
–	Ced, 214	Cep	00 04,7	+67 10	E + R	50 x 40	1,7	
7023		Cep	21 01,8	+68 12	R	18 x 18	6,8	

PLANETARISCHE NEBEL

NGC/IC	anderer Name	Sternbild	RA h m	Dekl. ° '	Helligkeit	Durchmesser "	Hell. Stern	Anmerkung
40		Cep	00 13,0	+72 32	10,7	37	11,6	
IC 3568		Cam	12 32,9	+82 33	11,6	6	12,3	
6543		Dra	17 58,6	+66 38	8,8	18 (350)	11,4	*

GALAXIEN Siehe Abb. 9, S. 11

NGC/IC	anderer Name	Sternbild	RA h m	Dekl. ° '	Helligkeit	Größe '	Typ	Anmerkung
IC 342		Cam	03 46,8	+68 06	9,1	17,8 × 17,4	Sc	
IC 356		Cam	04 07,8	+69 49	11,4	5,2 × 4,1	Sb	
IC 560		Cam	04 32,8	+71 53	11,5	9,8 × 2,8	Sd	
1961		Cam	05 42,1	+69 23	11,1	4,3 × 3,0	Sb	
2146		Cam	06 18,7	+78 21	18,5	6,0 × 3,8	SBb	
2336		Cam	07 27,1	+80 11	10,5	6,9 × 4,0	Sb	
2366		Cam	07 28,9	+69 13	10,9	7,6 × 3,5	Irr	
2403		Cam	07 36,9	+65 36	8,4	17,8 × 11,0	Sc	*
–	U 4305	UMa	08 18,9	+70 43	10,6	7,6 × 6,2	Irr	
2655		Cam	08 55,6	+78 13	10,1	5,1 × 4,1	SBa	
2715		Cam	09 08,1	+78 05	11,4	5,0 × 1,9	Sc	
2787		UMa	09 19,3	+69 12	10,8	3,4 × 2,3	Sa	
2976		UMa	09 47,3	+67 55	10,2	4,9 × 3,5	Sc	
2985		UMa	09 50,4	+72 17	10,5	4,3 × 3,4	Sb	
3031	M81	UMa	09 55,6	+69 04	6,9	25,7 × 14,1	Sb	*
3034	M82	UMa	09 55,8	+69 41	8,4	11,2 × 4,6	Pec	*
3077		UMa	10 03,3	+68 44	9,9	4,6 × 3,6	E1	
3147		Dra	10 16,9	+73 24	10,7	4,0 × 3,5	Sb	
IC2574		UMa	10 28,4	+68 25	10,6	12,3 × 5,9	S	
3348		UMa	10 47,2	+72 50	11,2	2,2 × 2,2	E1	
4125		Dra	12 08,1	+65 11	9,8	5,1 × 3,2	E5	
4236		Dra	12 16,7	+69 28	9,7	18,6 × 6,9	SB	
4589		Dra	12 37,4	+74 12	11,8	3,0 × 2,7	Sa	
4750		Dra	12 50,1	+72 52	11,9	2,3 × 2,1	Sa	
6503		Dra	17 49,4	+70 09	10,2	6,2 × 2,3	Sb	

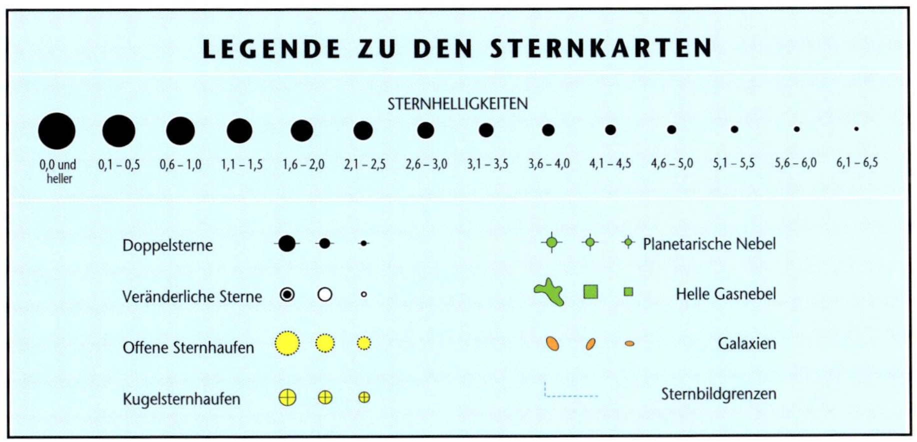

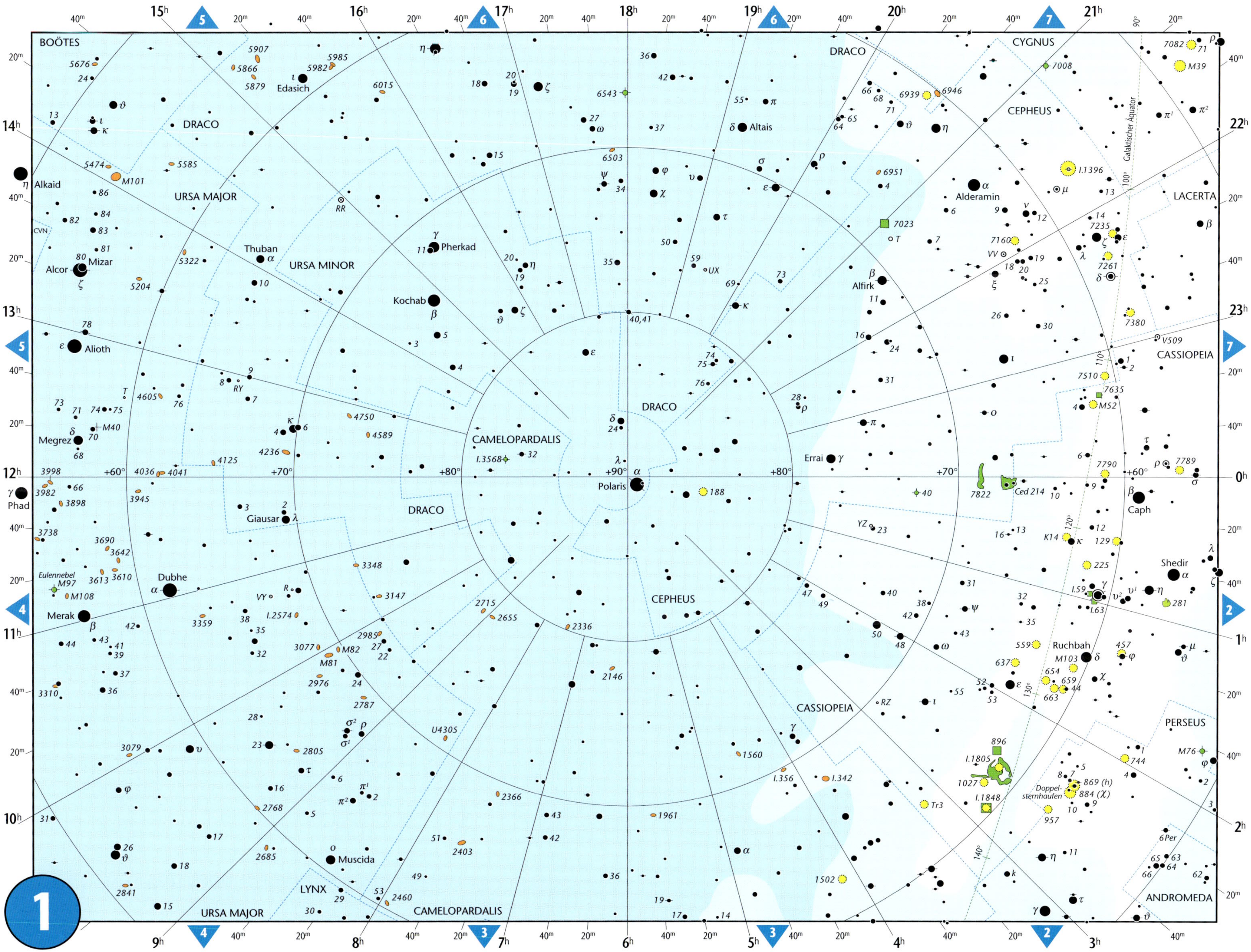

1
BOÖTES
DRACO
URSA MAJOR
URSA MINOR
CAMELOPARDALIS
CEPHEUS
CASSIOPEIA
CYGNUS
LACERTA
PERSEUS
ANDROMEDA
LYNX
CVN
Alkaid
Mizar
Alcor
Alioth
Megrez
Phad
Dubhe
Merak
Thuban
Edasich
Pherkad
Kochab
Giausar
Muscida
Polaris
Errai
Altais
Alfirk
Alderamin
Caph
Shedir
Ruchbah
Eulennebel
Doppel-sternhaufen
Galaktischer Äquator
+60°
+70°
+80°
+90°

02 | Rektaszension 0^h bis 4^h, Deklination +65° bis +20°

VERÄNDERLICHE STERNE

Stern	RA h m	Dekl. ° '	Helligkeit	Typ	Periode Tage	Spektrum	Anmerkung
R And	00 24,0	+38 35	5,8–14,9	M	409,3	M	
γ Cas	00 56,7	+60 43	1,6–3,0	Irr	–	B0	*
R Tri	02 37,0	+34 16	5,4–12,6	M	266,5	M	*
ρ Per	03 05,2	+38 50	3,3–4,0	EA	50:	M	*
β Per	03 08,2	+40 57	2,1–3,4	EA	2,87	B + G	Algol *
X Per	03 55,4	+31 03	6,1–7,0	Irr	–	0	*

DOPPEL- UND MEHRFACHSTERNE

Stern	RA h m	Dekl. ° '	Helligkeit	Positionswinkel °	Distanz "	Anmerkung
π And	00 36,9	+33 43	4,4 + 8,6	173	35,9	
η Cas	00 49,1	+57 49	3,4 + 7,5	317	12,9	P = 480 a *
γ Cas	00 56,7	+60 43	1,6 v + 11,2	248	2,1	Veränderlicher *
ψ^1 Psc	01 05,6	+21 28	5,6 + 5,8	159	30,0	
35 Cas	01 21,1	+64 40	6,3 + 8,7	344	55,5	
γ And	02 03,9	+42 20	2,3 + 5,1	63	9,8	AB, Almaak *
			5,5 + 6,3	103	0,4	BaBb: P = 61,1 a
6 Tri	02 12,4	+30 18	5,3 + 6,9	71	3,9	*
30 Ari	02 37,0	+24 39	6,6 + 7,4	274	38,6	
33 Ari	02 40,7	+27 04	5,5 + 6,4	0	28,6	
ε Ari	02 59,2	+21 20	5,2 + 5,5	203	1,5	*
θ Per	02 44,2	+49 14	4,1 + 9,9	305	20,0	P = 2720 a
η Per	02 50,7	+55 54	3,8 + 8,5	300	28,3	AB
			9,8	268	66,6	AC
40 Per	03 42,4	+33 58	5,0 + 9,5	238	20,0	
ο Per	03 44,3	+32 17	3,8 + 8,3	37	10	
ζ Per	03 54,1	+31 53	2,9 + 9,5	208	12,9	Atik: AB *
			11,3	286	32,8	AC
			9,5	195	94,2	AD
			10,2	185	120,3	AE
ε Per	03 57,9	+40 01	2,9 + 6,1	10	8,8	

OFFENE STERNHAUFEN

NGC/IC	Anderer Name	Sternbild	RA h m	Dekl. ° '	Helligkeit	Durchmesser '	Sternzahl	Anmerkung
129		Cas	00 29,9	+60 14	6,5	21	35	
–	K14	Cas	00 31,9	+63 10	8,5	7	20	
225		Cas	00 43,4	+61 47	7,0	12	15	
457		Cas	01 19,1	+58 20	6,4	13	80	
559		Cas	01 29,5	+63 18	9,5	4,4	60	
581	M103	Cas	01 33,2	+60 42	7,4	6	25	
637		Cas	01 42,9	+64 00	8,2	3,5	20	
654		Cas	01 44,1	+61 53	6,5	5	60	
659		Cas	01 44,2	+60 42	7,9	5	40	
663		Cas	01 46,0	+61 15	7,1	16	80	
752		And	01 57,8	+37 41	5,7	50	60	*
744		Per	01 58,4	+55 29	7,9	11	20	
869	h	Per	02 19,0	+57 09	4,3 p	30	200	Doppel-
884	χ	Per	02 22,4	+57 07	4,4 p	30	150	sternhaufen *
IC1805		Cas	02 32,7	+61 27	6,5	22	40	mit Gasnebel
957		Per	02 33,6	+57 32	7,6	11	30	
1039	M34	Per	02 42,0	+42 47	5,2	35	60	*
1027		Cas	02 42,7	+61 33	6,7	20	40	
IC1848		Cas	02 51,2	+60 26	6,5	12	10	
–	Tr3	Cas	03 11,8	+63 15	7,0 p	23	30	
1245		Per	03 14,7	+47 15	8,4	10	200	
1342		Per	03 31,6	+37 20	6,7	14	40	
–	M45	Tau	03 47,0	+24 07	1,2	110	100	Plejaden *
1444		Per	03 49,4	+52 40	6,6	4,0		

HELLE GASNEBEL

NGC/IC	anderer Name	Sternbild	RA h m	Dekl. ° '	Typ	Durchmesser '	Hell.-Stern	Anmerkung
281		Cas	00 52,8	+56 36	E	35 × 30	7,8	
IC 59		Cas	00 56,7	+61 04	E + R	10 × 5	2,5	γ Cas *
IC 63		Cas	00 59,5	+60 49	E + R	10 × 3	2,5	γ Cas *
896		Cas	02 24,8	+61 54	E	27 × 13	10,5	
IC 1805		Cas	02 33,4	+61 26	E	60 × 60	–	
IC 1848		Cas	02 51,3	+60 25	E	60 × 30	–	

PLANETARISCHE NEBEL

NGC/IC	anderer Name	Sternbild	RA h m	Dekl. ° '	Helligkeit	Durchmesser "	Hell. Stern	Anmerkung
650, 651	M76	Per	01 42,4	+51 34	12,2	65 (290)	17,0:	Kleiner Hantelnebel

GALAXIEN

NGC/IC	anderer Name	Sternbild	RA h m	Dekl. ° '	Helligkeit	Größe '	Typ	Anmerkung
23		Peg	00 09,9	+25 55	11,9	2,3 × 1,6	So	
147		Cas	00 33,2	+48 30	9,3	12,9 × 8,1	dE4	
185		Cas	00 39,0	+48 20	9,2	11,5 × 9,8	dE0	
205	M110	And	00 40,4	+41 41	8,0	17,4 × 9,8	E6	Satellit von M31 *
221	M32	And	00 42,7	+40 52	8,2	7,6 × 5,8	E2	Satellit von M31 *
224	M31	And	00 42,7	+41 16	3,5	178 × 63	Sb	Andromeda-Galaxie *
278		Cas	00 52,1	+47 33	10,9	2,2 × 2,1	E0	
404		And	01 09,4	+35 43	10,1	4,4 × 4,2	E0	6,5' NW von β And *
598	M33	Tri	01 33,9	+30 39	5,7	62 × 39	Sc	Dreiecks-Nebel *
IC 1727		Tri	01 47,5	+27 20	11,6	6,2 × 2,9	SB	
672		Tri	01 47,9	+27 26	10,8	6,6 × 2,7	SBc	
784		Tri	02 01,3	+28 50	11,8	6,2 × 1,7	SB	
891		And	02 22,6	+42 21	10,0	13,5 × 2,8	Sb	
925		Tri	02 27,3	+33 35	10,0	9,8 × 6,0	SBc	
IC 239		And	02 36,5	+38 58	11,2	4,6 × 4,3	SBc	
1003		Per	02 39,3	+40 52	11,5	5,4 × 2,1	Sc	
1023		Per	02 40,4	+39 04	9,5	8,7 × 3,3	E7	

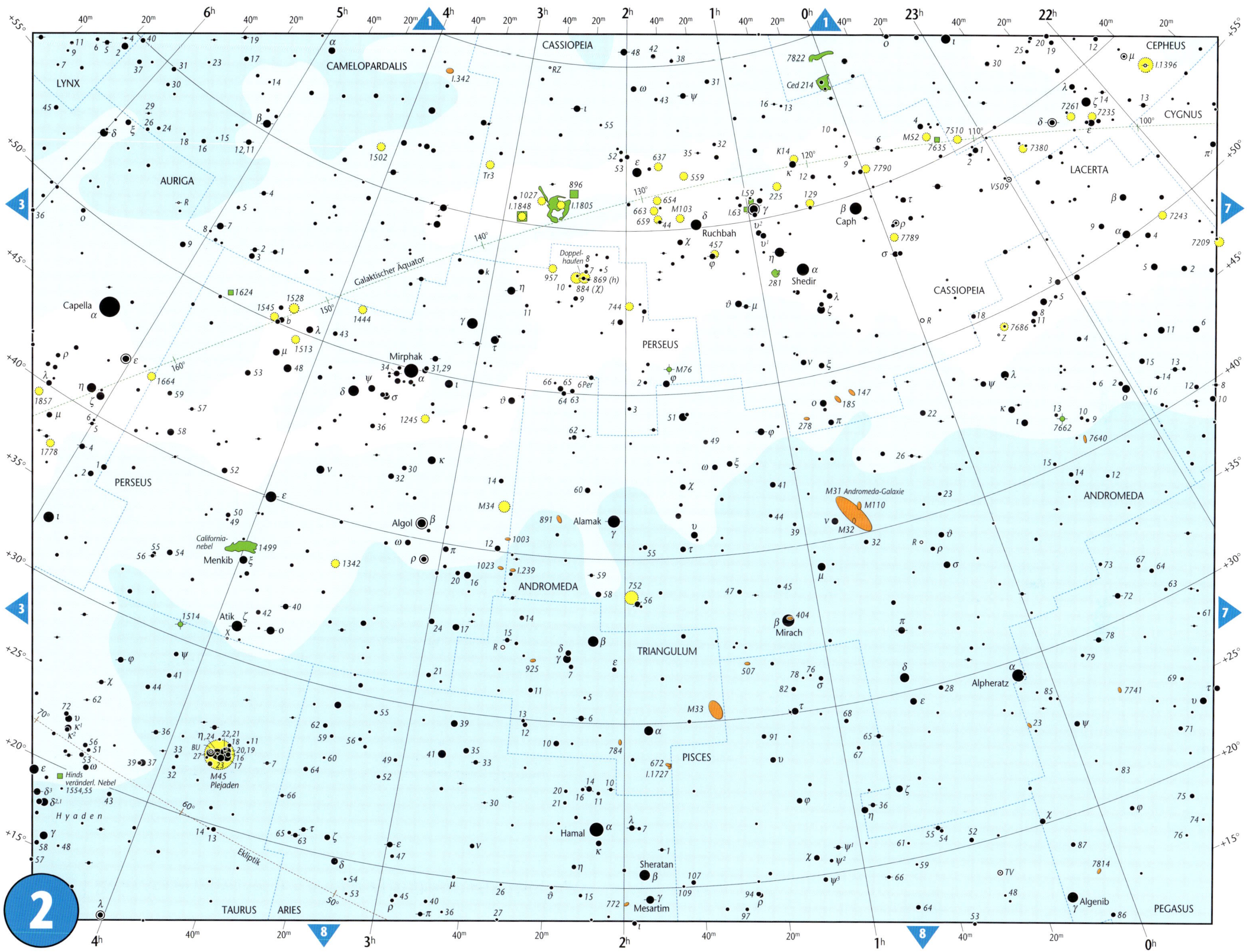

2
CASSIOPEIA
CAMELOPARDALIS
LYNX
AURIGA
PERSEUS
CEPHEUS
CYGNUS
LACERTA
ANDROMEDA
TRIANGULUM
PISCES
ARIES
TAURUS
PEGASUS
Capella
Mirphak
Algol
Menkib
California-nebel
Atik
Alamak
Ruchbah
Caph
Shedir
Mirach
Alpheratz
Algenib
Hamal
Sheratan
Mesartim
M31 Andromeda-Galaxie
M110
M32
M33
M34
M45 Plejaden
M76
M103
M52
Doppel-haufen
869 (h)
884 (χ)
Galaktischer Äquator
Ekliptik
Hyaden
Hinds veränderl. Nebel 1554,55
Ced 214
7822

03 | Rektaszension 4^h bis 8^h, Deklination +65° bis +20°

VERÄNDERLICHE STERNE

Stern	RA h m	Dekl. ° '	Helligkeit	Typ	Periode Tage	Spektrum	Anmerkung
HU Tau	04 38,3	+20 41	5,9–6,7	EA	2,06	A	*
ε Aur	05 02,0	+43 49	2,9–3,8	EA	9892	A–F	*
R Aur	05 17,3	+53 35	6,7–13,7	M	457,5	M	
AR Aur	05 18,3	+33 46	6,2–6,8	EA	4,13	A + B	
U Ori	05 55,8	+20 10	4,8–12,6	M	372,4	M	
TV Gem	06 11,8	+21 52	8,7–9,5 p	SR	182	M	
BU Gem	06 12,3	+22 54	5,7–7,5	Irr	–	M	
η Gem	06 14,9	+22 30	3,2–3,9	SR	232,9	M	Propus *
RT Aur	06 28,6	+30 30	5,0–5,8	Cep	3,72	F–G	
WW Aur	06 32,5	+32 27	5,8–6,5	EA	2,53	A	
UU Aur	06 36,5	+38 27	7,8–10,0	SR	234	C	*
ζ Gem	07 04,1	+20 34	3,7–4,2	Cep	10,15	F–G	Mekbuda
R Gem	07 07,4	+22 42	6,0–14,0	M	369,8	S	

DOPPEL- UND MEHRFACHSTERNE

Stern	RA h m	Dekl. ° '	Helligkeit	Positions-winkel °	Distanz "	Anmerkung
φ Tau	04 20,4	+27 21	5,0 + 8,0	250	52,1	
χ Tau	04 22,6	+25 38	5,5 + 7,6	24	19,4	
56 Per	04 24,6	+33 58	5,9 + 8,7	22	4,2	
k^1, k^2 Tau	04 25,4	+22 18	4,2 + 5,3	173	339	
4 Aur	04 59,3	+37 53	5,0 + 8,0	359	5,4	
14 Aur	05 15,4	+32 41	5,1 + 11,1	352	11,1	
			7,4	226	14,6	
			10,4	321	184,0	
R Aur	05 17,3	+53 35	6,9v + 8,6	339	47,5	Veränderlicher
118 Tau	05 29,3	+25 09	5,8 + 6,6	204	4,8	
26 Aur	05 38,6	+30 30	6,0 + 6,3	3	0,2	AB, P = 53,2 a
			8,0	267	12,4	BC
ν Aur	05 51,5	+39 09	4,0 + 9,3	206	54,6	
δ Aur	05 59,5	+54 17	3,7 + 9,5	271	115,4	
			9,5	67	197,1	
θ Aur	05 59,7	+37 13	2,6 + 7,1	313	3,6	*
			10,6	297	50,0	
η Gem	06 14,9	+22 30	3,3v + 6,5	257	1,6	Propus: var.; P = 473,7 a *
μ Gem	06 22,9	+22 31	3,2 + 9,4	141	121,7	
ν Gem	06 29,0	+20 13	4,2 + 8,7	329	112,5	
ε Gem	06 43,9	+25 08	3,0 + 9,0	94	110,3	Mebsuta
12 Lyn	06 46,2	+59 27	5,4 + 6,0	70	1,7	P = 699 a
			7,3	308	8,7	
ζ Gem	07 04,1	+20 34	3,7v + 10,5	84	87,0	Variable, AB *
			8,0	350	96,5	AC
δ Gem	07 20,1	+21 59	3,5 + 8,2	226	5,8	Wasat: P = 1200 a
19 Lyn	07 22,9	+55 17	5,6 + 6,5	315	14,8	AB
			8,9	3	214,9	AD
			10,9	288	74,2	BC
α Gem	07 34,6	+31 53	1,9 + 2,9	68	4,0	Castor: AB, P = 420 a*
			8,8	163	72,5	AC
24 Lyn	07 43,0	+58 43	5,0 + 9,5	320	54,7	

OFFENE STERNHAUFEN

NGC/IC	Anderer Name	Sternbild	RA h m	Dekl. ° '	Helligkeit	Durchmesser '	Stern-zahl	Anmerkung
1502		Cam	04 07,7	+62 20	5,7	8	45	*
1513		Per	04 10,0	+49 31	8,4	9	50	
1528		Per	04 15,4	+51 14	6,4	24	40	
1545		Per	04 20,9	+50 15	6,2	18	28	
1664		Aur	04 51,1	+43 42	7,6	18	–	
1746		Tau	05 03,6	+23 49	6,1	42	20	
1778		Aur	05 08,1	+37 03	7,7	7	25	
1857		Aur	05 20,2	+39 21	7,0	6	40	
1893		Aur	05 22,7	+33 24	7,5	11	60	
1907		Aur	05 28,0	+35 19	8,2	7	30	
1912	M38	Aur	05 28,7	+35 50	6,4	21	100	*
1960	M36	Aur	05 36,1	+34 08	6,0	12	60	*
2099	M37	Aur	05 52,4	+32 33	5,6	24	150	*
2129		Gem	06 01,0	+23 18	6,7	7	40	
IC 2157		Gem	06 05,0	+24 00	8,4	7	20	
2158		Gem	06 07,5	+24 06	8,6	5	–	
2168	M35	Gem	06 08,9	+24 20	5,1	28	200	*
2175		Ori	06 09,8	+20 19	6,8	18	60	In Nebel NGC 2174 *
2281		Aur	06 49,3	+41 04	5,4	15	30	*
2331		Gem	07 07,2	+27 21	8,5	18	30	
2420		Gem	07 38,5	+21 34	8,3	10	100	

KUGELSTERNHAUFEN

NGC/IC	anderer Name	Sternbild	RA h m	Dekl. ° '	Helligkeit	Durchmesser '	Anmerkung
2419		Lyn	07 38,1	+38 53	10,4	4,1	

HELLE GASNEBEL

NGC/IC	anderer Name	Sternbild	RA h m	Dekl. ° '	Typ	Durchmesser '	Hell. Stern	Anmerkung
1499		Per	04 00,7	+36 37	E	145 × 40	4,0	California-Nebel
1624		Per	04 40,5	+50 27	E	5 × 5		
1931		Aur	05 31,4	+34 15	E + R	3 × 3		
1952	M1	Tau	05 34,5	+22 01	E	6 × 4	16	Krabbennebel, SNR *
2174		Gem	06 09,7	+20 30	E	40 × 30	7,6	Mit Haufen 2175 *
IC 443		Gem	06 16,9	+22 47	E	50 ¥ 40	8,8	SNR

PLANETARISCHE NEBEL

NGC/IC	anderer Name	Sternbild	RA h m	Dekl. ° '	Helligkeit	Durchmesser "	Hell. Stern	Anmerkung
1514		Tau	04 09,2	+30 47	10,0	114	9,4	*
2392		Gem	07 29,2	+20 55	9,9	13 (44)	10,5	Eskimonebel

GALAXIEN

NGC/IC	anderer Name	Sternbild	RA h m	Dekl. ° '	Helligkeit	Größe '	Typ	Anmerkung
2460		Cam	07 56,9	+60 21	11,7	2,9 × 2,2	Sb	

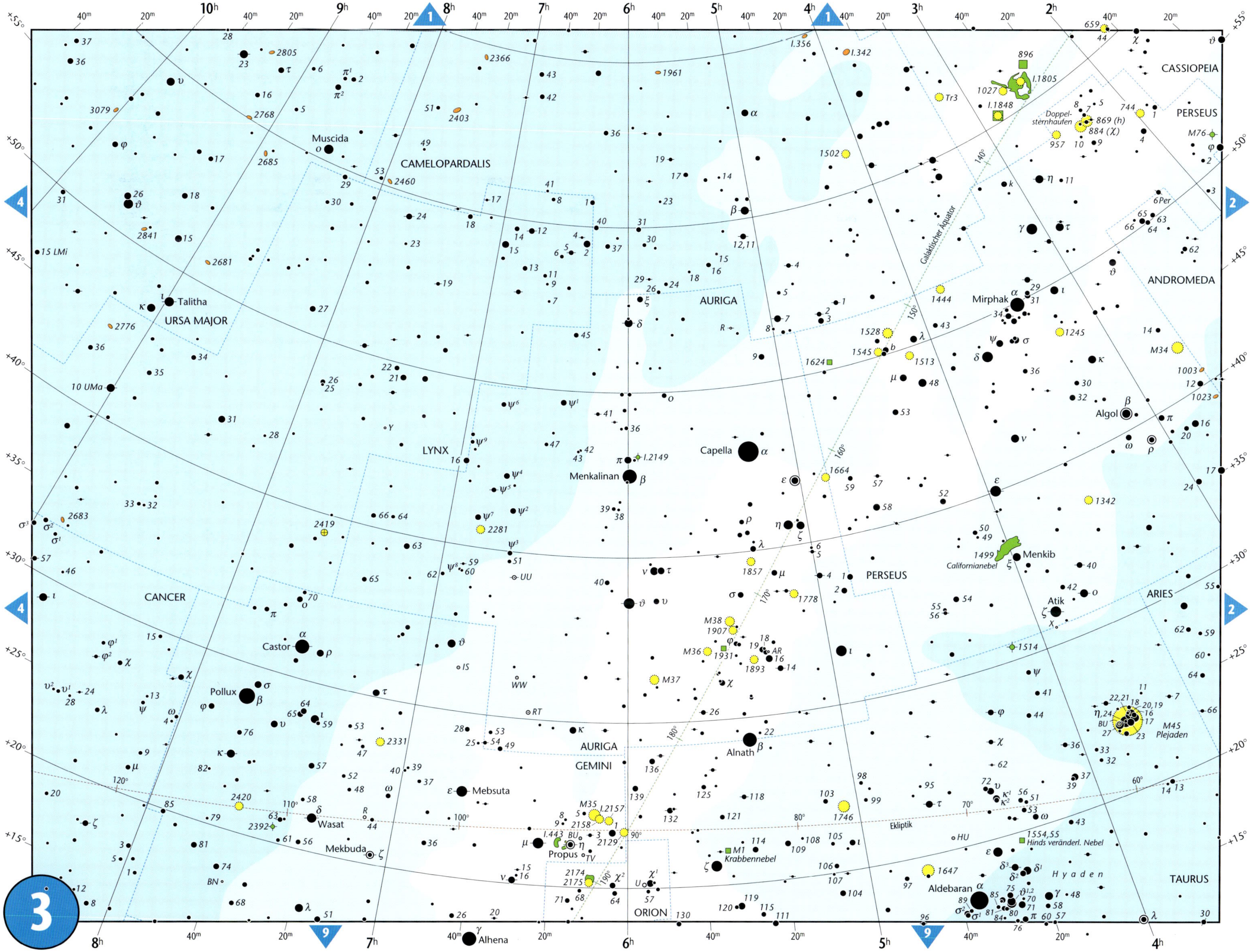

CASSIOPEIA
PERSEUS
ANDROMEDA
CAMELOPARDALIS
AURIGA
LYNX
URSA MAJOR
CANCER
GEMINI
ARIES
TAURUS
ORION
Capella
Menkalinan
Mirphak
Algol
Menkib
Atik
Alnath
Aldebaran
Castor
Pollux
Mebsuta
Wasat
Mekbuda
Propus
Alhena
Talitha
Muscida
Doppel-sternhaufen
Californianebel
Krabbennebel
M45 Plejaden
Hyaden
Hinds veränderl. Nebel
Galaktischer Äquator
Ekliptik
3

04 | Rektaszension 8^h bis 12^h, Deklination +65° bis +20°

VERÄNDERLICHE STERNE

Stern	RA h m	Dekl. ° '	Helligkeit	Typ	Periode Tage	Spektrum	Anmerkung
RS Cnc	09 10,6	+30 58	5,1–7,0	SR	120:	M	
R LMi	09 45 6	+34 31	6,3–13,2	M	371,9	M	
ST UMa	11 27,8	+45 11	7,7–9,5	SR	81	M	

DOPPEL- UND MEHRFACHSTERNE

Stern	RA h m	Dekl. ° '	Helligkeit	Positionswinkel °	Distanz "	Anmerkung
ι Cnc	08 46,7	+28 46	4,2 + 6,6	307	30,5	*
ι UMa	08 59,2	+48 02	3,1 + 10,2	177	2,0	Talitha: P = 817,9 a
38 Lyn	09 18,8	+36 48	3,9 + 6,6	229	2,7	
23 UMa	09 31,5	+63 04	3,7 + 8,9	270	22,7	
54 Leo	10 55,6	+24 45	4,5 + 6,3	110	6,5	
α UMa	11 03,7	+61 45	1,9 + 4,8	223	0,6	Dubhe: P = 44,7 a *
ξ UMa	11 18,2	+31 32	4,3 + 4,8	273	1,8	P = 59,8 a *
ν UMa	11 18,5	+33 06	3,5 + 9,9	147	7,2	*
57 UMa	11 29,1	+39 20	5,3 + 8,3	359	5,4	

PLANETARISCHE NEBEL

NGC/IC	anderer Name	Sternbild	RA h m	Dekl. ° '	Helligkeit	Durchmesser "	Hell. Stern	Anmerkung
3587	M97	UMa	11 14,8	+55 01	12,0	194	15,9	Eulennebel

GALAXIEN

NGC/IC	anderer Name	Sternbild	RA h m	Dekl. ° '	Helligkeit	Größe '	Typ	Anmerkung
2683		Lyn	08 52,7	+33 25	9,7	9,3 × 2,5	Sb	*
2601		UMa	08 53,5	+51 19	10,3	3,8 × 3,5	Sa	
2685		UMa	08 55,6	+58 44	11,1	5,2 × 3,0	Sb	
2770		Lyn	09 09,6	+33 07	12,1	3,7 × 1,3	Sa	
2768		UMa	09 11,6	+60 02	10,0	6,3 × 2,8	E5	
2776		Lyn	09 12,2	+44 57	11,6	2,9 × 2,7	Sc	
2805		UMa	09 20,3	+64 06	11,3	6,3 × 5,0	SBd	
2841		UMa	09 22,0	+50 58	9,3	8,1 × 3,8	Sb	
2903		Leo	09 32,2	+21 30	8,9	12,6 × 6,6	Sb	
3079		UMa	10 02,0	+55 41	10,7	7,6 × 1,7	Sb	
3190		Leo	10 18,1	+21 50	11,0	4,6 × 1,5	Sb	
3184		UMa	10 18,3	+41 25	9,8	6,9 × 6,8	Sc	
3193		Leo	10 18,4	+21 54	10,9	2,8 × 2,6	E0	
3198		UMa	10 19,9	+45 33	10,4	8,3 × 3,7	Sc	
3245		LMi	10 27,3	+28 30	10,8	3,2 × 1,9	E5	
3294		lMi	10 36,3	+37 20	11,7	3,3 × 1,8	So	
3310		UMa	10 38,7	+53 30	10,9	3,6 × 3,0	SBb	
3319		UMa	10 39,2	+41 41	11,3	6,8 × 3,9	SBc	
3344		LMi	10 43,5	+24 55	10,0	6,9 × 6,5	Sc	
3359		UMa	10 46,6	+63 13	10,5	6,8 × 4,3	SBc	
3430		LMi	10 52,2	+32 57	11,5	3,9 × 2,3	Sc	
3432		LMi	10 52,5	+36 37	11,3	6,2 × 1,5	SB	
3486		LMi	11 00,4	+28 58	10,3	6,9 × 5,4	Sc	
3504		LMi	11 03,2	+27 58	11,1	2,7 × 2,2	Sb	
3556	M108	UMa	11 11,5	+55 40	10,1	8,3 × 2,5	Sc	*
–	U 6253	Leo	11 13,5	+22 10	11,5	14,5 × 12,9	dE0	Leo II
3583		UMa	11 14,2	+48 19	11,7	2,8 × 2,0	Sc	
3610		UMa	11 18,4	+58 47	10,8	3,2 × 2,5	E2	
3613		UMa	11 18,6	+58 00	11,6	3,6 × 2,0	E5	
3631		UMa	11 21,0	+53 10	10,4	4,6 × 4,1	Sc	
3646		Leo	11 21,7	+20 10	11,2	3,9 × 2,6	Sc	
3642		UMa	11 22,3	+59 05	11,1	5,8 × 4,9	Sc	
3665		UMa	11 24,7	+38 46	10,8	3,2 × 2,6	E2	
3675		UMa	11 26,1	+43 35	10,9	5,9 × 3,2	Sb	
3690		UMa	11 28,5	+58 33	12,0	2,4 × 1,9	S	
3718		UMa	11 32,6	+53 04	10,5	8,7 × 4,5	SBa	
3726		UMa	11 33,3	+47 02	10,4	6,0 × 4,5	So	
3738		UMa	11 35,8	+54 31	11,7	2,6 × 2,0	Pec	
3769		UMa	11 37,7	+47 54	11,8	3,20 × 1,1	Sb	
3877		UMa	11 46,1	+47 30	11,6	5,4 × 1,5	Sb	
3893		UMa	11 48,6	+48 43	11,1	4,4 × 2,8	Sc	
3898		UMa	11 49,2	+56 05	10,8	4,4 × 2,6	Sb	
3941		UMa	11 52,9	+36 59	11,4	3,8 × 2,5	E3	
3945		UMa	11 53,2	+60 41	10,6	5,5 × 3,6	SBa	
3949		UMa	11 53,7	+47 52	11,0	3,0 × 1,8	Sb	
3953		UMa	11 53,8	+52 20	10,1	6,6 × 3,6	Sb	
3982		UMa	11 56,5	+55 08	11,7	2,5 × 2,2	Sb	
3992	M109	UMa	11 57,6	+53 23	9,8	7,6 × 4,9	SBb	*
3998		UMa	11 57,9	+55 27	10,6	3,1 × 2,5	E2	
IC 700		UMa	11 58,9	+42 43	11,8	2,9 × 1,4	Sb	
4026		UMa	11 59,4	+50 50	11,7	5,1 × 1,4	S0	

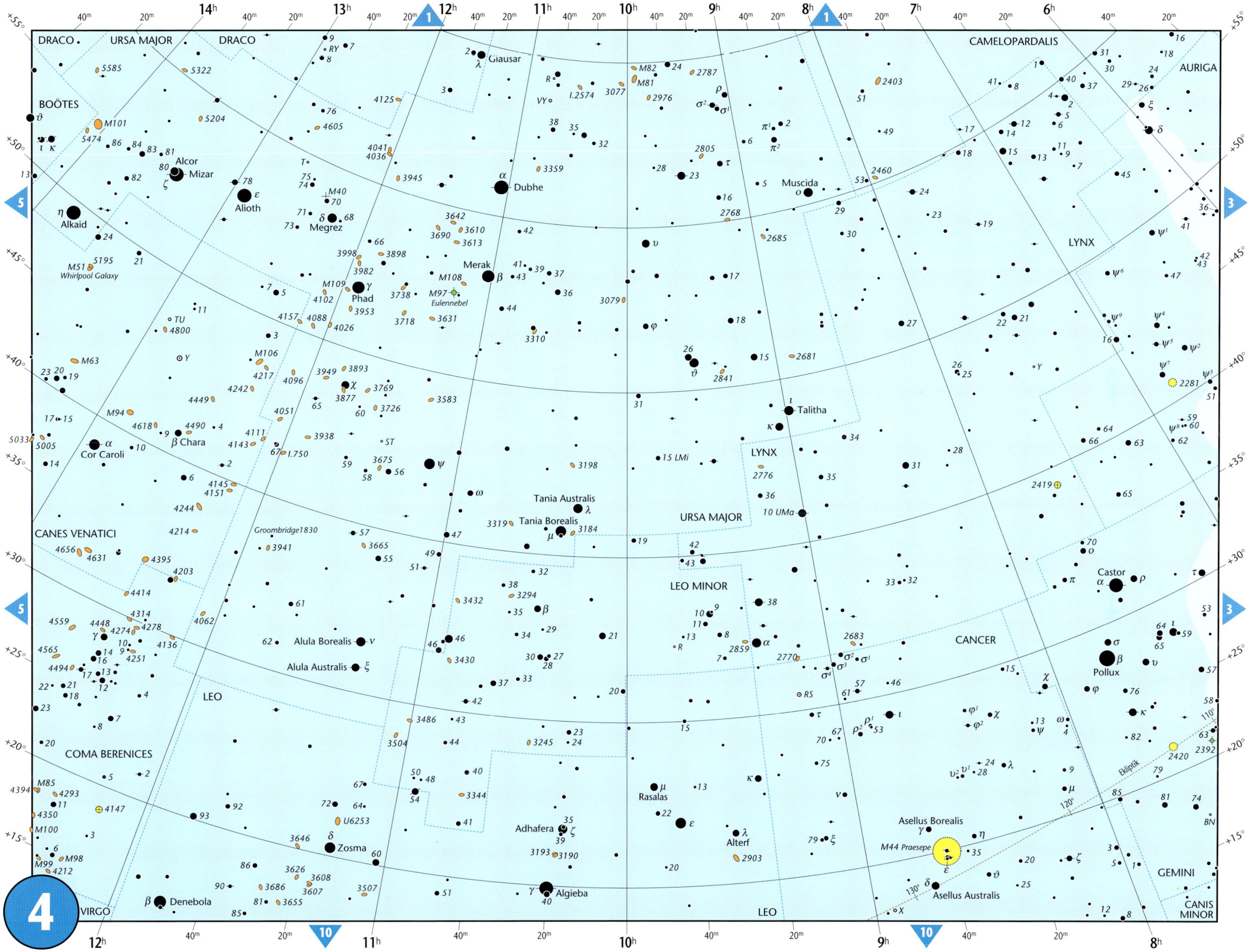

DRACO
URSA MAJOR
BOÖTES
CAMELOPARDALIS
AURIGA
LYNX
CANES VENATICI
LEO MINOR
CANCER
COMA BERENICES
LEO
GEMINI
CANIS MINOR
VIRGO
Alcor
Mizar
Alioth
Alkaid
Megrez
Phad
Merak
Dubhe
Giausar
Muscida
Talitha
Tania Australis
Tania Borealis
10 UMa
15 LMi
Castor
Pollux
Cor Caroli
Chara
Alula Borealis
Alula Australis
Rasalas
Alterf
Adhafera
Algieba
Zosma
Denebola
Asellus Borealis
Asellus Australis
M44 Praesepe
M51 Whirlpool Galaxy
M97 Eulennebel
Groombridge1830
Ekliptik
4

05 | Rektaszension 12^h bis 16^h, Deklination +65° bis +20°

VERÄNDERLICHE STERNE

Stern	RA h m	Dekl. ° '	Helligkeit	Typ	Periode Tage	Spektrum	Anmerkung
T UMa	12 36,4	+59 29	6,6–13,4	M	256,5	M	
Y CVn	12 45,1	+45 26	5,2–6,6	SR	257:	K	La Superba
TU CVn	12 54,9	+47 12	5,6–6,6	SR	50	M	
FS Com	13 06,4	+22 37	5,3–6,1	SR	58:	M	
R CVn	13 49,0	+39 33	6,5–12,9	M	328,53	M	
ZZ Boo	13 56,2	+25 55	5,8–6,4	EW	4,99	G	
V Boo	14 29,8	+38 52	7,0–12,0	SR	258	M	
R Boo	14 37,2	+26 44	6,2–13,1	M	233,4	M	
W Boo	14 43,4	+26 32	4,7–5,4	SR	450:	M	
44 Boo	15 03,8	+47 39	5,8–6,4	EW	0,27	G + G	i Boo
S CrB	15 21,4	+31 22	5,8–14,1	M	360,3	M	
R CrB	15 48,6	+28 09	5,7–14,8	RCB	–	G	*
T CrB	15 59,5	+25 55	2,0–10,8	NR	29000:	M	*

DOPPEL- UND MEHRFACHSTERNE

Stern	RA h m	Dekl. ° '	Helligkeit	Positions-winkel °	Distanz "	Anmerkung
2 CVn	12 16,1	+40 40	5,8 + 8,1	260	11,4	
α CVn	12 56,0	+38 19	2,9 + 5,6	229	19,4	Cor Caroli *
78 UMa	13 00,7	+56 22	5,0 + 7,4	69	1,5	P = 115,7 a
ζ UMa	13 23,9	+54 56	2,3 + 4,0	152	14,4	Mizar *
			4,0	71	708,7	80 UMa, Alcor *
κ Boo	14 13,5	+51 47	4,6 + 6,6	236	13,4	
ε Boo	14 45,0	+27 04	2,5 + 4,9	339	2,8	Izar *
39 Boo	14 49,7	+48 43	6,2 + 6,9	45	2,9	
44 Boo	15 03,8	+47 39	5,3 + 6,2 v	53	2,2	P = 225 a; Veränderlicher *
η CrB	15 23,2	+30 17	5,6 + 5,9	63	0,8	P = 41,6 a
μ^1,μ^2 Boo	15 24,5	+37 23	4,3 + 6,5 d	171	108,3	Alkalurops *
μ^2 Boo	15 24,5	+37 21	7,0 + 7,6	8	2,3	P = 260,1 a *

KUGELSTERNHAUFEN

NGC/IC	anderer Name	Sternbild	RA h m	Dekl. ° '	Helligkeit	Durchmesser '	Anmerkung
5272	M3	CVn	13 42,2	+28 23	6,4	16,2	*
5466		Boo	14 05,5	+28 32	9,1	11,0	*

GALAXIEN

NGC/IC	anderer Name	Sternbild	RA h m	Dekl. ° '	Helligkeit	Größe '	Typ	Anmerkung
4036		UMa	12 01,4	+61 54	10,6	4,5 × 2,0	E6	
4041		UMa	12 02,2	+62 08	11,1	2,8 × 2,7	Sc	
4051		UMa	12 03,2	+44 32	10,3	5,0 × 4,0	Sc	
4062		UMa	12 04,1	+31 54	11,2	4,3 × 2,0	Sb	
4080		UMa	12 05,6	+50 33	10,5	5,8 × 2,5	Sc	
4096		UMa	12 06,0	+47 29	10,6	6,5 × 2,0	So	
4102		UMa	12 06,4	+52 43	12,3	3,2 × 1,9	Sc	
4111		CVn	12 07,1	+43 04	10,8	4,8 × 1,1	S0	
4136		Com	12 09,3	+29 56	11,4	4,1 × 3,9	Sc	
4143		CVn	12 09,6	+42 32	12,1	2,9 × 1,8	E4	
4145		CVn	12 10,0	+39 53	11,0	5,8 × 4,4	Sc	
4151		CVn	12 10,5	+39 24	10,4	5,9 × 4,4	Pec	
4157		UMa	12 11,1	+50 29	11,7	6,9 × 1,7	Sb	
4214		CVn	12 15,6	+36 20	9,7	7,9 × 6,3	Irr	
4217		CVn	12 15,8	+47 06	11,9	5,5 × 1,8	Sb	
4242		CVn	12 17,5	+45 37	11,0	4,8 × 3,8	S	
4244		CVn	12 17,5	+37 49	10,2	16,2 × 2,5	S	
4251		Com	12 18,1	+28 10	11,6	4,2 × 1,9	E7	
4258	M106	CVn	12 19,0	+47 18	8,3	18,2 × 7,9	Sb	*
4274		Com	12 19,8	+29 37	10,4	6,9 × 2,8	Sb	
4278		Com	12 20,1	+29 17	10,2	3,6 × 3,5	E1	
4314		Com	12 22,6	+29 53	10,5	4,8 × 4,3	SBa	
4395		CVn	12 25,8	+33 33	10,2	12,9 × 11,0	S	
4414		Com	12 26,4	+31 13	10,3	3,6 × 2,2	Sc	
4448		Com	12 28,2	+28 37	11,1	4,0 × 1,6	Sb	
4449		CVn	12 28,2	+44 06	9,4	5,1 × 3,7	Irr	
4490		Com	12 30,6	+41 38	9,8	5,9 × 3,1	Sc	
4494		Com	12 31,4	+25 47	9,7	4,8 × 3,8	E1	
4559		Com	12 36,0	+27 58	9,9	10,5 × 4,9	Sc	
4565		Com	12 36,3	+25 59	9,6	16,2 × 2,8	SBc	
4605		UMa	12 40,0	+61 37	11,0	5,5 × 2,3	Sc	
4618		CVn	12 41,5	+41 09	10,8	4,4 × 3,8	Sc	
4631		CVn	12 42,1	+32 32	9,3	15,1 × 3,3	Sc	
4656		CVn	12 44,0	+32 10	10,4	13,8 × 3,3	Sc	
4725		Com	12 50,4	+25 30	9,2	11,0 × 7,9	SBb	
4736	M94	CVn	12 50,9	+41 07	8,2	11,0 × 9,1	Sb	*
4800		CVn	12 54,6	+46 32	12,3	1,8 × 1,4	Sb	
4826	M64	Com	12 56,7	+21 41	8,5	9,3 × 5,4	Sb	Black-Eye-Galaxie *
5005		CVn	13 10,9	+37 03	9,8	5,4 × 2,7	Sb	
5033		CVn	13 13,4	+36 36	10,1	10,5 × 5,6	Sb	
5055	M63	CVn	13 15,8	+42 02	8,6	12,3 × 7,6	Sb	
5112		CVn	13 21,9	+38 44	11,9	3,9 × 2,9	Sc	
5204		UMa	13 29,6	+58 25	11,3	4,8 × 3,0	Irr	
5194	M51	CVn	13 29,9	+47 12	8,4	11,0 × 7,8	Sc	Whirlpool-Galaxie *
5195		CVn	13 30,0	+47 16	9,6	5,4 × 4,3	Pec	Begleiter von M51
5322		UMa	13 49,3	+60 12	10,0	5,5 × 3,9	E2	
5371		CVn	13 55,7	+40 28	10,8	4,4 × 3,6	Sb	
5377		CVn	13 56,3	+47 14	11,2	4,6 × 2,7	So	
5457	M101	UMa	14 03,2	+54 21	7,7	26,9 × 26,3	Sc	Pinwheel-Galaxie *
5474		UMa	14 05,0	+53 40	10,9	4,5 × 4,2	Sc	
5585		UMa	14 19,8	+56 44	10,9	5,5 × 3,7	S	
5676		Boo	14 32,8	+49 28	10,9	3,9 × 2,0	Sc	
5866		Dra	15 06,5	+55 46	10,0	5,2 × 2,3	E6	
5879		Dra	15 09,8	+57 00	11,5	4,4 × 1,7	Sb	
5907		Dra	15 15,9	+56 19	10,4	12,3 × 1,8	Sb	
5982		Dra	15 38,7	+59 21	11,1	2,9 × 2,2	E3	
5985		Dra	15 39,6	+59 20	11,0	5,5 × 3,2	Sb	
6015		Dra	15 51,4	+62 19	11,2	5,4 × 2,3	Sc	

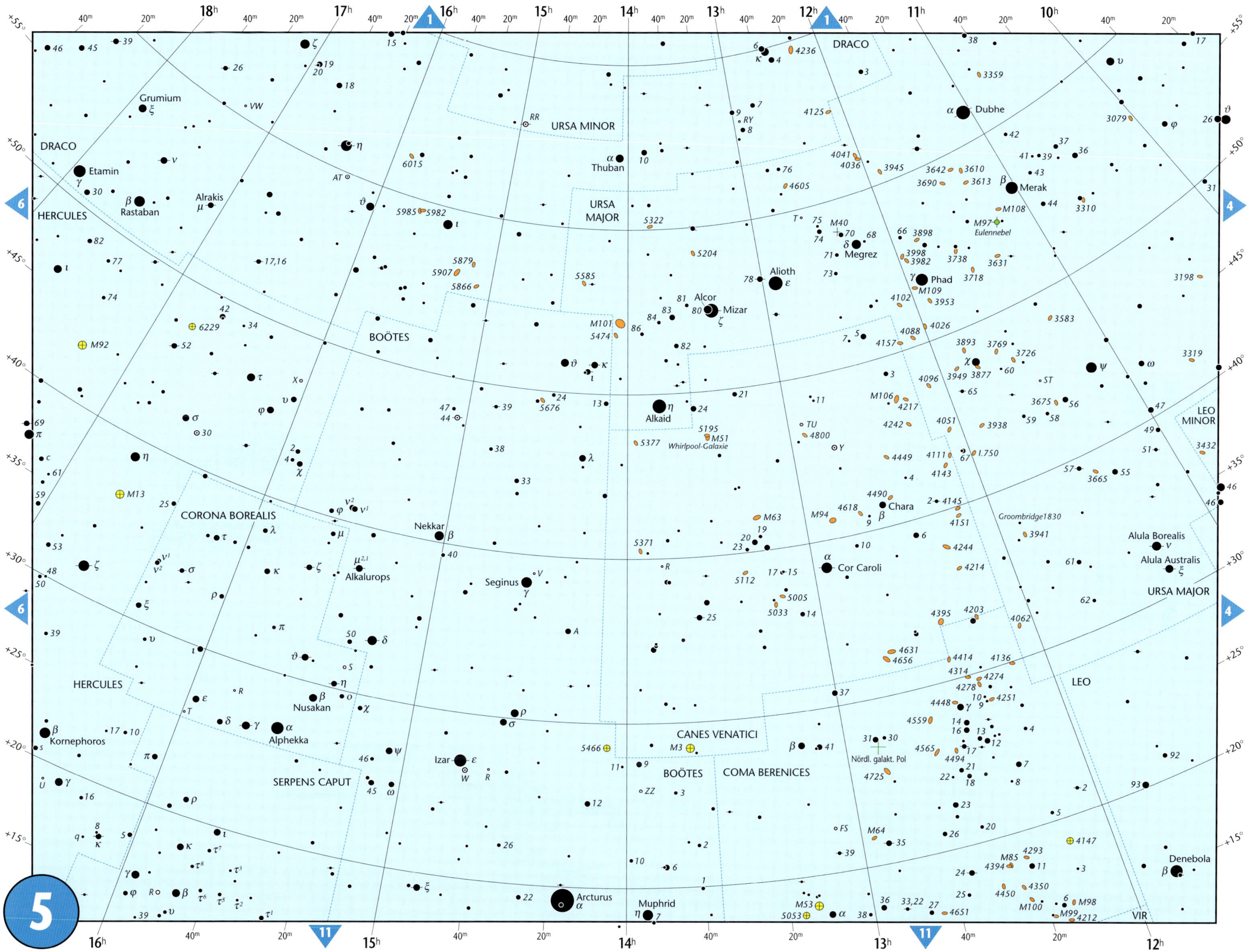
5
DRACO
URSA MINOR
URSA MAJOR
LEO MINOR
HERCULES
BOÖTES
CORONA BOREALIS
SERPENS CAPUT
CANES VENATICI
COMA BERENICES
LEO
VIR
Grumium
Etamin
Rastaban
Alrakis
Thuban
Dubhe
Merak
Megrez
Phad
Alioth
Alcor
Mizar
Alkaid
Whirlpool-Galaxie
Eulennebel
Chara
Cor Caroli
Groombridge1830
Alula Borealis
Alula Australis
Nekkar
Seginus
Alkalurops
Nusakan
Alphekka
Kornephoros
Izar
Arcturus
Muphrid
Denebola
Nördl. galakt. Pol
M13
M92
M3
M53
M51
M101
M63
M94
M106
M109
M108
M97
M40
M64
M85
M98
M99
M100
18h
17h
16h
15h
14h
13h
12h
11h
10h
+55°
+50°
+45°
+40°
+35°
+30°
+25°
+20°
+15°

06 | Rektaszension 16^h bis 20^h, Deklination +65° bis +20°

VERÄNDERLICHE STERNE

Stern	RA h m	Dekl. ° '	Helligkeit	Typ	Periode Tage	Spektrum	Anmerkung
X Her	16 02,7	+47 14	6,3–7,4	SR	95,0	M	
AT Dra	16 17,3	+59 45	5,3–6,0	Irr	–	M	
30 Her	16 28,6	+41 53	4,3–6,3	SR	70:	M	g Her
VW Dra	17 16,5	+60 40	6,0–6,5	SR	170	K	
68 Her	17 17,3	+33 06	4,7–5,4	EB	205	B	u Her
OP Her	17 56,8	+45 21	5,9–6,7	Irr	–	M	
XY Lyr	18 38,1	+39 40	5,8–6,4	Irr	–	M	
β Lyr	18 50,1	+33 22	3,3–4,3	EB	12,94	B + A	Sheliak
R Lyr	18 55,3	+43 57	3,9–5,0	SR	46,0	M	
AF Cyg	19 30,2	+46 09	6,4–8,4	SR	94,1	M	
U Vul	19 36,6	+20 20	6,8–7,5	Cep	7,99	F–G	
R Cyg	19 36,8	+50 12	6,1–14,2	M	426,4	S	
V1143 Cyg	19 38,7	+54 58	5,9–6,4	EA	7,64	F	
RT Cyg	19 43,6	+48 47	6,4–12,7	M	190,3	M	
V973 Cyg	19 44,8	+40 43	6,1–6,6	SR	40	M	
SU Cyg	19 44,8	+29 16	6,5–7,2	Cep	3,85	F	
χ Cyg	19 50,6	+32 55	3,3–14,2	M	406,9	S	
V449 Cyg	19 53,3	+33 57	7,4–9,0p	Irr	–	M	

DOPPEL- UND MEHRFACHSTERNE

Stern	RA h m	Dekl. ° '	Helligkeit	Positions-winkel °	Distanz "	Anmerkung
η Dra	16 24,0	+61 31	2,7 + 8,7	142	5,2	
17 Dra	16 36,2	+52 55	5,4 + 6,4	108	3,4	
			5,5	194	90,3	16 Dra
ζ Her	16 41,3	+31 36	2,9 + 5,5	12	0,8	P = 34,5 a
μ Dra	17 05,3	+54 28	5,7 + 5,7	1,9	8	P = 482 a
ρ Her	17 23,7	+37 09	4,6 + 5,6	316	4,1	
ν Dra	17 32,2	+55 11	4,9 + 49	312	61,9	
μ Her	17 46,5	+27 42	3,4 + 10,1	247	33,8	
90 Her	17 53,3	+40 00	5,2 + 8,5	116	1,6	
95 Her	18 01,5	+21 36	5,0 + 5,1	258	6,3	
100 Her	18 07,8	+26 06	5,9 + 6,0	183	14,2	
39 Dra	18 23,9	+58 48	5,0 + 8,0	351	3,1	AB
			7,4	21	88,9	AC; 4 weitere Komponenten
ε Lyr	18 44,3	+39 40	4,7 + 4,6	207,7	173	$\varepsilon^1, \varepsilon^2$ *
			5,0 + 6,1	350	2,6	ε^1: P = 1165 a
			5,2 + 5,5	82	2,3	ε^2: P = 585 a
ζ Lyr	18 44,8	+37 36	4,3 + 5,9	150	43,7	ζ^1, ζ^2 *
β Lyr	18 50,1	+33 22	3,4v + 8,6	149	45,7	Sheliak: veränderlicher *
ο Dra	18 51,2	+59 23	4,8 + 7,8	326	34,2	
η Lyr	19 13,8	+39 09	4,4 + 9,1	82	28,1	
2 Vul	19 17,7	+23 02	5,4 + 9,2	127	1,8	ES Vul
α, 8 Vul	19 28,7	+24 40	4,4 + 5,8	28	413,7	
β Cyg	19 30,9	+27 58	3,1 + 5,1	54	34,4	Albireo *
δ Cyg	19 45,0	+45 08	2,9 + 6,3	221	2,5	P = 827,6 a
17 Cyg	19 46,4	+33 44	5,0 + 9,2	69	26,0	
ψ Cyg	19 55,6	+52 26	4,9 + 7,4	178	3,2	

OFFENE STERNHAUFEN

NGC/IC	Anderer Name	Sternbild	RA h m	Dekl. ° '	Helligkeit	Durchmesser '	Stern-zahl	Anmerkung
–	Steph 1	Lyr	18 53,5	+36 55	3,8	20	15	δ Lyrae-Haufen
–	Cr 399	Vul	19 25,4	+20 11	3,6	60	40	Brocchis-Haufen
6811		Cyg	19 38,2	+46 34	6,8	13	70	
6819		Cyg	19 41,3	+40 11	7,3	5		
6823		Vul	19 43,1	+23 18	7,1	12	30	Mit Nebel, NGC 6820
6830		Vul	19 51,0	+23 04	7,9	12	20	
6834		Cyg	19 52,2	+29 25	7,8	5	50	

KUGELSTERNHAUFEN

NGC/IC	anderer Name	Sternbild	RA h m	Dekl. ° '	Helligkeit	Durchmesser '	Anmerkung
6205	M13	Her	16 41,7	+36 28	5,9	16,6	Hercules-Haufen *
6229		Her	16 47,0	+47 32	9,4	4,5	
6249	M92	Her	17 17,1	+43 08	6,5	11,2	*
6779	M56	Lyr	19 16,6	+30 11	8,2	7,1	*

PLANETARISCHE NEBEL

NGC/IC	anderer Name	Sternbild	RA h m	Dekl. ° '	Helligkeit	Durchmesser '	Hell. Stern	Anmerkung
6210		Her	16 44,5	+23 49	9,3	14	12,9	
–	PK–51+9,1	Her	18 49,7	+20 51	12,2	3	13,0	
6720	M57	Lyr	18 53,6	+33 02	9,7	70 (150)	14,8	Ringnebel *
–	PK–64+5,1	Cyg	19 34,8	+30 31	9,6	8	10,0	
6826		Cyg	19 44,8	+50 31	9,8	30 (140)	10,4	Blinkender Nebel
6853	M27	Vul	19 59,6	+22 43	7,6	350 (910)	13,9	Hantelnebel

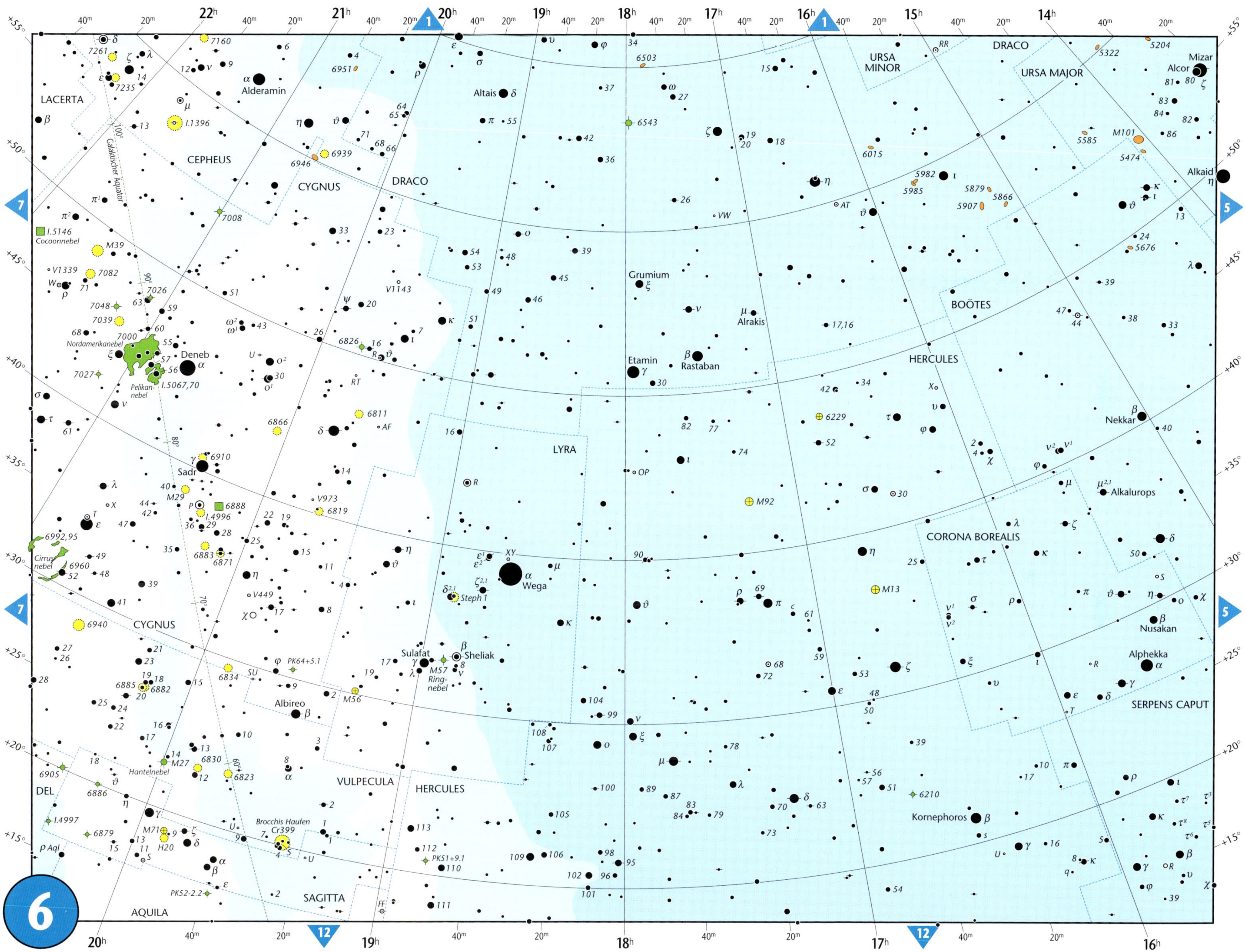
6
LACERTA
CEPHEUS
CYGNUS
DRACO
URSA MINOR
URSA MAJOR
BOÖTES
HERCULES
CORONA BOREALIS
SERPENS CAPUT
LYRA
VULPECULA
SAGITTA
AQUILA
DEL
Alderamin
Altais
Deneb
Sadr
Albireo
Sulafat
Sheliak
Wega
Etamin
Rastaban
Grumium
Alrakis
Nekkar
Alkalurops
Nusakan
Alphekka
Kornephoros
Alkaid
Mizar
Alcor
Nordamerikanebel
Pelikan-nebel
Cocoonnebel
Cirrusnebel
M57 Ring-nebel
Hantelnebel
Brocchis Haufen Cr399
Galaktischer Äquator
Steph 1

07 | Rektaszension 20^h bis 0^h, Deklination +65° bis +20°

VERÄNDERLICHE STERNE

Stern	RA h m	Dekl. ° '	Helligkeit	Typ	Periode Tage	Spektrum	Anmerkung
P Cyg	20 17,8	+38 02	3,0–6,0	SD	–	B	*
U Cyg	20 19,6	+47 54	5,9–12,1	M	462,4	M	
X Cyg	20 43,4	+35 35	5,9–6,7	Cep	16,39	F–G	
T Cyg	20 47,2	+34 22	5,0–5,5	Irr	–	K	
T Vul	20 51,5	+28 15	5,4–6,1	Cep	4,43	F–G	
W Cyg	21 36,0	+45 22	5,0–7,6	SR	126,3	M	*
V460 Cyg	21 42,0	+35 31	5,6–7,0	Irr	–	M	
V1339 Cyg	21 42,1	+45 46	5,9–7,1	SR	35:	M	
μ Cep	21 43,5	+58 47	3,4–5,1	SR	730	M	*
VV Cep	21 56,7	+63 38	4,8–5,4	EA	7430	M	*
AR Lac	22 08,7	+45 45	6,1–6,8	EA	1,98	G, K	
δ Cep	22 29,2	+58 25	3,9–4,4	Cep	5,37	F–G	*
V509 Cas	23 00,1	+56 57	4,8–5,5	SR	–	F–K	
β Peg	23 03,8	+28 05	2,3–2,7	Irr	–	M	Scheat *
Z And	23 33,7	+48 49	8,0–12,4p	ZA	–	M	*
ρ Cas	23 54,4	+57 30	4,1–6,2	SR	320	F–K	
R Cas	23 58,4	+51 24	4,7–13,5	M	430,5	M	

DOPPEL- UND MEHRFACHSTERNE

Stern	RA h m	Dekl. ° '	Helligkeit	Positions-winkel °	Distanz "	Anmerkung
52 Cyg	20 45,7	+30 43	4,2 + 6,4	67	6,0	In NGC 6920
61 Cyg	21 06,9	+38 45	5,2 + 6,0	150	30,3	P = 653,3 a *
τ Cyg	21 14,8	+38 03	3,8 + 6,4	306	0,8	P = 49,9 a
ν Cyg	21 17,9	+34 54	4,4 + 10,0	220	15,1	
μ Cyg	21 44,1	+28 45	4,8 + 6,1	320	1,2	P = 507,5 a
ξ Cep	22 03,8	+64 38	4,4 + 6,5	274	8,2	P = 3800 a
δ Cep	22 29,2	+58 25	3,9 + 7,5	191	41,0	Veränderlicher *
8 Lac	22 35,9	+39 38	5,7 + 6,5	186	22,4	AB, Mehrfachsystem
72 Peg	23 34,0	+31 20	5,7 + 5,8	97	0,5	P = 241,2 a
78 Peg	23 44,0	+29 22	5,0 + 8,1	235	1,0	
6 Cas	23 48,8	+62 13	5,5 + 8,0	193	1,6	
σ Cas	23 59,0	+55 45	5,0 + 7,1	326	3,0	

OFFENE STERNHAUFEN

NGC/IC	Anderer Name	Sternbild	RA h m	Dekl. ° '	Helligkeit	Durchmesser '	Stern-zahl	Anmerkung
6866		Cyg	20 03,7	+44 00	7,6	7	80	
6871		Cyg	20 05,9	+35 47	5,2	20	15	
6883		Cyg	20 11,3	+35 51	8,0	35	30	
6882		Vul	20 11,7	+26 33	8,1	18	–	Bei NGC 6885
6885		Vul	20 12,0	+26 29	5,7	7	30	enthält 20 Vul
IC4996		Cyg	20 16,5	+37 38	7,3	6	15	
6910		Cyg	20 23,1	+40 47	7,4	8	50	
6913	M29	Cyg	20 23,9	+38 32	6,6	7	50	*
6939		Ceph	20 31,4	+60 38	7,8	8	80	*
6940		Vul	20 34,6	+28 18	6,3	31	60	
7039		Cyg	21 11,2	+45 39	7,6	25	50	
7063		Cyg	21 24,4	+36 30	7,0	8	12	
7082		Cyg	21 29,4	+47 05	7,2	25	–	
7092	M39	Cyg	21 32,2	+48 26	4,6	32	30	*
IC1396		Cep	21 39,1	+57 30	3,5	50	50	*
7160		Cep	21 53,7	+62 36	6,1	7	12	
7209		Lac	22 05,2	+46 30	6,7	25	25	
7235		Cep	22 12,6	+57 17	7,7	4	30	
7243		Lac	22 15,3	+49 53	6,4	21	40	
7261		Cep	22 20,4	+58 05	8,4	6	30	
7380		Cep	22 47,0	+58 06	7,2	12	40	
7510		Cep	23 11,5	+60 34	7,9	4	60	
7654	M52	Cas	23 24,2	+61 35	6,9	13	100	*
7686		And	23 30,2	+49 08	5,6	15	20	
7789		Cas	23 57,0	+56 44	6,7	16	300	
7790		Cas	23 58,4	+61 13	8,5	17	40	

HELLE GASNEBEL

NGC/IC	anderer Name	Sternbild	RA h m	Dekl. ° '	Typ	Durchmesser '	Hell. Stern	Anmerkung
6888		Cyg	20 12,0	+38 21	E	20 × 10	7,4	
6960		Cyg	20 45,7	+30 43	E	70 × 6		Zirrusnebel
			20 48,5	+31 09	E	45 × 30		Zirrusnebel
IC5067,70		Cyg	20 50,8	+44 21	E	80 × 70		Pelikannebel
6992		Cyg	20 56,4	+31 43	E	60 × 8		Zirrusnebel
6995		Cyg	20 57,1	+31 13	E	12		Zirrusnebel
7000		Cyg	20 58,8	+44 20	E	120 × 100	6,0	Nordamerikanebel
IC5146		Cyg	21 53,5	+47 16	E	12 × 12	10,0	Cocoon-Nebel
7635		Cas	23 20,7	+61 12	E	15 × 8	6,9	Bubblenebel

PLANETARISCHE NEBEL

NGC/IC	anderer Name	Sternbild	RA h m	Dekl. ° '	Helligkeit	Durchmesser "	Hell. Stern	Anmerkung
6905		Del	20 22,4	+20 07	11,9	46 (100)	13,5	
7008		Cyg	21 00,6	+54 33	13,3	83	13,2	
7026		Cyg	21 06,3	+47 51	12,7	21	14,5	
7027		Cyg	21 07,1	+42 14	10,4	15	11,3	
7048		Cyg	21 14,2	+46 16	11,3	61	18,3	
7662		And	23 25,9	+42 33	9,2	20 (130)	13,2	Blauer Schneeball *

GALAXIEN

NGC/IC	anderer Name	Sternbild	RA h m	Dekl. ° '	Helligkeit	Größe '	Typ	Anmerkung
6946		Cep	20 34,8	+60 09	8,9	11,0 × 9,8	Sc	
7217		Peg	22 07,9	+31 22	10,2	3,7 × 3,2	Sb	
7331		Peg	22 37,1	+34 25	9,5	10,7 × 4,0	Sb	*
7332		Peg	22 37,4	+23 48	11,0	4,2 × 1,3	E7	*
7457		Peg	23 01,0	+30 09	10,8	4,4 × 2,5	E	
7640		And	23 22,1	+40 51	10,9	10,7 × 2,5	SBb	
7741		Peg	23 43,9	+26 05	11,4	4,0 × 2,8	SBc	

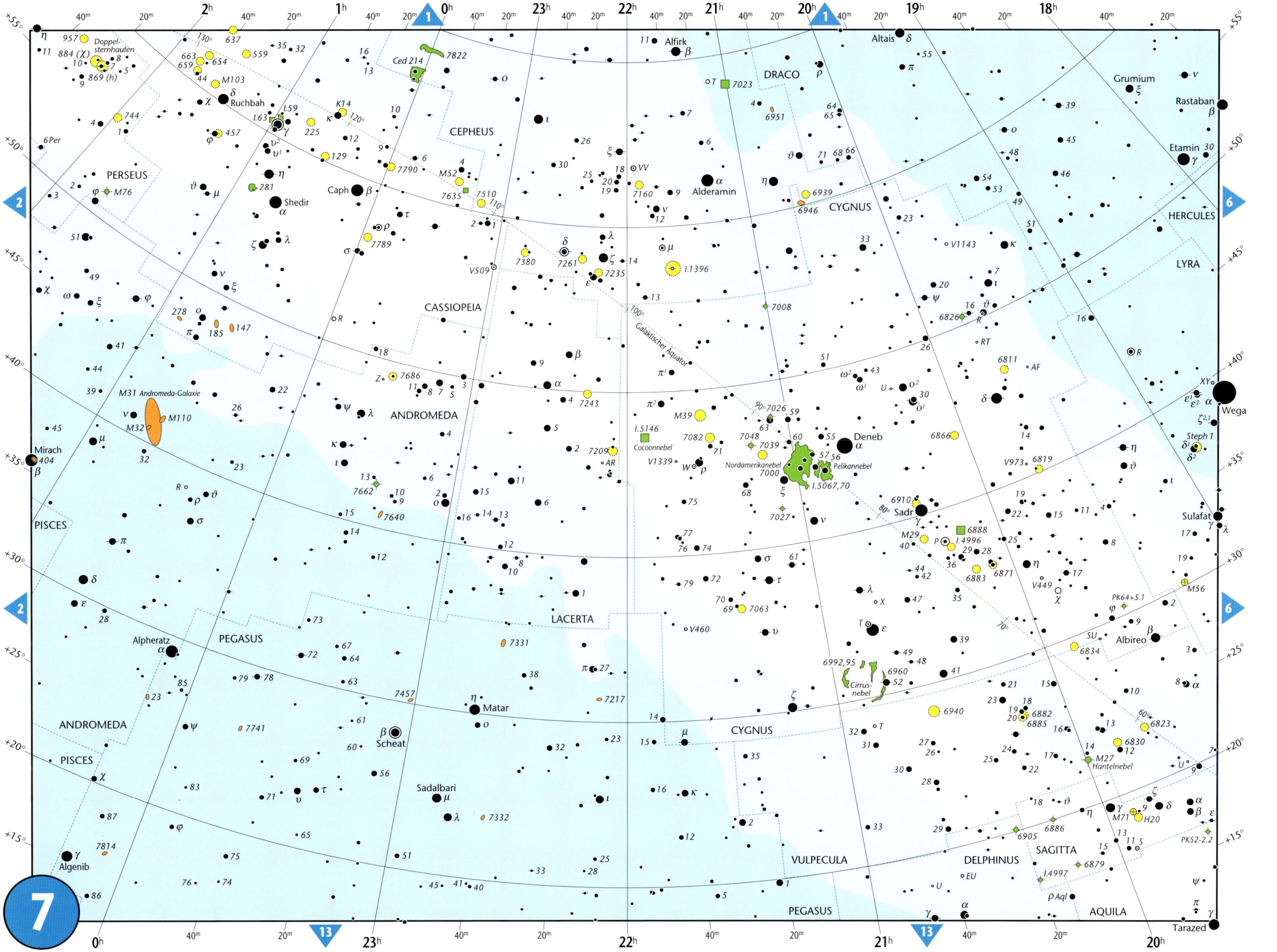
7
CEPHEUS
DRACO
CYGNUS
HERCULES
LYRA
PERSEUS
CASSIOPEIA
ANDROMEDA
LACERTA
PEGASUS
PISCES
VULPECULA
DELPHINUS
SAGITTA
AQUILA
Doppelsternhaufen
Ruchbah
Shedir
Caph
Alfirk
Alderamin
Altais
Grumium
Rastaban
Etamin
Wega
Deneb
Sadr
Sulafat
Albireo
Tarazed
Mirach
Alpheratz
Algenib
Scheat
Matar
Sadalbari
M31 Andromeda-Galaxie
M32
M110
M76
M103
M52
M39
M29
M56
M27
Hantelnebel
M71
Nordamerikanebel
Pelikannebel
Cocoonnebel
Cirrusnebel
Galaktischer Äquator
Ced 214
Steph 1
0h
1h
2h
23h
22h
21h
20h
19h
18h
+55°
+50°
+45°
+40°
+35°
+30°
+25°
+20°
+15°

08 | Rektaszension 0^h bis 4^h, Deklination +20° bis –20°

VERÄNDERLICHE STERNE

Stern	RA h m	Dekl. ° '	Helligkeit	Typ	Periode Tage	Spektrum	Anmerkung
TV Psc	00 28,0	+17 54	4,7–5,4	SR	70	M	
ο Cet	02 19,3	-02 59	2,0–10,1	M	332,0	M	Mira *
U Cet	02 33,7	-13 09	6,8–13,4	M	234,8	M	
Z Eri	02 47,9	-12 28	5,6–7,2	SR	80	M	
RR Eri	02 52,2	-08 16	6,3–8,1	SR	97	M	

DOPPEL- UND MEHRFACHSTERNE

Stern	RA h m	Dekl. ° '	Helligkeit	Positionswinkel °	Distanz "	Anmerkung
51 Psc	00 32,4	+06 57	5,7 + 9,5	83	27,5	
26 Cet	01 03,8	+01 22	6,2 + 8,6	253	16,0	
ζ Psc	01 13,7	+07 35	5,6 + 6,5	63	23,0	
37 Cet	01 14,4	-07 55	5,2 + 8,7	331	49,7	
χ Cet	01 49,6	-10 41	4,9 + 6,9	250	183,8	
γ Ari	01 53,5	+19 18	4,6 + 4,7	1	7,6	Mesartim *
α Psc	02 02,0	+02 46	4,2 + 5,1	272	1,8	P = 933,1 a
66 Cet	02 12,8	-02 24	5,7 + 7,5	234	16,5	
84 Cet	02 41,2	-02 42	5,8 + 9,0	310	4,0	
γ Cet	02 43,3	+03 14	3,5 + 6,2	294	2,8	*
π Ari	02 49,3	+17 28	5,2 + 8,7	118	3,3	*
ρ^2 Eri	03 02,7	-07 41	5,3 + 9,5	75	1,8	
95 Cet	03 18,4	-00 56	5,6 + 7,5	250	1,1	P = 217,2 a

PLANETARISCHE NEBEL

NGC/IC	anderer Name	Sternbild	RA h m	Dekl. ° '	Helligkeit	Durchmesser "	Hell. Stern	Anmerkung
246		Cet	00 47,0	-11 53	8,0	225	11,9	*

GALAXIEN

NGC/IC	anderer Name	Sternbild	RA h m	Dekl. ° '	Helligkeit	Größe '	Typ	Anmerkung
7814		Peg	00 03,3	+16 09	10,5	6,3 × 2,6	Sb	
128		Psc	00 29,3	+02 52	11,6	3,4 × 1,0	S0	
157		Cet	00 34,8	-08 24	10,4	4,3 × 2,9	Sc	
210		Cet	00 40,6	-13 52	10,9	5,4 × 3,7	Sb	
255		Cet	00 47,8	-11 28	11,8	3,1 × 2,8	Sb	
309		Cet	00 56,7	-09 55	11,8	3,1 × 2,7	Sc	
337		Cet	00 59,8	-07 35	11,6	2,8 × 2,0	Sc	
IC1613		Cet	01 04,8	+02 07	9,3	12,0 × 11,2	Irr	
428		Cet	01 12,9	+00 59	11,4	4,1 × 3,2	Sc	
474		Psc	01 20,1	+03 25	11,1	7,9 × 7,2	S0	
488		Psc	01 21,8	+05 15	10,3	5,2 × 4,1	Sb	
524		Psc	01 24,8	+09 32	10,6	3,2 × 3,2	El	
584		Cet	01 31,1	-06 52	10,4	3,8 × 2,4	E4	
628	M74	Psc	01 36,7	+15 47	9,2	10,2 × 9,5	Sc	*
676		Psc	01 49,0	+05 54	11,0	4,3 × 1,5	Sa	
720		Cet	01 53,0	-13 44	10,2	4,4 × 2,8	E3	
772		Ari	01 59,3	+19 01	10,3	7,1 × 4,5	Sb	*
779		Cet	01 59,7	-05 58	11,1	4,1 × 4,5	Sb	
864		Cet	02 15,5	+06 00	11,0	4,6 × 3,5	Sc	
895		Cet	02 21,6	-05 31	11,8	3,6 × 2,8	Sb	
936		Cet	02 27,6	-01 09	10,1	5,2 × 4,4	SBa	
988		Cet	02 35,4	-09 21	11:	4,7 × 2,7	SBc	
1042		Cet	02 41,4	-08 26	10,9	4,7 × 3,9	Sc	
1052		Cet	02 41,1	-08 15	10,6	2,9 × 2,0	E2	
1055		Cet	02 41,8	+00 26	10,6	7,6 v 3,0	Sb	
1068	M77	Cet	02 42,7	-00 01	8,8	6,9 × 5,9	Sb	*
1073		Cet	02 43,7	+01 23	11,0	4,9 × 4,6	SBc	
1084		Eri	02 46,0	-07 35	10,6	2,9 × 1,5	Sc	
1087		Cet	03 46,4	-00 30	11,1	3,5 × 2,3	Sc	
1179		Eri	03 02,6	-18 54	11,8	4,6 × 3,9	S	
1300		Eri	03 19,7	-19 25	10,4	6,5 × 4,3	SBb	
1337		Eri	03 28,1	-08 23	11,7	6,8 × 2,0	S	
1407		Eri	0340,2	-1835	9,8	2,5 × 2,5	E0	

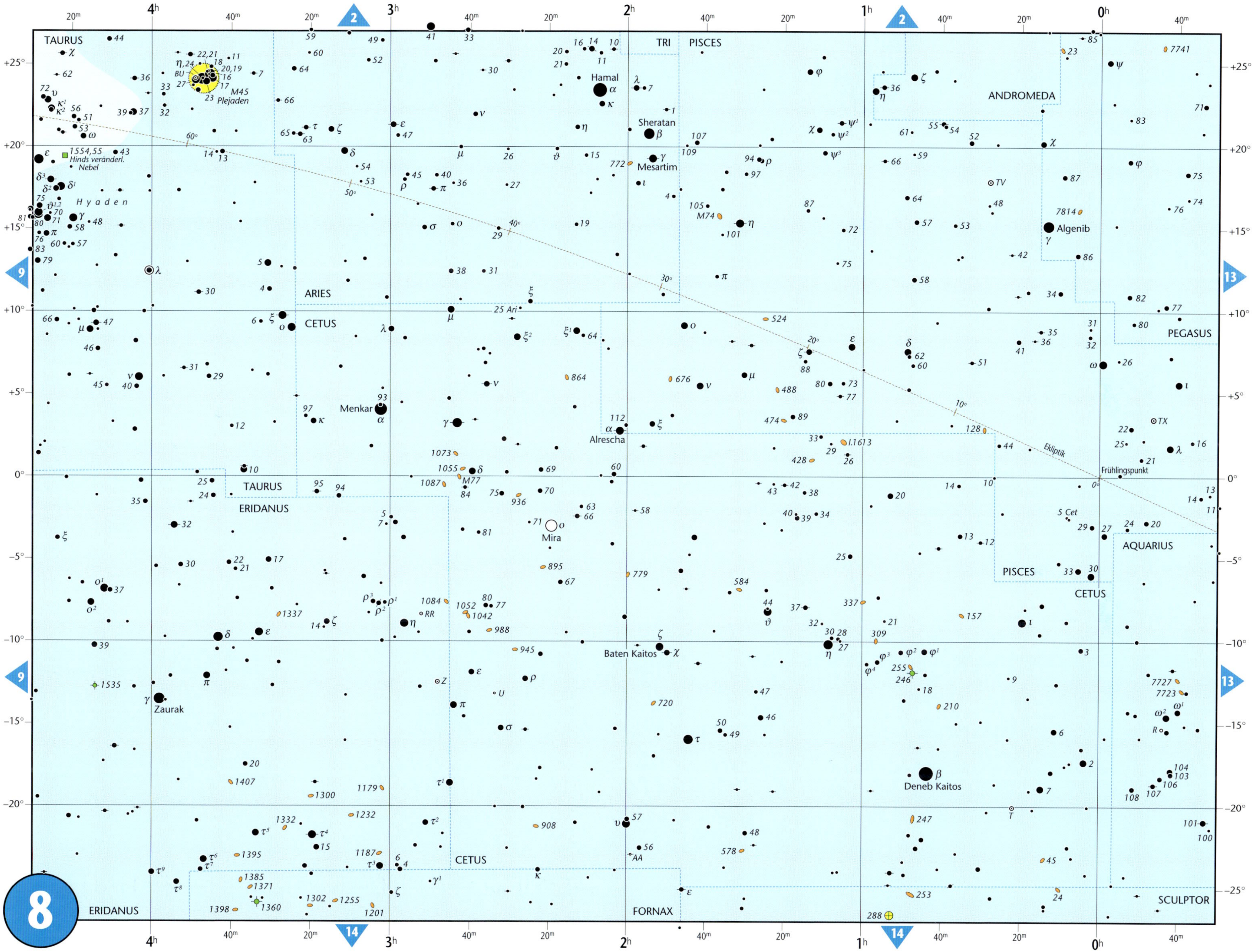
8
TAURUS
ANDROMEDA
TRI
PISCES
PEGASUS
ARIES
CETUS
TAURUS
ERIDANUS
AQUARIUS
FORNAX
SCULPTOR
Hamal
Sheratan
Mesartim
Algenib
Menkar
Alrescha
Mira
Baten Kaitos
Deneb Kaitos
Zaurak
M45 Plejaden
Hyaden
Hinds veränderl. Nebel
M74
M77
Ekliptik
Frühlingspunkt
25 Ari
5 Cet

09 | Rektaszension 4^h bis 8^h, Deklination +20° bis –20°

VERÄNDERLICHE STERNE

Stern	RA h m	Dekl. ° '	Helligkeit	Typ	Periode Tage	Spektrum	Anmerkung
λ Tau	04 00,7	+12 29	3,3–3,8	EA	3,95	B + A	*
R Lep	04 59,6	-14 18	5,5–11,7	M	432,1	M	*
W Ori	05 05,4	+01 11	5,9–7,7	SR	212	B	
RX Lep	05 11,4	-11 51	5,0–7,0	Irr	–	B	
CK Ori	05 30,3	+04 12	5,9–7,1	SR	120:	M	
α Ori	05 55,2	+07 24	0,4–1,3	SR	2110	M	Beteigeuze *
V Mon	06 22,7	-02 12	6,0–13,7	M	333,8	M	
T Mon	06 25,2	+07 05	5,6–6,6	Cep	27,02	F–K	
BL Ori	06 25,5	+14 43	6,3–6,9	Irr	–	M	
R CMa	07 19,5	-16 24	5,7–6,3	EA	1,14	F	
U Mon	07 30,8	-09 47	5,9–7,8	RV	92,26	F–K	*
BN Gem	07 37,1	+16 54	6,0–6,6 p	Irr	–	0	

DOPPEL- UND MEHRFACHSTERNE

Stern	RA h m	Dekl. ° '	Helligkeit	Positionswinkel °	Distanz "	Anmerkung
47 Tau	04 13,9	+09 16	4,9 + 7,4	351	1,1	
θ^1, θ^2 Tau	04 28,7	+15 52	3,4 + 3,8	346	337,4	*
σ^1, σ^2 Tau	04 39,3	+15 55	4,7 + 5,1	193	431,2	
55 Eri	04 43,6	-08 48	6,7 + 6,8	317	92	
14 Ori	05 07,9	+08 30	5,8 + 6,5	322	0,8	P = 198,9 a
κ Lep	05 13,2	-12 56	4,5 + 7,4	358	2,6	
π Ori	05 13,3	+02 52	4,5 + 8,3	64	7,0	
β Ori	05 14,5	-08 12	0,2 + 6,8	202	9,5	Rigel *
η Ori	05 24,5	-02 24	3,8 + 4,5	80	1,5	
ϑ^1 Ori	05 35,3	-05 23	6,7 + 7,9	31	8,8	Trapez im Orion-Nebel; AB *
			5,1	132	12,8	AC
			6,7	96	21,5	AD
ϑ^2 Ori	05 35,4	-05 25	5,2 + 6,5	92	52,5	Im Orion-Nebel *
ι Ori	05 35,4	-05 55	2,8 + 6,9	141	11,3	*
ζ Ori	05 40,8	-01 57	1,9 + 4,0	165	2,3	Alnitak; P = 1509 a
75 Ori	06 17,1	+09 57	5,4 + 9,5	258	62,7	AB
			8,5	159	117,3	AC
8 Mon	06 23,8	+04 36	4,5 + 6,5	27	13,4	= ε Mon
β Mon	06 28,8	-07 02	4,7 + 5,2	132	7,3	AB
			6,1	124	10,0	AC
ν^1 CMa	06 36,4	-18 40	5,8 + 8,5	262	17,5	*
15 Mon	06 41,0	+09 54	4,7 + 7,5	213	2,8	S Mon: AB *
			9,8	13	16,6	AC
			9,6	308	41,3	AD; im Haufen 2264
			9,9	139	73,9	AE
			7,7	222	156,0	AF
α CMa	06 45,2	-16 43	-1,4 + 8,5	150	4,6	Sirius: P = 50,1 a *
38 Gem	06 54,6	+13 11	4,7 + 7,7	145	7,1	P = 3,190 a
μ CMa	06 56,1	-14 03	5,3 + 8,6	340	3,0	

OFFENE STERNHAUFEN

NGC/IC	Anderer Name	Sternbild	RA h m	Dekl. ° '	Helligkeit	Durchmesser '	Sternzahl	Anmerkung
1647		Tau	04 46,0	+19 04	6,4	45	200	*
1662		Ori	04 48,5	+10 56	6,4	20	35	
1807		Tau	05 10,7	+16 32	7,0	17	20	
1817		Tau	05 12,1	+16 42	7,7	16	60	
1981		Ori	05 35,2	-04 26	4,6	25	20	*
2169		Ori	06 08,4	+13 57	5,9	7	30	*
2194		Ori	06 13,8	+12 48	8,5	10	80	
2204		CMa	06 15,7	-18 39	8,6	13	80	
2215		Mon	06 21,0	-07 17	8,4	11	40	
2232		Mon	06 26,6	-04 45	3,9	30	20	Enthält 10 Mon
2244		Mon	06 32,4	+04 52	4,80	24	100	Im Rosettennebel
2252		Mon	06 35,0	+05 23	7,7	20	30	
2286		Mon	06 47,6	-03 10	7,5	15	50	
2301		Mon	06 51,8	+00 28	6,0	12	80	
2323	M50	Mon	07 03,2	-08 20	5,9	16	80	*
2335		Mon	07 06,6	-10 05	7,2	12	35	
2343		Mon	07 08,3	-10 39	6,7	7	20	
2345		CMa	07 08,3	-13 10	7,7	12	70	
2353		Mon	07 14,6	-10 18	7,1	20	30	
2360		CMa	07 17,8	-15 37	7,2	13	80	
2374		CMa	07 24,0	-13 16	8,0	19	25	
2395		Gem	07 27,1	+13 35	8,0	12	30	
2414		Pup	07 33,3	-15 27	7,9	4	35	
2422	M47	Pup	07 36,6	-14 30	4,4	30	30	*
2423		Pup	07 37,1	-13 52	6,7	19	40	
–	Mel 71	Pup	07 37,5	-12 04	7,1	9	80	
2437	M46	Pup	07 41,8	-14 49	6,1	27	100	Enth. Plan. Neb. NGC 2438 *

HELLE GASNEBEL

NGC/IC	anderer Name	Sternbild	RA h m	Dekl. ° '	Typ	Durchmesser '	Hell. Stern	Anmerkung
1554, 1555		Tau	04 21,8	+19 32	R	Var	9,4	Hind's veränderlicher Nebel
1973		Ori	05 35,1	-04 44	E + R	5 × 5	7,4	
1975		Ori	05 35,4	-04 41	E + R	10 × 5	10,9	
1976	M42	Ori	05 35,4	-05 27	E + R	66 × 60	2,9	Orion-Nebel *
1977		Ori	05 35,5	-04 52	E + R	20 × 10	4,6	
1982	M43	Ori	05 35,6	-05 16	E + R	20 × 15	6,9	Teil von M42 *
IC434		Ori	05 41,0	-02 24	E	60 × 10	2,1	Enthält Pferdekopfnebel (B33)
2024		Ori	05 41,9	-01 51	E	30 × 30	2,1	ζ Ori *
2068	M78	Ori	05 46,7	+00 03	R	8 × 6	10,5	*
2237-2239		Mon	06 32,3	+05 03	E	80 × 60	–	Rosettennebel *
2261	R Mon	Mon	06 39,2	+08 44	E + R	2 × 1	10,0	Hubbles veränderlicher Nebel
2264	S Mon	Mon	06 40,9	+09 54	E	60 × 30	4,5	Mit Konus-Nebel *
IC2177		Mon	07 05,1	-10 42	E	120 × 40	6,2	

PLANETARISCHE NEBEL

NGC/IC	anderer Name	Sternbild	RA h m	Dekl. ° '	Helligkeit	Durchmesser "	Hell. Stern	Anmerkung
1535		Eri	04 14,2	-12 44	9,6	18 (44)	12,2	
IC418		Lep	05 27,5	-12 42	10,7	12	10,6	
2438		Pup	07 41,8	-14 44	10,1	66	17,7	Im Haufen NGC 2437
2440		Pup	07 41,9	-18 13	10,8	14 (32)	14,3	

GALAXIEN

NGC/IC	anderer Name	Sternbild	RA h m	Dekl. ° '	Helligkeit	Größe '	Typ	Anmerkung
1637		Eri	04 41,5	-02 51	10,9	3,3 × 2,9	Sc	
1723		Eri	04 59,4	-10 59	12:	3,7 × 2,3	SB	

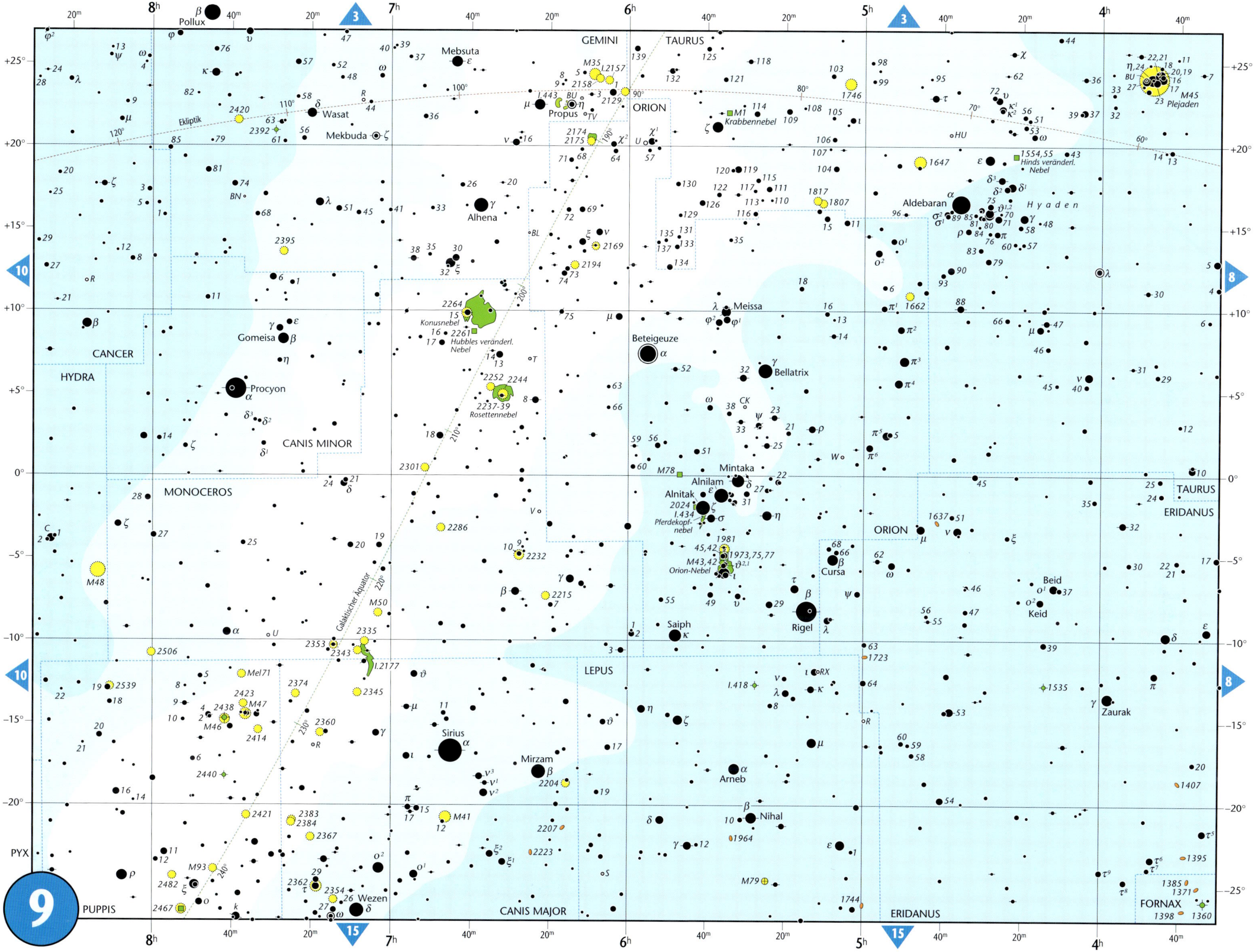
GEMINI
TAURUS
ORION
CANCER
HYDRA
CANIS MINOR
MONOCEROS
LEPUS
CANIS MAJOR
ERIDANUS
FORNAX
PUPPIS
PYX
Pollux
Mebsuta
Wasat
Mekbuda
Propus
Alhena
Gomeisa
Procyon
Beteigeuze
Bellatrix
Meissa
Mintaka
Alnilam
Alnitak
Saiph
Rigel
Cursa
Aldebaran
Hyaden
Plejaden
Beid
Keid
Zaurak
Sirius
Mirzam
Arneb
Nihal
Wezen
Krabbennebel
Hinds veränderl. Nebel
Konusnebel
Hubbles veränderl. Nebel
Rosettennebel
Pferdekopfnebel
Orion-Nebel
Ekliptik
Galaktischer Äquator
9

10 | Rektaszension 8^h bis 12^h, Deklination +20° bis –20°

VERÄNDERLICHE STERNE

Stern	RA h m	Dekl. ° '	Helligkeit	Typ	Periode Tage	Spektrum	Anmerkung
R Cnc	08 16,6	+11 44	6,1–11,8	M	361,6	M	*
AK Hya	08 39,9	-17 18	6,3–6,9	SR	112:	M	
X Cnc	08 55,4	+17 14	5,6–7,5	SR	195:	K	
R Leo	09 47,6	+11 26	4,4–11,3	M	312,4	M	
U Hya	10 37,6	-13 23	4,3–6,5	SR	450:	B	*

DOPPEL- UND MEHRFACHSTERNE

Stern	RA h m	Dekl. ° '	Helligkeit	Positionswinkel °	Distanz "	Anmerkung
ζ Cnc	08 12,2	+17 39	5,6 + 6,2	72	6,0	AC: P = 1150 a
			6,0	86	0,8	AB: P = 59,7 a
ε Hya	08 46,8	+06 25	3,8 + 4,7	302	2,7	P = 890 a
27 Hya	09 20,5	-09 33	5,0 + 6,9	211	229,4	
ω Leo	09 28,5	+09 03	5,9 + 6,5	84	0,6	P = 118,2 a *
6 Leo	09 32,0	+09 43	5,2 + 8,2	75	37,4	
γ Sex	09 52,5	-08 06	5,6 + 6,1	56	0,6	P = 75,6 a
α Leo	10 08,4	+11 58	1,4 + 7,7	307	176,9	Regulus *
γ Leo	10 20,0	+19 51	2,2 + 3,5	125	4,4	Algieba; AB: P = 618,6 a *
			9,2	291	259,9	AC
			9,6	302	333,0	AD
49 Leo	10 35,0	+08 39	5,8 + 8,5	157	2,4	TX Leo
ι Leo	11 23,9	+10 32	4,0 + 6,7	117	1,7	P = 192 a
γ Crt	11 24,9	-17 41	4,1 + 9,6	96	5,2	
90 Leo	11 34,7	+16 48	6,0 + 7,3	209	3,3	AB
			8,7	234	63,1	AC

OFFENE STERNHAUFEN

NGC/IC	Anderer Name	Sternbild	RA h m	Dekl. ° '	Helligkeit	Durchmesser '	Sternzahl	Anmerkung
2506		Mon	08 00,2	-10 47	7,6	7	150	
2539		Pup	08 10,7	-12 50	6,5	22	50	
2548	M48	Hya	08 13,8	-05 48	5,8	54	80	*
2632	M44	Cnc	08 40,1	+19 59	3,1	95	50	Praesepe / Krippe *
2682	M67	Cnc	08 50,4	+11 49	6,9	30	200	*

PLANETARISCHE NEBEL

NGC/IC	anderer Name	Sternbild	RA h m	Dekl. ° '	Helligkeit	Durchmesser '	Hell. Stern	Anmerkung
3242		Hya	10 24,8	-18 38	5,6	26 (40)	12,0	Jupiters Geist *

GALAXIEN

NGC/IC	anderer Name	Sternbild	RA h m	Dekl. ° '	Helligkeit	Größe	Typ	Anmerkung
2775		Cnc	09 10,3	+07 02	10,3	4,5 × 3,5	Se	
2967		Sex	09 42,1	+00 20	11,6	3,0 × 2,9	Sc	
2974		Sex	09 42,6	-03 42	10,8	3,4 × 2,1	Sa	
–	U 5373	Sex	10 00,0	+05 20	11,4	4,6 × 3,3	Irr	
3115		Sex	10 05,2	-07 43	9,2	8,3 × 3,2	E6	*
–	U 5470	Leo	10 08,4	+12 18	9,8	10,7 × 8,3	dE3	Leo I *
3166		Sex	10 13,8	+03 26	10,6	5,2 × 2,7	SBa	*
3169		Sex	10 14,2	+03 28	10,5	4,8 × 3,2	Sb	
3351	M95	Leo	10 44,0	+11 42	9,7	7,4 × 5,1	SBb	*
3367		Leo	10 46,6	+13 45	11,5	2,3 × 2,1	Sc	
3368	M96	Leo	10 46,8	+11 49	9,2	7,1 × 5,1	Sb	*
3377		Leo	10 47,7	+13 59	10,2	4,4 × 2,7	E5	
3379	M105	Leo	10 47,8	+12 35	9,3	4,5 × 4,0	E1	*
3384		Leo	10 48,3	+12 38	10,0	5,9 × 2,6	E7	
3412		Leo	10 50,9	+13 25	10,6	3,6 × 2,0	E5	
3489		Leo	11 00,3	+13 54	10,3	3,7 × 2,1	E6	
3507		Leo	11 03,5	+18 08	11,4	3,5 × 3,0	SBb	
3521		Leo	11 05,8	-00 02	8,9	9,5 × 5,0	Sb	
3593		Leo	11 14,6	+12 49	11,0	5,8 × 2,5	Sb	
3596		Leo	11 15,1	+14 47	11,6	4,2 × 4,1	Sc	
3607		Leo	11 16,9	+18 03	10,0	3,7 × 3,2	E1	
3623	M65	Leo	11 18,9	+13 05	9,3	10,0 × 3,3	Sb	*
3626		Leo	11 20,1	+18 21	10,9	3,1 × 2,2	Sb	
3627	M66	Leo	11 20,2	+12 59	9,0	8,7 × 4,4	Sb	*
3628		Leo	11 20,3	+13 36	9,5	14,8 × 3,6	Sb	
3640		Leo	11 21,1	+03 14	10,3	4,1 × 3,4	E1	
3655		Leo	11 22,9	+16 35	11,6	1,6 × 1,1	S:	
3672		Crt	11 25,0	-09 48	11,5	4,1 × 2,1	Sb	
3686		Leo	11 27,7	+17 13	11,4	3,3 × 2,6	Sc	
3810		Leo	11 41,0	+11 28	10,8	4,3 × 3,1	Sc	
3818		Vir	11 42,0	-06 09	11,8	2,1 × 1,4	E2	
3887		Crt	11 47,1	-16 51	11,0	3,3 × 2,7	Sc	
3962		Crt	11 54,7	-13 58	10,6	2,9 × 2,6	E2	
4027		Crv	11 59,5	-19 16	11,1	3,0 × 2,3	Sc	

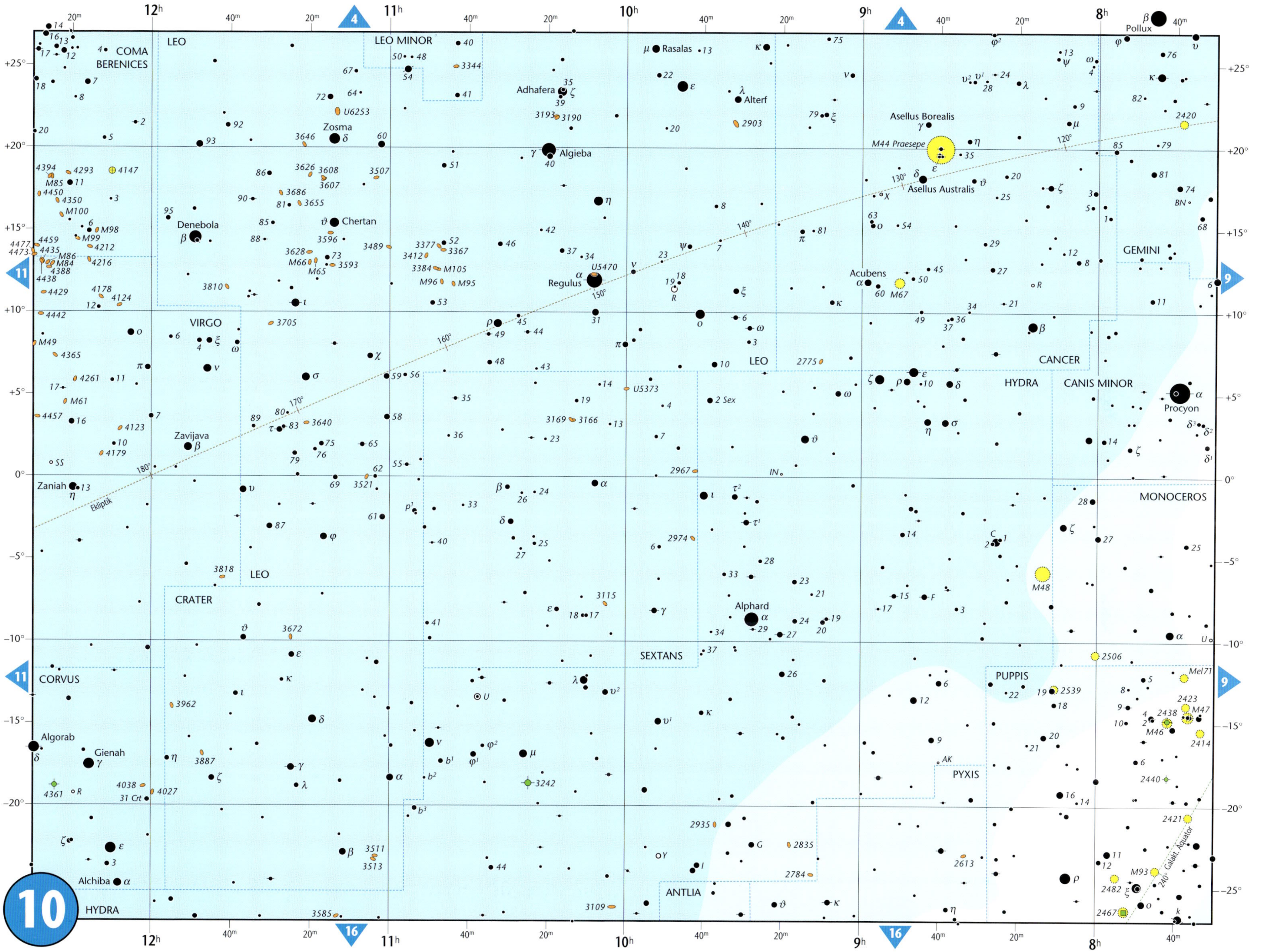

10
COMA BERENICES
LEO
LEO MINOR
GEMINI
VIRGO
CANCER
HYDRA
CANIS MINOR
MONOCEROS
CRATER
SEXTANS
CORVUS
PUPPIS
PYXIS
ANTLIA
Pollux
Rasalas
Adhafera
Alterf
Asellus Borealis
M44 Praesepe
Asellus Australis
Algieba
Zosma
Chertan
Denebola
Regulus
Acubens
Procyon
Zavijava
Zaniah
Alphard
Algorab
Gienah
Alchiba
Ekliptik
Galakt. Äquator
12h
11h
10h
9h
8h

11 | Rektaszension 12^h bis 16^h, Deklination +20° bis –20°

VERÄNDERLICHE STERNE

Stern	RA h m	Dekl. ° '	Helligkeit	Typ	Periode Tage	Spektrum	Anmerkung
R Crv	12 19,6	-19 15	6,7–14,4	M	317,0	M	
SS Vir	12 25,3	+00 48	6,0–9,6	M	354,7	K	
R Vir	12 38,5	+06 59	6,0–12,1	M	145,6	M	
S Vir	13 33,0	-07 12	6,3–13,2	M	377,4	M	
δ Lib	15 01,0	-08 31	4,9–5,9	EA	2,33	B	*
R Ser	15 50,7	+15 08	5,2–14,4	M	356,4	M	

DOPPEL- UND MEHRFACHSTERNE

Stern	RA h m	Dekl. ° '	Helligkeit	Positions-winkel °	Distanz "	Anmerkung
17 Vir	12 22,5	+05 18	6,6 + 9,4	337	20,0	
8 Crv	12 29,9	-16 31	3,0 + 9,2	214	24,2	Algorab
24 Com	12 35,1	+18 23	5,2 + 6,7	271	20,3	
γ Vir	12 41,7	-01 27	3,5 + 3,5	267	1,8	Porrima; P = 171,4 a *
θ Vir	13 09,9	-05 32	4,4 + 9,4	343	7,1	
84 Vir	13 43,1	+03 32	5,5 + 7,9	229	2,9	
π Boo	14 40,7	+16 25	4,9 + 5,8	108	5,6	
ζ Boo	14 41,1	+13 44	4,5 + 4,6	300	0,8	P = 123,4 a
μ Lib	14 49,3	-14 09	5,8 + 6,7	355	1,8	
α¹, α² Lib	14 50,9	-16 02	2,8 + 5,2	314	231,0	Zubenalgenubi *
ι Lib	15 12,2	-19 47	5,1 + 9,4	106	60,0	P = 23,4 a *
δ Ser	15 34,8	+10 32	4,2 + 5,2	176	4,4	P = 3168 a
47 Lib	15 55,0	-19 23	6,1 + 8,1	129	0,5	

KUGELSTERNHAUFEN

NGC/IC	anderer Name	Sternbild	RA h m	Dekl. ° '	Helligkeit	Durchmesser '	Anmerkung
4147		Com	12 10,1	+18 33	10,3	4,0	
5024	M53	Com	13 12,9	+18 10	7,7	12,6	
5053		Com	13 16,4	+17 42	9,8	10,5	
5634		Vir	14 29,6	-05 59	9,6	4,9	
5904	M5	Ser	15 18,6	+02 05	5,8	17,4	

PLANETARISCHE NEBEL

NGC/IC	anderer Name	Sternbild	RA h m	Dekl. ° '	Helligkeit	Durchmesser "	Hell. Stern	Anmerkung
4361		Crv	12 24,5	+18 48	10,3	45 (110)	13,2	

GALAXIEN

NGC/IC	anderer Name	Sternbild	RA h m	Dekl. ° '	Helligkeit	Größe '	Typ	Anmerkung
4038		Crv	12 01,9	-18 52	10,7	2,6 × 1,8	Sc	
4123		Vir	12 08,2	+02 53	11,2	4,5 × 3,5	SBb	
4179		Vir	12 12,9	+01 18	10,9	4,2 × 1,2	S0	
4192	M98	Com	12 13,8	+14 54	10,1	9,5 × 3,2	Sb	*
4212		Com	12 15,7	+13 54	11,2	3,0 × 2,1	Sb	
4216		Vir	12 15,9	+13 09	10,0	8,3 × 2,2	Sb	
4254	M99	Com	12 18,8	+14 25	9,8	5,4 × 4,8	Sc	*
4261		Vir	12 19,4	+05 49	10,3	3,9 × 3,2	E2	
4293		Com	12 21,2	+18 23	11,2	6,0 × 3,0	Sa	
4303	M61	Vir	12 21,9	+04 28	9,7	6,0 × 5,5	Sc	*
4321	M100	Com	12 22,9	+15 49	9,4	6 × 6,2	Sc	*
4350		Vir	12 24,0	+16 42	11,1	3,2 × 1,1	E7	
4365		Vir	12 24,5	+07 19	10,5	6,2 × 4,6	E2	
4374	M84	Vir	12 25,1	+12 53	9,3	5,0 × 4,4	E1	*
4382	M85	Com	12 25,4	+18 11	9,2	7,1 × 5,2	E	*
4388		Vir	12 25,8	+12 40	11,1	5,1 × 1,4	Sb	
4394		Com	12 25,9	+18 13	10,9	3,9 × 3,5	SBb	
4406	M86	Vir	12 26,2	+12 57	9,2	7,4 × 5,5	E3	*
4429		Vir	12 27,4	+11 07	10,2	5,5 × 2,6	S0	
4435		Vir	12 27,7	+13 05	10,9	3,0 × 1,0	E4	
4438		Vir	12 27,8	+13 01	10,5	9,3 × 3,9	Sa	
4442		Vir	12 28,1	+09 48	10,5	4,6 × 1,9	E5	
4450		Com	12 28,5	+17 05	10,1	4,8 × 3,5	Sb	
4457		Vir	12 29,0	+03 33	10,8	3,0 × 2,5	SBa	
4459		Com	12 29,0	+13 59	10,4	3,8 × 2,8	E2	
4472	M49	Vir	12 29,8	+08 00	8,4	8,9 × 7,4	E4	*
4473		Vir	12 29,8	+13 26	10,2	4,5 × 2,6	E4	
4477		Com	12 30,0	+13 38	10,4	4,0 × 3,5	SBa	
4486	M87	Vir	12 30,8	+12 24	8,6	7,2 × 6,8	E1	Virgo A; 3C274 *
4501	M88	Com	12 32,0	+14 25	9,5	6,9 × 3,9	Sb	*
4517		Vir	12 32,8	+00 07	10,5	10,2 × 1,9	Sc	
4526		Vir	12 34,0	+07 42	9,6	7,2 × 2,3	E7	
4535		Vir	12 34,3	+08 12	9,8	6,8 × 5,0	SBc	
4548	M91	Com	12 35,4	+14 30	10,2	5,4 × 4,4	SBb	*
4546		Vir	12 35,5	-03 48	10,3	3,5 × 1,7	E6	
4552	M89	Vir	12 35,7	+12 33	9,8	4,2 × 4,2	E0	*
4568		Vir	12 36,6	+11 14	10,8	4,6 × 2,1	Sc	
4569	M90	Vir	12 36,8	+13 10	9,5	9,5 × 4,7	Sb	*
4570		Vir	12 36,9	+07 15	10,9	4,1 × 1,3	S0	
4571		Vir	12 36,9	+14 13	11,3	3,8 × 3,4	Sc	
4579	M58	Vir	12 37,7	+11 49	9,8	5,4 × 4,4	Sb	*
4596		Vir	12 39,9	+10 11	10,5	3,9 × 2,8	SBa	
4594	M104	Vir	12 40,0	-11 37	8,3	8,9 × 4,1	Sb	Sombrero-Galaxie *
4621	M59	Vir	12 42,0	+11 39	9,8	5,1 × 3,4	E3	
4636		Vir	12 42,8	+02 41	9,6	6,2 × 5,0	E1	
4643		Vir	12 43,3	+01 59	10,6	3,4 × 2,7	SBa	
4649	M60	Vir	12 43,7	+11 33	8,8	7,2 × 6,2	E1	*
4651		Com	12 43,7	+16 24	10,7	3,8 × 2,7	Sc	
4654		Vir	12 44,0	+13 08	10,5	4,7 × 3,0	Sc	
4665		Vir	12 45,1	+03 03	11,6	4,2 × 3,5	SBa	
4666		Vir	12 45,1	-00 28	10,8	4,5 × 1,5	Sc	
4689		Com	12 47,8	+13 46	10,9	4,0 × 3,5	Sb	
4691		Vir	12 48,2	-03 20	11,2	3,2 × 2,7	SBb	
4697		Vir	12 48,6	-05 48	9,3	6,0 × 3,8	E4	
4698		Vir	12 48,4	+08 29	10,7	4,3 × 2,5	Sb	
4699		Vir	12 49,0	-08 40	9,6	3,5 × 2,7	Sa	
4710		Vir	12 49,6	+15 10	11,0	5,1 × 1,4	S0	
4731		Vir	12 51,0	-06 24	11,3	6,5 × 3,4	SBc	
4754		Vir	12 52,3	+11 19	10,6	4,7 × 2,6	SB0	
4753		Vir	12 52,4	-01 12	9,9	5,4 × 2,9	Pec	
4762		Vir	12 52,9	+11 14	10,2	8,7 × 1,6	SB0	
4856		Vir	12 59,3	-15 02	10,4	4,6 × 1,6	SBa	
4866		Vir	12 59,5	+14 10	11,0	6,5 × 1,5	Sb	
4902		Vir	13 01,0	-14 31	11,2	3,0 × 2,8	Sb	
4941		Vir	13 04,2	-05 33	11,1	3,7 × 2,1	Sb	
4958		Vir	13 05,8	-08 01	10,5	4,1 × 1,4	ES	
4995		Vir	13 09,7	-07 50	11,0	2,5 × 1,7	Sb	
5018		Vir	13 13,0	-19 31	10,8	2,6 × 2,1	Sa	
5044		Vir	13 15,4	-16 23	11,0	2,6 × 2,6	E0	
5054		Vir	13 17,0	-16 38	11,3	5,0 × 3,1	Sb	
5247		Vir	13 38,1	-17 53	10,5	5,4 × 4,7	Sb	
5248		Boo	13 37,5	+08 53	10,2	6,5 × 4,9	Sc	*
5363		Vir	13 56,1	+05 15	10,2	4,2 × 2,7	E	
5364		Vir	13 56,2	+05 01	10,4	7,1 × 5,0	Sb	
5566		Vir	14 20,3	+03 56	10,5	6,5 × 2,4	Sb	
5576		Vir	14 21,1	+03 16	10,9	3,2 × 2,2	E2	
5746		Vir	14 44,9	+01 57	10,6	7,9 × 1,7	Sb	
5813		Vir	15 01,2	+01 42	10,7	3,6 × 2,8	E1	
5838		Vir	15 05,4	+02 06	10,8	4,2 × 1,6	Sa	
5846		Vir	15 06,8	+01 36	10,2	3,4 × 3,2	E0	

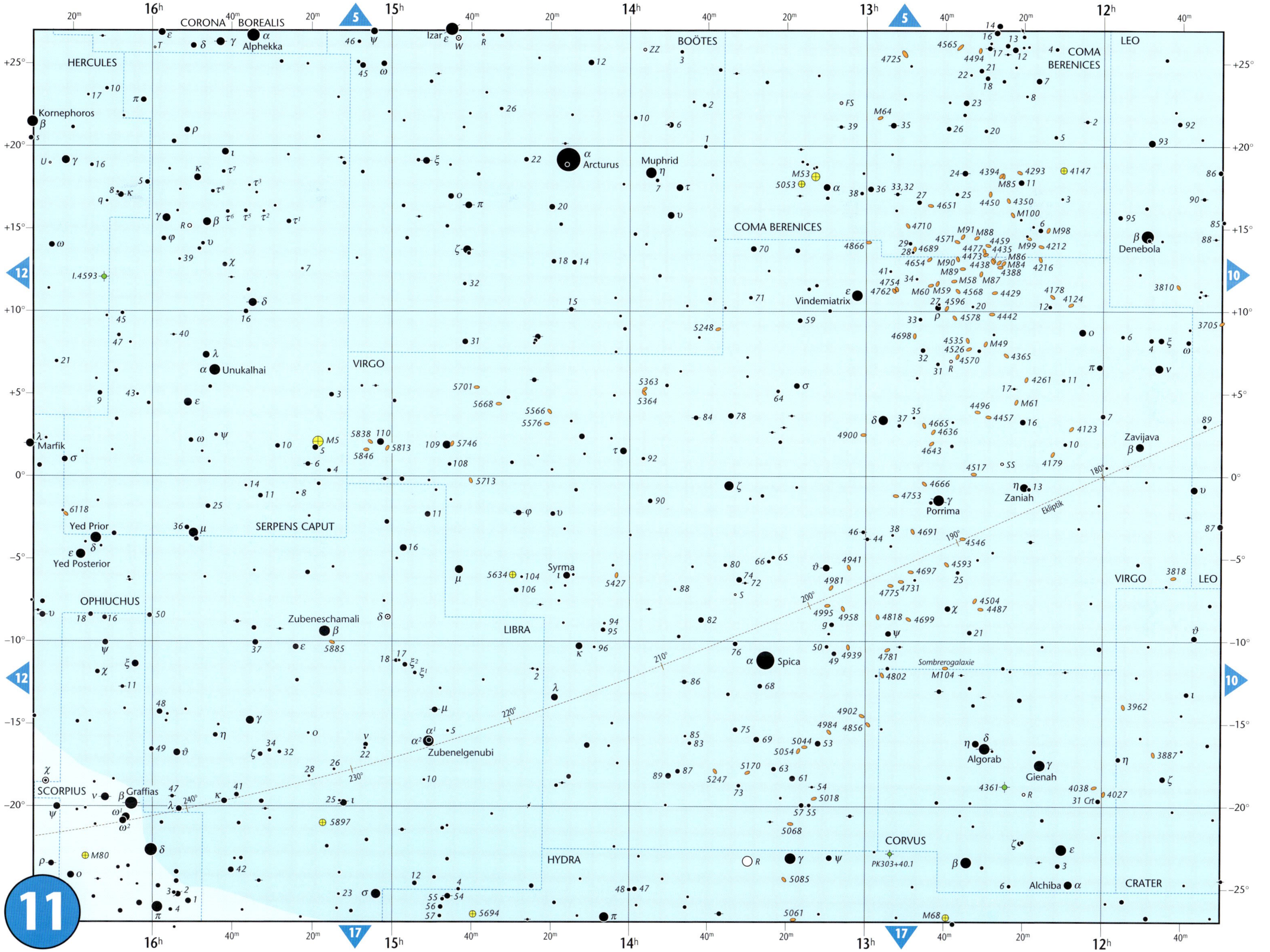
11
HERCULES
CORONA BOREALIS
BOÖTES
COMA BERENICES
LEO
VIRGO
SERPENS CAPUT
OPHIUCHUS
LIBRA
SCORPIUS
HYDRA
CORVUS
CRATER
Kornephoros
Alphekka
Izar
Arcturus
Muphrid
Vindemiatrix
Denebola
Unukalhai
Marfik
Yed Prior
Yed Posterior
Zubeneschamali
Zubenelgenubi
Syrma
Spica
Porrima
Zaniah
Zavijava
Graffias
Algorab
Gienah
Alchiba
Sombrerogalaxie
Ekliptik
16h
15h
14h
13h
12h
5
10
12
17

12 | Rektaszension 16^h bis 20^h, Deklination +20° bis –20°

VERÄNDERLICHE STERNE

Stern	RA h m	Dekl. ° '	Helligkeit	Typ	Periode Tage	Spektrum	Anmerkung
U Her	16 25,8	+18 54	6,5–13,4	M	406,1	M	
χ Oph	16 27,0	-18 27	4,2–5,0	Irr	–	M	
V1010 Oph	16 49,5	-15 40	6,1–7,0	EB	0,66	A	
S Her	16 51,9	+14 56	6,4–13,8	M	307,4	M	
R Oph	17 07,8	-16 06	7,0–13,8	M	302,6	M	
α Her	17 14,6	+14 23	2,7–4,0	SR	–	M	
U Oph	17 16,5	+01 13	5,9–6,6	EA	1,68	B	
Y Sgr	18 21,4	-18 52	5,4–6,1	Cep	5,77	F	
59 Ser	18 27,2	+00 12	4,9–5,9		–	G + A	
U Sgr	18 31,9	-19 07	6,3–7,1	Cep	6,74	F–G	
X Oph	18 38,3	+08 50	5,9–9,2	M	334,4	M + K	
V3879 Sgr	18 42,9	-19 17	6,1–6,6	SR	50:	M	
R Sct	18 47,5	-05 42	4,5–8,2	RV	140,1	G-K	
FF Aql	18 18,2	+17 22	5,2–5,7	Cep	4,47	F	
V Aq	19 04,4	-05 41	6,6–8,4	SR	353	K	
R Aql	19 06,4	+08 14	5,5–12,0	M	284,2	M	*
U Sge	19 18,8	+19 37	6,6–9,2	EA	3,38	B + K	
U Aql	19 29,4	-07 03	6,1–6,9	Cep	7,02	F–G	
η Aql	19 52,5	+01 00	3,5–4,4	Cep	7,17	F–G	*
V505 Sgr	19 53,1	-14 36	6,5–7,5	EA	1,18	A,+ F	
S Sge	19 56,0	+16 38	5,3–6,0	Cep	8,38	F–G	

DOPPEL- UND MEHRFACHSTERNE

Stern	RA h m	Dekl. ° '	Helligkeit	Positionswinkel °	Distanz "	Anmerkung
β Sco	16 05,4	-19 48	2,6 + 4,9	21	13,6	Graffias
			10,3	132	0,5	
11 Sco	16 07,6	-12 45	5,6 + 9,9	257	3,3	
κ Her	16 08,1	-17 03	5,3 +6,5	12	28,4	
ν Sco	16 12,0	-19 28	4,3 + 6,8	337	41,1	AC
			6,8	3	0,9	AB
			7,8	51	2,3	CD
υ[upsilon] Oph	16 27,8	-08 22	4,6 + 7,8	95	1,0	
λ Oph	16 30,9	+01 59	4,2 +,5,2	30	1,5	P = 129,9 a
37, 36 Her	16 40,6	+04 13	5,8,+ 7,0	230	69,8	
19 Oph	16 47,2	+02 04	6,1,+ 9,4	89	23,4	
η Oph	17 10,4	-15 43	3,0,+ 3,5	237	0,6	P = 84,3 a
α He	17 14,6	+14 23	2,9v + 5,4	104	4,6	Rasalgethi: var.; P = 3600 a
41 Oph	17 16,6	-00 27	4,8 + 7,8	346	1,0	
ν[nu] Ser	17 20,8	-12 51	4,3 + 8,3	28	46,3	
53 Oph	17 34,6	+09 35	5,8,+ 8,5	191	41,2	
τ Oph	18 03,1	-08 11	5,2 + 5,9	283	1,7	AB, P = 280 a *
			9,3	127	100,3	AC
70 Oph	18 05,5	+02 30	4,2 + 6,0	148	3,8	P = 88,1 a
59 Ser	18 27,2	+00 12	5,3 + 7,6	318	3,8	
θ Ser	18 56,2	+04 12	4,5 + 5,4	104	22,3	
23 Aql	19 18,5	+01 05	5,3 + 9,3	5	3,1	
π Aql	19 48,7	+11 49	6,1 + 6,9	110	1,4	
57 Aql	19 54,6	-08 14	5,8 + 6,5	170	35,7	*

OFFENE STERNHAUFEN

NGC/IC	Anderer Name	Sternbild	RA h m	Dekl. ° '	Helligkeit	Durchmesser '	Sternzahl	Anmerkung
IC4665		Oph	17 46,3	+05 43	4,2	41	30	*
6494	M23	Sgr	17 56,8	-19 01	5,5	27	150	*
6595		Sgr	18 17,0	-19 53	7,0	11	30	
–	M24	Sgr	18 17:	-18 40:	–	120:	–	Sternwolke*
6604		Ser	18 18,1	-12 14	6,5	2	30	
6613	M18	Cep	18 19,9	-17 08	6,9	9	20	*
6633		Oph	18 27,7	+06 34	4,6	27	30	*
IC4725	M25	Sgr	18 31,6	-19 15	4,6	32	30	*
6645		Sgr	18 32,6	-16 54	8,5	10	40	
IC4756		Ser	18 39,0	+05 27	5,4	52	80	
6694	M26	Sct	18 45,2	-09 24	8,0	15	30	*
6705	M11	Sct	18 51,1	-06 16	5,8	14	500	Wildentenhaufen *
6709		Aql	18 51,5	+10 21	6,7	13	40	*
6716		Sgr	18 54,6	-19 53	6,9	7	20	
6738		Aql	19 01,4	+11 36	8,3	15	–	
6755		Aql	19 07,8	+04 14	7,5	15	100	
–	H20	Sge	19 53,1	+18 20	7,7	7	15	

KUGELSTERNHAUFEN

NGC/IC	anderer Name	Sternbild	RA h m	Dekl. ° '	Helligkeit	Durchmesser '	Anmerkung
6171	M107	Oph	16 32,5	-13 03	8,1	10,0	*
6218	M12	Oph	16 47,2	-01 57	6,6	14,5	*
6254	M10	Oph	16 57,1	-04 06	6,6	15,1	*
6333	M9	Oph	17 19,2	-18 31	7,9	9,3	*
6342		Oph	17 21,2	-19 35	9,9	3,0	
6356		Oph	17 23,6	-17 49	8,4	7,2	
6366		Oph	17 27,7	-05 05	10,0	8,3	
6402	M14	Oph	17 37,6	-03 15	7,6	11,7	*
6517		Oph	18 01,8	-08 58	10,3	4,3	
6535		Ser	18 03,8	-00 18	10,6	3,6	*
6539		Ser	18 04,8	-07 35	9,6	6,9	
IC1276		Ser	18 10,7	-07 12	10,3	7,1	
6712		Sct	18 53,1	-08 42	8,2	7,2	*
6760		Aql	19 11,2	+01 02	9,1	6,6	
6838	M71	Sge	19 53,8	+18 47	8,3	7,2	*

HELLE GASNEBEL

NGC/IC	anderer Name	Sternbild	RA h m	Dekl. ° '	Typ	Durchmesser '	Hell. Stern	Anmerkung
6611	M16	Ser	18 18,8	-13 47	E	35 × 28	–	Adlernebel * & Sternhaufen
6618	M17	Sgr	18 20,8	-16 11	E	46 × 37	–	Omeganebel: * & Sternhaufen

PLANETARISCHE NEBEL

NGC/IC	anderer Name	Sternbild	RA h m	Dekl. ° '	Helligkeit	Durchmesser '	Hell. Stern	Anmerkung
IC 4593		Her	16 12,2	+12 04	10,9	12 (120)	11,3	
6309		Oph	17 14,1	-12 55	10,8	14 (66)	14,4	
6537		Sgr	18 05,2	-19 51	12,5	9	–	
6572		Oph	18 12,1	+06 51	9,0	8	13,6	*
6741		Aql	19 02,6	-00 27	10,8	6	14,7	
6751		Aql	19 05,9	-06 00	12,5	20	13,9	
6781		Aql	19 18,4	+06 33	11,8	109	5,0	
6790		Aql	19 23,2	+01 31	10,2	7	13,5	
6803		Aql	19 31,3	+10 03	11,3	6	15,2	
6818		Sgr	19 44,0	-14 09	9,9	17	13,1	

GALAXIEN

NGC/IC	anderer Name	Sternbild	RA h m	Dekl. ° '	Helligkeit	Größe '	Typ	Anmerkung
6384		Oph	17 32,4	+07 04	10,6	6,0 × 4,3	Sb	
6822		Sgr	19 44,9	-14 48	9,4	10,2 × 9,5	Irr	

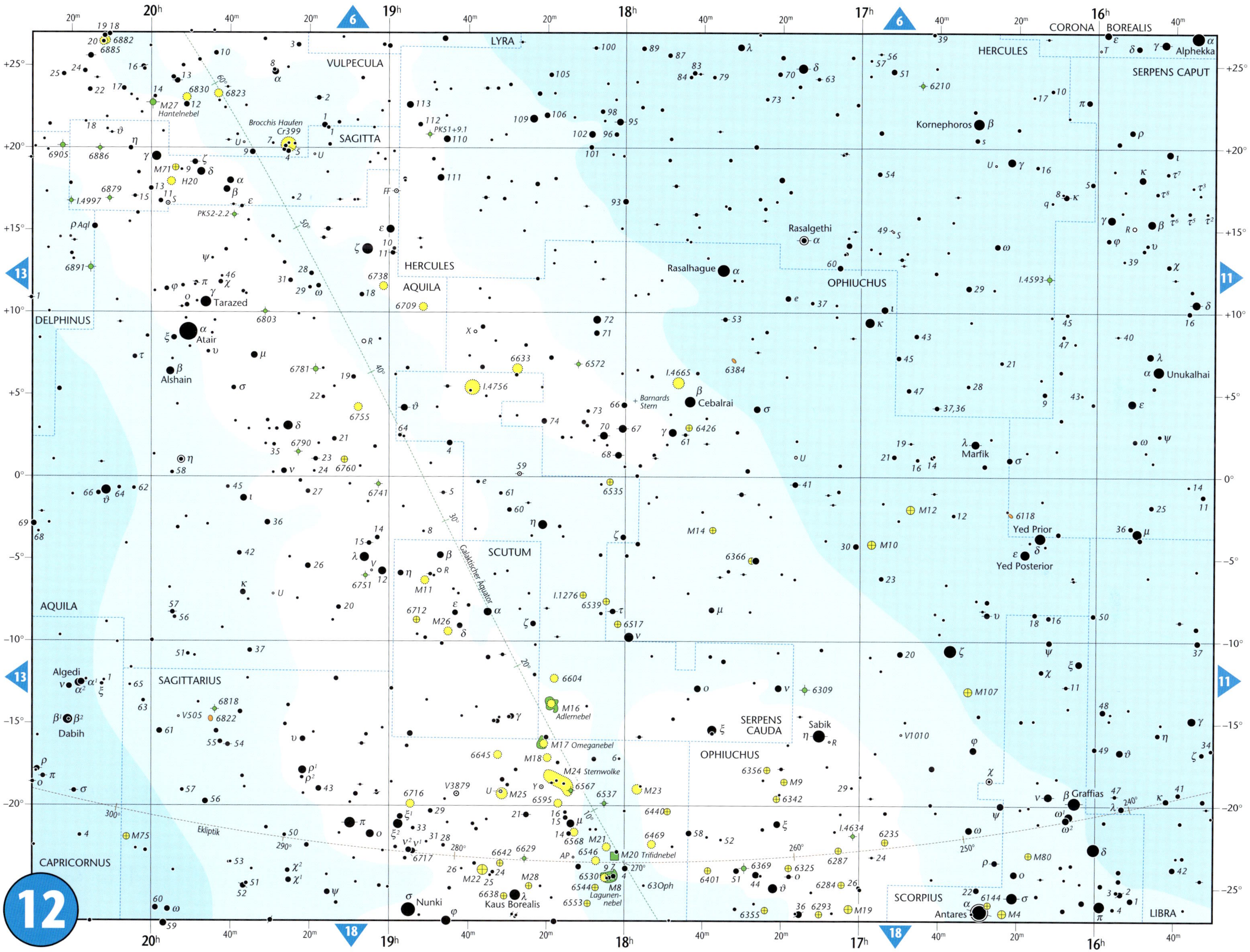
12
CORONA BOREALIS
HERCULES
SERPENS CAPUT
LYRA
VULPECULA
SAGITTA
DELPHINUS
AQUILA
HERCULES
OPHIUCHUS
SCUTUM
SERPENS CAUDA
SAGITTARIUS
CAPRICORNUS
SCORPIUS
LIBRA
Alphekka
Kornephoros
Rasalgethi
Rasalhague
Unukalhai
Cebalrai
Barnards Stern
Marfik
Yed Prior
Yed Posterior
Sabik
Graffias
Antares
Nunki
Kaus Borealis
Algedi
Dabih
Alshain
Atair
Tarazed
Brocchis Haufen Cr399
M27 Hantelnebel
M16 Adlernebel
M17 Omeganebel
M24 Sternwolke
M20 Trifidnebel
M8 Lagunennebel
Galaktischer Äquator
Ekliptik
20h
19h
18h
17h
16h
+25°
+20°
+15°
+10°
+5°
0°
-5°
-10°
-15°
-20°
-25°
6
13
11
18

13 | Rektaszension 20^h bis 0^h, Deklination +20° bis –20°

VERÄNDERLICHE STERNE

Stern	RA h m	Dekl. ° '	Helligkeit	Typ	Periode Tage	Spektrum	Anmerkung
EU Del	20 37,9	+18 16	5,8–6,9	SR	59,5	M	
U Del	20 45,5	-15 05	5,6–7,5	SR	110:	M	
EP Aqr	21 46,5	-02 13	6,4–6,8	SR	55:	M	
AG Peg	21 51,0	-12 38	6,0–9,4	ZA	830,1	M	*
R Aqr	23 43,8	-15 17	5,8–12,4	M	387,0	M	*
TX Psc	23 46,4	+03 29	4,8–5,2	Irr	–	M	

DOPPEL- UND MEHRFACHSTERNE

Stern	RA h m	Dekl. ° '	Helligkeit	Positions- winkel °	Distanz "	Anmerkung
15 Sge	20 04,1	+17 04	5,9 + 9,1	276	190,7	
			6,8	320	203,7	
α^1 Cap	20 17,6	-12 30	4,2 + 8,6	221	45,4	*
α^2 Cap	20 18,1	-12 33	3,6,+ 10,4	172	6,6	Algedi *
α^2, α^1 Cap	20 18,1	-12 33	3,6 + 4,2	291	377,7	*
σ Cap	20 19,4	-19 07	5,5 + 9,0	179	55,9	
π Cap	20 27,3	-18 13	5,1 + 8,3	148	3,2	*
ρ Cap	20 28,9	-17 49	5,0,+ 10,0	194	1,3	*
1 Del	20 30,3	+10 54	6,1 + 8,1	346	0,9	
γ Del	20 46,7	+16 07	4,5 + 5,5	268	9,6	
13 Del	20 47,8	+06 00	5,6,+ 9,2	194	1,6	
1 Equ	20 59,1	+04 18	6,0 + 6,3	284	0,8	ε Equ: P = 101,4 a
γ Equ	21 10,3	+10 08	4,7 + 11,5	268	1,9	
			12,5	5	47,7	
			5,9	153	352,5	
ζ Aqr	22 28,8	-00 01	4,3 + 4,5	192	2,1	P = 856 a *
37 Peg	22 30,0	+04 26	5,8 +,7,1	118	0,7	P = 140 a
107 Aqr	23 46,0	-18 41	5,7 + 6,7	136	6,6	

OFFENE STERNHAUFEN

NGC/IC	Anderer Name	Sternbild	RA h m	Dekl. ° '	Helligkeit	Durchmesser '	Stern- zahl	Anmerkung
6994	M73	Aqr	20 59,0	-12 38	8,9	2,8	4	Kein echter Haufen *

KUGELSTERNHAUFEN

NGC/IC	anderer Name	Sternbild	RA h m	Dekl. ° '	Helligkeit	Durchmesser '	Anmerkung
6934		Del	20 34,2	+07 24	8,9	5,9	
6981	M72	Aqr	20 53,5	-12 32	9,4	5,9	*
7006		Del	21 01,5	+16 11	10,6	2,8	
7078	M15	Peg	21 30,0	+12 10	6,4	12,3	*
7089	M2	Aqr	21 33,5	-00 49	6,5	12,9	*
7492		Aqr	23 08,4	-15 37	11,5	6,2	

PLANETARISCHE NEBEL

NGC/IC	anderer Name	Sternbild	RA h m	Dekl. ° '	Helligkeit	Durchmesser '	Hell. Stern	Anmerkung
6879		Sge	20 10,5	+16 55	13,0	5	15:	
6886		Sge	20 12,7	+19 59	12,2	4	15,7	
6891		Del	20 15,2	+12 42	11,7	12 (74)	12,4	
IC 4997		Sge	20 20,2	+16 45	11,6	2	13:	
7009		Aqr	21 04,2	-11 22	8,3	25 (100)	11,5	Saturnnebel*

GALAXIEN

NGC/IC	anderer Name	Sternbild	RA h m	Dekl. ° '	Helligkeit	Größe '	Typ	Anmerkung
7448		Peg	23 00,1	+15 59	11,7	2,7 × 1,3	Sc	
7479		Peg	23 04,9	+12 19	11,0	4,1 × 3,2	SBb	
7606		Aqr	23 19,1	-08 29	10,8	5,8 × 2,6	Sb	*
7723		Aqr	23 38,9	-12 58	11,1	3,6 × 2,6	Sb	
7727		Aqr	23 39,9	-12 18	10,7	4,2 × 3,4	SBa	

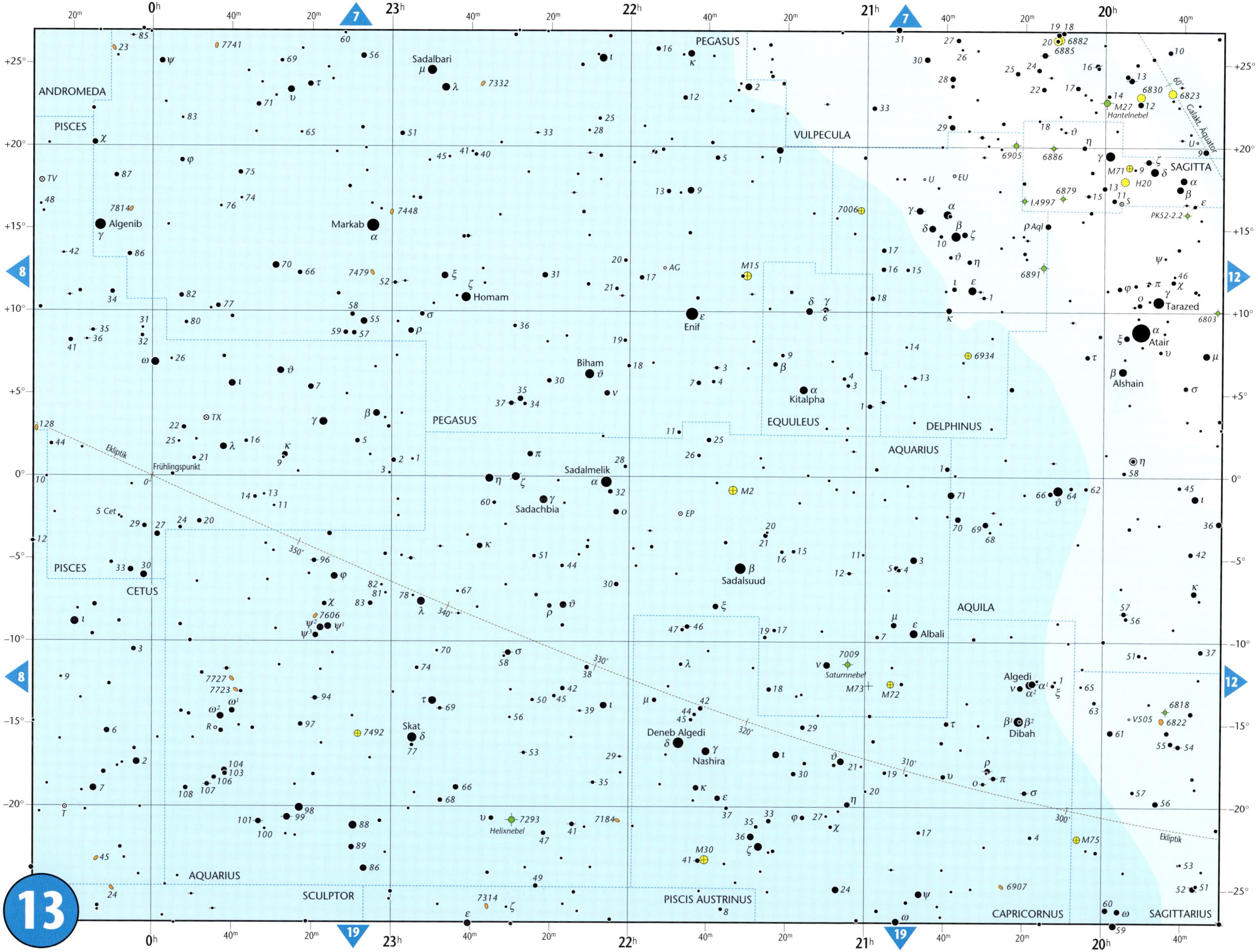
13
ANDROMEDA
PISCES
PEGASUS
VULPECULA
SAGITTA
EQUULEUS
DELPHINUS
AQUARIUS
AQUILA
CETUS
SCULPTOR
PISCIS AUSTRINUS
CAPRICORNUS
SAGITTARIUS
Algenib
Markab
Sadalbari
Homam
Enif
Biham
Kitalpha
Sadalmelik
Sadachbia
Sadalsuud
Skat
Deneb Algedi
Nashira
Albali
Algedi
Dibah
Tarazed
Atair
Alshain
Hantelnebel
Saturnnebel
Helixnebel
Frühlingspunkt
Ekliptik
Galakt. Äquator

14 | Rektaszension 0^h bis 4^h, Deklination -20° bis –65°

VERÄNDERLICHE STERNE

Stern	RA h m	Dekl. ° '	Helligkeit	Typ	Periode Tage	Spektrum	Anmerkung
S Scl	00 15,4	-32 03	5,5–13,6	M	365,3	M	
T Cet	00 21,8	-20 03	5,0–6,9	SR	158,9	M	
ξ Phe	01 08,4	-55 15	3,9–4,4	EA	1,67	B	
R Scl	01 27,0	-32 33	9,1–12,8 p	SR	370	M	
AA Cet	01 59,0	-22 55	6,0–6,5	EW	0,54	F	
R Hor	02 53,9	-49 53	4,7- 14,3	M	404,0	M	
V Hor	03 03,5	-58 56	8,7- 9,8 p	SR	–	M	
TW Hor	03 12,6	-57 19	5,3–6,0	SR	158:	K	

DOPPEL- UND MEHRFACHSTERNE

Stern	RA h m	Dekl. ° '	Helligkeit	Positions-winkel °	Distanz "	Anmerkung
κ^1 Scl	00 09,3	-27 59	6,1 + 6,2	265	1,4	*
β Tuc	00 31,5	-62 58	4,4 + 4,8	169	27,1	
ξ Phe	00 41,8	-56 30	5,8 + 10,2	253	13,2	
λ^1 Scl	00 42,7	-38 28	6,7 + 7,0	3	0,5	
β Phe	01 06,1	-46 43	4,0 + 4,2	346	1,4	
π Eri	01 39,8	-56 12	5,8 + 5,8	191	11,5	P = 483,7 a
ε Scl	01 45,6	-25 03	5,4 + 8,6	23	4,7	P = 1192 a *
ω For	02 33,8	-28 14	5,0 + 7,7	244	10,8	
η^2 For	02 50,2	-35 51	5,9 + 10,1	14	5,0	
θ Eri	02 58,3	-40 18	3,4 + 4,5	88	8,2	
α For	03 12,1	-28 59	4,0 + 7,0 v	299	5,1	P = 314 a
τ^4 Eri	03 19,5	-21 45	3,7 + 9,2	288	5,7	
			9,7	236	160,2	
χ^3 For	03 28,2	-35 51	6,5 + 10,5	248	6,3	

KUGELSTERNHAUFEN

NGC/IC	anderer Name	Sternbild	RA h m	Dekl. ° '	Helligkeit	Durchmesser '	Anmerkung
288		Scl	00 52,8	-26 35	8,1	13,8	
1261		Hor	03 12,3	-55 13	8,4	6,9	

PLANETARISCHE NEBEL

NGC/IC	anderer Name	Sternbild	RA h m	Dekl. ° '	Helligkeit	Durchmesser "	Hell. Stern	Anmerkung
1360		For	03 33,3	-25 51	9,4	390	11,4	

GALAXIEN

NGC/IC	anderer Name	Sternbild	RA h m	Dekl. ° '	Helligkeit	Größe '	Typ	Anmerkung
24		Scl	00 09,9	-24 58	11,5	5,5 × 1,6	Sb	
45		Cet	00 14,1	-23 11	10,4	8,1 × 5,8	S	
55		Scl	00 14,9	-39 11	8,2	32,4 × 6,5	SB	*
134		Scl	00 30,4	-33 15	10,1	8,1 × 2,6	SBb	
150		Scl	00 34,3	-27 48	11,1	4,2 × 2,3	S	
247		Cet	00 47,1	-20 46	8,9	20,0 × 7,4	Sc	*
253		Scl	00 47,6	-25 17	7,1	25,1 × 7,4	Sc	
289		Scl	00 52,7	-31 12	11,6	3,7 × 2,7	Sb	
300		Scl	00 54,9	-37 41	8,7	20,0 × 14,8	Sd	
–	E 351-30	Scl	00 59,9	-33 42	10,5	35: × 29:	dE3	Sculptor-Zwergg.
578		Cet	01 30,5	-22 40	10,9	4,8 × 3,2	Sc	
613		Scl	01 34,3	-29 25	10,0	5,8 × 4,6	SBb	
685		Eri	01 47,8	-52 47	11,8	4,1 × 4,0	SEc	
908		Cet	02 23,1	-21 14	10,2	5,5 × 2,8	SBb	
986		For	02 33,6	-39 02	11,0	3,7 × 2,8	Sc	
–	E 356-4	For	02 39,9	-34 32	9,0	63: × 48:	dE3	Fornax-Zwergg.
1097		For	02 46,3	-30 17	9,3	9,3 × 6,6	SBb	
1187		Eri	03 02,6	-22 52	10,9	5,0 × 4,0	SBc	
1201		For	03 04,1	-26 04	10,6	4,4 × 2,8	Sa	
1232		Eri	03 09,8	-20 35	9,9	7,8 × 6,9	Sc	
1249		Hor	03 10,1	-53 21	11,7	5,2 × 2,7	SBc	
1255		For	03 13,5	-25 44	11,1	4,1 × 2,8	Sc	
1291		Eri	03 17,3	-41 08	8,5	10,5 × 9,1	SBa	
1302		For	03 19,9	-26 04	11,5	4,4 × 4,2	SBa	
1316		For	03 22,7	-37 12	8,9	7,1 × 5,5	SB0	
1326		For	03 23,9	-36 28	10,5	4,0 × 3,0	SB0	
1332		Eri	03 26,3	-21 20	10,3	4,6 × 1,7	E7	
1344		For	03 28,3	-31 04	10,3	3,9 × 2,3	E3	
1350		For	03 31,1	-33 38	10,5	4,3 × 2,4	SBb	
1365		For	03 33,6	-36 08	9,5	9,8 × 5,5	SBb	
1371		For	03 35,0	-24 56	11,5	5,4 × 4,0	SBa	
1380		For	03 36,5	-34 59	11,1	4,9 × 1,9	S0	
1385		For	03 37,5	-24 30	11,2	3,0 × 2,0	Sc	
1395		Eri	03 38,5	-23 02	11,3	3,2 × 2,5	E3	
1398		For	03 38,9	-26 20	9,7	6,6 × 5,2	SBb	
1399		For	03 38,5	-35 27	9,9	3,2 × 3,1	E1p	
1411		Hor	03 38,8	-44 05	11,9	2,8 × 2,3	S0	
1404		For	03 38,9	-35 35	10,3	2,5 × 2,3	E1	
1433		Hor	03 42,0	-47 13	10,0	6,8 × 6,0	SBa	
1425		For	03 42,2	-29 54	11,7	5,4 × 2,7	Sb	
1448		Hor	03 44,5	-44 39	11,3	8,1 × 1,8	Sc	
1493		Hor	03 57,5	-46 12	11,8	2,6 × 2,3	SBc	

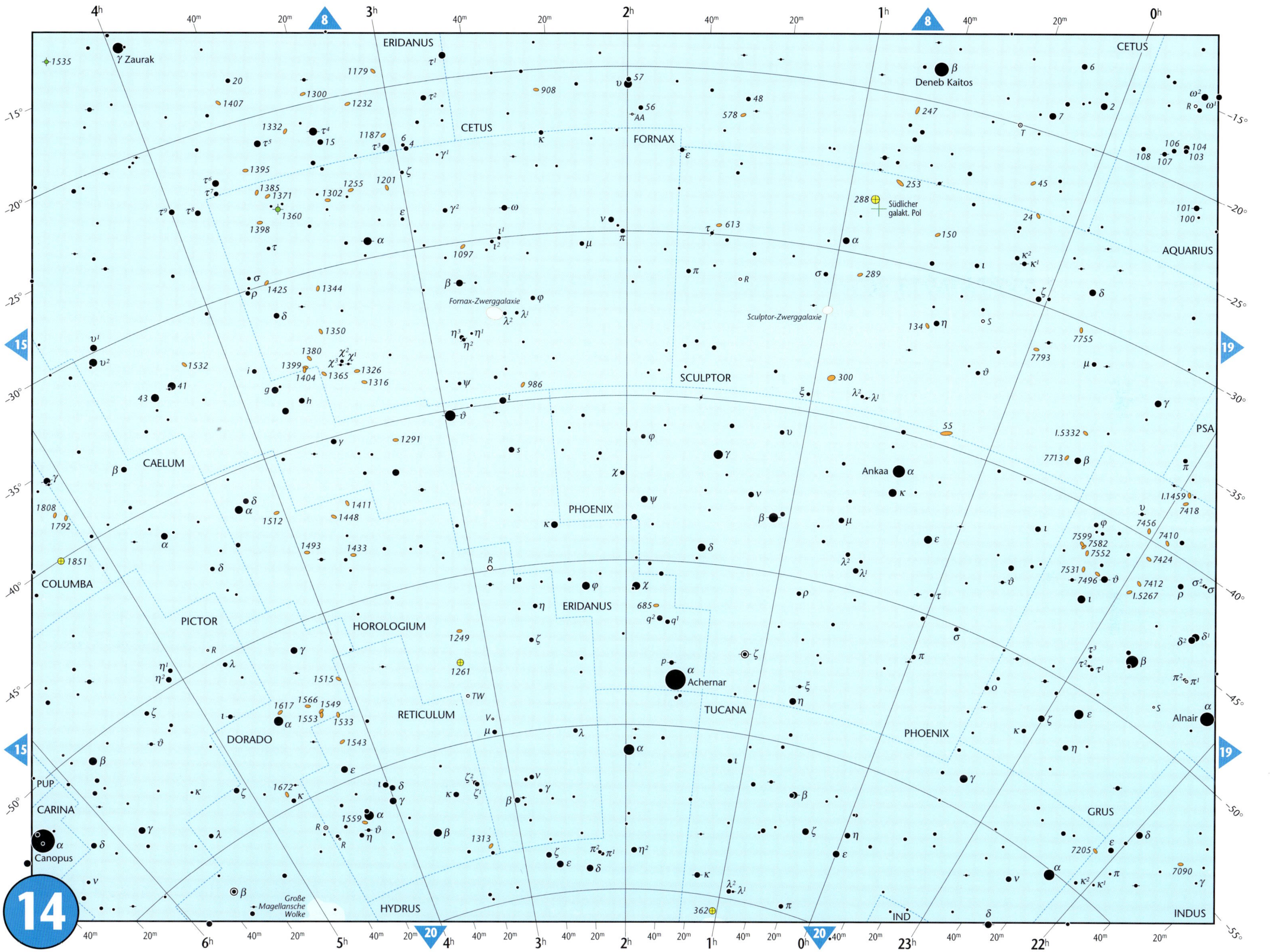

14
CETUS
AQUARIUS
FORNAX
SCULPTOR
ERIDANUS
PHOENIX
CAELUM
COLUMBA
PICTOR
HOROLOGIUM
RETICULUM
DORADO
TUCANA
HYDRUS
GRUS
PSA
IND
INDUS
PUP
CARINA
γ Zaurak
Deneb Kaitos
Südlicher galakt. Pol
Fornax-Zwerggalaxie
Sculptor-Zwerggalaxie
Ankaa
Achernar
Alnair
Canopus
Große Magellansche Wolke

15 | Rektaszension 4^h bis 8^h, Deklination -20° bis –65°

VERÄNDERLICHE STERNE

Stern	RA h m	Dekl. ° '	Helligkeit	Typ	Periode Tage	Spektrum	Anmerkung
R Ret	04 33,5	-63 02	6,5–14,0	M	278,3	M	
R Dor	04 36,8	-62 05	4,8–6,6	SR	338:	M	
R Plc	04 46,2	-49 15	6,7–10,0	SR	164,2	M	
β Dor	05 33,6	-62 29	3,5–4,1	Cep	9,84	F–G	
S Lep	06 05,8	-24 12	6,0–7,6	SR	90	B	
L^2 Pup	07 13,5	-44 39	2,6–6,2	SR	140,4	M	*
ω CMa	07 14,8	-26 46	3,6–4,2	Irr	–	B	
V Pup	07 58,2	-49 15	4,4–4,9	EB	1,45	B + B	*

DOPPEL- UND MEHRFACHSTERNE

Stern	RA h m	Dekl. ° '	Helligkeit	Positions- winkel °	Distanz "	Anmerkung
γ Cae	05 40,4	-25 29	4,6 + 8,1	308	2,9	*
θ Pic	05 24,8	-52 19	6,3 + 6,8	287	38,2	
β Lep	05 28,2	-20 46	2,8 + 7,3	330	2,5	Nihal
γ Lep	05 44,5	-22 27	3,7 + 6,3	350	96,3	
μ Pic	06 32,0	-58 45	5,8 + 9,0	231	2,4	
17 CMa	06 55,0	-20 24	5,8 + 9,3	147	44,4	
π CMa	06 55,6	-20 08	4,7 + 9,7	18	11,6	
ε CMa	06 58,6	-28 58	1,5 + 7,4	161	7,5	Adhara *
σ Pup	07 29,2	-43 18	3,3 + 9,4	74	22,3	

OFFENE STERNHAUFEN

NGC/IC	Anderer Name	Sternbild	RA h m	Dekl. ° '	Helligkeit	Durchmesser '	Stern- zahl	Anmerkung
2287	M41	CMa	06 47,0	-20 44	4,5	38	80	*
2354		CMa	07 14,3	-25 44	6,5	20	100	
2367		CMa	07 20,1	-21 56	7,9	3,5	30	
2362		CMa	07 18,8	-24 57	4,1	8	60	
–	Cr 135	Pup	07 17,0	-36 50	2,1	50	–	enthält π Pup
CMa	07 24,8	-20 56	8,4	6	40			
2384		CMa	07 25,1	-21 02	7,4	2,5	15	
2421		Pup	07 36,3	-20 37	8,3	10	70	
2439		Pup	07 40,8	-31 39	6,9	10	80	
2447	M93	Pup	07 44,6	-23 52	6,2	22	80	*
2451		Pup	07 45,4	-37 58	2,8	45	40	enthält c Pup *
2453		Pup	07 47,8	-27 14	8,3	5	30	
2477		Pup	07 52,3	-38 33	5,8	27	160	*
2467		Pup	07 52,6	-26 23	7,1	16	50	enthält Nebel
2482		Pup	07 54,9	-24 18	7,3	12	411	
2489		Pup	07 56,2	-30 04	7,9	8	45	
2516		Car	07 58,3	-60 53	3,8	30	80	*

KUGELSTERNHAUFEN

NGC/IC	anderer Name	Sternbild	RA h m	Dekl. ° '	Helligkeit	Durchmesser '	Anmerkung
1851		Col	05 14,1	-40 03	7,3	11,0	
1904	M79	Lep	05 24,5	-24 33	8,0	8,7	*
2298		Pup	06 49,0	-36 00	9,4	6,8	

HELLE GASNEBEL

NGC/IC	anderer Name	Sternbild	RA h m	Dekl. ° '	Typ	Durchmesser '	Hell. Stern	Anmerkung
2467		Pup	07 52,6	-26 24	E	8 × 7	9,2	Mit Haufen

GALAXIEN

NGC/IC	anderer Name	Sternbild	RA h m	Dekl. ° '	Helligkeit	Größe '	Typ	Anmerkung
1512		Hor	04 03,9	-43 21	10,6	4,0 × 3,2	SBa	
1515		Dor	04 04,1	-54 06	11,0	5,4 × 1,3	SBb	
1532		Eri	04 12,1	-32 52	11,1	5,6 × 1,8	Sb	
1533		Dor	04 16,2	-55 47	9,5	4,1 × 2,8	S0	
1543		Ret	04 12,8	-57 44	10,6	3,9 × 2,1	SB0	
1549		Dor	04 15,7	-55 36	9,9	3,7 × 3,2	E0	
1553		Dor	04 16,2	-55 47	9,5	4,1 × 2,3	S0	
1559		Ret	04 17,6	-62 47	10,5	3,3 × 2,1	SBc	
1566		Dor	04 20,0	-54 56	9,4	7,6 × 6,2	SBb	
1617		Dor	04 31,7	-54 36	10,4	4,7 × 2,4	SBa	
1672		Dor	04 45,7	-59 15	11,0	4,8 × 3,9	SBb	
1744		Lep	05 00,0	-26 01	11,2	6,8 × 4,1	SBc	
1792		Col	05 05,2	-37 59	10,2	4,0 × 2,1	Sb	*
1808		Col	05 07,7	-37 31	9,9	7,2 × 4,1	SBa	*
1964		Lep	05 33,4	-21 57	10,8	6,2 × 2,5	Sb	
2090		Col	05 47,0	-34 14	11,8	4,5 × 2,3	Sc	
2207		CMa	06 16,4	-21 22	10,7	4,3 × 2,9	Sc	
2217		CMa	06 21,7	-27 14	10,4	4,8 × 4,4	SBa	*
2223		CMa	06 24,6	-22 50	11,4	3,3 × 3,0	SBb	
2280		CMa	06 44,8	-27 38	11,8	5,6 × 3,2	Sb	

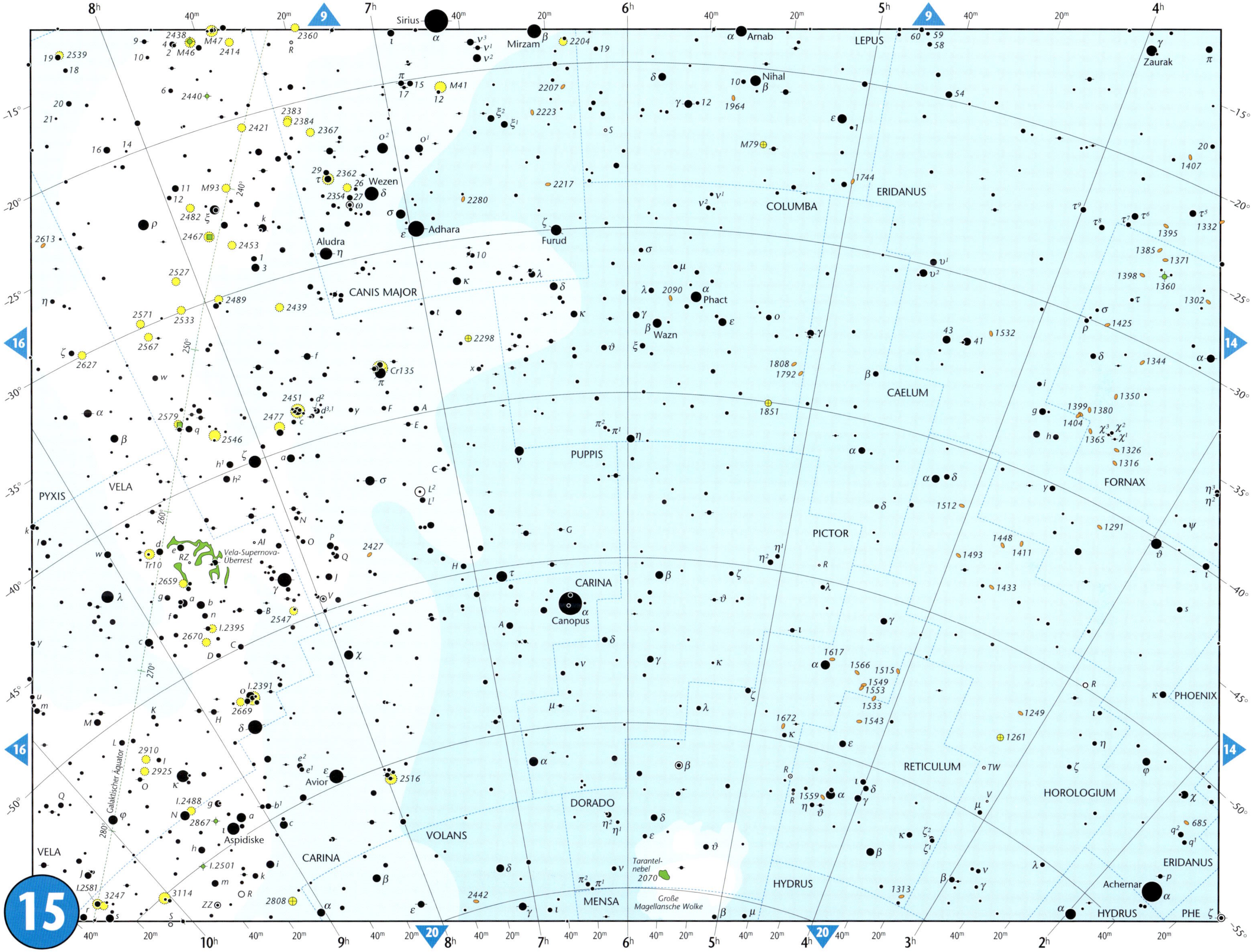

15
LEPUS
ERIDANUS
COLUMBA
CAELUM
FORNAX
PICTOR
PHOENIX
HOROLOGIUM
RETICULUM
HYDRUS
DORADO
MENSA
PUPPIS
CARINA
CANIS MAJOR
VOLANS
VELA
PYXIS
PHE
Sirius
Mirzam
Adhara
Wezen
Aludra
Furud
Canopus
Arnab
Nihal
Phact
Wazn
Zaurak
Achernar
Aspidiske
Avior
M41
M47
M46
M93
M79
Cr135
Tarantel-nebel 2070
Große Magellansche Wolke
Vela-Supernova-Überrest
Galaktischer Äquator

16 | Rektaszension 8^h bis 12^h, Deklination –20° bis –65°

VERÄNDERLICHE STERNE

Stern	RA h m	Dekl. ° '	Helligkeit	Typ	Periode Tage	Spektrum	Anmerkung
AI Vel	08 14,1	-44 34	6,4–7,1	δ Sct	0,11	A–F	
RZ Vel	08 37,0	-44 07	6,4–7,6	Cep	20,39	G	
R Car	09 32,2	-62 47	3,9–10,5	M	308,7	M	
ZZ Car	09 45,2	-62 30	3,3–4,2	Cep	35,53	F–K	
Y Hya	09 51,1	-23 01	8,3–12,0 p	SR	302,8	K	
S Car	10 09,4	-61 33	4,5–9,9	M	149,5	K–M	
U Ant	10 35,2	-39 34	8,1–9,7 p	Irr	–	K	
η Car	10 45,1	-59 41	-0,8–7,9	SD	–	Pec	*
U Car	10 57,8	-59 44	5,7–7,0	Cep	38,76	F–C	
ER Car	11 09,7	-58 50	6,6–7,1	Cep	7,72	F–C	
o' Cen	11 31,8	-59 27	4,7–5,5	SR	200:	C	

DOPPEL- UND MEHRFACHSTERNE

Stern	RA h m	Dekl. ° '	Helligkeit	Positions-winkel °	Distanz "	Anmerkung
γ Vel	08 09,5	-47 20	1,9 + 4,2	220	41,2	AB *
			8,3	151	62,3	AC
			9,1	141	93,5	AD
			12,5	146	1,8	DE
δ Vel	08 44,7	-54 43	2,1 + 5,1	153	2,6	
H Vel	08 56,3	-52 43	4,8 + 7,4	339	2,7	
κ Pyx	09 06,0	-25 52	4,6 + 9,8	263	2,1	
ζ¹ Ant	09 30,8	-31 53	6,2 + 7,1	212	8,0	*
δ Ant	10 29,6	-30 36	5,6 + 9,6	226	11,0	*
μ Vel	10 46,8	-49 25	2,7 + 6,4	58	2,5	P = 116,2a *
β Hya	11 52,9	-33 54	4,7 + 5,5	8	0,9	

OFFENE STERNHAUFEN

NGC/IC	Anderer Name	Sternbild	RA h m	Dekl. ° '	Helligkeit	Durchmesser '	Stern-zahl	Anmerkung
2527		Pup	08 05,3	-28 10	6,5	22	40	
2533		Pup	08 07,0	-29 54	7,6	3,5	60	
2547		Vel	08 10,7	-49 16	4,7	20	80	*
2546		Pup	08 12,4	-37 38	6,3	41	40	
2567		Pup	08 18,6	-30 38	7,4	10	40	
2571		Pup	08 18,9	-29 44	7,0	13	30	
2579		Pup	08 21,1	-36 11	7,5	10	20	
2627		Pyx	08 37,3	-29 57	8,4	11	60	
IC 2391		Vel	08 40,2	-53 04	2,5	50	30	o Velorum-Haufen *
IC 2395		Vel	08 41,1	-48 12	4,6	8	40	*
2669		Vel	08 44,9	-52 58	6,1	12	40	
2670		Vel	08 45,5	-48 47	7,8	9	30	
–	Tr 10	Vel	08 47,8	-42 29	4,6	15	40	
2818		Pyx	09 16,0	-36 37	8,2	9	40	
1,2488		Vel	09 27,6	-56 59	7,4	15	70	
2910		Vel	09 30,4	-52 54	7,2	5	30	
2925		Vel	09 33,7	-53 26	8,3	12	40	
3114		Car	10 02,7	-60 07	4,2	35	100	*
3247		Car	10 25,9	-57 56	7,6	7	20	
IC 2581		Car	10 27,4	-57 38	4,3	8	25	
3293		Car	10 35,8	-58 14	4,7	6	30	
3324		Car	10 37,3	-58 38	6,7	6	10	
IC 2602		Car	10 43,2	-64 24	1,9	50	60	Südliche Plejaden *
3532		Car	11 06,4	-58 40	3,0	55	150	*
3572		Car	11 10,4	-60 14	6,6	7	35	
3590		Car	11 12,9	-60 47	8,2	4	25	
IC 2714		Car	11 17,9	-62 42	8,2	12	100	
–	Mn 105	Car	11 19,5	-63 30	70	4	70	
3680		Cen	11 25,7	-43 15	7,6	12	30	
3766		Cen	11 36,1	-61 37	5,3	12	100	*
IC 2944		Cen	11 36,6	-63 02	4,5	15	30	λ Centauri-Haufen *
3960		Cen	11 50,9	-55 42	8,3	7	45	

KUGELSTERNHAUFEN

NGC/IC	anderer Name	Sternbild	RA h m	Dekl. ° '	Helligkeit	Durchmesser '	Anmerkung
2808		Car	09 12,0	-64 52	6,3	13,8	*
3201		Vel	10 17,6	-46 25	6,8	18,2	*

HELLE GASNEBEL

NGC/IC	anderer Name	Sternbild	RA h m	Dekl. ° '	Typ	Durchmesser '	Hell. Stern	Anmerkung
2579		Pup	08 20,9	-36 13	E	2	1,2	
–	Gum 12	Vel	08 30:	-45:	E	1200 × 720		Vela SNR *
3372		Car	10 43,8	-59 52	E	120 × 120	6,2	Eta-Carinae-Nebel *

PLANETARISCHE NEBEL

NGC/IC	anderer Name	Sternbild	RA h m	Dekl. ° '	Helligkeit	Durchmesser "	Hell. Stern	Anmerkung
2818		Pyx	09 16,0	-36 38	13,0	38	–	Mit Haufen
2867		Car	09 21,4	-58 19	9,7	11	13,6	
IC 2501		Car	09 38,8	-60 05	11,3	25		
3132		Vel	10 07,7	-40 26	8,2	47	10,1	*
3211		Car	10 17,8	-62 40	11,8	12		
3918		Cen	11 50,3	-57 11	8,4	12	10,8	

GALAXIEN

NGC/IC	anderer Name	Sternbild	RA h m	Dekl. ° '	Helligkeit	Größe '	Typ	Anmerkung
2613		Pyx	08 33,4	-22 58	10,4	7,2 × 2,1	Sb	
2784		Hya	09 12,3	-24 10	10,1	5,1 × 2,3	S0	
2835		Hya	09 17,9	-22 21	11,1	6,3 × 4,4	S	
2935		Hya	09 36,7	-21 08	11,9	3,5 × 3,0	SBb	
2997		Ant	09 45,6	-31 11	10,6	8,1 × 6,5	Sc	*
3109		Hya	10 03,1	-26 09	10,4	14,5 × 3,5	Irr	
3223		Ant	10 21,6	-34 16	11,8	4,1 × 2,6	Sb	*
3256		Vel	10 27,8	-43 54	11,3	3,5 × 2,0	Pec	
3309		Hya	10 36,6	-27 31	11,9	1,9 × 1,7	E0	
3511		Crt	11 03,4	-23 05	11,6	5,4 × 2,2	Sc	
3513		Crt	11 03,8	-23 15	12,0	2,8 × 2,3	SBc	
3557		Cen	11 10,0	-37 32	10,4	4,0 × 2,7	E3	
3585		Hya	11 13,3	-26 45	10,0	2,9 × 1,6	E5	
3621		Hya	11 18,3	-32 49	9,9	10,0 × 6,5	Sc	
3904		Hya	13 49,2	-29 17	11,0	2,2 × 1,7	E2	
3923		Hya	11 51,0	-28 48	10,1	2,9 × 1,9	E3	

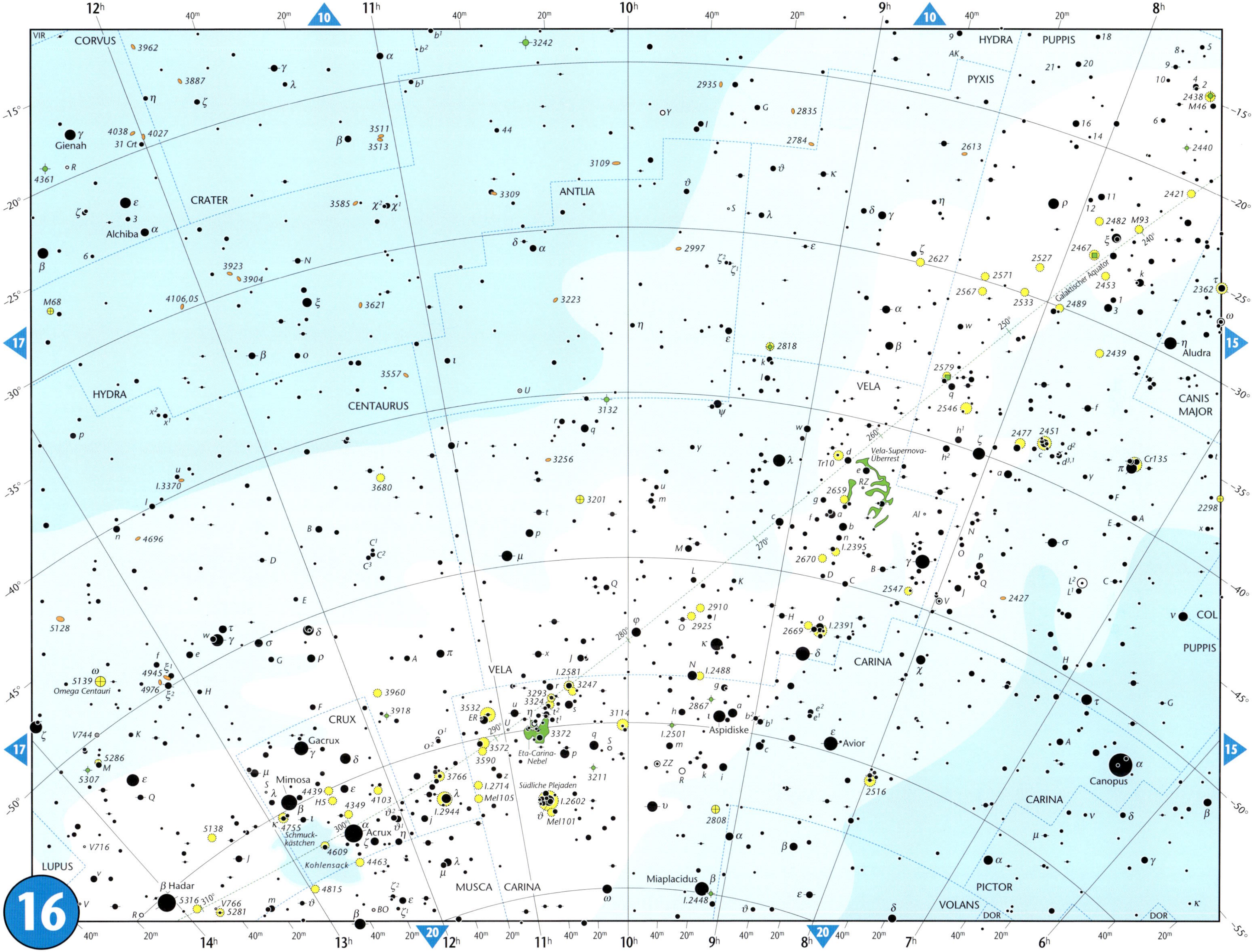

16
CORVUS
CRATER
HYDRA
CENTAURUS
ANTLIA
PYXIS
PUPPIS
VELA
CANIS MAJOR
COL
CARINA
PICTOR
VOLANS
DOR
MUSCA
CRUX
LUPUS
VIR
Gienah
Alchiba
31 Crt
Omega Centauri
Gacrux
Mimosa
Acrux
Schmuck-kästchen
Kohlensack
Hadar
Eta-Carina-Nebel
Südliche Plejaden
Aspidiske
Avior
Miaplacidus
Canopus
Aludra
Vela-Supernova-Überrest
Galaktischer Äquator
12h
11h
10h
9h
8h
7h
6h
14h
13h
-15°
-20°
-25°
-30°
-35°
-40°
-45°
-50°
-55°
10
15
17
20

17 | Rektaszension 12^h bis 16^h, Deklination –20° bis –65°

VERÄNDERLICHE STERNE

Stern	RA h m	Dekl. ° '	Helligkeit	Typ	Periode Tage	Spektrum	Anmerkung
S Cru	12 54,4	-58 26	6,2–6,9	Cep	4,69	F–G	
R Hya	13 29,7	-23 17	3,5–10,9	M	389,6	M	
V744 Cen	13 40,0	-49 57	5,1–6,6	SR	90:	M	
T Cen	13 41,8	-33 36	5,5–9,0	SR	90,44	K–M	
V766 Cen	13 47,2	-62 35	6,2–7,5	SD?	–	G	
μ Cen	13 49,6	-42 28	2,9–3,5	Irr	–	B	
V716 Cen	14 13,7	-54 38	6,0–6,5	EB	1,49	B	
R Cen	14 16,6	-59 55	5,3–11,8	M	546,2	M	
GG Lup	15 32,2	-23 53	5,5–6,0	SR	–	M	*
R Nor	15 36,0	-49 30	6,5–13,9	M	492,7	M	
T Nor	15 44,1	-54 59	6,2–13,6	M	242,6	M	

DOPPEL- UND MEHRFACHSTERNE

Stern	RA h m	Dekl. ° '	Helligkeit	Positionswinkel °	Distanz "	Anmerkung
α Cru	12 26,6	-63 06	1,4 + 1,9	111	4,1	Acrux *
			4,9	202	90,1	
γ Cru	12 31,2	-57 07	1,6 + 6,7	31	110,6	Gacrux *
			9,5	82	155,2	
γ Cen	12 41,5	-48 58	2,9 + 2,9	347	1,0	P = 84,5 a
ι Cru	12 45,6	-60 59	4,7 + 9,5	22	26,9	
μ Cru	12 54,6	-57 11	4,3 + 5,3	17	34,9	
3 Cen	13 51,8	-33 00	4,5 + 6,0	108	7,9	
4 Cen	13 53,2	-31 56	4,7 + 8,4	185	14,9	
β Cen	14 03,8	-60 22	0,7 + 3,9	251	1,3	Hadar *
α Cen	14 39,6	-60 50	0,0 + 1,2	222	14,1	Rigil Kent; P = 79,9 a *
			11,0	211:	7860 (131')	Proxima Centauri *
α Cir	14 42,5	-64 59	3,2 + 8,6	232	15,7	*
54 Hya	14 46,0	-25 27	5,1 + 7,1	126	8,6	
59 Hya	14 58,7	-27 39	6,3 + 6,6	80	0,3	P = 339,3 a
π Lup	15 05,1	-47 03	4,6 + 4,7	73	1,4	*
κ Lup	15 11,9	-48 44	3,9 + 5,8	144	26,8	*
μ Lup	15 18,5	-47 53	5,1 + 5,2	142	1,2	*
			7,2	130	23,7	
γ Cir	15 23,4	-59 19	5,1 + 5,5	20	0,7	P = 180 a *
2 Sco	15 53,6	-25 20	4,7 + 7,4	274	2,5	
ξ Lup	15 56,9	-33 58	5,3 + 5,8	49	10,4	*

OFFENE STERNHAUFEN

NGC/IC	Anderer Name	Sternbild	RA h m	Dekl. ° '	Helligkeit	Durchmesser '	Sternzahl	Anmerkung
4103		Cru	12 06,7	-61 15	7,4	7	45	
4349		Cru	12 24,5	-61 54	7,4	16	30	
4439		Cru	12 28,4	-60 06	8,4	4	–	
–	H5	Cur	12 29,0	-60 46	7,1	6	–	
4463		Mus	12 30,0	-64 48	7,2	5	30	
4609		Cru	12 42,3	-62 58	6,9	5	40	
4755		Cru	12 53,6	-60 20	4,2	10	50	Schmuckkästchen, κ Crucis *
4815		Mus	12 58,0	-64 57	8,6	3	100	
5138		Cen	13 27,3	-59 01	7,6	8	40	
5281		Cen	13 46,6	-62 54	5,9	5	40	
5316		Cen	13 53,9	-61 52	6,0	14	80	
5460		Cen	14 07,6	-48 19	5,6	25	40	
5606		Cen	14 27,8	-59 38	7,7	3	15	
5617		Cen	14 29,8	-60 43	6,3	10	80	
5662		Cen	14 35,2	-56 33	5,5	12	70	
5749		Lup	14 48,9	-54 31	8,8	8	30	
5822		Lup	15 05,2	-54 21	6,5	40	150	
5823		Cir	15 05,7	-55 36	7,9	10	100	
5925		Nor	15 27,7	-54 31	8,4	15	120	

KUGELSTERNHAUFEN

NGC/IC	anderer Name	Sternbild	RA h m	Dekl. ° '	Helligkeit	Durchmesser '	Anmerkung
4590	M68	Hya	12 39,5	-26 45	8,2	12,0	
5139	ω Cen	Cen	13 26,8	-47 29	3,7	36,3	Omega Centauri *
5286		Cen	13 46,4	-51 22	7,6	9,1	
5824		Lup	15 04,0	-33 04	9,0	6,2	
5897		Lib	15 17,4	-21 01	8,6	12,6	
5927		Lup	15 28,0	-50 40	8,3	12,0	
5946		Nor	15 35,5	-50 40	9,6	7,1	
5986		Lup	15 46,1	-37 47	7,1	9,8	

HELLE GASNEBEL

NGC/IC	anderer Name	Sternbild	RA h m	Dekl. ° '	Typ	Durchmesser '	Hell. Stern	Anmerkung
–	Coalsack	Cru	12 53:	-63:	–	400 × 300	–	Dunkelnebel
5367		Cen	13 57,7	-39 59	R	4 × 3		

PLANETARISCHE NEBEL

NGC/IC	anderer Name	Sternbild	RA h m	Dekl. ° '	Helligkeit	Durchmesser "	Hell. Stern	Anmerkung
–	PK303+40,1	Hya	12 53,6	-22 52	12,0	709	9,6	
5307		Cen	13 51,1	-51 12	12,1	13	–	
IC 4406		Cen	14 22,4	-44 09	10,6	28	14,7	
5873		Lup	15 12,8	-38 08	13,3	3	13,6	
5882		Lup	15 16,8	-45 39	10,5	7	12,0	

GALAXIEN

NGC/IC	anderer Name	Sternbild	RA h m	Dekl. ° '	Helligkeit	Größe '	Typ	Anmerkung
4105		Hya	12 06,7	-29 46	12,0	2,4 × 1,9	E2	
4106		Hya	12 06,8	-29 46	11,4	1,9 × 1,5	E8	
IC 3370		Cen	12 27,6	-39 20	11,1	2,8 × 2,4	E2	
4696		Cen	12 48,8	-41 19	10,7	3,5 × 3,2	E1	
4945		Cen	13 05,4	-49 28	9,5	20,0 × 4,4	SBn	
4976		Cen	13 08,6	-49 30	10,2	4,3 × 2,6	E4	
5061		Hya	13 18,1	-26 50	11,7	2,6 × ,2,3	E2	
5068		Vir	13 18,9	-21 02	10,8	6,9 × 6,3	SBc	
5078		Hya	13 19,8	-27 24	12:	3,2 × 1,7	Sc	
5085		Hya	13 20,3	-24 26	11,9	3,4 × 3,0	Sb	
5101		Hya	13 21,8	-27 26	10,2	5,5 × 4,9	SBa	
5102		Cen	13 22,0	-36 38	9,7	9,3 × 3,5	S0	
5128		Cen	13 25,5	-43 01	7,0	18,2 × 14,5	S0	
IC 4296		Cen	13 36,6	-33 58	11,6	2,7 × 2,7	E0	
5236	M83	Hya	13 37,0	-29 52	8,2	11,2 × 10,2	Sc	*
5253		Cen	13 39,9	-31 39	10,6	40 × 1,7	E5	
5483		Cen	14 10,4	-43 19	12,0	3,1 × 2,8	Sc	
5530		Lup	14 18,5	-43 24	11,9	4,1 × 2,2	Sb	
5643		Lup	14 32,7	-44 10	10,7	4,6 × 4,1	Sbc	

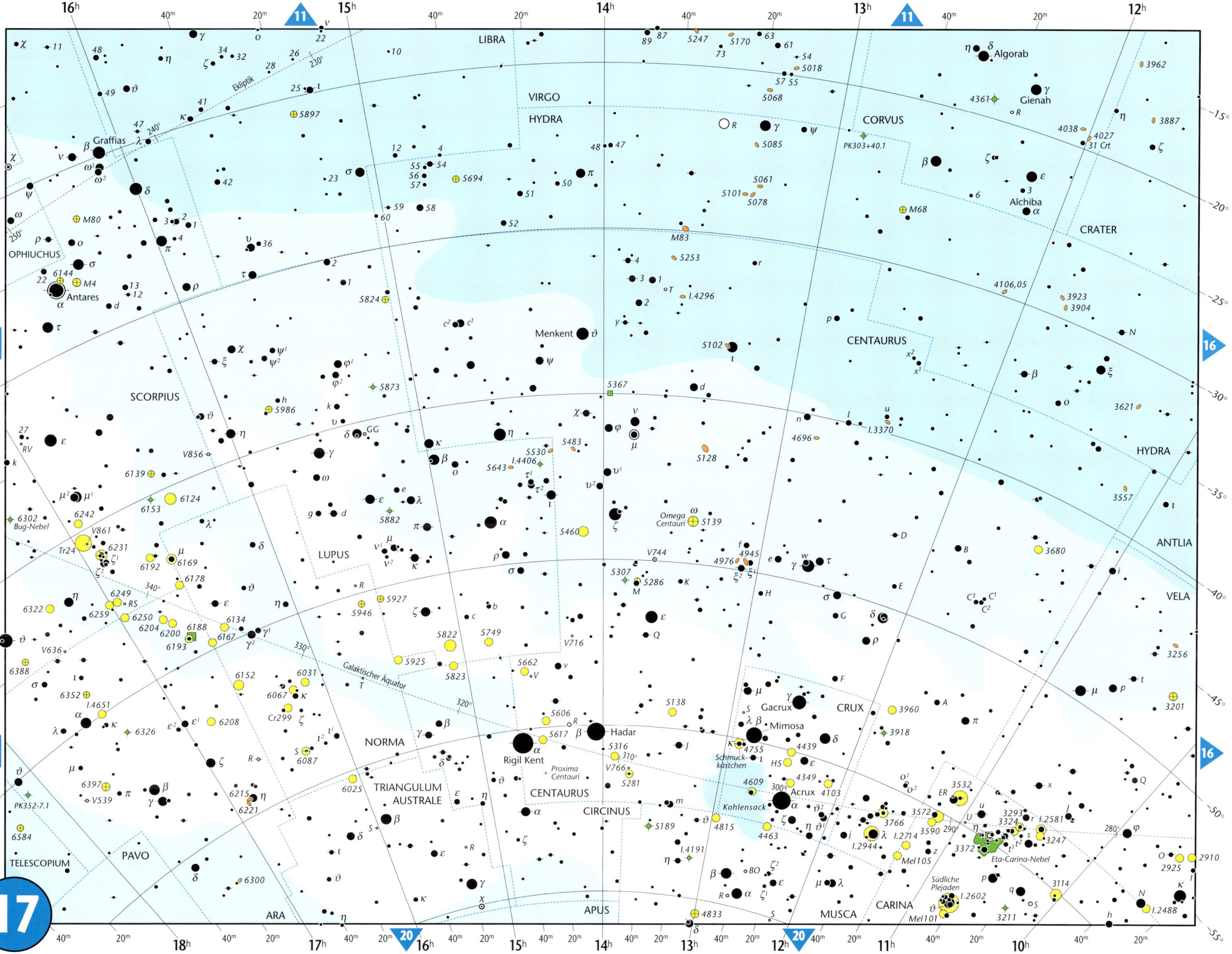

LIBRA
VIRGO
HYDRA
CORVUS
CRATER
CENTAURUS
ANTLIA
VELA
OPHIUCHUS
SCORPIUS
LUPUS
NORMA
TRIANGULUM AUSTRALE
CIRCINUS
CRUX
CARINA
MUSCA
APUS
ARA
PAVO
TELESCOPIUM
Algorab
Gienah
Alchiba
Graffias
Antares
Menkent
Omega Centauri
Hadar
Rigil Kent
Proxima Centauri
Gacrux
Mimosa
Acrux
Kohlensack
Schmuckkästchen
Eta-Carina-Nebel
Südliche Plejaden
Bug-Nebel
Ekliptik
Galaktischer Äquator

18 | Rektaszension 16^h bis 20^h, Deklination –20° bis –65°

VERÄNDERLICHE STERNE

Stern	RA h m	Dekl. ° '	Helligkeit	Typ	Periode Tage	Spektrum	Anmerkung
S TrA	16 01,2	-63 47	6,1–6,8	Cep	6,32	F	
S Nor	16 18,9	-57 54	6,1–6,8	Cep	9,75	F–G	
α Sco	16 29,4	-26 26	0,9–1,8	SR	1733	M + B	Antares *
R Ara	16 39,7	-57 00	6,0–6,9	EA	4,43	B	
RS Sco	16 55,6	-45 06	6,2–13,0	M	320,1	M	
RR Sco	16 56,6	-30 35	5,0–12,4	M	279,40	B	
RV Sco	16 58,3	-33 37	6,6–7,5	Cep	6,06	F–G	
V636 Sco	17 22,8	-45 37	6,0–6,9	Cep	6,80	G	
BM Sco	17 41,0	-32 13	5,0–6,9	SR	850:	K	
W Sgr	18 05,0	-29 35	4,3–5,1	Cep	7,59	F–G	
RS Sgr	18 17,6	-34 06	6,0–6,9	EA	2,42	B	
V1017 Sgr	18 32,1	-29 24	6,2–14,7	ZAND?	–	G	
RY Ser	19 16,5	-33 31	6,0–15,0	RCB	–	G	
S Pav	19 55,2	-59 12	6,6–10,4	SR	386,3	M	
RR Sgr	19 55,9	-29 11	5,6–14,0	M	334,6	M	
RU Sgr	19 58,7	-41 51	6,0–13,8	M	240,3	M	

DOPPEL- UND MEHRFACHSTERNE

Stern	RA h m	Dekl. ° '	Helligkeit	Positionswinkel °	Distanz "	Anmerkung
12 Sco	16 12,3	-28 25	5,9 + 7,9	73	3,8	*
σ Sco	16 21,2	-25 36	2,9 + 8,5	273	20,0	
ε Nor	16 27,2	-47 33	4,8 + 7,5	335	22,8	
α Sco	16 29,4	-26 26	1,2 v + 5,4	275	2,9	Antares: var.; P = 878 a *
36 Oph	17 15,3	-26 36	5,1 + 5,1	146	4,9	P = 548,7 a
γ Ara	17 25,4	-56 23	3,3 + 10,3	328	17,9	*
η Sgr	18 17,6	-36 46	3,2 + 7,8	105	3,6	
ξ Pav	18 23,2	-61 30	4,4 + 8,6	154	3,3	*
21 Sgr	18 25,3	-20 32	4,9 + 7,4	289	1,8	
λ CrA	18 43,8	-38 19	5,1 + 9,7	214	29,2	
γ CrA	19 06,4	-37 04	4,8 + 5,1	55	1,3	P = 120,4 a
π Sgr	19 09,8	-21 01	3,7 + 3,7	150	0,1	AB
			5,9	122	0,4	AC
β^1 Sgr	19 22,6	-44 28	4,0 + 7,1	77	28,3	
52 Sgr	19 36,7	-24 53	4,7 + 9,2	170	2,5	

OFFENE STERNHAUFEN

NGC/IC	Anderer Name	Sternbild	RA h m	Dekl. ° '	Helligkeit	Durchmesser '	Sternzahl	Anmerkung
6025		Tra	16 03,7	-60 30	5,1	12	60	*
6067		Nor	16 13,2	-54 13	5,6	13	100	
–	Cr 299	Nor	16 18,4	-55 07	6,9	20	–	
6087		Nor	16 18,9	-57 54	5,4	12	40	
6124		Sco	16 25,6	-40 40	5,8	29	100	
6169		Lup	16 34,1	-44 03	6,6	7	40	Um μ Normae
6167		Nor	16 34,4	-49 36	6,7	8	–	
6178		Sco	16 35,7	-45 38	7,2	4	12	
6193		Ara	16 41,3	-48 46	5,2	15	–	*
6231		Sco	16 54,0	-41 48	2,6	15	–	
6242		Bce	16 55,6	-39 30	6,4	9	–	
6250		Ara	16 58,0	-45 48	5,9	8	60	
6322		Sco	17 18,5	-42 57	6,0	10	30	
IC 4651		Ara	17 24,7	-49 57	6,9	12	80	
6383		Sco	17 34,8	-32 34	5,5	5	40	
6405	M6	Sco	17 40,1	-32 13	4,2	15	80	*
6416		Sco	17 44,4	-32 21	4,7	18	40	
6475	M7	Sco	17 53,9	-34 49	3,3	80	80	*
6520		Sgr	18 03,4	-27 54	7,6	6	60	*
6531	M21	Sgr	18 04,6	-22 30	5,9	13	17	*
6530		Sgr	18 04,8	-24 20	4,6	15	–	In M8

KUGELSTERNHAUFEN

NGC/IC	anderer Name	Sternbild	RA h m	Dekl. ° '	Helligkeit	Durchmesser '	Anmerkung
6093	M80	Sco	16 17,0	-22 59	7,2	8,9	*
6121	M4	Sco	16 23,6	-26 32	5,9	26,3	*
6266	M62	Oph	17 01,2	-30 07	6,6	14,1	*
6273	M19	Oph	17 02,6	-26 16	7,2	13,5	*
6293		Oph	17 10,2	-26 35	8,2	7,9	
6304		Oph	17 14,5	-29 28	8,4	6,8	
6352		Ara	17 25,5	-48 25	7,8	7,1	*
6388		Sco	17 36,3	-44 44	6,9	8,7	*
6397		Ara	17 40,7	-53 40	5,7	15,7	*
6441		Sco	17 50,2	-37 03	7,4	7,8	
6544		Sgr	18 07,3	-25 00	8,3	8,9	
6541		CrA	18 08,0	-43 42	6,7	13,1	
6553		Sgr	18 09,3	-25 54	8,3	8,1	
6584		Tel	18 18,6	-52 13	9,2	7,9	*
6624		Sgr	18 23,7	-30 22	8,3	5,9	
6626	M28	Sgr	18 24,5	-24 52	6,9	11,2	*
6637	M69	Sgr	18 31,4	-32 21	7,7	7,1	*
6642		Sgr	18 31,9	-23 29	8,8	4,5	
6652		Sgr	18 35,8	-32 59	8,9	3,5	
6656	M22	Sgr	18 36,4	-23 54	5,1	24,0	*
6681	M70	Sgr	18 43,2	-32 18	8,1	7,8	*
6715	M54	Sgr	18 55,1	-30 29	7,7	9,1	*
6723		Sgr	18 59,6	-36 38	7,3	11,0	
6752		Pav	19 10,9	-59 59	5,4	20,4	*
6809	M55	Sgr	19 40,0	-30 58	7,0	19,0	*

HELLE GASNEBEL

NGC/IC	anderer Name	Sternbild	RA h m	Dekl. ° '	Typ	Durchmesser '	Hell. Stern	Anmerkung
6188, 6193		Ara	16 40,5	-48 47	E + A	20 × 12	–	*
6514	M20	Sgr	18 02,6	-23 02	E + A	29 × 27	7,6	Trifidnebel *
6523	M8	Sgr	18 03,8	-24 23	E	90 × 40	0,0	Lagunennebel *

PLANETARISCHE NEBEL

NGC/IC	anderer Name	Sternbild	RA h m	Dekl. ° '	Helligkeit	Durchmesser "	Hell. Stern	Anmerkung
6153		Sco	16 31,5	-40 15	11,5	25	–	*
IC 4634		Oph	17 01,6	-21 50	10,7	9	15 p	
6302		Sco	17 13,7	-37 06	12,8	50	–	Bugnebel *
–	PK 352-7,1	Ara	18 00,2	-38 50	11,4	25	–	
IC 4699		Tel	18 18,5	-45 59	11,9	10	–	*
6629		Sgr	18 25,7	-23 12	11,6	15	12,8	
IC 1297		CrA	19 17,4	-39 37	10,7	7	12,9	

GALAXIEN

NGC/IC	anderer Name	Sternbild	RA h m	Dekl. ° '	Helligkeit	Größe '	Typ	Anmerkung
6215		Ara	16 51,1	-58 59	11,8	2,0 × 1,6	Sc	*
6221		Ara	16 52,8	-59 13	11,5	3,2 × 2,3	SBc	*
6300		Ara	17 17,0	-62 49	11,1	5,4 × 3,5	SBc	
6744		Pav	19 09,8	-63 51	9,0	15,5 × 10,2	SBb	*
6753		Pav	19 11,4	-57 03	11,9	2,5 × 2,2	Sb	

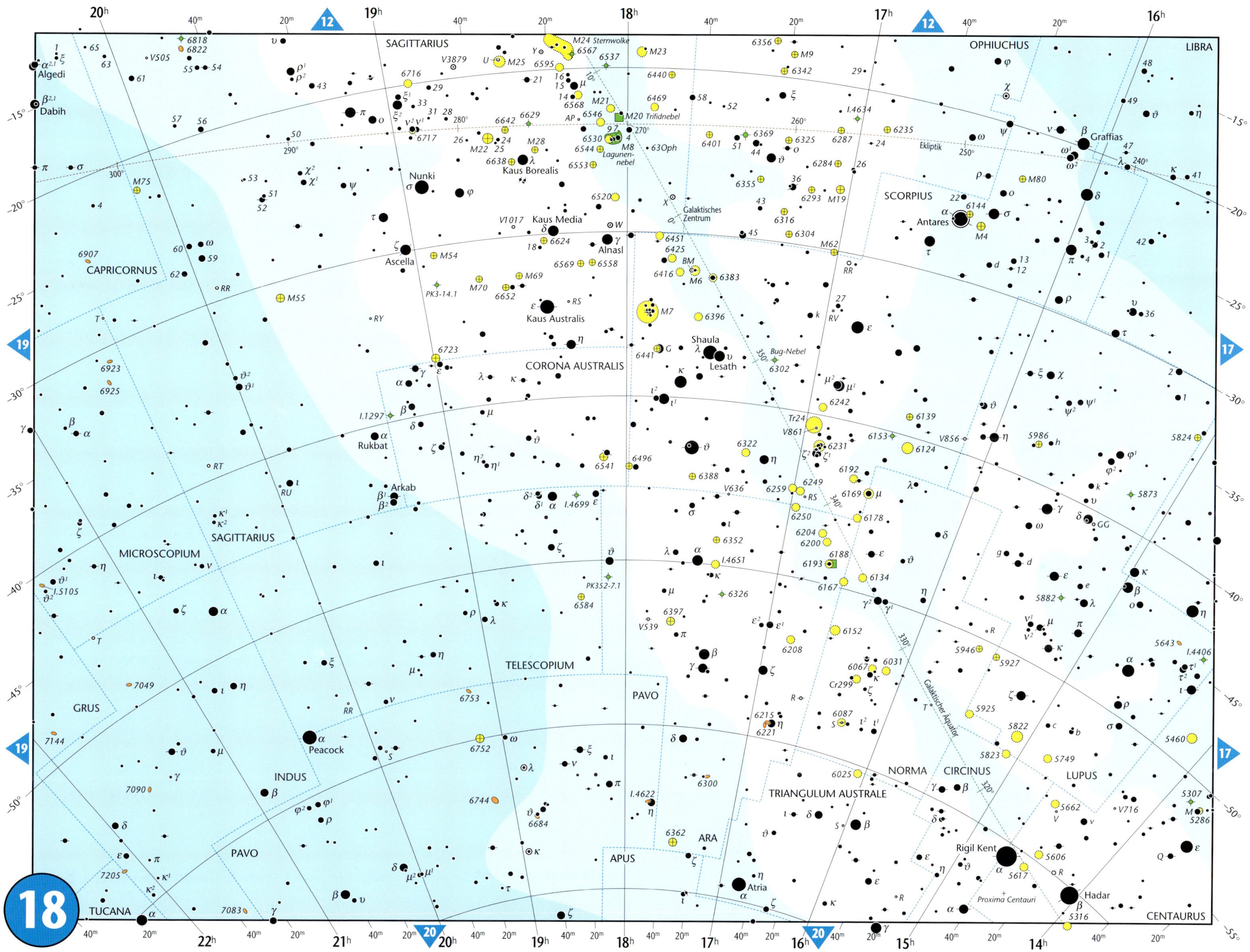

18
SAGITTARIUS
OPHIUCHUS
LIBRA
SCORPIUS
CAPRICORNUS
CORONA AUSTRALIS
MICROSCOPIUM
TELESCOPIUM
PAVO
INDUS
GRUS
TUCANA
APUS
ARA
NORMA
CIRCINUS
LUPUS
TRIANGULUM AUSTRALE
CENTAURUS
Algedi
Dabih
Nunki
Ascella
Kaus Borealis
Kaus Media
Kaus Australis
Alnasl
Shaula
Lesath
Antares
Graffias
Rukbat
Arkab
Peacock
Atria
Rigil Kent
Hadar
Proxima Centauri
M24 Sternwolke
M20 Trifidnebel
M8 Lagunen-nebel
Bug-Nebel
Galaktisches Zentrum
Galaktischer Äquator
Ekliptik

19 | Rektaszension 20^h to 0^h, Deklination –20° to –65°

VERÄNDERLICHE STERNE

Stern	RA h m	Dekl. ° '	Helligkeit	Typ	Periode Tage	Spektrum	Anmerkung
RR Tel	20 04,2	-55 43	6,5–16,5 p	ZAND	–	F	
RT Sgr	20 17,7	-39 07	6,0–14,1	M	305,3	M	
T Mic	20 27,9	-28 16	7,7–9,6 p	SR	344	M	
T Ind	21 20,2	-45 01	5,5–6,5	SR	320:	M	
T Gru	22 25,7	-37 34	7,8–12,3 p	M	136,5	M	
S Gru	22 26,1	-48 26	6,0–15,0	M	401,4	M	

DOPPEL- UND MEHRFACHSTERNE

Stern	RA h m	Dekl. ° '	Helligkeit	Positions- winkel °	Distanz "	Anmerkung
α Mic	20 50,0	-33 47	5,0 + 10,0	166	20,5	
θ Ind	21 19,9	-53 27	4,5 + 7,0	275	6,0	
η PsA	22 00,8	-28 27	5,8 + 6,8	115	1,7	
41 Aqr	22 14,3	-21 04	5,6 + 7,1	114	5,0	
δ Tuc	22 27,3	-64 58	4,5 + 9,0	282	6,9	
β PsA	22 31,5	-32 21	4,9 + 7,9	172	30,3	
γ PsA	22 52,5	-32 53	4,5 + 8,0	262	4,2	
δ PsA	22 55,9	-32 32	4,2 + 9,2	244	5,0	
υ[upsilon] Gru	23 06,9	-38 54	5,7 + 8,0	211	1,1	
θ Gru	23 06,9	-43 31	4,5 + 7,0	75	1,1	

KUGELSTERNHAUFEN

NGC/IC	anderer Name	Sternbild	RA h m	Dekl. ° '	Helligkeit	Durchmesser '	Anmerkung
6864	M75	Sgr	20 06,1	-21 55	8,6	6,0	*
7099	M30	Cap	21 40,4	-23 11	7,5	11,0	*

GALAXIEN

NGC/IC	anderer Name	Sternbild	RA h m	Dekl. ° '	Helligkeit	Größe '	Typ	Anmerkung
6907		Cap	20 25,1	-24 49	11,3	3,4 × 3,0	SBb	
6923		Mic	20 31,7	-30 50	12,1	2,5 × 1,4	Sb	
6925		Mic	20 34,3	-31 59	11,3	4,1 × 1,6	Sb	
7049		Ind	21 19,0	-48 34	10,7	2,8 × 2,2	S0	
IC5105		Mic	21 24,4	-40 37	11,5	2,5 × 1,5	E4	
7083		Ind	21 35,7	-63 54	11,8	4,5 × 2,9	Sb	
7090		Ind	21 36,5	-54 33	10,7	7,1 × 1,4	SBc	
7144		Gru	21 52,7	-48 15	10,7	3,5 × 3,5	E0	
7172		PsA	22 02,0	-31 52	11,9	2,2 × 1,3	S	
7174		PsA	22 02,1	-31 59	12,6	1,3 × 0,7	S	
7176		PsA	22 02,1	-31 59	11,9	1,3 × 1,3	E0	
7184		Aqr	22 02,7	-20 49	12,0	5,8 × 1,8	Sb	
7205		Ind	22 08,5	-57 25	11,1	4,3 × 2,2	Sb	
7221		PsA	22 11,3	-30 37	12:	2,2 × 1,9	–	
7314		PsA	22 35,8	-26 03	10,9	4,6 × 2,3	Sc	
7410		Gru	22 55,0	-39 40	10,4	5,5 × 2,0	SBa	
7412		Gru	22 55,8	-42 39	11,4	4,0 × 3,1	SBb	
7418		Gru	22 56,6	-37 02	11,4	3,3 × 2,8	SBc	
IC 1459		Gru	22 57,2	-36 28	10,0	3,4 × 2,5	E3	
IC 5267		Gru	22 57,2	-43 24	10,5	5,0 × 4,1	S0	
7424		Gru	22 57,3	-41 04	10,5	7,6 × 6,8	SBc	
7456		Gru	23 02,1	-39 35	11,9	5,9 × 1,8	Sc	
7496		Gru	23 09,8	-43 26	11,1	3,5 × 2,8	SBb	
7531		Gru	23 14,8	-43 36	11,3	3,5 × 1,5	Sb	
7552		Gru	23 16,2	-42 35	10,7	3,5 × 2,5	SEb	
7582		Gru	23 18,4	-42 22	10,6	4,6 × 2,2	SBb	
7599		Gru	23 19,3	-42 15	11,4	4,4 × 1,5	Sc	
IC 5332		Scl	23 34,5	-36 06	10,6	6,6 × 5,1	Sd	
7713		Scl	23 36,5	-37 56	11,6	4,3 × 2,0	SBd	
7755		Scl	23 47,9	-30 31	11,8	3,7 × 3,0	SBb	
7793		Scl	23 57,8	-32 35	9,1	9,1 × 6,6	Sd	

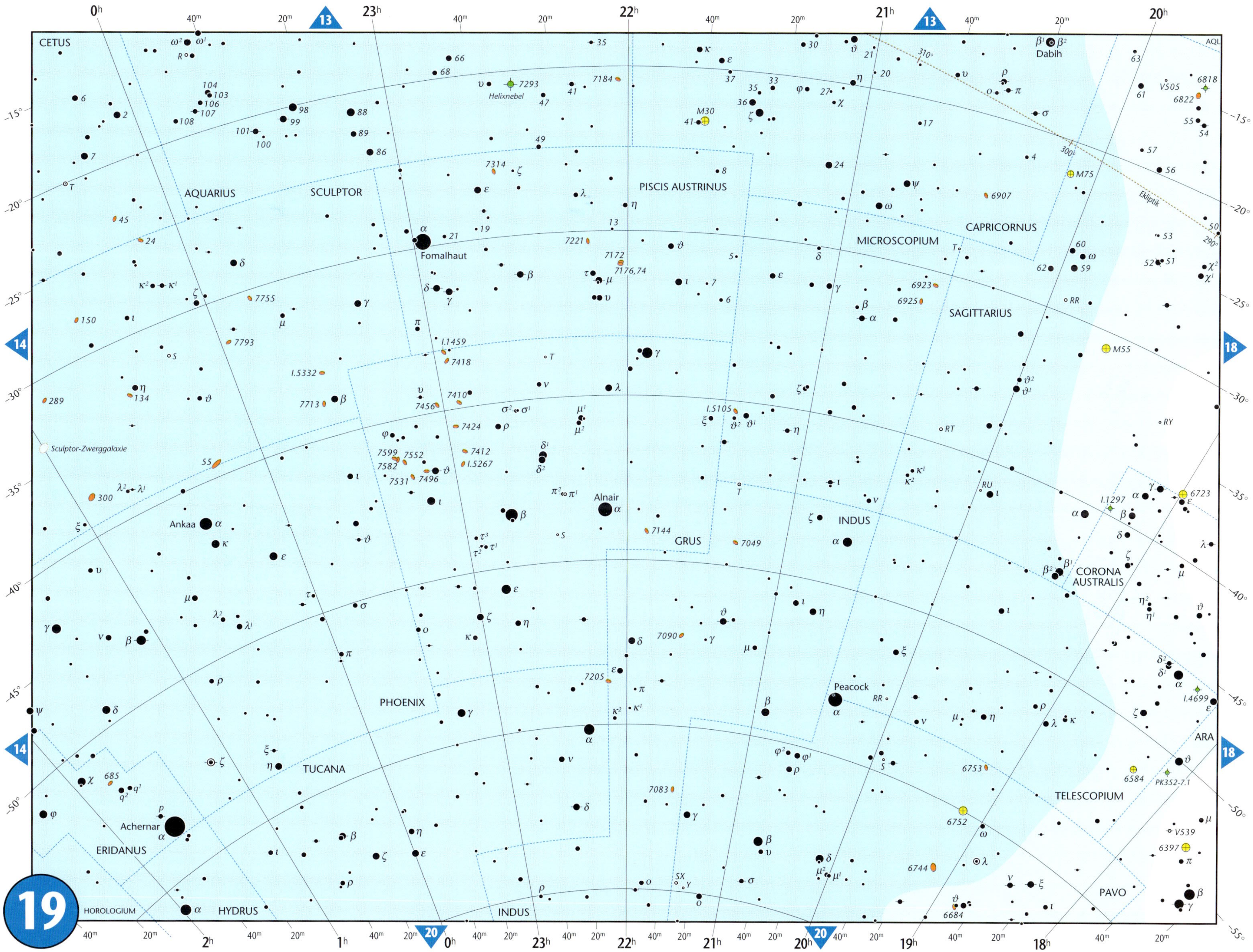

19
CETUS
AQUARIUS
SCULPTOR
PISCIS AUSTRINUS
MICROSCOPIUM
CAPRICORNUS
SAGITTARIUS
INDUS
GRUS
CORONA AUSTRALIS
PHOENIX
TUCANA
TELESCOPIUM
ARA
PAVO
ERIDANUS
HYDRUS
HOROLOGIUM
Fomalhaut
Alnair
Ankaa
Achernar
Peacock
Dabih
Helixnebel
Sculptor-Zwerggalaxie
Ekliptik

20 | Südlich von Deklination –65°

VERÄNDERLICHE STERNE

Stern	RA h m	Dekl. ° '	Helligkeit	Typ	Periode Tage	Spektrum	Anmerkung
U Men	04 09,6	-81 51	8,0–10,9 p	M	407	M	
R Oct	05 26,1	-86 23	6,4–13,2	M	405,6	M	*
TZ Men	05 30,2	-84 47	6,2–6,9	EA	8,57	B	
RS Cha	08 43,2	-79 04	6,0–6,7	EA + δ Sct	1,67	A + A	
S Mus	12 12,8	-70 09	5,9–6,4	Cep	9,66	F	
BO Mus	12 34,9	-67 45	6,0–6,7	Irr	–	M	
R Mus	12 42,1	-69 24	5,9–6,7	Cep	7,48	B	
ϑ Aps	13 08,1	-65 18	6,4–8,6	SR	199	B	
X TrA	15 14,3	-70 05	5,0–6,4	Irr	–	K	
R TrA	15 19,8	-66 30	6,4–6,9	Cep	3,39	G	
κ Pav	18 16,9	-67 14	3,9–4,6	Cep	9,09	F	
Y Pav	21 24,3	-69 44	5,6–7,3	SR	233,3	M	
SX Pav	21 28,7	-69 30	5,4–6,0	SR	50:	M	

DOPPEL- UND MEHRFACHSTERNE

Stern	RA h m	Dekl. ° '	Helligkeit	Positions-winkel °	Distanz "	Anmerkung
κ Tuc	01 15,8	-68 53	5,1 + 7,3	336	5,4	*
γ Vol	07 08,8	-70 30	4,0 + 5,9	300	13,6	
ζ Vol	07 41,8	-72 36	4,0 + 9,8	116	16,7	
κ Vol	08 19,8	-71 31	5,4 + 5,7	57	65,0	
ε Cha	11 59,6	-78 13	5,4 + 6,0	188	0,9	
β Mus	12 46,3	-68 06	3,7 + 4,0	43	1,3	P = 383,1 a
ι Oct	12 55,0	-85 07	6,0 + 6,5	230	0,6	
θ Mus	13 08,1	-65 18	5,7 + 7,3	187	5,3	
$\delta^{1,2}$ Aps	16 20,3	-78 42	4,7 + 5,1	12	102,9	*
μ^{2} Oct	20 41,7	-75 21	7,1 + 7,6	17	17,4	*
λ Oct	21 50,9	-82 43	5,4 + 7,7	70	3,1	*

OFFENE STERNHAUFEN

NGC/IC	Anderer Name	Sternbild	RA h m	Dekl. ° '	Helligkeit	Durchmesser '	Stern-zahl	Anmerkung
–	Mel 101	Car	10 42,1	-65 06	8,0:	14	50	Nah bei IC2605

KUGELSTERNHAUFEN

NGC/IC	anderer Name	Sternbild	RA h m	Dekl. ° '	Helligkeit	Durchmesser '	Anmerkung
104		Tuc	00 24,1	-72 05	4,0	30,9	47 Tucanae *
362		Tuc	01 03,2	-70 51	6,6	12,9	*
4372		Mus	12 25,8	-72 40	7,8	16,8	
4833		Mus	12 59,6	-70 53	7,4	13,5	
6101		Aps	16 25,8	-72 12	9,3	10,7	*
6362		Ara	17 31,9	-67 03	8,3	8,0	*

HELLE GASNEBEL

NGC/IC	anderer Name	Sternbild	RA h m	Dekl. ° '	Typ	Durchmesser '	Hell. Stern	Anmerkung
2070	30 Dor	Dor	05 38,7	-69 06	E	40 × 25		Tarantelnebel *

PLANETARISCHE NEBEL

NGC/IC	anderer Name	Sternbild	RA h m	Dekl. ° '	Helligkeit	Durchmesser "	Hell. Stern	Anmerkung
IC2448		Car	09 07,1	-69 57	11,5	8	12,9	
IC4191		Mus	13 08,8	-67 39	12,0	5		
5189		Mus	13 33,5	-65 59	10,3	153	14,0	

GALAXIEN

NGC/IC	anderer Name	Sternbild	RA h m	Dekl. ° '	Helligkeit	Größe '	Typ	Anmerkung
1313		Ret	03 18,3	-66 30	9,4	8,5 × 6,6	SB	
2442		Vol	07 36,4	-69 32	11,2	6,0 × 5,5	SB	
3059		Car	09 50,2	-73 55	12,0	3,2 × 3,0	SB	*
6684		Pav	18 49,0	-65 11	11,4	3,7 × 2,7	SB	*

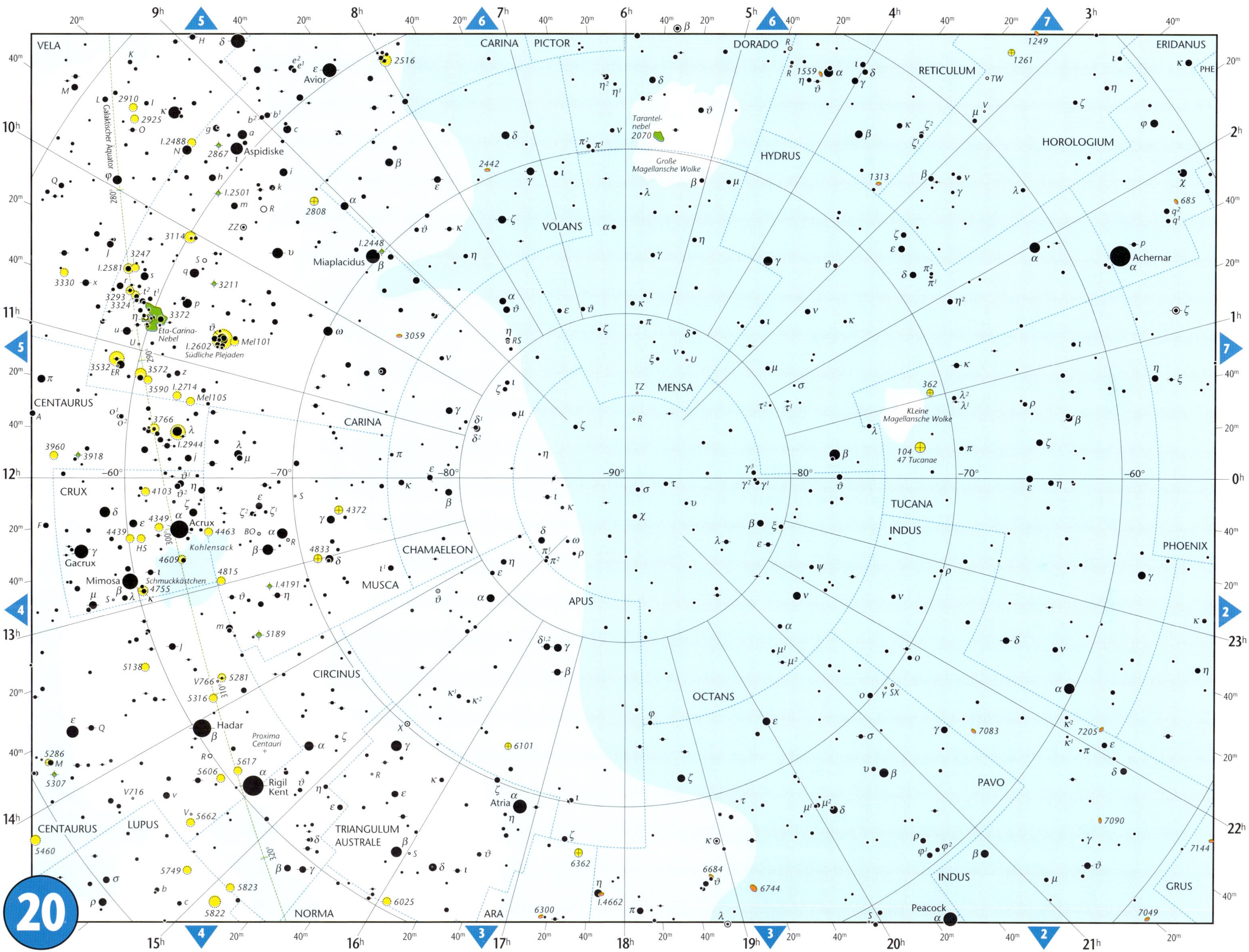
VELA
CARINA
PICTOR
DORADO
RETICULUM
ERIDANUS
PHE
HOROLOGIUM
HYDRUS
VOLANS
MENSA
CENTAURUS
CRUX
CHAMAELEON
MUSCA
APUS
OCTANS
TUCANA
INDUS
PHOENIX
CIRCINUS
TRIANGULUM AUSTRALE
LUPUS
NORMA
ARA
PAVO
GRUS
Avior
Aspidiske
Miaplacidus
Achernar
Acrux
Gacrux
Mimosa
Hadar
Rigil Kent
Proxima Centauri
Atria
Peacock
Eta-Carina-Nebel
Südliche Plejaden
Kohlensack
Schmuckkästchen
Tarantel-nebel
Große Magellansche Wolke
Kleine Magellansche Wolke
47 Tucanae
Galaktischer Äquator
20

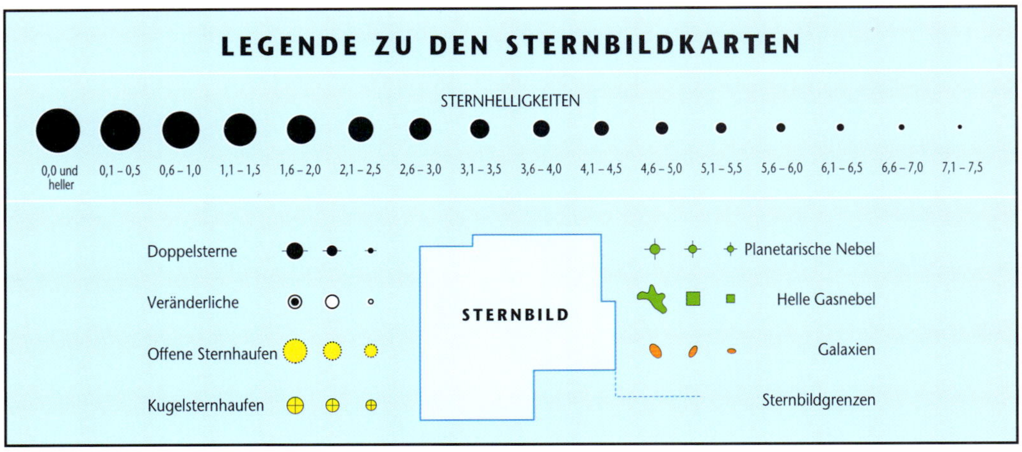

LEGENDE ZU DEN STERNBILDKARTEN
STERNHELLIGKEITEN
0,0 und heller
0,1 – 0,5
0,6 – 1,0
1,1 – 1,5
1,6 – 2,0
2,1 – 2,5
2,6 – 3,0
3,1 – 3,5
3,6 – 4,0
4,1 – 4,5
4,6 – 5,0
5,1 – 5,5
5,6 – 6,0
6,1 – 6,5
6,6 – 7,0
7,1 – 7,5
Doppelsterne
Veränderliche
Offene Sternhaufen
Kugelsternhaufen
STERNBILD
Planetarische Nebel
Helle Gasnebel
Galaxien
Sternbildgrenzen

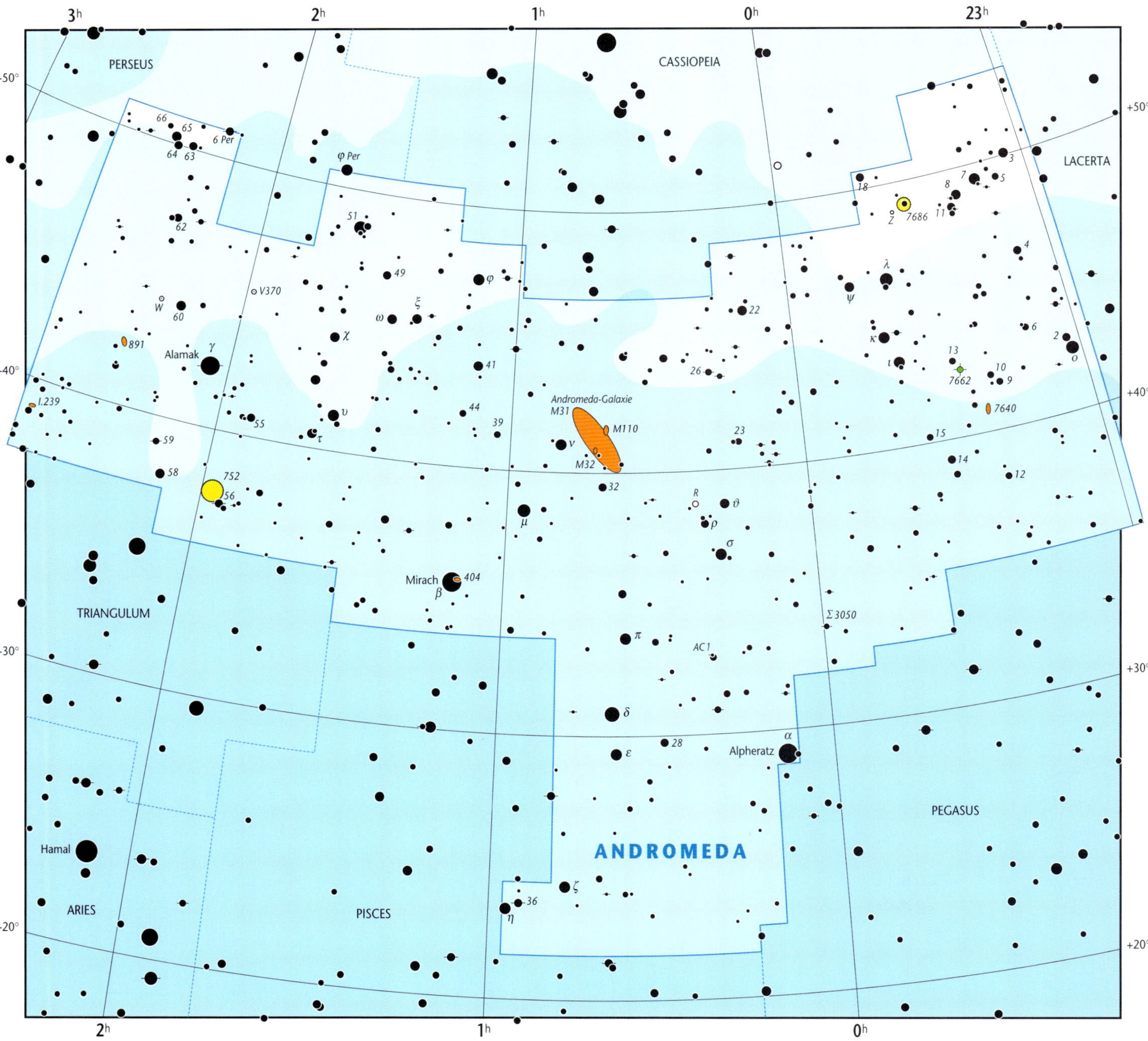

3h
2h
1h
0h
23h
PERSEUS
CASSIOPEIA
LACERTA
+50°
+40°
+30°
+20°
φ Per
6 Per
Alamak
γ
V370
Andromeda-Galaxie
M31
M110
M32
Mirach
β
404
TRIANGULUM
Σ 3050
AC 1
Alpheratz
α
PEGASUS
ANDROMEDA
Hamal
ARIES
PISCES
7686
7662
7640
891
752
I.239
2h
1h
0h

Andromeda

ANDROMEDAE – And – ANDROMEDA

Hauptkarten: 2 (1, 3, 7)
Fläche: 722 Quadratgrad (19.)
Kulmination 00:00 Ortszeit: Ende September

Andromeda liegt knapp außerhalb des Milchstraßenbands und ist deshalb gelegentlich Schauplatz für Novae. Bislang war jedoch noch keine besonders erwähnenswerte darunter. Ein beeindruckendes Ereignis war der Ausbruch von S Andromedae im Jahr 1885 in M 31. Zur damaligen Zeit hatte man die wahre Natur der Galaxien noch nicht erkannt, so dass man den Stern für eine gewöhnliche Nova hielt. Tatsächlich interpretierte man ihn sogar als Beleg dafür, dass der Andromeda-Nebel ein nahe gelegenes Objekt war. Mit der Bestimmung der wahren Distanz und Natur von M 31 reifte die Erkenntnis, dass S And ein völlig anderer Eruptiver war, dessen Ausbruch sehr viel energiereicher war. Heute klassifiziert man ihn als Typ-I-Supernova.

γ And ($02^{h}04\overset{m}{,}1$ / +42°21′), Almaak: ein Dreifachstern (d = 355 LJ). Die hellen Komponenten ($2\overset{m}{,}3$ und $5\overset{m}{,}0$) bilden ein bemerkenswertes orange-blaues Paar (PA 63°, Dist. 9,″6, K0 und B9). Der B9-Stern (als Ba bezeichnet) hat einen blauen Begleiter (Bb, $6\overset{m}{,}3$), der sein Periastron 2013 erreicht und zunehmend schwieriger zu trennen ist.

ν And ($01^{h}37\overset{m}{,}0$ / +41°25′): ein etwas massereicherer und hellerer Stern ($4\overset{m}{,}1$) als die Sonne, d = 44 LJ. Er hat ein Planetensystem mit vermutlich drei großen Planeten. Einer von ihnen umkreist den Stern in nur 4,61 Tagen in 0,056 AE Abstand. Der Planet hat eine Mindestmasse von 0,65 Jupitermassen. Solche Planeten bezeichnet man als „heiße Jupiter“. Das System ähnelt dem von 51 Peg.

56 And ($01^{h}56\overset{m}{,}4$ / +37°16′): optischer Doppelstern südwestlich von NGC 752. Eine Komponente ist ein orangefarbener (G8) Riese ($5\overset{m}{,}7$, d = 360 LJ), die andere ein roter (K5) Riese ($5\overset{m}{,}9$, d = 990 LJ). Leicht im Fernglas zu trennen. Vermutlich sind beide Sterne selbst doppelt, ihre Komponenten haben $11\overset{m}{,}0$ bzw. $9\overset{m}{,}2$.

R And ($00^{h}24\overset{m}{,}0$ / +38°35′): langperiodischer Mira-Veränderlicher, der meist zwischen $5\overset{m}{,}6$ und $14\overset{m}{,}9$ schwankt. Im Maximum ist er also für das bloße Auge sichtbar. Er hat eine gut ausgebildete Periode von $409\overset{d}{,}33$, und sein Spektrum schwankt mit der Helligkeit zwischen S3,5 und S8,8. Man kann es auch als M7-Spektrum mit Emissionslinien klassifizieren.

Z And ($23^{h}33\overset{m}{,}7$ / +48°49′): Prototyp der Z-Andromedae-Sterne (symbiotische Sterne), bei denen es sich um enge Doppelsterne handelt. Er liegt südöstlich von NGC 7686. Seine Helligkeit schwankt zwischen $6\overset{m}{,}9$ und $11\overset{m}{,}3$, so dass er im Maximum im Fernglas sichtbar ist. Der Hauptstern ist ein M2-Riese, der Begleiter hat ein B1-Spektrum.

Σ 3050 ($23^{h}59\overset{m}{,}5$ / +33°43′): schönes Paar gelber Sterne ($6\overset{m}{,}5/6\overset{m}{,}7$, P = 355^{a}). Mit 75 mm Öffnung gerade auflösbar.

AC 1 ($00^{h}20\overset{m}{,}9$ / +32°59′): enger Doppelstern ($7\overset{m}{,}5/8\overset{m}{,}0$, PA 289°, Dist. 1,″8). Ein gelbes (F5) Paar Zwergsterne, ursprünglich von dem Teleskopbauer Alvan Clark 1857 entdeckt. Ein auffällig orangefarbener Stern steht rund 4,′5 südwestlich.

M 31 (NGC 224: $00^{h}42\overset{m}{,}7$ / +41°16′), Andromeda-Galaxie: für das bloße Auge als verwaschener Fleck mit rund $3\overset{m}{,}4$ sichtbar. Erstmals dokumentierte der persische Astronom Al Sufi im zehnten Jahrhundert ihre Existenz. Eine riesige Spiralgalaxie (Sb), die das größte Objekt der Lokalen Gruppe ist. Sie ist zweimal so massereich wie unsere Galaxis und ist rund 3 Mio. LJ entfernt. Unter guten Bedingungen zeigen selbst kleine Ferngläser die elliptische Gestalt, während Teleskope etwas von der Spiralstruktur erkennen lassen, vor allem der gelbliche, sternförmige Kern und das dunkle Band am Nordwestrand. M 31 hat mehrere Begleitgalaxien, die hellsten sind M 32 und M 110.

M 32 (NGC 221: $00^{h}42\overset{m}{,}7$ / +40°52′): elliptische (E2) Zwerggalaxie, bereits im Fernglas sichtbar, aber leicht mit einem Stern von $8\overset{m}{,}2$ zu verwechseln. In Teleskopen mit geringer Vergrößerung erscheint sie zunächst kreisförmig, bei genauerem Hinsehen erkennt man den elliptischen Außenbereich.

M 110 (NGC 205: $00^{h}40\overset{m}{,}4$ / +41°41′): wie M 32 eine elliptische (E6) Zwerggalaxie mit $8\overset{m}{,}5$. Obwohl sie größer als M 32 ist, ist sie schwieriger zu erkennen.

NGC 404 ($01^{h}09\overset{m}{,}4$ / +35°43′): kleine S0-Spirale, $10\overset{m}{,}1$. Sie liegt rund 6,′5 nordwestlich von β And und ist im kleinen Fernrohr nur zu sehen, wenn der Stern außerhalb des Gesichtsfeldes steht.

NGC 752 ($01^{h}57\overset{m}{,}8$ / +37°41′): großer Offener Sternhaufen, $5\overset{m}{,}7$, nordöstlich von 56 And (d = 1200 LJ). Unter sehr guten Bedingungen mit dem bloßen Auge sichtbar und leicht im Fernglas. Ein Teleskop zeigt bis zu 60 Sterne, der hellste hat $9\overset{m}{,}0$.

NGC 7662 ($23^{h}25\overset{m}{,}9$ / +42°33′), der „blaue Schneeball“: ein Planetarischer Nebel. Im Fernglas sternförmig ($8\overset{m}{,}6$, d = 2610 LJ), südöstlich von 13 And. Ein Fernrohr zeigt die blassblaue oder grünliche Scheibe mit einem deutlichen Zentrum.

NGC 7686 ($23^{h}30\overset{m}{,}2$ / +49°08′): Offener Haufen mittlerer Größe (15′ Durchmesser), $5\overset{m}{,}6$, rund 20 Mitgliedssterne, ein Objekt für Fernglas und Teleskop.

Antlia

ANTLIAE • Ant • LUFTPUMPE

Hauptkarten: 16 (15, 17)
Fläche: 239 Quadratgrad (62.)
Kulmination 00:00 Ortszeit: Ende Februar

Antlia ist eines der kleinen, unscheinbaren Sternbilder des Südhimmels, das Abbé Nicolas-Louis de La Caille ursprünglich als Antlia Pneumatica eingeführt hatte. Obwohl es an der Milchstraßengrenze liegt, hat man noch keine Nova in ihm beobachtet. Es gibt eine Ansammlung schwacher Galaxien in ihm, den Antlia-Haufen, dessen hellere Mitglieder mit Amateurmitteln sichtbar sind. Der Planetarische Nebel NGC 3132 (Eight-Burst-Nebel) liegt südlich, knapp jenseits der Grenze in Vela.

δ Ant ($10^h29^m.6$ / –30°36′): vermutlich ein Doppelstern ($5^m.6$/$9^m.6$, PA 226°, Dist. $11''.0$, B9/F5), d = 481 LJ. Mit 75 mm Öffnung ist die schwächere Komponente sichtbar. Zuerst von Jacob 1856 beobachtet, seitdem jedoch keine Veränderung in Distanz oder Positionswinkel. Beide Komponenten haben dieselbe Eigenbewegung.

ζ^1 Ant ($09^h30^m.8$ / –31°53′): Paar gelber Sterne ($6^m.2$/$7^m.1$, PA 212°, Dist. $8''.0$, A0/A2). Es scheint sich um einen echten Doppelstern zu handeln, obwohl er sich seit der ersten Beobachtung durch John Herschel im Jahr 1836 kaum verändert hat. Die Sterne haben dieselbe Eigenbewegung und liegen in 372 LJ Entfernung.

S Ant ($09^h32^m.3$ / –28°32′): heller Bedeckungsveränderlicher vom Typ EW mit kontinuierlichen Helligkeitsänderungen. Amplitude $6^m.4$-$6^m.9$, Periode $0^d.648$ (15^h33^m) – man kann den gesamten Lichtwechsel also nicht im Lauf einer Nacht verfolgen.

U Ant ($10^h35^m.2$ / –39°34′): unregelmäßig Veränderlicher ($6^m.0$-$7^m.6$), einfach im Fernglas. Es ist ein Riese mit Kohlenstoffspektrum (C5,3).

NGC 2997 ($09^h45^m.6$ / –31°11′): Face-on-Spirale (Sc; $10^m.6$). Ein Teleskop mittlerer Größe ist erforderlich, um Ausdehnung und Spiralstruktur zu erkennen. Rund 10 Mpc (= 32 Mio. LJ) entfernt.

NGC 3223 (IC 2571: $10^h21^m.6$ / –34°16′): schwache Balkenspirale (rund 12^m). Maximale Ausdehnung $4'.1$. Teleskop mittlerer Größe erforderlich.

NGC 3271 ($10^h30^m.5$ / –35°22′): die hellste (rund $11^m.7$) Spiralgalaxie in diesem Bereich, die zum Antlia-Haufen gehört.

NGC 3267 ($10^h29^m.9$ / –34°55′): linsenförmige (S0) Galaxie, $12^m.9$p, möglicherweise mit Balken.

NGC 3268 ($10^h30^m.0$ / –35°20′): elliptische (E2) Galaxie, $12^m.4$:, fast rund mit einem hellen Kern.

NGC 3269 ($10^h30^m.0$ / –35°13′): weitere linsenförmige (S0) Galaxie, $12^m.6$p.

NGC 3258 ($10^h28^m.9$ / –35°36′): elliptische (E1) Galaxie, $12^m.8$, perfekt rund im Amateurfernrohr.

NGC 3260 ($10^h29^m.1$ / –35°36′): möglicherweise eine elliptische (E2) Galaxie, $12^m.6$:.

NGC 3281 ($10^h31^m.9$ / –34°51′): große Spiralgalaxie (Sb), $12^m.6$.

Diese sieben Mitglieder des Antlia-Haufens sind alle mit großen Öffnungen sichtbar. Der Haufen liegt in einer Entfernung von ca. 30 Mpc (≈ 98 Mio. LJ).

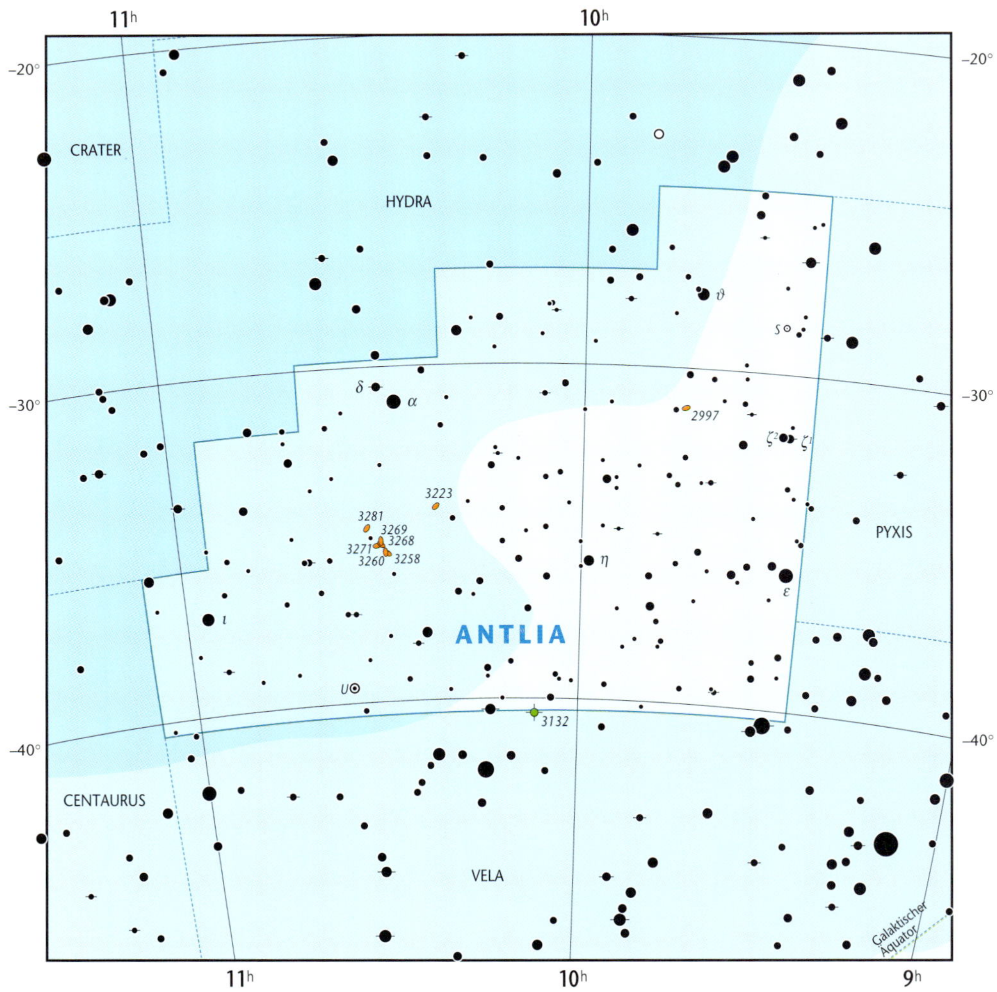

Apus

APODIS • Aps • PARADIESVOGEL

Hauptkarten: 20 (17, 18)
Fläche: 206 Quadratgrad (67.)
Kulmination 00:00 Ortszeit: Ende Mai

Apus ist eines der kleinen Sternbilder, das Keyser und de Houtman Ende des 16. Jahrhunderts eingeführt haben. Es liegt am Rand der Milchstraße in der Nähe des Himmelssüdpols und enthält nur vier mittelhelle Sterne. Zufällig sind alle orangefarbene oder orangerote Riesen und Unterriesen. In dem Sternbild hat man bislang keine Nova beobachtet und kein helles extragalaktisches Objekt. Aber es enthält S Apodis, einen der seltenen R-Coronae-Borealis-Sterne, die plötzliche Helligkeitsabfälle zeigen. Leider ist S Aps im Maximum recht schwach (rund $9^m{,}6$), aber im Minimum ($15^m{,}2$) kaum schwächer als R CrB.
Das Sternbild enthält einen sehr großen Reflexionsnebel östlich von β und γ Aps, der sich bis zum Himmelssüdpol erstreckt. Leider ist er visuell nicht sichtbar. Dieser „galaktische Zirrus" reflektiert nicht das Licht eines nahen Sterns, sondern das Gesamtlicht der Milchstraßenscheibe.

CapO 15 ($15^h06^m{,}3$ / –72°11′): vielleicht ein echter Doppelstern ($6^m{,}9/8^m{,}7$, PA 43°, Dist. 1″,6). Blassgelber (A0) Hauptstern mit weißem Begleiter, nicht einfach mit 75 mm Öffnung, aber deutlich bei 100 mm. Kaum Veränderungen seit den Messungen am Cape Observatory im Jahr 1880.

NGC 6101 ($16^h25^m{,}8$ / –72°12′): sternreicher 9^m-Kugelhaufen mit 10′,7 Durchmesser. Erst mit mehr als 200 mm Öffnung lassen sich Sterne auflösen.

δ^1, δ^2 Aps ($16^h20^m{,}3$ / –78°42′): optischer Doppelstern, mit bloßem Auge sichtbar und im Fernglas leicht aufzulösen. Die Komponenten sind rot (M5-Riese, $4^m{,}7$) und orange (K3-Riese, $5^m{,}1$). Sie sind 765 bzw. 663 LJ entfernt.

κ^1 Aps ($15^h31^m{,}9$ / –73°24′): schnell rotierender Veränderlicher des γ-Cassiopeiae-Typs (Spektrum B1), d ≈ 1020 LJ. Meist $5^m{,}4$ hell, stößt er gelegentlich Materie ab und wird dadurch heller. Er hat einen 12^m-Begleiter (PA 254°, Dist. 27″,0), und κ^1 ist womöglich ein spektroskopischer Doppelstern.

ϑ Aps ($14^h05^m{,}3$ / –76°48′): Roter (M7) Riese und Halbregelmäßiger. Phasen relativ regelmäßigen Lichtwechsels ($6^m{,}4$-$8^m{,}6$p), P ≈ 119^d, werden durch unregelmäßige Fluktuationen unterbrochen.

I 236 ($14^h53^m{,}2$ / –73°11′): Doppelstern ($5^m{,}8/8^m{,}0$, PA 115°, Dist. 2″,0) mit zwei gelben Komponenten (G7-Riese, F9-Unterriese), sichtbar mit 75 mm Öffnung. Er liegt inmitten vieler schwacher Sterne.

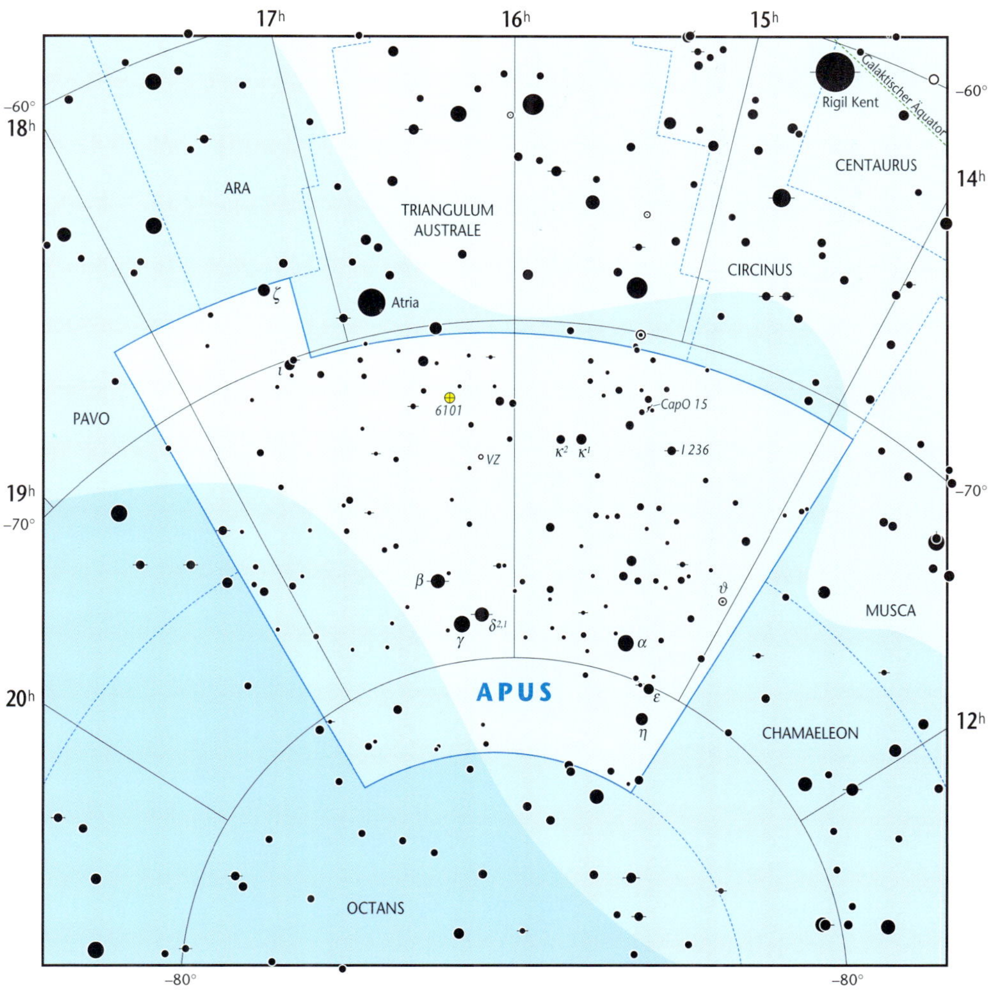

Aquarius

AQUARII • Aqr • WASSERMANN

Hauptkarten: 13 (19)
Fläche: 980 Quadratgrad (10.)
Kulmination 00:00 Ortszeit: Ende August

Dieses große Tierkreissternbild hat relativ wenig helle extragalaktische Objekte, weil es recht nahe an der galaktischen Ebene liegt. Trotzdem enthält es einige bemerkenswerte Objekte: R Aqr, ein symbiotisches System (siehe unten), VY Aqr, eine wiederkehrende Nova mit Ausbrüchen in den Jahren 1907 und 1962 und Maximalhelligkeiten von 8^m und 9^m, und AE Aqr (nahe bei 71 Aqr), ein außergewöhnliches Objekt mit komplexen Helligkeitsschwankungen, das inzwischen als Röntgenpulsar klassifiziert ist. AE Aqr zeigt Ähnlichkeiten sowohl mit Flare-Sternen als auch mit Zwergnovae und wird regelmäßig von Amateuren überwacht. Da das Objekt zwischen $10^m,4$ und $12^m,6$ schwankt, ist ein Teleskop mittlerer Größe erforderlich.

α Aqr ($22^h06^m,0$ / –00°19′), Sadalmelik: extrem heller, gelber (G2) Überriese mit einer scheinbaren Helligkeit von $2^m,95$. Seine Oberflächentemperatur und sein Spektrum ähneln dem der Sonne, aber er hat eine deutlich größere Leuchtkraft (Ib, Sonne: V). Seine Entfernung beträgt 760 LJ, seine absolute Helligkeit $-3^m,9$ – rund 30 000-mal leuchtkräftiger als die Sonne.

β Aqr ($21^h31^m,8$ / –05°34′), Sadalsud: ähnlich α Aqr ebenfalls ein heller, gelber (G0) Überriese, $2^m,9$. Er steht etwas näher (612 LJ), so dass seine absolute Helligkeit geringer ist ($-3^m,5$). Beide Sterne haben ungefähr den 120-fachen Sonnendurchmesser.

ζ Aqr ($22^h28^m,8$ / –00°01′): gelber Doppelstern ($3^m,7/3^m,9$, PA 179°, Dist. $2'',0$, d = 107 LJ), der sich mit 75 mm Öffnung leicht trennen lässt. Er hat eine sehr lange Periode zwischen 700 und 800^a. Der Abstand der Komponenten sinkt derzeit langsam.

4 Aqr ($20^h51^m,4$ / –05°38′): gelber Doppelstern ($6^m,0/7^m,0$, PA 22,°5, Dist. $0'',8$, d = 192 LJ). Die Umlaufzeit beträgt ungefähr 187 Jahre, und die Distanz sinkt langsam.

29 Aqr ($20^h02^m,7$ / –16°57′): $6^m,4$-$6^m,8/7^m,2$, PA 66,°2, Dist. $3'',9$, d = 470 LJ. Die hellere Komponente ist ein β-Lyrae-Bedeckungsveränderlicher (DX Aqr), P ≈ $0^d,945$.

41 Aqr ($22^h14^m,5$ / –21°03′): langperiodischer Doppelstern ($5^m,6/7^m,1$, PA 113°, Dist. $5'',1$). Kaum Veränderungen seit seiner Entdeckung im 19. Jahrhundert.

53 Aqr ($22^h26^m,6$ / –16°45′): Doppelstern ($6^m,4/6^m,6$, PA 350°, Dist. $2'',2$), mit 75 mm auflösbar.

107 Aqr ($23^h46^m,2$ / –18°41′): Doppelstern mit extrem langer Periode ($5^m,7/6^m,7$, Dist. $6'',8$), ebenfalls im kleinen Teleskop sichtbar.

R Aqr ($23^h43^m,8$ / –15°17′): ein außergewöhnlicher Stern. Zuerst hielt man ihn für einen langperiodischen Mira-Veränderlichen mit einer Periode von ungefähr 387^d. Inzwischen ist er als das Zentrum eines expandierenden Nebels bekannt, der eine komplexe Struktur hat. Sein Spektrum zeigt Hinweise auf die gleichzeitige Anwesenheit von sehr kalten und sehr heißen Bestandteilen. Solche Systeme heißen symbiotische Sterne, in denen eine heiße Komponente – in diesem Fall wohl ein Weißer Zwerg – Materie von einem kühleren, roten Begleiter akkretiert.

M 2 (NGC 7089: $21^h33^m,7$ / –00°49′): großer, heller Kugelhaufen ($6^m,5$, d ≈ 35 880 LJ), der fast genau nördlich von β Aqr liegt. Einfach im Fernglas, ab 150 mm Öffnung auflösbar.

M 72 (NGC 6981: $20^h53^m,7$ / –12°31′): schwächerer Kugelhaufen ($6^m,5$, d ≈ 18 kpc oder 58 710 LJ) als M 2; selbst für gute Ferngläser an der Grenze. Bei 100 mm Öffnung wirkt er diffus, bei 200 mm aufgelöst.

NGC 7492 ($23^h08^m,4$ / –15°37′): noch weiter entfernter Kugelhaufen (d ≈ 25 kpc oder 81 500 LJ) mit einem etwas größeren scheinbaren Durchmesser. Objekt für das Teleskop ($11^m,5$:).

M 73 (20^h59^m / –12°38′): Y-förmige Sterngruppe aus vier 10^m-Sternen, die wohl nicht zusammengehören. Es handelt sich daher um keinen Offenen Haufen, wobei unbekannt ist, warum Messier diese Gruppe in seinen Katalog aufnahm. Die Gruppe lässt sich leicht mit 75 mm Öffnung auflösen.

NGC 7009 ($21^h04^m,2$ / –11°22′), Saturn-Nebel: heller, blauer Planetarischer Nebel ($8^m,0$, d ≈ 2395 LJ). Mit Öffnungen von mehr als 300 mm sind zwei Ausläufer auf beiden Seiten zu sehen – daher der Name.

NGC 7293 (22^h30^m / –20°48′), Helix-Nebel: der uns am nächsten stehende Planetarische Nebel (d ≈ 450 LJ). Er hat auch den größten scheinbaren Durchmesser (0,°25 – halb so groß wie der Mond). Nicht einfach im Fernglas, da er recht schwach (rund 8^m) und schwierig zu finden ist (westlich von υ Aqr). Gute Sichtbedingungen erforderlich.

NGC 7606 ($23^h19^m,1$ / –08°29′): von der Kante sichtbare Spiralgalaxie (Sb), mit $10^m,8$ ein recht schwieriges Objekt. Ausdehnung mit 150 mm Öffnung sichtbar, die allgemeine Form erst mit 200 mm und Anzeichen für Struktur ab 300 mm.

δ-Aquariden (Doppelradiant: 22^h36^m / –17° und 23^h04^m / +02°): schöner südlicher Meteorstrom zwischen 15. Juli und 20. August. Maxima treten am 29. Juli bzw. 6. August für die beiden Radianten auf; stündliche Zenitraten 20 bzw. 10. Die Meteore sind recht schwach.

η-Aquariden (Radiant ungefähr bei 22^h20^m / –01°): schöner Meteorstrom, aber von nördlichen Breiten aus schwer zu beobachten. Es gibt einen mehrfachen Radianten und ein breites Maximum. Die Meteore tauchen zwischen dem 24. April und dem 20. Mai auf, das Maximum mit einer stündlichen Zenitrate von 40 ist am 4. Mai.

ι-Aquariden (Doppelradiant: 22^h20^m / –15° und 22^h04^m / –06°): an schwachen Meteoren reicher Strom. Erfahrene Amateure beobachten ihn teleskopisch. Aktivität von Juli bis August mit einem Maximum am 6. August und stündlichen Zenitraten von ungefähr acht.

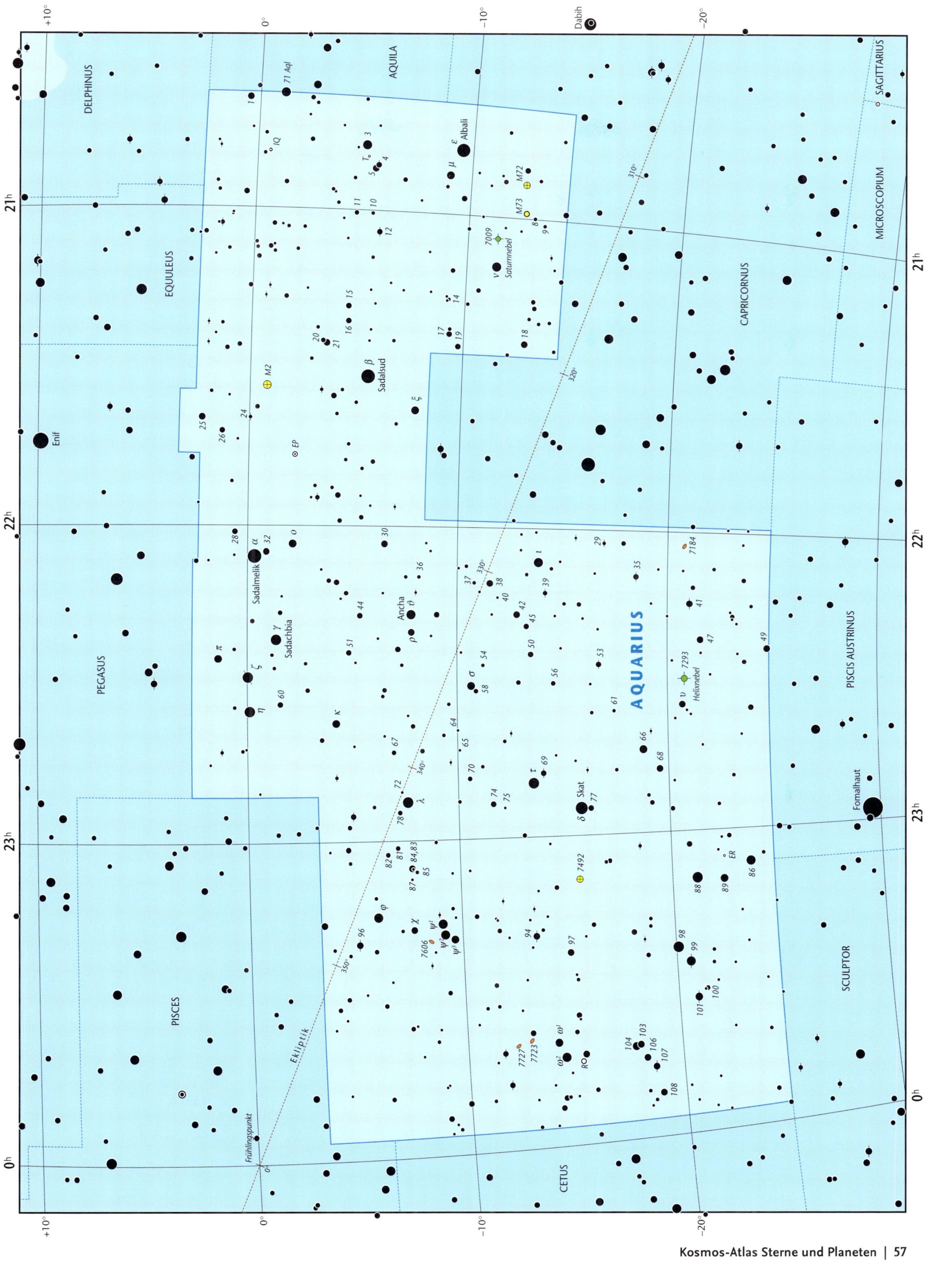
AQUARIUS
DELPHINUS
AQUILA
EQUULEUS
PEGASUS
PISCES
CETUS
CAPRICORNUS
MICROSCOPIUM
SAGITTARIUS
PISCIS AUSTRINUS
SCULPTOR
Dabih
Albali
Sadalsud
Enif
Sadalmelik
Sadachbia
Ancha
Skat
Fomalhaut
Saturnnebel
Helixnebel
Ekliptik
Frühlingspunkt
M2
M72
M73
7009
7293
7492
7184
7606
7723
7727
21h
22h
23h
0h
+10°
0°
−10°
−20°

Aquila

AQUILAE • Aql • ADLER

Hauptkarten: 12 (13)
Fläche: 652 Quadratgrad (22.)
Kulmination 00:00 Ortszeit: Mitte Juli

Dieses Sternbild liegt mitten im Milchstraßenband und wird auf seiner nordwestlichen Seite vom „Great Rift“ begrenzt. α Aql, Atair, ist einer der drei hellen Sterne, die das Sommerdreieck bilden. Er gehört mit 17 LJ Entfernung auch zu unseren nächsten Nachbarn.
Aquila enthält nur ein paar Sternhaufen, und alle seine Planetarischen Nebel sind schwach (11^m oder darunter). Wegen seiner Nähe zur galaktischen Ebene hat man im Adler viele Novae beobachtet, darunter Nova Aquilae 1918 (V 603 Aql), die damals am 9. Juni $-1{,}^m4$ (wie Sirius) erreicht hat. Sie zeigte auffällige Helligkeitsfluktuationen, gefolgt von einem abrupten Abfall. Der expandierende Nebel der ausgestoßenen Materie hat die Form zweier kegelförmiger Bereiche und zweier polarer „Flecken“, die symmetrisch zur Achse der Doppelsternumlaufbahn liegen. Es gibt viele Doppelsterne, von denen hier nur einige beschrieben sind. Ein außergewöhnlicher Vertreter dieser Klasse ist SS 433: Er zeigt komplexe Helligkeits-

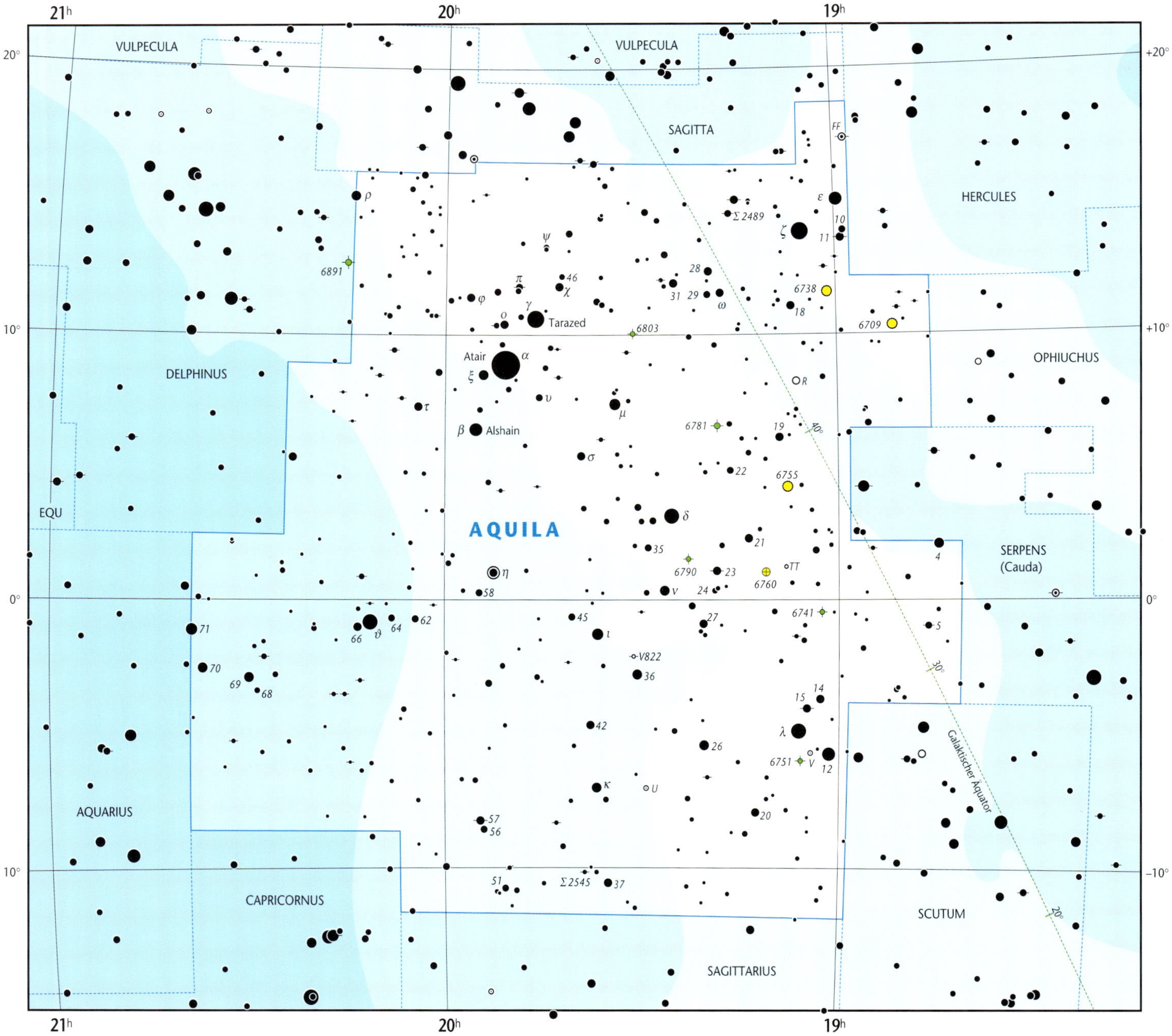

änderungen mit Perioden von 6,4 und 164^d. Seine Komponenten sind ein heißer (O- oder B-) Stern und ein unsichtbarer Neutronenstern. Mächtige Jets erzeugen gleichzeitig rot- und blauverschobene Emissionslinien. Im Maximum ist SS 433 mit 150 mm Öffnung sichtbar.

η Aql ($19^h52^m{,}7$ / +01°01′): einer der ersten entdeckten Veränderlichen (von Pigott im September 1874). Es ist ein Cepheid (ein pulsierender F1-Überriese) in einer Entfernung von 1173 LJ. Zufällig schwankt er genau im gleichen Helligkeitsbereich wie δ Cep ($3^m{,}5$-$4^m{,}4$), den Namensgeber dieser Veränderlichenklasse. Aber er hat eine längere Periode ($7^d{,}2$).

R Aql ($19^h06^m{,}4$ / +08°09′): langperiodischer Mira-Veränderlicher, der im Maximum (rund $5^m{,}5$) leicht mit dem Fernglas zu sehen ist (und sogar mit dem bloßen Auge). Im Minimum sinkt er auf $12^m{,}0$, so dass ein Teleskop mittlerer Größe erforderlich wird. Die Helligkeit schwankt mit einer Periode von 284^d.

15 Aql ($19^h05^m{,}2$ / –04°02′): in der Nähe von λ Aql. Ein weiter Doppelstern ($5^m{,}4$/$7^m{,}1$, PA 209°, Dist. 38″,2), der unter günstigen Bedingungen mit dem Fernglas zu trennen ist.

57 Aql ($19^h54^m{,}6$ / –08°14′): ebenfalls ein weiter Doppelstern, der leichter als 15 Aql ist ($5^m{,}7$/$6^m{,}5$, PA 170°, Dist. 35″,7).

Σ 2489 ($19^h16^m{,}4$ / +14°33′): anscheinend ein Doppelstern mit langer Umlaufzeit ($5^m{,}6$/$9^m{,}3$, PA 346°, Dist. 8″,2, B9,5/G2). Die hellere Komponente ist ein enger Doppelstern mit einer Umlaufzeit von 9^a.

Σ 2545 ($19^h38^m{,}7$ / –10°09′): gelber Doppelstern ($6^m{,}9$/$8^m{,}7$, PA 324°, Dist. 3″,8), der womöglich ein Dreifachsystem mit einem 11^m-Stern (PA 166°, Dist. 27") bildet. Mit 75 mm Öffnung sichtbar.

NGC 6709 ($18^h51^m{,}5$ / +10°21′): lockerer Offener Haufen mit einer Gesamthelligkeit von rund $7^m{,}5$. Die Einzelsterne sind zu schwach ($9^m{,}5$-11^m), um im Fernglas aufgelöst werden zu können.

NGC 6760 ($19^h11^m{,}4$ / +01°02′): Kugelsternhaufen ($9^m{,}0$, d ≈ 6 kpc oder 19 570 LJ), der ab 150 mm Öffnung als verschwommener Fleck erscheint, erst ab 300 mm auflösbar.

NGC 6790 ($19^h23^m{,}2$ / +01°31′): blauer Planetarischer Nebel ($10^m{,}5$), relativ klein und hell. Mit 75 mm Öffnung erkennbar, viel leichter mit 100 mm.

Ara

ARAE • Ara • ALTAR

Hauptkarten: 18 (17, 19, 20)
Fläche: 237 Quadratgrad (63.)
Kulmination 00:00 Ortszeit: Mitte Juni

Wegen seiner Nähe zum galaktischen Äquator enthält Ara Dunkel- und Emissionsnebel sowie mehrere Offene und Kugelhaufen. Die Planetarischen Nebel sind alle schwach, PK 352-7.1 ($18^h00^m{,}2$ / –38°50′) hat als der hellste $11^m{,}4$. Ein kleiner Galaxienhaufen ist durch ein „Fenster" bei η Arae zu sehen, weil dort die interstellare Absorption gering ist.

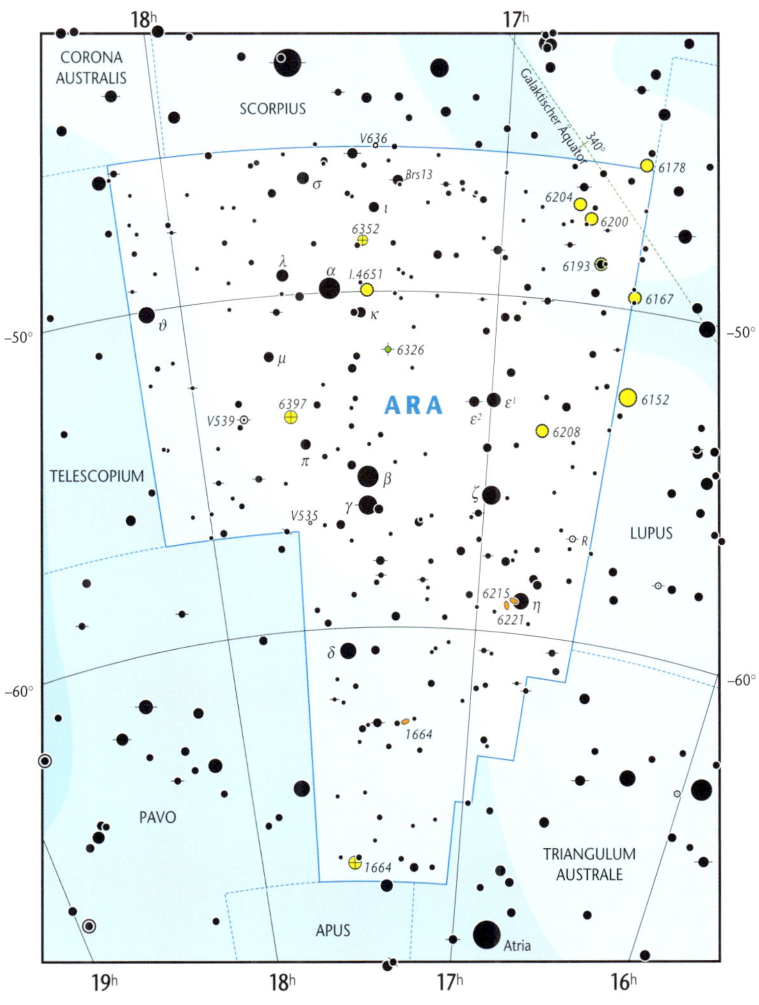

γ Ara ($17^h25^m{,}4$ / –56°36′): Dreifachsystem (d = 1136 LJ) mit einem hellen und zwei schwächeren Sternen. Das Hauptpaar (AB: $3^m{,}3$/$10^m{,}3$, PA 328°, Dist. 17″,9) hat einen weiteren Begleiter ($12^m{,}0$, PA (AC) 65°, Dist. 41″,7).

R Ara ($16^h39^m{,}7$ / –57°00′): Bedeckungsveränderlicher ($6^m{,}8$-$7^m{,}9$, P= $4^d{,}43$, d = 262 LJ), der eventuell ein Dreifachsystem bildet, mit einem roten Stern ($8^m{,}3$) rund 3″,6 weiter nördlich.

Brs 13 ($17^h19^m{,}1$ / –46°38′): schöner Doppelstern mit gelber und orangefarbener Komponente ($5^m{,}5$/$8^m{,}5$, PA 248°, Dist. 8″,3, G9/M0) in einem sternarmen Bereich, das im Gesichtsfeld γ Ara vorausgeht. Er ist recht nahe bei uns (d ≈ 26 LJ).

NGC 6193 ($16^h41^m{,}3$ / –48°46′): ein lockerer, heller (5^m) Offener Haufen (d = 4565 LJ). Der hellste Mitgliedsstern ist ein Doppelstern ($5^m{,}6$/$8^m{,}9$, PA 14°, Dist. 1″,6). Der Haufen steht mit dem Nebel NGC 6188 ($16^h40^m{,}5$ / –48°47′) in Verbindung, einem Emissionsnebel mit einem kleinen Anteil Reflexionsnebel direkt beim Sternhaufen.

NGC 6215 ($16^h51^m{,}1$ / –58°59′): Spiralgalaxie mit $11^m{,}8$. 10′ westlich und etwas nach Norden versetzt zu η Ara ($3^m{,}8$, K5). Die nur unwesentlich hellere Balkenspirale NGC 6221 ($16^{h}52^{m}{,}8$ / –59°13′, $11^{m}{,}5$) liegt 25′ südwestlich von η Ara. Beide sind mit 150 mm Öffnung sichtbar, wobei die Spiralstruktur von NGC 6221 erst ab 300 mm zu erkennen ist.

NGC 6352 ($17^{h}25^{m}{,}5$ / –48°25′): großer, recht lockerer Kugelsternhaufen ($7^{m}{,}8$, d ≈ 6 kpc oder 19 570 LJ), der ab 150 mm Öffnung in Einzelsterne auflösbar ist. Der etwas hellere Kugelsternhaufen NGC 6362 ($17^{h}31^{m}{,}9$ / –67°03′, $7^{m}{,}6$) ist mit 150 mm gut aufzulösen.

NGC 6362 ($17^{h}31^{m}{,}9$ / –67°03′): Kugelsternhaufen ($8^{m}{,}3$, d ≈ 7 kpc oder 22 830 LJ) mit unregelmäßigem Rand; mit 150 mm auflösbar.

NGC 6397 ($17^{h}40^{m}{,}7$ / –53°40′): großer, heller Kugelsternhaufen ($5^{m}{,}8$) mit rund 16′ Ausdehnung. Er lässt sich bereits mit 75 mm Öffnung auflösen und die hellsten Sterne – einige orangefarben – haben rund 10^{m}. Er gehört zu den Kugelsternhaufen, die der Sonne am nächsten stehen (2 kpc oder 6500 LJ) – so nah wie M 4 im Scorpius.

Aries

ARIETIS • Ari • WIDDER

Hauptkarten: 2, 8 (9)
Fläche: 441 Quadratgrad (39.)
Kulmination 00:00 Ortszeit: Ende Oktober

Vor 3000 Jahren lag in diesem Sternbild der Punkt, in dem die Sonne bei ihrer Bewegung entlang der Ekliptik den Äquator von Süd nach Nord überquerte (Frühlingspunkt). Dieser Punkt heißt noch immer Widderpunkt, obwohl er durch die Präzession inzwischen im benachbarten Sternbild Pisces liegt. Die Sonne bewegt sich erst vom 19. April an durch Aries, der als das erste Tierkreissternbild gilt.

Zwar liegen in Aries einige Doppel- und Mehrfachsterne, aber es gibt keine leichten Sternhaufen oder Planetarische Nebel. Nur die Galaxie NGC 722 ist hell genug, um mit Amateurteleskopen gesehen zu werden.

γ Ari ($01^{h}53^{m}{,}5$ / +19°18′), Mesartim: schöner, blauweißer Doppelstern, der von Robert Hooke 1664 entdeckt wurde ($4^{m}{,}6$/$4^{m}{,}7$, PA 1°, Dist. 7″,6, d = 204 LJ). Da die Komponenten dieselbe Eigenbewegung haben, muss es sich um ein System mit sehr langer Umlaufzeit handeln. Der etwas hellere Stern ist ein magnetischer Veränderlicher des Typs α CVn mit kleiner Amplitude.

ε Ari ($02^{h}59^{m}{,}2$ / +21°20′): langperiodischer Doppelstern ($5^{m}{,}2$/$5^{m}{,}5$, PA 203°, Dist. 1″,5, d = 290 LJ), der sich mit 75 mm trennen lassen sollte. Die Komponenten sind gelb (Spektraltyp A).

λ Ari ($01^{h}58^{m}{,}1$ / +23°37′): Sternpaar ($4^{m}{,}8$/$7^{m}{,}3$, PA 48°, Dist. 36″,8, d = 41 LJ), das sich unter günstigen Bedingungen mit dem Fernglas trennen lässt.

π Ari ($02^{h}49^{m}{,}3$ / +17°28′): Mehrfachsystem, zu dem ein teleskopischer Doppelstern ($5^{m}{,}2$/$8^{m}{,}7$, PA 118°, Dist. 3″,3) gehört. Der hellere Stern ist ein spektroskopischer Doppelstern mit einer Periode von $3^{d}{,}85$. Bedeckungen des Sterns durch den Mond zeigten, dass es eine vierte Komponente gibt, deren Daten noch unsicher sind.

NGC 772 ($01^{h}59^{m}{,}3$ / +19°01′): Spiralgalaxie (Sb, $10^{m}{,}3$), die mit 150 mm Öffnung als diffuser Fleck erscheint. Auch mit 300 mm ist nicht mehr Detail als eine leichte zentrale Konzentration zu erkennen.

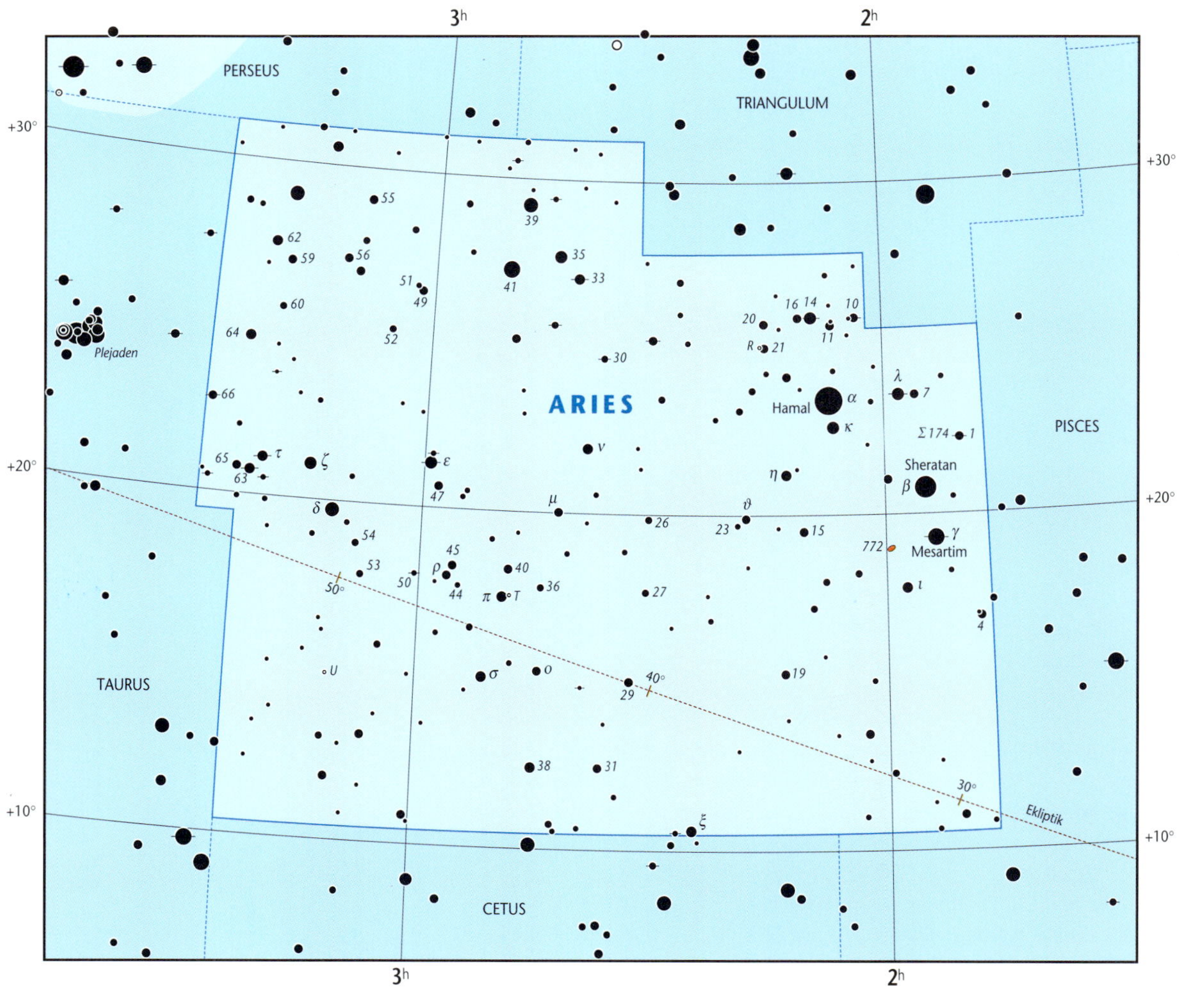

Auriga

AURIGAE • Aur • FUHRMANN

Hauptkarten: 3 (2, 4)
Fläche: 657 Quadratgrad (21.)
Kulmination 00:00 Ortszeit: Ende Dezember

Auriga liegt mitten in der galaktischen Ebene und beherbergt daher eine stattliche Zahl von Offenen Sternhaufen sowie einige Emissionsnebel. Es gibt jedoch keine hellen Kugelsternhaufen und nur einen Planetarischen Nebel. Die wenigen Galaxien sind alle lichtschwach.

ε Aur ($05^h02^m{,}0$ / +43°49′): bemerkenswerter Bedeckungsveränderlicher mit der sehr langen Periode von 27^a (9892^d). Der sichtbare Stern ist ein weißer Überriese ($3^m{,}0$, F0), die Natur des bedeckenden Körpers ist unbekannt. Es könnte sich um eine Staubscheibe handeln, die zwei unsichtbare Weiße Zwerge umgibt. Der Stern braucht Jahre, um schwächer und wieder heller zu werden; das Minimum ($3^m{,}8$) dauert rund ein Jahr. Die letzte Bedeckung war 1983/84, die nächste wird 2006/07 beginnen.

ζ Aur ($05^h02^m{,}5$ / +41°05′): ein weiterer außergewöhnlicher Bedeckungsveränderlicher, der aus zwei Überriesen besteht, die den fünf- bzw. 200-fachen Sonnendurchmesser haben. Stünde der größere am Platz der Sonne, so würde er die Erdumlaufbahn fast ausfüllen. Die Umlaufzeit von ζ Aur beträgt $972^d{,}16$, während einer Bedeckung fällt die Gesamthelligkeit des Sterns von $3^m{,}7$ auf $4^m{,}0$.

ϑ Aur ($05^h59^m{,}7$ / +37°13′): Vierfachsystem in 176 LJ Entfernung. Das Paar AB ($2^m{,}6$/$7^m{,}1$, PA 313°, Dist. $3''{,}6$) erfordert mindestens 100 mm Öffnung. Die anderen Komponenten sind noch schwächer, haben aber einen größeren Abstand: C ($10^m{,}6$, PA AC 297°, Dist. $50''{,}0$) und D ($9^m{,}2$, PA AD 349°, Dist. $137''{,}5$).

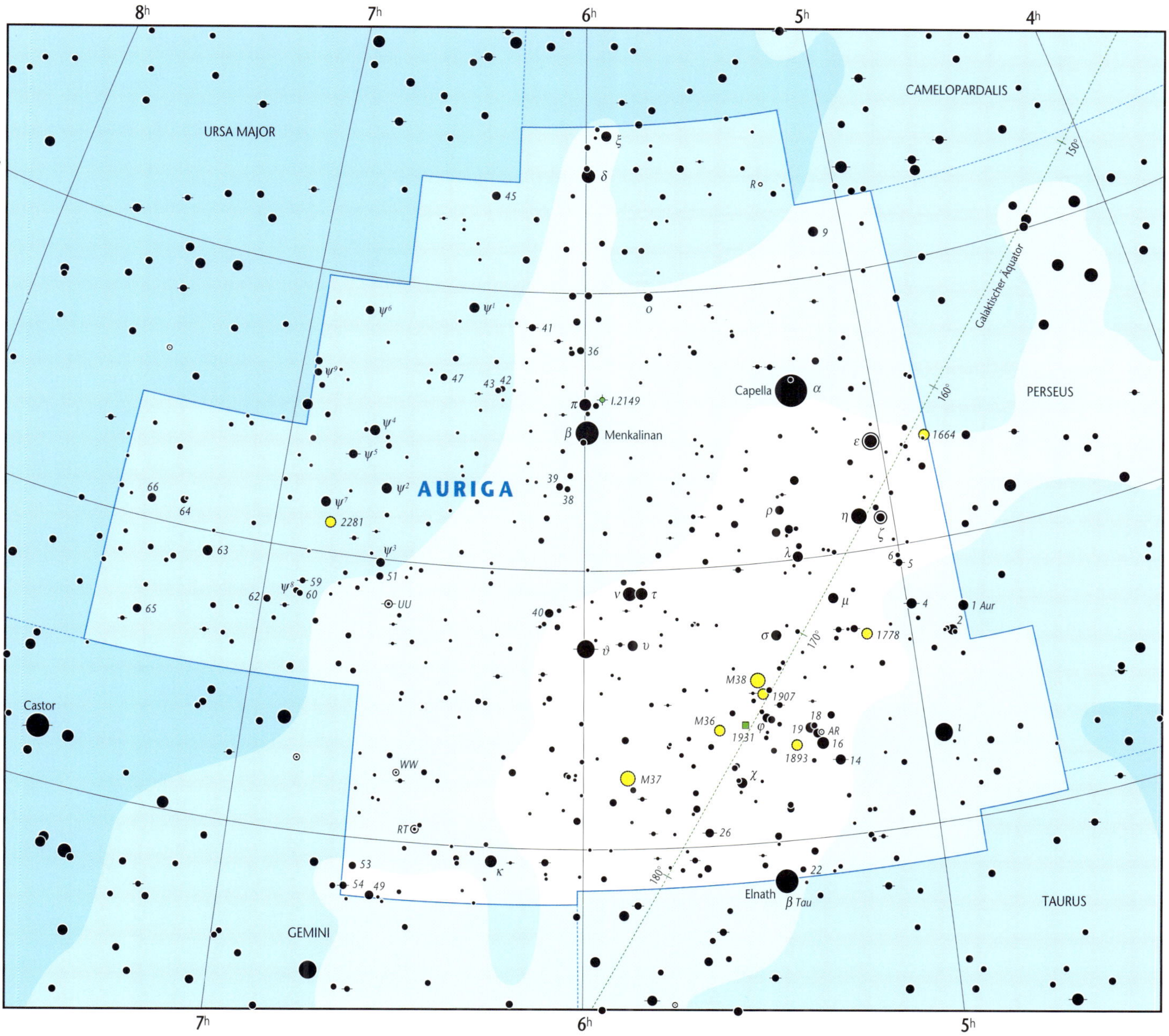

ψ¹ Aur (06^h24^m9 / +49°17′): sehr leuchtkräftiger, orangefarbener (K1) Überriese, dessen Helligkeit unregelmäßig zwischen 4^m7 und 5^m7 schwankt. Sein Radius ist unsicher, aber möglicherweise 3 AE groß. Stünde er am Platz der Sonne, würde er Erde und Mars verschlingen und fast bis zur Hälfte der Strecke zu Jupiter reichen. Die Entfernung ist ebenfalls unsicher (ca. 1180 pc ≈ 3850 LJ). Damit ist die Leuchtkraft des Sterns ungefähr 11 000-mal größer als die Sonnenleuchtkraft.

RT Aur (06^h28^m6 / +30°29′): heller Cepheid, der zwischen 5^m3 und 6^m6 schwankt (P = $3^d728261$).

UU Aur (06^h36^m5 / +38°27′): tiefroter (Spektraltyp C) Halbregelmäßiger, der zwischen 7^m8 und 10^m0 schwankt, gelegentliche Periode von rund 234^d.

M 36 (NGC 1960: 05^h36^m5 / +34°08′): kleiner, heller (6^m5) Offener Haufen, d = 1,3 kpc (4240 LJ). Bereits im Fernglas sichtbar, aber besonders schön im Teleskop.

M 37 (NGC 2099: 05^h52^m4 / +32°33′): großer, sehenswerter Offener Haufen mit 6^m und fast dem scheinbaren Durchmesser des Mondes. Rund 150 Mitgliedssterne (d = 1,4 kpc oder 4570 LJ). Als Nebelfleck im Fernglas sichtbar, bereits ein kleines Fernrohr löst ihn in viele Einzelsterne auf, darunter mehrere Rote Riesen und einen orangefarbenen Stern im Zentrum.

M 38 (NGC 1912: 05^h28^m7 / +35°50′): etwas schwächer als M 36 (7^m0), aber größer; eventuell mit Fernglas auflösbar. Der Haufen ist ziemlich verstreut und lässt sich am besten bei geringer Vergrößerung beobachten. Der hellste Stern ist ein G0-Riese (7^m9).

NGC 2281 (06^h49^m3 / +41°03′): ein weiterer Offener Haufen, der im Fernglas sichtbar ist. Ungefähr so hell wie M 36 (6^m5).

IC 2149 (05^h56^m3 / +46°07′): Planetarischer Nebel (10^m6), dessen Natur mit 100 mm Öffnung erkennbar wird. Seine blaue Farbe wird erst in größeren Teleskopen sichtbar.

Boötes

Hauptkarten: 5 (11)
Fläche: 907 Quadratgrad (13.)
Kulmination 00:00 Ortszeit: Ende April

BOÖTIS • Boo • RINDERHIRTE

Obwohl er ein sehr großes Sternbild ist, hat Bootes relativ wenige Deep-Sky-Objekte zu bieten. In Teleskopen mittlerer Größe sind nur ein Kugelsternhaufen und eine Galaxie sichtbar. Dafür gibt es hier sehr viele interessante Doppelsterne, und der Radiant der Quadrantiden liegt ebenfalls in diesem Sternbild. Seinen Namen hat der Meteorstrom von einem früheren Sternbild: Quadrans Muralis (Mauerquadrant).

α Boo (14^h15^m8 / +19°11′), Arcturus: vierthellster Stern und der hellste der nördlichen Himmelshälfte (-0^m05, d = 37 LJ). Er ist ein orangefarbener Riese (K1,5). Aufgrund dieser Farbe erscheint er dem bloßen Auge schwächer als α Lyrae (Wega), die eine etwas geringere Helligkeit besitzt (0^m03). Im Gegensatz zur Sonne und der Mehrzahl der anderen nahen Sterne verläuft Arcturus Umlaufbahn um das Zentrum des Milchstraßensystems nicht in der galaktischen Ebene, sondern ist stark gegen sie geneigt.

ε Boo (14^h45^m0 / +27°04′), Izar oder Pulcherima: berühmter Doppelstern ($2^m5/4^m9$, PA 341°, Dist. $2''9$), der einen orangefarbenen Hauptstern (K0-Riese) und einen blauweißen (A2) Begleiter hat. Erfordert höhere Vergrößerungen, um die beiden Komponenten klar zu trennen.

ι Boo (14^h16^m3 / +51°22′), manchmal Asellus Secundus genannt: weiter Doppelstern für Ferngläser ($4^m8/7^m7$, PA 32°, Dist. $38''6$). Es existiert eine weitere, viel schwächere Komponente (12^m6, PA 196°, Dist. $85''8$).

μ Boo (15^h24^m6 / +37°22′), Alkalurops: Mehrfachstern. Im Fernglas ein weiter Doppelstern ($4^m3/6^m5$, PA 171°, Dist. $108''3$). Auf manchen Karten werden die beiden Komponenten getrennt als μ^1 und μ^2 Boo dargestellt. Der schwächere der beiden (μ^2) ist selbst doppelt ($7^m0/7^m6$, PA 9°, Dist. $2''3$) und lässt sich bereits mit ungefähr 50 mm Öffnung auflösen.

ν Boo (15^h31^m1 / +40°50′): optischer Doppelstern (ν^1, ν^2) mit zwei 5^m-Sternen und einem Farbkontrast: ν^2 ist ein weißer A5-Zwerg (d = 430 LJ), ν^1 ein weiter entfernter orangefarbener K5-Riese (d = 872 LJ).

τ Boo (13^h47^m5 / +17°27′): Zentralstern eines extrasolaren Planetensystems in 51 LJ Entfernung. Er (4^m5) ist etwas massereicher und heller als die Sonne und ähnelt damit υ And, der ebenfalls Planeten besitzt. Der Planet von τ Boo hat mindestens 3,7 Jupitermassen und umkreist seinen Zentralstern alle 3^d31 in nur 0,045 AE Abstand – ein extremer Fall eines „heißen Jupiters".

44 Boo (15^h03^m8 / +47°39′): Doppelstern mit einem Veränderlichen. Die Umlaufzeit des Systems ($5^m3/6^m2$, PA 49°, Dist. $1''7$) beträgt 225^a. Der Abstand sinkt, und wenn der Stern sein Periastron im Jahr 2028 erreicht, wird er mit Amateurmitteln nicht mehr zu trennen sein. Der Begleiter ist ein Bedeckungsveränderlicher des Typs W-Ursae-Majoris (EW). Er zeigt einen kontinuierlichen Lichtwechsel mit 6^h4-Periode und 0^m6-Amplitude.

Weitere erwähnenswerte Doppelsterne (ausgenommen sind die aus den Übersichten der Karten 5 & 11):

ξ Boo (14^h51^m4 / +19°06′; $4^m7/6^m9$, PA 121°, Dist. 7,″2, G8/K6)
1 Boo (13^h40^m7 / +19°57′; $5^m8/8^m7$, PA 134°, Dist. 4,″8, A1/F8)
Σ 1785 (13^h49^m1 / +26°59′; $7^m6/8^m0$, PA 167°, Dist. $3''5$, K6/K6)
Σ 1835 (14^h23^m4 / +08°27′; $5^m1/6^m9$, PA 192°, Dist. $6''3$, A0/F0; eine dritte Komponente F2 lässt sich nicht eindeutig trennen
Σ 1884 (14^h48^m4 / +24°22′; $6^m3/8^m0$, PA 56°, Dist. $2''0$, F6)
Σ 1910 (15^h07^m5 / +09°14′; $7^m3/7^m4$, PA 211°, Dist. $4''3$, G2/G3)

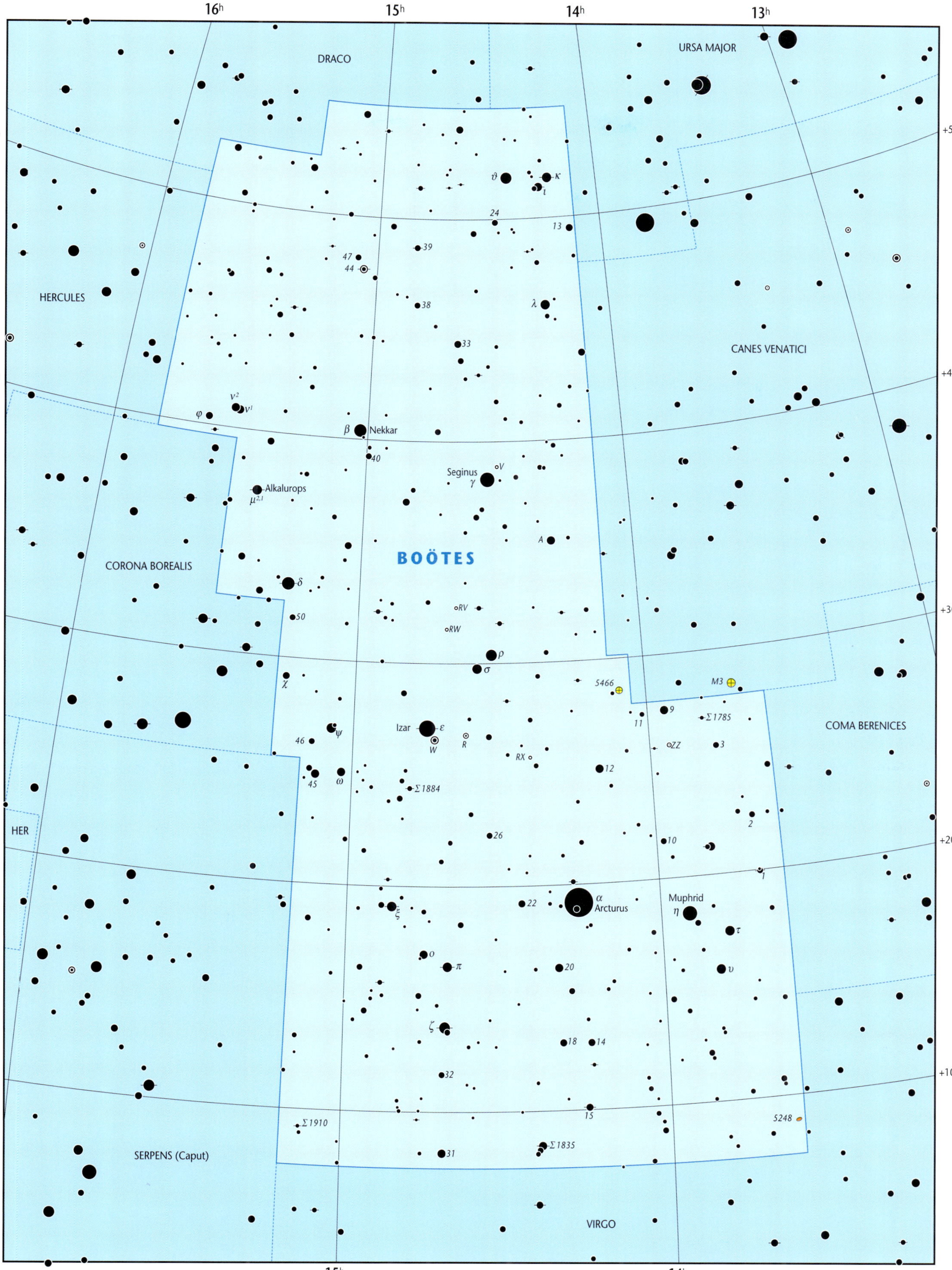
16h
15h
14h
13h
DRACO
URSA MAJOR
HERCULES
CANES VENATICI
CORONA BOREALIS
BOÖTES
COMA BERENICES
HER
SERPENS (Caput)
VIRGO
+50°
+40°
+30°
+20°
+10°
Nekkar
Seginus
Alkalurops
Izar
Arcturus
Muphrid
M3
5466
5248
Σ1785
Σ1884
Σ1910
Σ1835
RV
RW
RX
ZZ
W
R
V
A

NGC 5248 (13^{h}37^{m},5 / +08°53′): Sc-Spiralgalaxie (10^{m},2), schwierig. Obwohl bereits mit 120 mm Öffnung ein Nebelfleck zu sehen ist, bleibt das Objekt auch bei 300 mm strukturlos.

NGC 5466 (14^{h}05^{m},5 / +28°32′): schwach konzentrierter Kugelsternhaufen (9^{m},1), der mindestens 150 mm Öffnung erfordert, aber erst mit 250 mm und mehr aufgelöst werden kann. Entfernung: rund 16 kpc (≈ 52 200 LJ).

Quadrantiden (Radiant bei 15^{h}28^{m} / +50°): verlässlicher Meteorstrom von kurzer Dauer, der zwischen 1. und 6. Jan. sichtbar ist; Maximum: 3. Jan. Die Meteore sind meist hell und blauweiß bis gelbgrün. Der kürzlich entdeckte Kleinkörper 2003 EH1, der rund 2 km groß ist, gilt als Quelle der Quadrantiden. Man vermutet, dass es sich dabei um einen inaktiven kurzperiodischen Kometen handelt, womöglich ein Bruchstück des Kometen C/1490 Y1, der 1490/91 von China, Japan und Korea aus beobachtet wurde.

Caelum

CAELI • Cae • GRABSTICHEL

Hauptkarten: 15 (14)
Fläche: 125 Quadratgrad (81.)
Kulmination 00:00 Ortszeit: Ende November

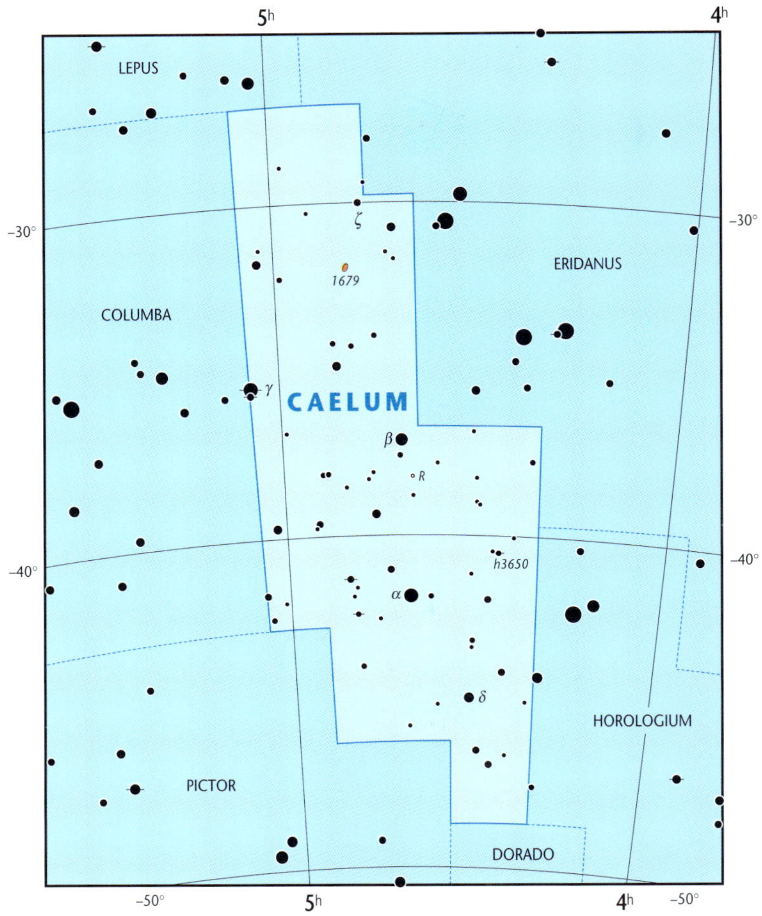

Ein weiteres kleines Sternbild, das de La Caille 1756 an den Himmel gesetzt hat. Ein Grabstichel ist ein spezielles Werkzeug, ähnlich einem Meißel, das Steinhauer verwenden. Es liegt zwischen Columba und Eridanus und besteht aus ungefähr 20 Sternen, von denen keiner heller als 4^{m},5 ist. Da Caelum recht weit von der galaktischen Ebene entfernt liegt, finden sich keine Offenen oder Kugelsternhaufen innerhalb seiner Grenzen. Im Gegensatz zu Sculptor und Fornax, die weiter östlich liegen, gibt es aber noch interstellare Absorption in ihm, weshalb auch nur wenige Galaxien in Caelum liegen. Mit NGC 1679 gibt es nur eine einigermaßen helle Balkenspiralgalaxie.

α Cae (04^{h}40^{m},7 / –41°51′): wegen des großen Helligkeitsunterschieds ein schwieriger Doppelstern (4^{m},5/12^{m},5, PA 121°, Dist. 6″,6).

γ Cae (05^{h}04^{m},4 / –35°29′): Doppelstern mit langer Umlaufzeit und den Farben orange/gelb (4^{m},6/8^{m},5, PA 309°, Dist. 3″,2).

h 3650 (04^{h}26^{m},6 / –40°32′): recht leichter Doppelstern für kleine Fernrohre (ab 75 mm). Seit seiner Entdeckung 1836 hat er sich nur wenig verändert (7^{m},1/8^{m},3, PA 183°, Dist. 3″,0).

NGC 1679 (04^{h}50^{m},0 / –31°59′): schwache (11^{m},5), pekuliare Balkenspirale (SBp), für die 150 mm Öffnung oder mehr erforderlich sind.

Camelopardalis

CAMELOPARDALIS • Cam • GIRAFFE

Hauptkarten: 1, 3
Fläche: 757 Quadratgrad (18.)
Kulmination 00:00 Ortszeit: Ende Dezember

Der holländische Astronom Petrus Plancius schlug dieses Sternbild erstmals 1613 vor, hauptsächlich um einen großen, sternarmen Bereich der Zirkumpolarregion auszufüllen. In Jakob Bartschius 1624 veröffentlichtem Sternatlas tauchte Camelopardalis erstmals auf. Das Sternbild enthält mehrere Galaxien, von denen die meisten allerdings ein großes Teleskop erfordern, um mehr zu erkennen als einen schwachen Nebelfleck.

β Cam (05^{h}03^{m},8 / +60°27′): gelber (G0) Überriese. Der hellste Stern des Sternbildes (4^{m},0) ist ein Dreifachsystem mit zwei fernen Begleitern mit 7^{m},4 (PA 209°, Dist. 83″,4) bzw. 11^{m},4 (PA 166°, Dist. BC 13″,9).

11 Cam (05^{h}06^{m},5 / +58°58′): 5^{m},1; sehr weiter Doppelstern für Fernglas und Fernrohr mit 12 Cam (6^{m},3, PA 10°, Dist. 178″,5). Es gibt noch zwei schwächere Sterne im System: C (10^{m},0) und D (13^{m},3). Für das Paar BC gilt: PA 19°, 173″,4.

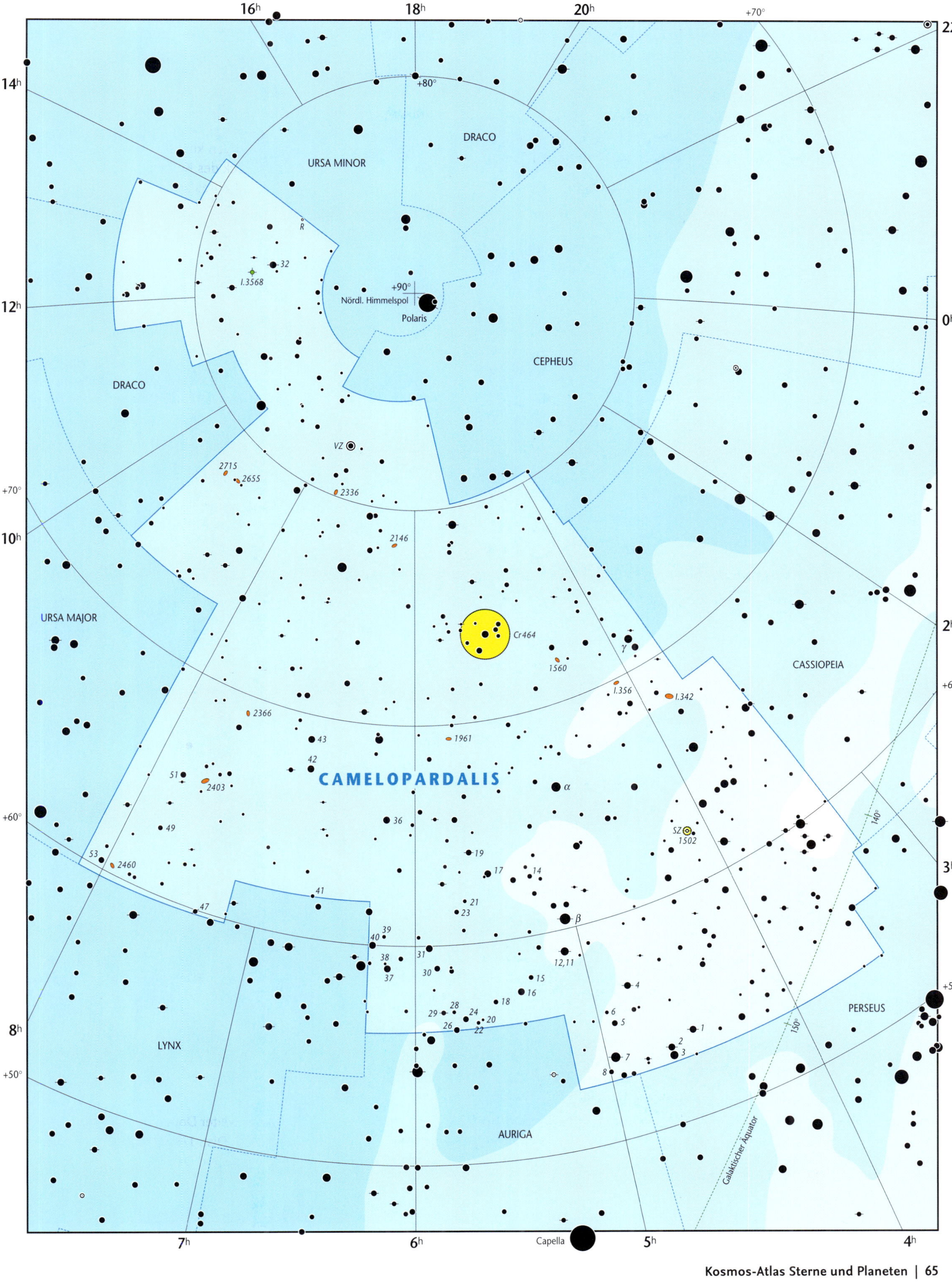
16h
18h
20h
22h
+70°
14h
+80°
DRACO
URSA MINOR
R
32
I.3568
+90°
Nördl. Himmelspol
Polaris
12h
0h
CEPHEUS
DRACO
VZ
2715
2655
2336
+70°
10h
2146
URSA MAJOR
Cr464
1560
γ
2h
CASSIOPEIA
+60°
I.356
I.342
2366
1961
43
42
CAMELOPARDALIS
α
51
2403
+60°
36
49
SZ
1502
140°
3h
53
2460
19
17
14
41
47
21
23
β
39
40
38
31
37
30
12,11
15
16
+50°
18
28
29
24
20
26
22
6
5
4
1
2
3
PERSEUS
150°
8h
LYNX
7
8
+50°
AURIGA
Galaktischer Äquator
7h
6h
Capella
5h
4h

32 Cam (Σ 1694: 12^{h}49^m,2 / +83°24′): zwei blauweiße Sterne (5^m,3/5^m,7, PA 326°, Dist. 21″,5). Beide haben den Spektraltyp A0 und sind leicht im kleinen Fernrohr aufzulösen. Manchmal wird der Stern auch als 78 Cam bezeichnet.

VZ Cam (07^{h}31^m,9 / +82°25′): Halbregelmäßiger mit 4^m,8 bis 5^m,2. Diese kleine Helligkeitsdifferenz und der Spektraltyp M4 machen visuelle Helligkeitsschätzungen schwierig.

NGC 1502 (04^{h}08^m,0 / +62°20′): kleiner, aber recht heller (6^m) Offener Haufen (d = 950 pc oder 3100 LJ); im Fernglas sichtbar.

NGC 2403 (07^{h}37^m,3 / +65°35′): Sc-Spirale, unter guten Bedingungen relativ leicht im Fernglas, obwohl ihre Helligkeit nur 8^m,4 beträgt. Ab 100 mm Öffnung erscheint sie elliptisch.

IC 342 (03^{h}46^m,8 / +68°06′): Spiralgalaxie (Sc) mit 9^m,1. Recht ausgedehnt (rund 20′), woraus eine geringe Flächenhelligkeit resultiert. Mindestens 100 mm Öffnung sind erforderlich.

Cr 464 (05^{h}22^m,9 / +73°17′): Collinder 464; kaum bekannter, großer Sternhaufen (rund 2°) mit 4^m,2 Gesamthelligkeit. Da die 50 Mitglieder des Offenen Haufens über eine große Fläche verteilt sind, fällt er nicht besonders auf.

Cancer

CANCRI • Cnc • KREBS

Hauptkarten: 10 (3, 4, 9)
Fläche: 506 Quadratgrad (31.)
Kulmination 00:00 Ortszeit: Ende Januar

Dieses unauffällige Tierkreissternbild war einst besonders wichtig, weil die Sonne zum Sommerbeginn in ihm stand. Infolge der Präzession erreicht die Sonne ihre höchste Deklination inzwischen an der Grenze zwischen Gemini und Taurus. Da der Krebs außerhalb der Hauptebene des Milchstraßensystems liegt, gibt es in ihm weder Emissionsnebel noch helle Planetarische Nebel. Man findet hier zwei Offene Sternhaufen und nur eine einigermaßen helle Galaxie.

ζ Cnc (08^{h}12^m,2 / +17°39′): bekannter Dreifachstern, eventuell sogar vierfach. Für das enge Paar (AB, 5^m,6/6^m,0, PA 161°, Dist. 0″,6, P = 59,^{a}7) sind mindestens 200 mm Öffnung erforderlich. Die dritte Komponente (C, 6^m,2, AC: PA 80°, Dist. 6″,0, P = 1150^a) scheint von einem unsichtbaren Begleiter gestört zu werden, möglicherweise ein Weißer Zwerg (P = 17,^{a}5).

ι Cnc (08^{h}46^m,7 / +28°45′): anspruchsvoller Doppelstern für das Fernglas: ein gelber (G8) Riese und ein weißer (A3) Zwerg (4^m,0/6^m,6, PA 307°, Dist. 30″,5).

R Cnc (08^{h}16^m,6 / +11°44′): Mira-Veränderlicher, der während des Maximums bereits im Fernglas zu sehen ist: 6^m,1 bis 11^m,8, Periode 361^d,6.

RS Cnc (09^{h}10^m,6 / +30°58′): halbregelmäßiger, roter (M6) Überriese mit periodischen (rund 120^d) Phasen.

M 44 (NGC 2632: 08^{h}40^m,1 / +19°59′), Praesepe oder Krippe: lockerer Offener Haufen in rund 160 pc (≈ 590 LJ) Entfernung. Er umfasst 200 Sterne, darunter einen orangefarbenen mit einem schwächeren roten Begleiter. Die Krippe ist leicht mit bloßem Auge oder dem Fernglas zu sehen.

M 67 (NGC 2682: 08^{h}50^m,4 / +11°49′): relativ großer Offener Haufen (7^m), der am Himmel ungefähr so ausgedehnt ist wie der Mond (0,°5). Nicht ganz einfach im Fernglas. Ab 75 mm Öffnung kann man ihn in Einzelsterne auflösen. Die Entfernung beträgt 800 pc (≈ 2350 LJ).

NGC 2775 (09^{h}10^m,3 / +07°02′): Spiralgalaxie (Sa), die mit 100 mm Öffnung erkennbar ist, aber selbst bei 300 mm keine Struktur zeigt.

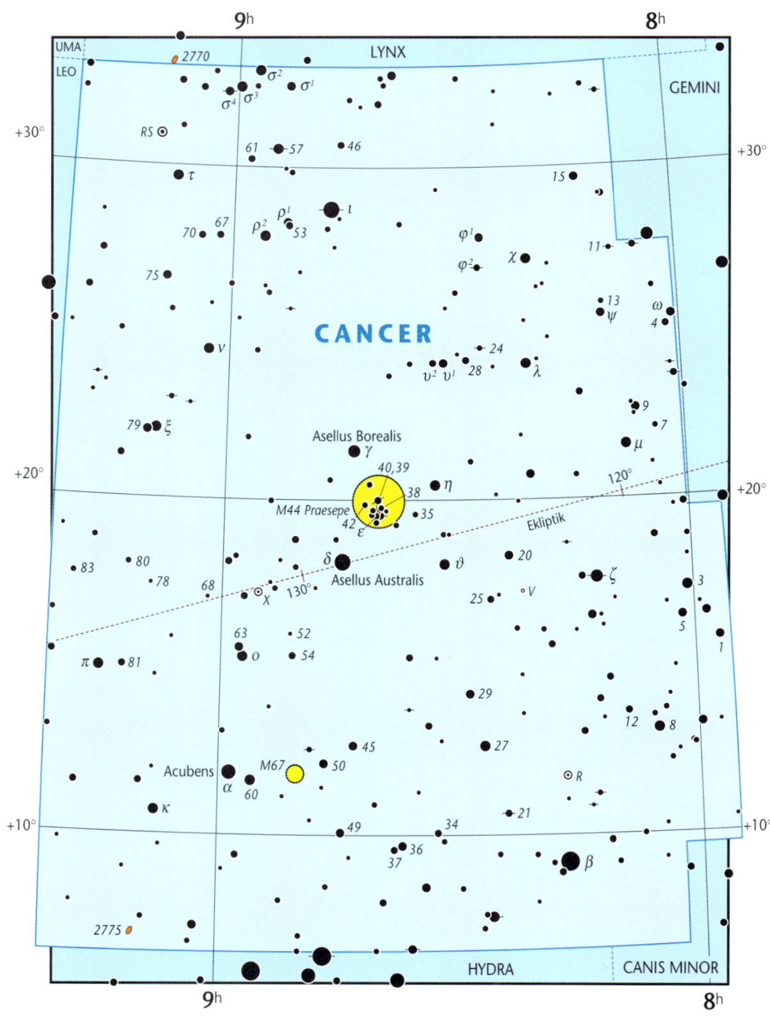

Canes Venatici

CANUM VENATICORUM • CVn • JAGDHUNDE

Hauptkarten: 5 (4)
Fläche: 465 Quadratgrad (38.)
Kulmination 00:00 Ortszeit: Anfang April

Dieses kleine Sternbild (von Hevelius 1687 eingeführt) enthält weder Offene Haufen noch Emissions- oder Planetarische Nebel. Es gibt in ihm mit M 3 einen schönen Kugelsternhaufen und vor allem im östlichen und südlichen Bereich Richtung Ursa Major und Coma Berenices viele Galaxien. In diesen beiden Sternbildern liegen große Galaxienhaufen.

α CVn ($12^{h}56^{m},0$ / +38°19′), Cor Caroli: weiter Doppelstern ($2^{m},9/5^{m},6$, PA 229°, Dist. 19,″4). Die hellere Komponente (α^2 CVn) ist der Prototyp der magnetischen Veränderlichen, die sehr kleine Amplituden (rund $0^{m},1$) haben.

2 CVn ($12^{h}16^{m},1$ / +40°40′): Doppelstern, dessen Komponenten eine gemeinsame Eigenbewegung, aber keine Veränderung im Abstand zueinander zeigen ($5^{m},8/8^{m},1$, PA 260°, Dist. 11,″4). Der Hauptstern hat den Spektraltyp M0,5 und ist ein spektroskopischer Doppelstern. Die Sekundärkomponente ist ein F7-Zwerg.

25 CVn ($13^{h}37^{m},6$ / +36°16′): zu trennen mit 75 mm Öffnung ($5^{m},0/6^{m},9$, PA 100°, Dist. 1,″9).

Y CVn ($12^{h}45^{m},1$ / +45°26′), La Superba: halbregelmäßiger, Roter Riese, der zwischen $4^{m},9$ und $6^{m},0$ schwankt, schwankende Periode um 157^{d}.

M 3 (NGC 5272: $13^{h}42^{m},2$ / +28°23′): heller Kugelsternhaufen, der gut im Fernglas zu sehen ist ($6^{m},3$). Aufgelöst ab 100 mm Öffnung. Er konkurriert mit M 13 um den Titel des schönsten Kugelsternhaufens am Nordhimmel. Entfernung 10,4 kpc (≈ 34 000 LJ).

M 51 (NGC 5194: $13^{h}29^{m},9$ / +47°12′), Whirlpool-Galaxie: weite Sc-Spirale mit einem nahe gelegenen Begleiter, der pekuliaren Galaxie NGC 5195. Die Kerne der beiden Galaxien sind bereits mit kleinem Teleskop zu sehen, aber M 51 zeigt erst mit mehr als 200 mm Strukturen. Ihre Entfernung beträgt 8 Mpc (≈ 26 Mio. LJ).

M 63 (NGC 5055: $13^{h}15^{m},8$ / +42°02′), die Sonnenblumen-Galaxie: Sb-Spirale; mit $8^{m},6$ bereits deutlich mit 100 mm Öffnung zu sehen (d ≈ 7 Mpc oder 22,8 Mio. LJ).

M 94 (NGC 4736: $12^{h}50^{m},9$, / +41°07′): Sb-Spiralgalaxie ($8^{m},2$), die im kleinen Fernrohr einem Kugelsternhaufen oder Komet ähnelt (d ≈ 4 Mpc oder 13 Mio. LJ).

M 106 (NGC 4258: $12^{h}19^{m},0$ / +47°18′): schöne Sb-Galaxie ($8^{m},3$), deren längliche Ausdehnung mit Öffnungen ab 100 mm sichtbar wird (d = 6 Mpc oder 20 Mio. LJ).

NGC 4449 ($12^{h}28^{m},2$ / +44°06′), Box-Galaxie: irreguläre Galaxie ($9^{m},4$), mit 75 mm Öffnung sichtbar.

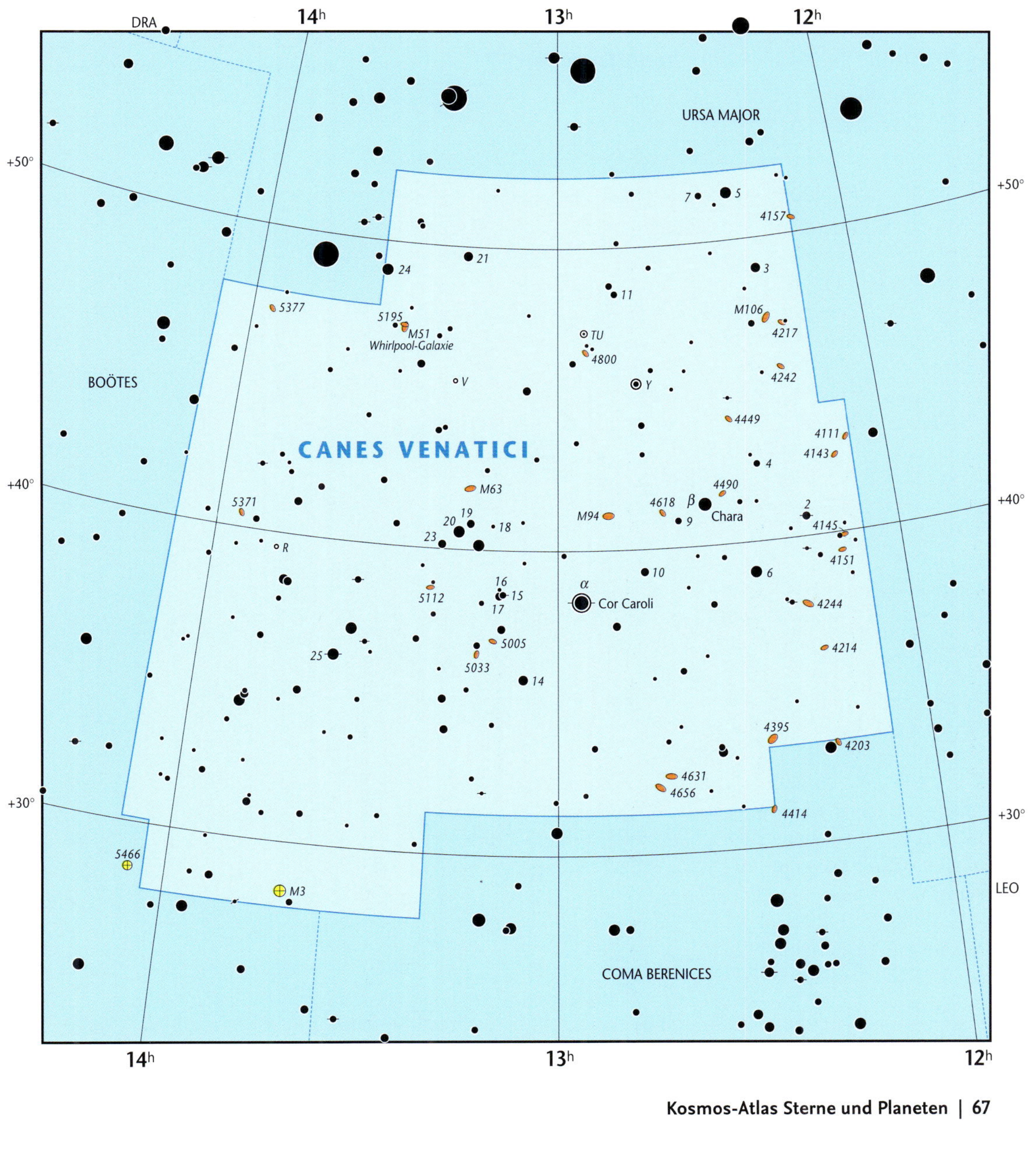

Canis Major

CANIS MAJORIS • CMa • GROSSER HUND

Hauptkarten: 9, 15 (10, 16)
Fläche: 380 Quadratgrad (43.)
Kulmination 00:00 Ortszeit: Anfang Januar

Canis Major liegt knapp südlich des galaktischen Äquators und hat mehrere Offene Sternhaufen und interessante Doppelsterne zu bieten. Es gibt keine Kugelsternhaufen, aber einige, wenn auch nicht besonders helle Galaxien.

α CMa ($06^h45{,}^m1$ / –16°43′), Sirius: der hellste Stern ($-1{,}^m44$, A1, d = 8,6 LJ) am Himmel. In der Liste unserer Nachbarsterne steht er auf Rang sechs. Er ist ein Doppelstern, dessen Begleiter ($8{,}^m5$) der erste Weiße Zwerg ist, den man entdeckt hat. Die Umlaufzeit beträgt 50^a, und der Abstand vergrößert sich derzeit. Unter guten Bedingungen sind mindestens 200 mm Öffnung für den Begleiter erforderlich.

ε CMa ($06^h58{,}^m6$ / –28°58′), Adhara: ziemlich schwieriger Doppelstern ($1{,}^m5$/$7{,}^m4$, PA 161°, Dist. 7,″5), da der B2-Hauptstern sehr hell ist. Der Begleiter ist gelb und sollte ab 75 mm Öffnung sichtbar sein.

ν^1 CMa ($06^h36{,}^m4$ / –18°40′): Doppelstern ($5{,}^m8$/$8{,}^m5$, PA 262°, 17,″5) mit langer Umlaufzeit. Farbkontrast gelborange (G8) und weiß (A8).

M 41 (NGC 2287: $06^h47{,}^m2$ / –20°43′): Offener Haufen mit einer dem Mond vergleichbaren Ausdehnung. Er besteht aus 50 Sternen, darunter B- und K-Riesen. Unter guten Bedingungen mit dem bloßen Auge sichtbar und ein schönes Objekt im Fernrohr (d ≈ 700 pc oder 2300 LJ).

NGC 2207 ($06^h16{,}^m4$ / –21°22′): Sc-Spiralgalaxie ($10{,}^m7$) mit einem konzentrierten, länglichen Kern, ab 150 mm Öffnung sichtbar. Eine Begleitgalaxie (IC 2163) steht östlich.

NGC 2217 ($06^h21{,}^m7$ / –27°14′): SBa-Balkenspiralgalaxie ($10{,}^m2$), deren heller Kern mit 150 mm Öffnung zu erkennen ist. Die Außenbereiche erfordern dagegen 300 mm oder mehr.

NGC 2360 ($07^h17{,}^m7$ / –15°38′): sternreicher Offener Haufen ($7{,}^m2$), deutlich im Fernglas sichtbar. Er hat 13′ Durchmesser, enthält rund 80 Sterne und liegt in einer Entfernung von 1,1 kpc (≈ 3700 LJ). Von Caroline Herschel 1785 entdeckt.

NGC 2362 ($07^h19{,}^m0$ / –20°42′): schöner Offener Haufen (d ≈ 5200 LJ). Er umgibt den blauweißen (O9) Überriesen τ CMa ($4{,}^m4$), der mit 3200 LJ im Vordergrund liegt und die Sichtbarkeit des Haufens etwas beeinträchtigt. Mit wachsender Öffnung wird der Anblick besser.

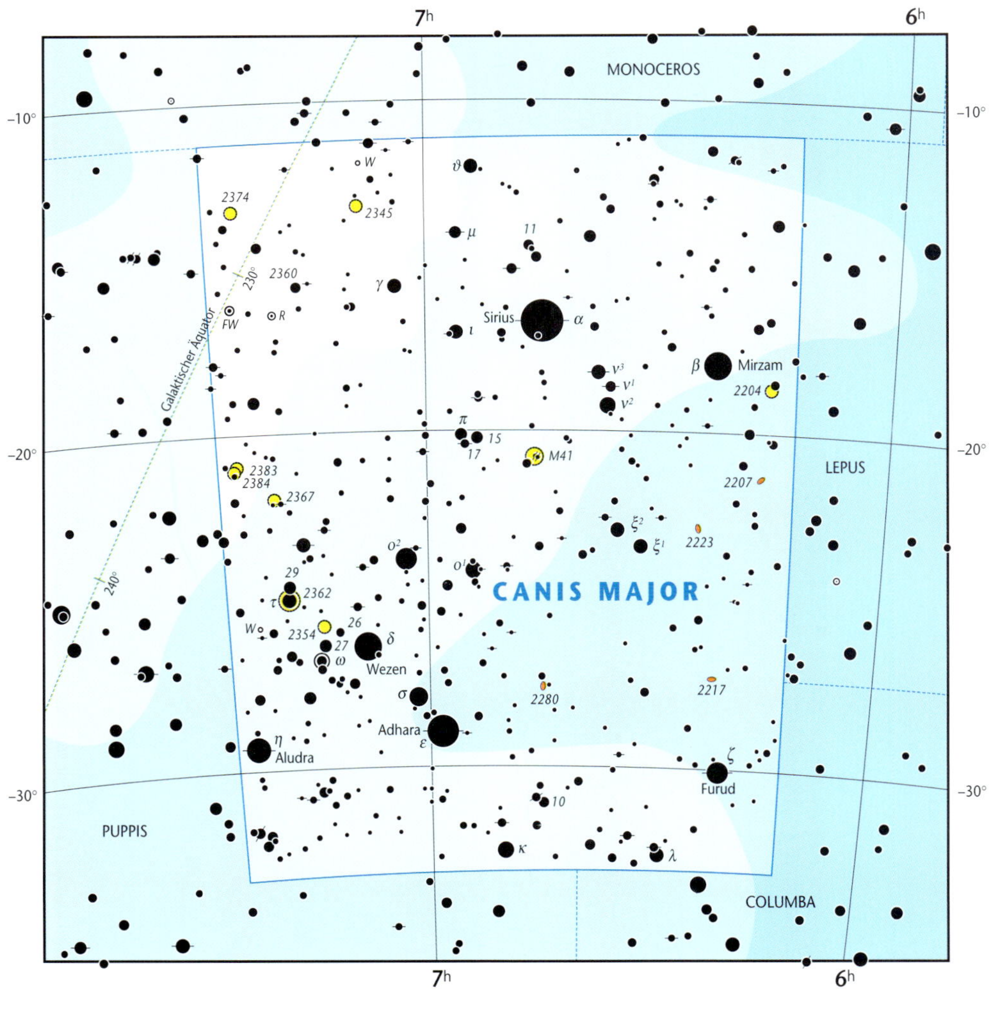

NGC 2383 ($07^h24{,}^m8$ / –20°56′): Offener Haufen ($8{,}^m4$) mit rund 8′ Durchmesser und 40 Mitgliedssternen.

NGC 2384 ($07^h25{,}^m1$ / –21°02′): ein weiterer Offener Haufen, 7′ südöstlich von NGC 2383. Er ist $7{,}^m4$ hell und hat rund 15 Mitgliedssterne.

Die Gegend um **NGC 2383** und **2384** ist dicht mit Sternen übersät, darunter der orangefarbene Doppelstern **β 198** ($8{,}^m0$/$9{,}^m5$, PA 215°, Dist. 5,″7), nordöstlich von NGC 2384.

Canis Minor

CANIS MINORIS • CMi • KLEINER HUND

Hauptkarten: 9 (10)
Fläche: 183 Quadratgrad (71.)
Kulmination 00:00 Ortszeit: Mitte Januar

Obwohl durch dieses Sternbild die Milchstraße verläuft, enthält es keine interessanten Sternhaufen oder Nebel. Es gibt ein paar unauffällige Veränderliche und nur ein, zwei Doppelsterne.

α CMi ($07^h39^m,5$ / +05°13′), Procyon: zufällig ist dieser Stern ($0^m,4$) wie Sirius ein Doppelstern mit einem Weißen Zwerg als Begleiter ($11^m,3$, P = $40,^a65$). Er ist jedoch mit gängigen Amateurmitteln nicht nachweisbar. Das System liegt 11,4 LJ entfernt, was ihm Platz 15 auf der Liste der Nachbarsterne unserer Sonne einbringt.

η CMi ($07^h28^m,2$ / +06°56′): Doppelstern mit einer gelben (F0) Hauptkomponente und einem viel schwächeren Begleiter ($5^m,3/11^m,1$, PA 25°, Dist. 4,"0). Kaum Veränderungen des Abstands, aber die gemeinsame Eigenbewegung deutet auf einen Doppelstern hin.

Σ 1126 ($07^h40^m,1$ / +05°14′): Doppelstern mit langer Umlaufzeit ($6^m,6/6^m,9$, PA 168°, Dist. 1,"0), ab 150 mm Öffnung zu trennen.

Weiße Zwerge

Weiße Zwergsterne sind dichte stellare Überreste (der letzte Lebensabschnitt eines massearmen Sterns), ihre Größe ist im Allgemeinen mit der der Erde vergleichbar. Sie haben unterschiedliche Zusammensetzungen, wobei ihre Masse immer weniger als 1,44 Sonnenmassen beträgt. (Sternreste mit größeren Massen kollabieren weiter zu einem Neutronenstern mit 10 bis 20 km Durchmesser.)
Wegen ihrer geringen Leuchtkraft findet man Weiße Zwerge am leichtesten in Doppelsternen, und sie spielen eine wichtige Rolle bei vielen eruptiven Veränderlichen wie Novae oder gewissen Supernovae. Einige Systeme, in denen es Weiße Zwerge gibt: ε **Aur**, α **CMa** (d = 8,6 LJ), α **CMi** (d = 11,4 LJ) und o^2 **Eri** (d = 16,5 LJ). **Van Maanens Stern** in Pisces (d = 13,4 LJ) ist ein Einzelobjekt. Der einfachste Weiße Zwerg, den man mit Amateurteleskopen sehen kann, dürfte der $9^m,4$ helle Zentralstern des Planetarischen Nebels **NGC 1514** in Taurus sein.

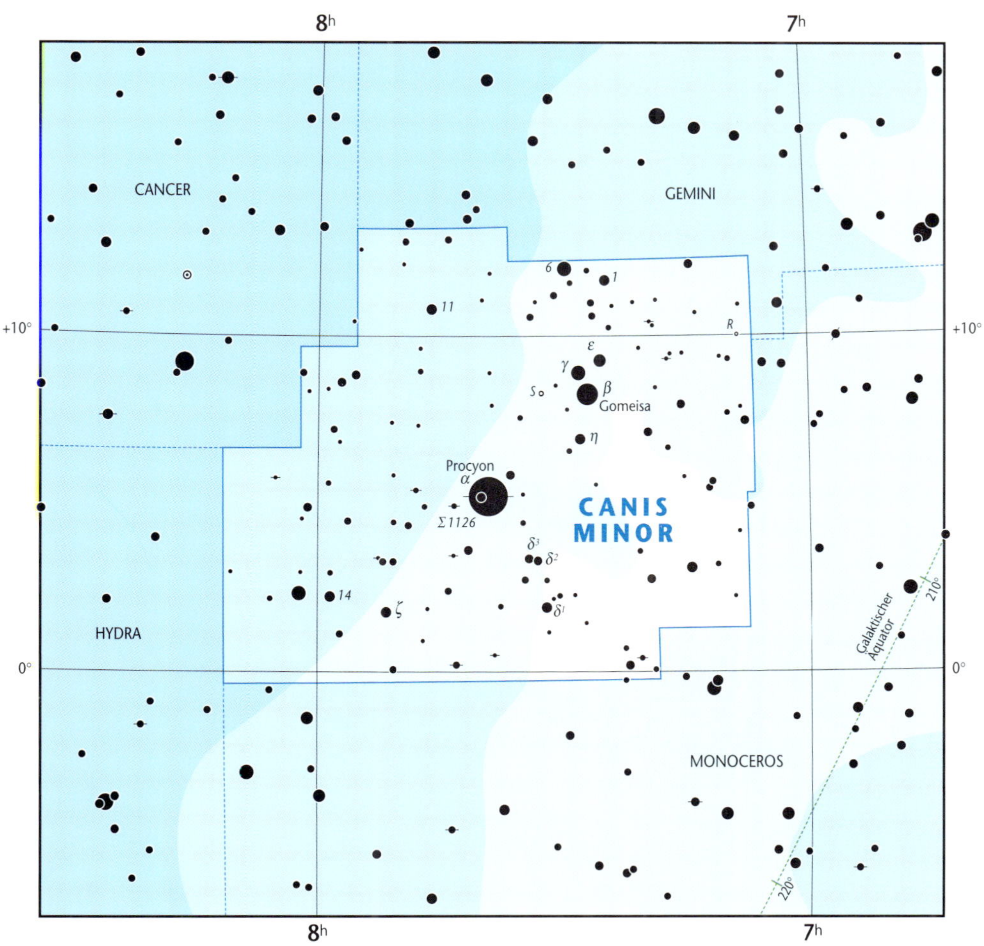

Capricornus

CAPRICORNI • Cap • STEINBOCK

Hauptkarten: 13, 19 (12, 18)
Fläche: 414 Quadratgrad (40.)
Kulmination 00:00 Ortszeit: Anfang August

Vor rund 2000 Jahren erreichte die Sonne ihre südlichste Deklination im Steinbock zu Winterbeginn (Nordhalbkugel). Auch wenn in Folge der Präzession die Sonne zum Winterbeginn inzwischen in Sagittarius steht, lebt die alte Verbindung im Namen „Wendekreis des Steinbocks" für den Breitengrad, über dem die Sonne am 21. oder 22. Dezember im Zenit steht, fort. Das Sternbild hat einen schönen Kugelsternhaufen, aber weder Offene Haufen noch diffuse oder Planetarische Nebel zu bieten. Die hellste Galaxie (NGC 6907) hat $11{,}^{m}3$.

α^1 Cap ($20^{h}17{,}^{m}9$ / $-12°30'$), Prima Giedi, und **α^2 Cap** ($20^{h}18{,}^{m}3$ / $-12°32'$), Secunda Giedi: sehr weiter visueller Doppelstern, der bereits mit bloßem Auge zu sehen ist ($4{,}^{m}2/3{,}^{m}6$, PA 111°, Dist. 378"). Der schwächere Stern (α^1) ist ein gelber (G3) Überriese (d = 690 LJ) und hat einen Begleiter (E) ($9{,}^{m}6$, PA (AE) 355°, Dist. 45"), der sich mit 75 mm Öffnung auflösen lässt. Der hellere Stern (α^2) ist ein gelber (G9) Zwerg (d = 110 LJ), dessen Begleiter mit 150 mm Öffnung erkennbar wird (PA 172°, Dist. $6{,}''6$). Bei 200 mm Öffnung zeigt sich, dass dieser Sekundärstern selbst ein enger Doppelstern ist ($11{,}^{m}0/11{,}^{m}3$, PA (BC) 240°, Dist. $1{,}''2$).

β^1 und β^2 Cap ($20^{h}21{,}^{m}2$, / $-14°47'$), Dabih: ein weiteres komplexes System, bestehend aus einem gelben und einem weißen Stern ($3{,}^{m}1/6{,}^{m}2$, PA 267°, Dist. 205"). Der hellere Stern (β^1) ist ein spektroskopisches Dreifachsystem mit gegensätzlichen Spektraltypen (A = K0-Riese, B = B8-Zwerg, C = G-Zwerg). Die Umlaufzeiten betragen für A-BC $1374{,}^{d}1$ und für BC $8{,}^{d}68$. Der schwächere Stern (β^2) hat das Spektrum eines B9-Zwergs. Sein sehr enger Begleiter ($10{,}^{m}2$, PA 106°, Dist. $0{,}''85$) erfordert mindestens 300 mm Öffnung.

o Cap ($20^{h}29{,}^{m}9$ / $-18°35'$): weiter Doppelstern, der aus zwei weißen Komponenten besteht ($5{,}^{m}9/6{,}^{m}7$, PA 239°, Dist. $18{,}''9$, A3- bzw. A7-Zwerg).

π Cap ($20^{h}27{,}^{m}3$ / $-18°13'$): eventuell ein Doppelstern ($5{,}^{m}2/8{,}^{m}3$, PA 148°, Dist. $3{,}''4$), für den mindestens 75 mm Öffnung erforderlich sind.

ρ Cap ($20^{h}28{,}^{m}9$ / $-17°49'$): weiter optischer Doppelstern (Dist. $4{,}'5$) mit blassgelben (F3) und orangefarbenen Komponenten ($5{,}^{m}0/6{,}^{m}6$), der mit dem Fernglas leicht zu trennen ist. Der hellere Stern hat einen schwachen Begleiter auf einer sehr exzentrischen Umlaufbahn ($10{,}^{m}0$, PA 194°, Dist. $1{,}''3$, $P \approx 278^{a}$), für den mindestens 200 mm Öffnung nötig sind.

M 30 (NGC 7009: $21^{h}40{,}^{m}6$ / $-23°10'$): Kugelsternhaufen ($7{,}^{m}4$) für das Fernglas (d = 8 kpc oder 26 100 LJ). Ab 100 mm Öffnung aufgelöst.

Capricorniden (Radianten bei $20^{h}44^{m}$ / $-15°$ und $21^{h}00^{m}$ / $-15°$): Strom mit hellen, gelbblauen Meteoren. Aktiv von Juli bis August, hat womöglich mehrere Radianten, da er drei Maxima zeigt: 8. Juli, 15. Juli und 26. Juli. Stündliche Zenitrate im Maximum ungefähr fünf.

α-Capricorniden (Radiant $20^{h}36^{m}$ / $-10°$): Zwischen dem 15. Juli und dem 20. August aktiver Meteorstrom mit einem Maximum am 2. August. Stündliche Zenitrate: fünf. Viele lange, langsame Meteore.

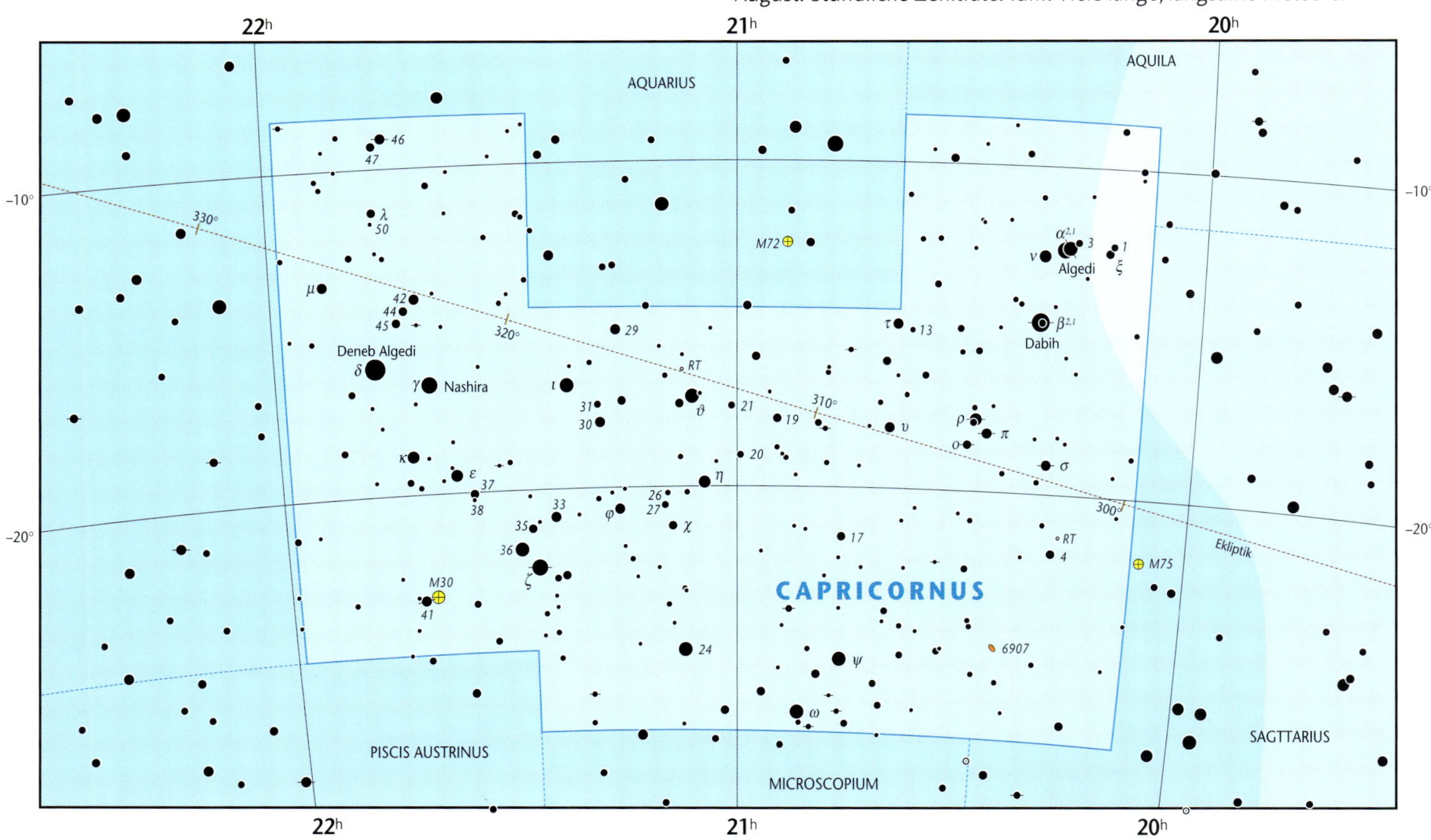

Carina

CARINAE • Car • SCHIFFSKIEL

Hauptkarten: 16 (15, 17, 20)
Fläche: 494 Quadratgrad (40.)
Kulmination 00:00 Ortszeit: Ende Januar

In diesem Sternbild liegen große Teile der Milchstraße, so dass es außergewöhnlich reichhaltig an interessanten und auffälligen Objekten ist, von denen hier nur ein paar beschrieben werden können. Es gibt mindestens 50 Offene Sternhaufen in Carina, dagegen ist wegen der Absorption durch die galaktische Ebene mit Amateurmitteln nur eine Galaxie sichtbar. Die Sterne ε und ι Carinae bilden zusammen mit δ und κ Velorum das „falsche Kreuz", das manchmal mit dem echten Kreuz des Südens (Crux) verwechselt wird.

α Car ($06^h24^m{,}0$ / +52°42′), Canopus: zweithellster Stern des Himmels ($-0^m{,}62$), ein blassgelber (F0) Überriese (d = 313 LJ).

η Car ($10^h45^m{,}1$ / –59°41′): sehr leuchtkräftiger, heißer, blauer Veränderlicher, der unregelmäßige Fluktuationen zeigt (Typ: SDOR). 1843 erreichte er $-0^m{,}8$, dann sank seine Helligkeit langsam auf 6^m und schwankte um diesen Wert. Der derzeit rund 5^m helle η Car hat vermutlich 100 Sonnenmassen und ist rund vier Millionen Mal so leuchtkräftig wie die Sonne. Ihn umgibt ein Nebel (NGC 3372), zu dem auch expandierende Materieschalen direkt um den Stern gehören.

υ Car ($09^h47^m{,}2$ / –65°04′): weiter Doppelstern ($3^m{,}0/6^m{,}2$, PA 127°, Dist. $5''{,}0$, A6/B7), der problemlos in kleinen Fernrohren zu sehen ist.

l Car ($09^h45^m{,}4$ / –62°32′): Cepheide mit $3^m{,}3$ bis $4^m{,}2$ und $35^d{,}5$ Periode.

t^2 Car ($10^h38^m{,}7$ / –59°11′): schöner Doppelstern ($4^m{,}7/8^m{,}1$, PA 21°, Dist. $2''{,}2$); bereits mit kleiner Öffnung zu sehen. Der helle Stern ist orangerot (M1), der schwächere weiß.

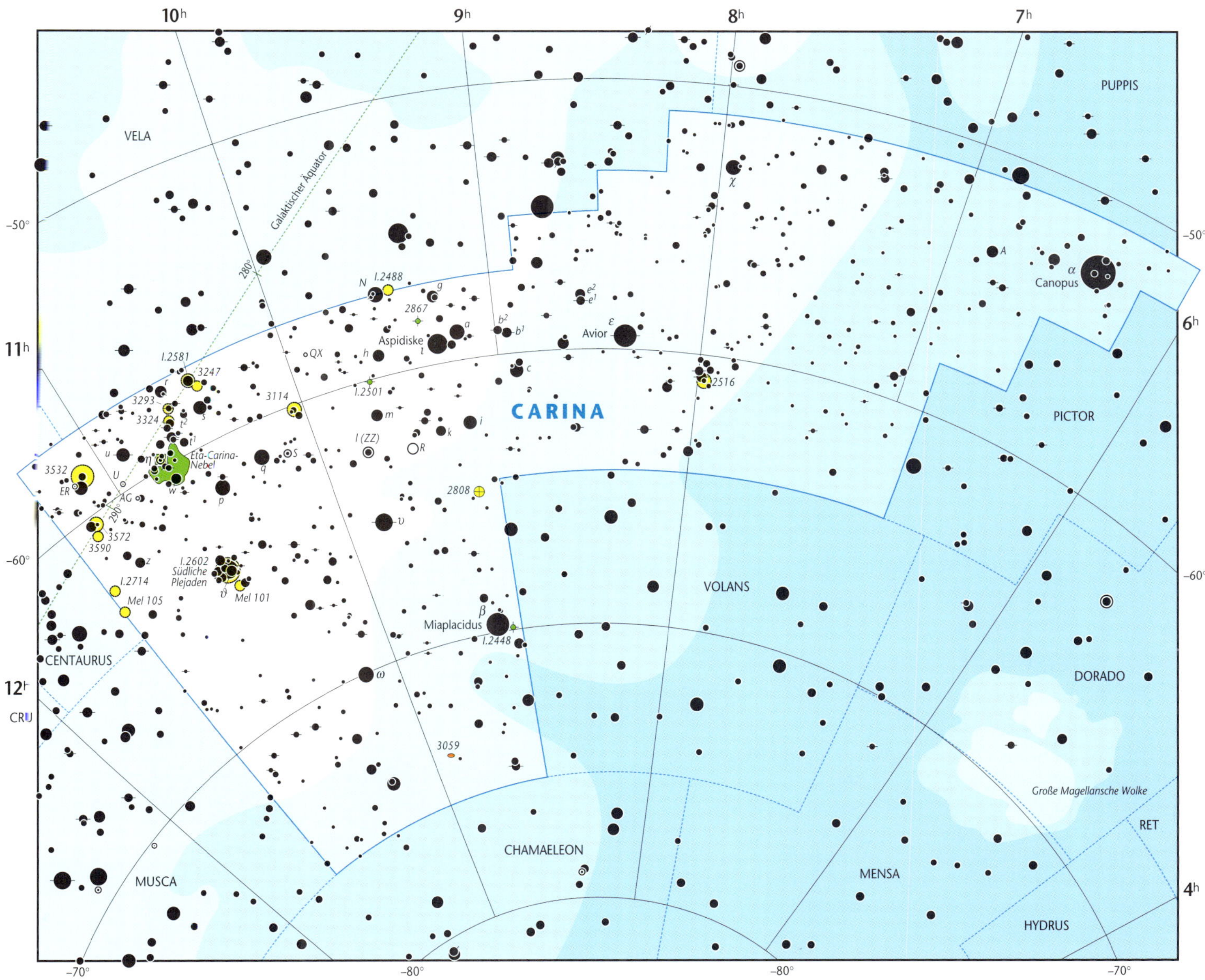

R Car ($09^h32^m{,}2$ / –62°47′) und S Car ($10^h09^m{,}4$ / –61°33′) sind zwei langperiodische Mira-Veränderliche und schwanken zwischen $3^m{,}9$ und $10^m{,}5$ bzw. $4^m{,}5$ und $9^m{,}9$. Im Maximum heben sie sich durch ihre orangerote Farbe von den Umgebungssternen ab.

NGC 2516 ($07^h58^m{,}3$ / –60°52′): schöner, großer (50′) Offener Sternhaufen mit drei hellen orangefarbenen Sternen, die sich gut von den anderen Haufenmitgliedern abheben (d ≈ 400 pc oder 13 000 LJ).

NGC 2808 ($09^h12^m{,}0$ / –64°52′): heller ($6^m{,}2$) Kugelsternhaufen, mit 150 mm Öffnung auflösbar. Rund 7,5 kpc (≈24 500 LJ) entfernt.

NGC 3059 ($09^h50^m{,}2$ / –73°55′): einzige Galaxie des Sternbilds, die mit Amateurmitteln beobachtbar ist; eine Balkenspirale (SB) mit $12^m{,}0$.

NGC 3114 ($10^h02^m{,}7$ / –60°07′): sehr großer Offener Haufen, daher am besten mit Fernglas zu beobachten (d ≈ 900 pc oder 28 400 LJ).

NGC 3372 ($10^h45^m{,}1$ / –59°52′), Eta-Carinae-Nebel: heller, diffuser Nebel um η Car; mit dem bloßen Auge leicht zu erkennen. Dieses Sternentstehungsgebiet mit seinen komplexen Strukturen aus hellen Emissionsgebieten und dunklen Absorptionsbändern lohnt in Geräten jeglicher Öffnung. Der Nebel enthält mehrere Sternhaufen und Doppelsterne; er ist 3,2 kpc (≈ 10 400 LJ) entfernt.

NGC 3532 ($11^h06^m{,}4$ / –58°40′): großer, heller Offener Haufen mit mehr als 150 Sternen; einfach für das bloße Auge. Er ist mit 60′ x 30′ sehr groß und enthält einige orangefarbene Riesen (d ≈ 400 pc oder 13 000 LJ).

IC 2602 (10^h43^m / –64°24′), südliche Plejaden: sehr großer (mehr als 1°), heller Offener Haufen, der leicht mit dem bloße Auge zu sehen ist. Umgibt den heißen (B0,5) Zwergstern ϑ Car ($2^m{,}7$, 440 LJ).

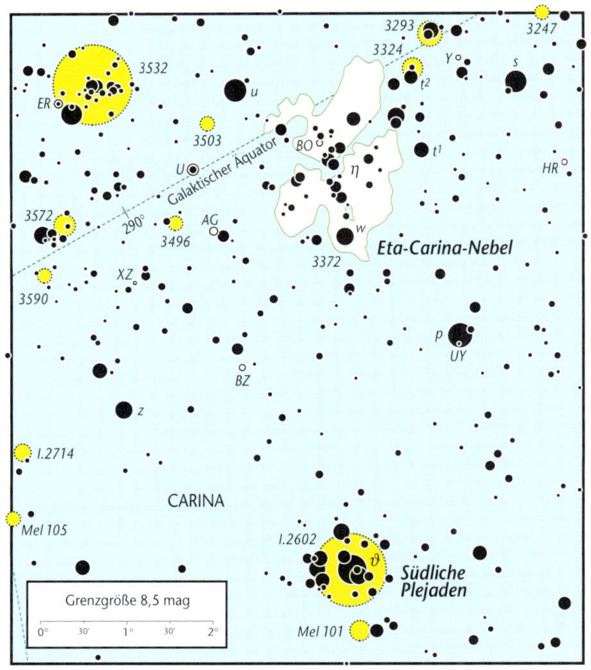

Cassiopeia

CASSIOPEIAE • Cas • KASSIOPEIA

Hauptkarten: 2 (1, 7)
Fläche: 598 Quadratgrad (25.)
Kulmination 00:00 Ortszeit: Anfang Oktober

Die Milchstraße verläuft durch dieses Sternbild, weshalb sich manche der vielen Offenen Haufen kaum von dem Hintergrund der Sternwolken abheben. Nahe der Grenze zu Andromeda liegen drei Galaxien. Es gibt eine dokumentierte Nova in der Cassiopeia, aber von größerer Bedeutung ist die Explosion eines Sterns im Jahr 1572, von der man inzwischen weiß, dass es sich um eine Supernova gehandelt hat. Dieses Objekt namens B Cas („Tychos Stern" oder „Tychos Supernova") erreichte im Maximum $-4^m{,}0$. Der berühmte dänische Astronom Tycho Brahe beobachtete sie mehrere Monate lang intensiv. Seine Beobachtungen dieser Supernova und des Kometen des Jahres 1577 trugen dazu bei, dass die Vorstellung eines unveränderlichen Himmels aufgegeben wurde.

γ Cas ($00^h56^m{,}7$ / +60°43′): Veränderlicher und Doppelstern ($1^m{,}6$–$3^m{,}0$/$11^m{,}2$, PA 238°, Dist. 2″,1). Der Hauptstern hat meistens rund $2^m{,}5$. In einem nicht vorhersagbaren Rhythmus stößt er Gashüllen ab und kann dadurch bis auf $1^m{,}6$ steigen. In seiner Nachbarschaft befinden sich sowohl Emissions- als auch Reflexionsnebel.

η Cas ($00^h49^m{,}1$ / +57°49′): komplexes Achtfachsystem. Die beiden Hauptkomponenten sind bereits in kleinen Fernrohren sichtbar ($3^m{,}5$/$7^m{,}5$, PA 317°, Dist. 12″,9) und sind gelb bzw. rot. Die anderen sechs Sterne haben große Abstände, und drei von ihnen haben mittlere Helligkeit: Komponente E ($9^m{,}0$, PA AE 124°, Dist. 99″,5), Komponente G ($8^m{,}9$, PA AG 255°, Dist. 407″,7) und Komponente H ($8^m{,}6$, PA BH 355°, Dist. 679″,3). Die restlichen drei Sterne sind $11^m{,}4$ und schwächer.

ρ Cas ($23^h54^m{,}4$ / +57°30′): ungewöhnlicher Halbregelmäßiger ($4^m{,}4$–$5^m{,}2$, P ≈ 320^d). Zwischen 1945 und 1947 sank er auf $6^m{,}2$, die Gründe dafür und für sein späteres erneutes heller werden sind unbekannt.

RZ Cas ($02^h48^m{,}9$ / +69°38′): ungewöhnlicher Bedeckungsveränderlicher ($6^m{,}2$–$7^m{,}7$) mit schwankender Länge der Bedeckung (derzeit $1^d{,}195247$).

M 52 (NGC 7654: $23^h24^m{,}8$ / +61°36′): sehr sternreicher Offener Haufen ($7^m{,}5$, 13′ Durchmesser) mit orangefarbenem 8^m-Stern auf einer Seite. Die ersten der schätzungsweise 100 Mitgliedssterne lassen sich bereits mit dem Fernglas auflösen.

M 103 (NGC 581: $01^h33^m{,}4$ / +60°40′): kompakter Offener Haufen ($7^m{,}5$:), rund 50 Mitgliedssterne, teilweise bereits im Fernglas auflösbar.

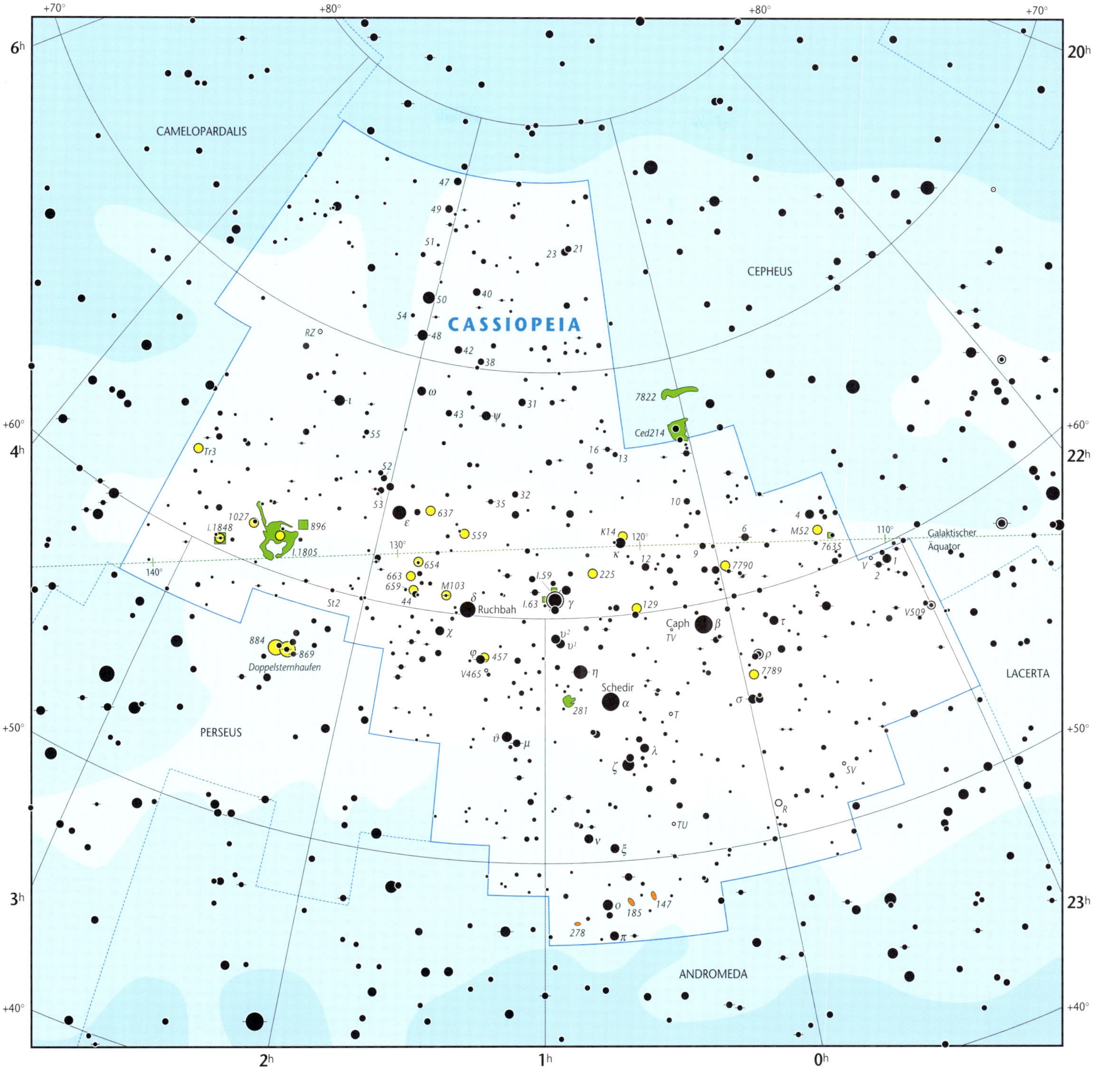

NGC 147 ($00^h33^m{,}2$ / +48°30′) und NGC 185 ($00^h39^m{,}0$ / +48°20′): zwei elliptische Galaxien (E4 bzw. E0, $9^m{,}3$ bzw. $9^m{,}4$)

NGC 457 ($01^h19^m{,}1$ / +58°20′): Offener Haufen, der etwas heller als die beiden Messier-Objekte ist ($6^m{,}4$:). Die hellsten Sterne sind bereits im Fernglas sichtbar, darunter ein auffällig roter Stern sowie ein blaues und ein gelbes Paar, bei denen es sich um die beiden Hauptkomponenten ($5^m{,}2$/$7^m{,}9$, PA 231°, Dist. 135") des Mehrfachsystems φ Cas ($01^h20^m{,}3$ / +58°15′) handelt. Dieser Haufen liegt im Perseus-Arm unserer Galaxis in 8000 LJ Entfernung.

NGC 559 ($01^h19^m{,}5$ / +63°18′): heller Offener Haufen (d ≈ 1,1 kpc oder 3700 LJ), der sich trotz seiner $9^m{,}5$ bereits deutlich im Fernglas abzeichnet. Sein Durchmesser wird mit 4′,4 bzw. 7′ angegeben, dürfte aber näher beim letzteren Wert liegen. Der hellste der 120 Mitgliedssterne ist nur 9^m hell.

St 2 ($02^h15^m{,}0$ / +59°00′), Stock 2: ein wenig bekannter Offener Haufen, der nur 2° von dem berühmten Doppelhaufen im Perseus entfernt liegt. Er hat 1° Durchmesser und eine Gesamthelligkeit von $4^m{,}4$. Der hellste der rund 50 Mitgliedssterne hat 8^m. Viele Sterne sind bereits mit schwach vergrößernden Ferngläsern zu sehen.

Centaurus

CENTAURI • Cen • ZENTAUR

Hauptkarten: 17 (16, 18, 20)
Fläche: 1060 Quadratgrad (9.)
Kulmination 00:00 Ortszeit: Anfang April

Ein großes Sternbild, das mitten in der Milchstraße liegt, und viele interessante Objekte zu bieten hat (nur ein paar werden hier erwähnt): den schönsten Kugelsternhaufen (ω Centauri), unseren Nachbarstern (Proxima Centauri) und eine bemerkenswerte Radioquelle (NGC 5128). Außerdem enthält der Zentaur mehr Sterne für das bloße Auge als jedes andere Sternbild.
Ungefähr in der Mitte zwischen dem berühmten Kohlensack (in Crux) und β Cen (Hadar) liegt ein namenloser, aber auffälliger Dunkelnebel in einem schönen Sternfeld (13^{h}29^m,5 / –63°32′). Er ist ab 75 mm Öffnung deutlich sichtbar.

α Cen (14^{h}39^m,6 / –60°50′), Rigil Kent: Doppelstern (-0^m,3), für das bloße Auge nicht auflösbar, aber jedes optische Gerät zeigt zwei Sterne (-0^m,01/1^m,3, PA 222°, Dist. 14″,1, P = 80^a, d = 4,4 LJ). Proxima Centauri (14^{h}29^m,8 / –62°41′) ist ein dritter, recht weit entfernter Begleiter (PA 210°, Dist. 2°31′). Er ist unser Nachbarstern (d = 4,22 LJ), ein roter (M5) Zwerg mit 11^m,0 und ein Veränderlicher (V 645 Cen) des Typs UV Ceti mit Flares um bis zu 2^m. Einst hielt man ihn für ein ständiges Mitglied des α-Cen-Systems, doch inzwischen weiß man, dass er sich auf einer hyperbolischen Umlaufbahn bewegt.

γ Cen (12^{h}45^m,5 / –48°58′): heller Doppelstern (2^m,9/3^m,0, PA 347°, Dist. 1″,0), dessen Komponenten sich einander nähern: zwei blauweiße (B9,5/A0) Riesen, P = 85^a.

ω Cen (NGC 5139: 13^{m}26^m,8 / –47°29′): größter und hellster Kugelsternhaufen des Himmels (3^m,7). Er hat ungefähr die gleiche Ausdehnung wie der Mond und ist leicht elliptisch. Verglichen mit der Entfernung anderer Kugelsternhaufen steht er uns recht nahe (17 000 LJ).

R Cen (14^{h}16^m,6 / –59°55′): langperiodisch veränderlicher Riese mit einer besonders langen Periode (546^d,2); 5^m,3-11^m,8, Spektraltyp: M4-M8.

3 Cen (13^{h}51^m,8 / –33°00′): Doppelstern mit weißen Komponenten (4^m,5/6^m,0, PA 108°, Dist. 7″,9, B5-Riese/B9-Unterriese).

4 Cen (13^{h}53^m,2 / –31°56′): möglicherweise ein Doppelstern (4^m,7/8^m,4, PA 185°, Dist. 14″,9). Beide Komponenten sind spektroskopische Doppelsterne.

NGC 3699 (11^{h}28^m,0 / –59°57′): Planetarischer Nebel (11^m,3) in einem schönen Sternfeld. Er ist mit 100 mm Öffnung erkennbar. Die dunkle Teilung, die durch ihn verläuft, erfordert mindestens 200 mm.

NGC 3766 (11^{h}36^m,1 / –61°37′): lockerer Offener Haufen (5^m,3) mit mehreren hellen, farbigen Sternen. Er ist 1,7 kpc (≈ 5500 LJ) entfernt und schätzungsweise 20 Millionen Jahre alt.

NGC 3918 (11^{h}50^m,3 / –57°11′), „Blue Planetary“: 8^m,4 heller Planetarischer Nebel, der bereits mit dem Fernglas zu sehen ist, ungefähr 3250 LJ entfernt.

NGC 4696 (12^{h}48^m,8 / –49°19′): hellste elliptische (E1) Galaxie des Centaurus-Haufens (10^m,7); gut mit 150 mm Öffnung zu sehen. Leicht südlich und rund 15′ westlich liegt NGC 4709, eine elliptische Galaxie, die mit 150 mm gerade sichtbar ist. Mit größeren Öffnungen tauchen weitere Galaxien westlich von NGV 4709 auf. Der Centaurus-Haufen ist rund 30 Mpc (≈ 98 Mio. LJ) entfernt.

NGC 4945 (13^{h}05^m,1 / –49°28′): helle (8^m,4:) SBc-Balkenspiralgalaxie in einem schönen Sternfeld; mit 75 mm erkennbar.

NGC 4976 (13^{h}08^m,6 / –49°30′): ziemlich helle (10^m,2), auffällig elliptische (E4) Galaxie mit einem hellen Kern. Sie steht 5′ westlich eines hellen gelben Sterns und ist mit 100 mm Öffnung sichtbar (d ≈ 15 Mpc oder 49 Mio. LJ).

NGC 5102 (13^{h}22^m,0 / –36°38′): linsenförmige (S0) Galaxie (9^m,7) bei ι Cen und mit 75 mm Öffnung gerade sichtbar. Sie ist Mitglied einer kleinen Galaxiengruppe, zu der NGC 4695 und NGC 5128 in Centaurus und M 83 in Hydra gehören (d ≈ 4 Mpc oder 13 Mio. LJ).

NGC 5128 (13^{h}25^m,5 / –43°01′): ungewöhnliche Galaxie von elliptischer Form, mit einem dunklen Band entlang der kleinen Achse. Gelegentlich als S0 klassifiziert, ist sie wohl eher durch die Verschmelzung einer elliptischen mit einer Spiralgalaxie entstanden. 7^m,0, sichtbar im Fernglas, ab 100 mm Öffnung wird das dunkle Band erkennbar; starke Radioquelle (Cen A), 3,5 Mpc (≈ 11,4 Mio. LJ) entfernt.

IC 2944 (11^{h}36^m,6 / –63°02′), λ-Centauri-Haufen: lockerer Offener Haufen (30 Mitglieder) mit rund 1° Durchmesser. Der Emissionsnebel IC 2948 umgibt λ Cen und ist ab 150 mm Öffnung gerade erkennbar.

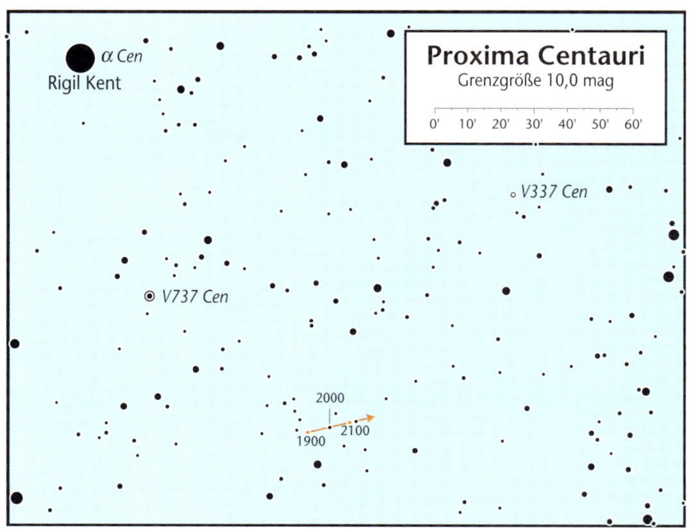

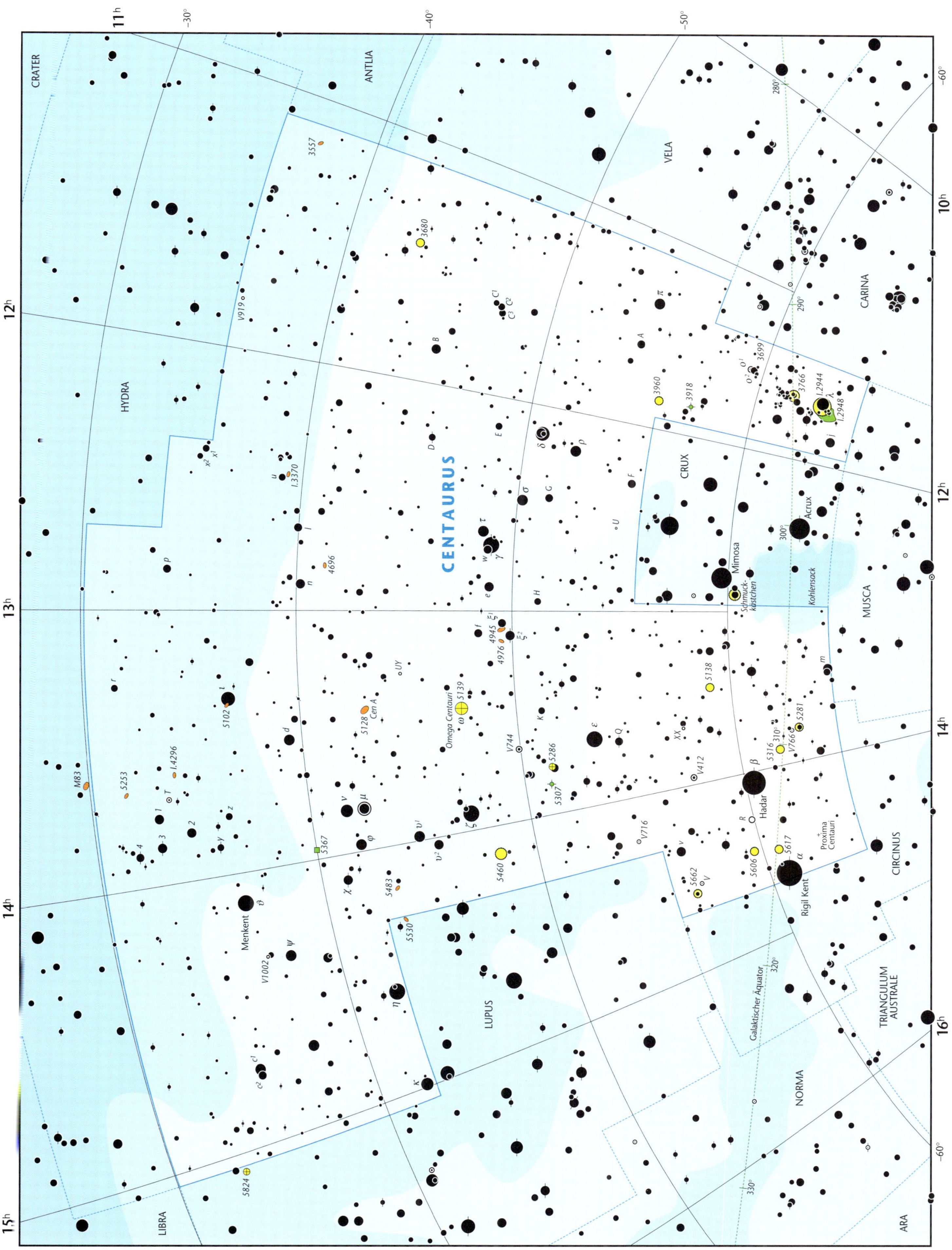

STERNBILDER

Cepheus

CEPHEI • Cep • KEPHEUS

Hauptkarten: 1, 7 (2, 6)
Fläche: 588 Quadratgrad (27.)
Kulmination 00:00 Ortszeit: Ende September

Der hellste Stern (α Cep) dieses unscheinbaren, zirkumpolaren Sternbilds hat $2^{m},5$. Der Südteil des Cepheus befindet sich nahe des galaktischen Äquators und enthält drei besonders interessante Sterne: δ, μ und VV Cephei.

Harrington 11 ist ein Bereich mit diffusen Nebeln, der sich vom Hauptband der Milchstraße nach Nordosten erstreckt. Für das bloße Auge bleibt dies ein verwaschenes Band, das mit optischen Hilfsmitteln in zahlreiche Sterne zerfällt. Viele von ihnen gehören zur Sternassoziation Cepheus OB2. Es gibt so viele Sterne in dieser Gegend, dass es manchmal schwierig ist, die schwächeren Sterne und Haufen herauszupicken.

δ Cep ($22^{h}29^{m},2$ / +58°25′): Prototyp der Cepheiden-Veränderlichen; er schwankt zwischen $3^{m},5$ und $4^{m},4$ mit einer Periode von $5^{d},366341$. Der helle gelbe (F5-G1) Überriese ist 982 LJ entfernt. Er ist auch ein Doppelstern, dessen Begleiter ($7^{m},5$, PA 191°, Dist. $41'',0$) bereits in kleinen Fernrohren zu sehen ist.

Cepheiden besitzen sehr regelmäßige Perioden und Lichtwechsel. Es gibt einen direkten Zusammenhang zwischen ihrer Periode und ihrer Leuchtkraft: je länger die Periode, desto größer die Leuchtkraft. Ermittelt man also die Periode eines Cepheiden, kann man daraus seine genaue absolute Helligkeit ableiten – und damit seine Entfernung. Da Cepheiden leuchtkräftige Überriesen sind, sind sie auch noch in anderen Galaxien nachweisbar und daher ein wichtiges Mittel für die Bestimmung der Dimensionen des Alls.

Vergleichssterne für δ Cep:

A = ζ Cep	3,35	D = α Lac	3,77	F = ν Cep	4,29
B = η Cep	3,43	E = ε Cep	4,19	G = β Lac	4,44
C = ι Cep	3,53				

μ Cep ($21^{h}43^{m},5$ / +58°47′), Granatstern: tieforangefarbener (M2) Stern, leicht im Fernglas. Der rote Überriese ist der größte bekannte Stern: 2400facher Sonnendurchmesser – rund 22 AE. Im Sonnensystem würde er bis weit über die Saturnbahn (9,55 AE) hinausreichen. μ Cep ist ein Halbregelmäßiger ($3^{m},4$–$5^{m},1$) mit Perioden von 740^{d} und 4400^{d}. Dazwischen liegen Phasen geringen Lichtwechsels. Man kann dieselben Vergleichssterne wie bei δ Cep verwenden, ergänzt um die folgenden:

J = 4 Lac	4,58	M = 9 Cep	4,75
L = π^2 Cyg	4,67		

VV Cep ($21^{h}56^{m},7$ / +63°38′): Bedeckungsveränderlicher ($4^{m},8$-$5^{m},4$) mit sehr langer Periode (7430^{d}). Er besteht aus einem B-Zwerg und einem M2-Überriesen, der nach μ Cep womöglich der zweitgrößte Stern ist (Radius 7,4 AE). Im Sonnensystem würde sich seine Oberfläche ungefähr in der Mitte zwischen Jupiter- (5,2 AE) und Saturnbahn (9,55 AE) befinden. Der Überriese ist ein Halbregelmäßiger (Amplitude $0^{m},3$, P = 118^{d}:).

NGC 188 ($00^{h}44^{m},4$ / +85°20′): sehr alter Offener Haufen (rund 500 Mio. Jahre – im Gegensatz zu 48 Mio. Jahre bei den Plejaden in Taurus), nahe bei α UMi (Polaris). Der $8^{m},1$ helle und 15′ große Haufen erfordert mindestens 100 mm Öffnung.

NGC 6939 ($20^{h}31^{m},4$ / +60°38′): sehr sternreicher Offener Haufen ($8^{m},0$) mit nur 8′ Durchmesser. Erst ab 200 mm Öffnung auflösbar.

NGC 6946 ($20^{h}34^{m},8$ / +60°09′): Face-on-Sc-Spiralgalaxie ($8^{m},9$), ab 150 mm Öffnung erkennbar.

NGC 7023 ($21^{h}01^{m},8$ / +68°12′): Reflexionsnebel, der von einem kleinen Haufen beleuchtet wird. Der benachbarte Dunkelnebel gehört möglicherweise zur selben Region.

NGC 7160 ($21^{h}53^{m},7$ / +62°36′): heller Offener Haufen ($6^{m},1$), 7′ Durchmesser, rund zwölf Mitgliedssterne.

NGC 7380 ($22^{h}47^{m},0$ / +58°06′): ziemlich heller Offener Haufen ($7^{m},2$), östlich von δ Cep. Er hat 40 Mitglieder.

NGC 7510 ($23^{h}11^{m},5$ / +60°34′): Offener Haufen ($7^{m},9$, 60 Mitglieder) an der Grenze zu Cassiopeia und in der Nähe des Offenen Haufens M 52.

IC 1396 ($21^{h}39^{m},1$ / +57°30′): Emissionsnebel mit einem sternarmen Offenen Haufen, südlich von μ Cep. Am besten mit geringer Vergrößerung zu beobachten.

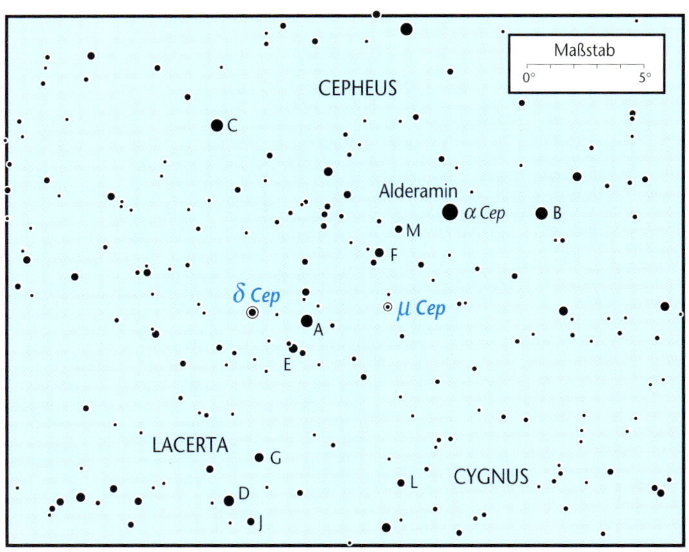

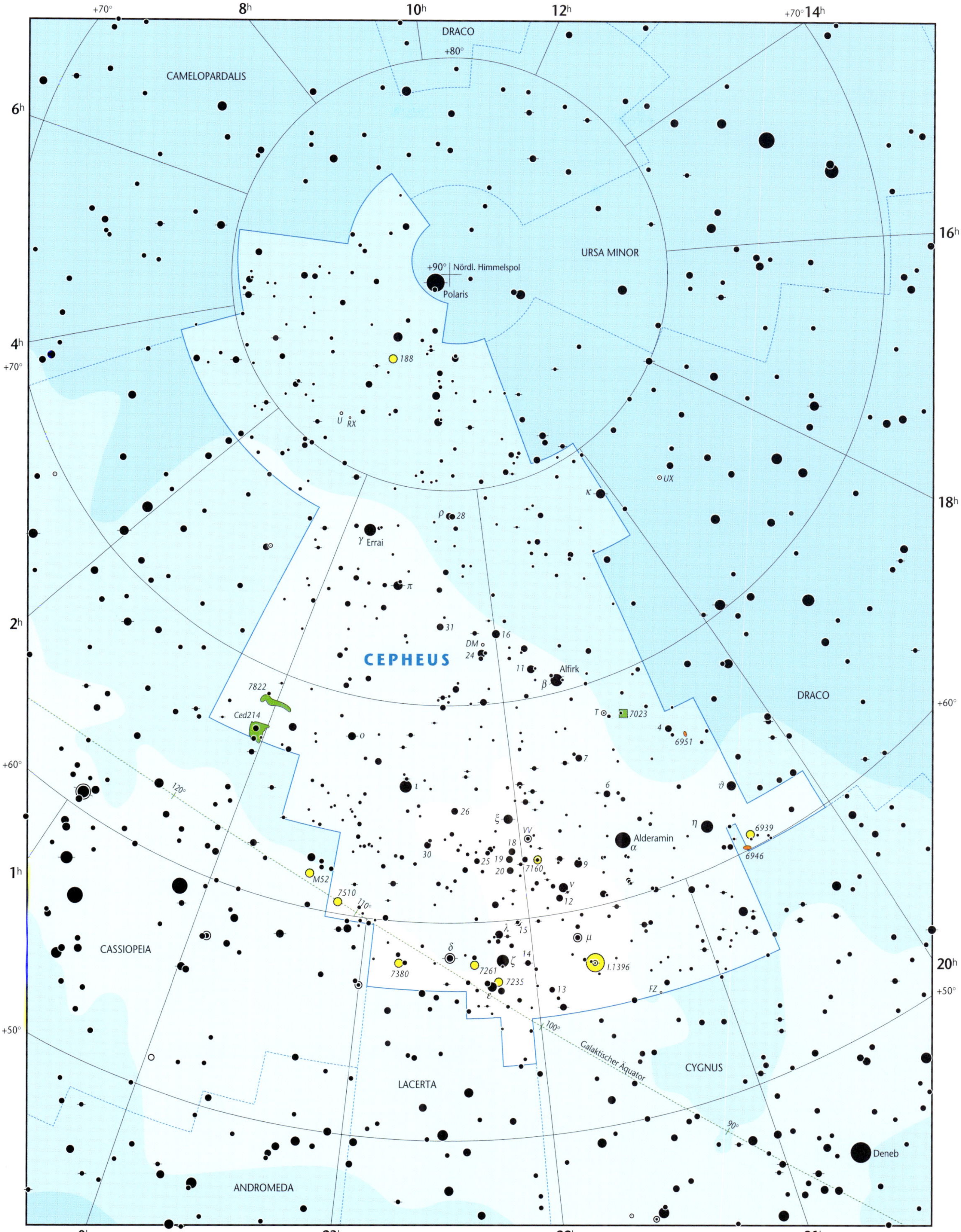
CEPHEUS
CAMELOPARDALIS
DRACO
URSA MINOR
CASSIOPEIA
LACERTA
CYGNUS
ANDROMEDA
+90° Nördl. Himmelspol
Polaris
γ Errai
Alfirk
Alderamin
Deneb
Galaktischer Äquator
188
7822
Ced214
7023
6951
6939
6946
M52
7510
7160
7380
7261
7235
I.1396
0h
1h
2h
4h
6h
8h
10h
12h
14h
16h
18h
20h
21h
22h
23h
+50°
+60°
+70°
+80°

Cetus

CETI • Cet • WALFISCH

Hauptkarten: 8 (13, 14)
Fläche: 1231 Quadratgrad (4.)
Kulmination 00:00 Ortszeit: Mitte Oktober

Dafür, dass es ein sehr großes Sternbild ist (das viertgrößte), hat Cetus erstaunlich wenig interessante Objekte zu bieten. Die Bezeichnung „Walfisch" ist eigentlich unpassend, besser wäre „Meeresungeheuer". Denn in der Mythologie ist der Walfisch das Ungeheuer, das Poseidon schickt, um die äthiopische Küste (bei Jaffa in Palästina) zu verwüsten.

α Cet ($03^{h}02\overset{m}{,}5$ / +04°06′), Menkar: Roter (M2) Riese ($2\overset{m}{,}5$, d = 220 LJ), der mit einem bläulichen Stern ($5\overset{m}{,}6$) einen weiten optischen Doppelstern bildet. Der Begleiter ist fast doppelt so weit entfernt (446 LJ).

γ Cet ($02^{h}43\overset{m}{,}3$ / +03°14′): vermutlich ein Doppelstern mit langer Umlaufzeit ($3\overset{m}{,}5/6\overset{m}{,}2$, PA 294°, Dist. $2\overset{''}{,}8$) mit weißen (A3) und gelben (F3) Komponenten. Mindestens 60 mm Öffnung erforderlich.

ο Cet ($02^{h}19\overset{m}{,}3$ / –02°59′), Mira: berühmtester Veränderlicher, der auch als erster entdeckt wurde. Prototyp der Mira- oder langperiodischen Sterne, bei der es sich um die mitgliederstärkste Veränderlichengruppe handelt. Alle sind pulsierende Rote Riesen oder Überriesen in einer späten Phase ihrer Entwicklung. Mira erreicht $3\overset{m}{,}5$ oder mehr im Maximum und fällt auf $9\overset{m}{,}5$ oder weniger im Minimum mit einer mittleren Periode von $331\overset{d}{,}96$. Im Minimum ist sie tiefrot und hat 1900 K Oberflächentemperatur.

Vergleichssterne für ο Cet (Mira):

A = α Ari	2,2	J = ξ² Cet	4,4	S	6,4
B = β Cet	2,4	K = μ Cet	4,6	T	6,7
C = α Cet	2,7	L = λ Cet	4,9	U	7,3
D = β Ari	3,0	M = υ Cet	5,1	W	8,0
E = γ Cet	3,6	N = 75 Cet	5,4	X	8,6
F = α Psc	3,8	P = 70 Cet	5,5	Y	8,8
G = δ Cet	4,1	Q	5,7	Z	9,2
H = ξ¹ Cet	4,3	R	6,1	AA	10,0

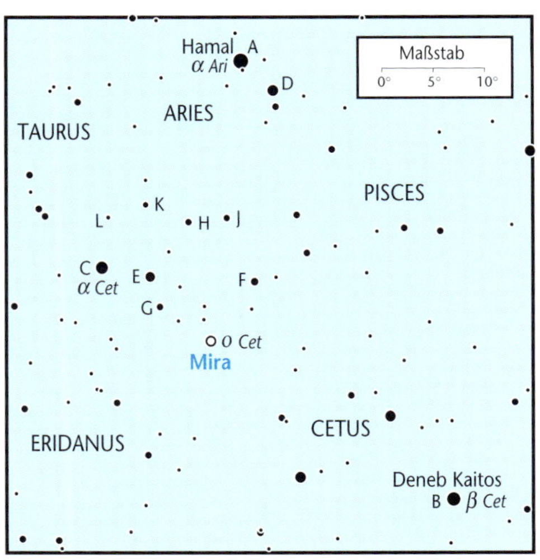

h 2036 ($01^{h}20\overset{m}{,}0$ / –15°49′): Doppelstern ($6\overset{m}{,}8/7\overset{m}{,}3$, PA 344°, Dist. $2\overset{''}{,}0$), mit 75 mm Öffnung trennbar. Das System hat eine unbekannte, aber sehr lange Umlaufzeit, da sich die Positionen der Komponenten seit ihrer Entdeckung durch John Herschel im Jahr 1836 kaum verändert haben. Beide Sterne sind vom Spektraltyp G0, der hellere ist ein Unterriese und der Begleiter ein Zwerg.

M 77 (NGC 1068: $02^{h}42\overset{m}{,}7$ / +00°01′): Sb-Spiralgalaxie mit einem sehr hellen Kern, die bereits relativ leicht mit dem Fernglas zu erkennen ist. Für mehr Details sind aber mindestens 200 mm Öffnung erforderlich. Es handelt sich um eine Seyfert-Galaxie (eine Objektklasse, die für ihre hellen Kerne und beträchtliche Aktivität im Zentrum sowie als Radioquelle bekannt ist). Sie ist rund 12 Mpc (≈ 39 Mio. LJ) entfernt.

NGC 246 ($00^{h}47\overset{m}{,}0$ / –11°53′): sehr großer (225") und recht heller ($8\overset{m}{,}5$) Planetarischer Nebel (d = 1470 LJ), der wenigstens 150 mm Öffnung erfordert. Sein extrem heißer Zentralstern hat 135 000 K an der Oberfläche.

NGC 247 ($00^{h}47\overset{m}{,}1$ / –20°46′): fast von der Kante zu sehende Spiralgalaxie ($8\overset{m}{,}9$). Ihre längliche Form ist ab 150 mm Öffnung erkennbar. Das Objekt gehört zur Sculptor-Gruppe.

NGC 908 ($02^{h}23\overset{m}{,}1$ / –21°14′): von der Seite zu sehende SBb-Balkenspiralgalaxie ($10\overset{m}{,}2$). Sichtbar als ein längliches Objekt bei 100 mm, größere Öffnungen zeigen einen schwachen Vordergrundstern am Ostrand.

NGC 936 ($02^{h}27\overset{m}{,}6$ / –01°09′): SBa-Balkenspiralgalaxie ($10\overset{m}{,}1$), deren Zentralbereich mit 100 mm erahnt werden kann, die Außenbereiche erfordern größere Öffnungen.

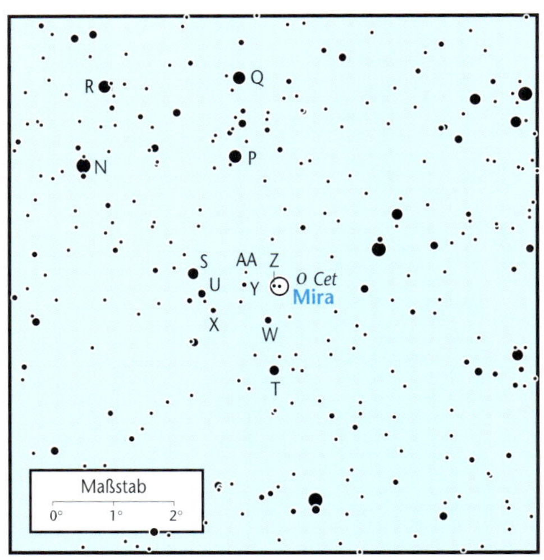

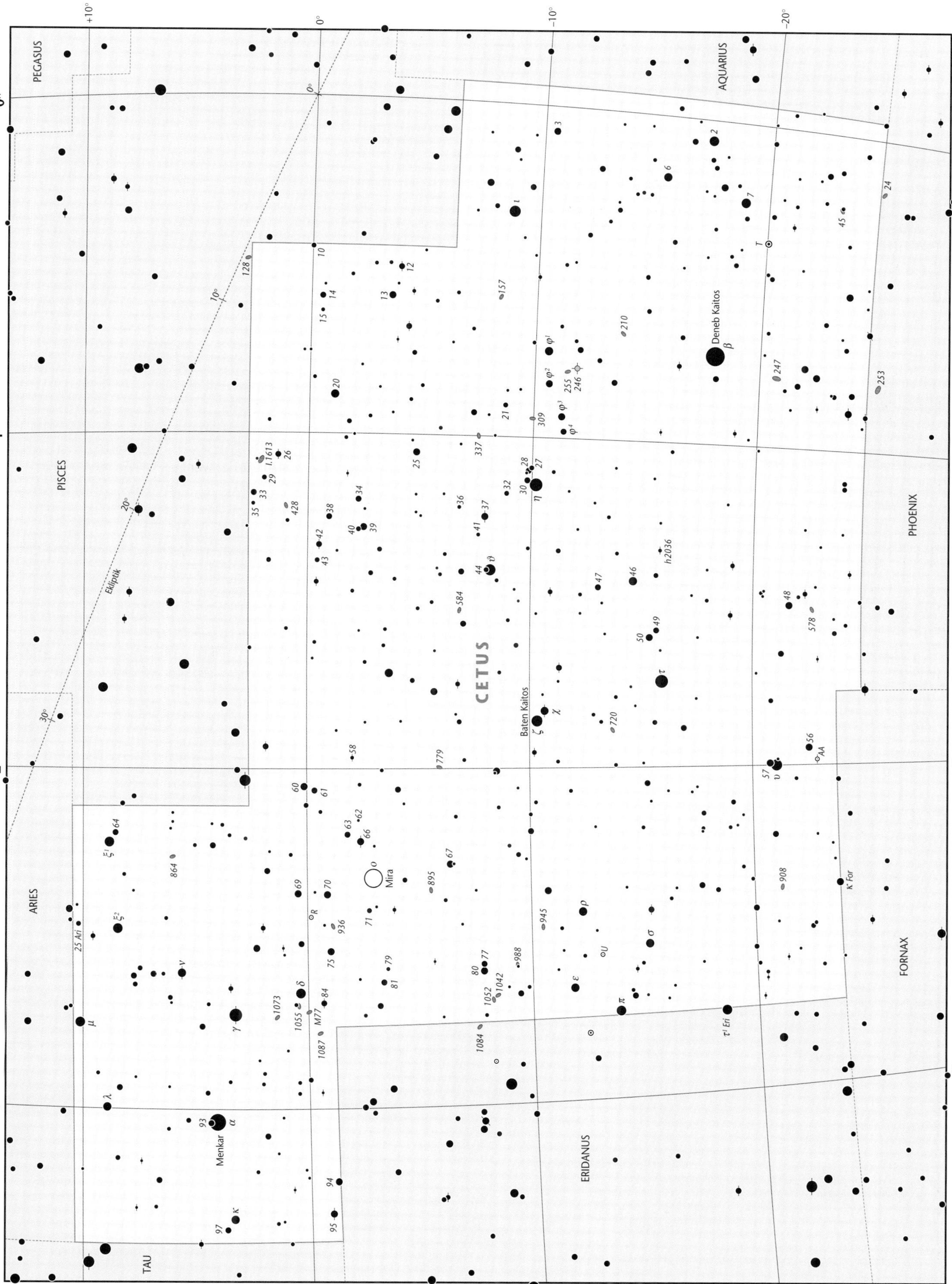
PEGASUS
AQUARIUS
PISCES
CETUS
ARIES
TAU
ERIDANUS
FORNAX
PHOENIX
Deneb Kaitos
Baten Kaitos
Mira
Menkar
Ekliptik
0h
1h
2h
3h
+10°
0°
−10°
−20°

Chamaeleon

CHAMAELEONTIS • Cha • CHAMÄLEON

Hauptkarten: 20
Fläche: 132 Quadratgrad (79.)
Kulmination 00:00 Ortszeit: Ende Februar

Dieses kleine Sternbild wurde von Keyser und de Houtman Ende des 16. Jahrhunderts eingeführt. Es liegt am Rand der Milchstraße und besitzt keinen Stern heller als $4{,}^{m}1$.

δ¹ Cha ($10^{h}45{,}^{m}3$ / –80°29′): orangefarbener (K0) Riese ($5{,}^{m}9$), der mit dem helleren, weißen (B²) δ² Cha ($10^{h}45{,}^{m}8$ / –80°34; $4{,}^{m}4$) einen weiten (6′) optischen Doppelstern bildet. δ¹ Cha ist selbst ein Doppelstern ($6{,}^{m}1$/$6{,}^{m}4$, PA 84°, Dist. 0,″8), der erst ab 200 mm Öffnung zu trennen ist.

ε Cha ($11^{h}59{,}^{m}$ / –78°13′): sehr enger Doppelstern ($5{,}^{m}$/$6{,}^{m}0$, PA 203°, Dist. 0,″43), für den 300 mm Öffnung oder mehr erforderlich ist. Er liegt in einer interessanten Gegend: 2,′5 nordöstlich befindet sich ein weiterer Doppelstern mit einer dunkelgelben und einer weißen Komponente.

NGC 3195 ($10^{h}09{,}^{m}5$ / –80°52′): recht schwacher ($11{,}^{m}6$), kreisförmiger Planetarischer Nebel, der ab 150 mm Öffnung sichtbar ist (d ≈ 5200 LJ).

IC 2631 (Ced 112: $11^{h}09^{m}8$ / –76°37′): heller Reflexionsnebel um einen 9^{m}-Stern, bereits sichtbar mit 100 mm. Mit 200 mm Öffnung ist auch die Spiralgalaxie NGC 3620 sichtbar (rund 20′ nordwestlich), und mit 300 mm kann man den schwachen Reflexionsnebel Ced 110 (rund 45′ südlich von IC 2631) erkennen. (Ced ist die Abkürzung für den Katalog, den Cederblad 1946 zusammengestellt hat.)

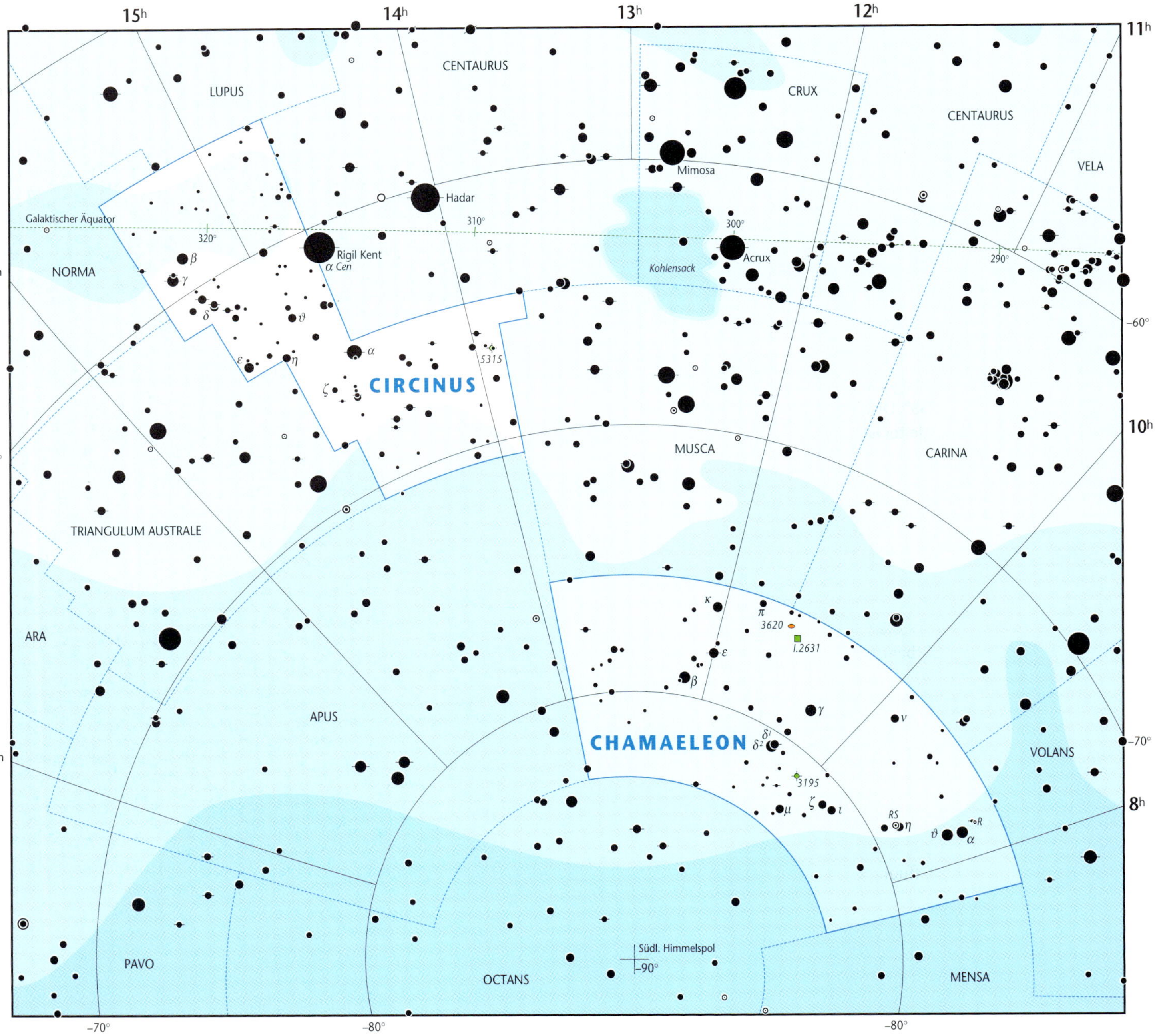

Circinus

CIRCINI • Cir • ZIRKEL

Hauptkarten: 17, 20
Fläche: 93 Quadratgrad (85.)
Kulmination 00:00 Ortszeit: Anfang Mai

Ein weiteres kleines Sternbild, das de La Caille eingeführt hat. Es liegt in der Nähe der hellen Sterne α und β Centauri. Verlängert man die Verbindungslinie von α Cen zu β Cir, dann gelangt man in die Nähe des Himmelssüdpols.

α Cir ($14^{h}42^{m}.5$ / –64°59′): Doppelstern mit langer Umlaufzeit ($3^{m}.2/8^{m}.6$, PA 232°, Dist. $15''.7$). Die beiden Komponenten (gelb, F0 bzw. orangefarben, K5) lassen sich leicht mit 75 mm Öffnung trennen.

γ Cir ($15^{h}23^{m}.4$ / –59°19′): Doppelstern mit weißer (B5) und gelber (F5) Komponente ($5^{m}.1/5^{m}.5$, PA 20°, Dist. $0''.7$, P = 180^{yr}), der 200 mm Öffnung erfordert.

NGC 5315 ($13^{h}54^{m}.0$ / –66°31′): bläulicher Planetarischer Nebel ($9^{m}.8$), der ab 150 mm Öffnung deutlich zu sehen ist.

Columba

COLUMBAE • Col • TAUBE

Hauptkarten: 15 (14)
Fläche: 270 Quadratgrad (54.)
Kulmination 00:00 Ortszeit: Mitte Dezember

Der dänische Astronom und Theologe Petrus Plancius hat dieses Sternbild eingeführt. Es stellt die Taube dar, die Noah von der Arche losschickte, um trockenes Land zu finden. Columba liegt knapp außerhalb des Hauptbandes der Milchstraße und enthält viele schwache Galaxien. Es gibt einen Kugelsternhaufen, aber keine Offene Haufen.

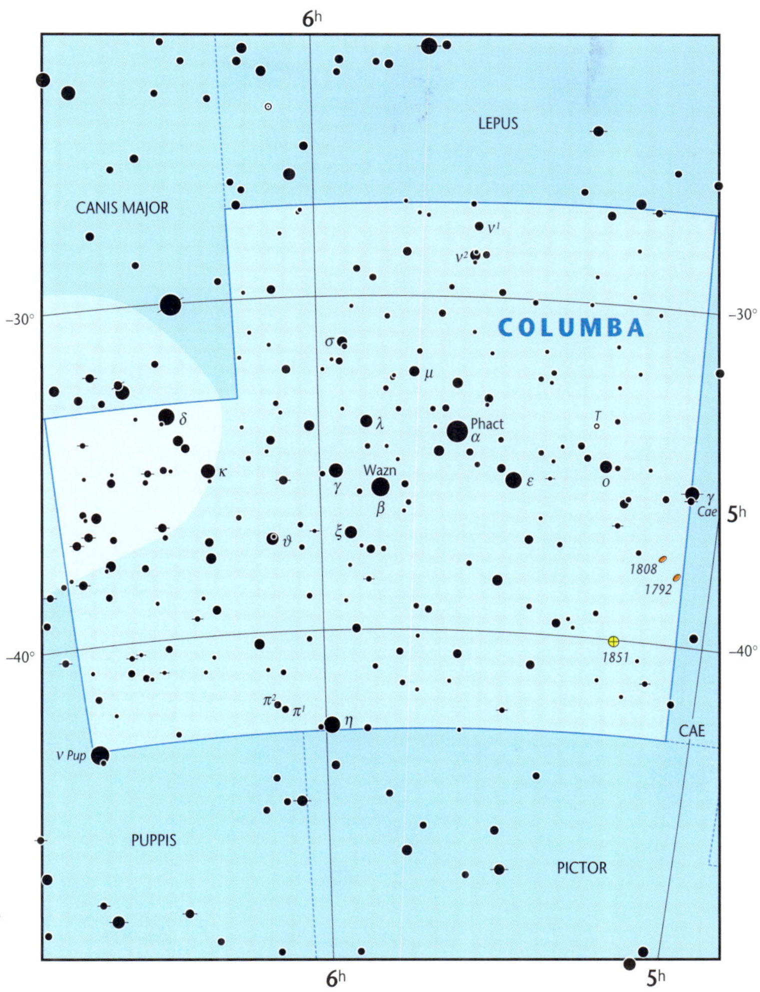

β 755 ($06^{h}35^{m}.4$ / –36°47′): möglicherweise ein Dreifachsystem. Das Hauptpaar ($6^{m}.0/6^{m}.8$, PA 258°, Dist. $1''.5$) erfordert mindestens 100 mm Öffnung. Der weitere Begleiter ist schwächer (PA 300°, Dist. 21").

h 3857 ($06^{h}24^{m}.0$ / –36°42′): Doppelstern mit sehr langer Umlaufzeit ($5^{m}.6/9^{m}.3$, PA 256°, Dist. $12''.9$). Rund 70″ weiter östlich liegt ein orangegelber Stern.

T Col ($05^{h}19^{m}.3$ / –33°42′): Mira-Veränderlicher (P = 226^{d}:, $6^{m}.7$–$12^{m}.7$).

NGC 1792 ($05^{h}05^{m}.2$ / –37°59′): längliche Sb-Spiralgalaxie ($10^{m}.2$), die mit rund 75 mm Öffnung sichtbar ist. Sie ist 12 Mpc (≈ 39 Mi. LJ) entfernt.

NGC 1808 ($05^{h}07^{m}.7$ / –37°31′): SBa-Balkenspiralgalaxie ($9^{m}.9$) mit länglichem Zentralbereich; ebenfalls mit 75 mm Öffnung sichtbar. Sie hat ungewöhnliche Dunkelstreifen und zeigt eine intensive Sternentstehung im Kern, einen so genannten Starburst.

NGC 1851 ($05^{h}14^{m}.1$ / –40°03′): stark konzentrierter Kugelsternhaufen ($7^{m}.1$), der manchmal schon im Fernglas zu erahnen ist. Einzelsterne lassen sich erst ab 200 mm Öffnung auflösen. Er ist 11 kpc (≈ 35 900 LJ) entfernt.

Coma Berenices

COMAE BERENICES • Com • HAAR DER BERENIKE

Hauptkarten: 11 (4, 10)
Fläche: 386 Quadratgrad (42.)
Kulmination 00:00 Ortszeit: Anfang April

Ein unauffälliges Sternbild, dessen hellster Stern (β) nur $4^{m}{,}2$ hat. Die Ansammlung schwacher Sterne in der Nordostecke (Melotte 111 oder Coma-Sternhaufen) sieht fast wie ein Fetzen der Milchstraße aus. Aber da der Himmelsnordpol in diesem Sternbild liegt, schauen wir hier rechtwinklig aus der galaktischen Ebene heraus. Hier und in den angrenzenden Sternbildern stößt man auf eine große Zahl von Galaxien. Nahe der Südgrenze des Sternbildes gehören die Galaxien zum großen Virgo-Haufen, weiter nördlich sind sie Teil des weiter entfernten, galaxienreichen Coma-Haufens.

17 Com ($12^{h}28^{m}{,}9$ / +25°54′): ein weites Paar blauweißer Sterne am Rand des Coma-Haufens ($5^{m}{,}3$/$6^{m}{,}6$, PA 251°, Dist. $145''{,}2$). Die Sekundärkomponente hat einen schwachen, engen Begleiter ($14^{m}{,}5$:).

Mel 111 (Coma-Haufen) ist ein sehr lockerer Offener Haufen mit mehr als 5° Ausdehnung. Seine Mitte liegt ungefähr bei $12^{h}25^{m}$ / +26°06′. Er befindet sich unmittelbar südlich des orangefarbenen (K2) Vordergrundsterns γ Com ($4^{m}{,}4$).

24 Com ($12^{h}35^{m}{,}1$ / +18°23′): möglicherweise ein Doppelstern ($5^{m}{,}2$/$6^{m}{,}7$, PA 270°, Dist. 20") mit langer Umlaufzeit. Der Hauptstern ist gelborange (K2), der Begleiter weiß (A7) und selbst ein spektroskopischer Doppelstern (P = $7^{d}{,}34$).

35 Com ($12^{h}53^{m}{,}3$ / +21°14′): Dreifachsystem. Das enge Paar ($5^{m}{,}1$/$7^{m}{,}2$, PA 172°, Dist. $1''{,}0$) besteht aus einem G7-Riesen und einem F6-Zwerg; beide erscheinen gelb. Die vorläufige Umlaufzeit beträgt 510^{a}. Der weitere Begleiter ($9^{m}{,}8$, PA AC 127°, Dist. 29") hat seine Position bislang nicht verändert.

R Com ($12^{h}04^{m}{,}0$ / +18°49′): Mira-Veränderlicher (P = $362^{d}{,}82$, $7^{m}{,}1$–$14^{m}{,}6$).

M 53 (NGC 5024: $13^{h}12^{m}{,}9$ / +18°10′): schöner Kugelsternhaufen ($7^{m}{,}7$), der bereits im Fernglas sichtbar ist. Ab 100 mm Öffnung gelingt eine Auflösung in Einzelsterne, mit 200 mm ist der Haufen vollständig aufgelöst.

M 64 (NGC 4826: $12^{h}56^{m}{,}7$ / +21°40′), Black-Eye-Galaxie: Sb-Spirale ($8^{m}{,}5$), die gerade noch in großen Ferngläsern erkennbar ist. Ab 150 mm Öffnung ist das Staubband erkennbar, das der Galaxie ihren Namen gab.

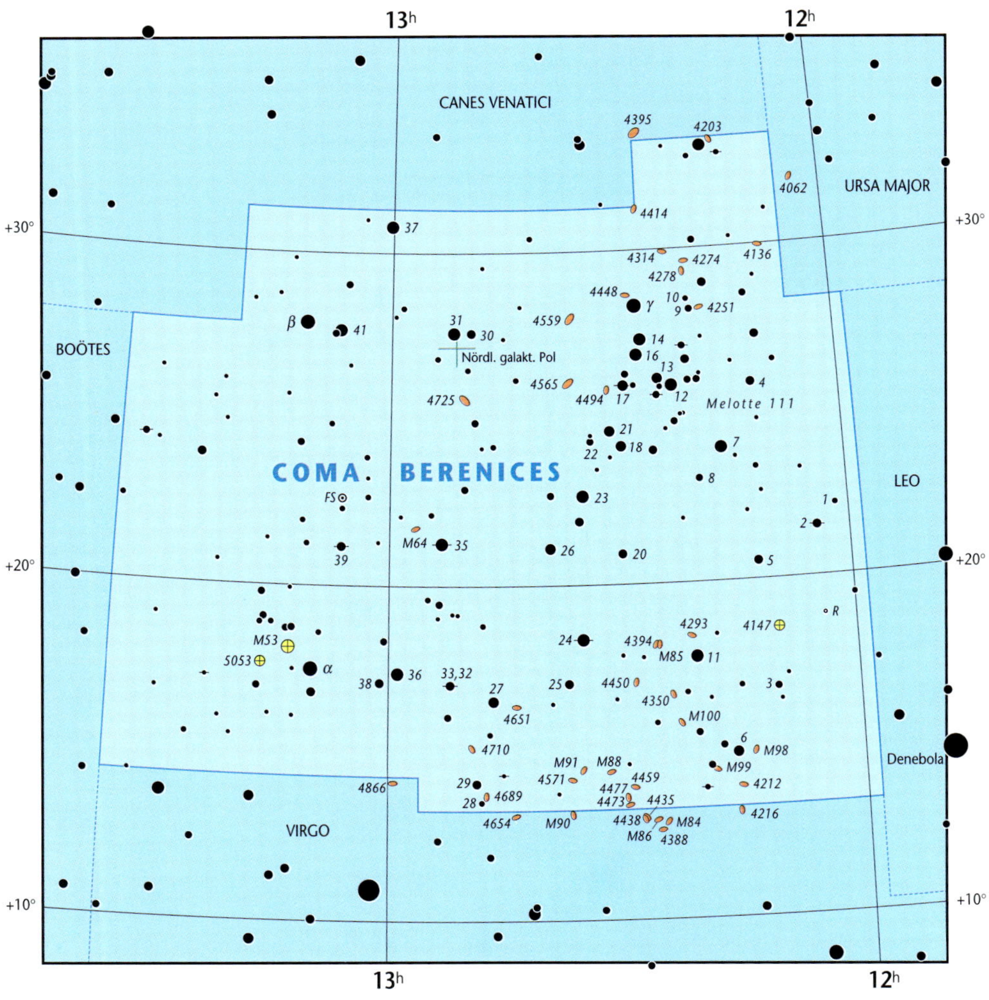

M 85 (NGC 4382: $12^{h}25^{m}{,}4$ / +18°11′): große elliptische Galaxie ($9^{m}{,}2$); leicht mit 75 mm, mehr Details ab 150 mm Öffnung. Dann wird auch NGC 4394 ($12^{h}25^{m}{,}9$ / +18°13′) sichtbar, eine 7′ weiter östlich stehende SBb-Balkenspirale ($10^{m}{,}9$).

M 88 (NGC 4501: $12^{h}32^{m}{,}0$ / +14°25′): Sb-Spiralgalaxie ($9^{m}{,}5$), die schon mit 75 mm länglich aussieht. Größere Öffnungen zeigen einen hellen Zentralbereich und schwache Arme.

M 91 (NGC 4548: $12^{h}35^{m}{,}4$ / +14°30′): SBb-Balkenspiralgalaxie ($10^{m}{,}2$), die leicht mit 75 mm Öffnung zu sehen ist, Spiralarme jedoch erst ab 300 mm zeigt. Messier wies ihre Position ursprünglich falsch aus.

M 98 (NGC 4192: $12^{h}13^{m}{,}8$ / +14°54′): Diese Sb-Spiralgalaxie gehört zum Virgo-Haufen. Mit $10^{m}{,}1$ erfordert sie mindestens 100 mm Öffnung, bei 300 mm erscheint sie spindelförmig.

M 99 (NGC 4254: $12^{h}18^{m},8$ / +14°25′): Face-on-Spiralgalaxie (Sc, $9^{m},8$), die bereits mit 75 mm Öffnung sichtbar ist. Heller Zentralbereich, aber nicht sternförmig; Mitglied des Virgo-Haufens.

M 100 (NGC 4321: $12^{h}22^{m},9$ / +15°49′): weitere Face-on-Spiralgalaxie (Sc), die zum Virgo-Haufen gehört. Mit $9^{m},4$ recht gut im 100-mm-Teleskop sichtbar.

Corona Australis

CORONAE AUSTRALIS • CrA • SÜDLICHE KRONE

Hauptkarten: 18 (19)
Fläche: 128 Quadratgrad (80.)
Kulmination 00:00 Ortszeit: Ende Juni

Obwohl dieses kleine Sternbild weniger markant ist als sein Gegenstück am Nordhimmel, hat es bereits Ptolemäus im zweiten Jahrhundert beschrieben. Es liegt nahe am galaktischen Äquator, so dass es viel Staub in dem Sternbild gibt. Die dadurch verursachte Abschwächung des dahinter liegenden Sternenlichts ist so stark, dass keine Galaxien sichtbar sind. Es gibt auch keine Offenen Haufen, dafür enthält der Nordostbereich mehrere Emissions- und Reflexionsnebel (einer der Letzteren ist sogar veränderlich) sowie Staubwolken.

γ CrA ($19^{h}06^{m},4$ / –37°04′): Doppelstern ($4^{m},8$/$5^{m},1$, PA 55°, Dist. 1″,3, P = 122^{a}), PA ändert sich schnell (≈ 5° pro Jahr).

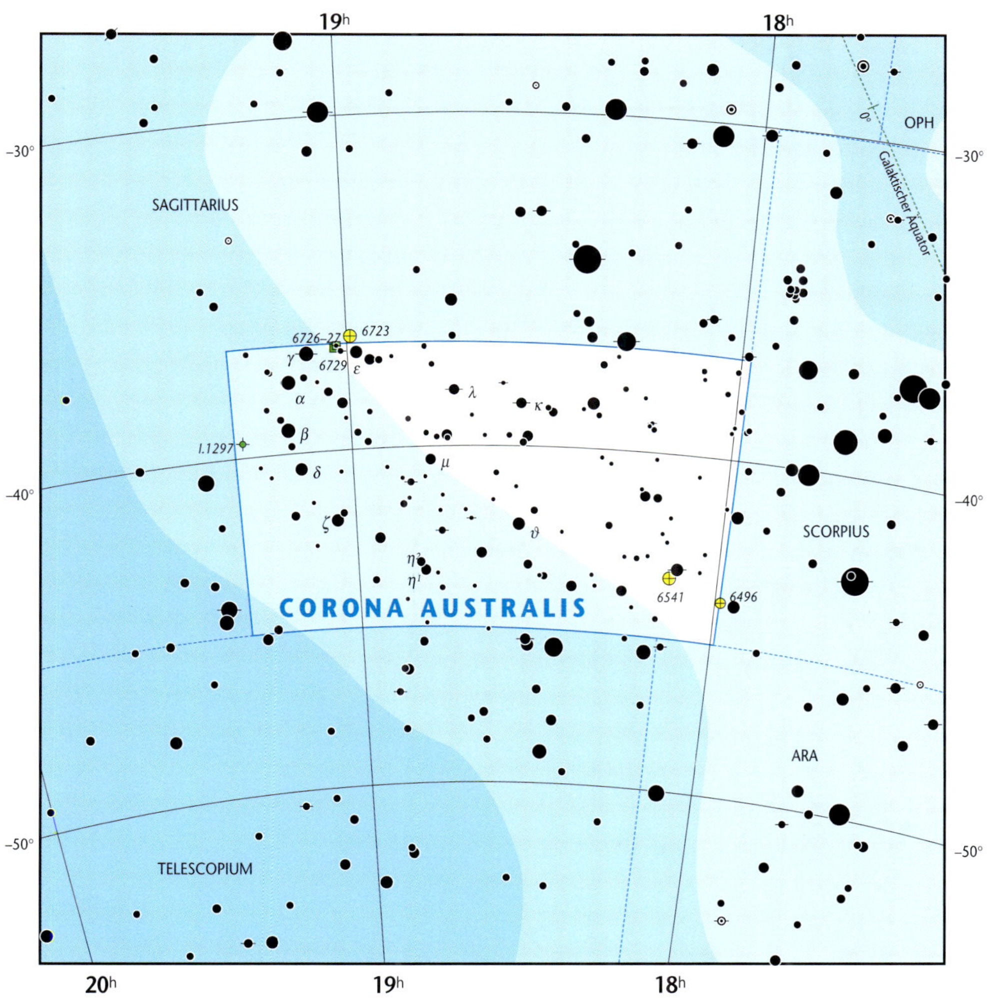

ε CrA ($18^{h}59^{m},0$ / –37°06′): Bedeckungsveränderlicher ($4^{m},7$–$5^{m},0$) des Typs β-Lyrae (EB) mit einer Periode von etwas mehr als 14^{h}.

κ CrA ($18^{h}33^{m},4$ / –38°44′): Doppelstern ($5^{m},9$/$6^{m},5$, PA 359°, Dist. 21″,6) mit zwei weißen Komponenten (B8,5/B9,5). Es ist unbekannt, ob es sich um einen physischen Doppelstern handelt, denn seit seiner Entdeckung im Jahr 1836 durch John Herschel, hat man keine Veränderungen beobachtet.

NGC 6541 ($18^{h}08^{m},0$ / –43°42′): Kugelsternhaufen ($6^{m},7$), der mit den kleinsten Geräten sichtbar ist, aber erst ab 150 mm Öffnung aufgelöst werden kann.

NGC 6729 ($19^{h}01^{m},9$ / –36°57′): veränderlicher Reflexionsnebel bei dem jungen, irregulären Veränderlichen R CrA ($9^{m},7$–$13^{m},5$, T-Tauri-Typ). Nordwestlich findet man einen bemerkenswerten Doppel-Reflexionsnebel (NGC 6726–6727), der zwei Sterne umgibt. Die Entfernung dieser Objekte beträgt ungefähr 130 pc (≈ 424 LJ).

IC 1297 ($19^{h}17^{m},4$ / –39°37′): blauer Planetarischer Nebel ($10^{m},7$), mindestens 150 mm Öffnung erforderlich.

Corona Borealis

CORONAE BOREALIS • CrB • NÖRDLICHE KRONE

Hauptkarten: 5, 6 (11)
Fläche: 179 Quadratgrad (73.)
Kulmination 00:00 Ortszeit: Mitte Mai

Dieses kleine, auffällige Sternbild liegt östlich von Bootes. Zwei Veränderliche (R CrB und T CrB) sind von besonderem Interesse. Dagegen ist der galaxienreiche Corona-Borealis-Haufen für die meisten Amateurgeräte zu lichtschwach.

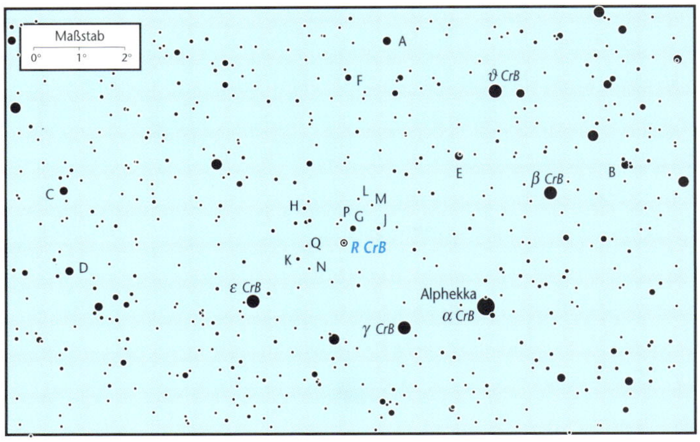

ν CrB ($16^{h}22^{m},5$ / +33°47′): weiter optischer Doppelstern ($5^{m},2/5^{m},5$) mit zwei Riesen (M2 bzw. K5).

σ CrB ($16^{h}47^{m},8$ / +33°52′): Mehrfachsystem, die beiden Hauptkomponenten sind gelbe Zwerge ($5^{m},7/6^{m},7$, PA 233°, Dist. 6″,7, F8/G1). Der hellere von ihnen ist ein spektroskopischer Doppelstern (P = $1^{d},14$), und ein roter Zwergstern ($12^{m},5$, 11′ südwestlich) gehört ebenfalls zum System.

R CrB ($15^{h}48^{m},6$ / +28°09′): Prototyp der R-Coronae-Borealis-Veränderlichen (RCB), die sehr selten sind: nur zwei Dutzend sind bekannt. Es handelt sich um einen orangefarbenen Überriesen (Spektraltyp C0 – ein Kohlenstoffstern). Seiner normalen Helligkeit von rund $5^{m},9$ folgen plötzliche, nicht vorhersagbare Helligkeitseinbrüche zwischen 1^{m} und 9^{m} innerhalb von Tagen oder Wochen. Der Stern verbleibt dann für Wochen oder Monate im Minimum, bevor er langsam wieder heller wird. Während des Minimums schwankt die Helligkeit ebenfalls leicht. Bei diesen Sternen bilden sich feste Kohlenstoffteilchen in der äußeren Atmosphäre und absorbieren das Licht.

Amateuren kommt bei der Überwachung solcher Sterne eine wichtige Rolle zu, da sie Berufsastronomen rechtzeitig informieren können, wenn ein Helligkeitseinbruch beginnt. R CrB ist besonders geeignet, weil er im Maximum im Fernglas sichtbar ist. Da Helligkeitsschwankungen auch im Maximum ständig auftreten, gilt erst ein Abfall unter 7^{m} als Einbruch.

Vergleichssterne für R CrB:

A = 5,56	F = 6,72	L = 8,60
B = 5,63	G = 7,18	M = 8,88
C = 5,94	H = 7,63	N = 9,20
D = 6,28	J = 7,93	P = 9,36
E = 6,57	K = 8,28	Q = 9,49

T CrB ($15^{h}59^{m},5$ / +25°55′): wiederkehrende Nova (meist $10^{m},8$), die 1866 und 1946 ausbrach und dabei $2^{m},0$ erreicht hat, gefolgt von kleineren Ausbrüchen in den Jahren 1963 und 1975. Wie bei allen kataklysmischen Veränderlichen handelt es sich um einen Doppelstern, dessen Umlaufzeit $227^{d},6$ lang ist.

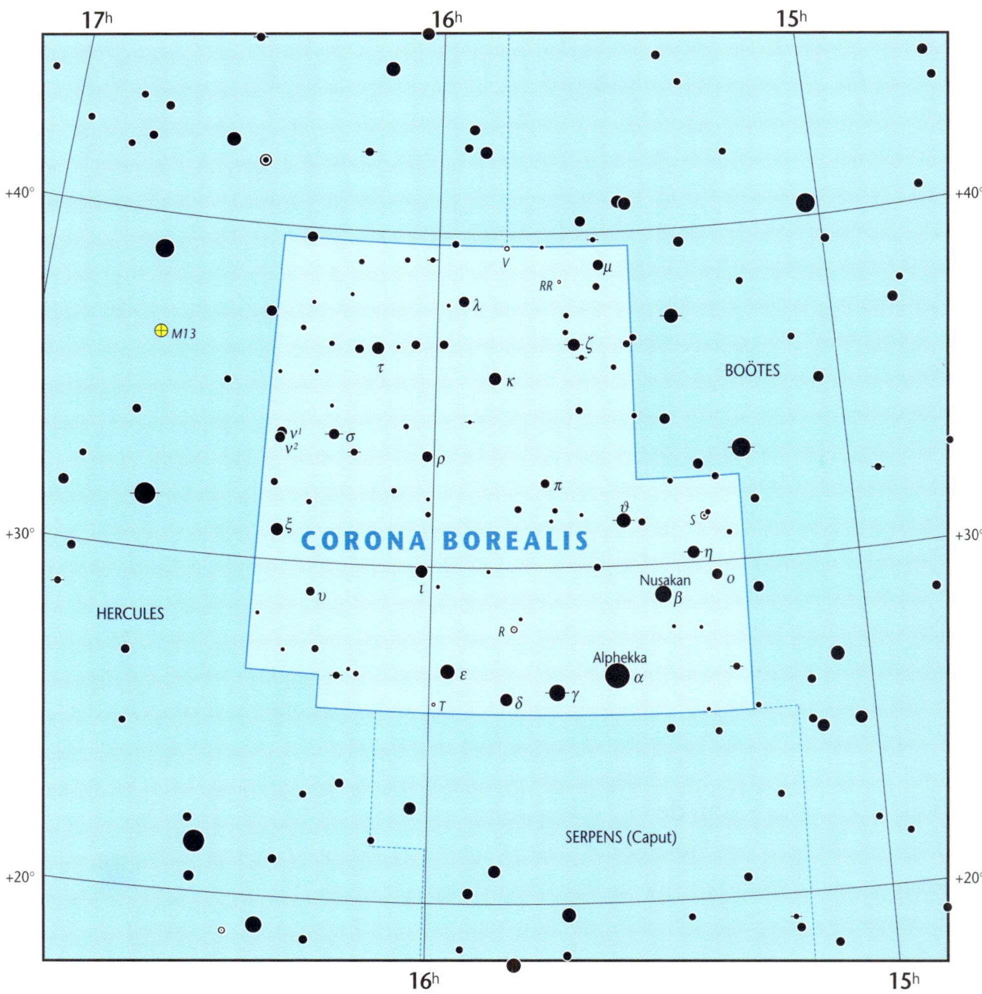

Corvus

CORVI • Crv • RABE

Hauptkarten: 11, 10 (16, 17)
Fläche: 284 Quadratgrad (70.)
Kulmination 00:00 Ortszeit: Ende März

Der zentrale Teil dieses Sternbilds besteht aus vier trapezförmig angeordneten Sternen und einem fünften, schwächeren (α Crv), der möglicherweise seit der Benennung an Helligkeit verloren hat. Obwohl weit weg von der galaktischen Ebene, gibt es dort nur wenige Galaxien.

δ Crv ($12^{\mathrm{h}}29^{\mathrm{m}},9$ / $-16°31'$): Doppelstern mit langer Umlaufzeit ($3^{\mathrm{m}},0$/$9^{\mathrm{m}},2$, PA 214°, Dist. $24'',2$).

Σ 1669 ($12^{\mathrm{h}}41^{\mathrm{m}},3$ / $-13°01'$): Mehrfachsystem. Die Hauptsterne ($6^{\mathrm{m}},0$/$6^{\mathrm{m}},1$, PA 312°, Dist. $5'',4$) sind gelb (F5) und bilden einen Doppelstern mit langer Umlaufzeit. Jede der beiden Komponenten ist wiederum ein spektroskopischer Doppelstern.

NGC 4038-4039 ($12^{\mathrm{h}}01^{\mathrm{m}},9$ / $-18°52'$), Antennen-Galaxie: zwei wechselwirkende Spiralgalaxien der Gesamthelligkeit $10^{\mathrm{m}},7$, die eine starke Radioquelle darstellen ($d \approx 15$ Mpc). 150 mm Öffnung sind mindestens erforderlich.

NGC 4361 ($12^{\mathrm{h}}24^{\mathrm{m}},5$ / $-18°48'$): Planetarischer Nebel ($10^{\mathrm{m}},3$:), schwierig im Fernglas, erst ab 150 mm Öffnung sind Details und der Zentralstern ($13^{\mathrm{m}},7$) sichtbar.

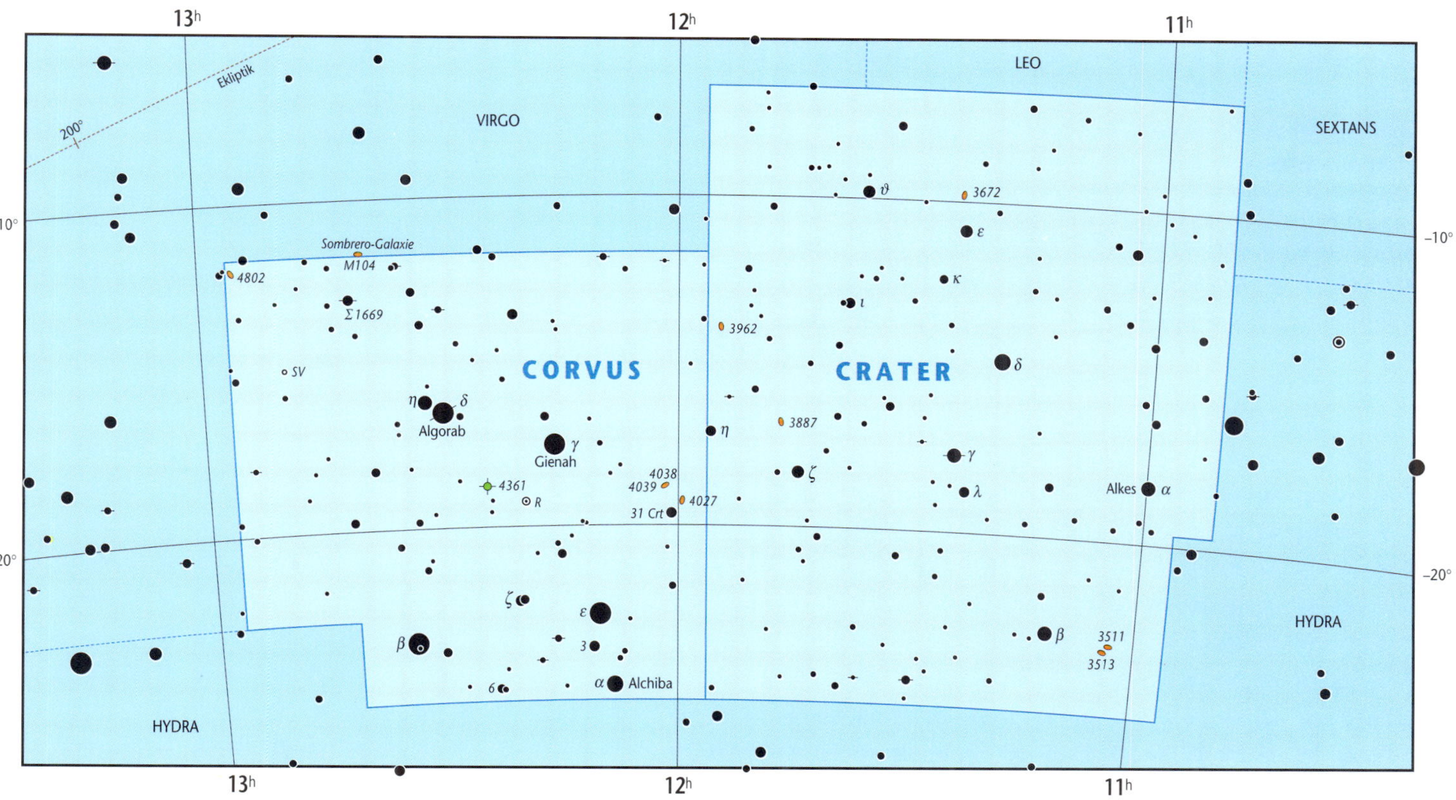

Crater

CRATERIS • Crt • BECHER

Hauptkarten: 10, 11 (16, 17)
Fläche: 282 Quadratgrad (53.)
Kulmination 00:00 Ortszeit: Mitte März

Wie der Nachbar Corvus enthält Crater nur wenige Objekte, die in Amateurteleskopen sichtbar sind. Es gibt ein paar Galaxien, von denen die hellste NGC 3962 ist ($10^{\mathrm{m}},6$). Auch die Veränderlichen sind alle schwach oder zeigen eine so kleine Amplitude, dass sie schwer zu beobachten sind.

γ Crt ($11^{\mathrm{h}}24^{\mathrm{m}},9$ / $-17°41'$): Doppelstern mit langer Umlaufzeit ($4^{\mathrm{m}},1$/$9^{\mathrm{m}},6$, PA 94°, Dist. $5'',3$); deutlich mit 75 mm Öffnung.

NGC 3887 ($11^{\mathrm{h}}47^{\mathrm{m}},1$ / $-16°51'$): Sc-Spiralgalaxie ($11^{\mathrm{m}},0$).

NGC 3962 ($11^{\mathrm{h}}54^{\mathrm{m}},7$ / $-13°58'$): elliptische (E2) Galaxie ($10^{\mathrm{m}},6$).

Jc 16 ($11^{\mathrm{h}}29^{\mathrm{m}},8$ / $-24°29'$): Doppelstern ($5^{\mathrm{m}},8$/$8^{\mathrm{m}},8$, PA 81°, Dist. $8'',2$), dessen Positionswinkel und Abstand sich seit der Entdeckung durch W. S. Jacob im Jahr 1847 nur leicht verändert hat. Der Hauptstern ist ein gelber F2-Zwerg.

Crux

CRUCIS • Cru • KREUZ DES SÜDENS

Hauptkarten: 17 (16, 20)
Fläche: 68 Quadratgrad (88.)
Kulmination 00:00 Ortszeit: Ende März

Das kleinste Sternbild, doch es gibt viele interessante Objekte in ihm, weil es am galaktischen Äquator liegt. Die Milchstraße ist ausnehmend hell in diesem Sternbild. Aus diesem Grund hebt sich der „Kohlensack" genannte Dunkelnebel so deutlich ab.

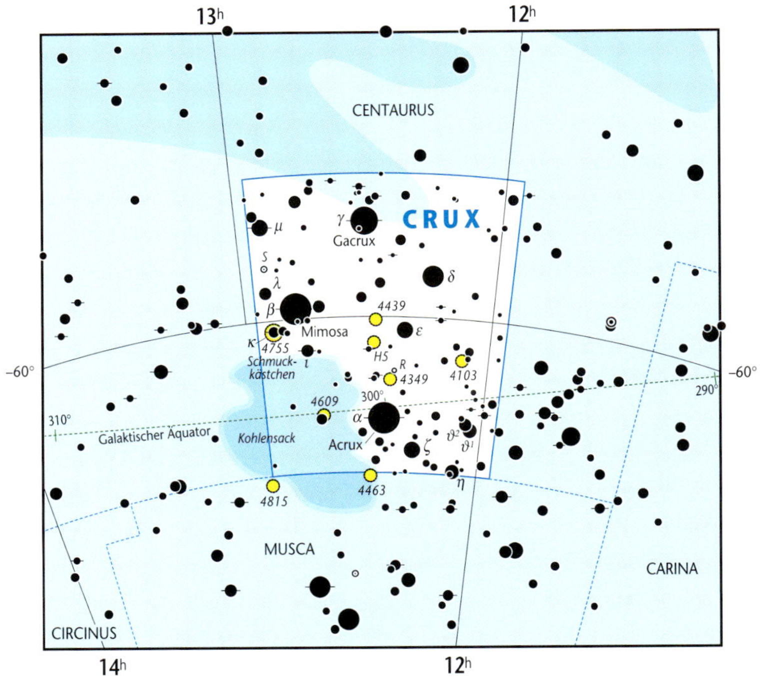

α Cru ($12^{h}26^{m}{,}6$ / −63°06′), Acrux: Mehrfachsystem mit einem engen, hellen Paar ($1^{m}{,}4/1^{m}{,}9$, PA 111°, Dist. 4″,1, B0,5-Unterriese/B0,5-Zwerg) und einem in größerem Abstand gelegenen B4-Zwerg ($4^{m}{,}9$, PA AC 202°, Dist. 90″,8). Der weite Begleiter ist im Fernglas leicht zu sehen. Die hellste Komponente (A) ist ein spektroskopischer Doppelstern, auch die B-Komponente könnte einer sein.

β Cru ($12^{h}47^{m}{,}7$ / −59°41′), Mimosa: sehr ungleicher Doppelstern ($1^{m}{,}3/11^{m}{,}4$, PA 321°, Dist. 44″), der wegen eines dunkelroten $8^{m}{,}6$-Sterns (PA 260°, Dist. 2′,4) bemerkenswert ist. Dieser Stern gehört allerdings nicht zum System.

γ Cru ($12^{h}31^{m}{,}2$ / −57°07′), Gacrux: Dreifachsystem mit einem auffällig orangeroten (M3,5) Riesenstern ($1^{m}{,}6$). Der Begleiter hat einen weiten Abstand und ist daher leicht zu sehen ($6^{m}{,}7$, PA AB 31°, Dist. 111″), dagegen steht der andere Begleiter recht nahe ($9^{m}{,}5$, PA AC 82°, Dist. 1″,0).

μ Cru ($12^{h}54^{m}{,}6$ / −57°11′): womöglich ein Doppelstern mit langer Umlaufzeit, der aus einem B3-Unterriesen und einem B5-Zwerg besteht ($4^{m}{,}3/5^{m}{,}3$, PA 17°, Dist. 34″,9).

Kohlensack (Mitte bei $12^{h}53^{m}$ / −63°): dieser Dunkelnebel hat rund 5° x 7° Ausdehnung. Unter idealen Bedingungen kann man in ihm diffuse Filamente sehen. Er wird für die der Sonne am nächsten stehende Staubwolke gehalten (d ≈ 555 LJ).

NGC 4103 ($12^{h}06^{m}{,}7$ / −61°51′): Offener Haufen ($7^{m}{,}4$) mit rund 45 Mitgliedern (d ≈ 3900 LJ); am besten im großen Gesichtsfeld.

NGC 4349 ($12^{h}24^{m}{,}5$ / −61°54′): Offener Haufen ($7^{m}{,}4$) mit 30 Mitgliedern (d ≈ 5545 LJ). Als Nebelfleck im Fernglas sichtbar, erste Sterne lassen sich mit 100 mm Öffnung auflösen.

NGC 4755 ($12^{h}53^{m}{,}6$ / −60°20′), Schatzkästchen: wunderbarer Offener Haufen (d ≈ 7830 LJ) bei κ Cru. Er ist $4^{m}{,}2$ hell, hat 10′ Durchmesser und enthält rund 50 Sterne, darunter einen orangeroten Überriesen.

Cygnus

CYGNI • Cyg • SCHWAN

Hauptkarten: 7 (2, 6)
Fläche: 804 Quadratgrad (16.)
Kulmination 00:00 Ortszeit: Ende Juli

Cygnus ist ein großes Sternbild, das inmitten der Milchstraße liegt. Es gibt viele Doppelsterne in ihm (siehe die Tabelle bei den Hauptkarten), Offene Sternhaufen und Nebel. Kugelsternhaufen gibt es keine und die meisten Galaxien sind sehr schwach. In Cygnus sind schon viele Novae aufgetreten, die bemerkenswerteste ist V 1500 Cygni, die 1975 ausbrach und dabei um 19^{m} heller wurde. Der Bereich südlich von Deneb wird gelegentlich als „nördlicher Kohlensack" bezeichnet, eine dichte Staubwolke am Nordende des „Great Rift".

α Cyg ($20^{h}41^{m}{,}6$ / +45°17′), Deneb: außergewöhnlich leuchtkräftiger blauweißer (A2) Überriese ($1^{m}{,}3$). Er ist rund 260 000-mal heller als die Sonne und steht in 3230 LJ Entfernung – weiter weg als jeder andere 1^{m}-Stern.

β Cyg ($19^{h}30^{m}{,}9$ / +37°58′), Albireo: wunderbarer Doppelstern ($3^{m}{,}1/4^{m}{,}7$, PA 54°, Dist. 34″,4), der sich bereits mit stark vergrößerndem Fernglas auflösen lässt. Im Fernrohr ist der Farbunterschied sichtbar: der hellere Stern ist dunkelgelb (K3), der schwächere blauweiß (B8). Es ist kein echter Doppelstern, da die Komponenten 386 bzw. 376 LJ entfernt sind.

μ Cyg ($21^{h}44^{m}{,}1$ / +28°45′): gelber Doppelstern ($4^{m}{,}8/6^{m}{,}1$, PA 320°, Dist. 1″,2). Unterschiedliche Angaben zur Periode: $507^{a}{,}7$ bzw. 700^{a}. Leicht im 75-mm-Fernrohr.

χ Cyg (19^{h}50^m,6 / +32°47′): bemerkenswerter Mira-Veränderlicher P = 408^d, d = 346 LJ. Schwankt um 10 bis 11 Größenklassen zwischen 3^m,3 und 14^m,2. Seine Helligkeit ändert sich zwischen Maximum und Minimum also um das 10 000fache. Im Maximum wird seine Farbe (intensiv orange) erkennbar.

61 Cyg (21^{h}06^m,9 / +38°45′): Doppelstern (5^m,2/6^m,1, PA 147°, Dist. 30″, P = 650^a); der erste Stern, dessen Entfernung genau bestimmt werden konnte (von Bessel, 1838). 61 Cyg A steht der Sonne etwas näher (d = 11,35 LJ), der schwächere 61 Cyg B (d = 11,43 LJ) hat ein Planetensystem. Die Planetenmasse entspricht der 1,7fachen Jupitermasse, und die Umlaufbahn ist sehr exzentrisch. Im Sonnensystem würde seine Bahn von der Venus- bis fast zur Jupiterbahn reichen.

P Cyg (34 Cyg: 20^{h}17^m,8 / +38°02′): sehr heller, blauweißer (B2) Überriese, der leicht veränderlich ist und Gasschalen ausstößt. Um das Jahr 1600 stieg die Helligkeit des Sterns auf 3^m, in der jüngeren Vergangenheit schwankt er zwischen 4^m,6 und 5^m,6. Er gehört zu den S-Doradus-Veränderlichen, die zu den massereichsten und leuchtkräftigsten Sternen einer Galaxie gehören. P Cyg hat eine absolute Helligkeit von rund -6^m,6 und liegt 6270 LJ entfernt.

M 39 (NGC 7092: 21^{h}32^m,2 / +48°27′): spärlich bevölkerter Offener Haufen, ungefähr dreieckig (4^m,6). Am besten bei geringer Vergrößerung.

NGC 6826 (19^{h}44^m,8 / +50°31′), „Blinking Planetary": bläulicher Planetarischer Nebel (9^m,8). Sichtbar in guten Ferngläsern, der Zentralstern (10^m,4) nur mit größeren Öffnungen. Der Name des Objekts rührt daher, dass es bei direkter Beobachtung verschwindet und bei indirektem Sehen (S. 7) wieder auftaucht.

NGC 6992 (20^{h}56^m,4 / +31°43′) und NGC 6995 (20^{h}57^m,1+31°13′) bilden zusammen mit NGC 6960 (20^{h}45^m,7 / +30°43′) den **Cirrus-Nebel**, einen Emissionsnebel. Alle gehören zu dem viel größeren Cygnus-Bogen, dem Überrest einer Supernovaexplosion vor rund 15 000^a. Die hellsten Teile kann man unter exzellenten Bedingungen schon mit dem Fernglas sehen. Teleskope sollten ein großes Gesichtsfeld und eine geringe Vergrößerung haben.

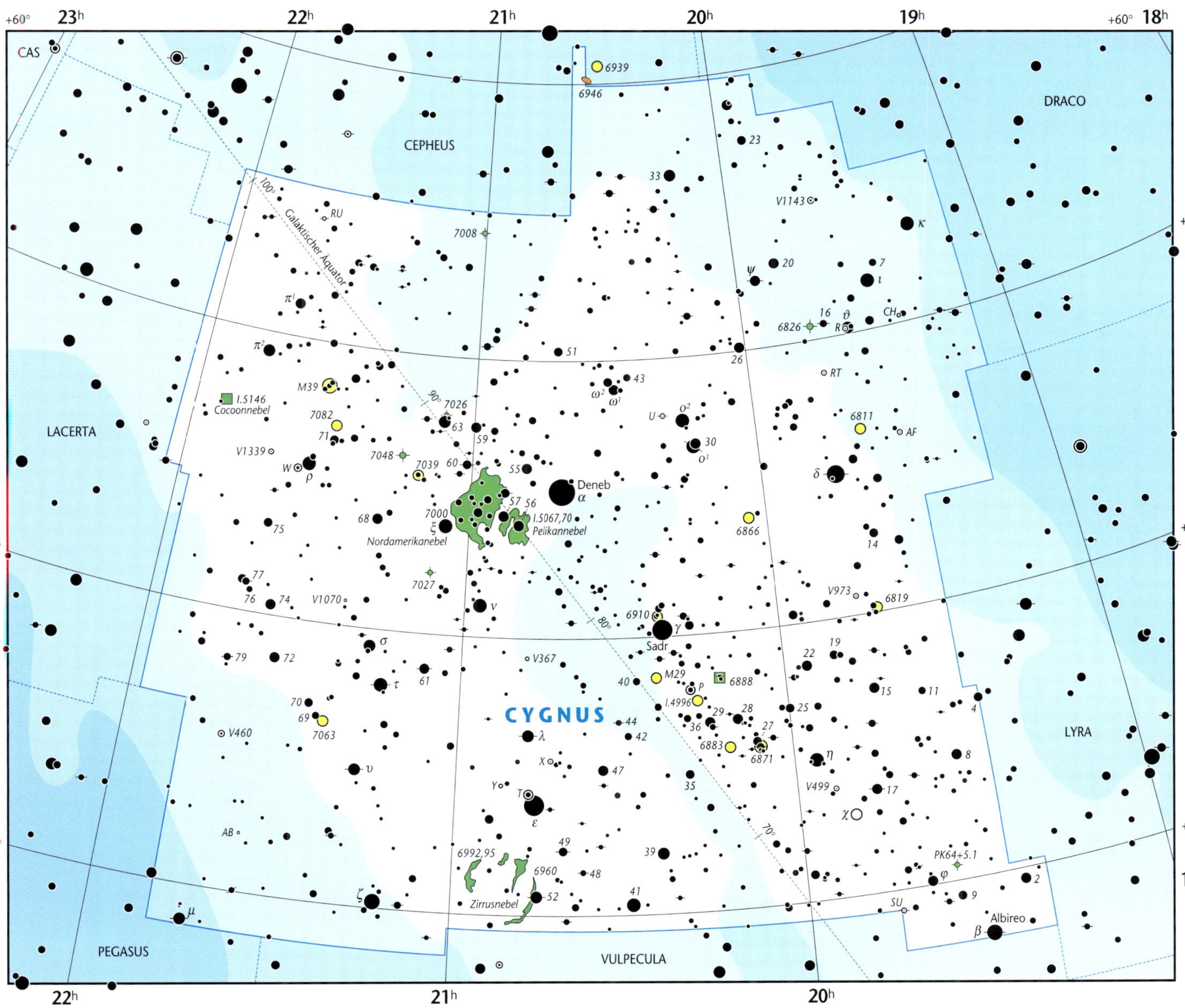

NGC 7000 ($20^{h}58\overset{m}{,}8$ / +44°20′), Nordamerika-Nebel: Emissionsnebel, der unter idealen Bedingungen bereits mit dem Fernglas gesehen werden kann. Hohe Vergrößerungen verträgt er nicht. Er ist Teil einer größeren Gas- und Staubwolke, zu der auch IC 5067 und IC 5070 (Pelikan-Nebel) weiter westlich gehören. Die Umrisse der „Ostküste" und des „Golf von Mexiko" entstehen durch eine dazwischen liegende Staubwolke.

α-Cygniden (Radiant $21^{h}00^{m}$ / +48°): Meteorstrom, der lange Zeit (mit geringer Fallrate) im Juli und August aktiv ist. Zwei Maxima: 21. Juli und 21. August; stündliche Zenitrate: fünf.

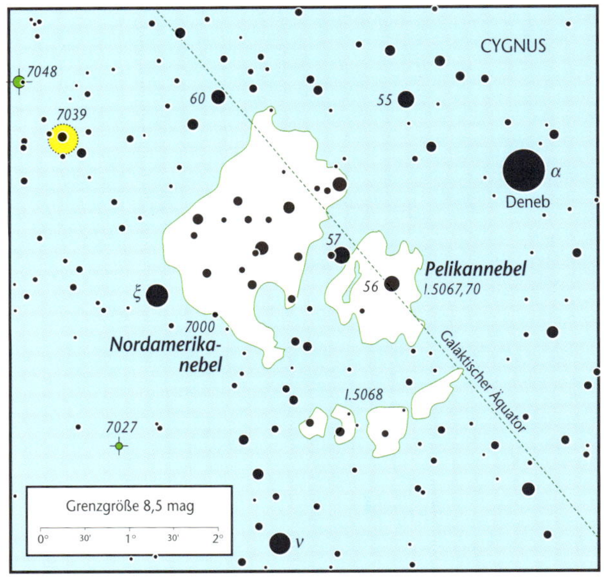

Delphinus

DELPHINI • Del • DELFIN

Hauptkarten: 13 (6, 7, 12)
Fläche: 189 Quadratgrad (69.)
Kulmination 00:00 Ortszeit: Ende Juli

Obwohl dieses kleine, einprägsame Sternbild am Rand der Milchstraße liegt, gibt es weder Offene Haufen noch Gasnebel in ihm. Dafür stößt man auf zwei interessante Planetarische Nebel und zwei Kugelsternhaufen. Delphinus war das Sternbild, in dem die langsame Nova HR Del 1967 ausbrach. Ein anfänglicher Anstieg um 6^{m} dauerte 30^{d}, gefolgt von Fluktuationen, die den Stern schließlich auf $3\overset{m}{,}7$ brachten. Fast ein Jahr lang blieb HR Del im Maximum.

β Del ($20^{h}37\overset{m}{,}5$ / +14°36′): enger gelber Doppelstern ($4\overset{m}{,}0$/$4\overset{m}{,}9$, PA 150°, Dist. $0\overset{''}{,}6$, P = $26\overset{y}{,}6$). Erfordert mindestens 200 mm Öffnung: maximaler Abstand im Jahr 2004.

γ Del ($20^{h}46\overset{m}{,}7$ / +16°07′): schöner Doppelstern mit langer Umlaufzeit ($4\overset{m}{,}5$/$5\overset{m}{,}5$, PA 268°, Dist. $9\overset{''}{,}6$, G5/F8).

1 Del ($20^{h}30\overset{m}{,}3$ / +10°54′): mutmaßlicher Doppelstern ($6\overset{m}{,}1$/$8\overset{m}{,}1$, PA 346°, Dist. $0\overset{''}{,}9$); mit 150 mm Öffnung zu trennen.

NGC 6905 ($20^{h}22\overset{m}{,}4$ / +20°07′), „Blue-Flash-Nebel": relativ schwacher Planetarischer Nebel ($11\overset{m}{,}1$), den man eventuell mit 100 mm Öffnung aufspüren kann, 150 mm sind besser. Ab 200 mm wird die blaue Farbe erkennbar.

NGC 6934 ($20^{h}30\overset{m}{,}2$ / +07°24′): Kugelsternhaufen ($8\overset{m}{,}9$, d ≈ 49 000 LJ), bereits mit kleiner Öffnung sichtbar, Details erst ab 200 mm. Ein Vordergrundstern hat 9^{m}.

NGC 6981 ($20^{h}15\overset{m}{,}2$ / +12°42′): bläulicher Planetarischer Nebel ($10\overset{m}{,}5$, 12′ Durchmesser).

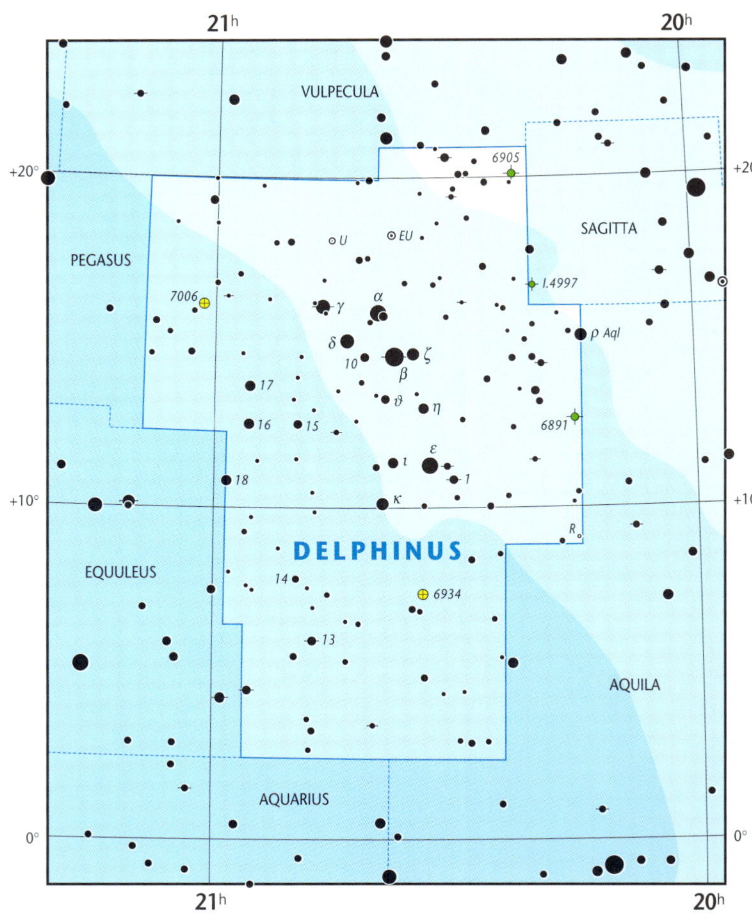

NGC 7006 ($21^{h}01\overset{m}{,}5$ / +16°11′): Kugelsternhaufen mit $10\overset{m}{,}6$; ab 100 mm Öffnung schwach sichtbar, benötigt zur genauen Beobachtung ein großes Teleskop. Mit 114 000 LJ sehr weit entfernt.

Dorado

DORADUS • Dor • SCHWERTFISCH

Hauptkarten: 15 (20)
Fläche: 179 Quadratgrad (72.)
Kulmination 00:00 Ortszeit: Anfang Dezember

Dieses kleine Sternbild haben Pieter Keyser und Frederick de Houtman Ende des 16. Jahrhunderts eingeführt. Wegen der Bedeutung seines Namens gibt es häufig Verwirrung. Ein Dorado ist ein tropischer Meeresfisch mit schillernden Farben. Manchmal wird er „Delfin" genannt, ist aber mit diesen Meeressäugern nicht verwandt. (Delphinus ist ein echter Delfin.) Mit Sicherheit ist es weder ein „Schwertfisch" noch ein „Goldfisch".
Der Großteil der Großen Magellanschen Wolke liegt in Dorado, der Rest in Mensa. Es gibt auch eine Gruppe weit entfernter Galaxien im nordwestlichen Bereich des Sternbilds.

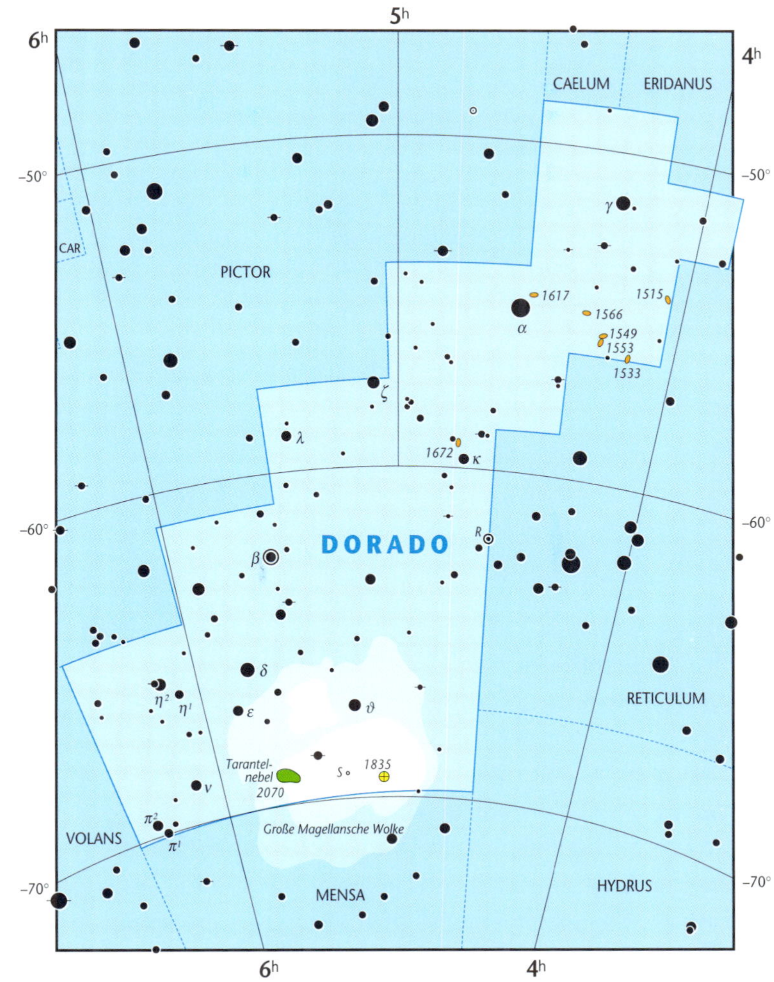

Große Magellansche Wolke (Large Magellanic Cloud, LMC): ein Begleiter unserer Galaxis in 50 kpc (≈ 163 000 LJ) Entfernung. Ihre scheinbare Größe ist 8°, ihre wahre rund 6 kpc (≈20 000 LJ). Ein lohnendes Objekt für jedes Instrument. Früher hielt man sie für eine irreguläre Galaxie, inzwischen für eine Spirale mit einem Balken in der Entstehung. Sie enthält viele Offene und Kugelsternhaufen sowie Gasnebel. Wegen der Nähe der LMC sind manche ihrer Objekte leichter zu untersuchen als die gleichen Objekte in unserer Galaxis, die oft von Sternen, Gas oder Staub verdeckt werden. Ein Beispiel ist die SN 1987A: Diese Supernova erreichte $2^{m},8$ und blieb fast ein Jahr lang für das bloße Auge sichtbar. Der Vorgängerstern wurde als blauer Überriese identifiziert, was der damaligen Lehre widersprach, dass Supernovae aus roten Überriesen hervorgehen. Viele der jungen Haufen der LMC sind so kompakt, dass sie älteren Kugelsternhaufen unserer Galaxis ähneln.

R Dor ($04^{h}36^{m},8$ / –62°05′): langperiodischer Mira-Veränderlicher; ein roter Überriese ($4^{m},8$-$6^{m},6$, P = 338^{d}, M8). Im Maximum ist er tief orangerot – ein schöner Gegensatz zu den anderen Sternen in seiner Umgebung.

S Dor (in der LMC, $05^{h}18^{m},2$ / –69°15′): sehr leuchtkräftiger, irregulärer Veränderlicher und der Prototyp seiner Klasse (SDOR). Solche Sterne sind mindestens 30-mal so massereich wie die Sonne und ungefähr eine Million Mal leuchtkräftiger. S Dor selbst schwankt zwischen $9^{m},0$ und $11^{m},5$. Ihn umgibt eine expandierende Gashülle, die der Stern abgestoßen hat. Innerhalb von NGC 1910 gibt es einen schwachen Begleiter ($12^{m},1$:, PA 110°, Dist. 13″,4).

NGC 1549 ($04^{h}15^{m},7$ / –55°36′) und NGC 1553 ($04^{h}16^{m},2$ / –55°47′): zwei wechselwirkende elliptische Galaxien ($9^{m},9$ bzw. $9^{m},5$). Sie gehören zur Dorado-Gruppe, zu der auch ein paar Galaxien in Reticulum gehören.

NGC 1566 ($04^{h}20^{m}$ / –54°56′): aktive Spiralgalaxie ($9^{m},4$), die mit 100 mm Öffnung sichtbar ist. Es handelt sich um eine Seyfert-Galaxie mit aktiver Zentralregion und starker Radiostrahlung.

NGC 1835 (in der LMC, $05^{h}05^{m},2$ / –69°24′): kleiner konzentrierter Kugelhaufen ($9^{m},9$). Einer der wenigen „alten" Kugelhaufen in der LMC.

NGC 1850 ($05^{h}09^{m},2$ / –68°48′): heller, leicht aufzulösender Offener Haufen ($8^{m},4$), der fast kreisförmig ist und rund 2′ Durchmesser hat. In dem schönen Sternfeld gibt es zwei weitere Haufen: der kleine, kompakte NGC 1854 rund 7′ weiter östlich und NGC 1858 rund 4′ südlich. Letzterer erscheint etwas diffus und hat viele Mitgliedsterne. Alle drei Haufen sind mit 100 mm Öffnung deutlich zu sehen.

NGC 1866 (in der LMC, $05^{h}13^{m},5$ / –65°28′): stark konzentrierter, junger Haufen ($8^{m},9$), der einem Kugelhaufen ähnelt und dessen Alter auf 150 Mio. Jahre geschätzt wird. Einer der so genannten „blauen Kugelsternhaufen", die es in unserer Galaxis nicht gibt. Sichtbar mit kleinen Öffnungen, auflösbar ab 300 mm.

NGC 1910 (in der LMC, $05^{h}17^{m},2$ / –69°18′): Sternansammlung („Sternwolke") mit 6′ × 4′ Ausdehnung, die von den zwei nicht auflösbaren Haufen NGC 1903 und NGC 1916 begleitet wird. S Dor liegt im Südteil. Auch wenn er bereits mit kleineren Öffnungen zu sehen ist, werden ihm erst 150 mm gerecht.

NGC 1935–1936 (in der LMC, $05^{h}21^{m}{,}9$ / –67°58′): Assoziation aus fünf hellen, jungen Sternen, in deren Nähe eine dreieckige Sternwolke mit einem Emissionsnebel steht.

NGC 2004 (in der LMC, $05^{h}30^{m}{,}7$ / –67°17′): einer der „blauen Kugelhaufen". Der junge Haufen ($9^{m}{,}0$) ist nur 20 Mio. Jahre alt.

NGC 2070 (in der LMC, $05^{h}38^{m}{,}7$ / –69°06′), 30 Dor, Tarantel-Nebel: dieser wunderbare Emissionsnebel ist so groß (größer als ähnliche Nebel in unserer Galaxis), dass er bereits mit dem bloßen Auge zu sehen ist. Stünde er in gleicher Entfernung wie der Orion-Nebel (M 42), so wäre er 30° groß und so hell, dass er Schatten werfen würde. In ihm gibt es Bereiche mit Emission, Staubbänder und einen Haufen aus jungen, blauen Sternen, deren Strahlung für das Emissionsleuchten verantwortlich ist. In der Nachbarschaft befinden sich weitere Sternhaufen und Nebelfetzen.

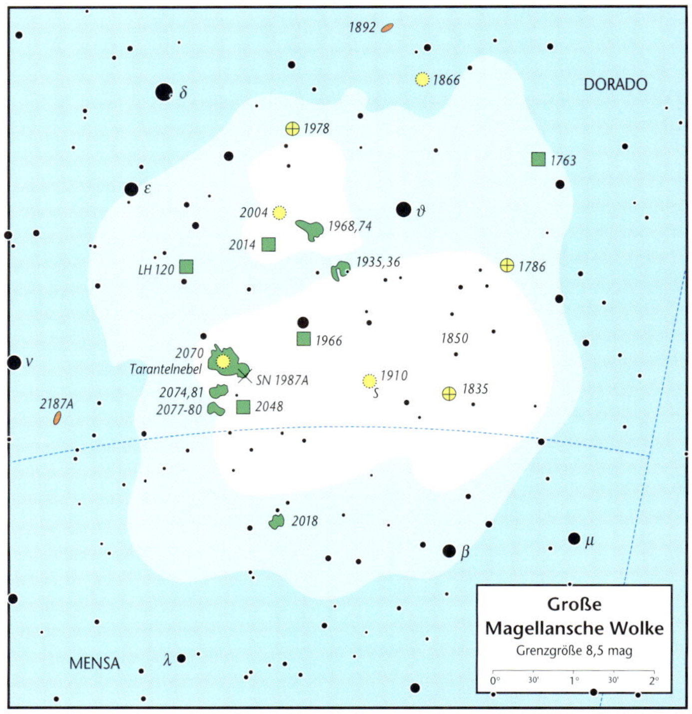

Draco

DRACONIS • Dra • DRACHE

Hauptkarten: 6, 1 (4, 7)
Fläche: 1083 Quadratgrad (8.)
Kulmination 00:00 Ortszeit: Ende Mai

Dieses ziemlich große Sternbild umgibt den Bereich um den Himmelsnordpol fast zur Hälfte. In ihm gibt es weder diffuse Nebel noch Offene oder Kugelhaufen. Dafür eine große Zahl von Galaxien, von denen viele sehr lichtschwach sind. Es gibt einen besonders erwähnenswerten Planetarischen Nebel.

ε Dra ($19^{h}48^{m}{,}2$ / +70°16′): ziemlich enger Doppelstern ($3^{m}{,}8/7^{m}{,}4$, PA 15°, Dist. 3″,1), dessen Hauptstern ein G8-Riese ist. Eine aktuelle Quelle gibt die Helligkeit der beiden Sterne mit $4^{m}{,}0$ bzw. $7^{m}{,}6$ an.

ν Dra ($17^{h}32^{m}$ / +55°11′): Doppelstern fürs Fernglas; zwei weiße Komponenten ($4^{m}{,}9/4^{m}{,}9$, PA 311°, Dist. 62″,3).

ψ^1 Dra ($17^{h}41^{m}{,}9$ / +72°09′): optischer Doppelstern ($4^{m}{,}9/6^{m}{,}1$, PA 15°, Dist. 30″,3), unter guten Bedingungen im Fernglas zu trennen. Gelbweißer (F5) und gelber (G0) Stern.

16 Dra ($16^{h}36^{m}{,}2$ / +52°54′) und 17 Dra ($16^{h}36^{m}{,}3$ / +52°55′): vielleicht ein weiter Doppelstern ($5^{m}{,}5/5^{m}{,}4$). 16 Dra ist selbst doppelt ($5^{m}{,}4/6^{m}{,}4$, PA 106°, Dist. 3″,2) und erfordert 75 mm Öffnung.

39 Dra ($18^{h}23^{m}{,}9$ / +58°48′): komplexes Mehrfachsystem. Im Fernglas ist das Hauptpaar zu sehen ($5^{m}{,}0/8^{m}{,}0$, PA 351°, Dist. 3″,1), dessen hellerer Stern einen weiteren Begleiter hat (C, $7^{m}{,}4$, PA AC 21°, Dist. 88″,9). Zwei weitere Komponenten sind in Teleskopen mittlerer Größe zu sehen: E ($10^{m}{,}8$, PA AE 67°, Dist. 199″,3) und F ($11^{m}{,}1$:, PA AF 81°, Dist. 152″,9). Es gibt keine D-Komponente, jedoch gehören zwei weitere Sterne (beide $14^{m}{,}1$) zum System.

UX Dra ($19^{h}21^{m}{,}6$ / +76°34′): Halbregelmäßiger ($5^{m}{,}9$-$7^{m}{,}1$), der sich leicht mit dem Fernglas beobachten lässt. Relativ deutliche Periode von 168^{d}, aber trotzdem beträchtliche Schwankungen in Periode und Amplitude.

NGC 4125 ($12^{h}08^{m}{,}1$ / +65°11′): mittelhelle ($9^{m}{,}8$) elliptische (E5) Galaxie.

NGC 4236 ($12^{h}16^{m}{,}7$ / +69°28′): SB-Balkenspiralgalaxie ($9^{m}{,}7$); recht schwierig, niedrig vergrößern. Bei 100 mm Öffnung mit 15fach, bei 200 mm mit 25fach sichtbar.

NGC 6543 ($17^{h}59^{m}{,}6$ / +66°38′), Katzenaugen-Nebel: Planetarischer Nebel ($8^{m}{,}8$); anders als auf den Farbaufnahmen des Hubble-Weltraumteleskops, erscheint das Objekt visuell nur bläulich. Der Zentralstern ($9^{m}{,}5$) ist bereits mit großen Ferngläsern zu sehen. Es handelt sich um einen heißen (O7+Wolf-Rayet) Stern mit 47 000 K Oberflächentemperatur.

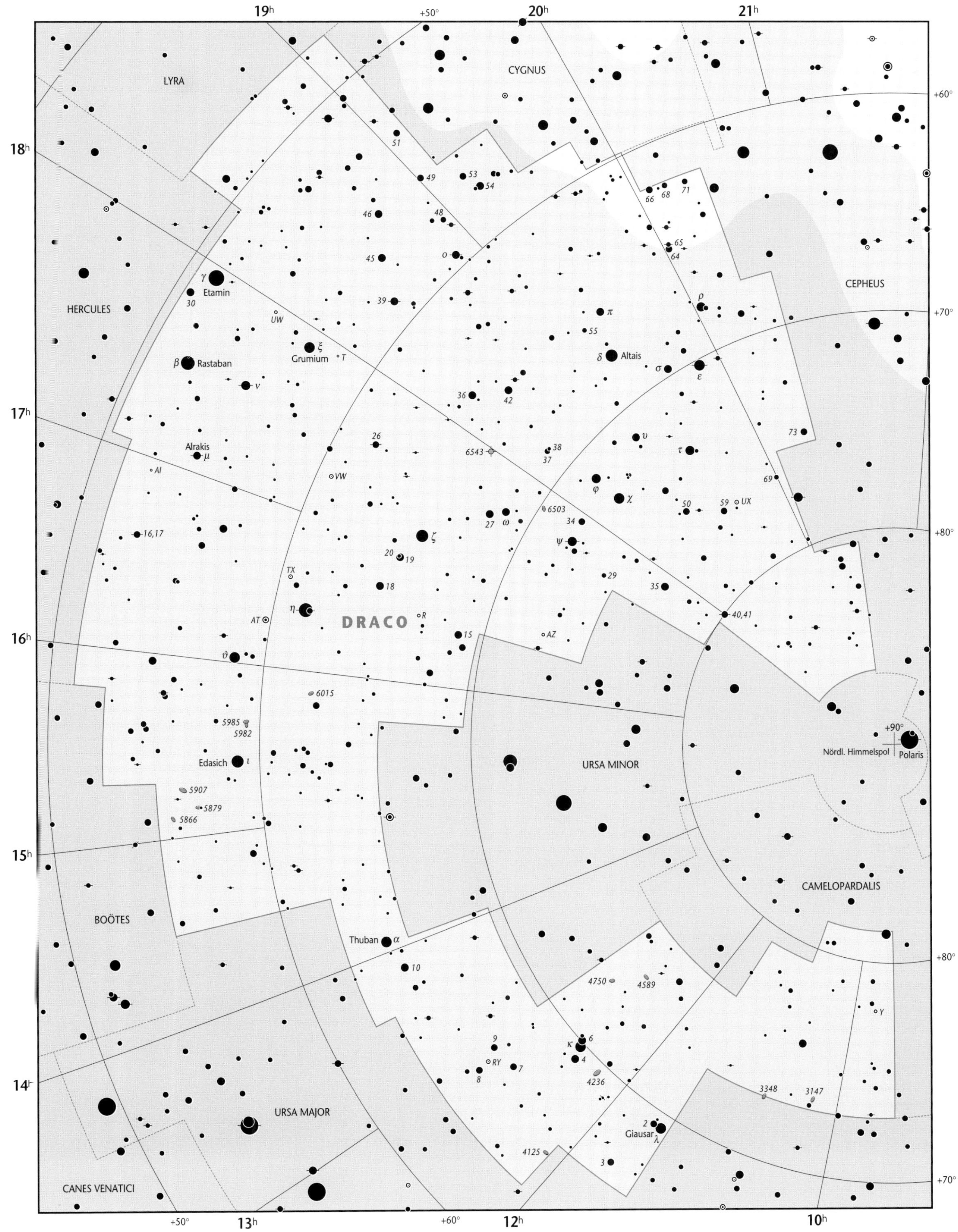
19h
+50°
20h
21h
18h
17h
16h
15h
14h
13h
12h
10h
+60°
+70°
+80°
+90°
LYRA
CYGNUS
CEPHEUS
HERCULES
DRACO
URSA MINOR
CAMELOPARDALIS
BOÖTES
URSA MAJOR
CANES VENATICI
Etamin
Rastaban
Grumium
Alrakis
Altais
Edasich
Thuban
Giausar
Polaris
Nördl. Himmelspol
6543
6503
6015
5985
5982
5907
5879
5866
4750
4589
4236
4125
3348
3147

Equuleus

EQUULEI • Equ • FÜLLEN

Hauptkarte: 13
Fläche: 72 Quadratgrad (87.)
Kulmination 00:00 Ortszeit: Anfang August

Dieses winzige Sternbild (nach Crux hat es die kleinste Fläche) hat wohl schon der berühmte griechische Astronom Ptolemäus eingeführt. In Equuleus gibt es weder Sternhaufen noch Nebel oder Galaxien.

γ Equ ($21^{h}10^{m}{,}3$ / +18°08′): weiter optischer Doppelstern ($4^{m}{,}7/5^{m}{,}9$, PA 153°, Dist. $352{,}''5$). Die Komponenten tragen die Buchstaben A und D, weil A ein Dreifachstern ist (B $11^{m}{,}5$, C $12^{m}{,}5$; PA AB 268°, Dist. $1{,}''9$; PA AC 5°, Dist. $47{,}''7$).

1 Equ (ε Equ: $20^{h}59^{m}{,}1$ / +10°08′): Vierfachsystem, dessen Hauptpaar aus gelben Sternen besteht ($6^{m}{,}0/6^{m}{,}3$, PA 284°, Dist. $0{,}''8$ sinkend, P = $101{,}^{a}4$). Der dritte Stern (C $7^{m}{,}4$, PA AC 67°, Dist. $10{,}''3$) hat eine lange, unbekannte Umlaufzeit. A ist ein spektroskopischer Doppelstern.

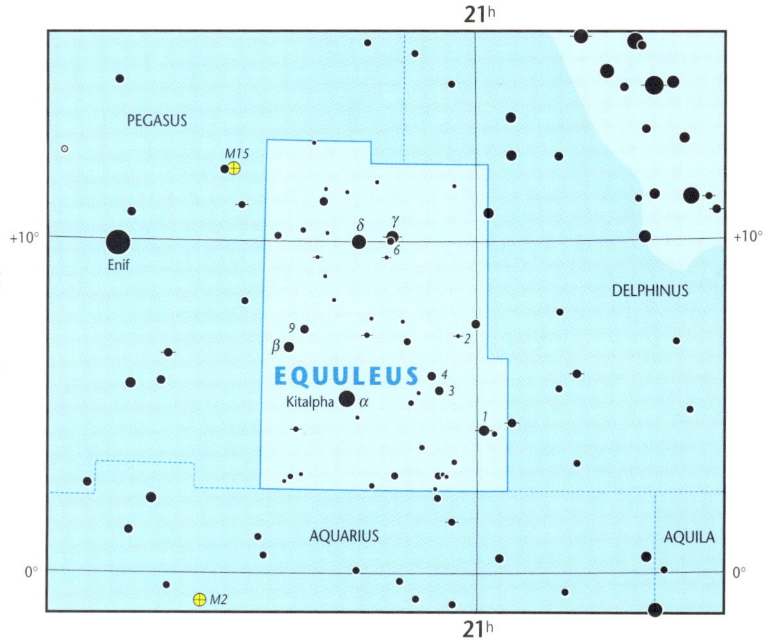

Eridanus

ERIDANI • Eri • DER FLUSS ERIDANUS

Hauptkarten: 8, 9, 14, 15
Fläche: 1138 Quadratgrad (6.)
Kulmination 00:00 Ortszeit: Mitte Oktober bis Mitte November

Eridanus ist ein sehr großes Sternbild, das einen weiten Deklinationsbereich überdeckt. Vollständig ist es nur von geografischen Breiten zwischen 30° N und 90° S sichtbar. Ursprünglich gehörten die Sterne, die heute Fornax bilden, ebenfalls zu Eridanus. Er hörte damals bei ϑ Eridani (Acamar, damals Achernar) auf. Das Sternbild wurde dann nach und nach immer weiter nach Süden ausgedehnt, und der Name „Achernar" ging auf den blauweißen Stern (α Eri, $0^{m}{,}5$) tief im Süden über. Acamar und Achernar haben die gleiche arabische Sprachwurzel und bedeuten „Ende des Flusses".
Es gibt hier viele Doppelsterne, keine Offenen Haufen, und der einzige bekannte Kugelhaufen ist für Amateurfernrohre zu lichtschwach. Außerdem findet man Galaxien, von denen viele zum Eridanus-Haufen gehören.

ε Eri ($03^{h}33^{m}{,}1$ / –09°27′): orangegelber Stern (K2, $3^{m}{,}7$, d = 10,49 LJ), der auf Rang zehn der Liste unserer Nachbarsterne steht. Er hat auch das Planetensystem, das uns am nächsten liegt. Bei dem Planeten handelt es sich wahrscheinlich um einen Gasriesen mit 0,8 Jupitermassen, der seinen Zentralstern in einem Abstand von 3 AE umkreist (Jupiters Abstand zur Sonne beträgt 5,2 AE).

o^2 Eri ($04^{h}15^{m}{,}2$ / –07°39′): Mehrfachsystem, bestehend aus einem orangegelben (K1) Zwerg ($4^{m}{,}4$) und einem Weißen Zwerg als Begleiter ($9^{m}{,}5$, PA 106°, Dist. $88{,}''4$). Neben den Weißen Zwergen von α CMa und α CMi sowie „Van Maanens Stern" in Pisces ist dies der sonnennächste Weiße Zwerg (d = 16,45 LJ). Er ist mit 75 mm Öffnung leicht zu sehen. Ein etwas schwächerer roter Zwerg in der Nähe des Weißen Zwergs gehört zum selben System, außerdem gibt es zwei weitere 12^{m}-Begleiter.

NGC 1291 ($03^{h}17^{m}{,}3$ / –41°08′): SBa-Balkenspiralgalaxie ($8^{m}{,}5$), die bereits im Fernglas zu sehen ist. Eine ausgedehnte äußere Region wird ab 300 mm Öffnung sichtbar.

NGC 1532 ($04^{h}12^{m}{,}1$ / –32°52′): längliche Sb-Spiralgalaxie ($11^{m}{,}1$). Im selben Feld liegt die elliptische (E6) NGC 1531, deren längere Achse ungefähr senkrecht zur Achse von NGC 1532 steht. Beide sind mit 100 mm sichtbar, größere Öffnungen zeigen wesentlich mehr Details.

NGC 1535 ($04^{h}14^{m}{,}2$ / –12°44′): bläulicher Planetarischer Nebel ($9^{m}{,}6$), der bereits im Fernglas zu sehen ist. Da er in einem dünn besiedelten Sternfeld liegt, ist das Aufsuchen etwas schwierig. Mit großen Öffnungen wird seine blaugrüne Färbung erkennbar, der Zentralstern (12^{m}) erfordert 200 bis 250 mm.

IC 2118 ($05^{h}06^{m}{,}9$ / –07°13′), Hexenkopf-Nebel: großer, aber ziemlich schwacher Reflexionsnebel (ein alter Supernovaüberrest), der von β Ori (Rigel) beleuchtet wird. Unter extrem guten Bedingungen mit dem bloßen Auge zu sehen. Am hellsten ist er 1° südlich von β Eri. Großes Gesichtsfeld und geringe Vergrößerung sind wichtige Voraussetzung.

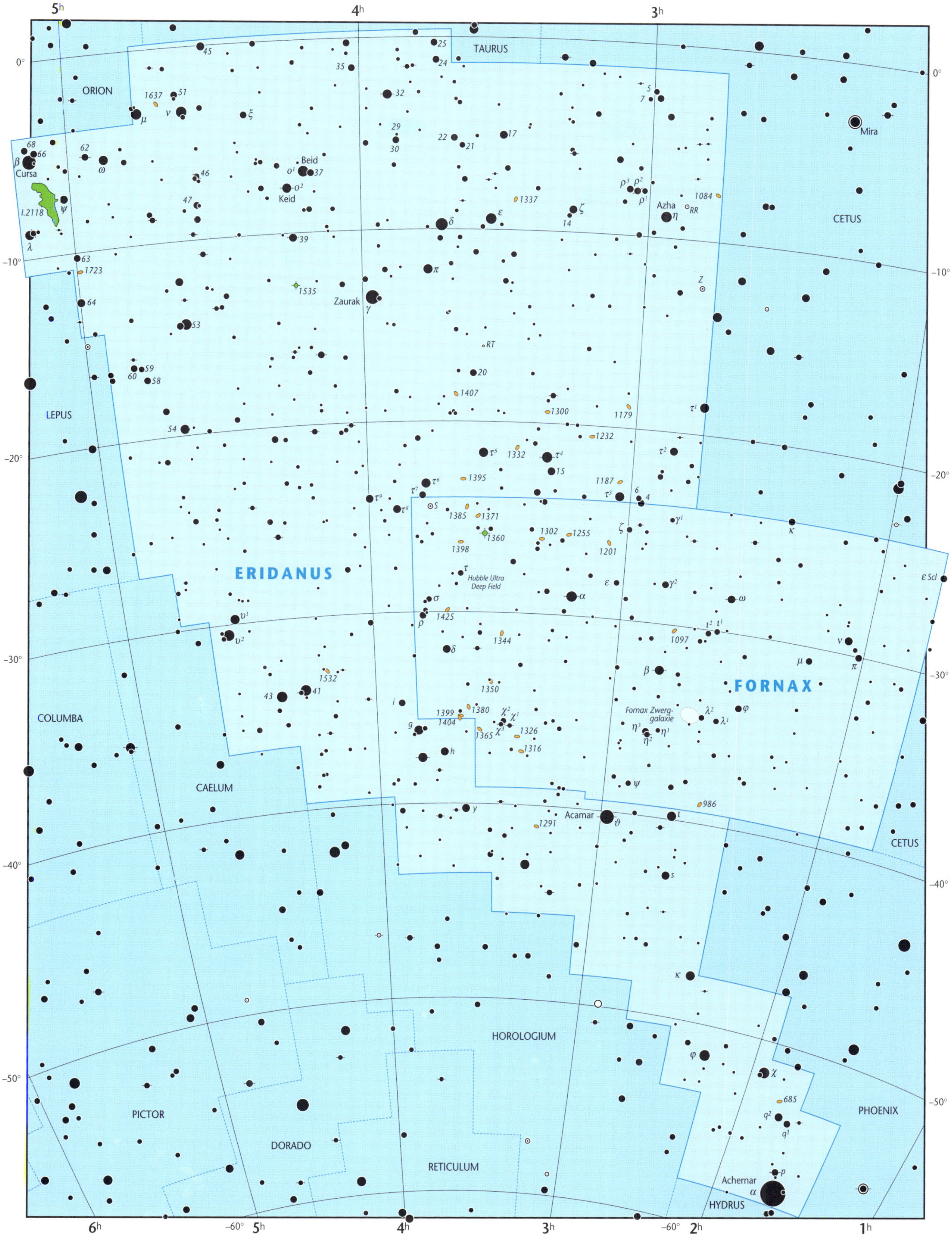

ERIDANUS
FORNAX
TAURUS
ORION
CETUS
LEPUS
COLUMBA
CAELUM
HOROLOGIUM
PICTOR
DORADO
RETICULUM
HYDRUS
PHOENIX
Mira
Cursa
Beid
Keid
Zaurak
Azha
Acamar
Achernar
Hubble Ultra Deep Field
Fornax Zwerg-galaxie
I.2118
ε Scl
5h
4h
3h
2h
1h
6h
0°
-10°
-20°
-30°
-40°
-50°
-60°

Fornax

Fornacis • For • Chemischer Ofen

Hauptkarten: 14 (8, 15)
Fläche: 398 Quadratgrad (41.)
Kulmination 00:00 Ortszeit: Anfang November

Dieses kleine Sternbild, eingeführt von Nicolas de La Caille, enthält wenige Sterne, aber viele Galaxien. In ihm liegt der Fornax-Galaxienhaufen, dessen Zentrum 23 Mpc (75 Mio. LJ) entfernt ist. Außerdem enthält Fornax einen kleinen Begleiter unserer Galaxis: die Fornax-Zwerggalaxie in 153 000 pc (500 000 LJ) Entfernung. Allerdings hat sie eine so geringe Flächenhelligkeit, dass sie mit Amateurmitteln nicht erkennbar ist. Das „Hubble Ultra Deep Field“ wurde hier aufgenommen.

α For ($03^{h}12^{m},1$ / –28°59′): schöner Doppelstern ($4^{m},0/7^{m},0$ var., PA 299°, Dist. 5″,1, P = 314^{a}) mit blassgelber (F6) und gelber (G7) Komponente. Einfaches Objekt für kleine Fernrohre.

ω For ($02^{h}33^{m},8$ / –28°14′): weißes Sternpaar (B9/A5), das vielleicht ein Doppelstern mit langer Umlaufzeit ist ($5^{m},0/7^{m},7$, PA 244°, Dist. 10″,8).

NGC 1097 ($02^{h}46^{m},3$ / –30°17′): SBb-Balkenspiralgalaxie ($9^{m},3$) mit einem Begleiter (NGC 1097A, nordöstlich), der ab 200 mm Öffnung sichtbar ist.

NGC 1316 ($03^{h}22^{m},7$ / –37°12′): SB0-Balkenspiralgalaxie ($8^{m},9$), die elliptisch aussieht. Sie wechselwirkt mit der 6′,5 nördlich stehenden NGC 1317 (≈ $11^{m},1$) und erzeugt dadurch die starke Radioquelle Fornax A. Beide Galaxien sind mit 100 mm Öffnung sichtbar.

NGC 1360 ($03^{h}33^{m},3$ / –25°51′): großer, aber diffuser Planetarischer Nebel ($9^{m},4$) von elliptischer Form. Ein 9^{m}-Stern liegt östlich des Zentrums. Es ist unbekannt, ob er etwas mit dem Nebel zu tun hat.

NGC 1365 ($03^{h}33^{m},6$ / –36°08′): schöne SBb-Balkenspiralgalaxie ($9^{m},5$), deren heller Zentralbereich mit 150 mm Öffnung sichtbar wird.

▼ Das **Hubble Deep Field Nord** ($12^{h}36^{m}49^{s},4$ / +62°12′58″,0) war die erste der extrem lang belichteten Aufnahmen mit dem Hubble-Weltraumteleskop, um die sehr frühen Phasen des Universums zu erforschen. Dazu machte das Fernohr insgesamt zehn Tage lang Aufnahmen eines winzigen Himmelsabschnitts durch verschiedene Filter. Diese Aufnahmen wurden dann überlagert, um ein Echtfarbenbild zu erhalten. Die schwächsten noch erkennbaren Galaxien – die schwachen rötlichen Flecken – haben ungefähr 30^{m} und sehen so weniger als eine Milliarde Jahre nach dem Urknall aus. Siehe auch S. 148–149.

▼ Das **Hubble Deep Field Süd** ($22^{h}32^{m}56^{s},22$ / –60°33′02″,69) ergänzt das erste Hubble Deep Field, das an der nördlichen Himmelskugel aufgenommen wurde (in Ursa Major), und bestätigt, dass das erste Feld tatsächlich repräsentativ für das frühe Universum ist. Man hat es absichtlich so ausgewählt, dass in ihm ein Quasar liegt (das helle Zentrum einer aktiven Galaxie). Quasare sind nicht nur bereits an sich interessant, sondern liefern auch Informationen über zwischen ihnen und uns liegende intergalaktische Gaswolken, die wiederum für die Untersuchung der Galaxienentwicklung wichtig sind. Wie beim ersten Deep Field sind die schwächsten erkennbaren Galaxien weniger als eine Milliarde Jahre nach dem Urknall entstanden. Siehe Sternbild Tucana auf S. 147.

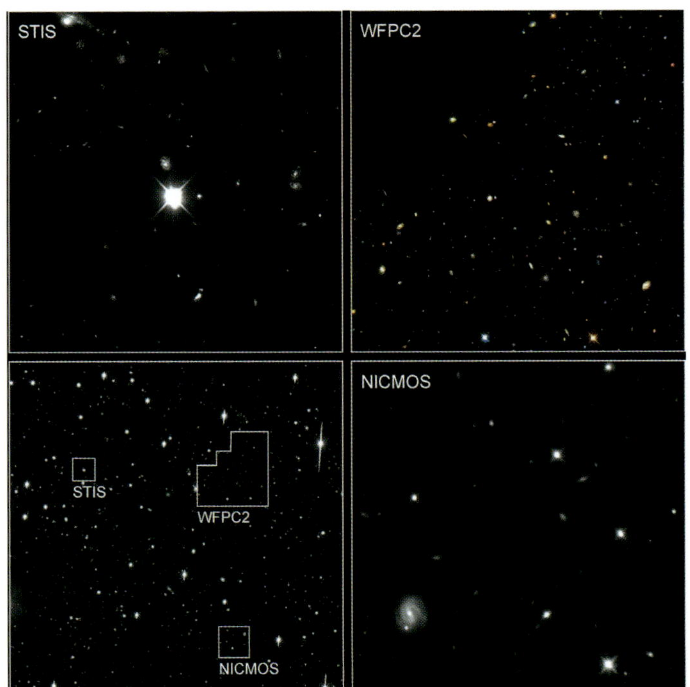

▲ Das **Hubble Ultra Deep Field** ($3^{h}32^{m}40^{s}.0$ / $-27°48'00''$) besteht aus Bildern, die mit zwei verschiedenen Instrumenten entstanden sind: der „Advanced Camera for Surveys" (ACS) und der „Near Infrared Camera and Multi-Object Spectrometer" (NICMOS).

Die schwächsten Objekte auf dem hier gezeigten ACS-Bild sind so zu sehen, wie sie rund 800 Millionen Jahre nach dem Urknall waren. Das NICMOS-Infrarotbild zeigt sogar Objekte, wie sie nur 400 Millionen Jahre nach dem Urknall aussahen.

Unter den Galaxien jeglicher Größe, Gestalt und Farbe in diesem Feld ähneln viele den uns bekannten elliptischen und Spiralgalaxien. Noch bemerkenswerter ist die Tatsache, dass es auch viele Galaxien in dem Feld gibt, die eine außergewöhnliche Form zeigen. Einige scheinen wechselzuwirken, andere sind sehr länglich und wieder andere ähneln den Gliedern einer Kette. Dieses Deep Field führt uns in eine Zeit, in der sich die Formen und Strukturen erst noch entwickeln mussten, wie wir sie heute in den Galaxien und Galaxienhaufen des nahen Universums beobachten. In dieser frühen Phase der Galaxienbildung liefen Veränderungen sehr schnell ab. Die Bilder sind also eine reichhaltige Datenquelle, um zu verstehen, wie sich das frühe Universum entwickelt hat.

Gemini

GEMINORUM • Gem • ZWILLINGE

Hauptkarten: 3 (4, 9, 10)
Fläche: 514 Quadratgrad (30.)
Kulmination 00:00 Ortszeit: Anfang Januar

Geminis Ostteil liegt auf dem galaktischen Äquator, weshalb es in dem Sternbild einige Offene Haufen gibt, von denen allerdings nur einer besonders interessant ist. Es gibt weder Kugelhaufen noch einfach zu sehende Galaxien, aber immerhin einen Planetarischen Nebel. Passenderweise liegen in Gemini Doppel- und Mehrfachsterne sowie der Radiant eines großen Meteorstroms.

α Gem ($07^h34^m{,}6$ / +31°53′), Castor: bemerkenswerter Mehrfachstern (d = 42 LJ). Der blauweiße Stern ($1^m{,}6$) besteht aus zwei Komponenten ($1^m{,}9/2^m{,}9$, PA 75°, Dist. $3''{,}1$) mit einer Umlaufzeit von 467^a. Beide Komponenten sind spektroskopische Doppelsterne (P = $9^d{,}213$ bzw. $2^d{,}928$). Der rote Zwerg YY Gem ist ein weiterer Begleiter. Es handelt sich um einen Bedeckungsveränderlichen, der wiederum aus zwei M-Zwergen besteht (P = $0^d{,}814$). Das Gesamtsystem besitzt also sechs Komponenten.

δ Gem ($07^h20^m{,}1$ / +21°59′), Wasat: Doppelstern mit langer Umlaufzeit ($3^m{,}5/8^m{,}2$, PA 226°, Dist. $5''{,}8$) und gelbem (F0) Unterriese als Hauptstern sowie orangerotem (K3) Begleiter. Der Hauptstern ist ein spektroskopischer Doppelstern mit $6^a{,}13$ Periode.

ζ Gem ($07^h04^m{,}1$ / +20°34′): Mehrfachstern und Veränderlicher. Der Hauptstern – ein gelber Überriese – ist ein Cepheid ($3^m{,}6$ bis $4^m{,}2$, P = $10^d{,}1$), der mit Komponente B einen Doppelstern bildet ($10^m{,}5$, PA 84°, Dist. 87″). Es

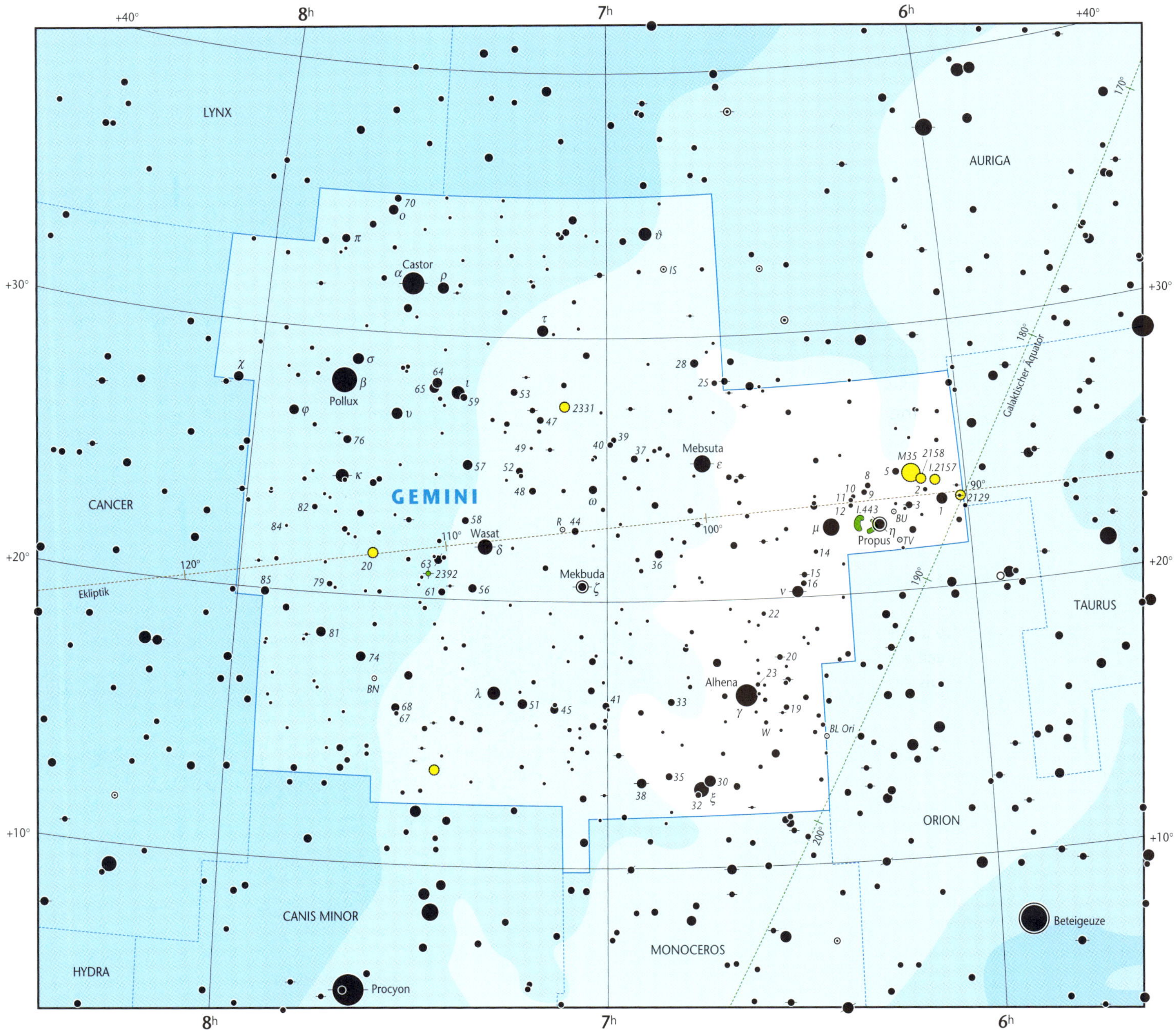

gibt einen nicht zum System gehörenden Stern, der als C katalogisiert ist (7^{m},6, PA 350°, Dist 96″,5) sowie zwei weitere 12^{m}- und 13^{m}-Begleiter.

η Gem (06^{h}14^{m},9 / +22°30′), Propus: Dreifachstern mit zwei sichtbaren Komponenten: einem roten (M3), halbregelmäßigen (3^{m},2 bis 3^{m},9) Riesen und einem gelben (G0) Riesen (6^{m},5, PA 257°, Dist. 1″,6, P = 473^{a},7). Der rote Halbregelmäßige zeigt gelegentlich eine einigermaßen ausgebildete Periode von 233^{d}; er ist außerdem ein spektroskopischer Doppelstern und Bedeckungsveränderlicher mit 293^{d},8 Periode.

κ Gem (07^{h}44^{m},4 / +24°24′): Doppelstern mit langer Umlaufzeit (3^{m},7/8^{m},2, PA 240°, Dist. 7″,2). Der Hauptstern ist ein G8-Riese, der Begleiter weiß.

λ Gem (07^{h}18^{m},1 / +16°32′): Doppelstern mit langer Umlaufzeit (3^{m},6/10^{m},3, PA 320°, Dist. 1″,2). Der Hauptstern ist ein gelblicher (A7) Zwerg und sowohl ein spektroskopischer Doppelstern als auch ein Bedeckungsveränderlicher. Der Begleiter erscheint weiß und ist ab 100 mm Öffnung sichtbar.

38 Gem (06^{h}54^{m},6 / +13°11′): Doppelstern mit langer Umlaufzeit (4^{m},7/7^{m},7, PA 145°, Dist. 7″,1, F0/G6). Schönes Paar für kleine Fernrohre.

M 35 (NGC 2168: 06^{h}08^{m},9 / +24°20′): großer Offener Haufen (5^{m},1, d = 2840 LJ), der mit dem bloßen Auge zu sehen ist. Einige Sterne sind im Fernglas auflösbar.

NGC 2392 (07^{h}29^{m},2 / +20°55′), Eskimo-Nebel: heller Planetarischer Nebel (9^{m},1) mit deutlich sichtbarem Zentralstern.

Geminiden (Radiant bei 07^{h}32^{m} / +33°): schöner Strom mit vielen hellen Meteoren, gut geeignet für die Fotografie. Sichtbar von 7. bis 16. Dezember mit einem Maximum am frühen Morgen des 14. Dezember (stündliche Zenitrate: rund 100). Der Strom geht auf den „Kleinplaneten" 3200 Phaethon zurück, der wahrscheinlich der inaktive Überrest eines ehemaligen kurzperiodischen Kometen ist.

Grus

GRUIS • Gru • KRANICH

Hauptkarten: 19 (14, 18, 20)
Fläche: 366 Quadratgrad (45.)
Kulmination 00:00 Ortszeit: Ende August

Ein weiteres von Pieter Keyser und Frederick de Houtman eingeführtes Sternbild, das erstmals 1603 in Bayers „Uranometria" aufgetaucht ist. Es liegt ziemlich weit von der galaktischen Ebene entfernt, weshalb es weder Offene oder Kugelsternhaufen noch diffuse Nebel enthält. Zwar gibt es vor allem im Nordosten Richtung Sculptor einige Galaxien, aber keine heller als 10^{m}.

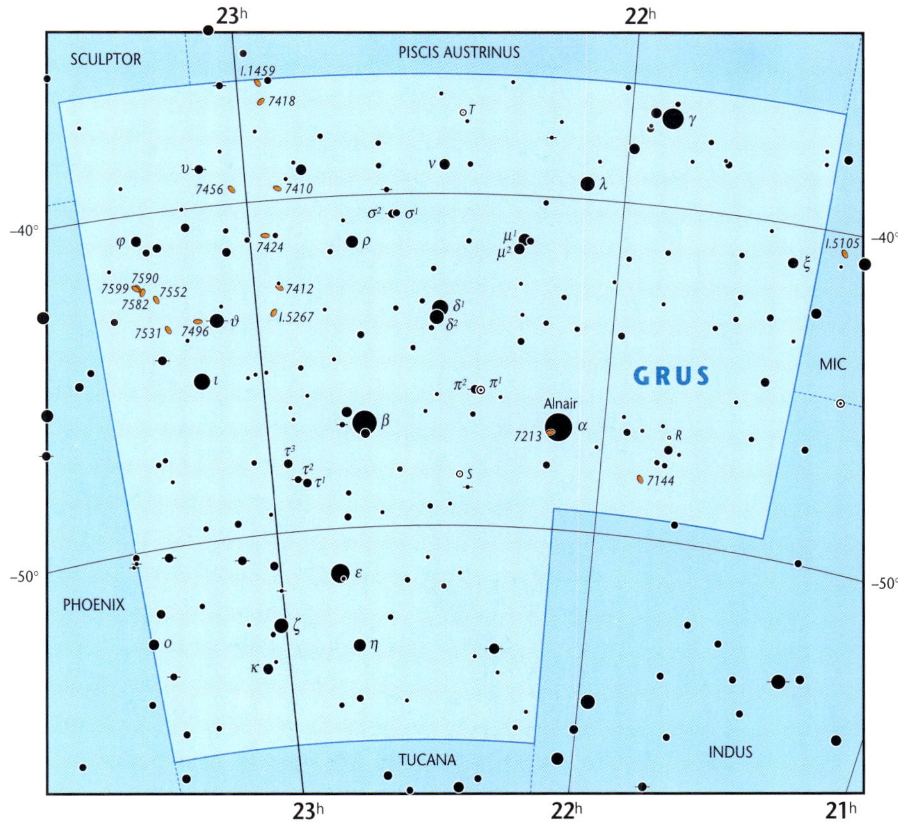

ϑ Gru (23^{h}06^{m},9 / –43°31′): möglicherweise ein Doppelstern (4^{m},5/7^{m},0, PA 75°, Dist. 1″,1).

υ Gru (23^{h}06^{m},9 / –38°54′): Doppelstern unbekannter Umlaufzeit; weiße Komponenten (5^{m},7/8^{m},0, PA 211°, Dist. 1″,1). Mit 150 mm Öffnung sichtbar.

NGC 7213 (22^{h}09^{m},3 / –47°10′): helle (10^{m},4) SBb-Balkenspiralgalaxie, die eventuell bereits mit 75 mm Öffnung zu sehen ist. Da α Gruis (Al Nair, 1^{m},7) nur 16′ nordwestlich von ihr steht, ist die Beobachtung nicht leicht.

NGC 7552 (23^{h}16^{m},4 / –42°33′): SBb-Balkenspiralgalaxie (10^{m},7), von der mit 100 mm Öffnung der Zentralbereich und ein schwacher Umriss zu erkennen sind, mit 150 mm wird der längliche Balken sichtbar, der hellste Teil des Objekts.

NGC 7582 (23^{h}18^{m},6 / –42°20′): SBb-Balkenspiralgalaxie (10^{m},2). Zwei weitere Galaxien liegen in der Nähe: NGC 7590 (11^{m},5) und NGC 7599 (11^{m},4) – beide mit 100 mm Öffnung sichtbar.

π Gru (22^{h}22^{m},7 / –45°56′): weiter optischer Doppelstern, der aus einem orangeroten (S5) Halbregelmäßigen (π^{1} Gru; 5^{m},4 bis 6^{m},7, Periode von 150^{d}, d = 500 LJ) besteht. Dieser Stern ist einer der hellsten am Himmel mit diesem seltenen Spektraltyp. Beim zweiten Stern (π^{2} Gru) handelt es sich um einen blauweißen (F0) Unterriesen (5^{m},68), der uns viel näher steht (d ≈ 130 LJ). Er besitzt einen schwachen Begleiter (11^{m},3, PA 214°, Dist. 4″,6), der ab 150 mm Öffnung sichtbar ist.

Hercules

HERCULIS • Her • HERKULES

Hauptkarten: 6, 12 (5, 7, 11)
Fläche: 1225 Quadratgrad (5.)
Kulmination 00:00 Ortszeit: Mitte Juni

Obwohl Hercules außerhalb des Milchstraßenbandes liegt, sind seine Galaxien alle schwach, auch die des Hercules-Haufens (Abell 2151). Drei Kugelsternhaufen sind leicht zu sehen, darunter M 13, der schönste des Nordhimmels. Es gibt mehrere interessante Doppelsterne.

α Her (17^{h}14^m,6 / +14°23′), Ras Algethi: roter (M5Ib) halbregelmäßiger (2^m,7 bis 4^m,0) Überriese, der einem Mehrfachsystem angehört. Die B-Komponente ist ein heller Riese (5^m,4, PA 106°, Dist. 4″,6) und spektroskopischer Doppelstern, die vierte Komponente ein enger Begleiter von A, aber nicht in Amateurgeräten zu sehen.

ζ Her (16^{h}41^m,3 / +31°36′): Doppelstern (d = 33 LJ) mit einem G0-Unterriesen und einem G7-Zwerg (2^m,9/5^m,4, PA 12°, Dist, 0″,8, P = 34^a,5). Engster Abstand im Jahr 2001.

κ Her (16^{h}08^m,1 / +17°03′): ziemlich enger Doppelstern für ein Fernglas; mit orangegelben Komponenten (5^m,3 bzw. 6^m,5).

μ Her (17^{h}46^m,5 / +27°43′): Dreifachsystem (d = 29 LJ) mit einem gelben G5-Unterriesen und zwei roten M4-Zwergen. Paar AB hat eine lange Umlaufzeit (3^m,4/10^m,1, PA 247°, Dist. 33″,8); das Paar BC (C 10^m,0, PA 10°,5, Dist. 0″,5 bis 1″,6, P = 43^a,2) stand 2001 am engsten beisammen.

ρ Her (17^{h}23^m,7 / +37°09′): Mehrfachsystem mit einem sichtbaren B9,5-Riesen und einem A0-Zwerg (4^m,6/5^m,6, PA 316°, Dist. 4″,1). Der Hauptstern hat außerdem einen sehr engen Begleiter.

68 Her (υ Her: 17^{h}17^m,3 / +33°06′): Bedeckungsveränderlicher mit ständigem Lichtwechsel (4^m,7 bis 5^m,4, P = 2^d,05).

AC Her (18^{h}30^m,3 / +21°52′): interessanter Halbregelmäßiger des Typs RV Tauri. Abwechselnd tiefe und flache Minima (6^m,6 bis 9^m,1, P = 75^d von tiefem zu tiefem Minimum).

X Her (16^{h}02^m / +47°14′): Halbregelmäßiger (5^m,5 bis 7^m,7) mit einem tiefroten (M6) Spektrum. Er zeigt Phasen mit schwach ausgeprägter Periode (≈ 95^d), die von einem langsamen, unregelmäßigen Lichtwechsel unterbrochen werden.

M 13 (NGC 6205: 16^{h}41^m,7, +36°27′): der hellste Kugelsternhaufen des Nordsternhimmels (5^m,8), fast mit bloßem Auge sichtbar, einfach mit dem Fernglas. M 13 besitzt etwa halben Monddurchmesser und hat ein kompaktes Zentrum, das von einem Hof hellerer Sterne umgeben ist. Die Entfernung beträgt 25 000 LJ, der wahre Durchmesser ca. 100 LJ.

M 92 (NGC 6341: 17^{h}17^m,1, +43°08′): etwas schwächer als M 13 (6^m,5), aber mit dem Fernglas ebenfalls einfach zu sehen. Dichter Kernbereich, ca. 26 750 LJ entfernt; mit 14 000 Mio. Jahren der älteste bekannte Kugelsternhaufen.

NGC 6210 (16^{h}44^m,5, +23°49′): ein bläulicher Planetarischer Nebel, bereits mit kleiner Öffnung ab 75 mm gut zu sehen, da 8^m,8 hell.

NGC 6229 (16^{h}47^m,0, +47°32′): Kugelsternhaufen mit 9^m,4, ca. 98 000 LJ entfernt. Einfach mit 75 mm Öffnung, ab 300 mm sind Einzelsterne sichtbar.

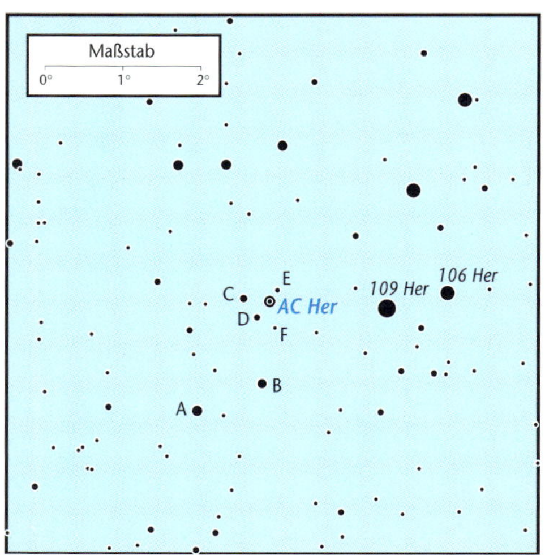

Vergleichssterne für AC Her:

A	6,4	D	7,4
B	6,5	E	8,1
C	7,0	F	8,6

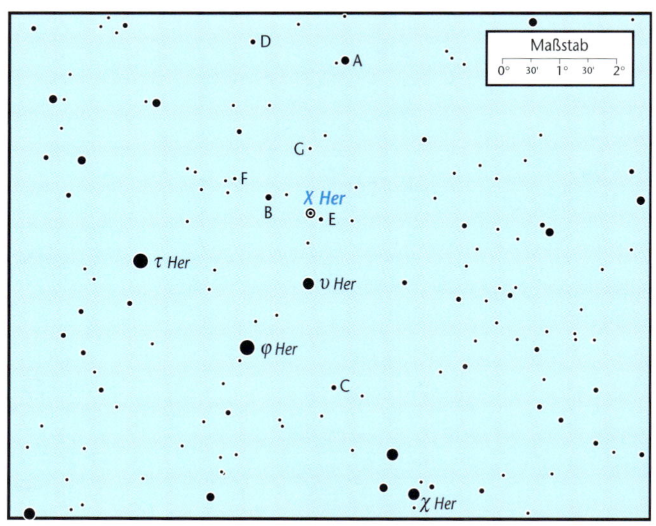

Vergleichssterne für X Her:

A	5,9	E	7,4
B	6,6	F	7,6
C	6,9	G	8,0
D	7,0		

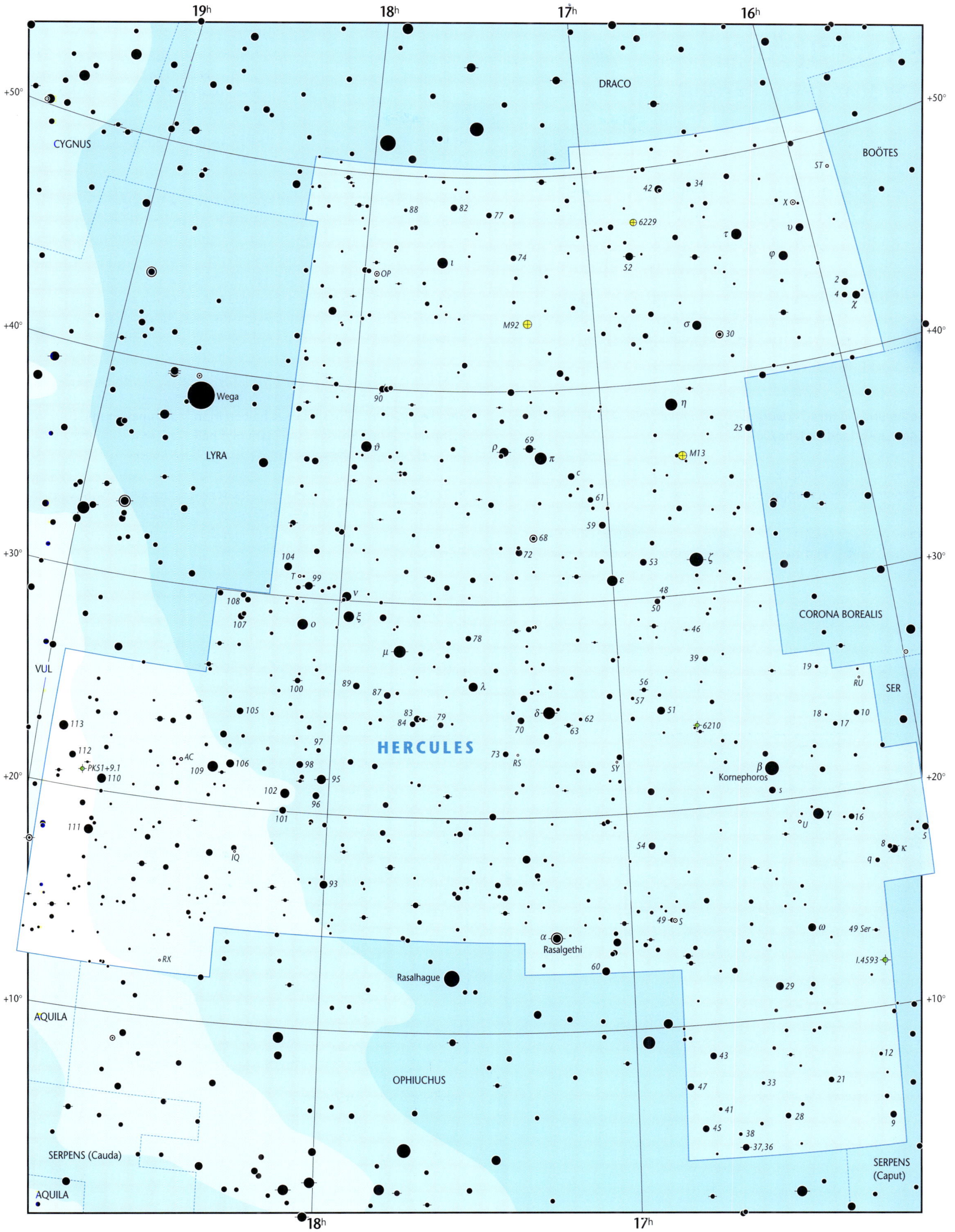
19h
18h
17h
16h
+50°
+40°
+30°
+20°
+10°
DRACO
CYGNUS
BOÖTES
LYRA
Wega
CORONA BOREALIS
VUL
SER
HERCULES
Kornephoros
Rasalgethi
Rasalhague
AQUILA
OPHIUCHUS
SERPENS (Cauda)
SERPENS (Caput)
M92
M13
6229
6210
PKS1+9.1
I.4593
49 Ser
18h
17h

Horologium

HOROLOGII • Hor • PENDELUHR

Hauptkarten: 14 (15, 20)
Fläche: 249 Quadratgrad (58.)
Kulmination 00:00 Ortszeit: Ende November

Sehr unauffälliges Sternbild, das La Caille 1752 eingeführt hat. α Hor ist der hellste Stern ($3^{m},8$). Es gibt weder Offene Haufen noch diffuse Nebel und nur wenige Doppelsterne. Der Kugelhaufen NGC 1261 ist recht hell, aber der andere, AM 1, hat nur rund 15^{m}. Mit 120 000 pc (≈ 390 000 LJ) ist es der fernste Kugelsternhaufen unserer Galaxis.

NGC 1261 ($03^{h}12^{m},3$ / –55°13′): stark konzentrierter Kugelhaufen ($8^{m},4$, d = 16 000 pc oder 52 000 LJ). Sichtbar mit 75 mm Öffnung, ab 200 mm am Rand auflösbar, mit 300 mm völlig auflösbar.

NGC 1433 ($03^{h}42^{m},0$ / –47°13′): SBa-Balkenspiralgalaxie ($10^{m},0$); mit 100 mm Öffnung ist nur der Kern sichtbar.

NGC 1448 ($03^{h}44^{m},5$ / –44°39′): Sc-Spiralgalaxie von der Kante. Verschiedene Quellen geben Helligkeiten zwischen $10^{m},8$ und $11^{m},3$ an. Die längliche Form der Galaxie wird mit 150 mm erkennbar, um mehr zu sehen, braucht man eine größere Öffnung.

NGC 1512 ($04^{h}03^{m},9$ / –43°21′): SBa-Balkenspiralgalaxie ($10^{m},6$). Mit 100 mm Öffnung gerade sichtbar, erfordert eigentlich 300 mm. Wechselwirkung mit NGC 1510 (5′ südwestlich).

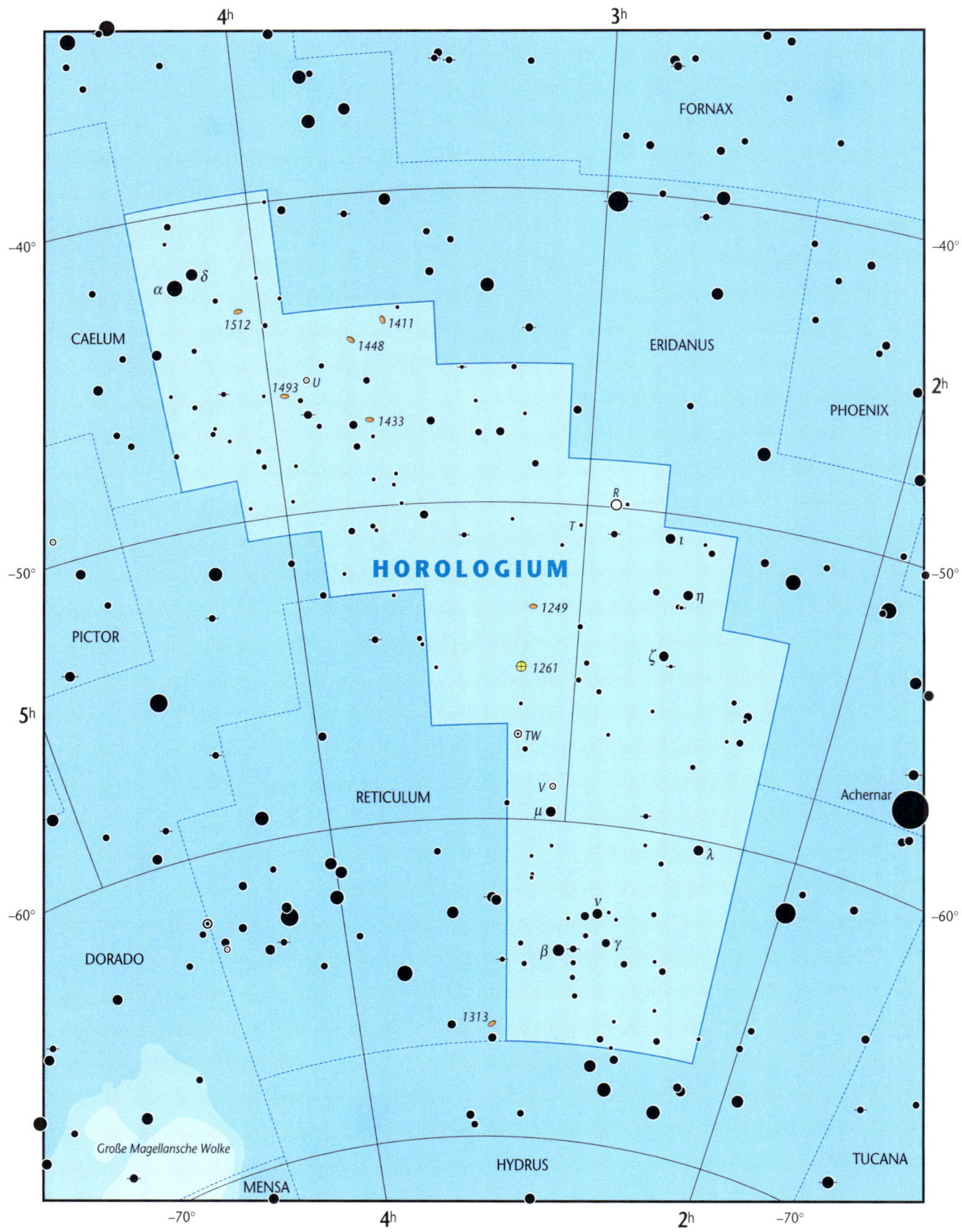

Hydra

HYDRAE • Hya • WASSERSCHLANGE

Hauptkarten: 10, 16, 17 (11)
Fläche: 1303 Quadratgrad (1.)
Kulmination 00:00 Ortszeit: Anfang Februar (α Hya)

Dieses alte Sternbild ist das größte und längste am Himmel: Es bedeckt sieben Stunden in Rektaszension. Größtenteils besteht es aus schwachen Sternen, nur der Kopf im Westen fällt auf. Ihn bildet α Hya (Alphard) zusammen mit einer Gruppe aus sechs Sternen, die in ganz verschiedenen Entfernungen stehen (135 bis 466 LJ). Es gibt sehr viele Galaxien, darunter den Hydra-I-Haufen, aber sie sind nicht sehr hell. Außerdem stößt man auf viele Doppelsterne, von denen hier nur ein paar berücksichtigt worden sind.

ε Hya ($08^h46^m,8$ / +06°25′), der nördlichste Stern des Hydra-Kopfes: Fünffachsystem, dessen A- und B-Komponenten ($3^m,4$/$4^m,7$, P = $15^a,1$, G5-Riese/A9-Unterriese) sich nicht trennen lassen – selbst bei maximalem Abstand erreichen sie nur 0″,27. Zurzeit rücken sie noch näher zusammen. Das Paar AC ist auffällig ($3^m,4$/$7^m,8$, PA 289°, Dist. 2″,0), wobei C ein F7-Zwerg und spektroskopischer Doppelstern (P = $9^d,90$) ist. Eine weitere Komponente ($12^m,7$, PA 196°, Dist. 19″) gehört zum System.

27 Hya ($09^h20^m,5$ / –09°33′), nahe bei α Hya: weiter Doppelstern mit gelblicher und weißer Komponente ($5^m,0$/$6^m,9$, PA 211°, Dist. 229″,4); leicht im Fernglas. Eine weitere schwache Komponente hat $9^m,1$ (PA BC 198°, Dist. 9″,3).

54 Hya ($14^h46^m,0$ / –25°27′): möglicher Doppelstern ($5^m,1$/$7^m,1$, PA 126°, Dist. 8″,6, F0/G1); leicht mit kleinen Öffnungen.

59 Hya ($14^h58^m,7$ / –27°39′): Doppelstern mit zwei weißen Komponenten ($6^m,3$/$6^m,6$, PA 80°, Dist. 0″,3, P = $339^a,6$, A4/A6); rund 250 mm Öffnung erforderlich.

R Hya ($13^h29^m,7$ / –23°17′): Roter Riese und langperiodischer Veränderlicher (3,5 bis $10^m,9$, 389^d). Seine Farbe ist im Maximum sehr auffällig. In der Nähe steht ein Stern ($12^m,0$, PA 324°, Dist. 21″), von dem man nicht weiß, ob er ein physischer Begleiter ist.

U Hya ($10^h37^m,6$ / –13°23′): interessanter Halbregelmäßiger mit einem tiefroten (C5) Spektrum ($4^m,7$ bis $5^m,2$, 450^d Periode, dazwischen unregelmäßige Phasen).

M 48 (NGC 2548: $08^h13^m,8$ / –05°47′): sehr großer Offener Haufen (rund 30′ Durchmesser), der mit dem bloßen Auge gerade sichtbar ist und ein schönes Objekt für Ferngläser darstellt. Etwas schwierig zu finden, da es wenig Sterne in diesem Bereich gibt.

M 68 (NGC 4590: $12^h39^m,5$ / –26°45′): 8^m-Kugelsternhaufen; im Fernglas erkennbar. Große Öffnungen enthüllen einen ungleichmäßig hellen Kern und einen schwachen Halo.

M 83 (NGC 5236: $13^h37^m,0$ / –29°52′): Face-on-Sc-Spiralgalaxie; leichtes Fernglasobjekt ($8^m,2$).

NGC 2784 ($09^h12^m,3$ / –24°10′): linsenförmige S0-Galaxie ($10^m,1$), von der nur das elliptische Zentrum mit 150 mm zu sehen ist. Schwache Ausläufer sind eventuell mit großen Öffnungen zu erkennen.

NGC 3109 ($10^h03^m,1$ / –26°09′): irreguläre Edge-on-Galaxie ($10^m,4$). Ihre Form ist bereits mit 150 mm Öffnung erkennbar, wird aber erst mit 300 mm deutlich. Dann sieht man eventuell auch einen 12^m-Vordergrundstern in der Nähe des Zentrums. Die Galaxie befindet sich knapp außerhalb der Lokalen Gruppe in einer Entfernung von rund 1,3 Mpc (4,24 Mio. LJ).

NGC 3242 ($10^h24^m,8$ / –18°39′), Jupiters Geist: der Planetarische Nebel (d ≈ 1960 LJ) trägt den Namen wegen seiner Ähnlichkeit mit Jupiter. Bei niedriger Vergrößerung bereits mit 150 mm Öffnung erkennbar, mehr als 300 mm für Details erforderlich.

NGC 3309 ($10^h36^m,6$ / –27°31′) und NGC 3311 ($10^h36^m,7$ / –27°32′): zwei riesige elliptische (E0) Galaxien, die eine gemeinsame Hülle besitzen (mit Amateurgeräten nicht sichtbar). Es gibt zwei weitere Galaxien in diesem Bereich: 6′ nordwestlich die S0-Galaxie NGC 3308 ($10^h36^m,4$ / –27°26′) und 7′ südöstlich die Sb-Galaxie NGC 3312 ($10^h37^m,0$ / –27°34′). Alle gehören zum Hydra-I-Haufen (Abell 1060), sind recht schwach (11^m bis 12^m), aber mit 150 mm Öffnung sichtbar.

NGC 3621 ($11^h18^m,3$ / –32°49′): Sc-Spiralgalaxie ($9^m,9$), deren elliptische Zentralregion leicht (aber schwach) mit 75 mm Öffnung zu erkennen ist.

NGC 5061 ($13^h18^m,1$ / –26°50′): elliptische E2-Galaxie ($10^m,2$). Ab 100 mm Öffnung ist der Kern deutlich zu sehen. Einige Quellen bezeichnen sie fälschlicherweise als Spiralgalaxie. Rund 2′,5 östlich steht β 246, ein enger Doppelstern ($9^m,1$/$9^m,3$, PA 129°, Dist. 0″,63), der mindestens 250 mm erfordert.

NGC 5694 ($14^h39^m,6$ / –26°31′): entfernter, aber relativ heller ($10^m,2$) Kugelhaufen. Erscheint bei 100 mm als diffuser Fleck und lässt sich erst ab 300 mm Öffnung am Rand auflösen. Er ist rund 37,4 kpc (≈ 122 000 LJ) entfernt.

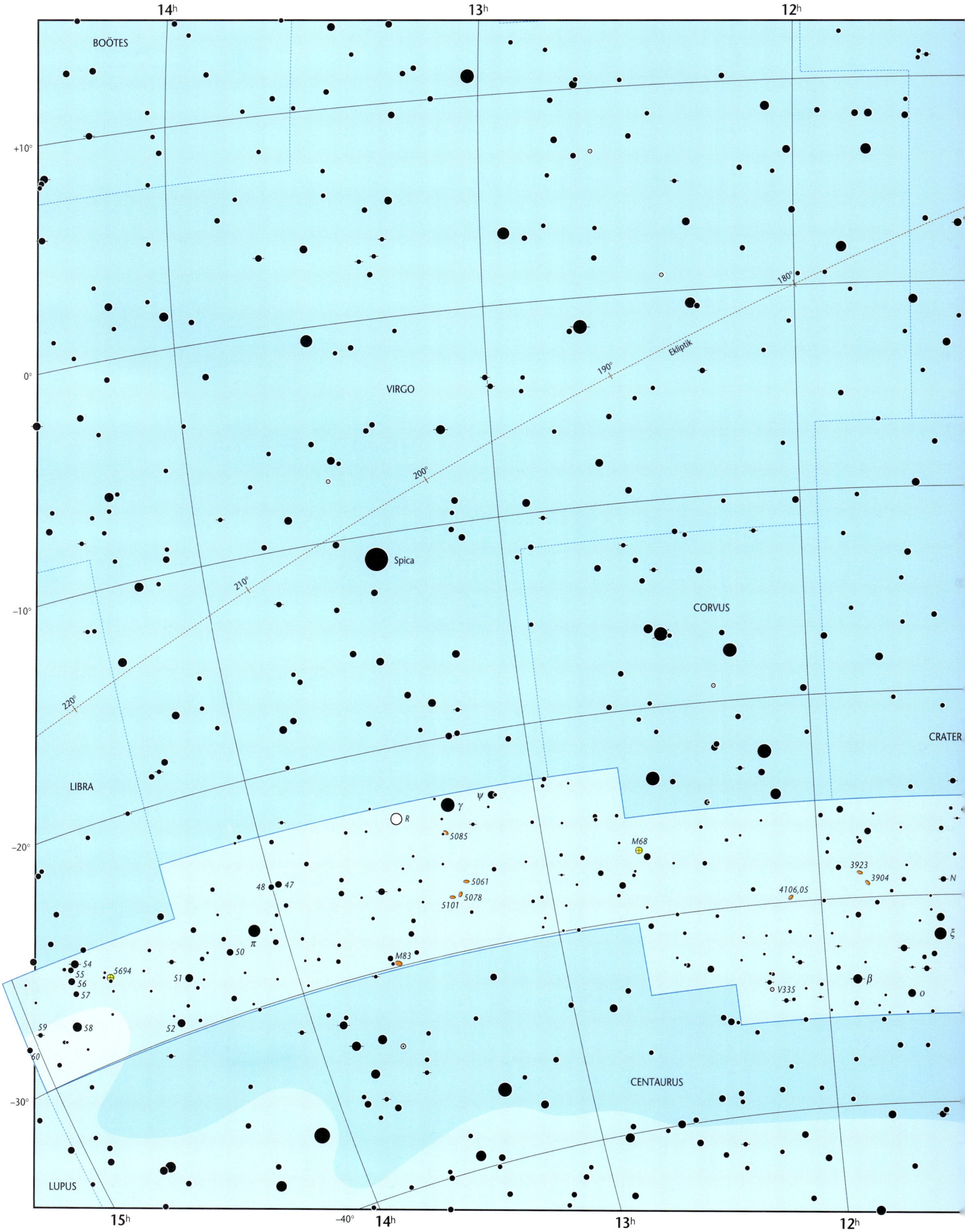
14h
13h
12h
+10°
0°
−10°
−20°
−30°
−40°
15h
14h
13h
12h
BOÖTES
VIRGO
Ekliptik
180°
190°
200°
210°
220°
Spica
CORVUS
CRATER
LIBRA
γ
ψ
R
5085
M68
5061
5078
5101
48
47
3923
3904
N
4106,05
ξ
π
50
M83
54
55
56
57
5694
51
β
V335
o
59
58
52
60
CENTAURUS
LUPUS

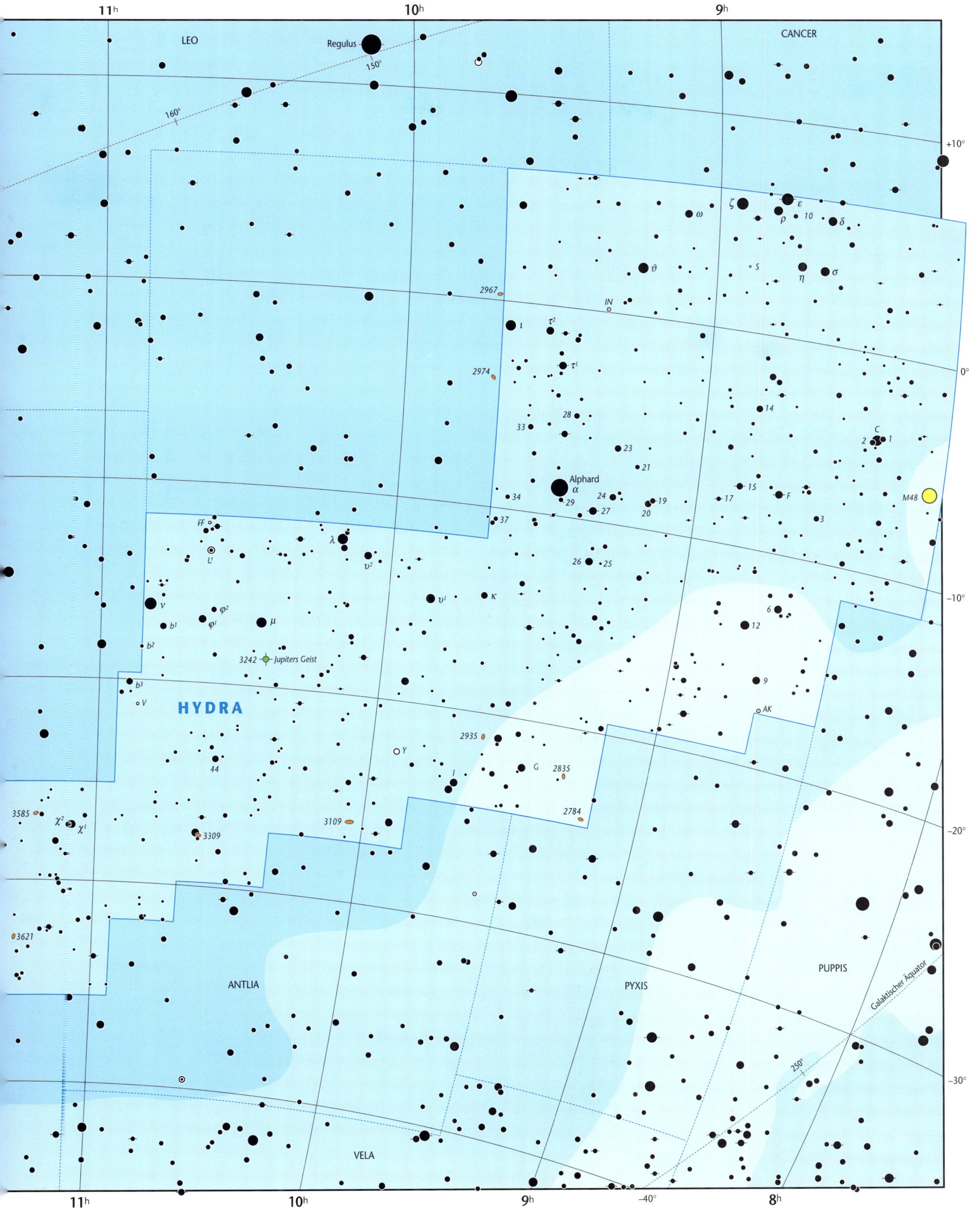
11h
10h
9h
8h
LEO
Regulus
150°
160°
CANCER
+10°
0°
−10°
−20°
−30°
−40°
HYDRA
Alphard
M48
2967
2974
2935
2835
2784
3109
3309
3242
Jupiters Geist
3585
3621
ANTLIA
PYXIS
PUPPIS
VELA
Galaktischer Äquator
250°

Hydrus

HYDRI • Hyi • KLEINE WASSERSCHLANGE

Hauptkarten: 20 (15, 9)
Fläche: 243 Quadratgrad (61.)
Kulmination 00:00 Ortszeit: Ende Oktober

Dieses kleine Sternbild (ebenfalls von Pieter Keyser und Frederick de Houtman eingeführt) liegt in einem recht langweiligen Himmelsabschnitt. Es gibt nur wenige interessante Objekte, die Galaxien sind beispielsweise alle sehr schwach. Zwei Doppelsterne, entdeckt von John Herschel (für dessen Katalog der Buchstabe „h" steht), sind aufgeführt. Veränderlichenbeobachtern ist das Sternbild wegen VW Hydri bekannt, ein interessanter kataklysmischer Veränderlicher.

VW Hyi (04^{h}09^m,1 / –71°18′): recht heller U-Geminorum-Stern (Zwergnova), der im Schnitt alle 27^d,3 einen Ausbruch um mehrere Größenklassen erleidet. Die so genannten Supermaxima sind heller als die gewöhnlichen Maxima und haben eine durchschnittliche Periode von 179^d. Der Stern schwankt maximal zwischen 8^m,4 und 14^m,4.

BN Hyi (03^{h}07^m,5 / –78°59′), auch bekannt als h 3568: Mutmaßlicher Doppelstern (5^m,7/8^m,0, PA 225°, Dist. 15″,2) mit langer Umlaufzeit; mit einem gelben (F0) Riesen und einem weißen Begleiter. Ursprünglich hielt man ihn für einen δ-Scuti-Veränderlichen mit einer kleinen Amplitude, doch inzwischen führt man den Lichtwechsel auf seine Natur als Doppelstern zurück.

h 3475 (01^{h}55^m,3 / –60°19′): möglicherweise ein Doppelstern mit gelben Komponenten (7^m,2/7^m,3, PA 71°, Dist. 2″,3, F1/F2). Ein leichtes Objekt für kleine Fernrohre.

NGC 602 (01^{h}29^m,6 / –73°34′): kleiner Haufen mit Emissionsnebel; einfach mit 150 mm Öffnung zu sehen. Vermutlich ein Nebelfetzen, der zur Kleinen Magellanschen Wolke gehört.

Indus

Indi • Ind • Indianer

Hauptkarten: 19, 20 (18)
Fläche: 294 Quadratgrad (49.)
Kulmination 00:00 Ortszeit: Ende Februar, Anfang März

Ein weiteres unauffälliges, südliches Sternbild, das Pieter Keyser und Frederick de Houtman eingeführt haben. Der hellste Stern (α Indi) ist ein orangefarbener Riese (3^m,1).

ε Ind (22^{h}03^{m}37^s, / –56°46′04"): orangefarbener (K5) Zwerg (4^m,7), der zu den nächsten Nachbarsternen der Sonne gehört (d = 11,8 LJ). Aus Infrarotbeobachtungen weiß man, dass er von einem Paar schwacher Brauner Zwerge begleitet wird. Diese Sterne (ε Indi Ba und ε Indi Bb) gehören der Spektralklasse T an und bilden ein echtes Doppelsternsystem. Ihre Umlaufzeit beträgt 10^a und ihr Abstand voneinander rund 12 AE. Die Helligkeiten sind 16^m,9 bzw. 18^m,4, ihre Oberflächentemperatur 1240 K bzw. 850 K.

ϑ Ind (21^{h}19^m,9 / –53°27′): Doppelstern aus zwei Zwergen (4^m,5/7^m,0, PA 275°, Dist. 6", A5/G0).

T Ind (21^{h}20^m,2 / –45°01′): tiefroter Halbregelmäßiger (5^m,5 bis 6^m,5, P = 320^d:, C7-Spektrum).

NGC 7049 (21^{h}19^m,0 / –48°34′): linsenförmige S0-Galaxie (10^m,7), die als elliptischer Fleck mit 150 mm Öffnung erscheint.

NGC 7090 (21^{h}36^m,5 / –54°33′): SBc-Balkenspiralgalaxie (10^m,7), die mit 150 mm Öffnung als schwacher Strich erscheint; ab 200 mm deutlich besser zu sehen.

NGC 7205 (22^{h}08^m,5 / –57°25′): Sb-Spiralgalaxie (11^m,1); schwach mit 150 mm Öffnung sichtbar, ihre Form wird ab 200 mm erkennbar.

IC 5152 (22^{h}02^m,9 / –51°17′): irreguläre Zwerggalaxie (10^m,6). Ein in der Nähe stehender 8^m-Stern kann das Objekt überstrahlen.

Lacerta

LACERTAE • Lac • EIDECHSE

Hauptkarten: 7 (1, 2, 6)
Fläche: 201 Quadratgrad (68.)
Kulmination 00:00 Ortszeit: Ende August

Dieses kleine Sternbild wurde wie Canes Venatici 1687 durch Johannes Hevelius eingeführt. Es besteht aus einer Zickzacklinie durchschnittlich heller Sterne zwischen Cygnus und Andromeda. Der Nordteil des Sternbildes liegt im Milchstraßenband, weshalb es mehrere Offene Haufen gibt. Dagegen gibt es keine Emissionsnebel oder Kugelhaufen, und die acht Planetarischen Nebel sind alle schwächer als 11^m.

8 Lac (22^{h}35^m,9 / +39°38′): komplexes Mehrfachsystem (d = 640 LJ) aus sieben Komponenten. Das Hauptpaar AB bilden zwei weiße Sterne (5^m,7/6^m,5, PA 186°, Dist. 22″,4), es lässt sich bereits unter guten Bedingungen mit dem Fernglas auflösen. Drei weitere Komponenten sind

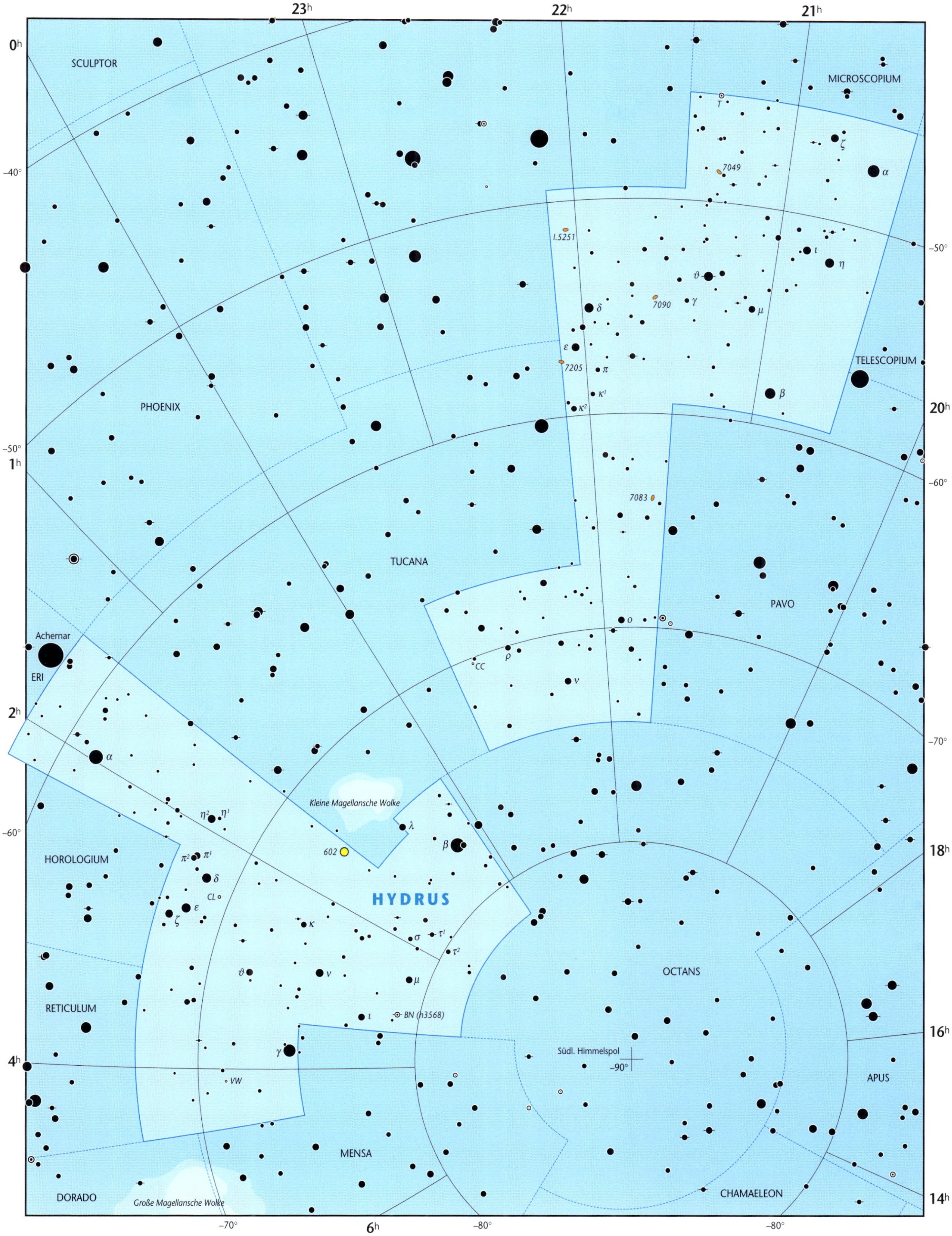

23h
22h
21h
0h
SCULPTOR
MICROSCOPIUM
PHOENIX
TUCANA
TELESCOPIUM
20h
1h
PAVO
Achernar
ERI
2h
Kleine Magellansche Wolke
HOROLOGIUM
HYDRUS
18h
OCTANS
RETICULUM
16h
Südl. Himmelspol
-90°
4h
APUS
MENSA
DORADO
Große Magellansche Wolke
CHAMAELEON
14h
-70°
6h
-80°
-80°
-40°
-50°
-60°
-50°
-60°
-70°
7049
I.5251
7090
7205
7083
602
BN (h3568)
VW
CL
CC

mit kleinen Geräten sichtbar: C ($10\overset{m}{,}5$, PA AC 169°, Dist. 48″,8), D ($9\overset{m}{,}3$, PA AD 144°, Dist. 81″,8) und E ($7\overset{m}{,}8$, PA AE 239°, Dist. 336″,6). Die beiden weiteren vermuteten Sterne werden als R ($14\overset{m}{,}6$, PA CR 225°, Dist. 1″,4) und S ($13\overset{m}{,}3$, PA DS 226°, Dist. 9″,5) bezeichnet.

AR Lac ($22^h08\overset{m}{,}7$ / +45°45′): Bedeckungsveränderlicher des Typs EA ($6\overset{m}{,}1$ bis $6\overset{m}{,}8$, P = $1\overset{d}{,}98$).

Σ 2894 ($22^h18\overset{m}{,}9$ / +37°46′): mutmaßlicher, weiter Doppelstern mit gelber und roter Komponente ($6\overset{m}{,}1/8\overset{m}{,}3$, PA 193°, Dist. 15″,6).

Σ 2906 ($22^h26\overset{m}{,}8$ / +37°27′): ungleiches, wenig bekanntes weißes Sternpaar ($6\overset{m}{,}5/10\overset{m}{,}1$, PA 1°, Dist. 4″,4); möglicherweise ein echter Doppelstern. Sichtbar ab 100 mm Öffnung.

Σ 2942 ($22^h44\overset{m}{,}1$ / +39°28′): Doppelstern mit langer Umlaufzeit ($6\overset{m}{,}1/8\overset{m}{,}3$, PA 279°, Dist. 2″,8, K4-/K1-Riesen); sichtbar mit 75 mm Öffnung.

NGC 7209 ($22^h05\overset{m}{,}2$ / +46°30′): unregelmäßiger, sternarmer Offener Haufen ($6\overset{m}{,}7$, d ≈ 2940 LJ). Ferngläser zeigen nur ein paar Sterne mit einem diffusen Hintergrund.

NGC 7243 ($22^h15\overset{m}{,}3$ / +49°53′): unregelmäßiger, sternarmer Offener Haufen ($6\overset{m}{,}4$, d ≈ 3300 LJ); sichtbar im Fernglas.

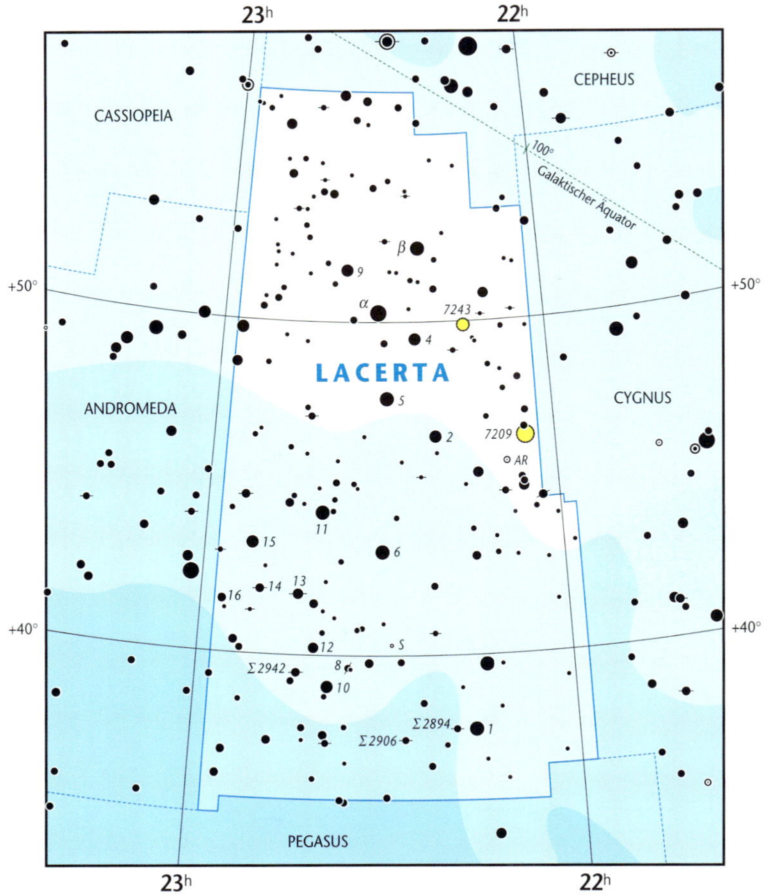

Leo

LEONIS • Leo • LÖWE

Hauptkarten: 10 (4, 5, 11)
Fläche: 947 Quadratgrad (12.)
Kulmination 00:00 Ortszeit: Ende Februar, Anfang März

Leo liegt weit weg von der galaktischen Ebene und enthält weder Offene noch Kugelhaufen oder diffuse Nebel. Dafür gibt es viele Galaxien, unter ihnen Leo I und Leo II, die beiden Zwergbegleiter unserer Galaxis. Das Sternbild enthält den Radianten des Leoniden-Meteorstroms. Auch wenn er zu schwach ist, um auf diesen Karten dargestellt zu werden, enthält Leo den viertnächsten Stern (d = 7,8 LJ). Er heißt CN Leo oder Wolf 359, ein M6-Zwerg und UV-Ceti-Flare-Stern wie Proxima Centauri.

α Leo ($10^h08\overset{m}{,}4$ / +11°58′), Regulus: blauweißer (B7) Stern ($1\overset{m}{,}4$), der mit einem orangefarbenen (K1) Stern ($7\overset{m}{,}7$, PA 307°, Dist. 176″,9) einen weiten Doppelstern bildet. Leicht mit 75 mm Öffnung.

γ Leo ($10^h20\overset{m}{,}0$ / +19°51′), Algieba: Mehrfachsystem. Das Hauptpaar besteht aus einem orangefarbenen (K1) und einem gelben (G7) Riesen ($2\overset{m}{,}2/3\overset{m}{,}5$, PA 125°, Dist. 4″,4, P = $618\overset{a}{,}6$). Sichtbar mit kleinen Fernrohren. Es gibt zwei sehr weite, schwächere Komponenten: C ($9\overset{m}{,}2$, PA AC 291°, Dist. 259″,9) und D ($9\overset{m}{,}6$, PA AD 302°, Dist. 333″,0).

ω Leo ($09^h28\overset{m}{,}5$ / +09°03′): enger Doppelstern ($5\overset{m}{,}9/6\overset{m}{,}5$, PA 84°, Dist. 0″,6, P = $118\overset{a}{,}2$).

R Leo ($09^h47\overset{m}{,}6$ / +11°26′): langperiodischer Mira-Stern. Meistens erreicht er im Maximum $5\overset{m}{,}9$, aber gelegentlich steigt er auf $4\overset{m}{,}4$. Dann erscheint er sehr rot (M8-Riese). Das Minimum liegt um $10\overset{m}{,}0$ oder sogar noch tiefer, die Periode beträgt 310^d.

Leo I (U 5470: $10^h08\overset{m}{,}4$ / +12°18′): Zwerggalaxie (dE3) mit einer Helligkeit von $9\overset{m}{,}8$, aber geringer Flächenhelligkeit. Diese Galaxie liegt 20′ nördlich von α Leonis (Regulus) und ist nur sichtbar, wenn dieser helle Stern nicht im Gesichtsfeld steht (mindestens 200 mm Öffnung erforderlich).

M 65 (NGC 3623: $11^h18\overset{m}{,}9$ / +13°05′): von der Seite zu sehende Sb-Spiralgalaxie ($9\overset{m}{,}3$); unter guten Bedingungen gerade noch mit dem Fernglas zu sehen.

M 66 (NGC 3627: $11^h20\overset{m}{,}2$ / +12°59′): Sb-Spiralgalaxie; etwas leichter als M 65 zu sehen.

M 95 (NGC 3351: $10^h44\overset{m}{,}0$ / +11°42′): SBb-Balkenspiralgalaxie ($9\overset{m}{,}7$), die mit 100 mm Öffnung gerade zu sehen ist. Details im Zentralbereich und der äußeren Regionen erfordern 300 mm. M 95, M 96, M 105 und NGC 3384 sind die hellsten Mitglieder einer kleinen Galaxiengruppe in rund 10 Mpc (≈ 33 Mio. LJ) Entfernung.

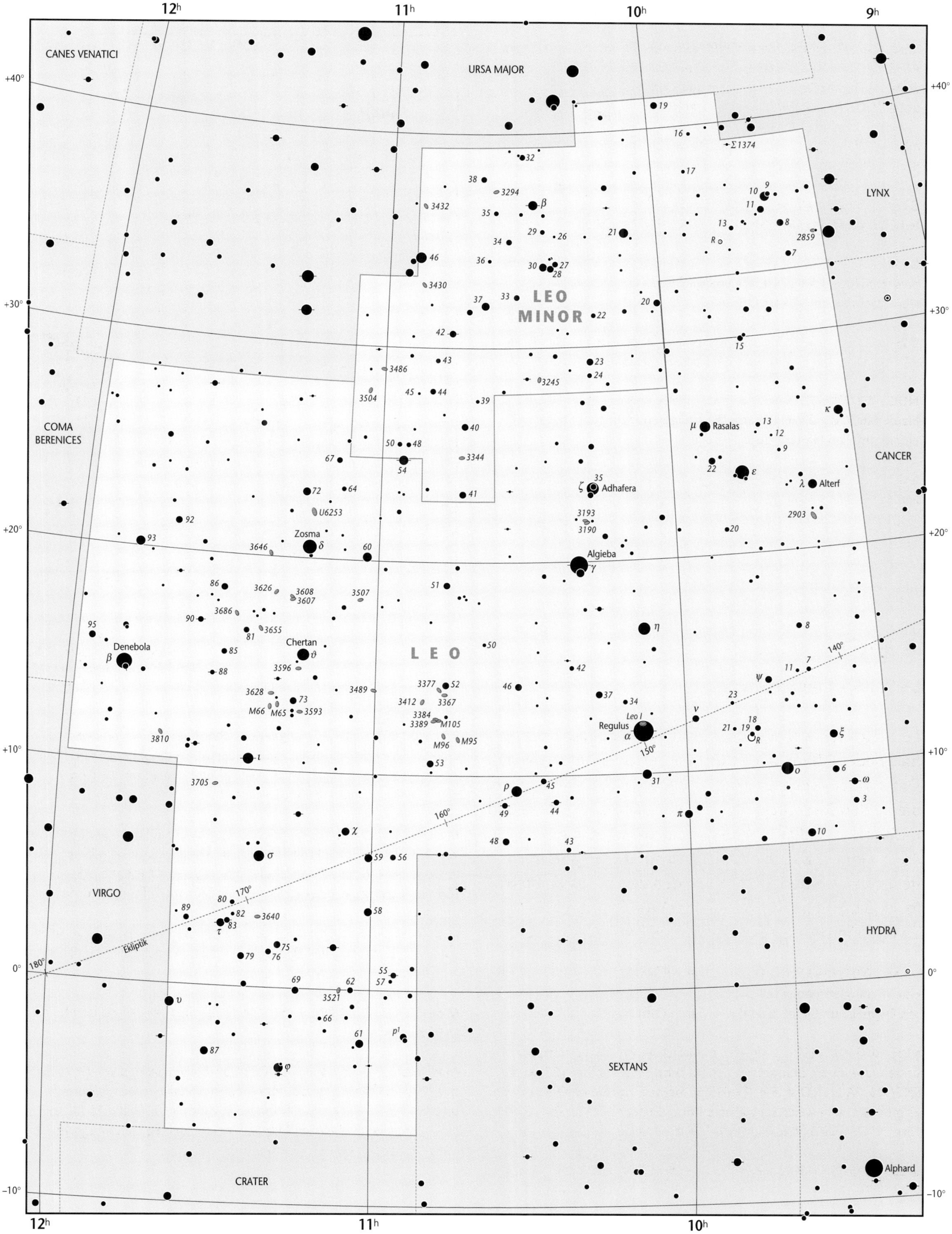
12h
11h
10h
9h
CANES VENATICI
URSA MAJOR
LYNX
LEO MINOR
COMA BERENICES
CANCER
LEO
VIRGO
HYDRA
SEXTANS
CRATER
Rasalas
Alterf
Adhafera
Zosma
Algieba
Chertan
Denebola
Regulus
Leo I
Alphard
Ekliptik
+40°
+30°
+20°
+10°
0°
−10°
140°
150°
160°
170°
180°
M65
M66
M95
M96
M105

M 96 (NGC 3368: $10^{h}46^{m},8$ / +11°49′): Sb-Spiralgalaxie ($9^{m},2$); mit 75 mm sichtbar. Der innere Bereich erfordert größere Öffnungen.

M 105 (NGC 3379: $10^{h}47^{m},8$ / +12°35′): elliptische E1-Galaxie ($9^{m},3$); 7′ nordöstlich liegt NGC 3384 ($10^{h}48^{m},3$ / +12°38′), ebenfalls eine elliptische Galaxie (E7) mit $10^{m},0$. Beide Objekte sind mit 75 mm Öffnung sichtbar. Rund 10′ südöstlich von M 105 befindet sich NGC 3389 ($10^{h}48^{m},5$ / +12°32′): eine schwächere Sc-Spirale, die mindestens 150 mm erfordert.

NGC 2903 ($09^{h}32^{m},2$ / +21°30′): helle Sb-Spiralgalaxie ($8^{m},9$, d ≈ 7 Mpc oder 22,8 Mo. LJ); mit 75 mm sichtbar. Ihre Ausdehnung ist mit jedem Gerät erkennbar, aber der aus dem Zentrum verschobene Kern erfordert mindestens 300 mm Öffnung.

NGC 3521 ($11^{h}05^{m},8$ / –00°02′): Sb-Spiralgalaxie ($8^{m},9$, d = 9 Mpc oder 29,4 Mio. LJ); einfach mit 75 mm Öffnung.

Leoniden (Radiant bei $10^{h}08^{m}$ / +22°): faszinierender Meteorstrom; Ursprungskomet ist Tempel-Tuttle mit einer Umlaufzeit von 33a. In diesem Rhythmus kommt es zu außergewöhnlich hohen Fallraten, beispielsweise in den Jahren um 1999, als Tempel-Tuttle wiederkehrte. 1999 erreichte die stündliche Zenitrate 2500 bis 3000, was immer noch viel geringer als die extreme Rate des Jahres 1966 in Höhe von 100 000 war. In gewöhnlichen Jahren liegt die stündliche Zenitrate bei 100. Die Meteore sind schnell und zeigen oft nachleuchtende Spuren. Sie tauchen zwischen dem 15. und 20. November auf, das Maximum ist am 17. November.

Leo Minor

LEO MINORIS • LMi • KLEINER LÖWE

Hauptkarten: 4 (5)
Fläche: 232 Quadratgrad (64.)
Kulmination 00:00 Ortszeit: Ende Februar

Dieses kleine Sternbild hat ebenfalls Hevelius 1687 eingeführt. Es ist sehr unauffällig und enthält nur wenige interessante Objekte. Da man α bei der Benennung der hellsten Sterne vergessen hat, ist 46 LMi der hellste ($3^{m},8$). Ihm folgt β LMi mit $4^{m},2$. Es gibt drei Galaxien und zwei Doppelsterne in Leo Minor, die sich lohnen.

β LMi ($10^{h}27^{m},9$ / +36°42′): sehr enger, schnell veränderlicher Doppelstern ($4^{m},4/6^{m},1$, PA 240°, Dist. 0″,2, P = 37^{a}).

Σ 1374 ($09^{h}41^{m},4$ / +38°57′): Doppelstern mit gelber und weißer Komponente ($7^{m},3/8^{m},6$, PA 304°, Dist. 3″,0); leicht mit 75 mm Öffnung.

NGC 3245 ($10^{h}27^{m},3$ / +28°30′): abgeplattete (E5) elliptische Galaxie ($10^{m},8$); unter idealen Bedingungen mit 100 mm Öffnung zu erkennen, aber mindestens 300 mm erforderlich, um die ausgedehnte Hülle zu sehen.

NGC 3344 ($10^{h}45^{m},5$ / +24°55′): Sc-Spiralgalaxie ($10^{m},0$); mindestens 100 mm Öffnung erforderlich.

NGC 3486 ($11^{h}00^{m},4$ / +28°58′): weitere Sc-Spiralgalaxie ($10^{m},3$); mindestens 150 mm Öffnung erforderlich.

Lepus

LEPORIS • Lep • HASE

Hauptkarten: 9 (15)
Fläche: 290 Quadratgrad (51.)
Kulmination 00:00 Ortszeit: Ende Dezember

Viele Amateure übersehen dieses südlich des Orion liegende Sternbild. Dabei enthält es ein paar interessante Objekte. Der Name „Arneb“ für den hellsten Stern, α Leporis (ein heller F0-Überriese), stammt aus dem Arabischen und bedeutet „Feldhase“.

β Lep ($05^{h}28^{m},2$ / –20°46′): ungleicher Doppelstern ($2^{m},8/7^{m},3$, PA 346°, Dist. 2″,3); unter guten Bedingungen mit 150 mm Öffnung zu trennen.

γ Lep ($05^{h}44^{m},5$ / –22°27′): weiter Doppelstern mit zwei gelben Komponenten ($3^{m},7/6^{m},3$, PA 350°, Dist. 97″, F6-/K2-Spektrum); bereits im Fernglas zu sehen.

κ Lep ($05^{h}13^{m},2$ / –12°57′): Doppelstern mit extrem langer Umlaufzeit ($4^{m},5/7^{m},4$, PA 357°, Dist. 2″,3). Beide Komponenten erscheinen weiß, der Hauptstern ist ein B9-Zwerg; leicht mit 75 mm Öffnung.

R Lep ($04^{h}59^{m},6$ / –14°48′) Hinds Purpurstern: langperiodischer Veränderlicher ($5^{m},5$ bis $11^{m},7$, P = 427^{d}, Oberflächentemperatur ≈ 3000 K). Im Maximum erscheint der Stern intensiv rot. John Russell Hind beschrieb die Farbe als „intensives Rauchrot“; der Stern wurde auch schon mit einem „Blutstropfen auf schwarzem Hintergrund“ verglichen.

M 79 (NGC 1904: $05^{h}24^{m},5$ / –24°31′): eventuell bereits im Fernglas erkennbarer Kugelhaufen. Die äußeren Sterne sind mit 100 mm Öffnung sichtbar. Entfernung: rund 13 kpc (≈ 42 400 LJ).

NGC 2017 ($05^h39^m,4$ / –17°51′): Sterngruppe mit verschiedenen Farben, sechs Objekte mit 75 mm Öffnung zu erkennen. Kein Offener Haufen, da die Sterne in unterschiedlichen Entfernungen stehen. Der bläuliche Stern Richtung Südost ist ein Doppelstern ($8^m,5/9^m,2$, PA 357°, Dist. 1″,5). Der hellste Stern ist ebenfalls ein Doppelstern (β 321: $6^m,4/7^m,9$, PA 156°, Dist. 0″,6), der aber erst ab 250 mm Öffnung zu trennen ist.

IC 418 ($05^h27^m,5$ / –12°42′): heller, bläulicher Planetarischer Nebel ($9^m,3$); sein Zentralstern ($10^m,6$) ist mit 75 mm Öffnung sichtbar.

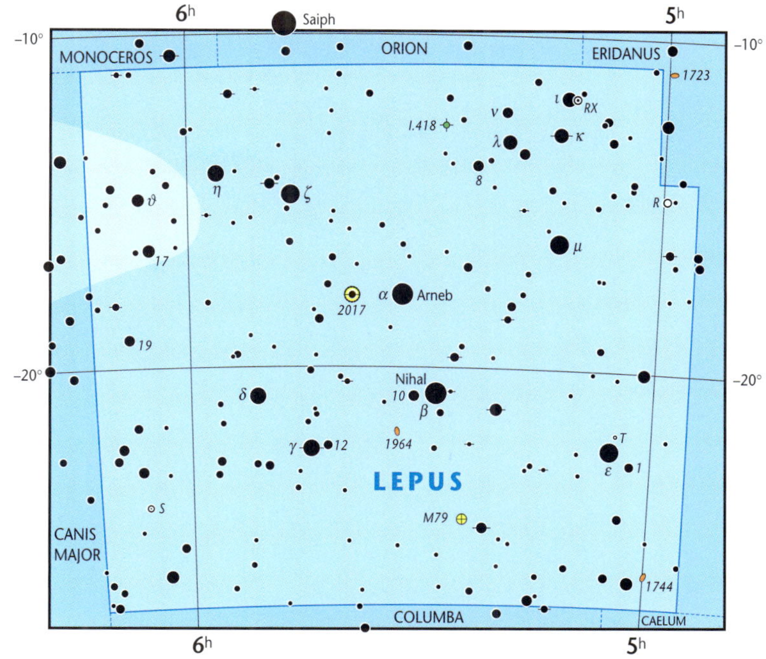

Libra

LIBRAE • Lib • WAAGE

Hauptkarten: 11 (17)
Fläche: 538 Quadratgrad (29.)
Kulmination 00:00 Ortszeit: Anfang Mai

Trotz der Größe des Sternbilds ist kein Stern heller als 3^m. Der Großteil von Libra liegt außerhalb des Milchstraßenbandes, weshalb es keine Offenen Haufen oder Emissionsnebel gibt. Es gibt einen einigermaßen hellen Kugelhaufen und einen Planetarischen Nebel (Me 2-1), den Merrill katalogisiert hat. Die wenigen Galaxien sind alle recht schwach.
Einst lag das Herbstäquinoktium in diesem Sternbild, weshalb man dieses auch als Waage bezeichnet hat (Gleichgewicht zwischen Sommer und Winter). Durch die Präzession hat sich der so genannte Herbstpunkt bereits im achten Jahrhundert vor Christi Geburt nach Virgo verschoben.

α Lib ($14^h50^m,9$ / –16°03′), Zubenelgenubi: weiter Doppelstern α^2/α^1 ($2^m,7/5^m,2$, PA 314°, Dist. 231″,0, A3/F3).

δ Lib ($15^h01^m,1$ / –08°31′): Bedeckungsveränderlicher des Algol-Typs (EA) ($4^m,9$ bis $5^m,9$, P = $2^d,327$)

ι Lib ($15^h12^m,2$ / –19°47′): zusammen mit 25 Lib ($6^m,1$) bildet er ($4^m,5$) einen weiten Doppelstern fürs Fernglas. Gelegentlich heißt das Paar ι^1 und ι^2

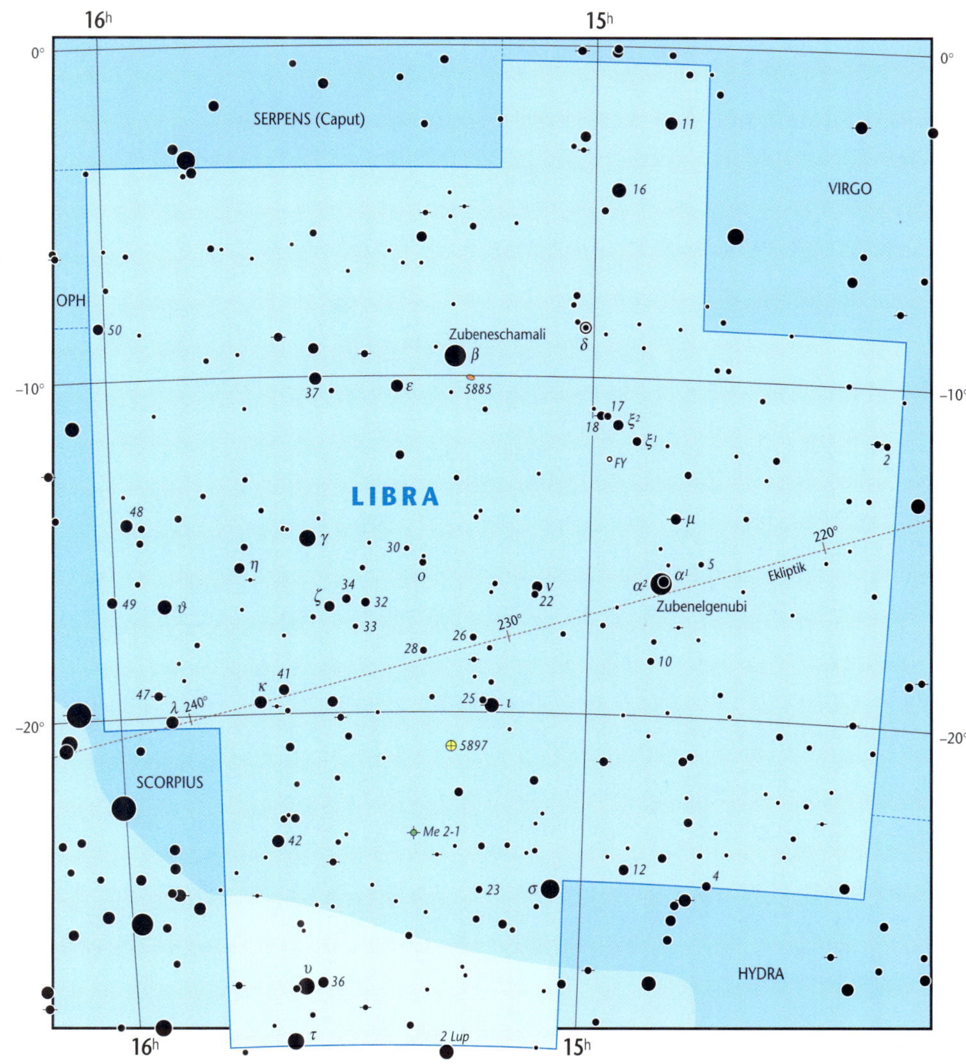

Librae. ι^1 Lib (der hellere) ist ein Mehrfachsystem, dessen Komponente B (PA AB 106°. Dist. 60") $9{,}^{m}4$ hell erscheint. Tatsächlich ist sie wiederum doppelt ($10{,}^{m}6/10{,}^{m}6$, PA 15°, Dist. 1,″9) und mit weniger als 150 mm Öffnung nur schwer zu trennen. Die Komponente A ist ein enger Doppelstern (P = $23{,}^{a}4$), der sich nicht auflösen lässt. Spektroskopische Beobachtungen deuten auf ein weiteres Mitglied im System hin, womit ι^1 Lib fünffach wäre.

NGC 5897 ($15^{h}17{,}^{m}4$ / –21°01′): auffälliger, aber nur schwach konzentrierter Kugelhaufen ($8{,}^{m}6$). Erst ab 150 mm Öffnung auflösbar.

Me 2-1 ($15^{h}22{,}^{m}3$ / –23°38′): kleiner, aber relativ heller Planetarischer Nebel ($11{,}^{m}6$). Mit 75 mm erscheint er rund 1′ östlich eines orangegelben 10^{m}-Sterns als Lichtpunkt. Mit größeren Öffnungen sieht man ein winziges, blaues Scheibchen.

Lupus

LUPI • Lup • WOLF

Hauptkarten: 17, 18
Fläche: 334 Quadratgrad (46.)
Kulmination 00:00 Ortszeit: Anfang Mai

Lupus liegt in der Milchstraße und berührt fast den galaktischen Äquator. In diesem Bereich gibt es viele Staubwolken, weshalb man nur auf wenige auffällige Deep-Sky-Objekte stößt. Alle Galaxien sind schwach, und unter den wenigen Offenen Sternhaufen ist nur einer gut zu beobachten. Zum Ausgleich gibt es einige interessante Doppelsterne.

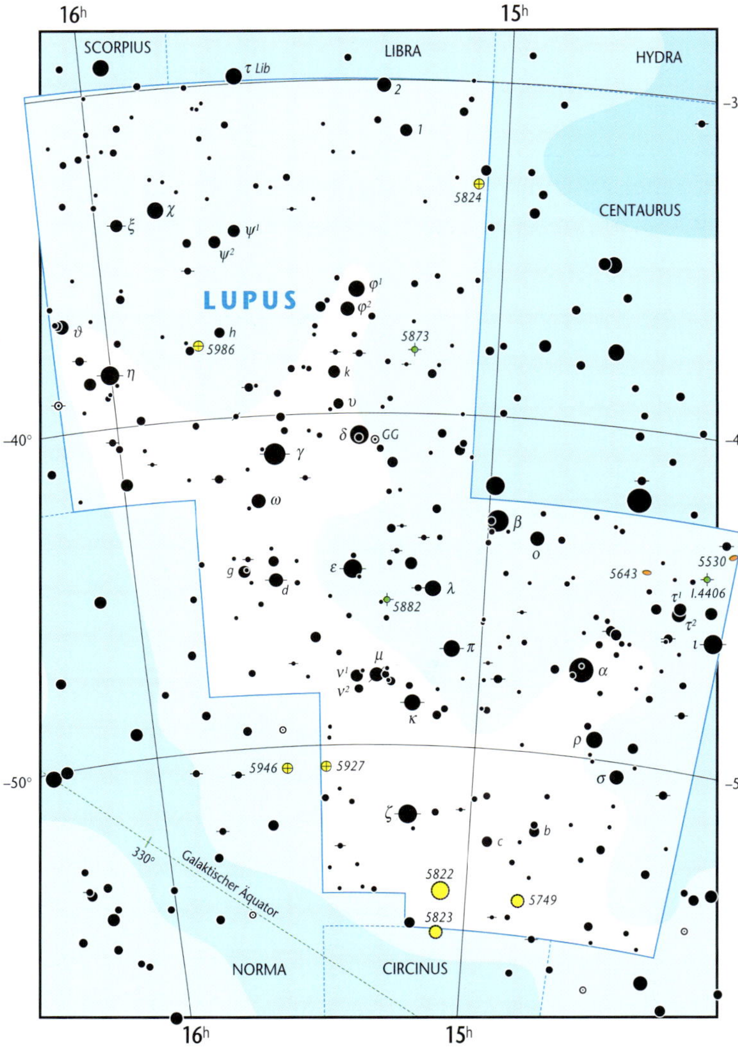

γ Lup ($13^{h}35{,}^{m}1$ / –41°10′): Doppelstern mit zwei weißen (B2) Unterriesen ($3{,}^{m}5/3{,}^{m}6$, PA 282°, Dist. 0,″74, P ≈ 190^{a}). In den meisten Amateurgeräten nicht sauber zu trennen; größter Abstand im Jahr 2004.

κ Lup ($15^{h}11{,}^{m}9$ / –48°44′): Doppelstern mit sehr langer Umlaufzeit ($3{,}^{m}9/5{,}^{m}8$, PA 144°, Dist. 26,″8). Die tatsächliche Umlaufzeit ist unbekannt, weil das System seit seiner Entdeckung keine Veränderungen gezeigt hat. Die gelben Komponenten haben aber identische Eigenbewegungen, weshalb man sie für ein echtes Doppelsystem hält.

μ Lup ($15^{h}18{,}^{m}5$ / –47°53′): Dreifachsystem, bei dem sich AB ($5{,}^{m}1/5{,}^{m}2$, PA 142°, Dist. 1."2) ab 150 mm trennen lassen. Die weiter entfernte Komponente hat $7{,}^{m}2$ (PA AC 130°, Dist. 23,″7).

π Lup ($15^{h}05{,}^{m}1$ / –47°03′): Doppel- oder gar Mehrfachstern ($4{,}^{m}6/4{,}^{m}7$, PA 73°, Dist. 1,″4). Es gibt Hinweise darauf, dass beide Komponenten spektroskopische Doppelsterne sind.

ξ Lup ($15^{h}56{,}^{m}9$ / –33°58′): vermutlicher Doppelstern ($5{,}^{m}3/5{,}^{m}8$, PA 49°, Dist. 10,″4, A2,5/A1). Gemeinsame Eigenbewegung, aber keine Umlaufbewegung seit der Entdeckung im Jahr 1837 erkennbar.

CG Lup ($15^{h}32{,}^{m}2$ / –23°53′): heller β-Lyrae-Bedeckungsveränderlicher (EB) mit $5{,}^{m}5$ bis $6{,}^{m}0$ (P = $2{,}^{d}164175$).

Barnard 228 ($15^{h}45{,}^{m}5$ / –34°24′): Dunkelnebel zwischen ψ Lup und χ Lup; im Fernglas sichtbar.

NGC 5822 ($15^{h}05{,}^{m}2$ / –54°21′): großer Offener Haufen ($6{,}^{m}5$), rund 760 pc (2480 LJ) entfernt. Wegen seiner Ausdehnung (40′) erfordert er ein großes Gesichtsfeld.

NGC 5824 ($15^{h}04{,}^{m}0$ / –33°04′): sehr konzentrierter Kugelsternhaufen ($9{,}^{m}0$), der leicht mit 75 mm zu sehen ist, sich aber erst ab 300 mm Öffnung auflösen lässt (d ≈ 32 kpc oder 104 400 LJ).

NGC 5882 ($15^{h}16{,}^{m}8$ / –45°39′): relativ leichter Planetarischer Nebel ($10{,}^{m}5$), schon mit 75 mm sichtbar. Mit größeren Öffnungen erscheint er bläulich.

NGC 5927 ($15^{h}28{,}^{m}0$ / –50°40′): sternreicher Kugelhaufen ($8{,}^{m}3$, d = 7,6 kpc oder 24 800 LJ). Als diffuser Fleck mit 75 mm Öffnung sichtbar, erste Sterne ab 150 mm auflösbar.

NGC 5986 ($15^{h}46{,}^{m}1$ / –37°47′): kompakter Kugelhaufen ($7{,}^{m}1$, d = 10,5 kpc oder 34 250 LJ). Erscheint wie NGC 5927 bei kleinen Öffnungen diffus, aber ab 150 mm aufgelöst.

Lynx

LYNCIS • Lyn • LUCHS

Hauptkarten: 3, 4
Fläche: 545 Quadratgrad (28.)
Kulmination 00:00 Ortszeit: Ende Januar

Ein weiteres Sternbild, das Johannes Hevelius 1687 eingeführt hat, um den relativ sternarmen Bereich zwischen Ursa Major, Auriga und Gemini auszufüllen. Lynx ist größer als Gemini, aber kaum bekannt, was daran liegt, dass sein hellster Stern (α) nur $3\overset{\text{m}}{,}1$ erreicht. Es gibt hier ein paar Galaxien, von denen keine besonders hell ist.
Die ursprünglichen Grenzen der Sternbilder waren nicht genau definiert. Als die Internationale Astronomische Union 1930 diese Grenzen verbindlich festlegte, befanden sich einige Sterne mit bestimmten Bezeichnungen plötzlich auf der falschen Seite der Grenze. In diesem Himmelsabschnitt geschah dies mit 10 UMa und 41 Lyn, die nun in Lynx bzw. Ursa Major liegen.

5 Lyn ($06^{\text{m}}27\overset{\text{m}}{,}2$ / +58°25′): Dreifachstern, bei dem das Paar AC bereits im Fernglas zu sehen ist ($5\overset{\text{m}}{,}2/8\overset{\text{m}}{,}1$, PA 272°, Dist. $95\overset{\prime\prime}{,}1$). Mit größeren Öffnungen wird die Komponente B erkennbar ($9\overset{\text{m}}{,}8$, PA AB 140°, Dist. $31\overset{\prime\prime}{,}5$).

38 Lyn ($09^{\text{h}}18\overset{\text{m}}{,}8$ / +36°48′): heller Doppelstern mit langer Umlaufzeit ($3\overset{\text{m}}{,}9/6\overset{\text{m}}{,}6$, PA 229°, Dist. $2\overset{\prime\prime}{,}7$, A3/A4), der bereits mit 75 mm Öffnung sichtbar ist. Die schwächere Komponente ist selbst ein spektroskopischer Doppelstern.

NGC 2419 ($07^{\text{h}}38\overset{\text{m}}{,}1$ / +38°53′): sehr weit entfernter Kugelhaufen ($10\overset{\text{m}}{,}4$), der in 84,2 kpc (≈ 275 000 LJ) Entfernung draußen im intergalaktischen Raum liegt. Solche Haufen werden manchmal als „intergalaktische Wanderer“ bezeichnet.

NGC 2683 ($08^{\text{h}}52\overset{\text{m}}{,}7$ / +33°25′): Edge-on-Spiralgalaxie (Sb, $9\overset{\text{m}}{,}7$), die mit 150 mm Öffnung gerade erkennbar ist.

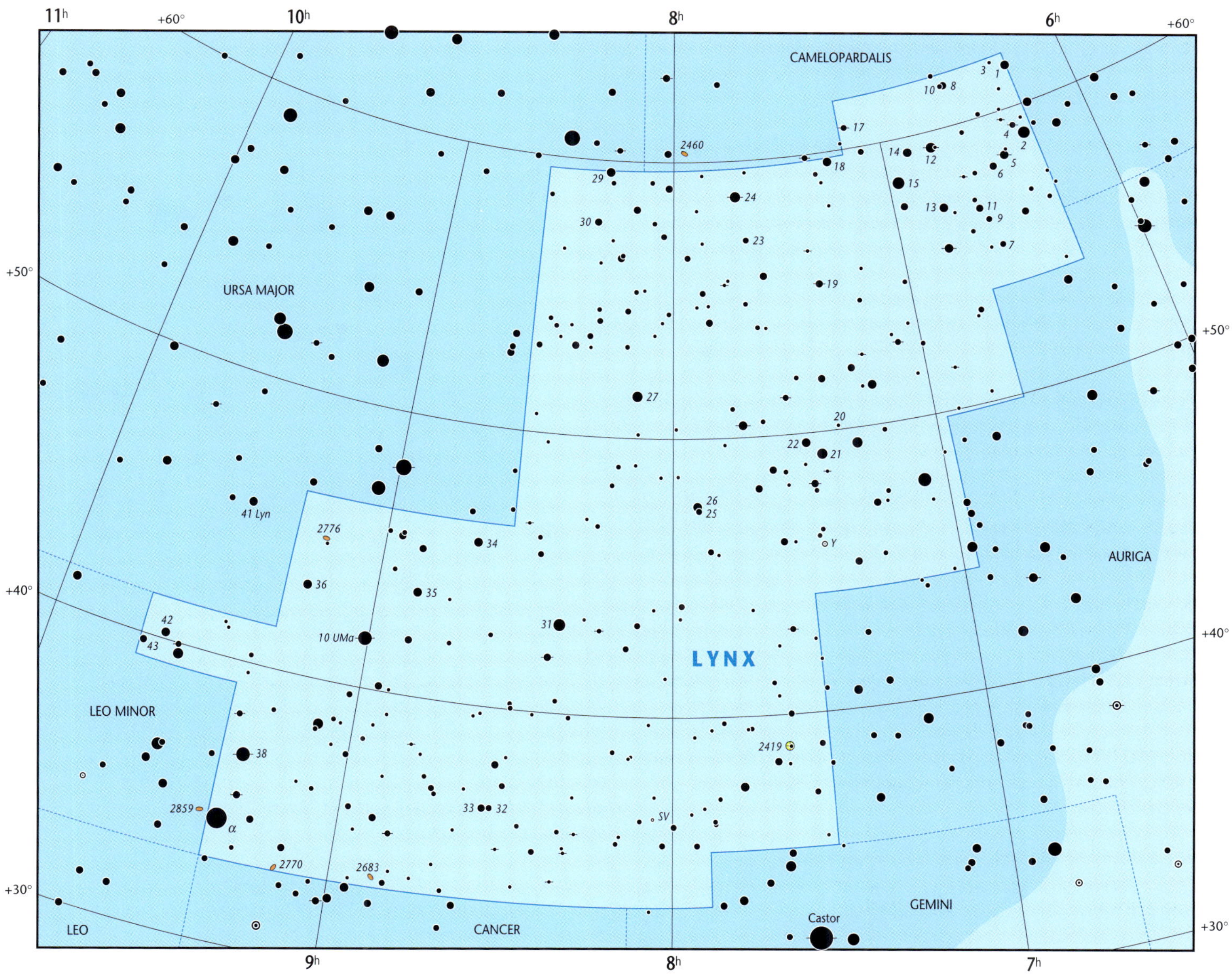

Lyra

LYRAE • Lyr • LEIER

Hauptkarten: 6 (7)
Fläche: 286 Quadratgrad (52.)
Kulmination 00:00 Ortszeit: Anfang Juli

Obwohl Lyra zum Teil in der Milchstraße liegt, gibt es nur einen Offenen (Steph 1 bei β Lyr) und einen Kugelsternhaufen in ihr. Die wenigen Galaxien sind alle zu schwach. Aber es gibt ein paar interessante Doppelsterne und den berühmten Ringnebel M 57.

α Lyr ($18^h36^m{,}9$ / +38°47′), Wega: Dieser brillante weiße (A0) Zwergstern ($0^m{,}033$) bildet mit einem weitläufigen Begleiter ($10^m{,}5$, PA 173°, Dist. 63″) einen optischen Doppelstern, der ab 150 mm Öffnung zu sehen ist. Wega hat eine Entfernung von 7,756 pc (≈ 25,3 LJ). Als Norman Pogson im Jahr 1856 die Größenklassenskala auf eine mathematische Grundlage stellte, diente Wega als Nullpunkt und bekam die Helligkeit $0^m{,}0$ zugewiesen. Spätere Untersuchungen haben diesen Nullpunkt etwas verschoben, weshalb Wega heute $0^m{,}033$ hat.

β Lyr ($18^h50^m{,}1$ / +33°22′), Sheliak: Prototyp der Bedeckungsveränderlichen, die auch außerhalb der Bedeckungen einen Lichtwechsel zeigen (EB). Er hat eine Periode von 12^d22^h und schwankt zwischen $3^m{,}3$ und $4^m{,}3$. Er hat auch einen weiten Begleiter ($7^m{,}2$, PA 149°, Dist. 46″).

Vergleichssterne für β Lyr:

A = γ Lyr	3,23	F = ρ Her	4,17
B = μ Her	3,42	G = κ Lyr	4,34
C = ξ Her	3,71	H = ν Her	4,41
D = θ Her	3,86	J = η Lyr	4,46
E = ζ Lyr	4,09		

δ Lyr ($18^h54^m{,}5$ / +36°54′): weiter optischer Doppelstern, der mit dem bloßen Auge zu trennen ist (δ^2 Lyr: $4^m{,}3$/δ^1 Lyr: $5^m{,}7$). Der hellere Stern ist ein roter (M4) Überriese, der leicht veränderlich ist, die schwächere Komponente ein weißer (B2,5) Zwergstern. Beide gehören zu dem Offenen Haufen Steph 1, der rund 15 Mitglieder zählt.

ε Lyr ($18^h44^m{,}4$ / +39°40′): Menschen mit guten Augen können den Stern trennen. Der schwächere Stern (ε^1 Lyr) hat $6^m{,}1$, der hellere (ε^2 Lyr) $5^m{,}2$. Beide Komponenten sind wiederum doppelt, was sich mit 60 bis 75 mm Öffnung erkennen lässt. ε^1 Lyr (das Paar AB) hat $5^m{,}1$/$6^m{,}0$, PA 354°, Dist. 2″, A4/F1. ε^2 Lyr (das Paar CD) hat $5^m{,}1$/$5^m{,}4$, PA 98°, Dist. 2″,4, A8/F0. Alle sind Zwergsterne. Inzwischen weiß man, dass Komponente C selbst ein sehr enger Doppelstern ist, was ε Lyr in einen Fünffachstern verwandelt.

η Lyr ($19^h13^m{,}8$ / +39°09′): optischer Doppelstern ($4^m{,}4$/$9^m{,}1$, PA 81°, Dist. 28″, B2,5-Zwerg/A0). Es gibt eine dritte Komponente ($11^m{,}1$, PA AC 150°, Dist. 160″), die aber wohl zu keinem der beiden Sterne gehört.

RR Lyr ($19^h25^m{,}3$ / +42°47′): Prototyp und hellster Vertreter der RR-Lyrae-Sterne. Sie ähneln den Cepheiden, haben aber geringere Leuchtkräfte und kürzere Perioden. Typische Perioden liegen zwischen $0^d{,}2$ und $1^d{,}2$. RR Lyr selbst hat $0^d{,}567$ und schwankt zwischen $7^m{,}06$ und $8^m{,}12$.

M 56 (NGC 6779: $19^h16^m{,}6$ / +30°11′): schwach konzentrierter Kugelhaufen ($8^m{,}2$); sichtbar mit 100 mm und auflösbar ab 200 mm Öffnung.

M 57 (NGC 6720: $18^h53^m{,}6$ / +33°02′), Ringnebel: Planetarischer Nebel ($9^m{,}7$, d = 330 pc oder 1080 LJ), der mit 75 mm zu sehen ist. Seine elliptische Form (PA 80°) lässt sich ebenfalls leicht erkennen. Der Zentralstern ($14^m{,}8$) ist auch mit großen Öffnungen kein einfaches Objekt.

Lyriden (Radiant bei 18^h08^m / +32°): Meteorstrom mit lediglich zehn Meteoren pro Stunde, selten mehr. Er geht auf Komet Thatcher zurück und ist zwischen 19. und 25. April aktiv (Maximum: 22. April).

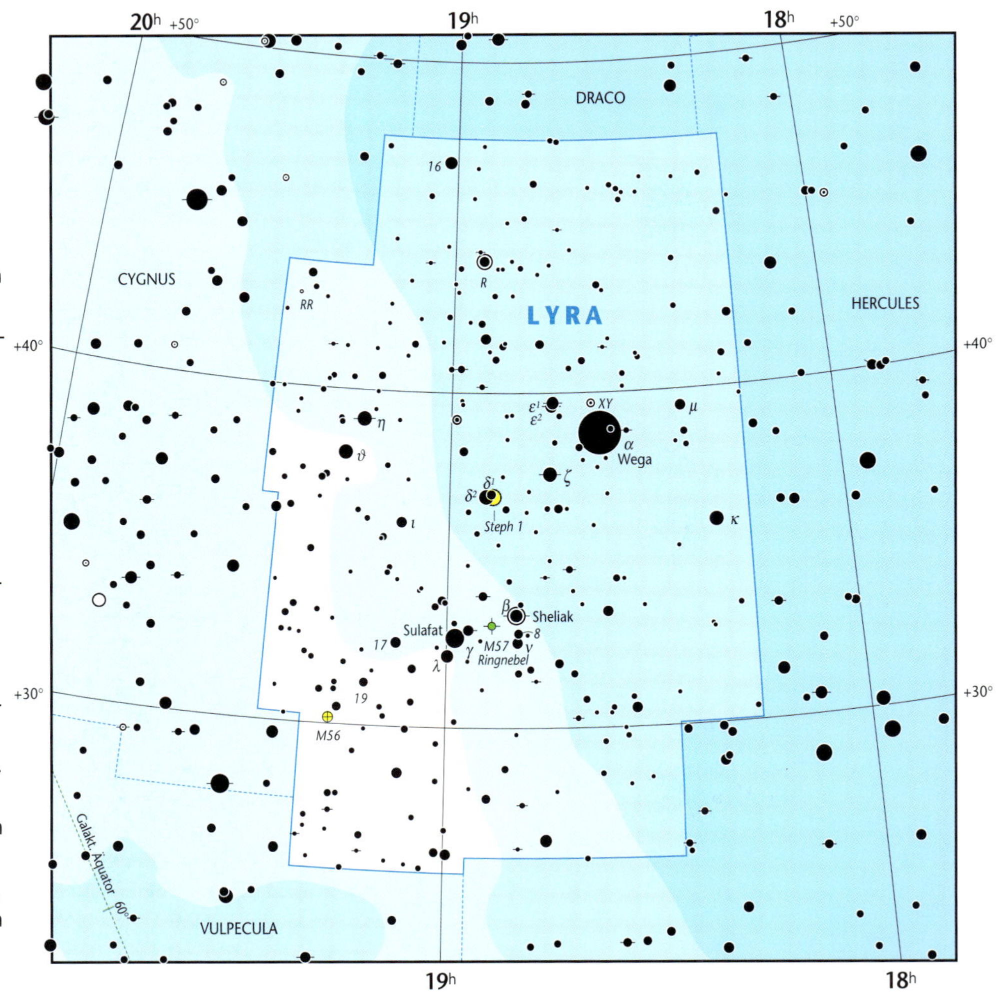

Mensa

MENSAE • Men • TAFELBERG

Hauptkarten: 20 (15)
Fläche: 153 Quadratgrad (75.)
Kulmination 00:00 Ortszeit: Mitte Dezember

Dieses kleine, unauffällige Sternbild wurde ebenfalls von de La Caille eingeführt. Der hellste Stern ist α Men ($5^{m}\!,1$), das einzige interessante Objekt ist der Südteil der Großen Magellanschen Wolke. Es gibt zwei Veränderliche fürs Fernglas, einen recht schwachen Doppelstern (entdeckt von R. T. A. Innes), einen Kugelhaufen und eine Galaxie (beide sind lichtschwach).

U Men ($04^{h}09^{m}\!,6$ / –81°51′): Halbregelmäßiger ($7^{m}\!,6$ bis $10^{m}\!,7$) mit einer Periode von $407^{d}\!,28$.

TZ Men ($05^{h}30^{m}\!,2$ / –84°47′): Algol-Bedeckungsveränderlicher (EA, $6^{m}\!,2$ bis $8^{m}\!,7$, P = $8^{d}\!,569$).

I 277 ($05^{h}35^{m}\!,3$ / –71°08′): schwacher Doppelstern vor dem Hintergrund der Großen Magellanschen Wolke ($7^{m}\!,8$/$11^{m}\!,0$, PA 190°, Dist. $3''\!,9$). Der Hauptstern ist ein orangefarbener (K2) Riese.

NGC 1841 ($04^{h}45^{m}\!,2$ / –84°00′): schwacher, ziemlich unregelmäßiger Kugelhaufen ($11^{m}\!,0$), der mit 150 mm als schwacher Nebelfleck zu erkennen ist. Erst ab 300 mm Öffnung ist seine Form erkennbar. Er ist rund 45 kpc (≈ 147 000 LJ) entfernt und gehört zur Großen Magellanschen Wolke.

IC 2051 ($03^{h}52^{m}\!,0$ / –83°50′): längliche Spiralgalaxie ($11^{m}\!,4$), die mit 150 mm erkennbar wird, aber letztlich größere Öffnungen erfordert.

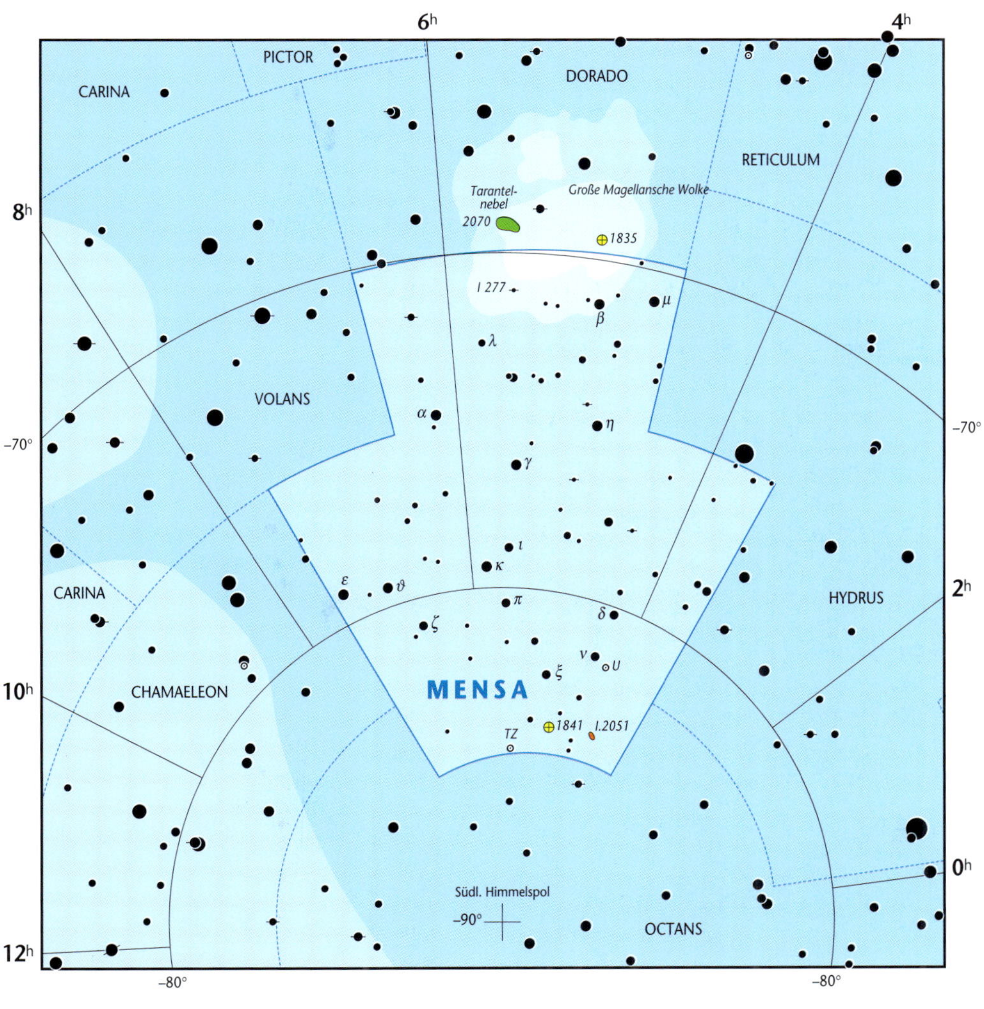

Microscopium

MICROSCOPII • Mic • MIKROSKOP

Hauptkarten: 19 (18)
Fläche: 210 Quadratgrad (66.)
Kulmination 00:00 Ortszeit: Anfang August

Und noch ein weiteres von de La Cailles schwachen Sternbildern: die hellsten Sterne haben $4^m\!,7$ (γ und ε). Es gibt ein paar Galaxien, von denen aber nur eine mit Amateurgeräten erkennbar ist.

α Mic ($20^h50^m\!,0$ / –33°47′): ein Doppelstern (5^m/$10^m\!,0$, PA 166°, Dist. 20″,5). Die helle Komponente ist ein gelber (G7) Riese. Bereits mit 75 mm Öffnung zu trennen.

MlbO 6 ($21^h27^m\!,0$ / –42°33′): ein Doppelstern ($5^m\!,6$/$8^m\!,2$, PA 149°, 2″,9), der mit 75 mm Öffnung deutlich zu trennen ist. Der hellere Stern hat die Spektralklasse A (magnetisch), der schwächere ist tiefgelb (F8). Die Bezeichnung geht auf das Melbourne Observatory zurück, wo Ellery das Objekt Ende des 19. Jahrhunderts entdeckt hat.

NGC 6925 ($20^h34^m\!,3$ / –31°59′): Sb-Spiralgalaxie von der Seite ($11^m\!,3$), die mit 150 mm Öffnung länglich erscheint.

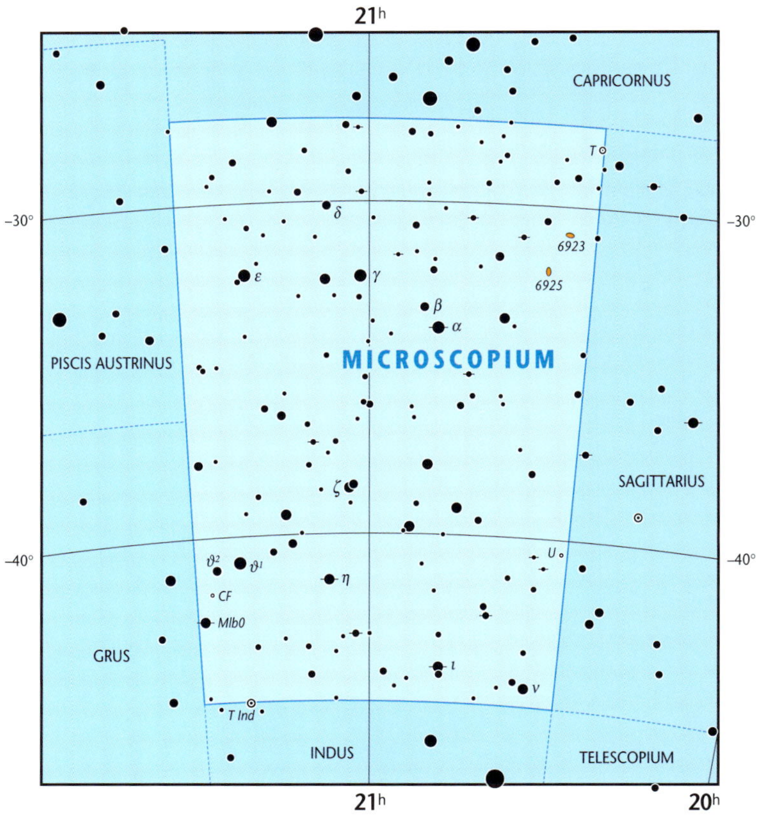

Monoceros

MONOCEROTIS • Mon • EINHORN

Hauptkarten: 9 (10)
Fläche: 482 Quadratgrad (35.)
Kulmination 00:00 Ortszeit: Anfang Januar

Zwar wird die Einführung dieses Sternbildes oft Petrus Plancius zugeschrieben, aber die erste Darstellung von Monoceros geht bereits auf das 16. Jahrhundert zurück. Durch das Sternbild verläuft der galaktische Äquator. Monoceros enthält mehr als 50 Sternhaufen und mehrere diffuse Nebel. Wie man richtig erwarten würde, sind sämtliche Galaxien schwach. Es gibt einen außergewöhnlichen Mehrfachstern (15 Mon) mit 16 bekannten Komponenten.

β Mon ($06^h28^m\!,8$ / –07°02′): schöner Mehrfachstern; alle drei sichtbaren Komponenten haben B3-Zwergspektren: AB ($4^m\!,7$/$5^m\!,2$, PA 132°, Dist. 7″,3), C ($6^m\!,1$, PA BC 124°, Dist. 10″). A ist ein spektroskopischer Doppelstern, und bei C vermutet man einen sehr engen Begleiter.

15 Mon ($06^h41^m\!,0$ / +09°54′): sehr komplexes System mit 16 bekannten Komponenten, von denen hier sechs beschrieben werden. AB ($4^m\!,7$/$7^m\!,5$, PA 213°, Dist. 2″,8), C ($9^m\!,8$, PA AC 13°, Dist. 16″,6), D ($9^m\!,6$, PA AD 308°, 41″,3), E ($9^m\!,9$, PA AE 139°, Dist. 41″,3), F ($7^m\!,7$, PA AF 222°, Dist. 156″). Alle weiteren Komponenten liegen zwischen $8^m\!,2$ und $12^m\!,5$.

V 640 Mon ($06^h37^m\!,6$, / +06°08′), Plasketts Stern: außergewöhnliches System; es handelt sich um den zweitmassereichsten bekannten Doppelstern. Er hat $6^m\!,1$ (ist leicht veränderlich) und besteht aus zwei weißen (O8) Überriesen. Eine Schätzung liefert 43 bzw. 51 Sonnenmassen für die beiden Sterne, eine andere rund 110 Sonnenmassen für das Gesamtsystem. Jüngste Beobachtungen haben ergeben, dass WR 20a in Carina ein Doppelstern ist, dessen Komponenten jeweils rund 80 Sonnenmassen haben.

M 50 (NGC 2323: $07^h03^m\!,4$ / –08°20′): schöner Offener Haufen mit fast 100 Sternen (d = 910 pc oder 2970 LJ). Die hellsten Sterne erkennt man schon im Fernglas.

NGC 2232 ($06^h26^m\!,6$ / –04°44′): lockerer Offener Haufen um 10 Mon aus rund 20 Sternen (d = 400 pc oder 1305 LJ); bereits im Fernglas sichtbar.

NGC 2237-2239 ($06^h32^m\!,3$ / +05°03′), Rosettennebel: umgibt den Offenen Haufen NGC 2244. Unter guten Sichtbedingungen ist der helle äußere Bereich des Nebels im Fernglas zu erkennen. Die Sternbildung läuft in diesem 500 000 Jahre alten Haufen womöglich noch immer ab.

NGC 2244 ($06^{h}32^{m}{,}4$ / +04°52′): Offener Haufen, der unter guten Bedingungen gerade noch mit dem bloßen Auge zu erahnen ist ($4^{m}{,}8$); ideal im Fernglas. Er wird von NGC 2237, dem Rosettennebel, umgeben.

NGC 2261 ($06^{h}39^{m}{,}2$ / +08°44′), Hubbles veränderlicher Nebel: dreieckiger Emissions- und Reflexionsnebel, der von dem unregelmäßigen Veränderlichen R Mon ($11^{m}{,}0$ bis $13^{m}{,}8$) beleuchtet wird. Der Nebel ist mit 75 mm Öffnung gerade erkennbar.

NGC 2264 ($06^{h}41^{m}{,}1$ / +09°52′), Weihnachtsbaum: weiterer Offener Haufen, der mit einem Nebel assoziiert ist, dem Konusnebel. Der Haufen ist mit dem bloßen Auge zu sehen ($3^{m}{,}8$), weil er den hellen, blauweißen Stern S Mon enthält (rund $4^{m}{,}7$), bei dem es sich um einen unregelmäßig Veränderlichen mit kleiner Amplitude handelt.

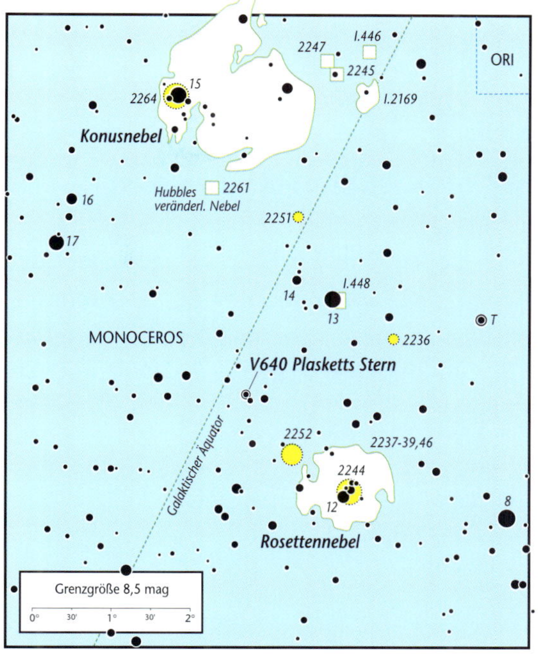

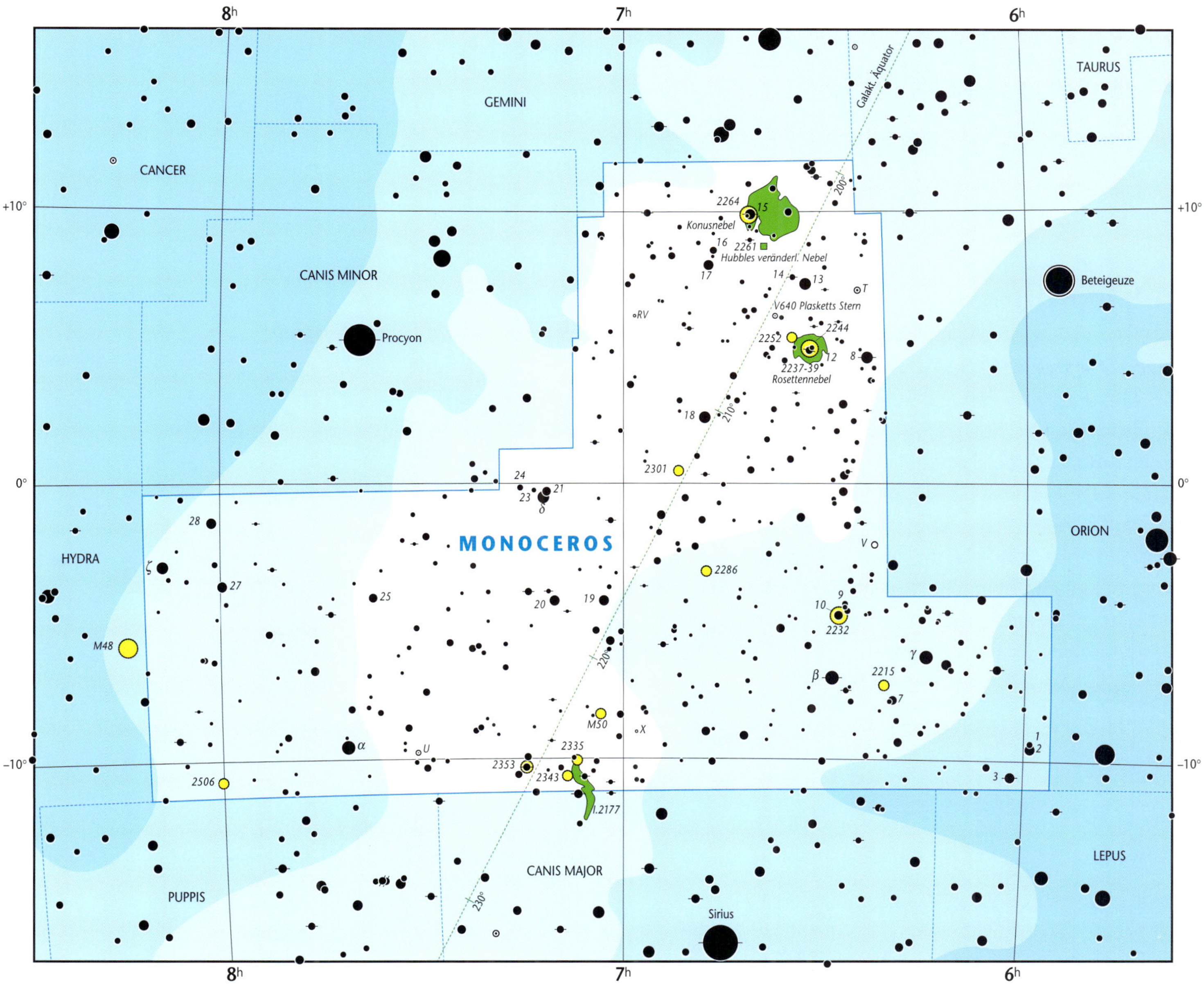

Musca

MUSCAE • Mus • FLIEGE

Hauptkarten: 20 (17)
Fläche: 138 Quadratgrad (77.)
Kulmination 00:00 Ortszeit: Ende März

Dieses Sternbild führte Bayer ursprünglich als Apis (Biene) ein; erst im Laufe der Zeit wurde es als Musca bekannt. Unmittelbar südlich von Crux gelegen, befindet es sich nahe beim galaktischen Äquator. Seine Offenen Haufen sind nicht sehr interessant; es gibt zwei Kugelhaufen, einen recht hellen Planetarischen Nebel und einige Doppelsterne.

β Mus (12^{h}46^m,3 / –68°06′): heller, weißer (B2/B2,5) Doppelstern mit langer Umlaufzeit (3^m,7/4^m,0, PA 35°, Dist. 1″,0). Der Abstand verringert sich, derzeit mit 125 mm Öffnung trennbar.

ϑ Mus (13^{h}08^m,1 / –65°18′): heller Doppelstern (5^m,7/7^m,3, PA 187°, Dist. 5″,3). Die Hauptkomponente ist ein spektroskopischer Doppelstern (P = 18^d,4) und besteht aus einem Wolf-Rayet-Stern (WC5) und einem extremen B0-Überriesen. Der Sekundärstern ist ein O9-Unterriese.

NGC 4372 (12^{h}25^m,8 / –72°40′): großer Kugelhaufen (7^m,8), der teilweise von einem Staubband verdeckt wird (d = 5,8 kpc oder 18 900 LJ). Blendet man den hellen Stern aus, der 5′ nordwestlich steht, tauchen viele schwache Sterne auf – bereits mit 75 mm Öffnung.

NGC 4833 (12^{h}59^m,6 / –70°53′): kompakter Kugelhaufen (7^m,4, d = 6 kpc oder 19 600 LJ); vollständig auflösbar ab 100 mm Öffnung.

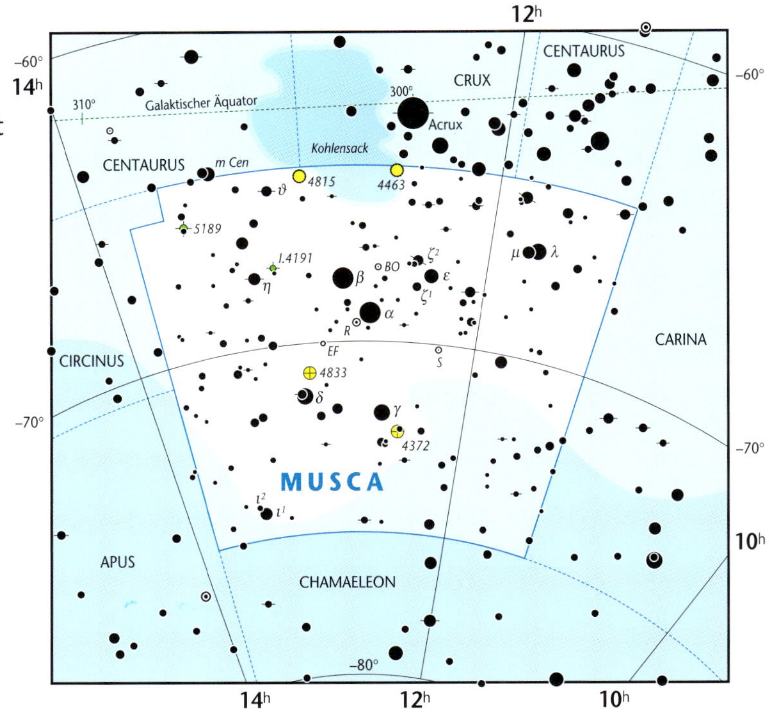

NGC 5189 (13^{h}33^m,5 / –65°59′): Planetarischer Nebel (10^m,3, d = 1,3 kpc oder 4240 LJ), der drei Sterne umgibt. Bereits mit 75 mm sichtbar, mit größeren Öffnungen zeigen sich viele Details.

Norma

NORMAE • Nor • WINKELMASS

Hauptkarten: 17, 18
Fläche: 165 Quadratgrad (74.)
Kulmination 00:00 Ortszeit: Ende Mai

Im Gegensatz zu den anderen Sternbildern, die de La Caille eingeführt hat, verläuft durch dieses der galaktische Äquator. Trotzdem gibt es keine hellen Sterne, und auch nicht die Bezeichnungen α und β. γ^2 Nor ist mit 4^m,0 der hellste Stern. Kein Wunder, dass das Sternbild im Hintergrund der Milchstraße ertrinkt. Es gibt keine Galaxien in Norma und keiner der Offenen Haufen ist besonders auffällig. Die interessanten Planetarischen Nebel sind alle schwach (unter 12^m).

ε Nor (16^{h}27^m,2 / –47°33′): weiter Doppelstern (4^m,8/7^m,5, PA 334°, Dist. 23″). Der Hauptstern könnte ein spektroskopischer Doppelstern sein.

h 4813 (15^{h}55^m,5 / –60°11′): möglicherweise ein Doppelstern (die Komponenten haben identische Eigenbewegungen) mit einem hellen, gelben (F9,5) Stern und einem weißen (Am) Begleiter (5^m,9/8^m,5, PA 100°, Dist. 3″,9).

NGC 5946 (15^{h}35^m,5 / –50°40′): kleiner Kugelhaufen (9^m,6) in einem Bereich mit starker Absorption (d ≈ 11 kpc oder 36 000 LJ). Mit 100 mm erkennbar, aber erst mit 200 mm Öffnung aufgelöst.

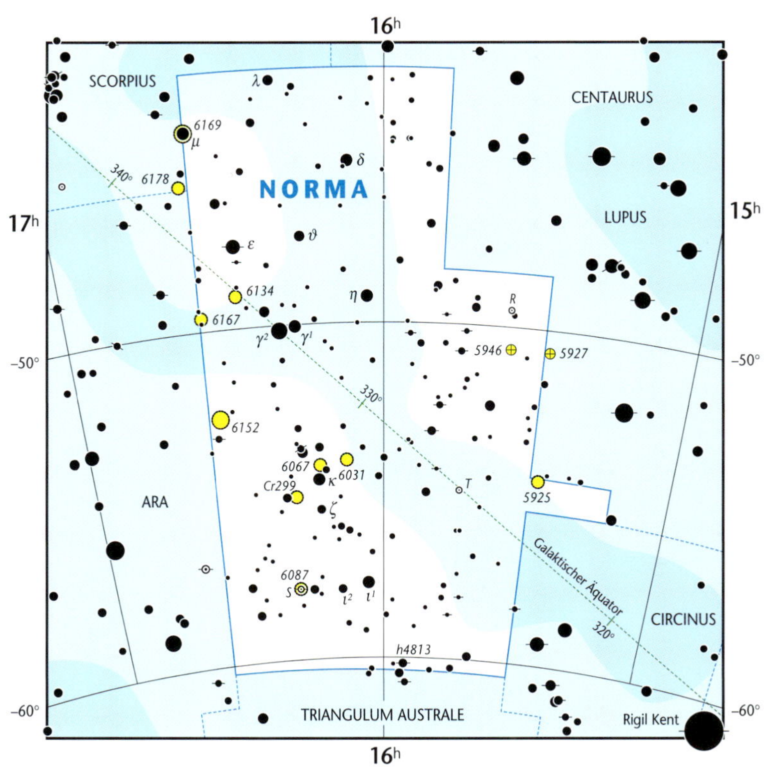

NGC 6067 ($16^{h}13^{m}{,}2$ / –54°13′): ziemlich lockerer Offener Haufen ($5^{m}{,}6$, d = 2100 pc oder 6850 LJ) nordwestlich von κ Nor.

NGC 6087 ($16^{h}18^{m}{,}9$ / –57°54′): ebenfalls ein ziemlich lockerer Offener Haufen ($5^{m}{,}4$, d = 900 pc oder 2940 LJ). Der Stern in der Mitte ist S Nor,

Octans

OCTANTIS • Oct • OKTANT

Hauptkarten: 20
Fläche: 291 Quadratgrad (50.)
Zirkumpolar um den Himmelsüdpol: immer sichtbar

Ein weiteres unauffälliges Sternbild, das de La Caille eingeführt hat. Der hellste Stern ist ν Oct ($3^{m}{,}1$). Im Sternbild liegt der südliche Himmelspol, allerdings befindet sich der nächste Stern für das bloße Auge, σ Oct, 1° vom Pol entfernt und ist nur $5^{m}{,}5$ hell. Es gibt ein oder zwei Doppelsterne, die Galaxien sind zu schwach für eine Beobachtung.

λ Oct ($21^{h}50^{m}{,}9$ / –82°43′): Doppelstern mit einer langen Umlaufzeit, der aus einem tiefgelben (G6) Riesen und einem weißen (A) Stern besteht ($5^{m}{,}4$/$7^{m}{,}7$, PA 70°, Dist. $3''{,}1$).

μ^2 Oct ($20^{h}41^{m}{,}7$ / –75°21′): möglicherweise ein weiter Doppelstern ($7^{m}{,}1$/$7^{m}{,}6$, PA 17°, Dist. $17''{,}4$, G1V-Spektren).

R Oct ($05^{h}26^{m}{,}1$ / –86°23′): langperiodischer (M) Veränderlicher ($6^{m}{,}4$ bis $13^{m}{,}2$, P = $405^{d}{,}6$).

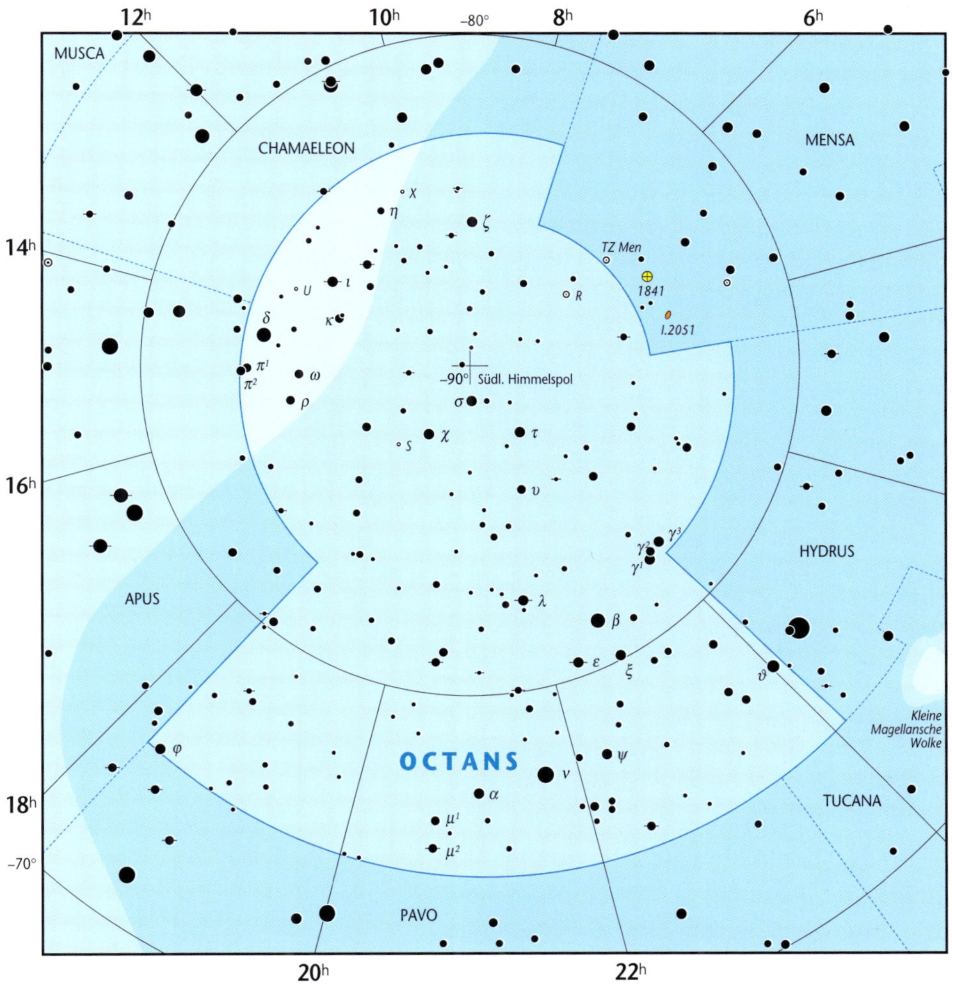

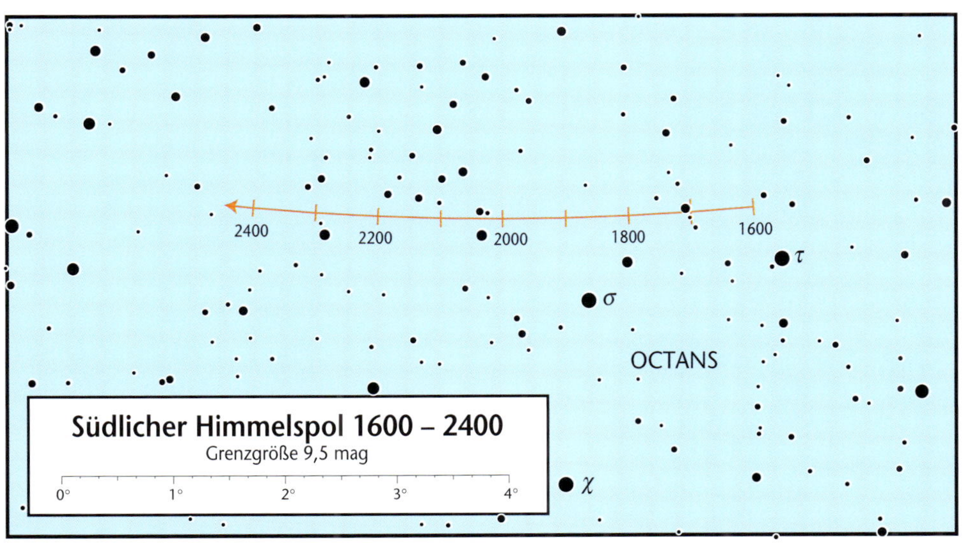

Südlicher Himmelspol 1600 – 2400
Grenzgröße 9,5 mag

Ophiuchus

OPHIUCHI • Oph • SCHLANGENTRÄGER

Hauptkarten: 12 (18)
Fläche: 948 Quadratgrad (11.)
Kulmination 00:00 Ortszeit: Mitte Juni

Bei Ophiuchus handelt es sich um ein sehr großes, aber nicht besonders auffälliges Sternbild. Durch den Südteil verläuft die galaktische Ebene, so dass man dort auf alle drei Formen diffuser Nebel stößt (das galaktische Zentrum liegt direkt jenseits der Grenze in Sagittarius). Es gibt mehrere Offene Haufen und rund 25 Kugelsternhaufen, weshalb wir hier nur eine Auswahl beschreiben können. Außerdem stößt man hier auf viele Doppelsterne und – angesichts der Nähe zur Milchstraße nicht verwunderlich – auf Novae. Besonders interessant sind die wiederkehrende Nova RS Oph und Keplers Stern, die letzte beobachtete Supernova in unserer Galaxis.

ρ Oph ($16^{h}25^{m}{,}6$ / –23°27′): Doppelstern mit zwei gelben (B2) Komponenten und einer langen Umlaufzeit ($5^{m}{,}1$/$5^{m}{,}7$, PA 339°, Dist. 3″,1); mit 75 mm Öffnung auflösbar. Das System wird von einem bläulichen Reflexionsnebel umgeben. Zwei weitere helle Sterne bilden mit ρ Oph ein Dreieck. Der westliche Stern ist der Doppelstern β1115 ($6^{m}{,}8$/$8^{m}{,}2$, PA 350°, Dist. 0″,8), der ab 200 mm zu trennen ist.

Diese Sterne liegen inmitten eines riesigen Gebiets voller Gas und Staub, das rund 5° Ausdehnung in RA und 3° in Dekl. hat ($16^{h}20^{m}$ bis $16^{h}40^{m}$ und –22°50′ bis –25°50′) und in dem keine Sterne zu sehen sind. Der Nebelkomplex liegt rund 160 pc (≈ 520 LJ) entfernt.

Teile der ausgedehnten Dunkelnebel in dieser Region sind mit bloßem Auge sichtbar, vor allem die beiden Teile des Pfeifennebels (Barnard 59, 65–67: ungefähr $17^{h}21^{m}$ / –27°23′) und Barnard 78 (ungefähr $17^{h}33^{m}$ / –26°30′). Im Fernrohr zeigen beide komplexe Strukturen.

τ Oph ($18^{h}03^{m}{,}1$ / –08°11′): Doppelstern mit zwei gelben (F2) Komponenten ($5^{m}{,}2$/$5^{m}{,}9$, PA 283°, Dist. 1″,7, P = 280^{yr}). Der Abstand verringert sich und liegt derzeit an der Grenze für 75 mm Öffnung.

Barnards (Pfeil-)Stern ($17^{h}57^{m}{,}8$ / +04°41′36″): roter (M4) Zwerg ($9^{m}{,}6$); der drittnächste Nachbarstern der Sonne (nach Proxima und α Cen; d = 5,94 LJ), und der Stern mit der größten bekannten Eigenbewegung (10″,36/^{a}).

Keplers Stern ($17^{h}30^{m}{,}6$ / –21°29′): letzte Supernova, die in unserer Galaxis beobachtet worden ist. Sie brach 1604 aus – kurz vor der Erfindung des Teleskops – und erreichte -3^{m}. Sie war ein Jahr lang mit bloßem Auge zu sehen. Es handelte sich um eine Supernova des Typs Ia, d. h. um die Explosion eines Sterns in einem engen Doppelstern.

RS Oph ($17^{h}50^{m}{,}2$ / –06°43′): wiederkehrende Nova mit Ausbrüchen in den Jahren 1898, 1933, 1958, 1967 und 1985. Gewöhnlich um $12^{m}{,}5$ hat sie bei Ausbrüchen schon $4^{m}{,}3$ erreicht. Ein weiteres Mitglied dieses interessanten Typs ist T Pyx.

M 9 (NGC 6333: $17^{h}19^{m}{,}2$ / –18°31′): großer Kugelhaufen ($7^{m}{,}8$, d = 8,2 kpc oder 26 700 LJ); bereits ab 75 mm Öffnung zu sehen.

M 10 (NGC 6254: $16^{h}57^{m}{,}1$ / –04°06′): großer, heller Kugelhaufen ($6^{m}{,}6$, d = 4,4 kpc oder 14 000 LJ); deutlich im Fernglas und ab 75 mm Öffnung auflösbar.

M 12 (NGC 6218: $16^{h}47^{m}{,}2$ / –01°57′): großer, heller Kugelhaufen ($6^{m}{,}6$). Etwas kleiner und weniger konzentriert als M 10. Wegen der starken stellaren Absorption ist die Umgebung des Haufens ziemlich leer (d = 4,9 kpc oder 16 000 LJ).

M 14 (NGC 6402: $17^{h}37^{m}{,}6$ / –03°15′): Kugelhaufen, der etwas schwächer als M 10 und M 12 ist ($7^{m}{,}6$, d = 8,9 kpc oder 30 000 LJ). Im Fernglas sichtbar und etwas ausgedehnt; aber erst ab 200 mm Öffnung auflösbar.

M 19 (NGC 6273: $17^{h}02^{m}{,}6$ / –26°16′): schöner Kugelhaufen ($7^{m}{,}2$), der auch im Fernglas deutlich flächig erscheint. Ab 150 mm Öffnung auflösbar.

M 62 (NGC 6266: $17^{h}01^{m}{,}2$ / –30°07′): Kugelhaufen ($6^{m}{,}6$), der zwar mit kleinen Öffnungen zu sehen ist, aber erst ab 150 mm aufgelöst werden kann. Er liegt im südlichsten Zipfel des Sternbilds, und da die interstellare Absorption dort so stark ist, lässt sich seine Entfernung nur schwer bestimmen (rund 6 kpc oder fast 20 000 LJ).

M 107 (NGC 6171: $16^{h}32^{m}{,}5$ / –13°03′): schwächerer Kugelhaufen ($8^{m}{,}1$), der durch die interstellare Absorption stark geschwächt wird (d = 6,4 kpc oder 21 000 LJ). Mit 75 mm Öffnung ein schwacher Fleck, ab 150 mm im Außenbereich auflösbar.

NGC 6572 ($18^{h}12^{m}{,}1$ / +06°51′): heller Planetarischer Nebel ($8^{m}{,}1$, d = 570 pc oder 1860 LJ); mit 75 mm Öffnung sichtbar.

NGC 6633 ($18^{h}27^{m}{,}7$ / +06°34′): heller Offener Haufen ($4^{m}{,}6$); sichtbar mit bloßem Auge, lohnenswert im Fernglas (d = 320 pc oder 1044 LJ).

IC 4665 ($17^{h}46^{m}{,}3$ / +05°43′): großer, sternarmer Offener Haufen (d = 430 pc oder 1400 LJ) in der Nähe von β Oph. Einfach im Fernglas und auch mit bloßem Auge sichtbar; verträgt keine Vergrößerung.

Ophiuchiden (Radianten bei $17^{h}56^{m}$ / –23° und $17^{h}20^{m}$ / –20°): schwacher Meteorstrom mit mehreren Radianten; aktiv von 19. Mai bis Juli (Maxima: 9. und 19. Juni für den südlichen bzw. nördlichen Radianten); stündliche Zenitrate bei fünf.

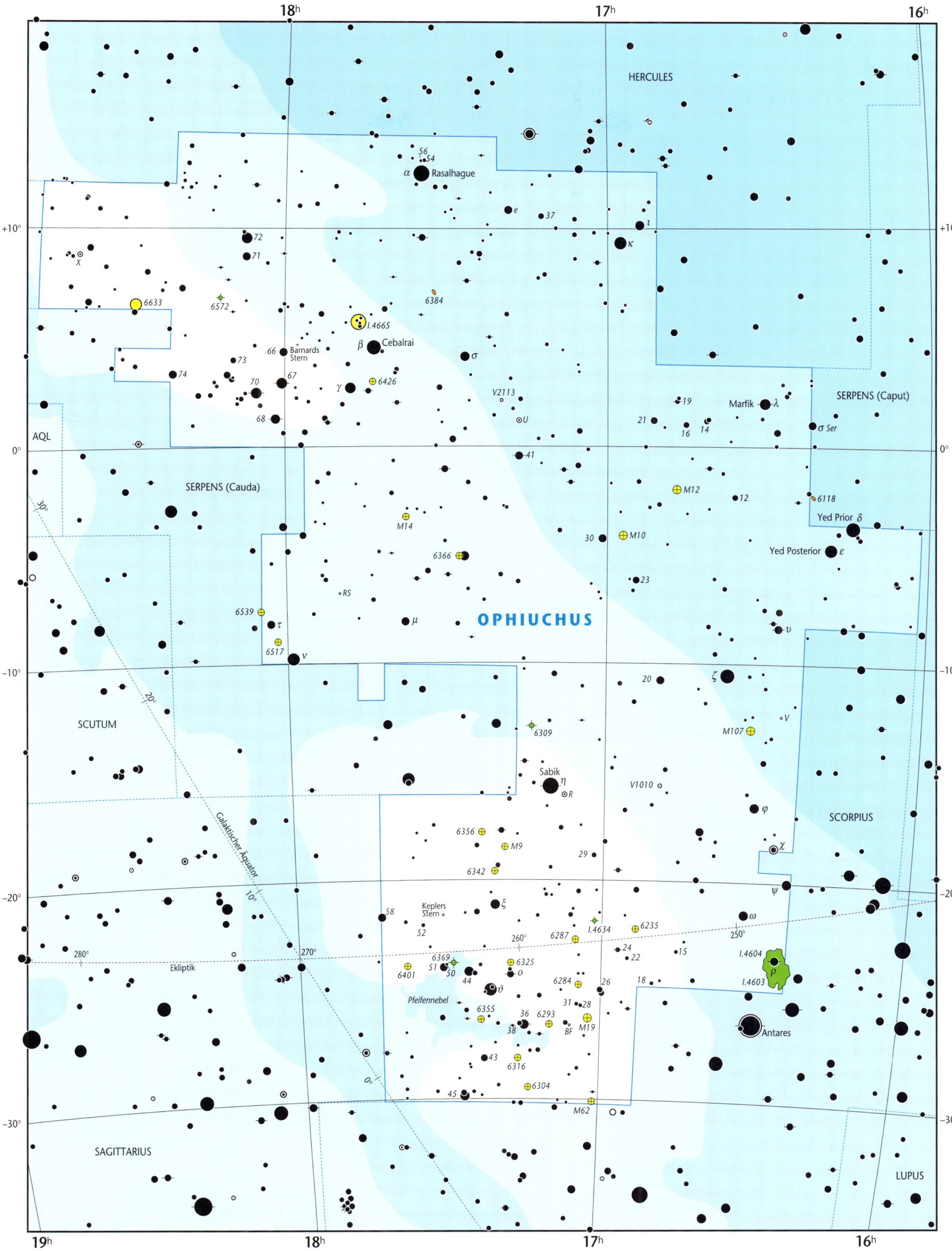
18h
17h
16h
19h
18h
17h
16h
+10°
0°
-10°
-20°
-30°
HERCULES
OPHIUCHUS
SERPENS (Cauda)
SERPENS (Caput)
SCUTUM
SCORPIUS
SAGITTARIUS
LUPUS
AQL
Rasalhague
Cebalrai
Barnards Stern
Marfik
Yed Prior
Yed Posterior
Sabik
Keplers Stern
Pfeifennebel
Antares
σ Ser
Galaktischer Äquator
Ekliptik
280°
270°
260°
250°
30°
20°
10°
0°
M12
M10
M14
M107
M9
M19
M62
6633
6572
6384
I.4665
6426
V2113
6118
6366
6539
6517
6309
V1010
6356
6342
6287
I.4634
6235
6369
6325
6401
6284
6355
6293
6316
6304
I.4604
I.4603

Orion

ORIONIS • Ori • ORION

Hauptkarten: 9 (3)
Fläche: 594 Quadratgrad (26.)
Kulmination 00:00 Ortszeit: Mitte Dezember

Dieses auffällige Sternbild ist auf beiden Halbkugeln der Erde bekannt. Für die Nordhalbkugel dominiert es den Winterhimmel. Viele seiner mit dem bloßen Auge sichtbaren Sterne sind jung und blau oder blauweiß. Die einzige Ausnahme ist die rote Beteigeuze. Die drei hellen Gürtelsterne des Orions und der Orion-Nebel sind deutlich zu sehen. Bei Letzterem handelt es sich um den winzigen Teil einer ausgedehnten Molekülwolke, in der sich Sterne bilden. Durch den Nordostteil des Orion verläuft die Milchstraße mit ein paar interessanten Haufen. Hier stößt man auch auf zwei große Sternassoziationen, die viel zu groß sind, um sie als Ganzes wahrzunehmen. Eine umgibt die Gürtelsterne, die andere liegt bei λ Ori. Es gibt keine Kugelhaufen und nur wenige, schwache Galaxien im Sternbild.

α Ori ($05^h55^m{,}2$ / +07°24′), Beteigeuze: roter Überriese mit dem 800-fachen Sonnendurchmesser (d = 427 LJ). Er ist leicht veränderlich ($0^m{,}3$ bis $1^m{,}2$) und zeigt gelegentlich periodische Phasen mit 2335^d (rund 7^a). Seine Helligkeit lässt sich visuell nur schwer schätzen, da er sehr rot ist und die Vergleichssterne weit weg stehen.

β Ori ($05^h14^m{,}5$ / −08°12′), Rigel: das Gegenteil von Beteigeuze, da er ein viel heißerer, blauer (B8) extremer Überriese ist, rund 50 000-mal so leuchtkräftig wie die Sonne ($0^m{,}2$, d = 773 LJ). Er ist ein Doppelstern mit einem weißen Begleiter ($6^m{,}8$, PA 203°, Dist. 9″,5), der wiederum selbst ein spektroskopischer Doppelstern ist (zwei B5-Zwerge, P = $9^d{,}86$).

ϑ Ori: weiter, heller Doppelstern aus ϑ^1 und ϑ^2 Ori, die jeweils $5^m{,}1$ haben. ϑ^1 Ori ($05^h35^m{,}5$ / −05°23′), das Trapez, ist ein Mehrfachstern, der den Orion-Nebel anregt. Der Name Trapez geht auf die Anordnung der vier hellsten Komponenten zurück, es gibt aber noch zwei weitere Begleiter: E ist mit 100 mm, F mit 150 mm Öffnung gut zu sehen. Die Komponenten A bis D sind nach aufsteigender RA geordnet, die Positionswinkel beziehen sich auf A. Bei ihm handelt es sich um einen Algol-(EA-)Bedeckungsveränderlichen (V 1016 Ori: $6^m{,}7$ bis $7^m{,}7$, P = $65^d{,}43$). Stern B (PA AB 31°, Dist. 8″,8, B3) ist ebenfalls ein EA-Bedeckungsveränderlicher (BM Ori: $8^m{,}0$ bis $8^m{,}5$, P = $6^d{,}47$); Komponente C (PA AC 132°, Dist. 12″,8, O6) ist mit $5^m{,}1$ der hellste Stern. Er ist sehr jung, vielleicht nur ein paar tausend Jahre alt, und außergewöhnlich heiß (≈ 45 000 K), weshalb er den Großteil seiner Strahlung im Ultravioletten abgibt. Komponente D hat $6^m{,}7$ (PA AD 96°, Dist. 21″,5, B2). Die Begleiter E und F haben beide ungefähr $10^m{,}0$ und stehen 4″,5 von A bzw. C entfernt. ϑ^2 Ori ($05^h35^m{,}4$ / −05°25′) ist ein Doppelstern fürs Fernglas ($5^m{,}1$/$6^m{,}4$, PA 92°, Dist. 52″,5).

ι Ori ($05^h35^m{,}4$ / −05°55′): Doppelstern am Südrand von M 42 ($2^m{,}8$/$6^m{,}9$, PA 141°, Dist. 11″,3, O9/B7) in einer Entfernung von 1326 LJ. In seiner Nähe liegt Σ 747 ($4^m{,}8$/$5^m{,}7$, PA 226°, Dist. 36″).

σ Ori ($05^h38^m{,}7$ / −02°36′): bemerkenswerte Sterngruppe. Der helle Stern ($3^m{,}7$) ist ein sehr enger Doppelstern (AB), der nur mit großer Öffnung zu trennen ist. Ihn begleiten drei weitere Sterne: C ($10^m{,}3$, PA AC 239°, Dist. 11″,3), D ($7^m{,}5$, PA AD 82, Dist. 11″,2) und E ($6^m{,}5$, PA AE 58°, Dist. 40″,4). Nur 3′,5 nordwestlich liegt der Dreifachstern Σ 761: AB ($7^m{,}9$/$8^m{,}2$, PA 202°, Dist. 68″) und C ($8^m{,}7$, PA BC 267°, Dist. 9″,0).

Weitere interessante Doppelsterne sind δ Ori (Mintaka), ζ Ori (Alnitak), η Ori, λ Ori, ρ Ori, τ Ori sowie Flamsteed 14, 33, 42 und 52.

U Ori ($05^h55^m{,}8$ / +20°10′): langperiodischer Mira-Veränderlicher ($4^m{,}8$ bis $13^m{,}0$, P > 368^d).

M 42 (NGC 1986: 05^h35^m / −05°26′), Orion-Nebel: diffuser Nebel; sichtbar mit bloßem Auge, im Fernglas und in kleinen Fernrohren als diffuser Fleck. Der sichtbare Teil, der von den jungen, heißen Trapez-Sternen (ϑ^1 Ori) angestrahlt wird, ist nur der winzige Teil einer riesigen interstellaren Molekülwolke, die Orion weitgehend ausfüllt. Visuell ist nur mit großen Öffnungen eine schwach grüne Färbung von M 42 zu erkennen, einzelne Teile erscheinen bläulich. Dabei handelt es sich um Reflexionsnebel, die von den benachbarten blauen Sternen angestrahlt werden.

M 43 (NGC 1982: $05^h35^m{,}6$ / −05°16′): kleiner Nebelfleck nördlich von M 42, der unter guten Bedingungen im Fernglas zu sehen ist; gehört zum Orion-Nebelkomplex.

M 78 (NGC 2068: $05^h46^m{,}7$ / +00°03′): Reflexionsnebel (≈ $8^m{,}0$), der von zwei heißen B-Sternen angestrahlt wird; mit 75 mm Öffnung zu sehen.

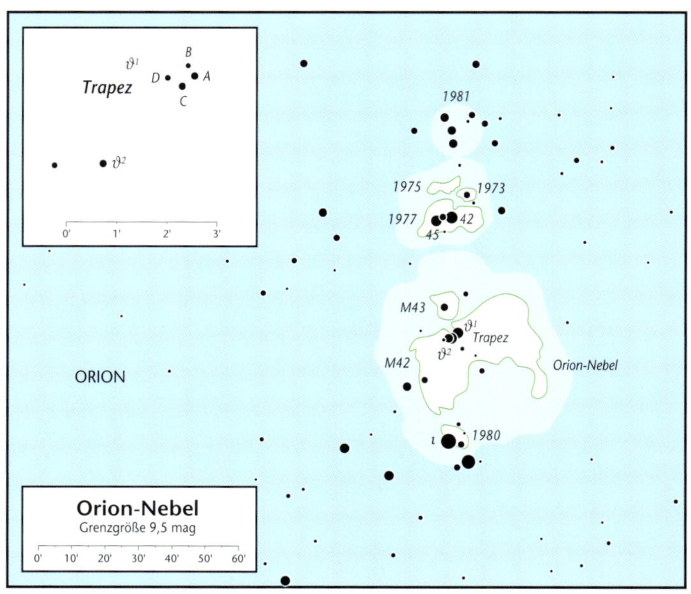

NGC 1981 ($05^h35^m{,}2$ / −04°26′): sternarmer Offener Haufen; mit bloßem Auge sichtbar; wegen der wenigen Sterne kann man nicht hoch vergrößern.

NGC 2024 ($05^h40^m{,}7$ / −01°51′): Gasnebel mit dunklen Staubbändern, der nahe bei ζ Ori steht. Dieser Stern sollte außerhalb des Gesichtsfeldes liegen, wenn man den Nebel beobachtet. Der Emissionsanteil ist bereits im Fernglas zu erahnen, die Staubbänder mit 100 mm Öffnung.

NGC 2169 ($06^h08^m{,}4$ / +13°57′): kleiner, heller Offener Haufen ($5^m{,}9$) aus 30 Sternen.

Orioniden (Radiant bei 06^h24^m / +15°): durchschnittlich aktiver Meteorstrom mit einer stündlichen Zenitrate von 25; aktiv zwischen 16. und 27. Oktober (flaches Maximum am 20. Oktober).

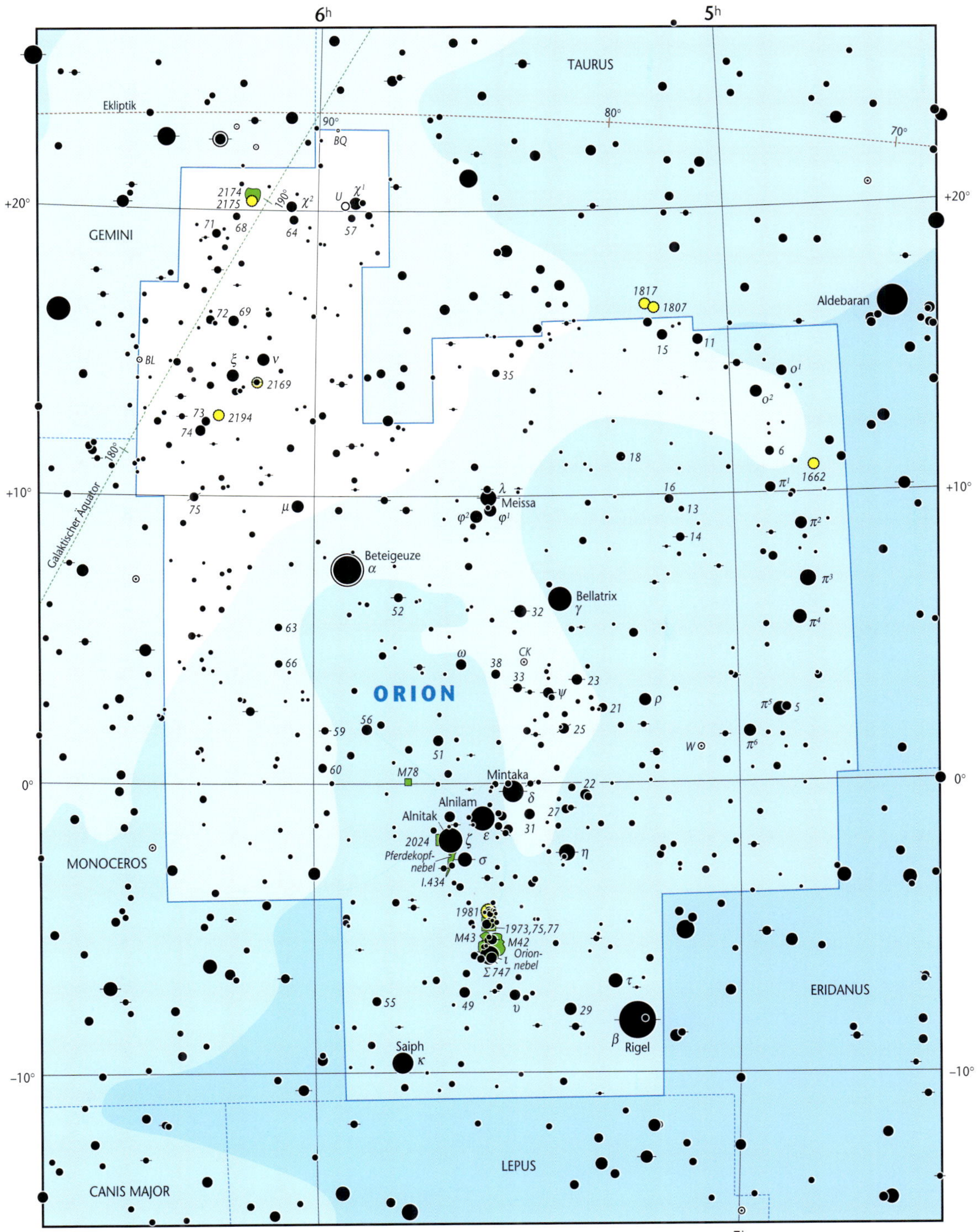

Pavo

PAVONIS • Pav • PFAU

Hauptkarten: 18, 20
Fläche: 378 Quadratgrad (44.)
Kulmination 00:00 Ortszeit: Mitte Juli

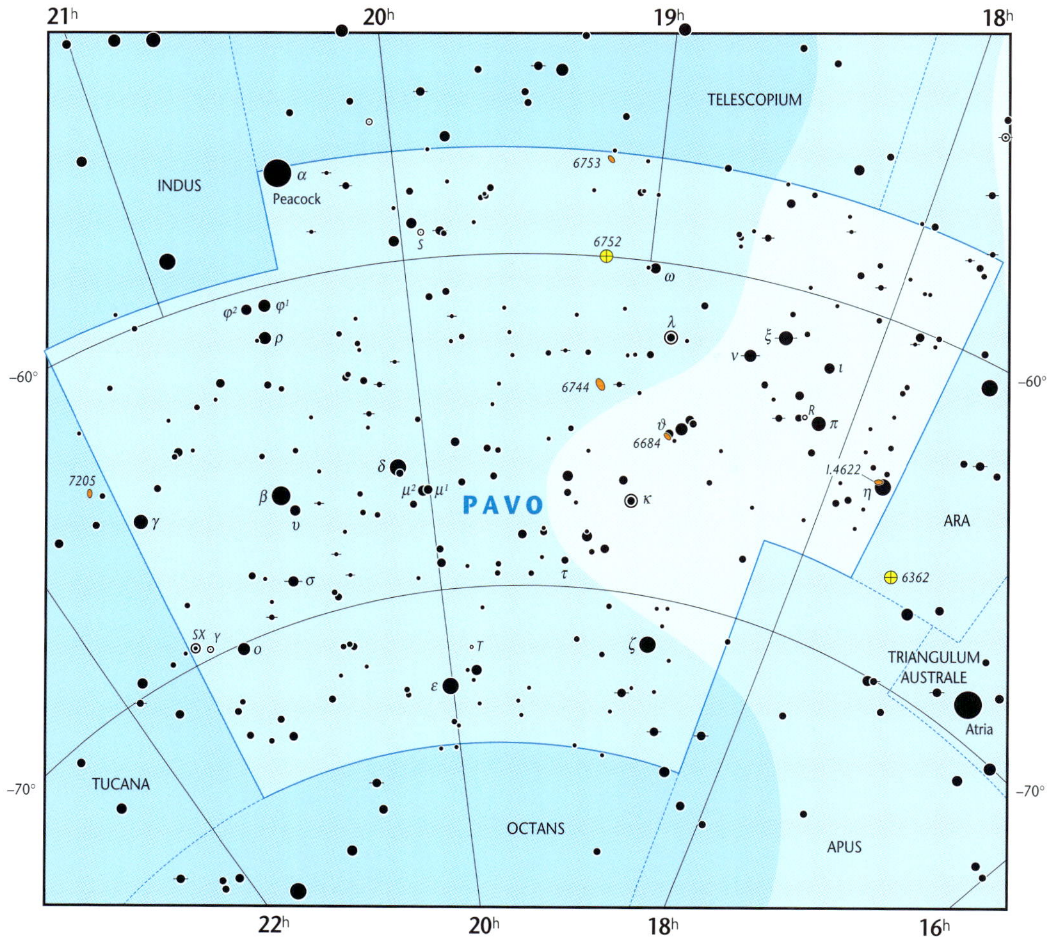

Ein ziemlich unauffälliges Sternbild, das Pieter Keyser und Frederick de Houtman eingeführt haben. Der einzige helle Stern, α Pavonis (Peacock), hat $1\overset{m}{,}9$ und steht am Nordrand des Sternbildes. Obwohl durch den Westteil die Außenbereiche der Milchstraße verlaufen, gibt es hier keine Offenen Haufen. Dafür stößt man auf einen schönen Kugelhaufen und auf den Pavo-Galaxienhaufen, dessen Mitglieder allerdings schwach sind.

ξ Pav ($18^h23\overset{m}{,}2$ / −61°30′): Doppelstern ($4\overset{m}{,}4$/$8\overset{m}{,}6$, PA 154°, Dist. $3\overset{\prime\prime}{,}3$), der mit 75 mm Öffnung sichtbar ist. Die helle Komponente ist ein spektroskopischer Doppelstern (P = $6\overset{a}{,}1$).

NGC 6684 ($18^h49\overset{m}{,}0$ / −65°11′): Balkenspiralgalaxie (SB, $11\overset{m}{,}4$); deutlich mit 150 mm Öffnung.

NGC 6744 ($19^h09\overset{m}{,}8$ / −63°51′): recht helle SBb-Balkenspiralgalaxie ($9\overset{m}{,}0$), die unter guten Bedingungen mit 100 mm Öffnung zu sehen ist (d = 7 Mpc oder 23 Mio. LJ).

NGC 6752 ($19^h10\overset{m}{,}9$, −59°59′): ein heller Kugelsternhaufen ($5\overset{m}{,}4$), einfach mit dem Fernglas, die Entfernung beträgt 13 000 LJ. Die äußeren Sterne sind hell und bereits mit 75 mm Öffnung aufzulösen.

Pegasus

PEGASI • Peg • PEGASUS

Hauptkarten: 13 (7, 2, 8)
Fläche: 1121 Quadratgrad (7.)
Kulmination 00:00 Ortszeit: Anfang September

Obwohl Pegasus ein großes Sternbild ist, gibt es keine Offenen Haufen und nur einen hellen Kugelhaufen in ihm. Die hellste Galaxie liegt nur knapp außerhalb der Milchstraße, während die weiter entfernt stehenden schwächer sind. Man stößt im Pegasus auf viele Doppelsterne.

β Peg ($23^h03\overset{m}{,}8$ / +28°05′), Scheat: heller, unregelmäßig veränderlicher Riese ($2\overset{m}{,}3$ bis $2\overset{m}{,}7$).

ε Peg ($21^h44\overset{m}{,}2$ / +09°53′), Enif: weiter Doppelstern, der unter guten Bedingungen im Fernglas zu trennen ist. Hauptstern ist ein gelber (K0) Überriese ($2\overset{m}{,}4$), der Begleiter hat $8\overset{m}{,}0$.

κ Peg ($21^h44\overset{m}{,}6$ / +25°39′): Mehrfachsystem, dessen Hauptkomponenten eng beisammen stehen ($4\overset{m}{,}1$/$10\overset{m}{,}6$, PA 291°, Dist. $14\overset{\prime\prime}{,}2$, P = $11\overset{a}{,}6$). Beide Sterne scheinen wiederum spektroskopische Doppelsterne zu sein. Der fünfte Stern ($11\overset{m}{,}0$) in der Nähe gehört nicht zu κ Peg.

51 Peg (22^h58^m / +20°47′): schwacher Stern ($5\overset{m}{,}5$), der der Sonne ähnelt. Er hat ein Planetensystem mit einem „heißen Jupiter“. Dieser große

Planet (0,45 Jupitermassen) umkreist den Stern in 0,05 AE Abstand innerhalb von $4^{d}{,}23$. Ein noch extremeres Beispiel eines „heißen Jupiters" ist τ Boo.

AG Peg ($21^{h}51^{m}{,}0$ / +12°38′): interessanter Veränderlicher; bereits im Fernglas sichtbar. Eine sehr langsame Nova, die 1870 einen Ausbruch hatte und dann wieder langsam schwächer wurde. Seitdem zeigt sie unregelmäßige Helligkeitsschwankungen, darunter Phasen, in denen die Umlaufzeit des Doppelsterns (820^{d}) bestimmbar ist.

M 15 (NGC 7078: $21^{h}30^{m}{,}0$ / +12°10′): einer der schönsten Kugelhaufen des Nordhimmels; einfach fürs Fernglas ($6^{m}{,}4$). Er ist deutlich asymmetrisch in größeren Öffnungen und einer der wenigen Kugelhaufen, der einen Planetarischen Nebel enthält (erst ab 300 mm Öffnung erkennbar).

NGC 7331 ($22^{h}37^{m}{,}1$ / +34°25′): Sb-Spiralgalaxie ($9^{m}{,}5$), die im Fernglas länglich erscheint. Eine viel größere Öffnung zeigt ihre elliptische Form und den hellen Zentralbereich.

NGC 7332 ($22^{h}37^{m}{,}4$ / +23°48′): deutlich abgeplattete elliptische (E7) Galaxie ($10^{m}{,}9$), die mit 100 mm Öffnung gerade zu erkennen ist. 5′ östlich liegt die schwächere ($11^{m}{,}9$) Edge-on-Galaxie NGC 7339 ($22^{h}37^{m}{,}8$ / +23°47′). Es ist unklar, ob es sich dabei um eine gewöhnliche Spirale (S) oder eine Balkenspirale (SB) handelt.

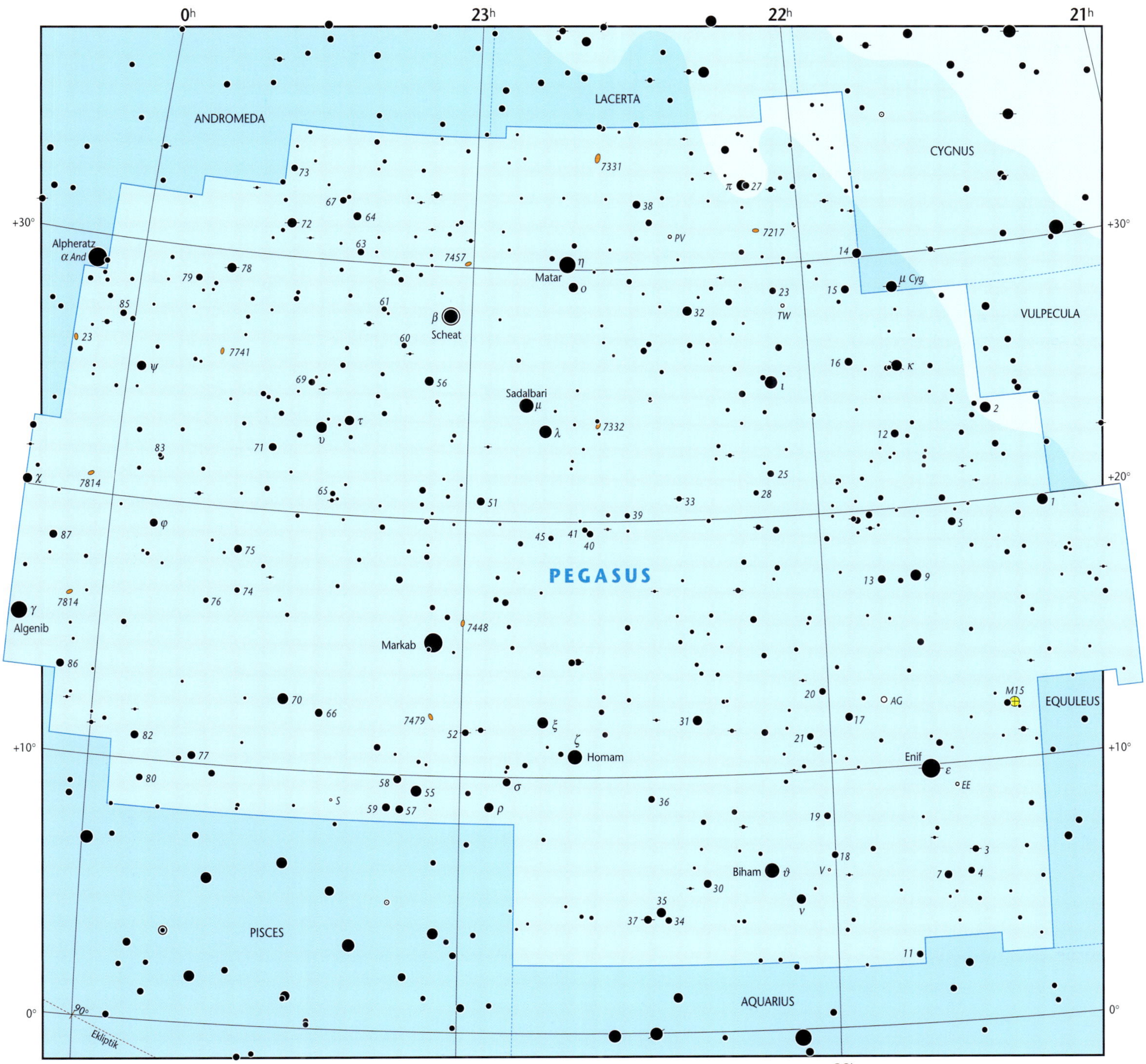

Perseus

PERSEI • Per • PERSEUS

Hauptkarten: 2 (1, 3)
Fläche: 615 Quadratgrad (24.)
Kulmination 00:00 Ortszeit: Anfang November

Durch den Großteil des Sternbilds verläuft die Milchstraße. Es gibt keine Kugelhaufen in ihm und nur einen großen diffusen Nebel. Dafür stößt man auf viele Offene Haufen, vor allem auf den Doppelhaufen, dem nur NGC 6231 in Scorpius das Wasser reichen kann. Es gibt relativ wenige Doppelsterne, aber einige interessante Veränderliche, darunter der bekannteste Bedeckungsveränderliche Algol (β Per). Unter den Novae in diesem Sternbild ist GK Per die prominenteste (Nova Per 1901: $03^h31^m,2$ / +43°54′). Sie erreichte $0^m,2$ und war die erste Nova, bei der ein Lichtecho beobachtet wurde (Licht des Ausbruchs beleuchtet Materie in der Umgebung) und bei der auch (rund 40 Jahre später) erstmals die abgestoßene Materie nachgewiesen wurde.

β Per ($03^h08^m,2$ / +40°58′), Algol: berühmter Veränderlicher und Prototyp dieses Bedeckungsveränderlichentyps. Mit gewöhnlichen Amateurmitteln ist nur die Hauptbedeckung beobachtbar (wenn der hellere Stern vom schwächeren bedeckt wird). Während einer Bedeckung (alle $2^d,87$) fällt Algols Helligkeit von $2^m,1$ auf $3^m,4$ und verbleibt dort rund 10^h.

Vergleichssterne für β Per:

α Per = 1,80	γ Per = 2,94	α Tri = 3,44
γ And = 2,10	β Tri = 3,00	ν Per = 3,77
ζ Per = 2,86	δ Per = 3,03	κ Per = 3,81
ε Per = 2,89		

ζ Per ($03^h54^m,1$ / +31°53′), Atik: Mehrfachsystem aus fünf Komponenten: AB ($2^m,9$/$9^m,5$, PA 208°, Dist. 12″,9), C ($11^m,3$, PA AC 286°, Dist. 32″,8), D ($9^m,5$, PA AD 195°, Dist. 94″,2) und E ($10^m,2$, PA AE 185°, Dist. 120″,3).

η Per ($02^h50^m,7$ / +55°54′): Mehrfachsystem aus drei Komponenten. Stern A des Hauptpaars ($3^m,8$/$8^m,5$, PA 300°, Dist. 28″,3) ist ein orangefarbener (K0) Überriese mit einem Radius von 2 AE. Die dritte Komponente hat $9^m,8$ (PA AC 268°, Dist. 66″,6).

ρ Per ($03^h05^m,2$ / +38°50′): halbregelmäßiger Roter Riese, der zwischen $3^m,3$ und $4^m,0$ schwankt und gelegentlich eine rund 50^d dauernde Periode zeigt.

X Per ($03^h55^m,4$ / +31°03′): ungewöhnlicher, sehr interessanter Veränderlicher, bei dem es sich um ein ungleiches Doppelsternsystem handelt; ein junger O9,5-Überriese und ein winziger Neutronenstern (20–30 km Durchmesser). Der Überriese zeigt Ausbrüche wie γ Cas, und der Neutronenstern Ausbrüche im Röntgenbereich. Amateure spielen bei der Überwachung des Sterns eine wichtige Rolle, weil sie die Berufsastronomen über Ausbrüche informieren können.

Vergleichssterne für X Per:

40 Per = 5,04	Y = 5,73	Z = 6,36
42 Per = 5,10	A = 6,1	C = 6,6
W = 5,48	B = 6,23	12 = 8,0

M 34 (NGC 1039: $02^h42^m,0$ / +42°47′): schöner Offener Haufen, relativ locker, ein ideales Objekt fürs Fernglas.

h+χ Per (02^h19^m / +57°09′ bzw. 02^h23^m / +57°07′), der Doppelsternhaufen, NGC 869/NGC 884: Da die beiden Offenen Haufen recht groß sind (ungefähr scheinbarer Monddurchmesser), findet man sie mit bloßem Auge leicht am Himmel; ideal für Ferngläser und Fernrohre mit großem Gesichtsfeld. h Per (der näher bei der Cassiopeia stehende) ist etwas heller, enthält 200 Sterne und ist rund 6 Mio. Jahre alt. χ Per besteht aus 150 Sternen und ist mit 3 Mio. Jahren deutlich jünger. Sie sind 7500 bzw. 7100 LJ entfernt.

M 76 (NGC 6501: $01^h42^m,4$ / +51°34′), kleiner Hantelnebel: relativ schwacher ($10^m,1$) Planetarischer Nebel, der deutlich asymmetrisch ist. Seine Form wird erst ab 150 mm Öffnung erkennbar.

NGC 1023 ($02^h40^m,4$ / +39°04′): stark abgeplattete (E7) elliptische Galaxie ($9^m,5$). Ihre Form wird mit 150 mm erkennbar, mit größeren Öffnungen die helle Zentralregion.

NGC 1499 ($04^h00^m,7$ / +36°37′), Californianebel: schwacher Emissionsnebel; ziemlich schwierig wegen seiner Größe und geringen Oberflächenhelligkeit. Nur mit großem Gesichtsfeld und Nebelfilter zu sehen.

Perseiden (Radiant ungefähr bei 03^h04^m / +58°): einer der zuverlässigsten Meteorströme; er ist zwischen dem 23. Juli und 20. August aktiv. Im Maximum am 12./13. August liegt die stündliche Zenitfallrate bei rund 80. Viele Perseiden sind hell (ideal für die Fotografie) und zeigen oft ein Nachleuchten.

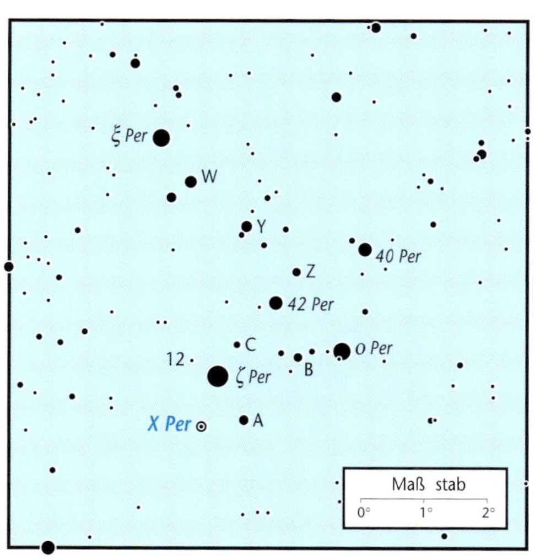

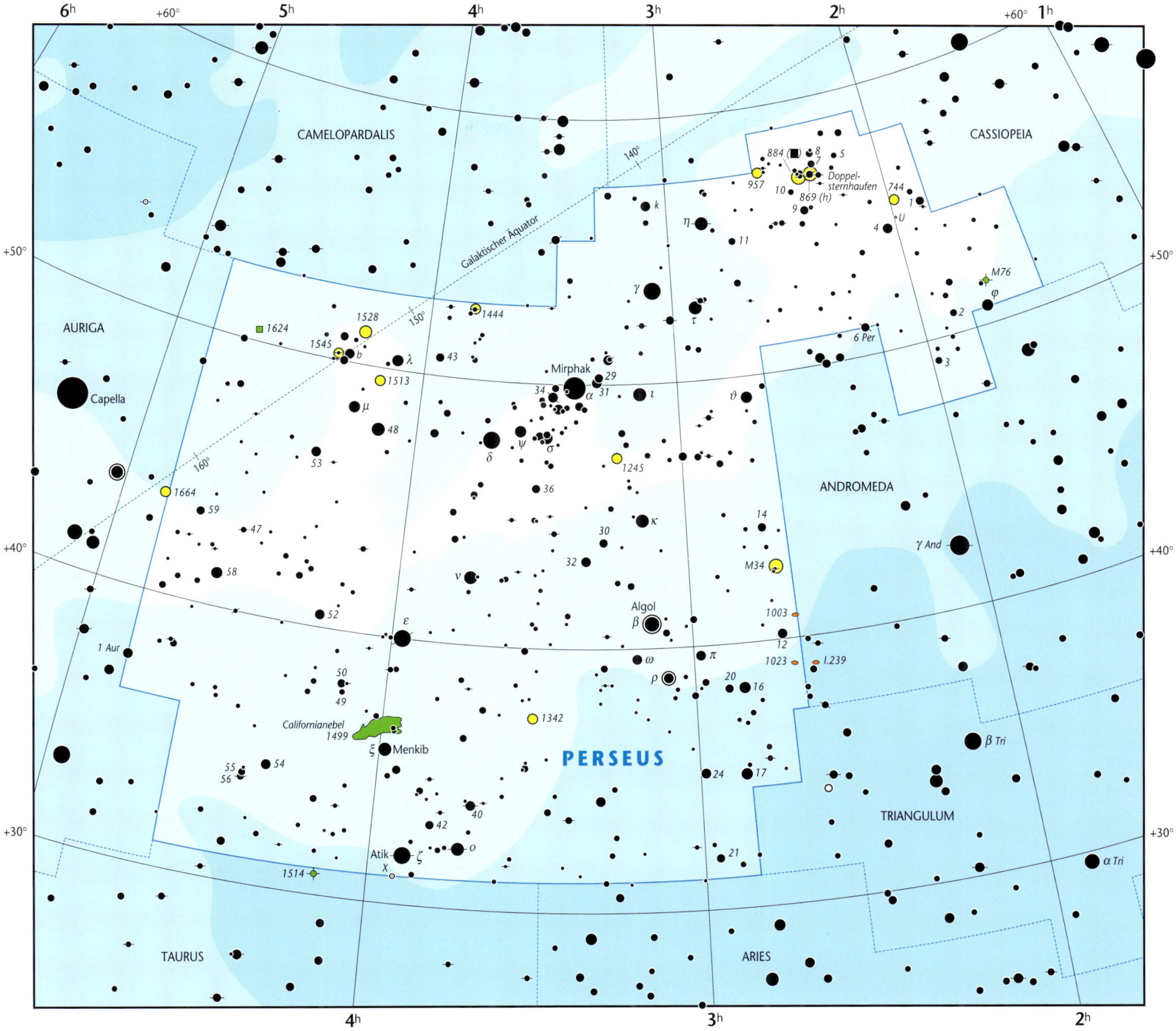

Assoziationen: In den Spiralarmen der Galaxien gibt es Sterngruppen, deren Mitglieder gemeinsam entstanden sind, aber schwächer als die Sterne in Offenen Haufen gravitativ aneinander gebunden sind. Solche Assoziationen lösen sich also relativ schnell auf und einige ihrer Mitglieder sind als „Runaway-Sterne“ bekannt: Sterne mit sehr hohen Eigengeschwindigkeiten, die möglicherweise durch die Störung eines Doppelsternsystems entstanden sind (in dem womöglich eine Komponente als Supernova aufgeleuchtet ist).

OB-Assoziationen bestehen aus massereichen, jungen, heißen Sternen der Spektralklassen O und B. Rund 100 von ihnen kennen wir in unserer Galaxis. Im Perseus gehören h+χ Per zur Per-OB1-Assoziation, die ungefähr 65 OB-Sterne mit absoluten Helligkeiten von mindestens $-6^{M}{,}0$ enthält. Zur α-Per-Assoziation (Per OB3 oder Melotte 20) gehören unter anderem α und δ Per. Zur Orion-Assoziation (Ori OB1) gehören das Trapez (ϑ Ori), NGC 1981, der Offene Haufen Collinder 70 und die meisten der mit dem bloßen Auge sichtbaren Sterne des Orion (außer α Ori). Auch die Runaway-Sterne AE Aur, μ Col und 53 Ari sind Mitglieder der Assoziation. In Monoceros sind NGC 2244 und „Plasketts Stern“ Teil der Mon-OB2-Assoziation. Der Antares-Haufen (Sco OB2), zu dem α, β^2 und δ Ori gehören, und der Runaway-Stern ζ Oph gehören zu der größeren Sco-Cen-Assoziation. Dabei handelt es sich um die sonnennächste Assoziation, deren Kernbereich sich von Scorpius bis Crux erstreckt, und zu der Sterne wie α CMa, α Car, β und δ Cen, α und β Cru sowie α Eri gehören.

In T-Assoziationen bilden sich noch heute Sterne. Sie sind in gewaltige Molekülwolken eingebettet. Ihre Mitgliedssterne müssen erst noch ein stabiles Wasserstoffbrennen in ihrem Innern ausbilden, weshalb sie unregelmäßige Veränderliche des T-Tauri-Typs sind (nach denen die Assoziationen auch benannt sind). Häufig sind diese Assoziationen so stark von Staub verhüllt, dass man sie nur im Infraroten nachweisen kann. Die Sterne in der nahe gelegenen, großen Tau-Aur-Assoziation beispielsweise haben visuelle Helligkeiten zwischen 11^{m} und 19^{m}.

Phoenix

PHOENICES • Phe • PHÖNIX

Hauptkarten: 14 (19)
Fläche: 469 Quadratgrad (37.)
Kulmination 00:00 Ortszeit: Anfang Oktober

Dieses Sternbild haben Keyser und de Houtman eingeführt, und Johannes Bayer hat es erstmals in eine Sternkarte aufgenommen. Der hellste Stern (α Phe, Ankaa) ist ein orangefarbener (K0) Riese ($2^{m},4$). Es gibt in ihm weder diffuse Nebel noch Offene oder Kugelhaufen. Obwohl das Sternbild weit weg von der galaktischen Ebene liegt, gibt es auch nur ein paar Galaxien, von denen nur eine durchschnittlich hell ist.

β Phe ($01^{h}06^{m},1$ / $-46°43'$): enger Doppelstern mit langer Umlaufzeit ($4^{m},0$/$4^{m},2$, PA 307°, Dist. $0'',7$, gelbe G8-Riesenspektren). Da sich der Abstand der Komponenten verringert, sind derzeit 200 mm Öffnung erforderlich.

ζ Phe ($01^{h}08^{m},4$ / $-55°15'$): Mehrfachsystem. Der Hauptstern ist ein Bedeckungsveränderlicher ($3^{m},9$ bis $4^{m},4$, P = $1^{d},67$, B6/B8), der dritte Stern hat $8^{m},0$ (PA 243°, Dist. $6'',5$, A7).

ϑ Phe ($23^{h}39^{m},5$ / $-46°38'$): eventuell ein Doppelstern ($6^{m},5$/$7^{m},3$, PA 276°, Dist. $3'',9$, A7-Riese/A9-Zwerg). Die sehr langsamen Veränderungen seit seiner Entdeckung im Jahr 1835 deuten darauf hin, dass es ein echter Doppelstern ist.

NGC 625 ($01^{h}35^{m},1$ / $-41°26'$): längliche Galaxie ($11^{m},0$); mit 150 mm Öffnung sichtbar. Einige Quellen klassifizieren sie als irregulär, andere als Balkenspirale (d ≈ 4 Mpc oder 13 Mio. LJ).

ESO 245-G5 ($01^{h}45^{m},1$ / $-43°36'$): irreguläre Zwerggalaxie; ein Begleiter unserer Galaxis, der eine ähnliche Entfernung hat wie NGC 625. Mit 250 mm Öffnung gerade erkennbar ($12^{m},3$).

ESO 245-G7 ($01^{h}51^{m},2$ / $-44°27'$), Phoenix-Zwerggalaxie: naher Begleiter unserer Galaxis in 500 kpc (≈ 1,63 Mio. LJ) Entfernung. Das sehr schwache Objekt ($13^{m},0$) ist unter guten Bedingungen mit 300 mm Öffnung gerade erkennbar (s.a. Fornax und Sculptor).

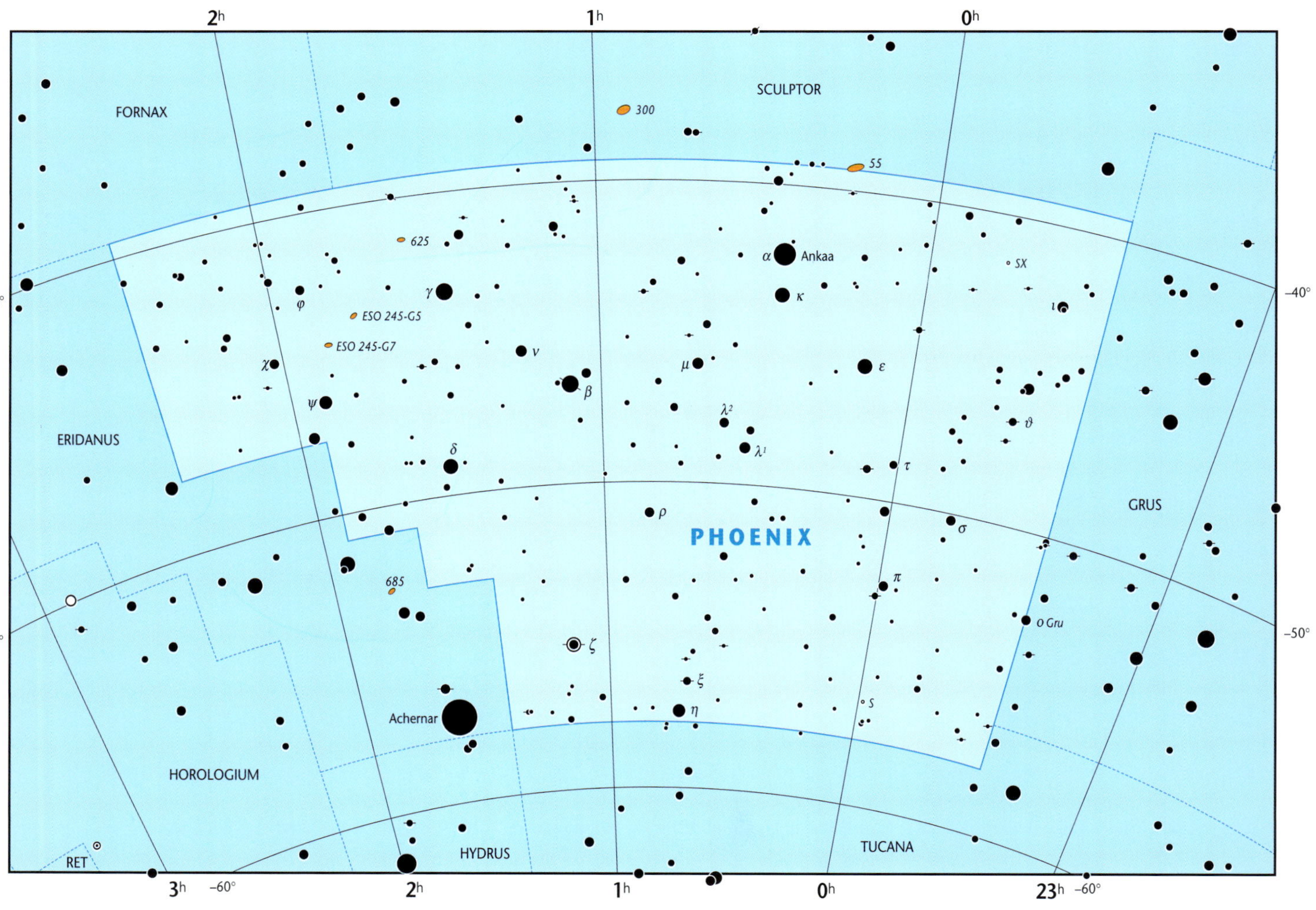

Pictor

PICTORIS • Pic • MALER

Hauptkarten: 15 (16)
Fläche: 247 Quadratgrad (59.)
Kulmination 00:00 Ortszeit: Mitte Dezember

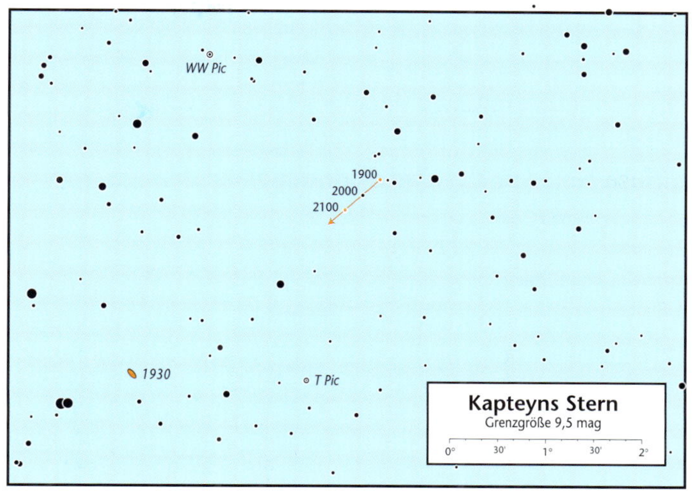

Dieses kleine, unscheinbare Sternbild wurde ebenfalls von de La Caille eingeführt. Es wird von dem brillanten Canopus (α Car, / $-0^{m}{,}62$) überstrahlt, der östlich davon liegt. Den ursprünglichen Namen Equuleus Pictoris (Malerstaffelei) hat man später verkürzt.

α Pic ($06^{h}48^{m}{,}2$ / −61°57′): hellster Stern des Sternbildes ($3^{m}{,}24$). Es ist ein blassgelber (A7) Unterriese in 30,3 pc (≈ 100 LJ) Entfernung. Aufgrund der Daten des Hipparcos-Satelliten könnte der Stern ein Veränderlicher mit geringer Amplitude sein.

β Pic ($05^{h}47^{m}{,}4$ / −51°04′): A3-Zwergstern ($3^{m}{,}9$, d = 63 LJ). Infrarotbeobachtungen zeigen eine Staub- und Gasscheibe um den Stern, die verdreht zu sein scheint. Als Ursache kommt ein großer Planet in Frage, der sich in ihr gebildet hat.

η^1 Pic ($05^{h}02^{m}{,}9$ / −49°09′): schwieriger Doppelstern mit großem Helligkeitsunterschied ($5^{m}{,}4$/$13^{m}{,}0$, PA 199°, Dist. 10″,7). Der Hauptstern ist ein F2-Zwerg.

ι Pic ($04^{h}50^{m}{,}9$ / −53°28′): eventuell ein Doppelstern mit zwei gelben Komponenten ($5^{m}{,}6$/$6^{m}{,}5$, PA 58°, Dist. 12″,5, F0/F4), die große, identische Eigenbewegungen haben. Die Hauptkomponente könnte ein spektroskopischer Doppelstern sein.

ϑ Pic ($05^{h}24^{m}{,}8$ / −52°19′): Mehrfachsystem, in dem nur die beiden Hauptkomponenten zu sehen sind ($6^{m}{,}3$/$6^{m}{,}8$, PA 330°, Dist. 38″,2). Der hellere Stern ist ein enger Doppelstern, dessen Abstand seit seiner Entdeckung so sehr geschrumpft ist, dass er visuell nicht zu trennen ist.

μ Pic ($06^{h}32^{m}{,}0$ / −58°45′): relativ unveränderliches Paar weißer Sterne ($5^{m}{,}8$/$9^{m}{,}3$, PA 231°, Dist. 2″,4, B9/A8).

Kapteyns Stern ($05^{h}11^{m}{,}7$ / −45°01′): roter Zwerg ($8^{m}{,}9$, d = 12,8 LJ); mit 8″,67 pro Jahr die größte Eigenbewegung nach Barnards Pfeilstern (in Oph).

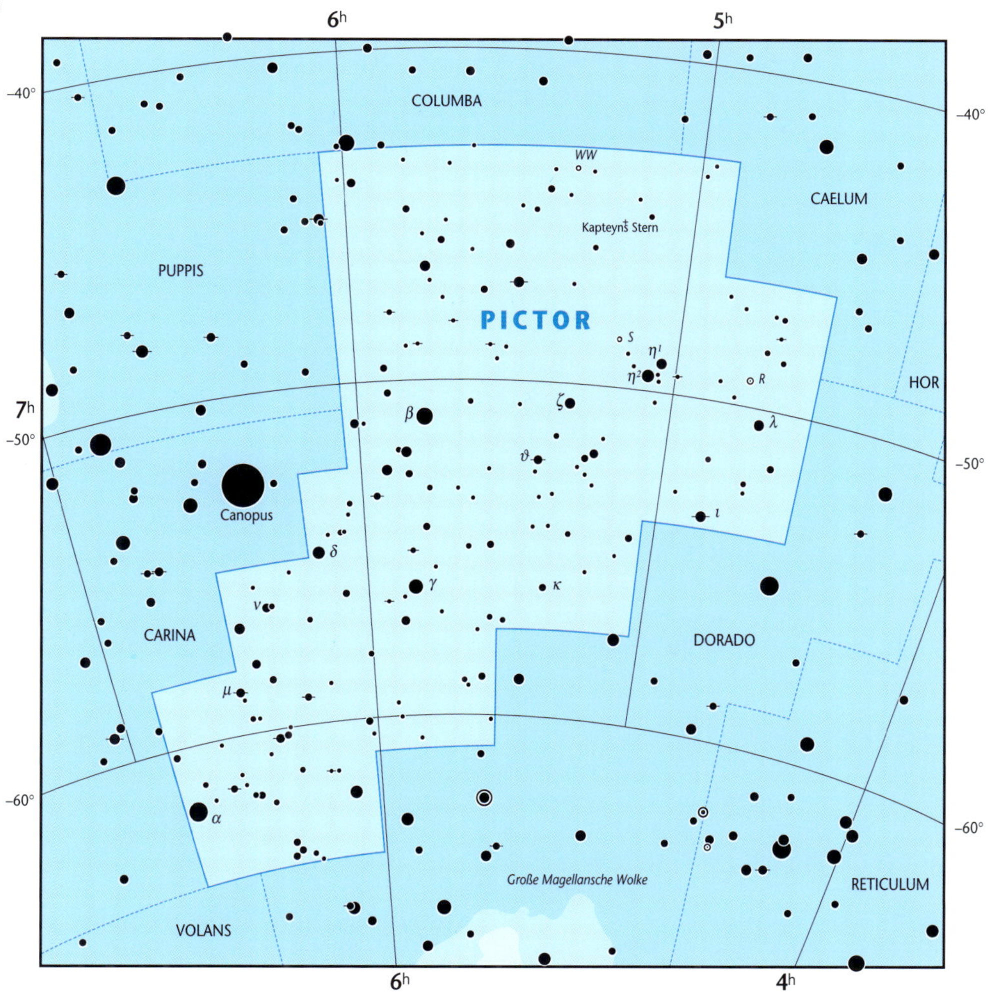

Pisces

PISCIUM • Psc • FISCHE

Hauptkarten: 8 (2, 13)
Fläche: 889 Quadratgrad (14.)
Kulmination 00:00 Ortszeit: Ende September

Bei diesem Sternbild handelt es sich um einen großen, aber recht sternarmen Bereich. Es gibt keine Offenen oder Kugelhaufen, und die meisten Galaxien sind schwach. Durch die Präzession liegt der Frühlingspunkt inzwischen nicht mehr in Aries, sondern in Pisces – südlich von ω Psc.

Van Maanens Stern ($00^h49^m,1$ / +05°25′): Weißer Zwerg ($12^m,3$), der drittnächste seiner Art (d = 13,8 LJ) nach α CMa B und α CMi B.

α Psc ($02^h02^m,0$ / +02°46′), Alrescha: Doppelstern mit langer Umlaufzeit (P = $933,^a1$), der leicht mit 75 mm Öffnung zu trennen ist ($4^m,2$/$5^m,1$, PA 272°, Dist. 1″,8, A0/A3). Beide Sterne sind magnetische Veränderliche des Typs α CVn mit kleiner Amplitude; der hellere könnte auch ein spektroskopischer Doppelstern sein.

ζ Psc ($01^h13^m,7$ / +07°35′): Mehrfachsystem, dessen sichtbare Komponenten weiß sind ($5^m,6$/$6^m,5$, PA 63°, Dist. 23″,0, A7/F7) und unter guten Bedingungen bereits im Fernglas zu trennen. Der Hauptstern ist womöglich ein spektroskopischer Doppelstern, der Begleiter auf jeden Fall (P = $9^d,075$). Der Begleiter hat noch eine weitere Komponente ($12^m,2$, PA 79°, Dist. 1″,5), deren Umlaufbahn fast in der Sichtlinie liegt. Sie kann womöglich mit großen Öffnungen gesehen werden.

κ Psc ($23^h27^m,1$ / +01°16′) und 9 Psc bilden einen optischen Doppelstern fürs Fernglas: ein A0-Zwerg ($4^m,9$) und ein G7-Riese ($6^m,3$). ρ Psc ($01^h26^m,5$ / +19°11′) ist ein F2-Zwerg ($5^m,4$) und bildet mit 94 Psc ($5^m,5$, orangefarbener K1-Riese) ein ähnliches Paar.

M 74 (NGC 628: $01^h36^m,7$ / +15°47′): Face-on-Sc-Spiralgalaxie ($9^m,2$), die unter idealen Bedingungen mit dem Fernglas zu sehen ist. Wegen der weit geöffneten Arme ist auch mit 100 mm Öffnung nur ein schwacher Nebelfleck zu erkennen.

NGC 524 ($01^h24^m,8$ / +09°32′): etwas abgeplattete (E1) elliptische Galaxie ($10^m,6$), die mit 150 mm Öffnung zu sehen ist.

Pisciden (mehrere Radianten: 00^h36^m / +07°, 00^h24^m / +00°, 01^h44^m / +14°): komplexer Meteorstrom, der im September und Oktober aktiv ist. Maxima der drei Radianten: 8. bzw. 21. September bzw. 13. Oktober; Fallraten: 10,5 bzw. unbekannt.

Piscis Austrinus

PISCIS AUSTRINI • PsA • SÜDLICHER FISCH

Hauptkarten: 19 (13)
Fläche: 245 Quadratgrad (60.)
Kulmination 00:00 Ortszeit: Ende August

Dieses alte Sternbild hat bereits Ptolemäus beschrieben. Es gibt weder Offene noch Kugelhaufen und nur schwache Galaxien.

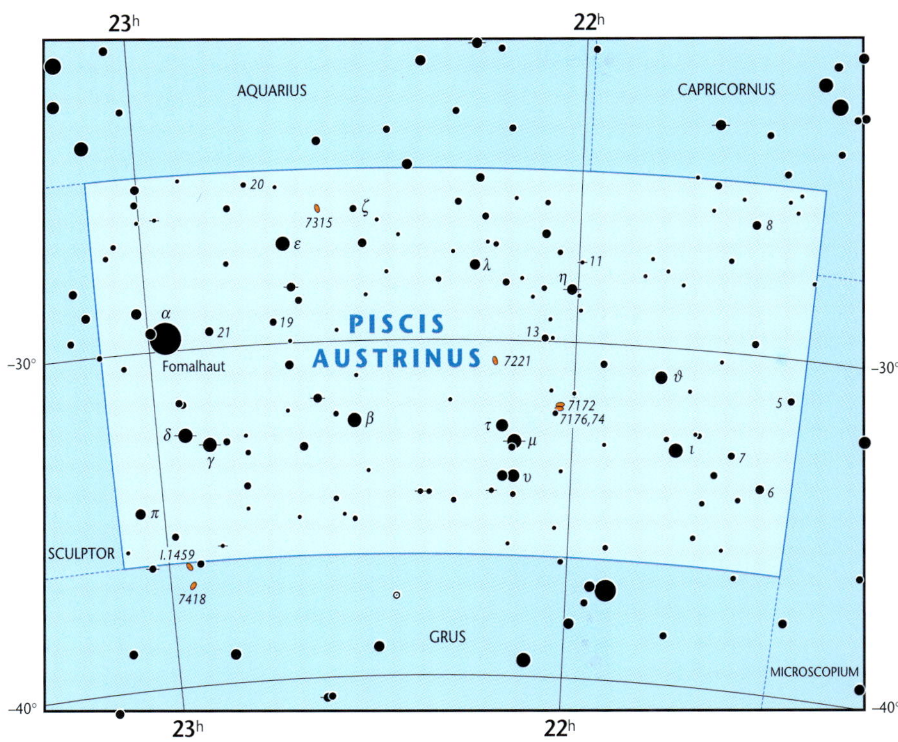

α PsA ($22^h57^m,9$ / –29°36′), Fomalhaut: blauweißer (A3) Zwergstern ($1^m,2$). Der Name kommt aus dem Arabischen und bedeutet „Maul des Fisches". Der Stern ist ein recht naher Nachbar der Sonne (knapp 25 LJ). Wie β Pic ist α PsA von einer dichten Scheibe aus Gas und Staub umgeben.

β PsA ($22^h31^m,5$ / –32°21′): möglicher Doppelstern ($4^m,9$/$7^m,9$, PA 172°, Dist. 30″,3) in einer sternarmen Gegend. Eine Bahnbewegung ist nicht erkennbar, aber die Sterne haben identische Eigenbewegungen. Ähnlich sieht die Situation bei δ PsA ($22^h55^m,9$ / –32°32′) aus ($4^m,2$/$9^m,9$, PA 243°, Dist. 4″,9).

γ PsA ($22^h52^m,5$ / –32°53′): Doppelstern mit langer Umlaufzeit ($4^m,5$/$8^m,0$, PA 262°, Dist. 4″,2), der aus einem B9,5-Unterriesen und einem F5-Zwerg besteht.

NGC 7172 ($22^h02^m,0$ / –31°52′), NGC 7173 ($22^h02^m,1$ / –31°59′) und NGC 7176 ($22^h02^m,2$ / –31°59′): drei schwache Galaxien im gleichen Feld ($11^m,9$, $12^m,1$ bzw. $12^m,6$), aber unsicherer Klassifikation (S:, E2: bzw. S:). 300 mm Öffnung oder mehr erforderlich.

NGC 7314 ($22^h35^m,8$ / –26°03′): Sc-Spiralgalaxie ($10^m,9$), die mit 150 mm Öffnung gerade zu sehen ist. Ihre Gestalt wird ab 200 mm deutlich erkennbar.

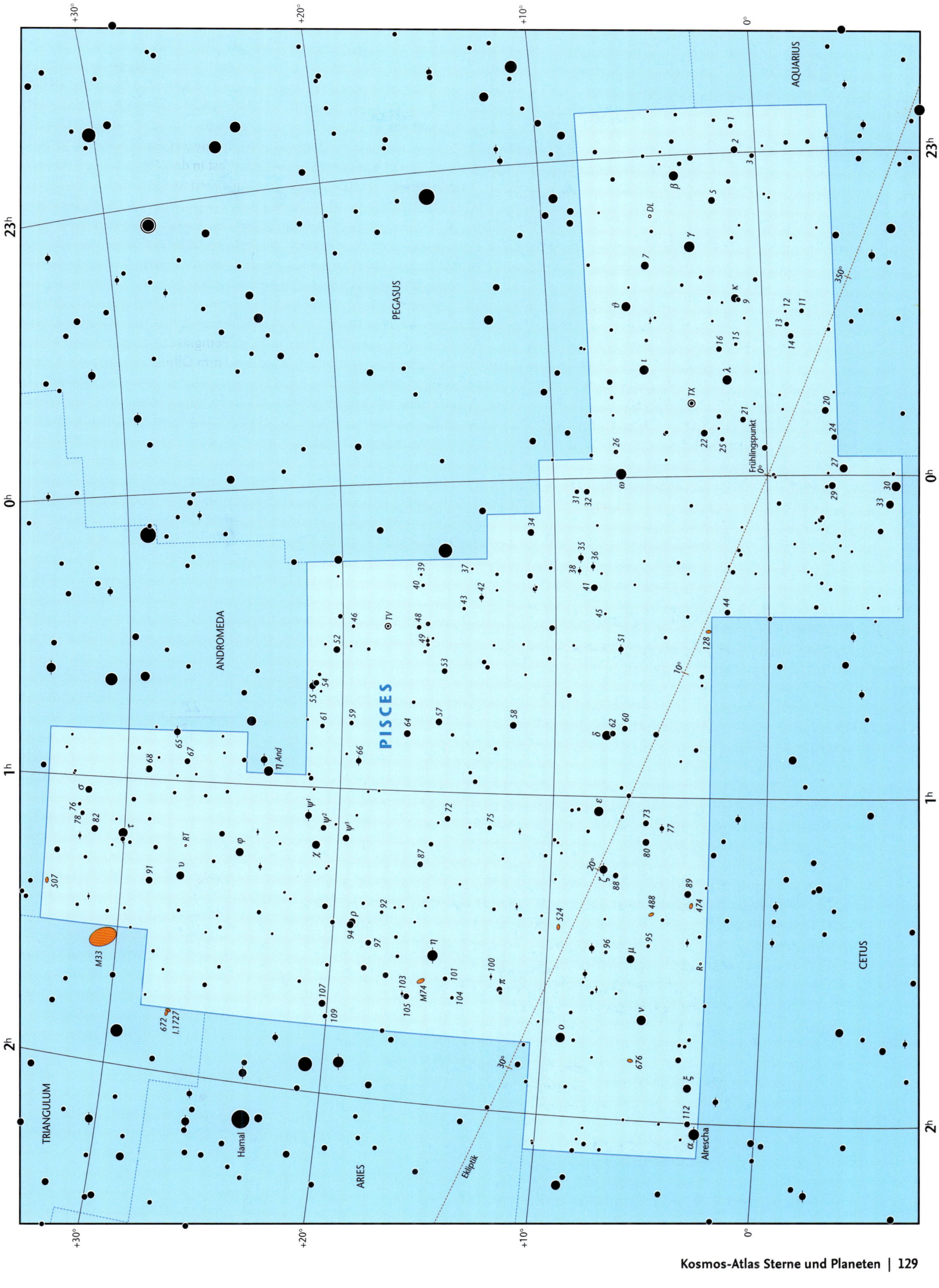
PISCES
PEGASUS
ANDROMEDA
AQUARIUS
CETUS
ARIES
TRIANGULUM
Hamal
Alrescha
Frühlingspunkt
Ekliptik
η And
M33
M74
23h
0h
1h
2h
+30°
+20°
+10°
0°

Puppis

PUPPIS • Pup • HINTERDECK

Hauptkarten: 15, 16 (9, 10)
Fläche: 673 Quadratgrad (20.)
Kulmination 00:00 Ortszeit: Anfang Januar

Dieses Sternbild war Teil des Sternbilds Argo (zusammen mit Carina, Pyxis und Vela). Dadurch liegen die von Bayer mit griechischen Buchstaben bezeichneten hellsten Sterne nun in Carina.
Puppis enthält einen Teil des gewaltigen Gum-Nebels, der der größte Emissionsnebel des Himmels ist. Seine Mitte liegt im Nachbarsternbild Vela (ungefähr bei $08^{h}30^{m}$ / –45°). Das nach seinem Entdecker Colin Gum benannte Objekt hat eine Ausdehnung von 30° × 40°. Seine Entfernung beträgt rund 800 LJ und es expandiert mit 20 km/s. Der Gum-Nebel ist das Ergebnis einer Supernovaexplosion vor ungefähr einer Million Jahre.
Durch Puppis verläuft die Milchstraße, die in diesem Bereich besonders reich an Objekten ist. Es gibt rund 70 Offene Haufen, von denen sich viele allerdings nur schlecht vom sternreichen Hintergrund abheben. Außerdem stößt man auf mehrere Planetarische Nebel, einen Kugelsternhaufen und einen hellen Emissionsnebel. Die Galaxien sind dagegen alle schwach.

σ Pup ($07^{h}29^{m}{,}2$ / –43°18′): Mehrfachsystem, von dem zwei Sterne sichtbar sind ($3^{m}{,}3$/$9^{m}{,}4$, PA 74°, Dist. 22″,3, K5-Riese/G5-Zwerg). Die Hauptkomponente ist ein spektroskopischer Doppelstern, dessen Begleiter ebenfalls ein Riese ist.

ξ Pup ($07^{h}49^{m}$ / –28°58′), Aspidiske: sehr weiter Doppelstern mit zwei gelben Komponenten ($3^{m}{,}3$/$5^{m}{,}3$).

L2 Pup ($07^{h}13^{m}{,}5$ / –44°39′): Halbregelmäßiger ($2^{m}{,}6$ bis $6^{m}{,}2$, gelegentliche Perioden mit $140^{d}{,}5$). Er hat ein M5-Spektrum, liegt rund 200 LJ entfernt und bildet zusammen mit L1 Pup (blauweißer A-Stern) einen optischen Doppelstern. L1 Pup ist ein α-CVn-Veränderlicher geringer Amplitude und hat $4^{m}{,}9$ (d ≈ 182 LJ).

V Pup ($07^{h}58^{m}{,}2$ / –49°15′): β-Lyrae-Bedeckungsveränderlicher (EB) für das bloße Auge ($4^{m}{,}4$ bis $4^{m}{,}9$, P = $1^{d}{,}45$).

KQ Pup ($07^{h}33^{m}{,}8$ / –14°31′): einer der größten Sterne (Radius 7,4 AE), dessen Ausdehnung der Überriesenkomponente von VV Cep gleichkommt. Ein unregelmäßig Veränderlicher mit $4^{m}{,}8$ bis $5^{m}{,}2$.

h 4038 ($08^{h}02^{m}{,}7$ / –41°19′): schönes Sternpaar ($5^{m}{,}5$/$8^{m}{,}5$, PA 346°, Dist. 27″), die hellere Komponente hat ein B9,5-Zwergspektrum. Seit der Entdeckung durch John Herschel im Jahr 1837 gab es kaum Veränderungen im System, so dass die physische Natur des Doppelsterns unsicher ist.

h 4046 ($08^{h}05^{m}{,}7$ / –33°34′): möglicher Doppelstern ($6^{m}{,}2$/$8^{m}{,}9$, PA 88°, Dist. 22″) mit einer dritten Komponente weiter nördlich ($9^{m}{,}5$, PA AC 58°, Dist. 28″). Ein schwaches, enges Paar liegt weiter westlich und ist ab 200 mm Öffnung sichtbar. Der Hauptstern ist ein orangegelber G1-Überreise, der Begleiter ist weiß.

h 4051 ($08^{h}11^{m}{,}0$ / –37°18′): vermutlich nur ein optisches Dreifachsystem aus einem hellen, weißen B0-Riesen und zwei viel schwächeren Begleitern (AB: $6^{m}{,}4$/$13^{m}{,}4$, PA 265°, Dist. 18″; C: $13^{m}{,}6$, PA AC 206°, Dist. 17″), die ab 200 mm Öffnung zu sehen sind. Der hellere vielleicht auch schon mit 150 mm. h 4051 bietet zusammen mit NGC 2546 einen schönen Anblick.

M 46 (NGC 2437: $07^{h}41^{m}{,}8$ / –14°48′): Offener Haufen ($6^{m}{,}5$), der als großes, nicht aufgelöstes Objekt im Fernglas erscheint. Mit 100 bis 150 mm Öffnung wird ein bläulicher Planetarischer Nebel ($10^{m}{,}1$) erkennbar: NGC 2438 ($07^{h}41^{m}{,}8$ / –14°44′) im Nordostteil des Haufens. Er hat eine Entfernung von rund 1 kpc (≈ 3260 LJ), der Haufen selbst hat rund 1,7 kpc (≈ 5540 LJ).

M 47 (NGC 2422: $07^{h}36^{m}{,}6$ / –14°29′): heller ($4^{m}{,}3$) Offener Haufen; mit bloßem Auge sichtbar, wunderbar im Fernglas; vor allem weiße Sterne in einem 30′ großen Feld, ein orangefarbener Stern liegt auf der Westseite.

M 93 (NGC 2447: $07^{h}45^{m}$ / –23°51): heller Kugelhaufen ($6^{m}{,}5$, d ≈ 1,1 kpc oder 3600 LJ), dessen hellste Sterne sich bereits mit dem Fernglas auflösen lassen. Rund 100 mm Öffnung und ein großes Gesichtsfeld ist ideal. Am Südwestrand des Haufens stehen zwei orangefarbene Sterne.

NGC 2298 ($06^{h}49^{m}{,}0$ / –36°00′): kleiner, leicht unregelmäßiger Kugelhaufen ($9^{m}{,}3$, d = 12 kpc oder 39 000 LJ). Einfach mit 100 mm Öffnung, aber erst ab 150 mm kann man den Randbereich auflösen.

NGC 2451 ($07^{h}45^{m}{,}5$ / –37°57′): großer, relativ sternarmer Offener Haufen ($3^{m}{,}7$, d = 220 pc oder 720 LJ). Er umgibt den orangefarbenen (K2,5) Überriesen c Pup ($3^{m}{,}6$). Der Haufen ist mit bloßem Auge zu sehen und im Fernglas auflösbar.

NGC 2477 ($07^{h}52^{m}{,}3$ / –38°32′): Offener Haufen ($5^{m}{,}8$, d = 1,3 kpc oder 4250 LJ), sehr sternreich. Allerdings lassen sich diese Sterne im Fernglas nicht auflösen, so dass das Objekt einem Kugelhaufen ähnelt. Besonders schön mit 150 mm Öffnung, da die Sterne dann aufgelöst sind.

NGC 2546 ($08^{h}12^{m}{,}4$ / –37°38′): großer, lockerer Offener Haufen ($5^{m}{,}2$) mit 40′ Ausdehnung. Daher ist er ideal für kleine Teleskope. Es ist keine Konzentration der Mitglieder zum Haufenzentrum hin erkennbar, aber es gibt eine unregelmäßige, längliche Konzentration am Nordrand in Richtung h 4051 (s.u.).

Puppis-Veliden (Radianten bei $09^{h}00^{m}$ / -48° und $09^{h}20^{m}$ / -65°): komplexer Meteorstrom mit mehreren Radianten in Puppis, Carina und Vela. Aktiv zwischen 27. November und Januar.
Maxima: 9. bzw. 26. Dezember mit stündlichen Zenitraten von 15.

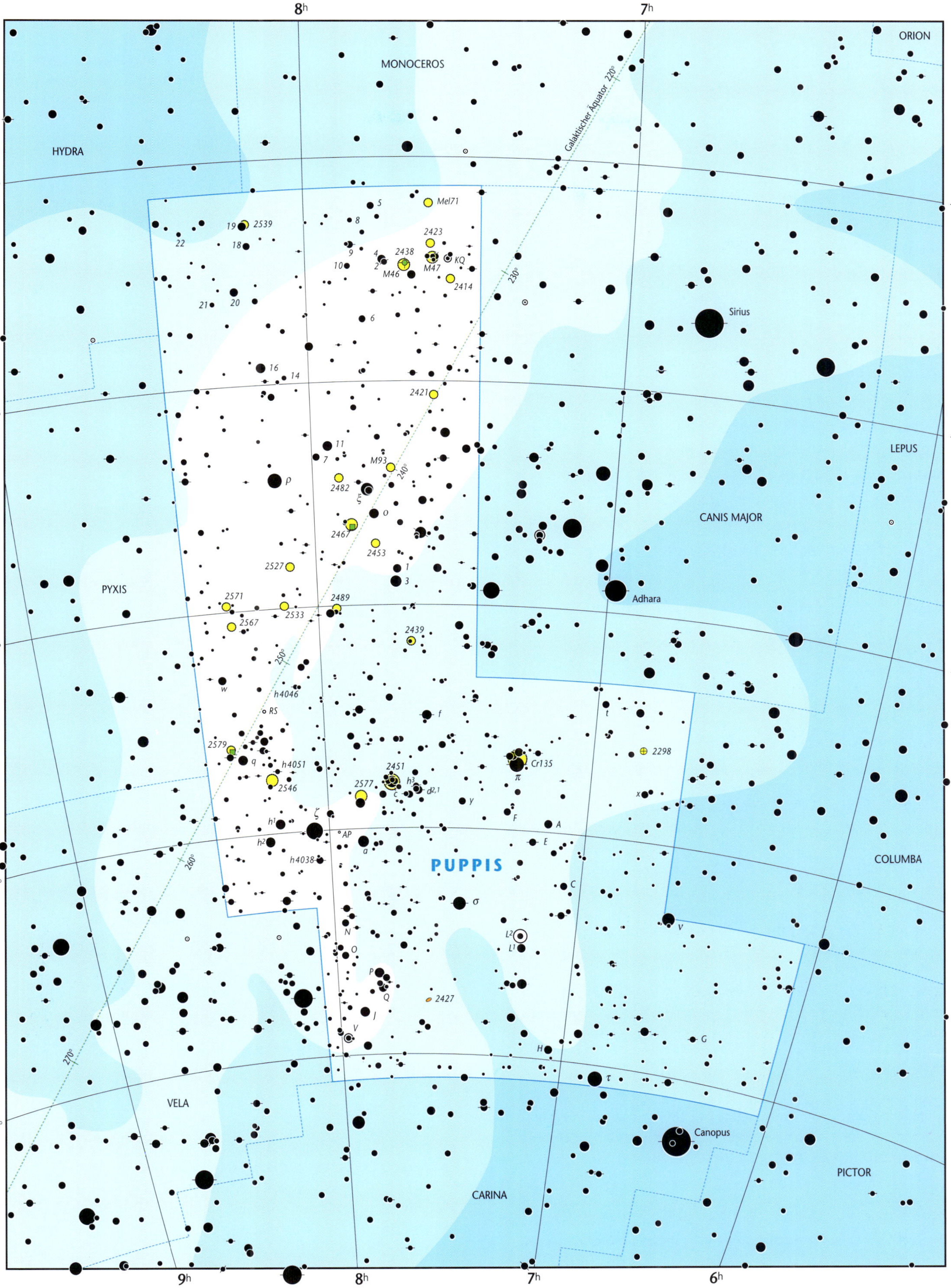
8h
7h
MONOCEROS
ORION
HYDRA
Galaktischer Äquator 220°
-10°
Mel71
2539
2423
2438
M46
M47
KQ
2414
230°
Sirius
2421
-20°
LEPUS
M93
240°
2482
ρ
ξ
2467
2453
2527
CANIS MAJOR
PYXIS
2571
2533
2489
Adhara
2567
2439
-30°
250°
h4046
RS
f
2579
2298
h4051
2451
Cr135
2546
2577
π
ζ
AP
h4038
PUPPIS
COLUMBA
260°
-40°
σ
2427
270°
VELA
τ
-50°
Canopus
PICTOR
CARINA
9h
8h
7h
6h

Pyxis

PYXIDIS • Pyx • KOMPASS

Hauptkarten: 16 (10, 15)
Fläche: 221 Quadratgrad (65.)
Kulmination 00:00 Ortszeit: Anfang Februar

Das von de La Caille eingeführte Sternbild stellt den Magnetkompass dar, den Seefahrer verwendeten. Pyxis ist ein Teil des alten Sternbilds Argo Navis. Die Südwestecke berührt fast den galaktischen Äquator. Keiner der Offenen Haufen ist besonders erwähnenswert, höchstens NGC 2818, der einen Planetarischen Nebel enthält. Es gibt nur eine einigermaßen helle Galaxie. Für Veränderlichenbeobachter ist die wiederkehrende Nova T Pyxidis besonders interessant.

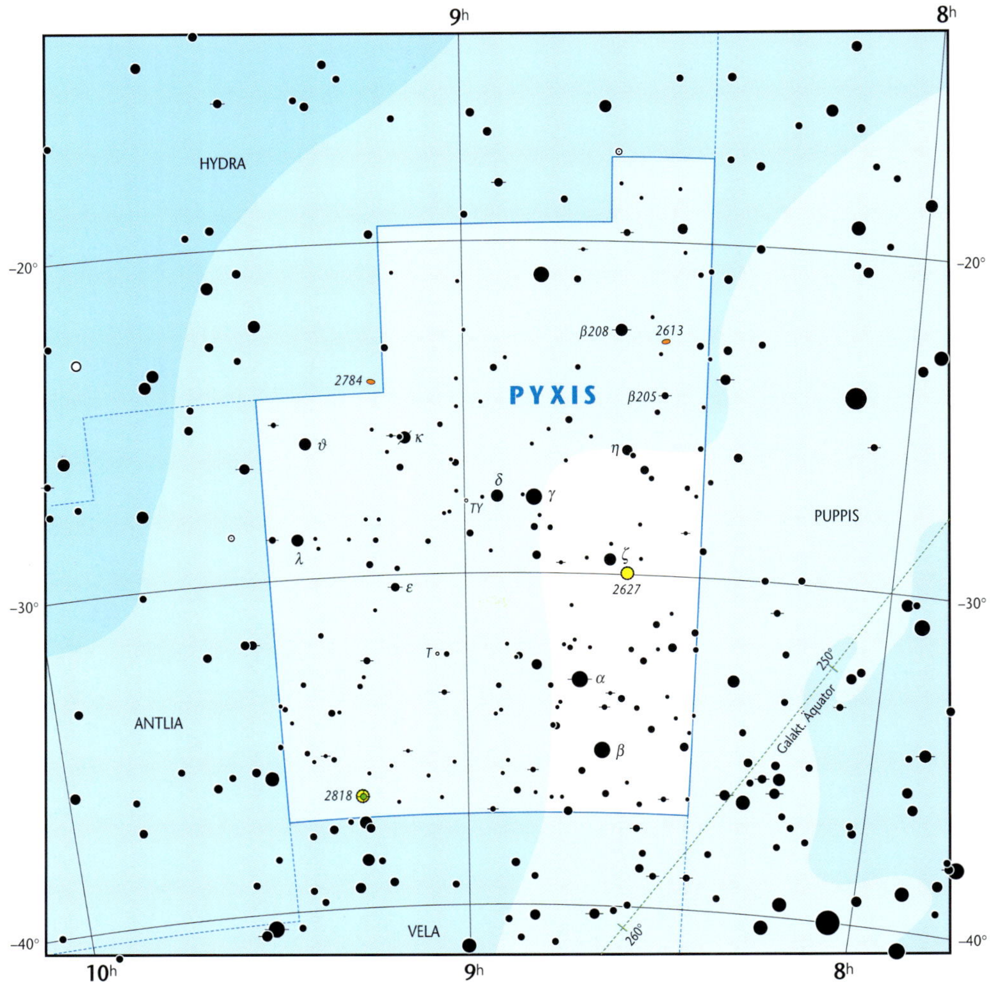

κ Pyx (09^{h}08^m,0 / –25°52′): Doppelstern mit langer Umlaufzeit (4^m,6/9^m,8, PA 263°, Dist. 2″,1). Wenig beobachtet, aktuellste Daten stammen aus dem Jahr 1911.

T Pyx (09^{h}04^m,7 / –32°23′): wiederkehrende Nova, die 1890, 1902, 1920, 1944 und 1966 ausgebrochen ist. Gewöhnlich bei 14^m hat sie bereits 6^m,3 erreicht. Eine regelmäßige Überwachung ist sinnvoll.

β 205 (08^{h}33^m,1 / –24°36′): schwieriger Doppelstern (6^m,9/7^m,0, PA 332°, Dist. 0″,54, P = 136^a,5), dessen Abstand sich derzeit vergrößert; 250 mm Öffnung erforderlich.

β 208 (08^{h}39^m,1 / –22°40′): schöner Doppelstern (5^m,3/6^m,6, PA 28°, Dist. 1″,0, P = 123^a, zwei G6-Zwerge). Der Abstand wächst derzeit, nachdem das Periastron 1980 erreicht wurde. Mit 150 mm Öffnung machbar.

NGC 2613 (08^{h}33^m,4 / –22°58′): Sb-Spiralgalaxie von der Seite (10^m,4); nur der Zentralbereich ist zu sehen. Wenigstens 200 mm Öffnung sind erforderlich.

NGC 2818 (09^{h}16^m,0 / –36°38′): Offener Haufen (8^m,2, d = 3200 pc oder 10 400 LJ) mit einem Planetarischen Nebel im Westteil. Der Nebel ist ziemlich schwach (≈ 13^m) und daher erst ab 150 mm Öffnung sichtbar.

Reticulum

RETICULI • Ret • NETZ

Hauptkarten: 14 (15, 20)
Fläche: 114 Quadratgrad (82.)
Kulmination 00:00 Ortszeit: Mitte November

De La Caille hatte dem Sternbild ursprünglich den Namen Reticulum Rhomdoidalis (Fadenkreuz) gegeben. Im Prinzip handelt es sich um eine kleine Sterngruppe um α Ret, einen gelben G7-Zwerg (3^m,3). Direkt westlich von ihm liegt ein Dreieck aus orangefarbenen Sternen: γ, δ und ι Ret.

ζ^2 Ret (03^{h}17^m,9 / –63°34′) und ζ^1 Ret (03^{h}18^m,3 / –62°29′) sind ein Paar gelber G2-Zwerge, die einen weiten Doppelstern bilden (5^m,2/5^m,5, Dist. 5′,1). Einige Beobachter können ihn mit bloßem Auge auflösen. Die beiden Sterne haben eine gemeinsame Eigenbewegung, aber liegen in leicht unterschiedlichen Entfernungen (39,4 bzw. 40 LJ).

ϑ Ret ($04^{h}17^{m}$,7 / –63°15′): Doppelstern mit langer Umlaufzeit (6^{m},1/7^{m},8, PA 2°, Dist. 4″,0, B9/Am). Der Begleiter ist ein magnetischer Stern und eventuell ein α-CVn-Veränderlicher.

NGC 1313 ($03^{h}18^{m}$,3 / –66°30′): Balkenspiralgalaxie (9^{m},4, d = 4,5 Mpc); trotzdem schwierig für jede Öffnung unter 300 mm. Im Dezember 1962 brach hier eine 10^{m}-Supernova aus.

NGC 1543 ($04^{h}12^{m}$,8 / –57°44′): SB0-Balkenspiralgalaxie (10^{m},6); wie NGC 1574 ein Mitglied der Dorado-Galaxiengruppe.

NGC 1559 ($04^{h}17^{m}$,6 / –62°47′): SBc-Balkenspiralgalaxie (10^{m},5), die ab 150 mm Öffnung zu sehen ist; nahe bei α und ϑ Ret.

NGC 1574 ($04^{h}22^{m}$,0 / –56°58′): linsenförmige S0-Galaxie (10^{m},5), die mit 75 mm Öffnung zu sehen ist; Mitglied der Dorado-Galaxiengruppe.

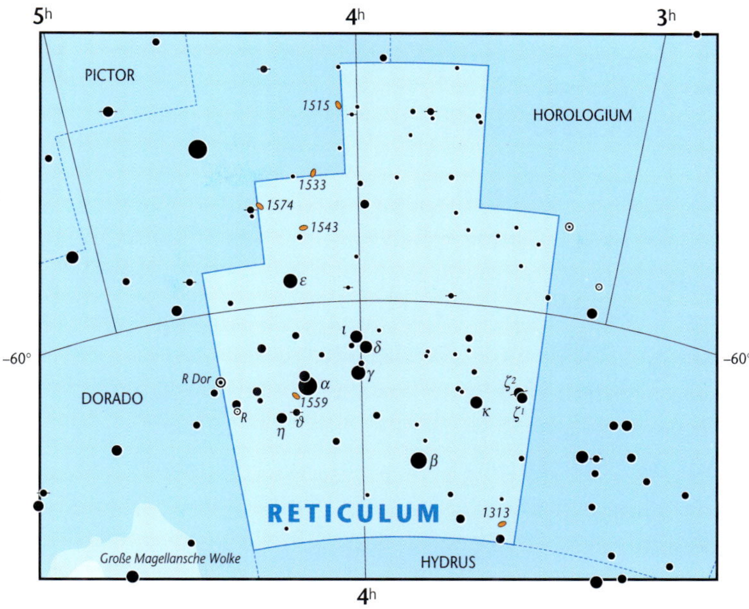

Sagitta

SAGITTAE • Sge • PFEIL

Hauptkarten: 12, 13 (6, 7)
Fläche: 80 Quadratgrad (86.)
Kulmination 00:00 Ortszeit: Mitte Juli

Dieses winzige Sternbild liegt vollständig in der Milchstraße, die alle Galaxien verhüllt. Für Amateurgeräte gibt es einen Kugelhaufen, aber keine Offenen Haufen. Außerdem gibt es drei Planetarische Nebel, dessen hellster 11^{m},6 hat, sowie interessante Mehrfachsterne.

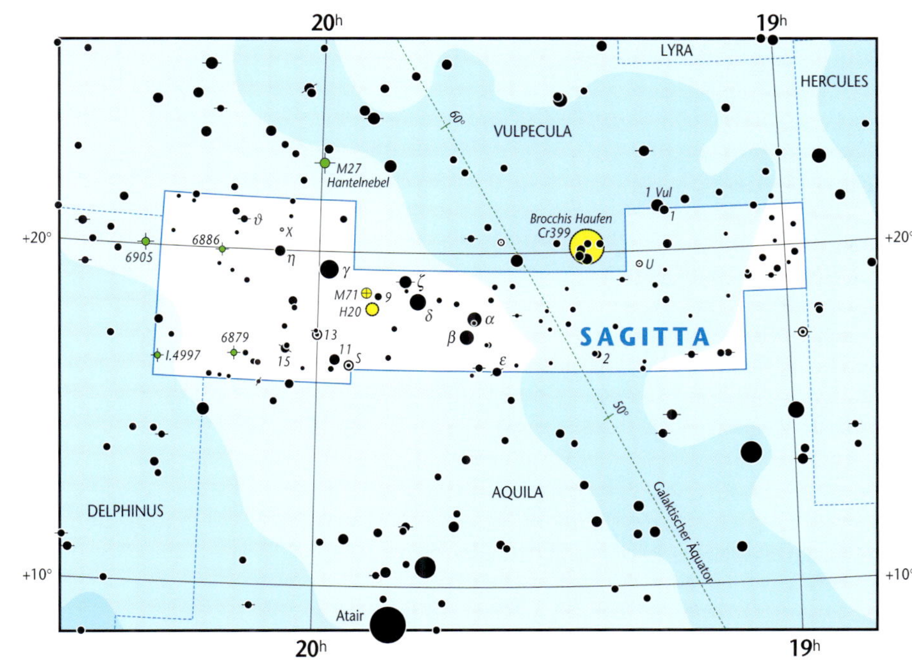

ϑ Sge ($20^{h}09^{m}$,9 / +20°55′): womöglich ein Doppelstern mit langer Umlaufzeit (6^{m},5/8^{m},7, PA 329°, Dist. 11″,2, F5-Unterriese/G5-Zwerg).

13 Sge ($20^{h}00^{m}$,2 / +17°32′): unregelmäßig veränderlicher Riese mit geringer Amplitude (5^{m},6 bis 5^{m},8, M4). Die Sternfarbe (als rot oder orange beschrieben) ist leicht mit mittelgroßen Teleskopen zu erkennen. Er gilt als mögliches Sechsfachsystem, aber nur das Hauptpaar ist zweifellos ein Doppelstern (5^{m},6/9^{m},9, PA 206°, Dist. 28″,5).

15 Sge ($20^{h}04^{m}$,1 / +17°04′): Mehrfachsystem mit weiten Komponenten: AB (5^{m},9/9^{m},1, PA 276°, Dist. 190″,7) und C (6^{m},8, PA AC 320°, Dist. 203″,7). Jeder dieser drei Sterne hat einen Begleiter: P (11^{m},6, PA AP 0°, Dist. 82″,1), Q (8^{m},9, PA BQ 230°, Dist. 181″,1) und R (11^{m},6, PA CR 185°, Dist. 95″,6).

M 71 (NGC 6838: $19^{h}53^{m}$,9 / +18°46′): Kugelhaufen (8^{m},5), der im Fernglas als diffuser Fleck zu sehen ist. Mindestens 150 mm Öffnung sind erforderlich, um ihn aufzulösen (d = 3,9 kpc oder 12 720 LJ).

NGC 6879 ($20^{h}10^{m}$,5 / +16°55′): schwacher Planetarischer Nebel (12^{m},5), der schwer aufzufinden ist. Er bildet ein rechtwinkliges Dreieck mit zwei 8^{m}-Sternen: einer steht 6′ östlich, der andere 10′ nördlich. Mit 150 mm Öffnung schwach erkennbar.

NGC 6886 ($20^{h}12^{m}$,7 / +19°59′): Planetarischer Nebel (11^{m},4), der relativ leicht mit 150 mm Öffnung zu sehen ist.

IC 4997 ($20^{h}20^{m}$,2 / +16°45′): bläulicher Planetarischer Nebel (10^{m},5). Ein gelber Stern steht rund 1′ südwestlich von ihm. Gerade noch mit 150 mm Öffnung erkennbar.

Sagittarius

SAGITTARII • Sgr • SCHÜTZE

Hauptkarten: 18, 12 (13)
Fläche: 867 Quadratgrad (15.)
Kulmination 00:00 Ortszeit: Anfang Juli

Durch den Großteil des Sagittarius verläuft die Milchstraße. In der südwestlichen Ecke des Sternbilds liegt das galaktische Zentrum (in der Nähe von „Baades Fenster“). Es ist rund 7970 pc (≈ 26 000 LJ) entfernt. In Sagittarius befinden sich zahlreiche Offene und Kugelhaufen (jeweils mehr als 30 sind bekannt) sowie Emissions-, Reflexions- und Dunkelnebel. Hier können wir nur ein paar von ihnen beschreiben. Die vielen Planetarischen Nebel im Schützen sind schwach und schwer zu beobachten.

β¹ Sgr (19^{h}22^m,6 / –44°48′) und β² Sgr (19^{h}23^m,5 / –44°48′) bilden einen weiten Doppelstern für das bloße Auge (4^m,0/4^m,3) Der weiter südlich gelegene β1 Sgr ist womöglich ein Doppelstern mit langer Umlaufzeit (4^m,0/7^m,1, PA 77°, Dist. 8″,3).

ζ Sgr (19^{h}02^m,6 / –29°53′): schöner Doppelstern mit kurzer Umlaufzeit (3^m,2/3^m,4, PA 273°, Dist. 0,2 bis 0″,6, P = 21^a,1, A3-Riese/A3-Zwerg). 2002 war der geringste Abstand erreicht, der sich nun wieder schnell vergrößert.

η Sgr (18^{h}17^m,6 / –36°46′): womöglich ein Doppelstern mit langer Umlaufzeit (3^m,2/7^m,8, PA 105°, Dist. 3″,6). Deutlich sind die Farben des orangeroten M3,5-Hauptsterns und des weißen Begleiters zu erkennen.

21 Sgr (18^{h}25^m,3 / –20°32′): Doppelstern mit langer Umlaufzeit (4^m,9/7^m,4, PA 287°, Dist. 2″,0, K2-Riese/A).

M 8 (NGC 6523: 18^{h}03^m,8 / –24°23′), Lagunennebel: heller Gasnebel, der mit dem bloßen Auge gesehen werden kann. Ein Fernglas oder Teleskop zeigt ein dunkles Band vor dem Hintergrund des Nebelleuchtens (d ≈ 1,6 kpc oder 5200 LJ).

M 17 (NGC 6618: 18^{h}21^m / –16°10′), Omega- oder Schwannebel: im Fernglas sichtbarer Gasnebel. Erst im Teleskop wird der Detailreichtum erkennbar, den manche Beobachter mit dem des Orion-Nebels vergleichen.

M 20 (NGC 6514: 18^{h}02^m,3 / –23°03′), Trifidnebel: zwar ist er im Fernglas erkennbar, aber erst im Teleskop zeigt sich seine Struktur. Hauptquelle für die Anregung der Nebelmassen ist der O8-Stern in der Mitte. Bei ihm stehen vier weitere Sterne: drei dieser insgesamt fünf Sterne sind mit 150 mm Öffnung sichtbar, der vierte erfordert 200 mm, der fünfte 300 mm.

M 22 (NGC 6656: 18^{h}36^m,4 / –23°54′): sehr heller (5^m) Kugelhaufen, der bereits mit dem bloßen Auge zu sehen ist. Mit 75 mm Öffnung vollständig in Einzelsterne auflösbar. Einer der uns am nächsten stehenden Kugelhaufen (d ≈ 3,2 kpc oder 10 400 LJ).

M 23 (NGC 6494: 17^{h}56^m,8 / –19°01′): sternreicher Offener Haufen (5^m,5) mit einem ähnlichen scheinbaren Durchmesser wie der Mond. Unter guten Bedingungen im Fernglas auflösbar (d ≈ 700 pc oder 2280 LJ).

M 24 (ungefähr 18^{h}17^m / –18°40′), Sagittarius-Sternwolke: Stück der Milchstraße, das sehr sternreich ist. Es gibt einen kleinen Haufen (NGC 6603) in der Nähe, den Messier allerdings nicht gemeint hat. M 24 ist ein Teil des Norma-Spiralarms unserer Galaxis (d ≈ 4,6 kpc oder 15 000 LJ). In M 24 liegt auch der interessante Dunkelnebel Barnard 92 (ungefähr 18^{h}15^m,5 / –18°11′), der mit dem bloßen Auge zu sehen ist.

M 25 (IC 4725: 18^{h}31^m,6 / –19°15′): großer Offener Haufen; bereits mit bloßem Auge erkennbar und im Fernglas in zahlreiche Sterne auflösbar (der hellste hat 7^m). Ungewöhnlich ist der Cepheiden-Veränderliche U Sgr (18^{h}31^m,9 / –19°07′: 6^m,3 bis 7^m,1, P = 6^d,744925) in ihm.

M 54 (NGC 6715: 18^{h}55^m,1 / –30°29′): ferner Kugelhaufen (vielleicht sogar der fernste) mit 27,4 kpc (≈ 89 400 LJ) und 7^m,6. Wie M 5 in Serpens zeigt er andeutungsweise gelbliche Sterne im Zentrum. Er liegt auf der von uns abgewandten Seite der Galaxis und gehörte womöglich einst zur Sagittarius-Zwerggalaxie.

M 55 (NGC 6809: 19^{h}40^m,0 / –30°57′): Kugelhaufen mittlerer Helligkeit (7^m,0); sichtbar im Fernglas. Er befindet sich in einem sternarmen Bereich und ist bereits mit 75 mm Öffnung auflösbar (d = 5,4 kpc oder 17 600 LJ).

M 69 (NGC 6637: 18^{h}31^m,4 / –32°20′): Kugelhaufen (7^m,7); bereits mit 75 mm Öffnung sichtbar und mit 150 mm aufgelöst (d = 8,6 kpc oder 28 000 LJ).

M 70 (NGC 6681: 18^{h}43^m,2 / –32°17′): kleiner Kugelhaufen (7^m,8), der mit 75 mm Öffnung als diffuser Fleck erscheint. Einzelsterne werden erst ab 150 mm erkennbar (d = 9 kpc oder 29 400 LJ).

NGC 6520 (18^{h}03^m,5 / –27°54′): Offener Haufen (≈ 7^m,6, 4′ Durchmesser). Ein orangefarbener Stern steht in der Nähe des Zentrums, und in der Umgebung gibt es viele schwache Sterne. Der Dunkelnebel Barnard 86 liegt nordwestlich davon und ist bereits mit kleinen Öffnungen zu sehen. Haufen und Nebel sind rund 1700 pc (≈ 5550 LJ) entfernt.

NGC 6522 (18^{h}03^m,6 / –30°03′): kleiner Kugelhaufen (9^m,5); körnig mit 150 mm Öffnung, aber erst ab 250 mm auflösbar. Das Objekt liegt am Himmelsgewölbe sehr nahe beim galaktischen Zentrum. In der Umgebung gibt es viele Sterne, aber kaum interstellaren Staub.

Baades Fenster: Ein Bereich mit 15′ Durchmesser, in dem kaum interstellare Absorption auftritt und in dessen Mitte NGC 6522 steht (s. Karte auf S. 136). Dadurch kann man mit optischen Teleskopen einen Blick in die Nähe des galaktischen Zentrums werfen, das 4° weiter westlich liegt. Walter Baade gelang die Entfernungsbestimmung von RR-Lyrae-Sternen in diesem Bereich; er konnte daraus die Entfernung des galaktischen Zentrums ableiten.

NGC 6544 (18ʰ07ᵐ,3 / –25°00′): stark konzentrierter, kleiner Kugelhaufen (8ᵐ,1) in einem schönen Sternfeld. Erst mit mehr als 100 mm Öffnung auflösbar (d ≈ 3,2 kpc oder 7200 LJ).

NGC 6818 (19ʰ44ᵐ,0 / –14°09′): heller Planetarischer Nebel (9ᵐ,9); bereits mit 75 mm Öffnung sichtbar. Er ist groß (25"), hat eine bläuliche Farbe und ist leicht elliptisch (d ≈ 2,2 kpc oder 7200 LJ).

NGC 6822 (19ʰ44ᵐ,9 / –14°48′), Barnards Galaxie: irreguläre Galaxie (9ᵐ,4); schwieriges Objekt, mit 200 mm schwach zu sehen, in idealen Nächten auch mit kleineren Öffnungen zu erkennen; Mitglied der Lokalen Gruppe (d ≈ 460 kpc oder 1,5 Mio. LJ).

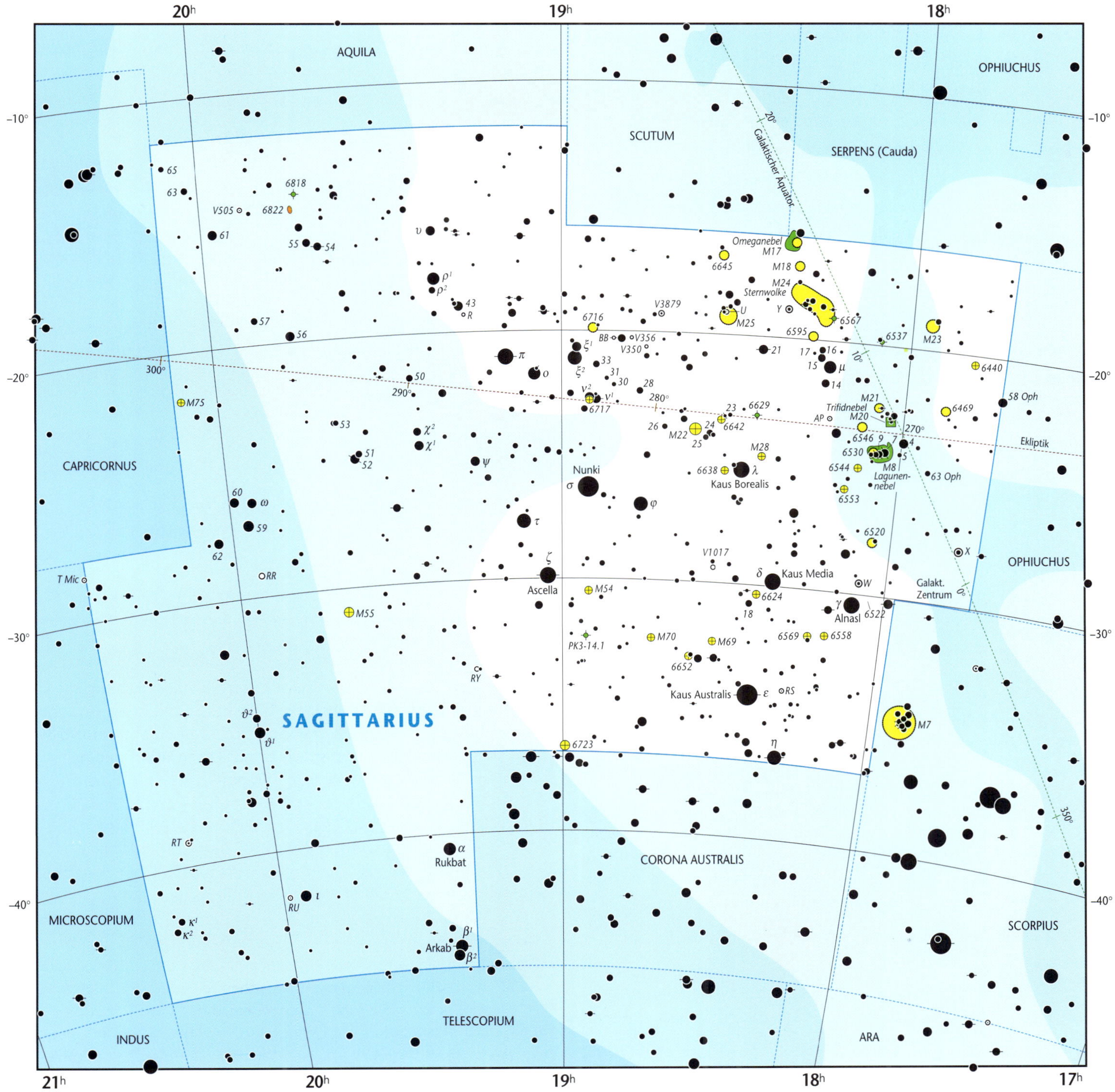

Scorpius

SCORPII • Sco • SKORPION

Hauptkarten: 17, 18 (11, 12)
Fläche: 497 Quadratgrad (33.)
Kulmination 00:00 Ortszeit: Anfang Juni

Scorpius liegt fast vollständig in einem dichten Teil der Milchstraße und enthält daher wie Sagittarius viele interessante Objekte. Obwohl es das kleinere Sternbild ist, gibt es in Scorpius mehr Offene Haufen (mehr als 40) als in Sagittarius, dafür etwas weniger Kugelhaufen (20). Man stößt auf viele Doppelsterne, zu denen auch Antares gehört. Mehr als 20 Sterne in der Umgebung des Überriesens (auf einer Fläche von 10° × 7°) haben identische Eigenbewegungen. Gemeinsam bilden sie den Antares-Haufen, der von schwachen Gasnebeln umgeben ist. Diese Gruppe ist ein Teil der viel größeren Scorpius-Centaurus-Assoziation, bei der es sich um die sonnennächste Ansammlung junger, heißer OB-Sterne handelt. Sie liegt in einer Entfernung von 153 pc (≈ 500 LJ) und dehnt sich bis in eine Entfernung von 184 pc (≈ 600 LJ) über die Sternbilder Scorpius, Centaurus und Crux aus. Ungefähr 40 OB-Sterne befinden sich in dieser Assoziation, die eine Gesamtmasse von ungefähr 6000 Sonnenmassen hat.

α Sco ($16^{h}29^{m},6$ / –26°26′), Antares: orangeroter M1,5-Überriese mit rund 600 Mio. km Durchmesser und der 9000fachen Sonnenleuchtkraft. Er ist ein Halbregelmäßiger ($0^{m},9$ bis $1^{m},8$) und ein schöner Doppelstern mit einem blauweißen B-Zwerg als Begleiter ($5^{m},4$, PA 276°, Dist. 2″,9). Wegen des Kontrasts zum Hauptstern wird der Begleiter oft als grünlich empfunden. Das Licht der Hauptkomponente beleuchtet auch einen nahe gelegenen Reflexionsnebel (rund 75″ Durchmesser).

β Sco ($16^{h}05^{m},4$ / –19°48′), Graffias: Fünffachsystem, dessen Hauptpaar B0,5- und B2-Zwerge sind ($2^{m},6$/$4^{m},9$, PA 23°, Dist. 13″,6). Die dritte Komponente steht nahe beim Hauptstern ($6^{m},0$, PA AC 88°, Dist. 0″,9), der wiederum selbst ein spektroskopischer Doppelstern ist. Auch die Komponente B wurde inzwischen als sehr enger Doppelstern erkannt.

ζ^1 Sco ($16^{h}54^{m},3$ / –42°22′) und ζ^2 Sco ($16^{h}54^{m},9$) bilden einen weiten Doppelstern für das bloße Auge. Die nördliche Komponente (ζ^1 Sco) ist ein weißer (B1,5) extremer Überriese ($4^{m},8$) und das hellste Mitglied von NGC 6231. Die Leuchtkraft des Sterns erreicht fast 280 000 Sonnenleuchtkräfte. ζ^2 Sco ist ein orangefarbener K4-Riese ($3^{m},6$).

μ^1 Sco ($16^{h}52^{m},1$ / –38°03′) und μ^2 Sco ($16^{h}52^{m},6$ / –38°02′) bilden ebenfalls einen Doppelstern für das bloße Auge. Der südliche Stern (μ^1 Sco) ist ein β-Lyrae-Bedeckungsveränderlicher ($2^{m},9$ bis $3^{m},2$, P = $1^{d},44626907$). μ^2 Sco hat $3^{m},6$.

ν Sco ($16^{h}12^{m},0$ / –19°28′): Mehrfachsystem; das südliche Gegenstück zu ε Lyr, aber schwächer und enger. Das Hauptpaar ($4^{m},1$/$6^{m},2$, PA 3°, Dist. 1″,3) lässt sich mit 150 mm Öffnung auflösen, das weitere Paar ($6^{m},8$/$7^{m},5$, PA 53°, Dist. 2″,3) mit 75 mm. Der hellste Stern hat einen weiteren sehr engen Begleiter und ist ein spektroskopischer Doppelstern – insgesamt handelt es sich also um ein Sechsfachsystem.

M 4 (NGC 6121: $16^{h}23^{m},6$ / –26°31′): großer, recht lockerer Kugelhaufen (≈ 6^{m}) mit einem hellen Band durch die Mitte. Er ist trotz seiner Nähe zum hellen Antares bereits mit dem bloßen Auge zu sehen, im Fernglas als diffuser Fleck. Zusammen mit NGC 6397 in Ara ist er der uns am nächsten stehende Kugelhaufen (d ≈ 6500 LJ).

M 6 (NGC 6405: $17^{h}40^{m},1$ / –32°12′), Schmetterlings-Haufen: bereits mit dem bloßen Auge sichtbarer Offener Haufen ($4^{m},5$), der sich im Fernglas auflösen lässt. Der hellste Stern ist der orangefarbene K2,5-Überriese und halbregelmäßig Veränderliche BM Sco (5,8 bis $6^{m},2$, P = 850^{d}:). Der Haufen hat rund 25′ Ausdehnung.

M 7 (NGC 6475: $17^{h}53^{m},9$ / –34°37′): großer, heller ($3^{m},5$) Offener Haufen, der bereits mit dem bloßen Auge zu sehen ist. Am besten bei schwacher Vergrößerung im Fernglas. Er hat rund 80 Mitglieder und liegt rund 600 pc (≈ 2000 LJ) entfernt.

M 80 (NGC 6093: $16^{h}17^{m},0$ / –22°58′): kleiner, kompakter Kugelhaufen (≈ $7^{m},5$); sichtbar im Fernglas und ab 150 mm Öffnung auflösbar.

NGC 6153 ($16^{h}31^{m},5$ / –40°15′): blassblauer Planetarischer Nebel ($10^{m},9$) in einem schönen Sternfeld; leicht mit 75 mm Öffnung (d ≈ 1,8 kpc oder 5870 LJ).

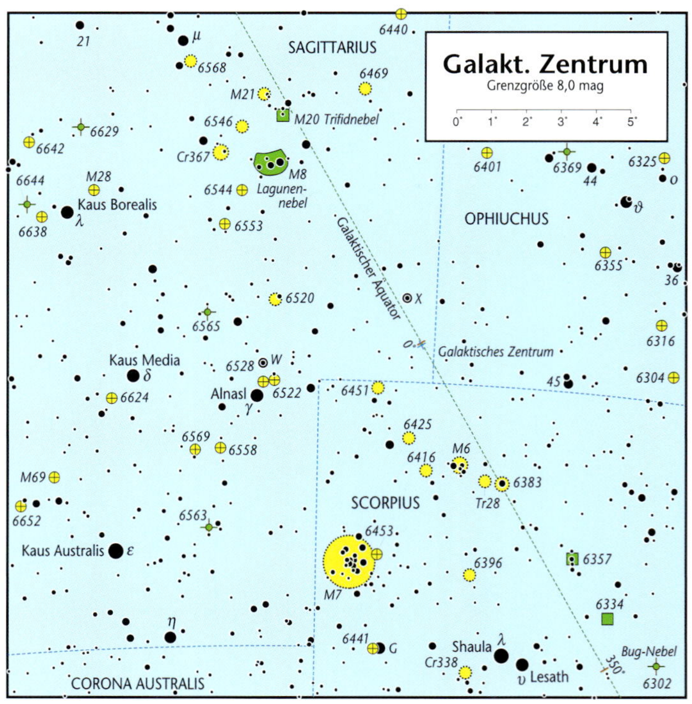

NGC 6231 ($16^{h}54^{m}{,}0$ / –41°48′): sehr großer, heller Offener Haufen, der mit bloßem Auge zu sehen ist. Einzelsterne sind bereits mit dem Fernglas erkennbar. Der Haufen ist spektakulärer als der Doppelhaufen im Perseus und enthält viele sehr heiße Sterne mit sehr verschiedenen Spektralklassen: blauweiße, gelbe und orangefarbene Sterne sind sichtbar (d ≈ 780 LJ).

NGC 6302 ($17^{h}13^{m}{,}7$ / –37°06′), „Bug-Nebel“: heller ($9^{m}{,}6$) Planetarischer Nebel mit länglicher Form und hellem Zentrum (d ≈ 2 kpc oder 6520 LJ).

NGC 6388 ($17^{h}36^{m}{,}3$ / –44°44′): kompakter Kugelhaufen ($6^{m}{,}9$), der bereits mit 75 mm zu sehen ist. Selbst mit größeren Öffnungen nicht einfach aufzulösen.

α-Scorpiden (Doppelradiant bei $16^{h}31^{m}$ / -24° und $16^{h}04^{m}$ / -24°): Meteorstrom, der vermutlich mehrere schwache Radianten hat; aktiv zwischen April und Juli, meistens zwischen 20. April und 20. Mai. Maxima: 27. April bzw. 12. Mai, stündliche Zenitraten von ungefähr fünf.

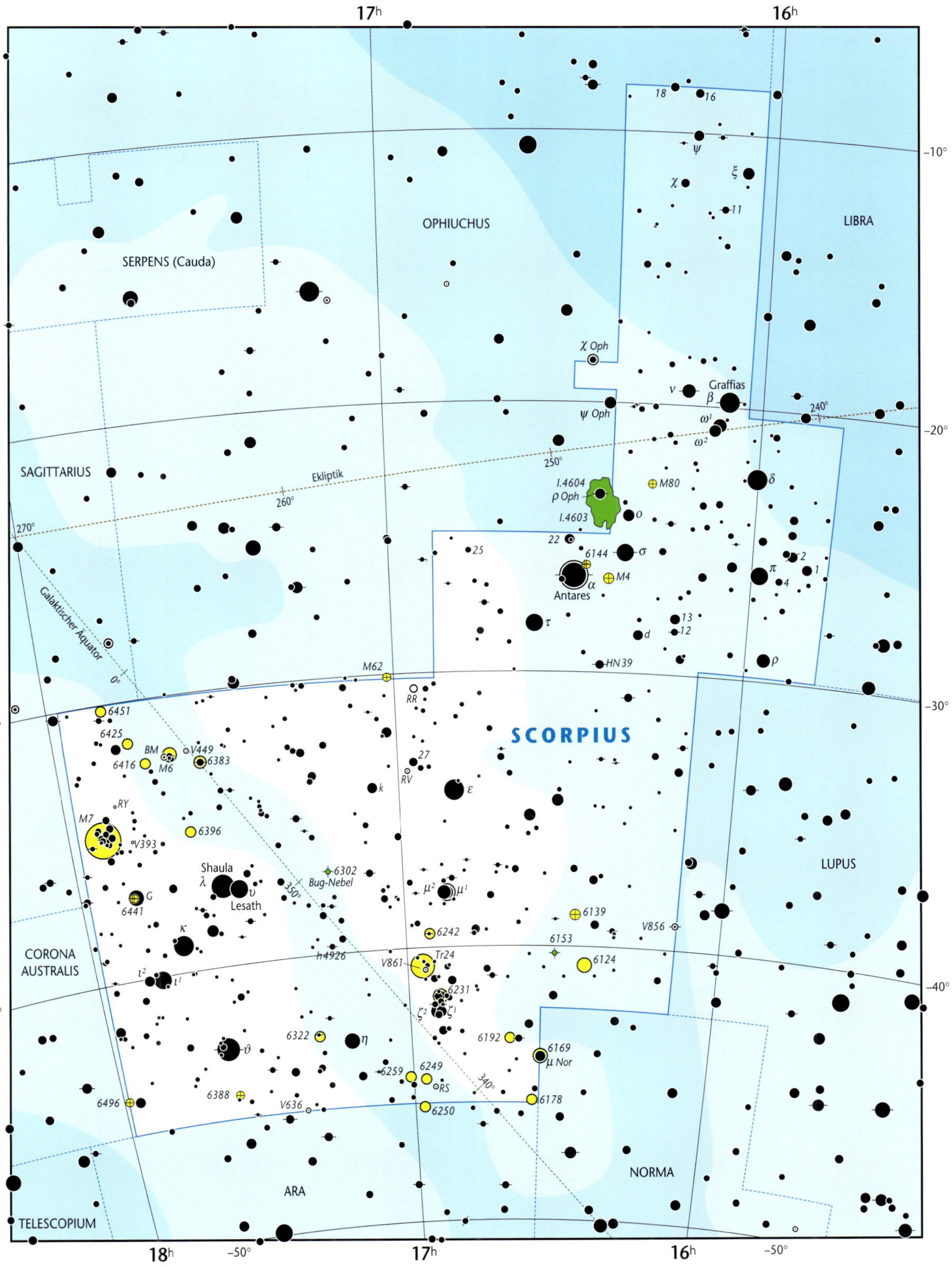

Sculptor

SCULPTORIS • Scl • BILDHAUER

Hauptkarten: 14 (19)
Fläche: 475 Quadratgrad (36.)
Kulmination 00:00 Ortszeit: Ende September

Dieses unauffällige Sternbild – de La Caille hat es ursprünglich „Bildhauerwerkstatt“ genannt – hat keine Sterne heller als $4^{m}{,}5$. Es gibt einen Kugelhaufen. In ihm liegt der galaktische Südpol, weshalb man hier einen tiefen Blick in den intergalaktischen Raum werfen kann, ohne dass Gas, Staub oder Sterne dabei stören. Daher findet man in dem Sternbild viele Galaxien, darunter die Sculptor-Galaxiengruppe, bei der es sich um die nächste Galaxiengruppe jenseits der Lokalen Gruppe handelt. Außerdem liegt in dem Sternbild die Sculptor-Zwerggalaxie (ESO-351-G30). Wie die Fornax-Zwerggalaxie hat sie eine so geringe Flächenhelligkeit, dass sie den meisten Amateuren verborgen bleiben wird.

ε Scl ($01^{h}45^{m}{,}6$ / –25°03′): Doppelstern ($5^{m}{,}4$/$8^{m}{,}6$, PA 23°, Dist. $4''{,}7$, F1- bzw. K1-Zwerg) mit sehr langer Umlaufzeit (geschätzt: 1192^{a}).

κ^{1} Scl ($00^{h}09^{m}{,}3$ / –27°59′): Doppelstern mit langer Umlaufzeit und gelben Komponenten ($6^{m}{,}1$/$6^{m}{,}2$, PA 265°, Dist. $1''{,}4$, F4- bzw. F3-Riese); mindestens 150 mm Öffnung erforderlich.

NGC 55 ($00^{h}14^{m}{,}9$ / –39°11′): Edge-on-Balkenspiralgalaxie ($8^{m}{,}2$); erst ab 300 mm Öffnung gut zu sehen, mit 150 mm wird die längliche Zentralregion erkennbar.

NGC 253 ($00^{h}47^{m}{,}6$ / –25°17′), Sculptor-Galaxie: Edge-on-Sc-Spirale ($7^{m}{,}1$); bereits mit 75 mm Öffnung länglich, schönes Objekt für 300 mm.

NGC 288 ($00^{h}52^{m}{,}8$ / –26°35′): wenig konzentrierter Kugelhaufen ($8^{m}{,}1$), der als ausgedehnter diffuser Fleck erscheint. Mit 100 mm Öffnung lassen sich erste Einzelsterne erkennen (d ≈ 8,3 kpc oder 27 000 LJ).

NGC 7793 ($23^{h}57^{m}{,}8$ / –32°35′): weit geöffnete Sc-Spiralgalaxie ($9^{m}{,}1$), daher (wie M 33 in Triangulum) schwer zu erkennen; sichtbar mit 150 mm Öffnung (d ≈ 3,5 Mpc oder 11,4 Mio. LJ).

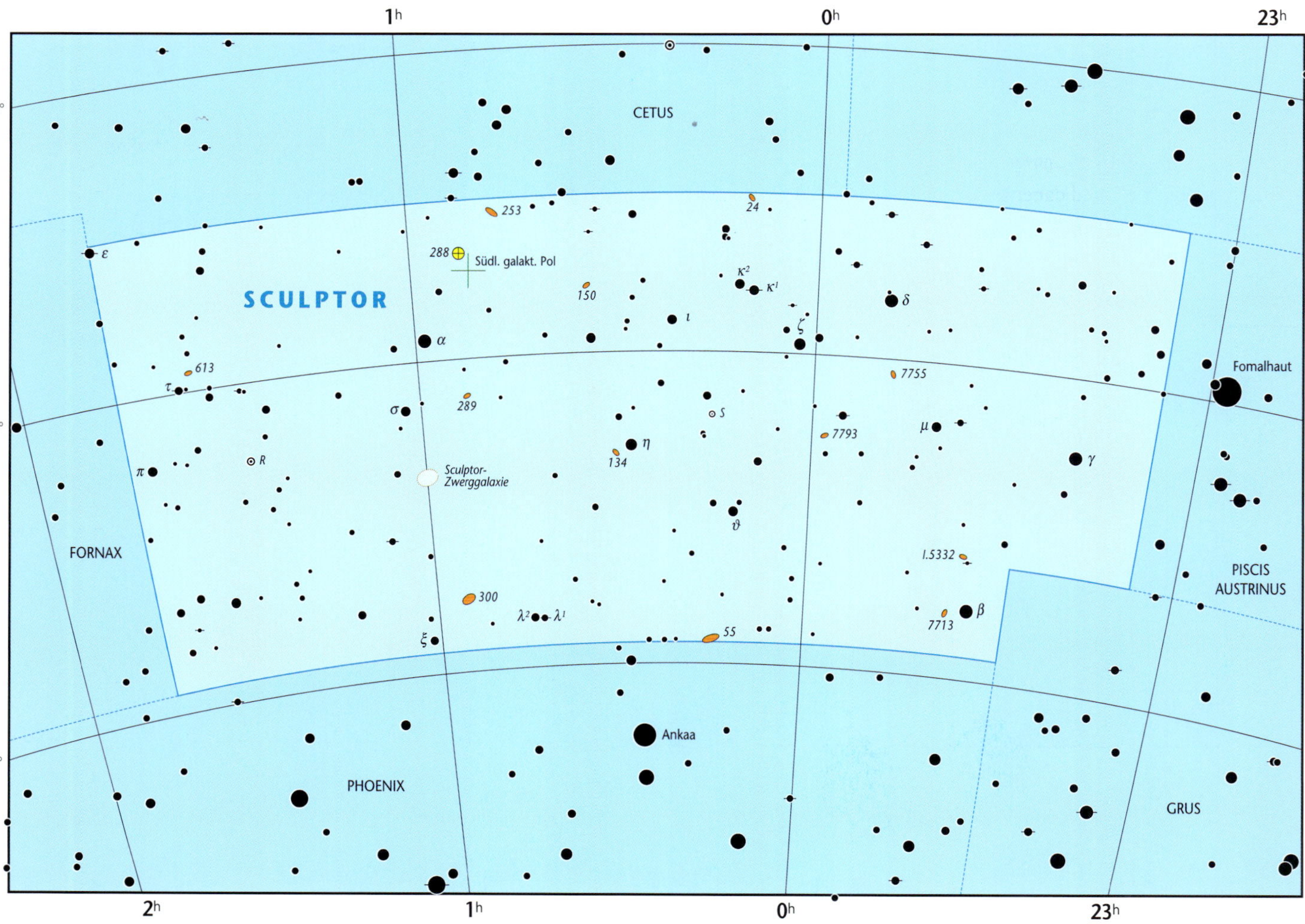

Scutum

SCUTI • Sct • SCHILD

Hauptkarten: 12
Fläche: 109 Quadratgrad (84.)
Kulmination 00:00 Ortszeit: Anfang Juli

Hevelius hat dieses kleine Sternbild ursprünglich als Scutum Sobieski (Sobieskis Schild) eingeführt. Er ehrte damit seinen Förderer, den polnischen König Johann III. Sobieski, der in die Geschichte eingegangen ist, weil er 1683 eine Invasion der Türken in Polen abgewehrt hat. In dem Sternbild liegen einige der hellsten Milchstraßenwolken und 15 offene Haufen.

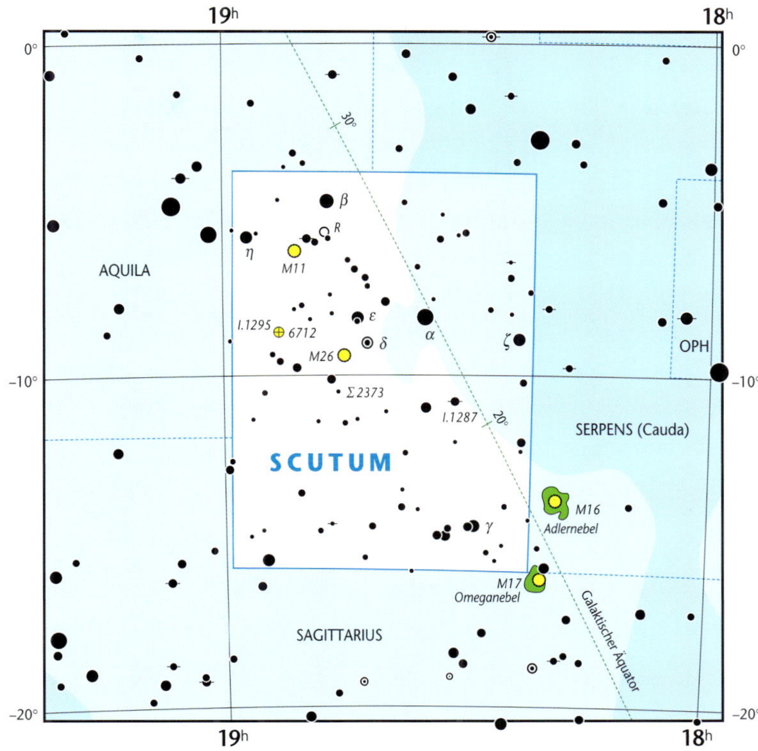

δ Sct ($18^h42^m,3$ / –09°03′): Prototyp einer Klasse von Pulsationsveränderlichen mit geringer Amplitude. Visuell lässt sich der Lichtwechsel von δ Sct wegen der geringen Amplitude ($4^m,6$ bis $4^m,8$) und der kurzen Periode (4,^{h}65) nicht beobachten.

R Sct ($18^h47^m,5$ / –05°42′): interessanter Veränderlicher des RV-Tauri-Typs mit einer Amplitude von $4^m,3$ bis $8^m,7$ und einer Periode von $146^d,5$.

Σ 2373 ($18^h45^m,9$ / –10°30′): Doppelstern mit langer Umlaufzeit ($7^m,2$/$8^m,2$, PA 338°, Dist. 4″,1). Die gelben Komponenten sind F2-Zwerge und mit 75 mm Öffnung deutlich zu trennen.

M 11 (NGC 6705: $18^h51^m,1$ / –06°16′), Wildente: auffälliger Offener Haufen, der bereits im Fernglas zu sehen ist und für größere Öffnungen ein wunderbares Objekt darstellt. Er hat hunderte von Mitgliedern und einen hellen, blassgelben Stern am Rand (d ≈ 1720 pc oder 5600 LJ).

M 26 (NGC 6694: $18^h45^m,2$ / –09°24′): Offener Haufen mit 30 bis 40 Mitgliedern; recht locker, und daher kein leichtes Objekt für kleine Öffnungen (d ≈ 1550 pc oder 5060 LJ).

NGC 6712 ($18^h53^m,1$ / –08°42′): Kugelhaufen mittlerer Helligkeit ($8^m,2$), der mit 100 mm Öffnung erkennbar ist, aber auch mit 200 mm nur schlecht aufgelöst werden kann.

IC 1287 ($18^h31^m,3$ / –10°50′): schwacher Reflexionsnebel; schwierig. Der Doppelstern Σ 2325 ($5^m,8$/$9^m,1$, PA 257°, Dist. 12″,3) strahlt den Nebel an und ist mit 75 mm Öffnung klar zu trennen.

IC 1295 ($18^h54^m,6$ / –08°50′): recht schwacher ($12^m,5$:) Planetarischer Nebel, der mit 150 mm Öffnung blickweise erkannt werden kann, besser mit 200 mm. Er liegt in einem schönen Feld.

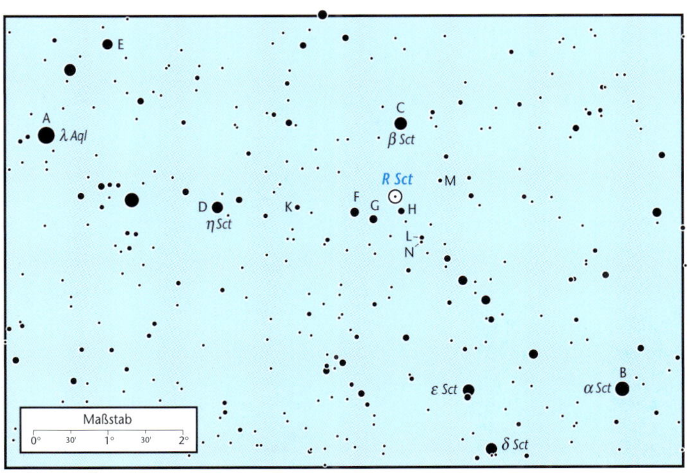

Vergleichssterne für R Sct:

A = λ Aql	3,41	E = 14 Aql	5,41	K	7,56
B = α Sct	4,05	F	6,23	L	8,00
C = β Sct	4,40	G	6,50	M	8,31
D = η Sct	4,99	H	7,07	N	8,62

Serpens

SERPENS • Ser • SERPENTIS

Hauptkarten: 11, 12 (5, 6)
Fläche: 637 Quadratgrad (23.)
Kulmination 00:00 Ortszeit: s. Text

Serpens ist das einzige Sternbild, das aus zwei Teilen besteht: Serpens Caput (Kopf der Schlange) und Serpens Cauda (Schwanz der Schlange). Serpens Caput ist der westliche Teil, nördlich von Libra, und kulminiert um 00:00 Ortszeit ungefähr Mitte Mai. Serpens Cauda, der östliche Teil, liegt in der Milchstraße und berührt die galaktische Ebene an zwei Punkten. Dieser Teil kulminiert um 00:00 Ortszeit Ende Juni. Zwar enthält Serpens Cauda mehr Offene Haufen, sie sind aber wegen ihrer Nähe zur galaktischen Ebene einer stärkeren Absorption ausgesetzt. In Serpens Caput gibt es weniger Objekte, aber es tritt keine Absorption auf.

β Ser (15^h46^m / +15°25′ – S. Caput): blauweißer ($3^m{,}6$) Stern, der einen optischen Doppelstern mit einem nördlich gelegenen Nachbarn bildet ($6^m{,}7$).

δ Ser ($15^h34^m{,}8$ / +10°32′ – S. Caput): womöglich ein Doppelstern mit langer (bis zu 3168^a:) Umlaufzeit ($4^m{,}2$/$5^m{,}2$, PA 176°, Dist. $4''{,}4$, A9-Unterriese/A7-Zwerg).

ϑ Ser ($18^h56^m{,}2$ / +04°12′ – S. Cauda): Dreifachstern mit einem hellen Paar ($4^m{,}5$/$4^m{,}6$, PA 103°, Dist. $22''{,}3$, zwei A5-Zwerge), bei dem es sich um einen physischen Doppelstern handeln dürfte, auch wenn seit der Entdeckung durch F. G. W. Struve im Jahr 1830 keine Veränderung erkennbar ist. Ob die orangefarbene dritte Komponente ($7^m{,}9$, PA BC 56°, Dist. $403''{,}9$) ebenfalls zum System gehört, ist unbekannt.

ν Ser ($17^h20^m{,}8$ / –12°51′ – S. Cauda): weiter Doppelstern ($4^m{,}3$/$8^m{,}3$, PA 28°, Dist. $46''{,}3$); bereits in manchen Ferngläsern zu trennen.

5 Ser ($15^h19^m{,}2$ / +01°46′ – S. Caput): womöglich ein Doppelstern mit langer Umlaufzeit ($5^m{,}1$/$9^m{,}7$, PA 36°, Dist. 11″), der aus einem gelben F8-Riesen und einem rötlichen Begleiter besteht; mit 100 mm Öffnung sichtbar.

59 Ser ($18^h27^m{,}2$ / +00°12′ – S. Cauda): Mehrfachsystem mit einem Hauptpaar ($5^m{,}3$/$7^m{,}6$, PA 320°, Dist. $3''{,}9$, G0-Riese/A6-Zwerg). Die hellere Komponente ist ein spektroskopischer Dreifachstern: ein enger Doppelstern aus zwei A6-Zwergen (P = $1^d{,}85$) umkreist den G0-Riesen innerhalb von 386^d.

R Ser ($15^h50^m{,}7$ / +15°08′ – S. Caput): langperiodischer (M) Veränderlicher ($5^m{,}2$ bis $14^m{,}4$, P = $356^d{,}4$).

β 131 ($18^h13^m{,}6$ / –15°37′ – S. Cauda): schöner Dreifachstern, den Burnham entdeckt hat. Das Hauptpaar ($7^m{,}3$/$9^m{,}3$, PA 278°, Dist. $3''{,}0$) kann bereits mit 75 mm Öffnung gesehen werden, aber die dritte Komponente ($11^m{,}5$, PA 295°, Dist. $8''{,}7$) erfordert mindestens 150 mm.

Σ 2303 ($18^h20^m{,}1$ / –07°59′ – S. Cauda): eventuell ein Doppelstern ($6^m{,}6$/$9^m{,}1$, PA 239°, Dist. $1''{,}9$), der mit 75 mm Öffnung gerade zu sehen ist. Seit seiner Entdeckung durch Struve im Jahr 1831 hat sich das Objekt kaum verändert. Wegen der starken interstellaren Absorption gibt es nur wenige Sterne in der Umgebung.

Σ 2375 ($18^h45^m{,}5$ / +05°30′ – S. Cauda): Doppelstern mit langer Umlaufzeit ($6^m{,}3$/$6^m{,}7$, PA 118°, Dist. $2''{,}5$, beides A1-Zwerge). Bei beiden Komponenten handelt es sich um sehr enge Doppelsterne, die nur mit sehr großen Öffnungen zu trennen sind. W. S. Finsen hat sie 1953 entdeckt und wegen ihrer fast identischen Positionswinkel und Distanzen „Tweedledum" und „Tweedledee" getauft (zwei Charaktere aus einem Roman des britischen Autors Lewis Carroll).

M 5 (NGC 5904: $15^h18^m{,}6$ / +02°05′ – S. Caput): großer, heller und sternreicher (mindestens 500 000) Kugelhaufen ($5^m{,}8$); unter guten Bedingungen mit bloßem Auge sichtbar, sehr schön im Teleskop. Mit großen Öffnungen erkennt man einen bläulichen Zentralbereich und einen gelblichen Rand (d = 7,5 kpc oder 24 500 LJ).

M 16 (NGC 6611: $18^h18^m{,}6$ / –13°44′ – S. Cauda): Offener Haufen (NGC 6611) und diffuser Nebel (IC 4703, Adlernebel). Der Sternhaufen ist im Fernglas sichtbar. Erst ein großes Teleskop unter guten Bedingungen zeigt Details der Nebelstruktur. Der Haufen ist $800\,000^a$ alt, aber einige Mitgliedssterne sind erst $50\,000^a$ alt.

NGC 6535 ($18^h03^m{,}8$ / –00°18′ – S. Cauda): schwacher Kugelhaufen ($10^m{,}6$); mit 100 mm Öffnung gerade erkennbar, mit 150 mm blitzen in dem diffusen Fleck ein paar Sterne auf. Die Entfernung ist wegen der interstellaren Absorption unsicher (d ≈ 6,7 kpc oder 22 000 LJ).

NGC 6539 ($18^h04^m{,}8$ / –07°35′ – S. Cauda): Kugelhaufen ($9^m{,}6$); mit 150 mm Öffnung gerade erkennbar und selbst mit 300 mm noch nicht aufgelöst. Die starke interstellare Absorption in diesem Bereich wird an dem weitgehenden Fehlen von Feldsternen deutlich (d ≈ 7 kpc oder 23 000 LJ).

NGC 6604 ($18^h18^m{,}1$ / –12°14′ – S. Cauda): kleiner Offener Haufen ($6^m{,}5$) mit einem Nebel.

IC 1276 ($18^h10^m{,}7$ / –07°12′ – S. Cauda): stark geröteter Kugelhaufen ($11^m{,}0$), der selbst unter guten Bedingungen für 200 mm Öffnung schwierig ist. Er hat mehr als 2′ Ausdehnung und liegt 90′ westlich von NGC 6539.

IC 4756 ($18^h39^m{,}0$ / +05°27′ – S. Cauda): schöner, heller Offener Haufen ($5^m{,}4$); leicht für das bloße Auge. Die hellsten Mitglieder haben 8^m bis 9^m (d ≈ 400 pc oder 1300 LJ).

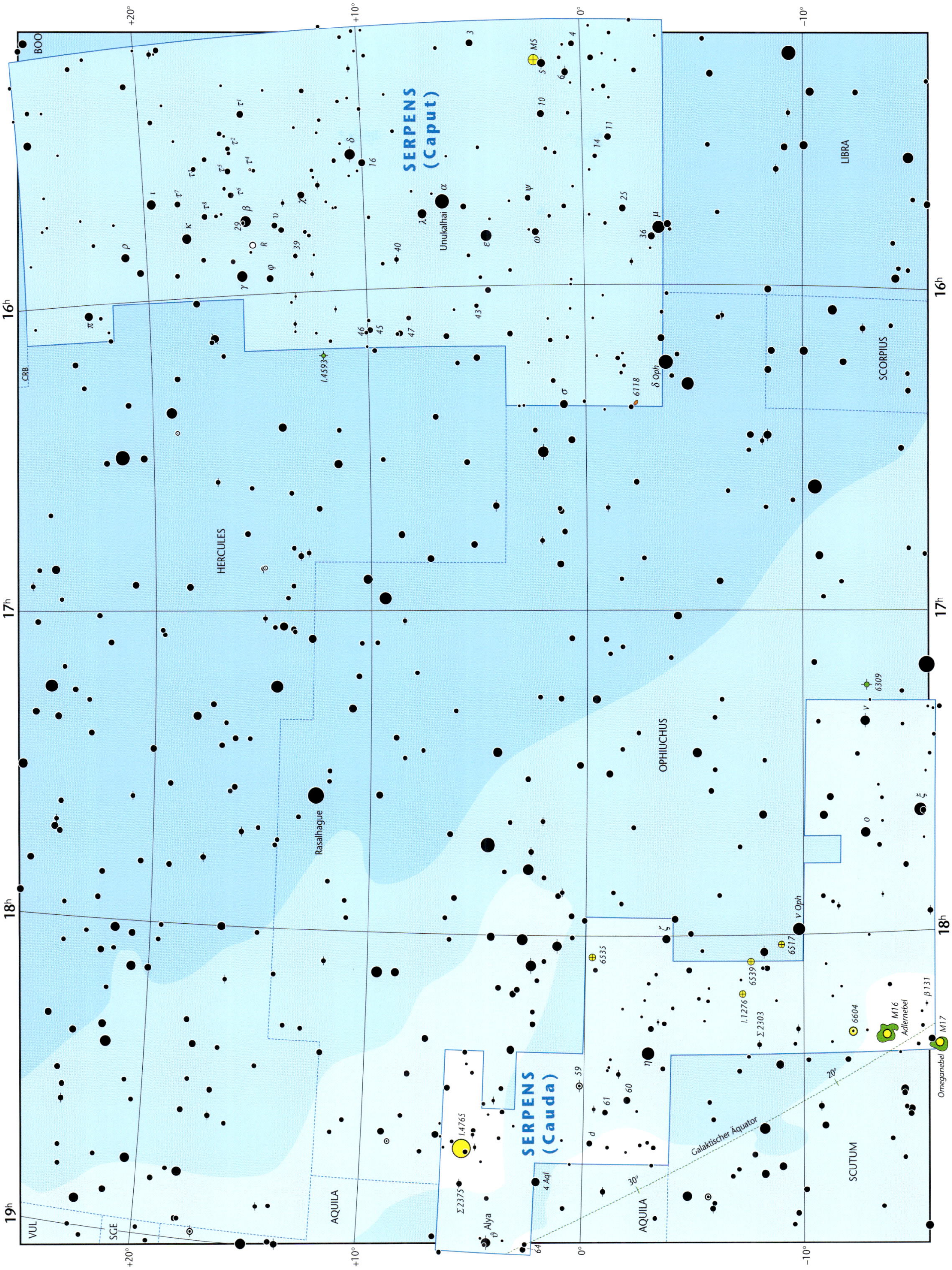

STERNBILDER

Sextans

SEXTANTIS • Sex • SEXTANT

Hauptkarten: 10
Fläche: 314 Quadratgrad (47.)
Kulmination 00:00 Ortszeit: Ende Februar

Ein weiteres Sternbild, das Johannes Hevelius im Jahr 1687 eingeführt hat (die anderen sind Canes Venatici, Lacerta, Leo Minor, Lynx, Monoceros, Scutum und Vulpecula). Sextans stellt den großen, fest installierten Sextanten dar, den Hevelius für seine Positionsmessungen genutzt hat.

Wie Canes Venatici, Leo Minor und Lynx ist Sextans ein kleines Sternbild. Es liegt weit entfernt von der Milchstraße in einer sternarmen Region. Der hellste Stern (α Sex) hat 4^m,5. Es gibt ein paar Doppelsterne und einige beobachtbare Galaxien. Zwar ist Sextans kein Tierkreissternbild, aber seine Nordostecke liegt nahe an der Ekliptik, so dass Mond und Planeten häufig durch diesen Teil des Sternbilds wandern.

γ Sex (09^{h}52^m,5 / –08°06′): Doppelstern (5^m,6/6^m,1, PA 56°; Dist. 0″,6, P = 75^a,6); ziemlich schwierig, zumal sich die Distanz verringert, mindestens 250 mm Öffnung erforderlich.

35 Sex (10^{h}43^m,3 / +04°45′): eventuell ein Doppelstern mit langer Umlaufzeit (6^m,3/7^m,4, PA 239°, Dist. 6″,8, K3- bzw. K0-Riese). Seit der Entdeckung durch Struve im Jahr 1832 gab es keine Veränderungen.

40 Sex (10^{h}49^m,3 / –04°01′): eventuell ein Doppelstern (7^m,0/7^m,7, PA 13°, Dist. 2″,3, beide A7); leicht mit 75 mm Öffnung. Positionswinkel und Distanz verändern sich langsam – es ist aber zu früh, um einen physischen Zusammenhang der beiden Sterne daraus abzuleiten.

NGC 2967 (09^{h}42^m,1 / +00°20′): schwache Sc-Galaxie (11^m,6). Weil die Arme so weitläufig sind, ist nur der Zentralbereich zu erkennen. Die Außenbereiche werden erst ab 300 mm Öffnung sichtbar.

NGC 2974 (09^{h}42^m,6 / +03°42′): Sa-Spiralgalaxie (10^m,8); mit 150 mm Öffnung eventuell erkennbar; 10^m-Stern am Südwestrand.

NGC 3115 (10^{h}05^m,2 / –07°43′), Spindel-Galaxie: stark abgeplattete (E6) elliptische Galaxie (9^m,2); im Fernglas unter guten Bedingungen gerade zu erkennen, der Zentralbereich wird mit 75 mm Öffnung sichtbar, wesentlich mehr Details mit 150 mm. Mit mindestens 250 mm wird eine kleine elliptische Zwerggalaxie (MCG-1-26-21) sichtbar, die 17′ weiter Richtung Südwest liegt.

NGC 3166 (10^{h}13^m,8 / +03°26′): SBa-Balkenspiralgalaxie (10^m,6), im selben Feld wie die Sb-Spirale NGC 3169 (10^{h}14^m,2 / +03°28′). Beide können mit 150 mm Öffnung erkannt werden; sie erscheinen sehr ähnlich, da nur der Zentralbereich sichtbar ist.

U 5373 (10^{h}00^m,0 / +05°20′): schwache, irreguläre (Irr) Zwerggalaxie (11^m,3); auch als Sextans-B-Galaxie bekannt. Ihre Bezeichnung geht auf den 1973 erschienenen Uppsala General Catalogue of Galaxies zurück.

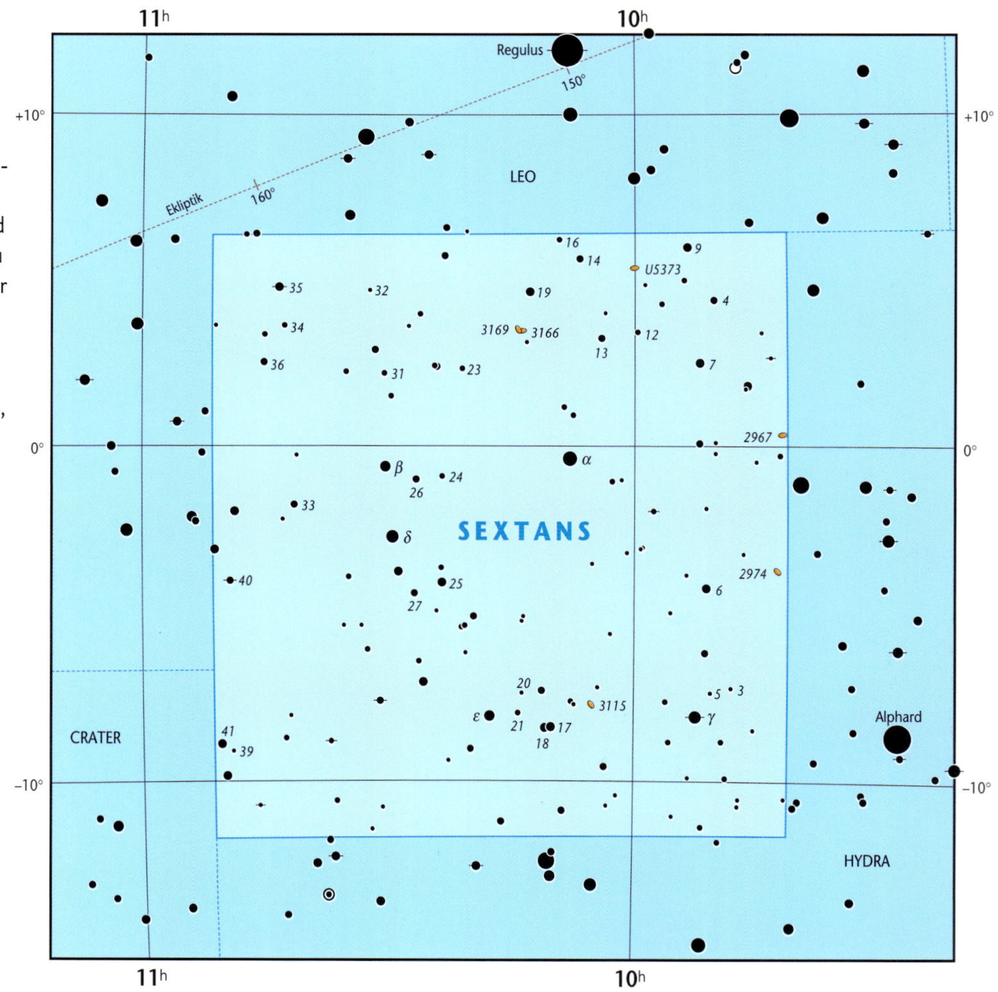

Taurus

TAURI • Tau • STIER

Hauptkarten: 9 (2, 3, 8)
Fläche: 797 Quadratgrad (17.)
Kulmination 00:00 Ortszeit: Ende November

Obwohl der Ostteil dieses Sternbilds bis zur galaktischen Ebene reicht, gibt es weder Kugelhaufen noch bemerkenswerte diffuse Nebel innerhalb seiner Grenzen. Dafür gibt es mehrere Offene Haufen, unter ihnen die Plejaden und Hyaden.

α Tau ($04^h36^m{,}1$ / +16°31′), Aldebaran: orangefarbener K5-Riese, der ein unregelmäßig Veränderlicher mit geringer Amplitude ist ($0^m{,}75$ bis $0^m{,}95$). Möglicherweise besteht α Tau aus sechs Sternen: Die Komponenten B, D und F haben $13^m{,}6$ bzw. $13^m{,}7$, Komponente C ($11^m{,}3$, PA 29°, Dist. 131″,7) sollte einfacher zu sehen sein. Für Komponente E gibt es keine Helligkeitsangabe; sie ist seit 1899 nicht mehr beobachtet worden. Auch wenn es so aussieht, gehört α Tau nicht zu den Hyaden, sondern liegt im Vordergrund (d = 19,964 pc oder 65,12 LJ).

ϑ¹ Tau ($04^h28^m{,}8$ / +15°32′) und ϑ² Tau ($04^h29^m{,}9$ / +15°52′) bilden einen weiten optischen Doppelstern in den Hyaden, der mit bloßem Auge zu sehen ist. ϑ² Tau ist ein A7-Riese ($3^m{,}4$) und der hellste Stern des Haufens, ϑ¹ Tau ist ein G7-Riese und etwas schwächer ($3^m{,}8$).

κ¹ Tau ($04^h25^m{,}6$ / +22°18′) und κ² Tau ($04^h25^m{,}7$ / +22°13′): weites Paar aus zwei weißen (A7) Sternen, die 5′,5 Abstand voneinander haben. Zwischen ihnen liegt der Doppelstern Σ 541 ($04^h25^m{,}4$ / +22°11′), über den

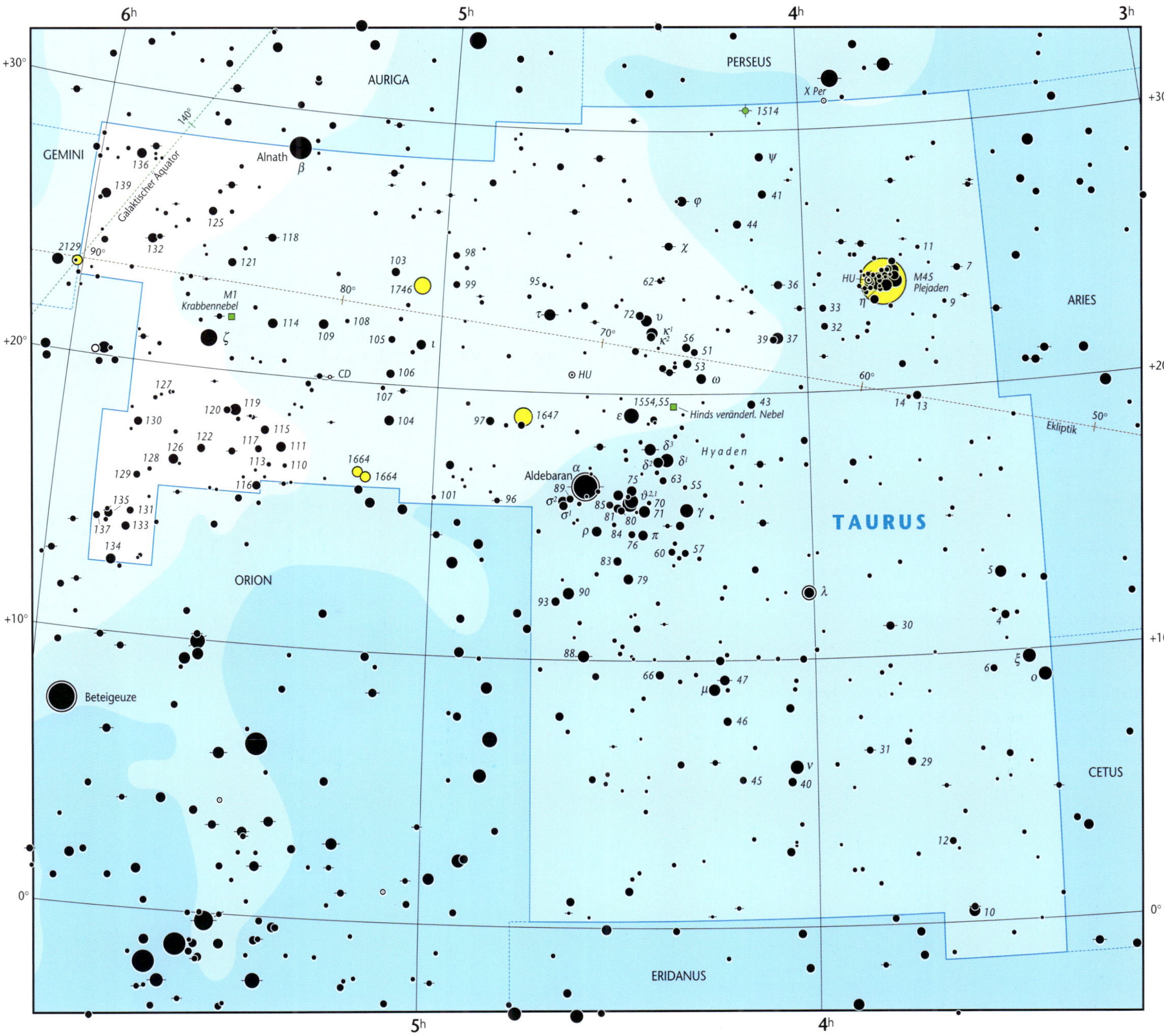

nur wenig bekannt ist ($9^{m},5/9^{m},8$, PA 328°, Dist. 5″,3). Er ist wegen der Helligkeit von κ^1 und κ^2 Tau schwierig zu beobachten.

λ Tau ($04^{h}00^{m},9$ / +12°30′): heller Algol-Bedeckungsveränderlicher, dessen Lichtwechsel leicht mit dem bloßen Auge zu verfolgen ist ($3^{m},23$ bis $4^{m},10$, P = $3^{d},952955$ = $3^{d}22^{h}52^{m}$).

Vergleichssterne für λ Tau:

π^3 Ori	3,19	ξ Tau	3,74
ε Tau	3,54	ν Tau	3,91
ο Tau	3,60	5 Tau	4,09
γ Tau	3,64	μ Tau	4,30

HU Tau ($04^{h}38^{m}$ / +20°41′): interessanter, Algol-ähnlicher Bedeckungsveränderlicher, der im Fernglas zu sehen ist (5,45 bis $6^{m},86$, P = $2^{d},0563$ = $2^{d}1^{h}21^{m}$).

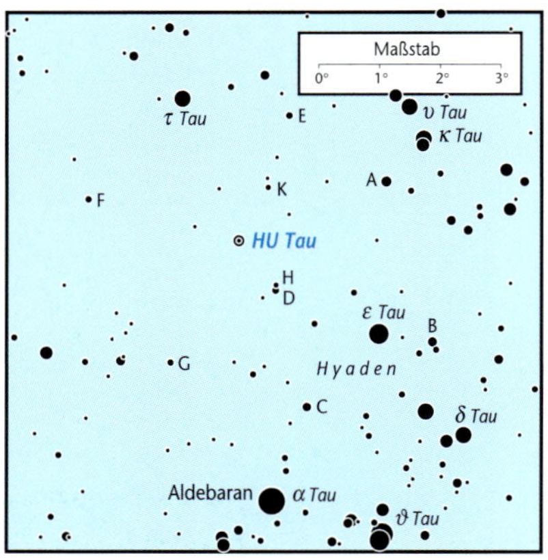

Vergleichssterne für HU Tau:

A	5,7	D	6,6	G	7,1
B	6,0	E	6,8	H	7,2
C	6,2	F	6,9	K	7,4

47 Tau ($04^{h}13^{m},9$ / +09°16′): enger Doppelstern ($4^{m},9/7^{m},4$, PA 351°, Dist. 1″,1), der ungefähr 200 mm Öffnung erfordert. Der Hauptstern ist ein G3-Riese.

M 1 (NGC 1952: $05^{h}34^{m},5$ / +22°01′), Krabbennebel: unter guten Bedingungen mit dem Fernglas gerade noch erkennbar (9^{m}). Es handelt sich um den Überrest einer Supernovaexplosion aus dem Jahr 1054, die chinesische Astronomen beobachtet haben. Der stellare Überrest in der Mitte ist ein Pulsar, also ein schnell rotierender Neutronenstern (P = $33^{ms},3$). Wegen seiner geringen Helligkeit von 16^{m} können ihn die meisten Amateure nicht beobachten.

Die V-förmigen Hyaden (etwa $04^{h}27^{m}$ / +16°), Melotte 25: zweitnächster Offener Haufen (d = 150 LJ), dessen Mitglieder über eine beträchtliche Fläche verteilt sind. (Der Ursa-Major-Bewegungshaufen ist unser direkter Nachbar.) In den Hyaden bewegen sich alle Sterne auf parallelen Bahnen. Dies diente früher dazu, die Entfernung des Haufens zu bestimmen – ein wichtiger Schritt, um die kosmische Entfernungsskala festzulegen.

M 45 (etwa $03^{h}39^{m}$ / +24°07′), Plejaden: wunderbarer Offener Haufen.

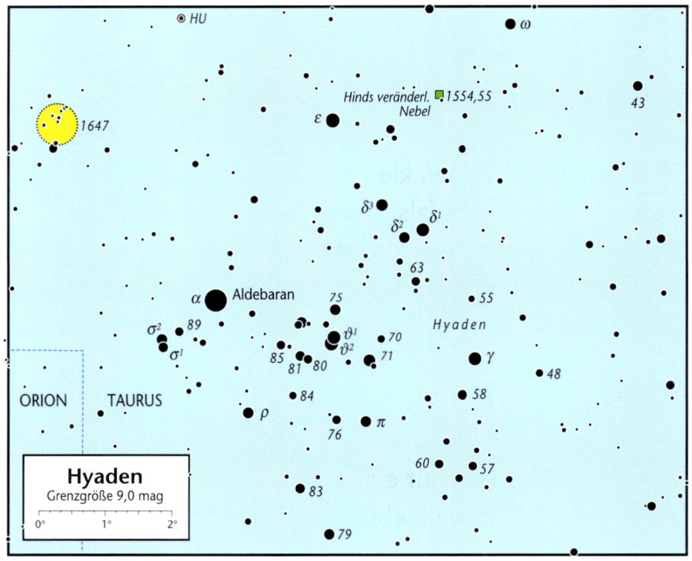

Die meisten Beobachter sehen mindestens sechs Sterne mit bloßem Auge. Unter idealen Bedingungen kann der Reflexionsnebel um Merope (NGC 1435, Tempels Nebel) mit dem Fernglas beobachtet werden. Der Haufen enthält rund 500 Mitglieder, und die blauweiße Farbe der hellsten Sterne zeigt, dass der Haufen sehr jung ist (78 Mio. Jahre).

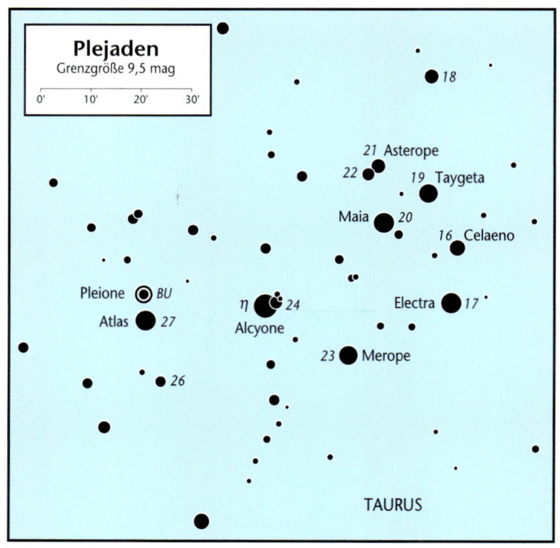

NGC 1514 ($04^{h}09^{m},2$ / +30°47′): Planetarischer Nebel mit einem sehr hellen ($9^{m},4$) Zentralstern, der einfacher zu sehen ist als der ihn umgebende Nebel (der 150 bis 200 mm Öffnung erfordert).

NGC 1647 ($04^{h}46^{m},0$ / +19°04′): großer Offener Haufen ($6^{m},4$, 35′ Durchmesser); rund 200 Mitglieder (d ≈ 550 pc oder 1800 LJ).

Tauriden (Radiant bei $03^{h}44^{m}$ / +14°): gleichmäßiger Meteorstrom mit einer bescheidenen stündlichen Zenitrate von zehn. Langsame Meteore sowie einige helle Vertreter; aktiv vom 20. Oktober bis 30. November, Maximum: 3. November

Telescopium

TELESCOPII • Tel • TELESKOP

Hauptkarten: 18 (19)
Fläche: 252 Quadratgrad (57.)
Kulmination 00:00 Ortszeit: Anfang Juli

Ein weiteres der vielen kleinen Sternbilder, die de La Caille eingeführt hat (als „Tubus Astronomicus"). Der hellste Stern, α Tel, hat nur $3\overset{m}{,}5$ und bildet zusammen mit δ, ε und ζ eine kleine Gruppe in der Nordwestecke des Sternbilds. Der Rest von Telescopium besteht aus einigen schwachen Sternen. Obwohl das Sternbild die Milchstraße berührt, gibt es nur einen Kugelhaufen und weder Offene Haufen noch diffuse Nebel. Von den zahlreichen Galaxien ist nur eine durchschnittlich hell. Der einzige Planetarische Nebel (IC 4699) ist schwach.

ε Tel ($18^{h}11\overset{m}{,}2$ / –45°57′): ungleiches, schwieriges Paar ($4\overset{m}{,}5/12\overset{m}{,}9$, PA 228°, Dist. 21″). Der Hauptstern ist ein gelber G5-Riese. Der Begleiter steht vermutlich in einer anderen Entfernung und erfordert mindestens 250 mm Öffnung.

RR Tel ($20^{h}04\overset{m}{,}2$ / –55°43′): Z-And-Veränderlicher, meist schwach (um $16\overset{m}{,}5$). Vor dem Ausbruch auf $6\overset{m}{,}5$ im Jahr 1944 zeigte er unregelmäßige Helligkeitsschwankungen, danach Fluktuationen mit kleiner Amplitude und einer Periode von 387^{d}, später $374\overset{d}{,}2$ und schließlich 395^{d}. Diese Helligkeitsschwankungen sind kaum verstanden; weitere Ausbrüche können jederzeit auftreten.

Δ 227 ($19^{h}52\overset{m}{,}6$ / –54°58′): womöglich ein Doppelstern mit langer Umlaufzeit und einem schönen Farbkontrast ($5\overset{m}{,}7/6\overset{m}{,}5$, PA 149°, Dist. 23″, K0-Riese/A0-Zwerg). Entdeckt von J. Dunlop zu Beginn des 19. Jahrhunderts.

I 113 ($18^{h}58\overset{m}{,}9$ / –48°30′): Doppelstern unbekannter Umlaufzeit ($6\overset{m}{,}7/10\overset{m}{,}5$, PA 229°, Dist. $3\overset{''}{,}0$), der mit 75 mm Öffnung erkennbar ist. Derzeit verringert sich der Abstand zwischen den beiden Sternen. Hauptstern: K5-Riese; entdeckt von R. T. A. Innes.

Hrr 8 ($18^{h}30\overset{m}{,}4$ / –46°08′): kreuzförmig angeordnete Gruppe aus 8^{m}- und 9^{m}-Sternen; südlich von δ^{1} Tel.

NGC 6584 ($18^{h}18\overset{m}{,}6$ / –52°13′): stark konzentrierter Kugelhaufen ($9\overset{m}{,}2$), der mit 100 mm Öffnung erkennbar ist, aber sich erst mit 200 mm auflösen lässt (d = 13,4 kpc oder 43 700 LJ).

NGC 6868 ($20^{h}09\overset{m}{,}9$ / –48°23′): durchschnittlich helle linsenförmige S0-Galaxie ($10\overset{m}{,}6$), die mit 100 mm zu erkennen ist. Sie gehört zu einem kleinen Galaxienhaufen, von dem weitere Mitglieder mit großen Öffnungen aufgespürt werden können.

IC 4699 ($18^{h}18\overset{m}{,}5$ / –45°59′): schwieriger Planetarischer Nebel (je nach Quelle $11\overset{m}{,}9$ oder $13\overset{m}{,}3$); erfordert mindestens 300 mm Öffnung. Ein 11^{m}-Stern liegt 1′ nördlich von ihm, zwei Sterne 1′ südwestlich (d ≈ 5000 pc oder 16 300 LJ).

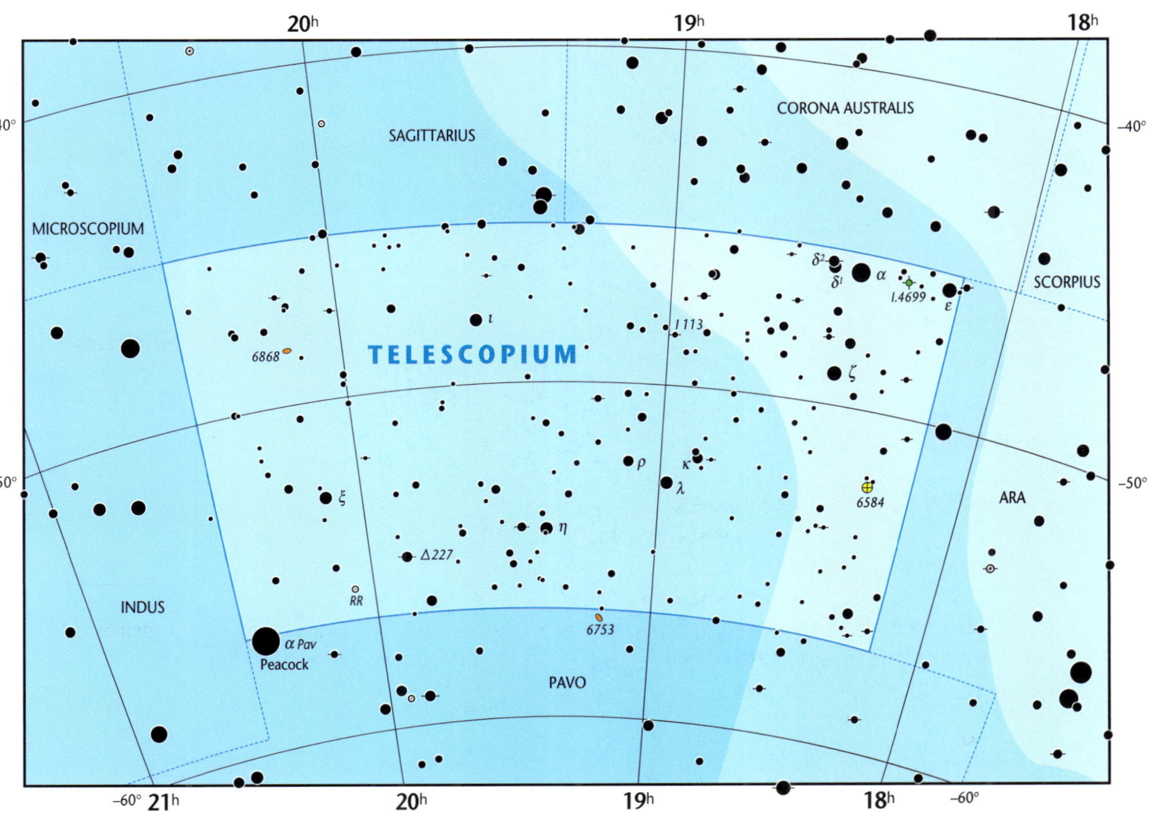

Triangulum

TRIANGULI • Tri • DREIECK

Hauptkarte: 2
Fläche: 132 Quadratgrad (78.)
Kulmination 00:00 Ortszeit: Ende Oktober

Triangulum ist ein kleines Sternbild knapp außerhalb des Milchstraßenbandes. Hier gibt es weder Sternhaufen noch diffuse Nebel. Die meisten Galaxien sind schwach und uninteressant, verglichen mit der Hauptattraktion des Sternbilds: M 33, ein Mitglied der Lokalen Gruppe. Mit dem richtigen Gerät ist es sogar möglich, Sternhaufen und Nebel in M 33 zu beobachten.

6 Tri (ι Tri: $02^h12^m{,}4$ / +30°18′): Mehrfachsystem, das aus einem Doppelstern mit langer Umlaufzeit ($5^m{,}3$/$6^m{,}9$, PA 71°, Dist. $3''{,}9$, gelb/blauweiß) besteht. Jede der beiden Komponenten ist ein spektroskopischer Doppelstern (P = $14^d{,}73$ bzw. $2^d{,}24$).

Σ 183 ($01^h55^m{,}1$ / +28°48′): Dreifachsystem; das Hauptpaar ($7^m{,}7$/$8^m{,}4$, PA 278°, Dist. $0''{,}6$, gelb/blauweiß) war 1955 zu dicht beisammen, um es trennen zu können. Die Komponente C ($8^m{,}7$, PA 164°, Dist. $5''{,}6$) ist dagegen leicht.

R Tri ($02^h37^m{,}0$ / +34°16′): langperiodischer Mira-Veränderlicher ($5^m{,}4$ bis $12^m{,}6$, P = 267^d).

M 33 (NGC 598: $01^h33^m{,}9$ / +30°40′), Triangulum-Galaxie: Face-on-Sc-Spirale mit geringer Flächenhelligkeit; deshalb viel schwieriger zu sehen als M 31 in Andromeda, obwohl M 33 (d ≈ 2,6 Mio. LJ) größer als der Vollmond ist. Unter außergewöhnlichen Bedingungen wollen sie manche Beobachter bereits mit bloßem Auge gesehen haben. Bei guten Bedingungen lassen sich ab 200 mm Öffnung Details wie der Emissionsnebel NGC 604 erkennen.

NGC 604 ($02^h33^m{,}9$ / +30°39′): Emissionsnebel in M 33; 10′ nordöstlich des Galaxienzentrums. Er ist so hell, dass er häufig sichtbar ist, selbst wenn die Galaxie nicht zu erkennen ist.

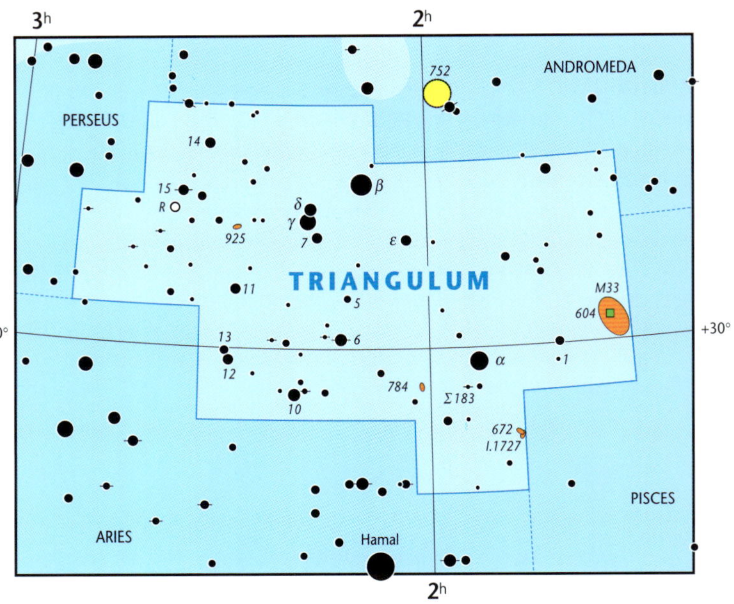

Triangulum Australe

TRIANGULI AUSTRALIS • TrA • SÜDLICHES DREIECK

Hauptkarten: 20 (18, 19)
Fläche: 110 Quadratgrad (83.)
Kulmination 00:00 Ortszeit: Ende Mai

Kleines Sternbild, dessen Sterne heller als die seines nördlichen Gegenstücks sind. Es ist umstritten, ob es zuerst von Keyser und de Houtman oder von Pieter Theodor vorgeschlagen wurde. Die Milchstraße verläuft durch das Sternbild, das einen Offenen Haufen, einen Planetarischen Nebel und einige Doppelsterne enthält.

ι TrA ($16^h28^m{,}0$ / –64°03′): optischer Doppelstern ($5^m{,}3$/$9^m{,}4$, PA 12°, Dist. 13″), der mit 75 mm Öffnung leicht zu sehen ist. Der Hauptstern, ein F4-Unterriese, ist ein spektroskopischer Doppelstern.

Rmk 20 ($15^h47^m{,}9$ / –65°27′): Doppelstern ($6^m{,}2$/ $6^m{,}4$, PA 147°, Dist. $1''{,}8$, A7- bzw. A8-Zwerg), der mit 75 mm Öffnung deutlich zu trennen ist; entdeckt von C. L. Rümker zu Beginn des 19. Jahrhunderts.

NGC 5979 ($15^h47^m{,}7$ / –61°13′): Planetarischer Nebel ($11^m{,}5$), der sich mit 75 mm Öffnung erkennen lässt, und ab 100 mm eine Scheibe zeigt.

NGC 6025 ($16^h03^m{,}7$ / –60°30′): heller Offener Haufen ($5^m{,}1$); ideal mit 100 mm Öffnung (d = 840 pc oder 2740 LJ).

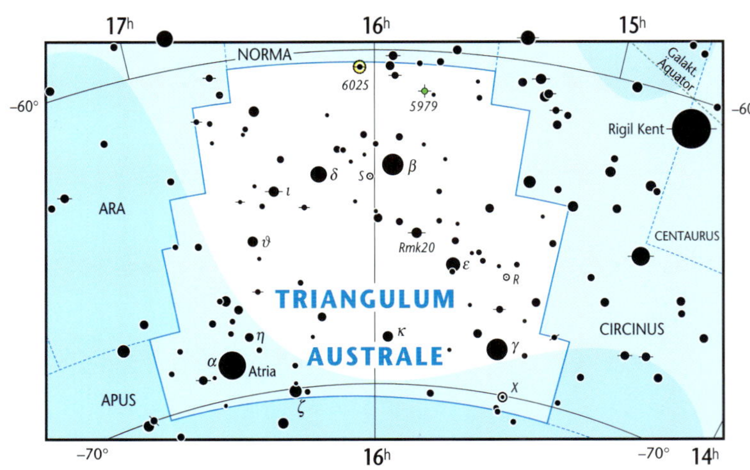

Tucana

TUCANAE • Tuc • TUKAN

Hauptkarten: 20 (14, 18, 19)
Fläche: 295 Quadratgrad (48.)
Kulmination 00:00 Ortszeit: Mitte September

Ein weiteres kleines Sternbild, das Keyser und de Houtman eingeführt haben. Es hat nur einen relativ hellen Stern: α Tuc ($2^{m}{,}9$) in der nordwestlichen Ecke. Im Süden liegen die beiden markantesten Objekte: die Kleine Magellansche Wolke und der Kugelhaufen 47 Tuc. Es gibt zwar einige Galaxien, aber sie sind alle relativ schwach. Wegen der geringen interstellaren Absorption in diesem Sternbild wurde in ihm die lang belichtete Aufnahme des Hubble-Weltraumteleskops gemacht (Hubble Deep Field Süd, s. S. 94).

β Tuc ($00^{h}31^{m}{,}5$ / –62°58′): Mehrfachstern. Die Komponenten β^1 und β^2 sind leicht zu sehen ($4^{m}{,}4$/$4^{m}{,}5$, PA 169°, Dist. $27''{,}0$, B9- bzw. A2-Zwerg). Die dritte Komponente (β^3) liegt rund 10′ südöstlich ($5^{m}{,}2$, A2-Zwerg). β^1 hat einen engen Begleiter ($13^{m}{,}6$, PA 151°, Dist. $2''{,}4$), der sich in seiner Position nicht verändert. β^2 ist ein enger Doppelstern (P = $44^{a}{,}4$) und β^3 ebenfalls. Obwohl sie alle identische Eigenbewegungen haben, deuten ihre unterschiedlichen Entfernungen (140, 172 bzw. 152 LJ) darauf hin, dass die drei Komponenten kein physisches System bilden.

δ Tuc ($22^{h}27^{m}{,}3$ / –64°58′): eventuell ein Doppelstern ($4^{m}{,}5$/$8^{m}{,}9$, PA 282°, Dist. $7''{,}2$, B9- bzw. G0-Zwerg).

κ Tuc ($01^{h}15^{m}{,}8$ / –68°53′): möglicher Doppelstern mit einer gelben und einer orangefarbenen Komponente ($5^{m}{,}1$/$7^{m}{,}3$, PA 336°, Dist. $5''{,}4$, F5- bzw. K1-Zwerg).

Kleine Magellansche Wolke (Small Magellanic Cloud, SMC): Begleitgalaxie unserer Galaxis; klassifiziert als irregulär und rund 61 kpc (≈ 200 000 LJ) entfernt. Die scheinbare Ausdehnung beträgt 3°, die wahre rund 2,7 kpc (≈ 6000 LJ). In der SMC gibt es weniger Staub und mehr Gas als in der LMC, außerdem weniger Haufen und Nebel.

47 Tuc (NGC 104: $00^{h}24^{m}{,}1$ / –72°05′): auffälliger Kugelhaufen ($4^{m}{,}0$), der nur noch von ω Cen übertroffen wird. Er hat eine starke Sternkonzentration zum Zentrum hin. Erste Sterne sind mit 75 mm Öffnung erkennbar, mit 100 mm ist er völlig aufgelöst (d = 4,5 kpc oder 14 700 LJ).

NGC 346 (in der SMC: $00^{h}59^{m}{,}1$ / –72°11′): heller, riesiger Emissionsnebel (≈ $7^{m}{,}0$), der im Fernglas deutlich zu sehen ist.

NGC 362 ($01^{h}03^{m}{,}2$ / –70°51′): heller Kugelhaufen ($6^{m}{,}6$) knapp außerhalb der SMC. Selbst mit 75 mm Öffnung wird das Objekt schon körnig. Erste Sterne sind mit 100 mm erkennbar, mit 150 mm völlig aufgelöst.

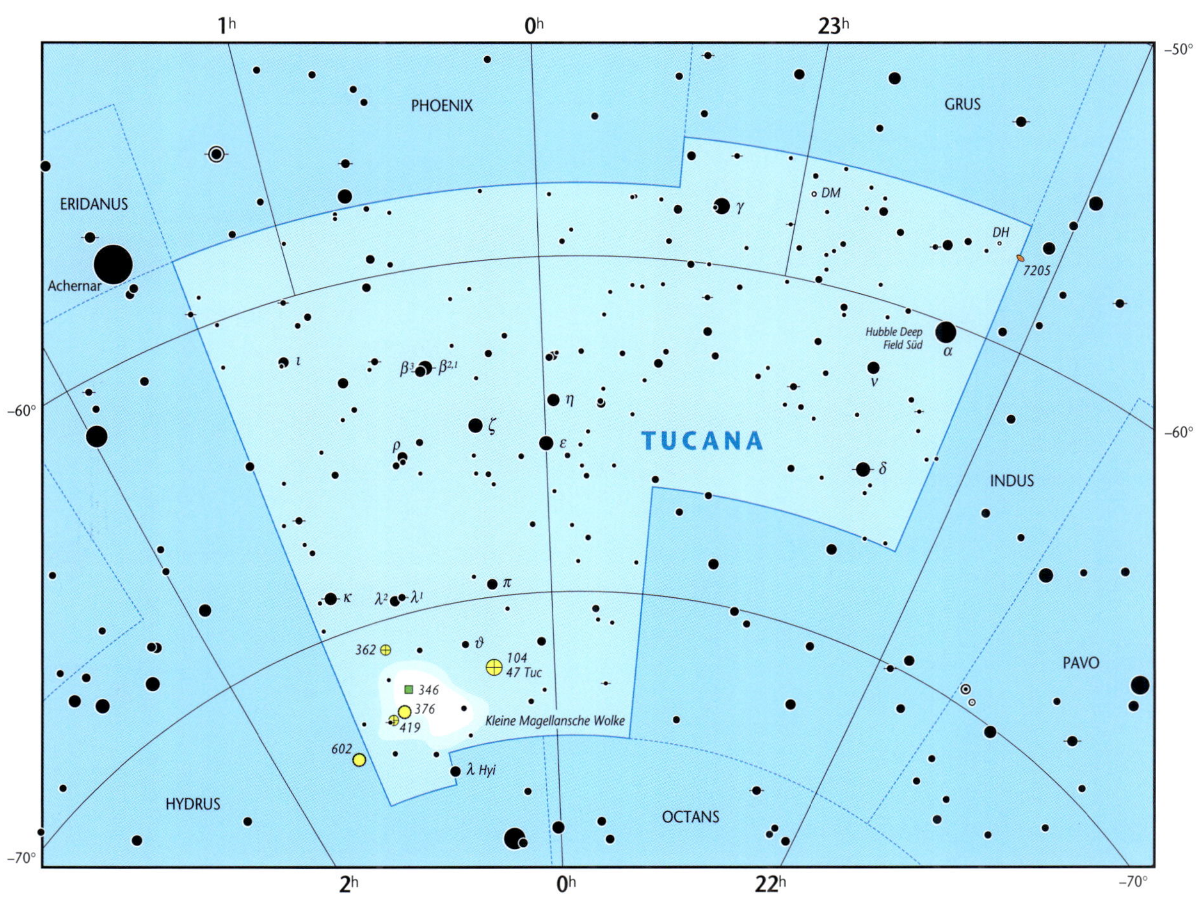

NGC 376 (in der SMC: $01^{h}03^{m}{,}9$ / –72°49′): kleiner, heller Offener Haufen ($10^{m}{,}5$), der bereits mit 75 mm Öffnung sichtbar ist; mit 100 mm erste Sterne erkennbar, mit 200 mm eindeutig aufgelöst.

NGC 419 (in der SMC: $01^{h}08^{m},3$ / –72°53′): kleiner, weit entfernter, runder Haufen, der einem Kugelhaufen ähnelt (10^{m}); mit 75 mm Öffnung als diffuser Fleck sichtbar. Ein Doppelstern ($7^{m}{,}2$/$10^{m}{,}2$, PA 355°, Dist. $3''{,}9$) liegt rund 8′ südöstlich.

Hubble Deep Field Süd: siehe Seite 94–95.

Ursa Major

URSAE MAJORIS • UMa • GROSSER BÄR

Hauptkarten: 4 (1, 5, 6)
Fläche: 1280 Quadratgrad (3.)
Kulmination 00:00 Ortszeit: Mitte März

Zwar ist den meisten Bewohnern der nördlichen Halbkugel die Figur des Großen Wagens bekannt, aber nur wenigen ist bewusst, dass das Sternbild in seiner Größe nur noch von Hydra und Virgo übertroffen wird. Da Ursa Major weit weg von der galaktischen Ebene liegt, gibt es in ihm weder Offene Haufen noch diffuse Nebel. Dafür stößt man hier auf viele Galaxien, die allerdings oft lichtschwach sind. Wegen der geringen interstellaren Absorption entstand hier das Hubble Deep Field, die erste extrem lang belichtete Aufnahme des Hubble-Teleskops – ein Blick ins junge Universum.

Der Ursa-Major-Bewegungshaufen ist mit 75 LJ Distanz der sonnennächste Sternhaufen. Er liegt fast genau auf der halben Strecke zum zweitnächsten, den Hyaden in Taurus. Neben β, γ, δ, ε und ζ UMa gehören rund 100 weitere Sterne zu dieser Gruppe, darunter β Aur, α CMa, α CrB, β Eri und δ Leo. Die Mitgliedssterne stehen an verschiedenen Stellen des Himmels, weil die Sonne durch die Außenbereiche des Haufens wandert.

α UMa ($11^h03^m,7$ / +61°45′), Dubhe: enger Doppelstern ($1^m,9/4^m,8$, PA 223°, Dist. 0″,6), dessen Abstand sich seit 2001 wieder vergrößert. Die Hauptkomponente ist ein K0-Riese.

ζ UMa (Mizar: $13^h23^m,9$ / +54°55′; $2^m,3$) bildet mit Alcor (80 UMa: $4^m,0$, Dist. 11′,8) den berühmten Doppelstern, der bereits mit bloßem Auge zu trennen ist. Die beiden Sterne liegen in unterschiedlichen Entfernungen (87 bzw. 81 LJ). Mizar ist ein echter Doppelstern ($4^m,0$, PA 152°, Dist. 14″,4), dessen beide Komponenten jeweils spektroskopische Doppelsterne sind. Mizar war der erste spektroskopische Doppelstern, den man entdeckt hat. Zufällig ist auch Alcor ein spektroskopischer Doppelstern.

ν UMa ($11^h18^m,5$ / +33°06′): eventuell ein Doppelstern ($3^m,5/9^m,9$, PA 147°, Dist. 7″,2). Die hellere Komponente ist ein K3-Riese.

ξ UMa ($11^h18^m,2$ / +31°32′): Mehrfachstern. Das Hauptpaar ist gelb ($4^m,3/4^m,8$, PA 273°, Dist. 1″,8, G0- bzw. G5-Zwerg, P = $59^a,8$) und war der erste Doppelstern, dessen Umlaufzeit berechnet wurde (1828 von M. Savary). Der Abstand der beiden Komponenten vergrößert sich derzeit. Bei beiden handelt es sich um spektroskopische Doppelsterne (P = $1^a,83$ bzw. $3^d,98$), Komponente B hat einen weiteren engen Begleiter. Das System ist nur 7,7 pc (= 25 LJ) entfernt.

47 UMa ($10^h59^m,7$ / +40°25′): nahe an der Grenze zu Leo Minor liegt dieser $5^m,0$-Stern (G0-Zwerg), der etwas massereicher und heller als die Sonne ist. Er ist das Zentrum des ersten bekannten Planetensystems, das dem unsrigen ähnelt. In ihm gibt es mindestens zwei Planeten, einen mit rund 2,5 Jupitermassen und 2,09 AE Abstand zum Zentralstern und einen zweiten mit rund 0,75 Jupitermassen in einem Abstand von 3,73 AE zu 47 UMa.

57 UMa ($11^h29^m,8$ / +39°20′): Doppelstern mit langer Umlaufzeit ($5^m,3/8^m,3$, PA 357°, Dist. 5″,6, A2- bzw. G5-Zwerg), der mit 75 mm Öffnung deutlich zu trennen ist. Der Begleitstern zeigt eine langsame, rückläufige Bewegung um den Hauptstern.

VY UMa ($10^h45^m,4$ / +67°25′): unregelmäßig Veränderlicher ($5^m,7$ bis $7^m,5$). Er zeigt ein Kohlenstoffspektrum (C5) und ist extrem rot – einer der rötesten Sterne des Himmels.

Groombridge 1830 ($11^h53^m,0$ / +37°43′): der Stern mit der drittgrößten Eigenbewegung nach Barnards Pfeilstern (in Ophiuchus) und Kapteyns Stern (in Pictor). Es handelt sich um einen G8-Zwerg ($6^m,4$, d = 8,8 LJ).

Lalande 21185 ($11^h03^m,3$ / +35°59′): von der Sonne aus gezählt der fünftnächste Stern (d = 8,3 LJ), ein M2-Zwerg mit $7^m,5$.

M 81 (NGC 3031: $09^h55^m,6$ / +69°03′): Sb-Spiralgalaxie ($6^m,9$), die bereits im Fernglas zu erkennen ist; mit größeren Öffnungen elliptisch (d ≈ 3 Mpc oder 10 Mio. LJ).

M 82 (NGC 3934: $09^h56^m,2$ / +69°40′): ungewöhnliche Spiralgalaxie ($8^m,4$; meist als Pec klassifiziert). Es ist eine Starburst-Galaxie mit auffälligen Staubwolken – Phänomene, die auf die kürzliche Begegnung mit M 81 zurückzuführen sind. Im Fernglas als schwaches, längliches Objekt sichtbar (d ≈ 3 Mpc oder 10 Mio. LJ).

M 97 (NGC 3587: $11^h14^m,8$ / +55°01′), Eulennebel: Planetarischer Nebel, der erst im Fernrohr zu sehen ist. Bei 100 mm Öffnung wird eine bläuliche Scheibe erkennbar, ab 200 mm etwas Struktur (d ≈ 430 pc oder 1600 LJ).

M 101 (NGC 5457: $14^h03^m,4$ / +54°20′), Pinwheel-Galaxie: Sc-Spirale ($7^m,7$), deren Zentralbereich mit dem Fernglas zu sehen ist. Da wir fast direkt von oben auf sie schauen, erscheinen ihre Spiralarme mit Amateurmitteln nur als schwacher elliptischer Halo.

M 109 (NGC 3992: $11^h57^m,6$ / +53°23′): SBb-Balkenspiralgalaxie ($9^m,8$), deren Balken mit relativ kleinem Teleskop zu sehen ist. Trotzdem sind unter guten Bedingungen noch 200 mm erforderlich.

NGC 4051 ($12^h03^m,2$ / +44°32′): Sc-Spiralgalaxie an der Grenze zu Canes Venatici. Sie ist durchschnittlich hell ($10^m,3$), aber wegen der ausgedehnten Spiralarme ist mit Öffnungen bis 200 mm nur der Kern zu erkennen.

NGC 4088 ($12^h05^m,6$ / +50°33′): Sc-Spiralgalaxie ($10^m,5$), deren Außenbereiche wiederum erst ab 200 mm Öffnung sichtbar werden.

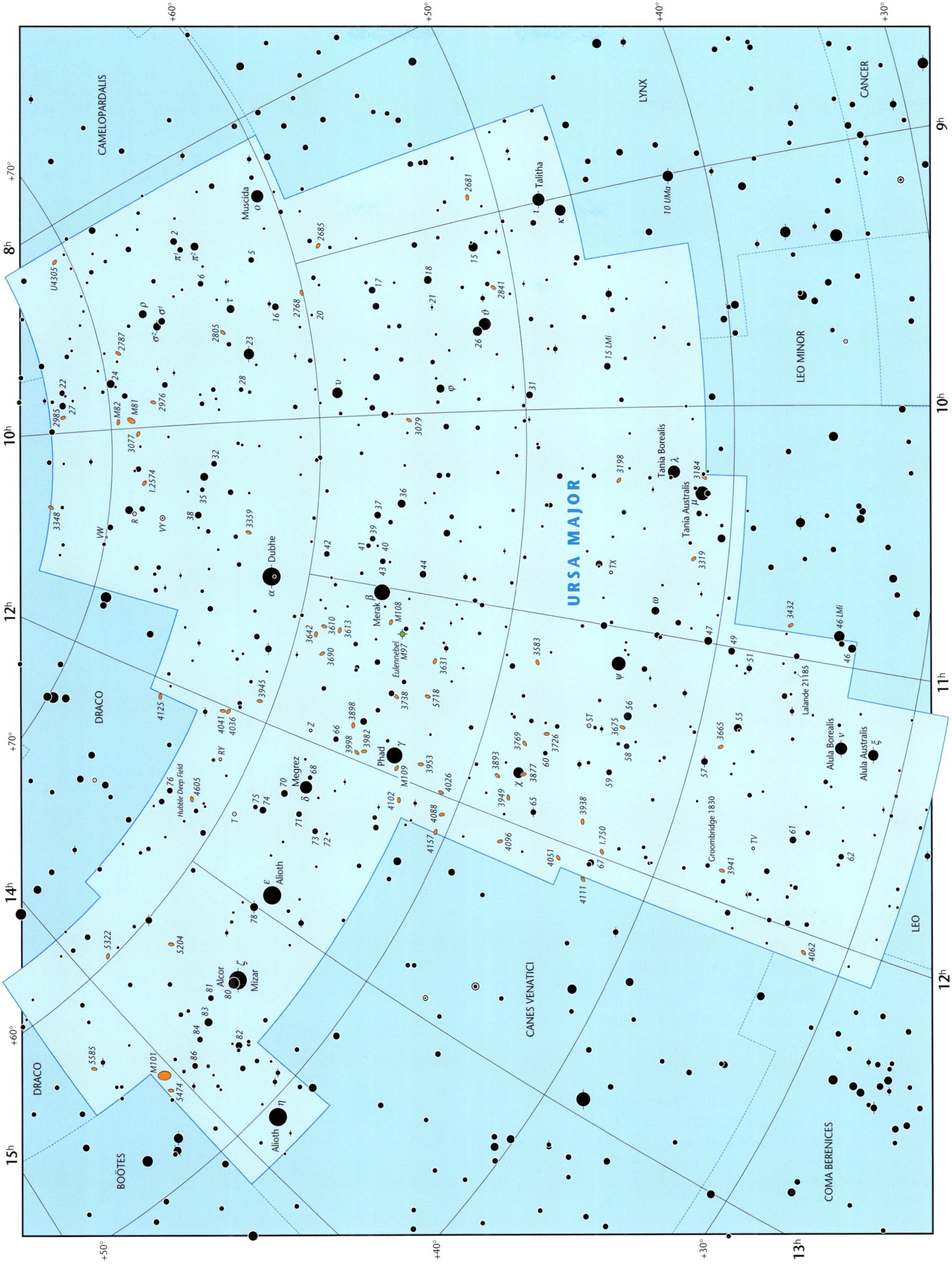
URSA MAJOR
CAMELOPARDALIS
LYNX
CANCER
LEO MINOR
LEO
DRACO
BOÖTES
CANES VENATICI
COMA BERENICES
Dubhe
Merak
Phad
Megrez
Alioth
Mizar
Alcor
Muscida
Talitha
Tania Borealis
Tania Australis
Alula Borealis
Alula Australis
Eulennebel
Hubble Deep Field
Lalande 21185
Groombridge 1830
M81
M82
M97
M101
M108
M109
8h
9h
10h
11h
12h
13h
14h
15h
+30°
+40°
+50°
+60°
+70°

Ursa Minor

URSAE MINORIS • UMi • KLEINER BÄR

Hauptkarten: 1 (5)
Fläche: 256 Quadratgrad (56.)
Zirkumpolar: immer sichtbar

Dieses Sternbild ist vor allem wegen des nördlichen Himmelspols erwähnenswert, der in ihm liegt. In weniger als ein Grad Entfernung steht der helle Stern Polaris (α UMi), der durch die Präzession dem Pol sogar noch näher kommen wird. Seinen geringsten Abstand erreicht er um das Jahr 2100. Das Sternbild liegt außerhalb der Milchstraße und enthält weder Haufen noch diffuse Nebel, lediglich ein paar schwache Galaxien.

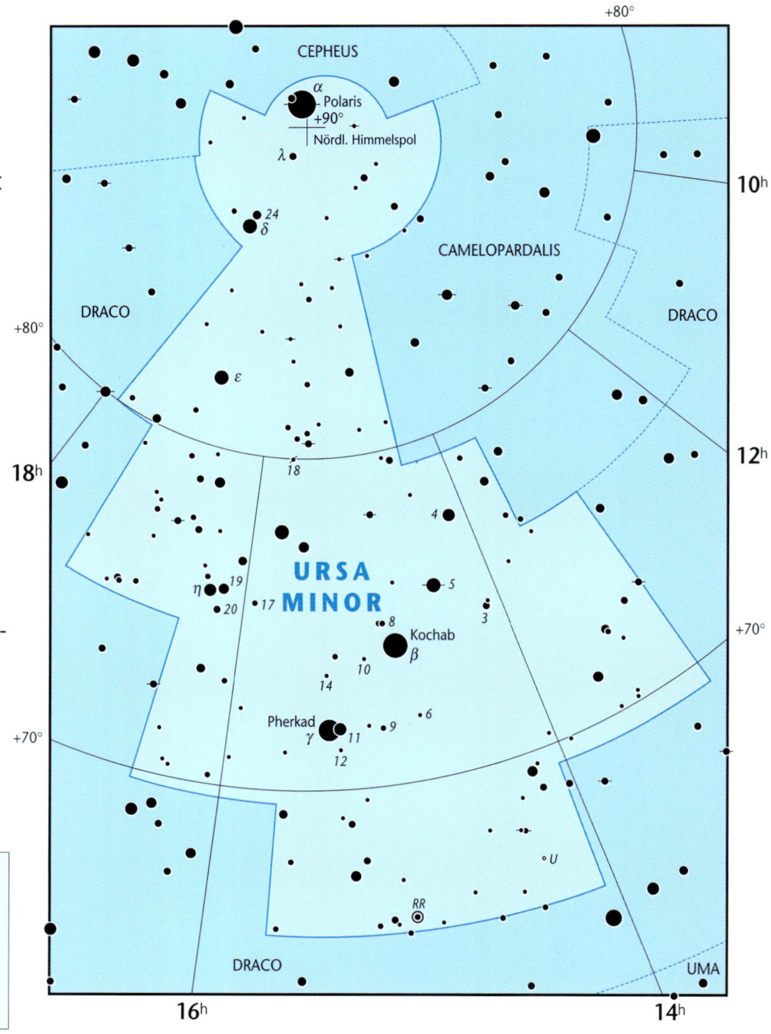

α UMi ($02^h31^m,8$ / +89°16′), Polaris, Polarstern: veränderlicher gelber Überriese des mit den Cepheiden verwandten W-Virginis-Typs. Seine Helligkeitsänderungen ($1^m,9$ bis $2^m,1$) sind visuell nicht beobachtbar. In den vergangenen Jahrzehnten sind sie kleiner geworden, weshalb man davon ausgeht, dass Polaris bald das Ende dieser Entwicklungsphase erreicht hat. α UMi ist ein Doppelstern, dessen Hauptkomponente wiederum ein spektroskopischer Doppelstern ist (P = $29^d,6$), die Sekundärkomponente ($9^m,0$, PA 218°, Dist. 18″,4) ist dagegen gut zu sehen.

γ UMi ($15^h20^m,7$ / +71°49′), Pherkad: weißer A3-Riese ($3^m,0$), der einen weiten optischen Doppelstern mit 11 UMi bildet. 11 UMi (gelegentlich als Pherkad Minor bezeichnet) ist ein orangefarbener K4-Riese ($5^m,0$).

5 UMi ($14^h27^m,2$ / +75°42′): Mehrfachstern. Das Hauptpaar ($4^m,3$/$13^m,3$, PA 127°, Dist. 13″,3) ist nur mit großen Öffnungen zu trennen. Eine dritte Komponente ($9^m,8$, PA AC 131°, Dist. 58″,8) ist einfacher.

> **Ursiden** (Radiant bei 14^h28^m, +78°): wenig bekannter Meteorstrom, der weiterer Beobachtungen bedarf. Aktiv vom 17. bis 25. Dezember, Maximum: 22. Dezember, stündliche Zenitrate: zehn. 1945, 1982 und 1986 traten Ausbrüche auf.

Vela

VELORUM • Vel • SEGEL

Hauptkarten: 16 (15, 17, 20)
Fläche: 500 Quadratgrad (32.)
Kulmination 00:00 Ortszeit: Mitte Februar

Vela liegt fast vollständig innerhalb des Milchstraßenbandes und enthält mehr als 40 Offene Haufen sowie viele diffuse Nebel. Ein bemerkenswertes Objekt ist der riesige Gum-Nebel. Bei ihm handelt es sich um eine komplexe Ansammlung von Nebelfetzen, die sich über eine Fläche von rund 30° × 40° erstreckt. Sie reicht bis in Antlia, Carina, Puppis und Pyxis hinein (s. Puppis). Der Vela-Supernovaüberrest befindet sich im Zentrum des Gum-Nebels. Der in ihm stehende Vela-Pulsar ist nach dem Crab-Pulsar in Taurus der zweite, der optisch identifiziert werden konnte. Die Sterne δ Vel, κ Vel, ε Car und ι Car bilden das „falsche Kreuz", das gelegentlich mit dem Kreuz des Südens verwechselt wird. Einige schwache Galaxien liegen in der Nordostecke des Sternbilds.

γ Vel ($08^h09^m,5$ / –47°20′), Regor: Mehrfachstern. Die Hauptkomponente ($1^m,9$) ist das hellste und sonnennächste Beispiel für einen Wolf-Rayet-Stern (ein extrem leuchtkräftiger O-Stern, der sich in einer späten Entwicklungsphase befindet). Der Überriese hat mehr als 50 000 K Oberflächentemperatur und den Spektraltyp WC8+O9. Zusammen mit der Komponente B ($4^m,2$, PA 220°, Dist. 41″,2, B2-Riese) bildet er einen weiten Doppelstern, dessen physische Zusammengehörigkeit ungewiss ist. Weitere Mitgliedsterne sind: C ($8^m,3$, PA AC 151°, Dist. 62″,3), D ($9^m,1$, PA AD 141°, Dist. 93″,5) und E ($12^m,5$, PA DE 146°, Dist. 1″,8).

μ Vel ($10^h46^m{,}8$ / –49°25′): Doppelstern ($2^m{,}7/6^m{,}3$, PA 46°, Dist. 2″,0, G5-Riese/F8-Zwerg, P = 116^a). Die Distanz wächst derzeit, trotzdem sind mindestens 150 mm Öffnung erforderlich.

b Vel ($08^h40^m{,}6$ / –46°39′): extremer F3-Überriese ($3^m{,}8$) in rund 950 pc Entfernung (≈ 3100 LJ). Damit beträgt seine absolute Helligkeit $-6^m{,}1$ und seine Leuchtkraft ist 180000-mal höher als die der Sonne.

Vela-Supernovaüberrest (ungefähr 08^h30^m / –44°30′): größter Supernovaüberrest (rund 5° Durchmesser), der mit dem bloßen Auge zu sehen ist, vor allem beim Einsatz eines Nebelfilters.

IC 2391 ($08^h40^m{,}2$ / –53°04′): sehr heller Offener Haufen ($2^m{,}5$), zu dem auch o Vel ($3^m{,}6$, d = 152 pc oder 500 LJ) gehört. Er enthält ungefähr 30 Sterne und hat rund 1° Durchmesser.

IC 2395 ($08^h41^m{,}1$ / –53°04′): heller Offener Haufen ($4^m{,}6$); am besten mit kleinen Öffnungen sichtbar (75 bis 100 mm).

NGC 2547 ($08^h10^m{,}7$ / –49°16′): ausgedehnter, heller Offener Haufen ($4^m{,}7$, rund 17′ Durchmesser), der ein großes Gesichtsfeld erfordert (d ≈ 400 pc oder 1300 LJ).

NGC 2626 ($08^h35^m{,}6$ / –40°40′): heller Reflexionsnebel, der von einem 10^m-Stern angestrahlt wird; deutlich mit 150 mm Öffnung.

NGC 3201 ($10^h17^m{,}6$ / –46°25′): relativ lockerer Kugelhaufen ($6^m{,}8$) mit einem unregelmäßigen Rand; gut aufgelöst mit 100 mm Öffnung (d ≈ 5,2 kpc oder 17000 LJ).

NGC 3132 ($10^h07^m{,}7$ / –40° 26′), Eight-Burst-Nebel: recht einfacher Planetarischer Nebel ($9^m{,}2$). Beim Zentralstern (16^m) handelt es sich um einen blauweißen Stern, der in 1″,6 Abstand zu einem 12^m-Stern steht.

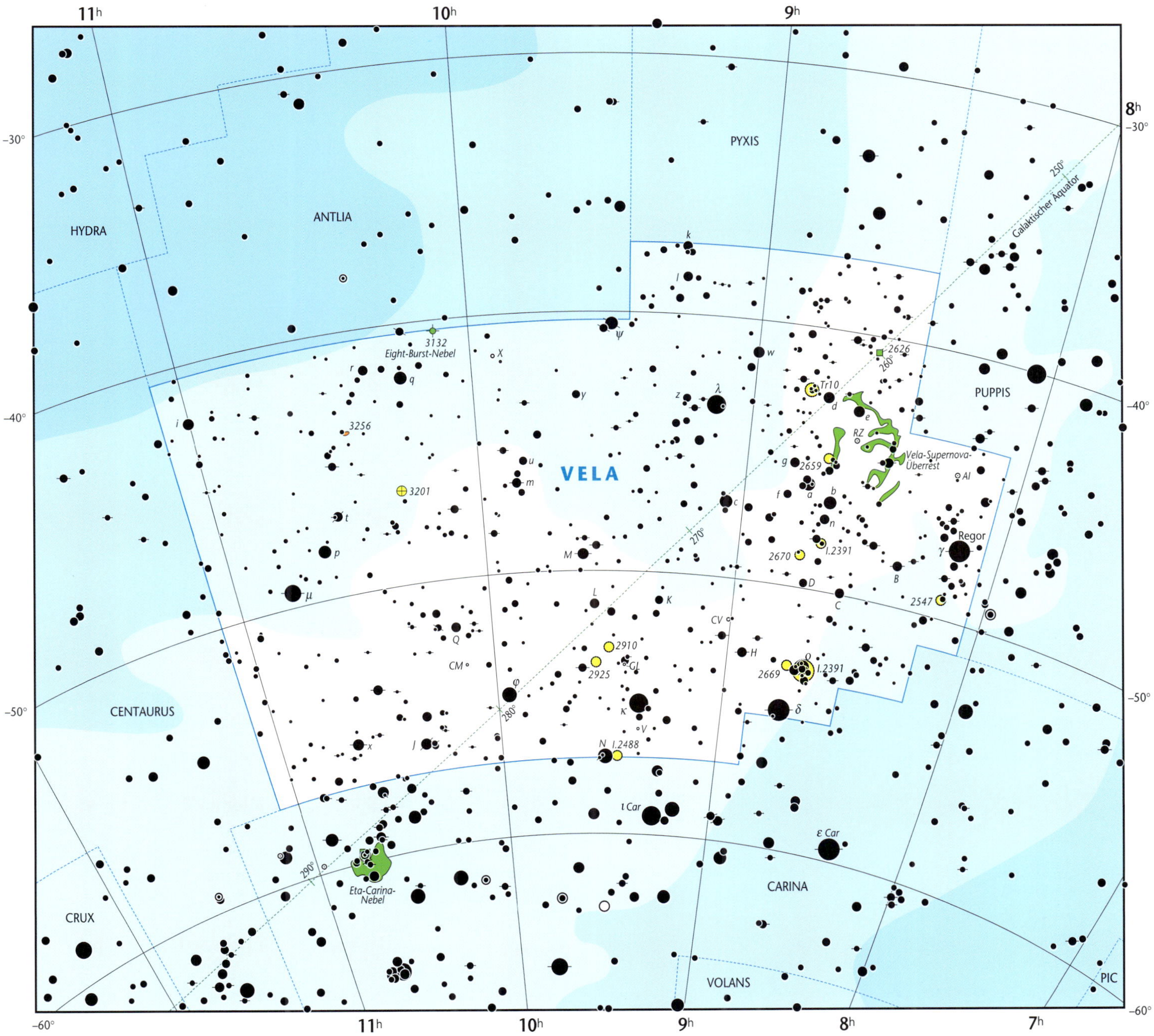

Virgo

VIRGINIS • Vir • JUNGFRAU

Hauptkarten: 11 (10)
Fläche: 1294 Quadratgrad (2.)
Kulmination 00:00 Ortszeit: Mitte April

Obwohl Virgo nach Hydra das zweitgrößte Sternbild ist, enthält sie nur wenige helle Sterne, Veränderliche und Doppelsterne. Da das Sternbild weit weg vom Milchstraßenband liegt, gibt es hier weder Offene Haufen noch diffuse Nebel. Man stößt dafür auf einen Kugelhaufen und auf schwache Planetarische Nebel. Sozusagen zum Ausgleich enthält Virgo viele Galaxien, die zum Virgo-Galaxienhaufen gehören. Er bildet das Zentrum des Lokalen Superhaufens, einer gigantischen Ansammlung von mehreren 10 000 Galaxien (unsere eigene Lokale Gruppe mit ihren rund 30 Mitgliedsgalaxien liegt an seinem Rand). In der Mitte des Virgo-Haufens, der eine Entfernung von rund 17 Mpc (≈ 55 Mio. LJ) hat, befinden sich vier massereiche elliptische Galaxien: M 49, M 60, M 86 und M 87. Im Nordwestteil des Sternbilds reicht der Haufen bis in Coma Berenices, weshalb man gelegentlich auch vom Virgo-Coma-Haufen spricht (nicht mit dem Coma-Haufen zu verwechseln, der deutlich weiter entfernt liegt). Leider ist ein Großteil der Galaxien lichtschwach, und es gibt so viele von ihnen, dass an dieser Stelle nur die auffälligsten beschrieben werden. Viele weitere findet man auf den Karten und in der Tabelle weiter vorn im Buch.

α Vir ($13^{h}25^{m}$ / –11°10′), Spica: blauweißer Stern ($0^{m},98$), der in Wirklichkeit ein sehr enger Doppelstern ist. Beide Komponenten werden durch die gegenseitigen Gravitationskräfte verformt, was zu einer leichten Helligkeitsschwankung führt, wenn sich das Paar umkreist. Diese Schwankung ist aber nur mit elektronischen Verfahren zu verfolgen.

γ Vir ($12^{h}46^{m},7$ / –01°27′), Porrima: Doppelstern mit zwei gelben Komponenten ($3^{m},5$/$3^{m},5$, PA 267°, Dist. 1″,8, beide F0). Für die Umlaufzeit gibt es verschiedene Angaben: $171^{a},4$ bzw. $168^{a},7$. Verwendet man Letztere, so werden die beiden Sterne im Jahr 2005 den geringsten Abstand voneinander haben (0″,26).

ϑ Vir ($13^{h}09^{m},9$ / –05°32′): eventuell ein Doppelstern ($4^{m},4$/$9^{m},4$, PA 343°, Dist. 6″,9). Die Hauptkomponente ist ein A1-Unterriese und wiederum selbst ein sehr enger Doppelstern; die Sekundärkomponente hat den Spektraltyp Am.

17 Vir ($12^{h}22^{m},5$ / +05°18′): eventuell ein Doppelstern ($6^{m},6$/$9^{m},4$, PA 337°, Dist. 20″,0, F8- bzw. K5-Zwerg).

70 Vir ($13^{h}28^{m}$ / +13°46′): an der Nordgrenze zu Coma Berenices liegt dieser 5^{m}-Stern, der etwas kühler und kleiner, aber heller als die Sonne ist. Er besitzt eines der ersten extrasolaren Planetensysteme, das man entdeckt hat. Der Planet ist sehr groß, hat rund 6,8 Jupitermassen und eine sehr exzentrische Umlaufbahn (mittlerer Abstand zum Stern: 0,5 AE, Umlaufzeit: $116^{d},6$).

M 49 (NGC 4472: $12^{h}29^{m},8$ / +08°00′): auffällige elliptische E4-Galaxie ($8^{m},4$); massereich; die hellste des Virgo-Haufens.

M 58 (NGC 4579: $12^{h}37^{m},7$ / +11°49′): Sb-Spiralgalaxie ($9^{m},8$), deren Kern mit 75 mm einem schwachen Stern gleicht. Größere Öffnungen zeigen die Spiralarme als eine neblige elliptische Fläche.

M 60 (NGC 4649: $12^{h}43^{m},7$ / +11°33′): helle elliptische E1-Galaxie ($8^{m},8$), die mit 75 mm Öffnung als fast kreisrunder Fleck zu sehen ist. Wie M 49 gehört sie zu den massereichen Mitgliedern im Zentrum des Galaxienhaufens. Rund 7′,5 nordwestlich liegt die viel schwächere Sc-Galaxie NGC 4647 ($12^{h}43^{m},5$ / +11°35′), die mindestens 100 mm erfordert.

M 61 (NGC 4303: $12^{h}21^{m},9$ / +04°28′): große Sc-Spiralgalaxie ($9^{m},7$), die mit 75 mm schwach zu sehen ist. In größeren Öffnungen sieht sie fast kreisförmig aus mit einem konzentrierten Kern.

M 84 (NGC 4374: $12^{h}25^{m},1$ / +12°53′): große elliptische E1-Galaxie ($9^{m},3$). Ihr helles Zentrum ist bereits mit 75 mm zu sehen, aber die schwachen Außenbereiche erfordern größere Öffnungen.

M 86 (NGC 4406: $12^{h}26^{m},4$ / +12°57′): große elliptische E3-Galaxie ($9^{m},2$), die etwas größer als M 84 ist, ihr aber sonst ähnelt; mit 75 mm Öffnung zu sehen.

M 87 (NGC 4486: $12^{h}30^{m},8$ / +12°24′): riesige elliptische E1-Galaxie ($8^{m},6$), die bereits mit kleinen Öffnungen zu sehen ist. Die massereiche Galaxie liegt ebenfalls im Zentrum des Virgo-Haufens. Aufnahmen zeigen, dass M 87 hunderte von Kugelhaufen besitzt. M 87 ist eine aktive Galaxie mit einem Jetpaar (nur einer ist auf Aufnahmen zu sehen) und ein starker Radiostrahler (Virgo A).

M 90 (NGC 4569: $12^{h}36^{m},8$ / +13°10′): große Sb-Spiralgalaxie ($9^{m},5$), deren heller Kern wie bei M 58 und M 84 mit 75 mm Öffnung zu sehen ist. Die Spiralarme erfordern größere Geräte und sind selbst dann nur als diffuse elliptische Form erkennbar.

M 104 (NGC 4594: $12^{h}40^{m},0$ / –11°37′), Sombrero-Galaxie: Sb-Spiralgalaxie ($8^{m},5$), deren populärer Name auf ihr Aussehen zurückgeht, das ab 150 mm Öffnung erkennbar wird: Sie zeigt entlang ihrer galaktischen Ebene ein dunkles Staubband. M 104 liegt weit südlich an der Grenze zu Corvus, weshalb man sie leichter findet, wenn man von dort ausgeht. Ferngläser lassen gerade noch ihre längliche Form erahnen.

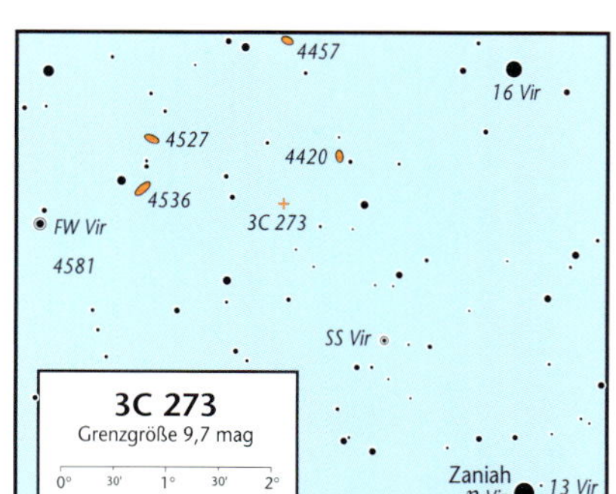

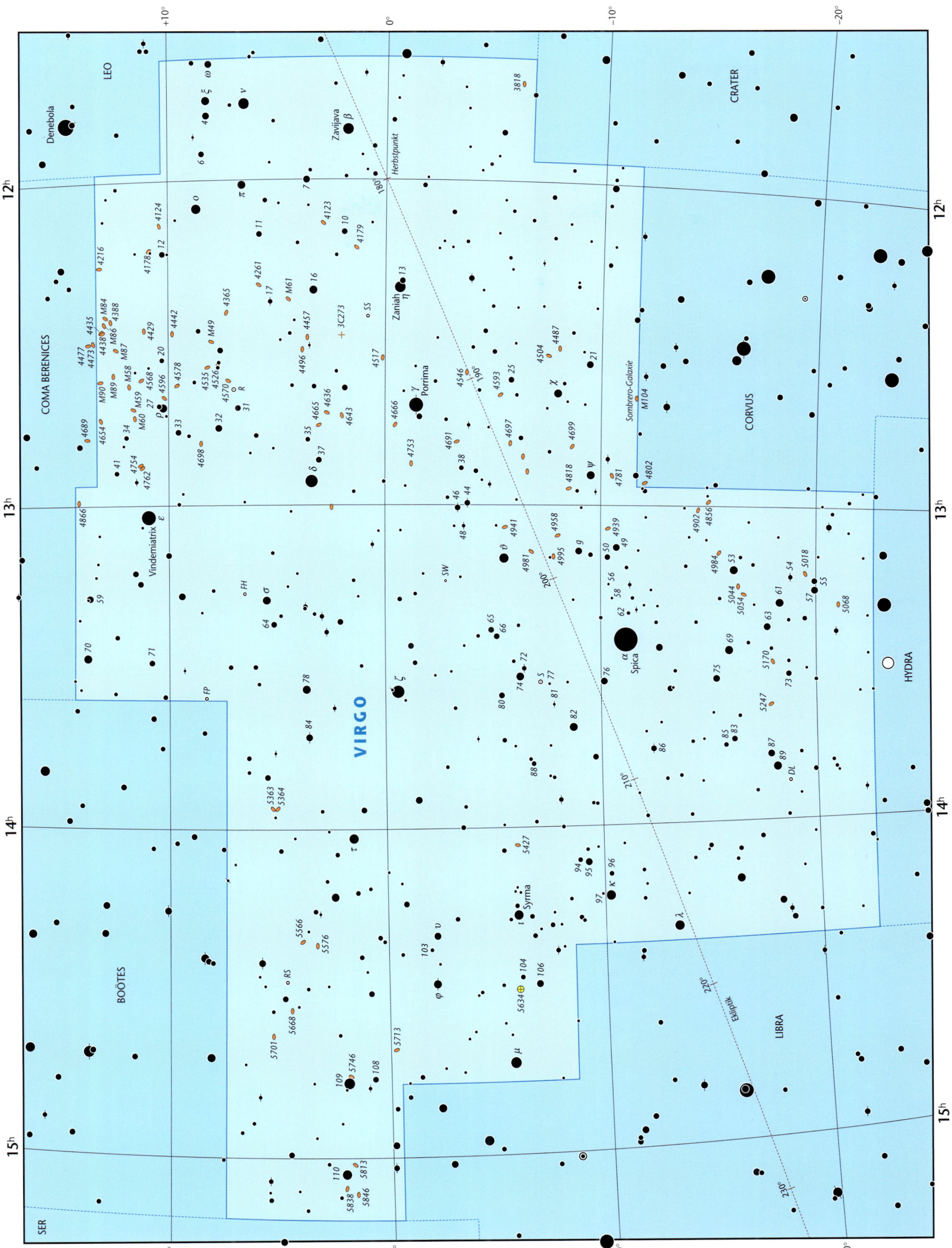
VIRGO
COMA BERENICES
LEO
CRATER
CORVUS
HYDRA
LIBRA
BOÖTES
SER
Denebola
Zavijava
Zaniah
Porrima
Vindemiatrix
Spica
Syrma
Herbstpunkt
Ekliptik
Sombrero-Galaxie
3C273
12h
13h
14h
15h
+10°
0°
−10°
−20°

NGC 5634 ($14^h29{,}^m6$ / –05°59′): durchschnittlich heller Kugelhaufen ($9{,}^m6$), der mit 75 mm Öffnung gerade sichtbar ist. Erst mit 200 mm lässt er sich allerdings auflösen (d ≈ 22 kpc oder 72 000 LJ).

3C 273 ($12^h29{,}^m1$ / +02°03′): hellster Quasar ($12{,}^m7$) und der erste, den man entdeckt hat. Er ist eine starke Radioquelle, deren Position bei einer Mondbedeckung durch das australische Parkes-Radioteleskop bestimmt wurde. Bereits mit 150 mm Öffnung als sternförmiges Objekt erkennbar (d ≈ 600 Mpc oder fast 200 Mio. LJ).

Virginiden (Doppelradiant bei 14^h04^m, –09° und 13^h36^m, –11°): von März bis April aktiver Meteorstrom (Maximum: 10. April). Die langsamen Meteore ziehen lange Spuren; stündliche Zenitrate von rund fünf.

Volans

VOLANTIS • Vol • FLIEGENDER FISCH

Hauptkarten: 20 (15, 16)
Fläche: 141 Quadratgrad (76.)
Kulmination 00:00 Ortszeit: Mitte Januar

Ein kleines Sternbild (ursprünglich „Piscis Volans“ genannt), das zwischen Centaurus und der Großen Magellanschen Wolke liegt. Obwohl durch die Hälfte des Sternbilds die Milchstraße verläuft, stößt man hier weder auf Offene oder Kugelhaufen noch auf diffuse Nebel. Unter den lichtschwachen Galaxien gibt es nur eine leidlich helle.

γ Vol ($07^h08{,}^m8$ / –70°30′): eventuell ein Doppelstern ($4{,}^m0$/$5{,}^m9$, PA 300°, Dist. 13,″6, G8-Riese/F5-Zwerg). Seit seiner Entdeckung im Jahr 1835 ist keine Umlaufbewegung erkennbar, aber die beiden Sterne haben identische Eigenbewegungen.

ε Vol ($08^h07{,}^m9$ / –68°37′): ein weiterer möglicher Doppelstern ($4{,}^m4$/$7{,}^m4$, PA 23°, Dist. 5,″4, weißer B5-Riese/weißer B9,5-Zwerg). Wie γ und ζ Vol ist dieses Objekt 1835 von John Herschel entdeckt worden. Bislang ist keine Umlaufbewegung erkennbar, aber die Sterne haben die gleiche Eigenbewegung.

ζ Vol ($07^h41{,}^m8$ / –72°36′): eventuell ein Doppelstern ($4{,}^m0$/$9{,}^m8$, PA 116°, Dist. 16,″7). Der Hauptstern ist ein orangefarbener K0-Riese, der Sekundärstern ist weiß.

NGC 2442 ($07^h36{,}^m4$ / –69°32′): große SB-Balkenspiralgalaxie ($11{,}^m2$), die mit 100 m Öffnung als schwacher elliptischer Nebelfleck zu sehen ist. Ab 300 mm werden der Kern und zwei asymmetrische Ausläufer an beiden Enden erkennbar, bei denen es sich um die Spiralarme handelt. Einer der beiden ist viel größer und markanter als der andere.

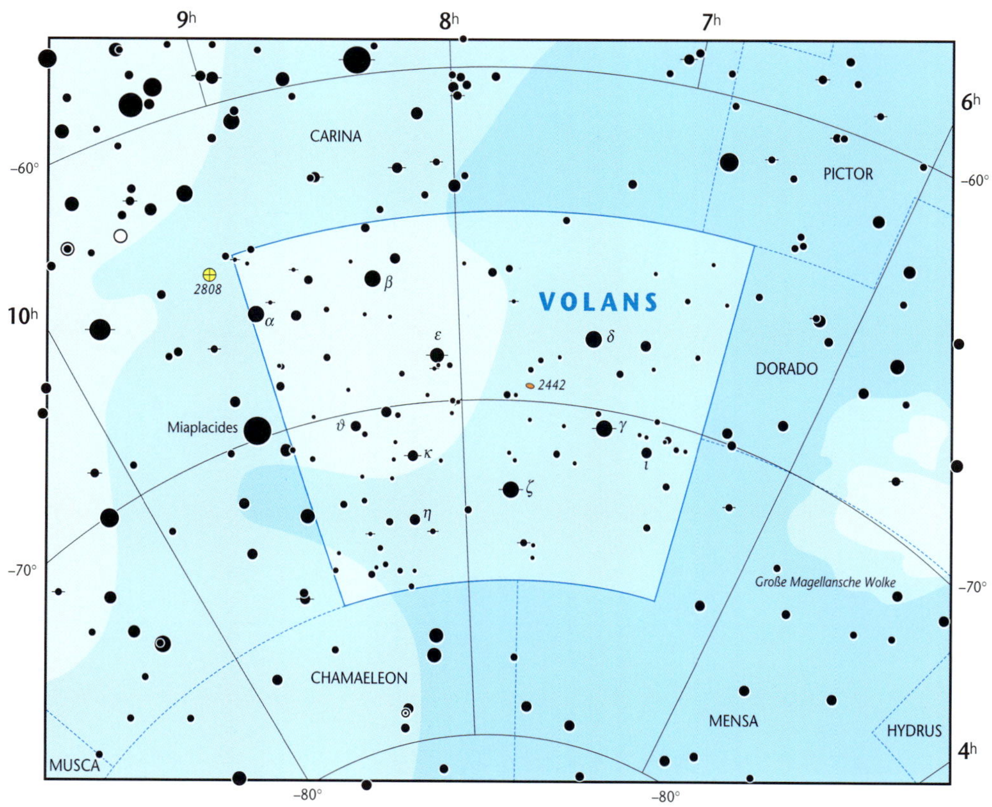

Vulpecula

VULPECULAE • Vul • FÜCHSCHEN

Hauptkarten: 6, 7 (12, 13)
Fläche: 268 Quadratgrad (55.)
Kulmination 00:00 Ortszeit: Ende Juli

Ein weiteres der kleinen Sternbilder, die Hevelius eingeführt hat. Er taufte die Figur ursprünglich Vulpecula et Anser (Fuchs und Gans). Wie beim weiter südlich gelegenen Sternbild Sagitta verläuft die galaktische Ebene direkt durch Vulpecula. Wegen der starken interstellaren Absorption in diesem Bereich kann man hier mit Amateurgeräten keine Galaxien sehen.

2 Vul ($19^h17^m{,}7$ / +23°02′): Dreifachsystem. Die Hauptkomponente des AB-Paares ($5^m{,}5$:/$9^m{,}2$, PA 131°, Dist. $1''{,}8$) ist ein B0,5-Unterriese des β-Cephei-Typs mit kleinen Helligkeitsschwankungen von weniger als $0^m{,}1$. Der dritte Stern ist viel schwächer ($11^m{,}0$, PA 119°, Dist. 51“).

16 Vul ($20^h02^m{,}0$ / +24°56′): eventuell ein Doppelstern ($5^m{,}8$/$6^m{,}2$, PA 120°, Dist. $0''{,}9$, beide F7). Das Paar lässt sich ab 150 mm Öffnung auflösen.

Σ 2653 ($20^h13^m{,}7$ / +24°14′): Doppelstern ($6^m{,}6$/$9^m{,}5$, PA 272°, Dist. $2''{,}6$), der mit 75 mm Öffnung deutlich zu trennen ist. Die Hauptkomponente hat ein Am-Spektrum.

M 27 (NGC 6853: $19^h59^m{,}6$ / +22°43′), Hantelnebel: recht heller ($7^m{,}6$), bläulicher Planetarischer Nebel. Seine unrunde Form ist bereits mit dem Fernglas erkennbar, die Hantelform taucht aber erst ab 200 mm deutlich auf (d ≈ 320 pc oder 1050 LJ).

NGC 6882 ($20^h11^m{,}7$ / +26°33′) und NGC 6885 ($20^h12^m{,}0$ / +26°29′): zwei Offene Haufen, die in einem großen Gesichtsfeld zusammen zu sehen sind. Deutlich sichtbar mit 100 mm, aber viel besser mit größeren Öffnungen. NGC 6885 ist rund zweimal so groß wie NGC 6882. Beide liegen rund 1000 pc (≈ 3260 LJ) entfernt.

NGC 6940 ($20^h34^m{,}6$ / +28°18′): großer Offener Haufen ($6^m{,}3$), der im Fernglas als Nebelfleck erscheint; bester Anblick mit 150 mm Öffnung und einem großen Gesichtsfeld. Ein orangefarbener Riese steht in ihm (d ≈ 800 pc oder 2600 LJ).

Cr 399 (Collinder 399: $19^h25^m{,}4$ / +20°11′), Brocchis Haufen, Kleiderbügel: ein nahe gelegener Sternhaufen; deutlich im Fernglas. Sechs Sterne bilden die Stange des Kleiderbügels, vier weitere den Haken.

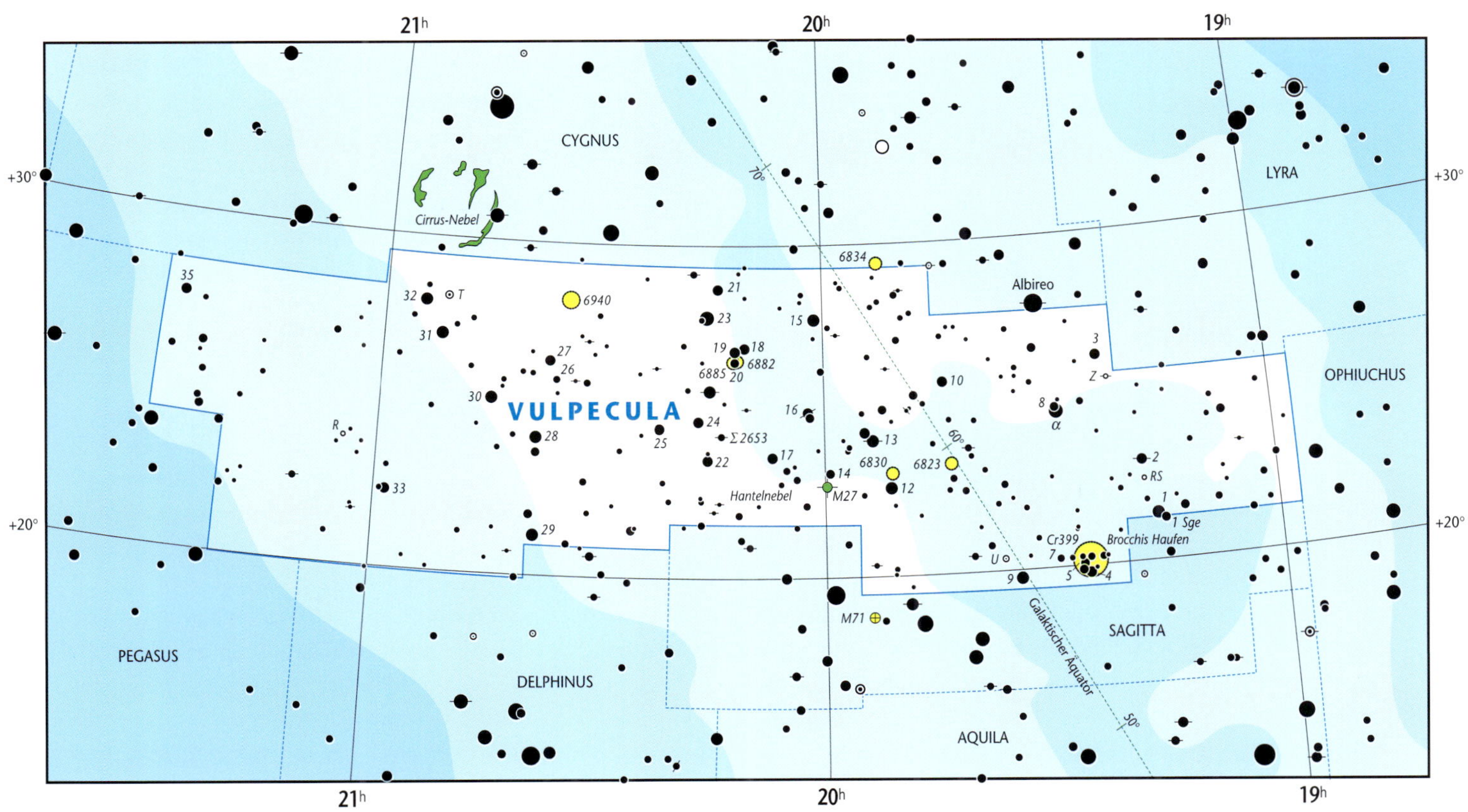

Mondbeobachtung

Die wechselnden Mondphasen sind jedem vertraut. Meist beginnt man die Zählung bei Neumond, wenn unser Trabant zwischen Sonne und Erde steht und daher unsichtbar bleibt (außer während einer Sonnenfinsternis). Der beleuchtete Anteil nimmt dann über das erste Viertel (den Halbmond) bis zum Vollmond zu, um dann anschließend über das letzte Viertel bis zum nächsten Neumond wieder abzunehmen.

Die Grenze zwischen dem beleuchteten und dem unbeleuchteten Teil heißt Terminator, der im Laufe eines Monats von Ost nach West über die Mondoberfläche wandert. Einen vollständigen Phasenzyklus bezeichnet man als Lunation (mit einer durchschnittlichen Länge von 29ᵈ53059). Ist die Sichel vor und nach dem Neumond schmal, so sieht man auch schwach den unbeleuchteten Teil. Die Ursache dafür ist von der Erde reflektiertes Sonnenlicht, das auf unseren Trabanten fällt. Besonders deutlich ist es, wenn die Erde von einer ausgedehnten Wolkendecke überzogen wird. Einige der Mondformationen (besonders Aristarchus) sind dann dank dieses reflektierten Lichts meist deutlich zu sehen.

Wer sich etwas intensiver mit dem Mond beschäftigt, wird schnell feststellen, dass man immer nur die eine Seite des Trabanten sehen kann, während die andere immer von der Erde abgewandt bleibt. Der Grund liegt darin, dass eine Mondumdrehung so lange wie ein Bahnumlauf um die Erde dauert. Dieses „gebundene Rotation" genannte Phänomen tritt nicht nur beim Mond, sondern auch bei vielen Satelliten anderer Planeten auf. Die auf die ungleiche Massenverteilung im Mondinnern wirkenden Gezeitenkräfte haben dazu geführt, dass die eine Seite unseres Trabanten ständig zur Erde zeigt. Allerdings können wir dank des Libration genannten Effekts etwas mehr als 50 % der Mondoberfläche sehen.

Die Mondbahn ist eine Ellipse, so dass sich unser Trabant teils schneller und teils langsamer bewegt als mit seiner durchschnittlichen Geschwindigkeit. Die Rotationszeit des Mondes bleibt dabei jedoch konstant, weshalb er auf seiner Bahn gelegentlich vorauseilt bzw. hinterherhinkt. Es sieht so aus, als ob die Scheibe vor- und zurückschaukeln würde, wobei diese Libration in der Länge (Ost-West) 7°53′ in jede Richtung erreichen kann. Da die Mondbahn gegen die Erdbahn (die Ekliptik) geneigt ist, tritt das Phänomen auch in Nord-Süd-Richtung auf: Der Mond steht gelegentlich ober- bzw. unterhalb der Erdbahn. Es sieht also so aus, als ob die Mondscheibe nicken würde, wobei diese Libration in der Breite 6°51′ in jede Richtung erreichen kann. Die Position des Beobachters auf der Erde spielt ebenfalls in geringem Maße eine Rolle, und ob man den Mond beim Auf- oder Untergang beobachtet, ändert ebenfalls die Orientierung der Mondscheibe.

All diese Effekte können sich teils neutralisieren oder auch gegenseitig verstärken, insgesamt kann man dadurch theoretisch 59 Prozent der Mondoberfläche sehen. Die äußersten Bereiche sind natürlich nur sehr selten zu beobachten und immer mit einer extremen perspektivischen Verkürzung. Der vollständige Librationszyklus ist sehr komplex und wiederholt sich nur nach vielen Jahren wieder. Wir geben die aktuellen Werte für die Libration im Atlas nicht an, man findet sie z. B. im Kosmos Himmelsjahr.

Die Strukturen in den Librationszonen sind häufig nur schwierig zu identifizieren, weshalb wir in den Atlas vier Karten (S. 192–195) aufgenommen haben, um in einer speziellen Darstellung die Strukturen bei übertriebener Libration zu zeigen. Solche Librationswerte treten in der Praxis nicht auf. Drei Bereiche sind mit unterschiedlichen Tönungen gekennzeichnet. Bewegt man sich vom Zentrum der Mondscheibe zum Rand, so sind die immer sichtbaren Zonen neutral, die gelegentlich unsichtbaren rosa und die selten sichtbaren blau gefärbt – wobei selbst die Strukturen in der ersten Zone bei günstiger Libration meistens deutlicher zu sehen sind.

Sichtbarkeit von Strukturen

Da der Mond keine Atmosphäre besitzt, die das Sonnenlicht streuen könnte, gibt es auf ihm harte Helligkeitskontraste: Im Allgemeinen sind die Strukturen entweder hell erleuchtet oder liegen im tiefen Schatten. Oberflächenformen sieht man am besten bei einem flachen Einfall des Sonnenlichts, wenn also die Sonne über einer Formation auf- oder untergeht. Aus der Sicht des irdischen Beobachters liegt eine solche Formation am Terminator. Meistens sieht man bestimmte Mondstrukturen an den jeweils gleichen Tagen einer Lunation am besten, allerdings eignen sich manche Monate dafür wegen der Auswirkungen der Libration eher als andere. Um Strukturen in der Librationszone beobachten zu können, müssen sowohl die Libration geeignet sein als auch der richtige Lichteinfall herrschen. Deshalb können viele Jahre vergehen, bis eine bestimmte Mondformation in diesem Bereich wieder deutlich sichtbar ist.

Die Position einer Struktur auf dem Erdtrabanten gibt man im selenografischen System an (Abb. L1). Die Bezugspunkte des Koordinatensystems sind die Rotationsachse des Mondes (o), die durch Nord- (N) und Südpol (S) verläuft, sowie der Mondäquator (r), der senkrecht zur Rotationsachse liegt. Der Hauptmeridian (m) verläuft durch die Mitte der Mondscheibe, wenn die Libration in Länge und Breite null ist.

Wie auf der Erde misst man die selenografische Breite (β) in Grad nördlich (+) oder südlich (–) des Mondäquators, die selenografische Länge (λ) wird in Grad östlich (+) oder westlich (–) des Hauptmeridians gezählt. Gelegentlich verwendet man aber – wie auch in diesem Atlas – keine positiven und negativen Vorzeichen,

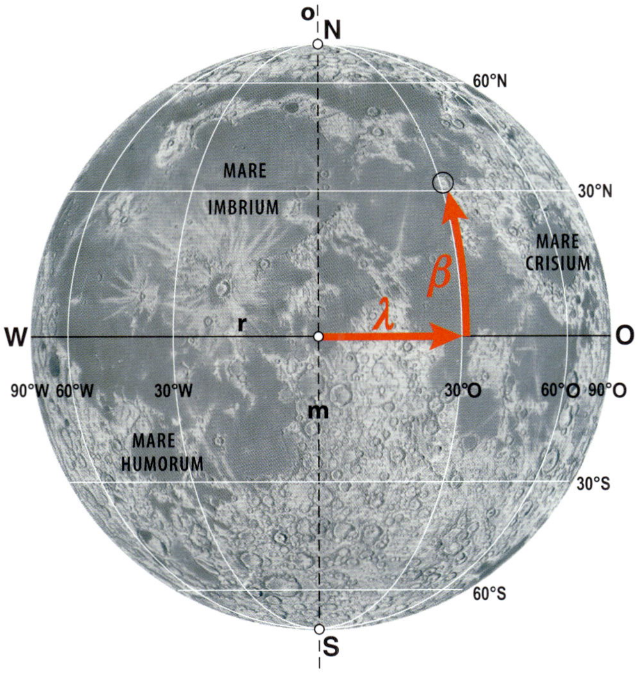

Abb. L1 Selenografische Koordinaten

Mondformationen	
Catena	Kraterkette
Dorsum	Meeresrücken
Dorsa	Meeresrückensystem
Lacus	See
Mare (Maria)	Meer(e)
Mons	Berg
Montes	Gebirge, Hügelgruppe
Oceanus	Ozean
Palus	Sumpf
Promontorium	Kap
Rima	Rille
Rimae	Rillengruppe
Rupes	Furche
Sinus	Bucht
Terra	Hochland
Vallis	Tal

Tabelle L1

sondern die Angaben °N bzw. °S für die selenografische Breite und °O bzw. °W für die selenografische Länge.

Beachten Sie, dass bei der Beobachtung des Mondes mit bloßem Auge, einem Fernglas oder einem Fernrohr mit aufrechten, seitenrichtigen Bildern Norden oben (beim Mare Imbrium) und Süden unten Richtung Mare Humorum ist (wenn der Beobachter auf der Nordhalbkugel der Erde steht). Osten ist dann rechts beim Mare Crisium und Westen links beim Mare Imbrium. Wie auf der Erde geht die Sonne im Osten auf und im Westen unter. Diese Konventionen beruhen auf den Empfehlungen der Internationalen Astronomischen Union aus dem Jahr 1961. In Büchern, die vor dem Jahr 1961 erschienen sind, stimmen die Richtungen auf dem Mond mit den Himmelsrichtungen überein, also Osten links und Westen rechts (für Beobachter auf der Nordhalbkugel). Der spätere Wechsel führt zu einer Anomalie: Das Mare Orientalis („Ostmeer") liegt nun am Westrand des Mondes.

Mondformationen

Selbst bei einem nur flüchtigen Blick sieht man, dass die Mondoberfläche von zwei wesentlichen Formationen beherrscht wird: helles, zerklüftetes Gelände, das als Terrae (lat., Land) oder Hochland bezeichnet wird, sowie dunkle, tief liegende Bereiche, die als Maria (lat., Meer) bezeichnet werden. Obwohl wir heute wissen, dass es auf dem Mond kein Wasser gibt (abgesehen von der kontroversen Diskussion über Eis in bestimmten polnahen Kratern), hat man Begriffe wie Meer und andere Wasser assoziierende Bezeichnungen beibehalten. Die Bezeichnungen für verschiedene Mondformationen sind zusammen mit ihren lateinischen Übersetzungen in Tabelle L1 (oben rechts) aufgeführt. Die konkrete Namensgebung von Mondformationen beschreiben wir im Text bei den Karten 1, 4, 13 und 16.

Hochländer

Die Hochländer sind die ältesten Gebiete des Mondes. In der Spätphase der Mondentstehung wurde seine Oberfläche so intensiv durch Meteoriten bombardiert, dass sie schmolz. Schließlich kühlte sie ab und bildete die Mondkruste, die heute vor allem noch in den Hochländern zu finden ist. Durch spätere Meteoriteneinschläge wurden die Hochländer von Kratern jeglicher Größe überzogen. Einige sehr große Einschläge erzeugten riesige Becken, denen wir uns gleich genauer zuwenden werden. Die Hochländer sind inzwischen mit so vielen Kratern überzogen, dass jeder neue Einschlag genauso viele Krater erzeugt wie er gleichzeitig zerstört.

Maria

Einige der großen Einschlagbecken waren in der Mitte oder insgesamt tief genug, um mit geschmolzenem Material (Lava) aus dem Mondinnern vollzulaufen. Da die Mondkruste auf der erdzugewandten Seite dünner als auf der erdabgewandten ist, wurden auf der erdzugewandten Seite mehr Becken überflutet, teils durch mehrere aufeinander folgende Lavaströme. Diese dunklen, basaltischen Lavamassen haben die Maria erzeugt. Sie sind deutlich jünger als die sie umgebenden Hochländer.

Bei den Maria lassen sich grob runde und unrunde Typen unterscheiden. Bei runden Maria sind die Mitte oder das gesamte Becken mit Lava aufgefüllt, beispielsweise beim Mare Crisium und beim Mare Serenitatis. Unrunde Maria wie Mare Frigoris und Mare Fecunditatis haben einen weniger eindeutigen Ursprung. Bei ihnen handelt es sich einfach um tief liegende Regionen, die von übertretenden Lavaströmen aus benachbarten Einschlagbecken bedeckt wurden.

Da sie nach dem frühen heftigen Bombardement entstanden sind, enthalten die Maria nur wenige, meist kleine Krater. Ausnahmen sind Kepler (Karte 5) und Copernicus (Karte 6). In vielen Maria gibt es Meeresrücken, die eine Folge der Kompression durch die erstarrenden Lavaströme sind. Einzelne Meeresrücken nennt man „Dorsum", ganze Systeme „Dorsa" (der Plural von „Dorsum"). Isolierte Berge, von denen manche einen Krater haben, sind die deutlichsten Strukturen des Mondes, die auf Vulkanismus hindeuten. Ein Beispiel ist die Gegend um den Krater Marius im Oceanus Procellarum (Karte 5), der reich an solchen Lunardomen ist. Sowohl Meeresrücken als auch Berge treten deutlich bei besonders schrägem Lichteinfall auf.

Krater und Becken

Krater sind natürlich die dominierende geologische Struktur auf dem Mond. Ihre Größen reichen von gewaltigen Becken mit hunderten oder gar tausenden Kilometer Durchmesser bis zu mikroskopischen Löchern im Fels. Auf der erdzugewandten Seite sieht man rund 300 000 Krater größer als einen Kilometer, darunter 234 Krater mit mehr als hundert Kilometer Durchmesser. Diese Krater lassen sich grob in drei Gruppen einteilen: einfache Krater, komplexe Krater und Becken. Größere Krater bezeichnet man auch als Ringgebirge oder Wallebenen, es gibt aber keine eindeutige Definition dafür. Einfache Krater haben glatte Wände und Böden sowie ein Verhältnis von Tiefe zu Durchmesser von 1:5. Meistens haben sie eine runde Form.

Bei einem Durchmesser von 16 km in Maria bzw. 21 km in Hochländern gibt es einen ziemlich abrupten Wechsel von einfachen zu komplexen Kratern. Meistens haben auch komplexe Krater eher eine runde Form, aber einzelne Abschnitte der Kraterränder können muschelförmig oder unregelmäßig sein. An den Innenwänden gibt es Terrassen, die durch das Herabrutschen großer Felsblöcke entlang ungefähr konzentrischer Verwerfungen entstanden sind. Die Kraterböden sind oft sehr uneben, und es gibt häufig einen Zentralberg. Es können auch Brüche in den Kraterböden und -wänden auftreten. Die kleineren komplexen Krater haben ähnliche Verhältnisse von Tiefe zu Durchmesser wie einfache Krater (ungefähr 1:5), dagegen sind bei den größten Kratern bis zu 1:40 möglich, was dann einer flachen Mulde entspricht.

Bei Durchmessern von ungefähr 300 km machen sich weitere strukturelle Veränderungen bemerkbar, vor allem die Bildung von konzentrischen Bergringen (mit kraterähnlichen Rändern und bogenförmigen Graten). Diese großen Einschlagstrukturen sind als Becken bekannt, der Begriff wird allerdings nicht streng verwendet. Die Natur und Wichtigkeit dieser Becken erkannten Geologen in den 1960ern. Mit Hilfe von Raumsondenbildern, lasergestützten Höhenmessungen und der Messung von Schwereanomalien entdeckte man eine steigende Zahl dieser Becken. Sie sind auf den Karten der S. 196/197 zu sehen, weitere Details sind auf S. 222 aufgeführt.

Obwohl Einschläge von sehr schnellen Objekten den Großteil der Felsen verdampfen, könnte manches nach oben geschleuderte Oberflächenmaterial zu erhöhten Rändern bei Kratern geführt haben. Das Material kann auch aus dem Krater herausgeworfen worden sein und dort Sekundärkrater erzeugt haben oder einfach als Ablagerung zur Ruhe gekommen sein. Im letzteren Fall resultiert daraus eine deutliche Struktur, die strahlenförmig nach allen Seiten vom Einschlagzentrum wegzeigt.

Besonders auffällig ist dies bei Kratern in Maria, aber Ejekta einiger großer Einschläge – beispielsweise jener, der das Imbrium-Becken erzeugt hat – lassen sich überall auf dem Mond nachweisen.

Strahlenkrater

Einige Krater wie Copernicus (Karte 6), Kepler (Karte 5), Proclus (Karte 8) und Tycho (Karte 14) sind das Zentrum auffälliger Strahlensysteme. Einer von Tychos Strahlen ist außergewöhnlich lang und verläuft durch das gesamte Mare Serenitatis (Karte 7) in Richtung des nordöstlichen Mondrands. Solche Strahlen, und damit die Krater, gelten als relativ jung. Es handelt sich bei ihnen um kleine Krater, Löcher und pulverisiertes Material aus Sekundäreinschlägen, das noch nicht durch die Sonnenstrahlung nachgedunkelt ist. Die Strahlensysteme lassen sich am besten bei starker Beleuchtung beobachten, also um die Zeit des Vollmonds.

Rillen (Rimae)

Rillen sind schmale, steilwandige Täler mit ungefähr parallelen Wänden. Es gibt drei verschiedene Typen: gerade, bogenförmige und gewundene Rillen. Gerade Rillen sind Risse in der Mondoberfläche, die häufig die Form eines geologischen Grabens annehmen, bei dem ein langes Stück der Oberfläche zwischen zwei parallelen schrägen Verwerfungen eingebrochen ist. Rima Ariadaeus (Karte 7) und die Verwerfung in Hevelius (Karte 5) sind Beispiele dafür.

Bogenförmige Rillen ähneln geraden Rillen und verlaufen häufig ungefähr parallel zum äußeren Rand eines Mare oder großen komplexen Kraters. Die Rillen von Rimae Hippalus am Südostrand des Mare Humorum (Karte 10) gehören zu diesem Typus. Sie sind ebenfalls durch Oberflächenbrüche entstanden.

Gewundene Rillen haben dagegen einen völlig anderen Ursprung. Sie winden sich über die Oberfläche wie ein Fluss bzw. Lavastrom. Vallis Schröteri (Karte 5) und Rima Hadley (Karte 7) sind Beispiele dafür. Gewundene Rillen sind Lavakanäle, die meistens bei einem Krater oder einer Mulde beginnen. Anders als Flüsse werden sie schmaler und seichter, je weiter weg man von ihrem Ursprung geht. Sie können auch plötzlich ihre Richtung ändern. Bei einigen gewundenen Rillen vermutet man, dass das Dach des Lavakanals eingestürzt ist.

Furchen (Rupes)

Den Begriff Furche verwendet man für jede Struktur, bei der eine Verwerfung die Mondoberfläche aufgerissen hat, es gibt keine exakte geologische Definition. Das bekannteste Beispiel ist Rupes Recta (die „gerade Wand“) im Mare Nubium (Karte 10), aber es gibt viele andere Rupes an den Rändern der Maria, beispielsweise Rupes Liebig am Westrand des Mare Humorum (Karte 9). Ein interessanter Vergleich bietet sich zwischen Rupes Cauchy und Rima Cauchy im östlichen Mare Tranquillitatis (Karte 8) an: Erstere ist eine einzelne Verwerfung, aber Letztere hat eine deutlich grabenähnliche Gestalt.

Mondkarten

Bei allen Mondkarten in diesem Atlas ist Norden oben, was dem Anblick mit dem bloßen Auge oder mit einem Fernglas von der Nordhalbkugel der Erde aus entspricht. Auch Mond- und Planetenkarten (und die Aufnahmen) von Raumsonden haben meist diese Orientierung. Die Hauptkarten sind im Maßstab 1:4,7 Millionen gezeichnet, und die Mondscheibe ist in 16 Bereiche geteilt (wie unten zu sehen ist). Zusätzlich haben wir für Beobachter, die ein Teleskop mit einer ungeraden Zahl an Reflexionen verwenden, einen Kartensatz mit etwas kleinerem Maßstab (1:7 Millionen) entworfen und darauf Links und Rechts gespiegelt. Wenn Ihr Fernrohr ein umgekehrtes Bild liefert, können Sie die Karten auf den Kopf stellen. Einige Beobachter (mit mehr Erfahrung) finden dies jedoch überflüssig.

Die Karten unten geben einen Überblick über die vier Ansichten, die mit verschiedenen optischen Hilfsmitteln auftreten können:

A: Aufrecht (Norden oben) – bloßes Auge, Fernglas, Teleskop mit Umkehrlinse

B: Auf dem Kopf stehend (Süden oben) – Newton, Cassegrain, Refraktor ohne Zenitprisma

C: Aufrecht, Links/Rechts vertauscht – Refraktor oder katadioptrisches Fernrohr (Schmidt-Cassegrain, Maksutow) mit Zenitprisma

D: Auf dem Kopf stehend und Links/Rechts vertauscht – sehr selten und eher theoretischer Natur (z. B. Teleskop mit Zenitprisma und terrestrischem Okular)

Die Librationskarten (S. 192–195) sowie die Übersichtskarten für die erdzugewandte und -abgewandte Seite (S. 196–197) haben nur eine Orientierung: A, aufrecht (Norden oben).

Obwohl, wie auf S. 156 erklärt, die Position einer Struktur auf dem Mond mit den Koordinaten β (selenografische Breite) und λ (selenografische Länge) beschrieben werden kann, verwenden wir der Einfachheit halber in den Karten und Erläuterungen die Himmelsrichtungen. Meridiane und Breitengrade sind in 10°-Intervallen rot markiert, dazwischen blau die 5°-Abstände. Die Librationskarten sind nur in Intervallen von 10° mit Koordinatenlinien versehen. Jede Karte hat eine deutliche Überlappung mit den benachbarten Abschnitten, deren Nummern jeweils in den überlappenden Bereichen stehen (bei den Librationskarten am inneren Rand).

Die Kurzbeschreibungen zu jeder Karte sollten als Führer für die Region und die dortigen Sehenswürdigkeiten verstanden werden. Wir haben nicht versucht, die Strukturen in der Reihenfolge zu beschreiben, in der sie im Lauf einer Lunation sichtbar werden. Stattdessen haben wir sie nach ihrem Ort oder aufgrund geologischer Ähnlichkeiten zusammengefasst.

Bei allen erwähnten Kratern und einigen anderen Strukturen geben wir Breite und Länge in Klammern an. Bei Kratern haben wir auch die Durchmesser und Tiefen (soweit verlässlich bekannt) angegeben.

Ein Verzeichnis aller berücksichtigten Mondformationen finden Sie auf den S. 218–220. Übersetzungen für die im Allgemeinen lateinischen Namen stehen in Tabelle L1 (S. 157), die für die jeweils abgebildeten Strukturen findet man direkt neben den Einzelkarten. Dort steht auch, an welchen Tagen der Lunation die Strukturen am besten zu beobachten sind (d. h. das Alter des Mondes seit dem letzten Neumond in Tagen). Meistens ist dies bei Sonnenaufgang oder -untergang, aber helle Strukturen sind womöglich auch um die Zeit des Vollmonds gut zu beobachten.

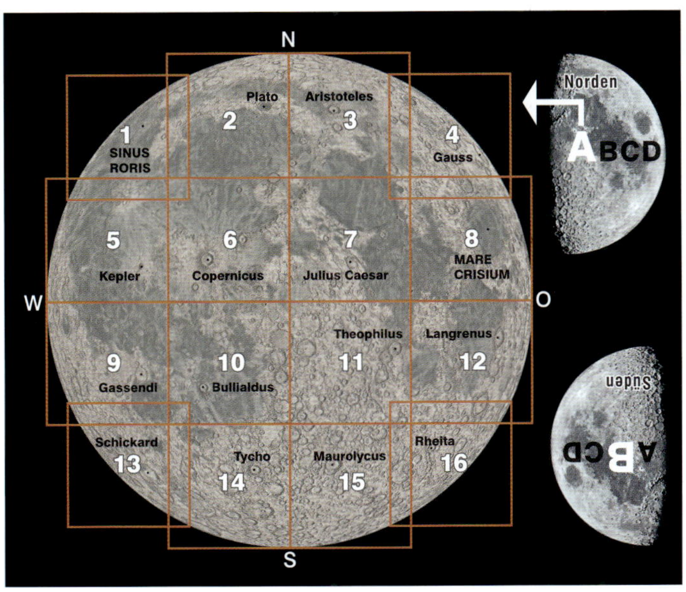

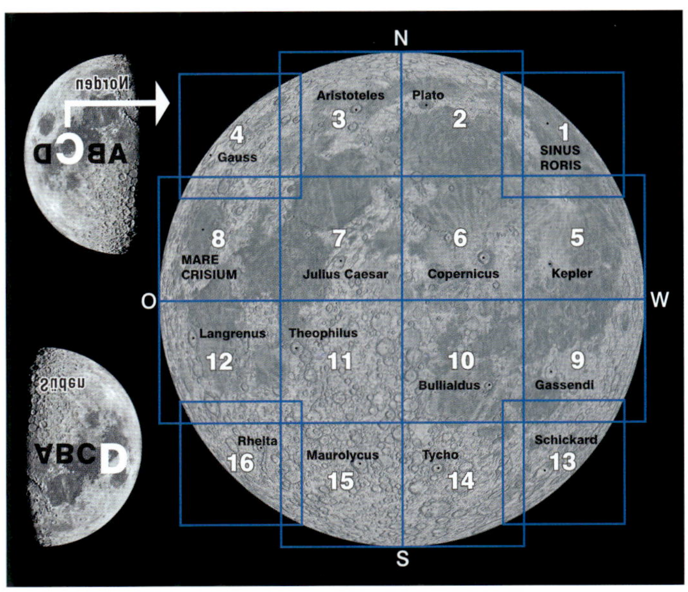

1 | Sinus Roris

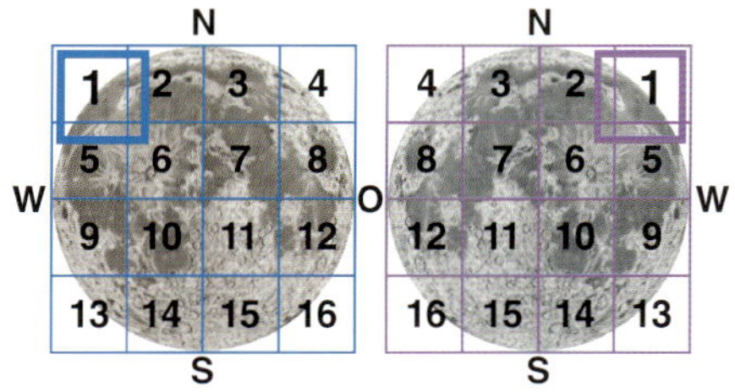

Eine vergleichsweise strukturlose Gegend des Mondes, die aus den Lavaebenen des Oceanus Procellarum und des Sinus Roris besteht, der den Oceanus Procellarum mit dem Westrand des Mare Frigoris verbindet.

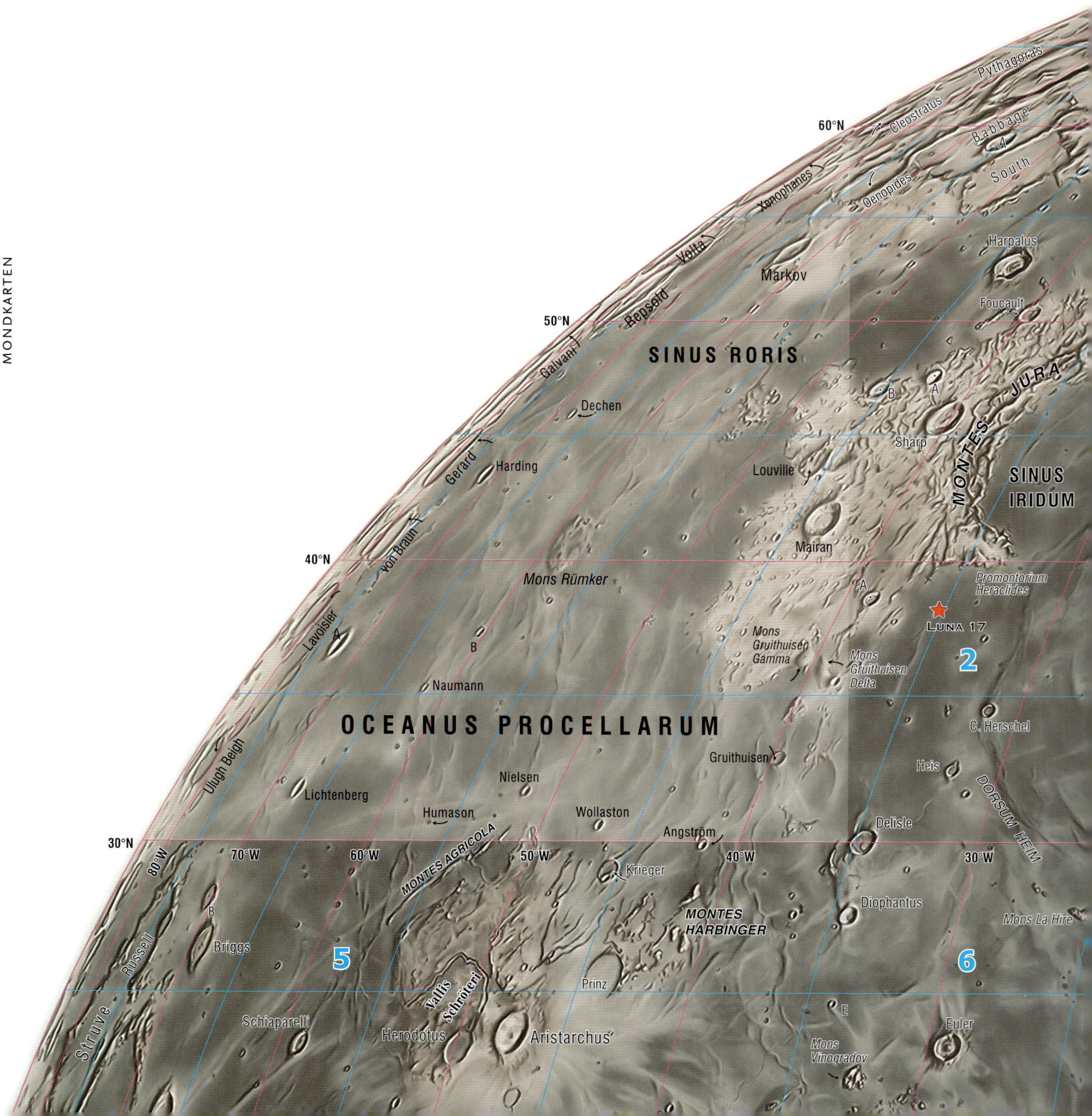

Namen der Mondformationen
Dass man Mondkrater nach berühmten Menschen, besonders nach Astronomen und anderen Wissenschaftlern benennt, geht auf den italienischen Astronomen Giovanni Riccioli zurück, der 1651 sein Buch „Almagestum Novum“ veröffentlichte. Seine Namen beruhten auf einer Karte des Astronomen und Physikers Francesco Grimaldi. Heute tragen zwei auffallende Krater westlich des Oceanus Procellarum (Karte 9) die Namen von Riccioli und Grimaldi.
Aber es gibt so viele Krater auf dem Mond, dass die meisten keine Eigennamen besitzen, sondern durch den Namen eines nahen Kraters und eines nachfolgenden Buchstabens bezeichnet werden (s. Karte 4). Einige kleine Krater haben trotzdem Eigennamen, weil sie von besonderem Interesse waren (wie Linné, Karte 7) oder in der Nähe eines Apollo-Landeplatzes lagen und die Namen daher für die Navigation benötigt wurden.

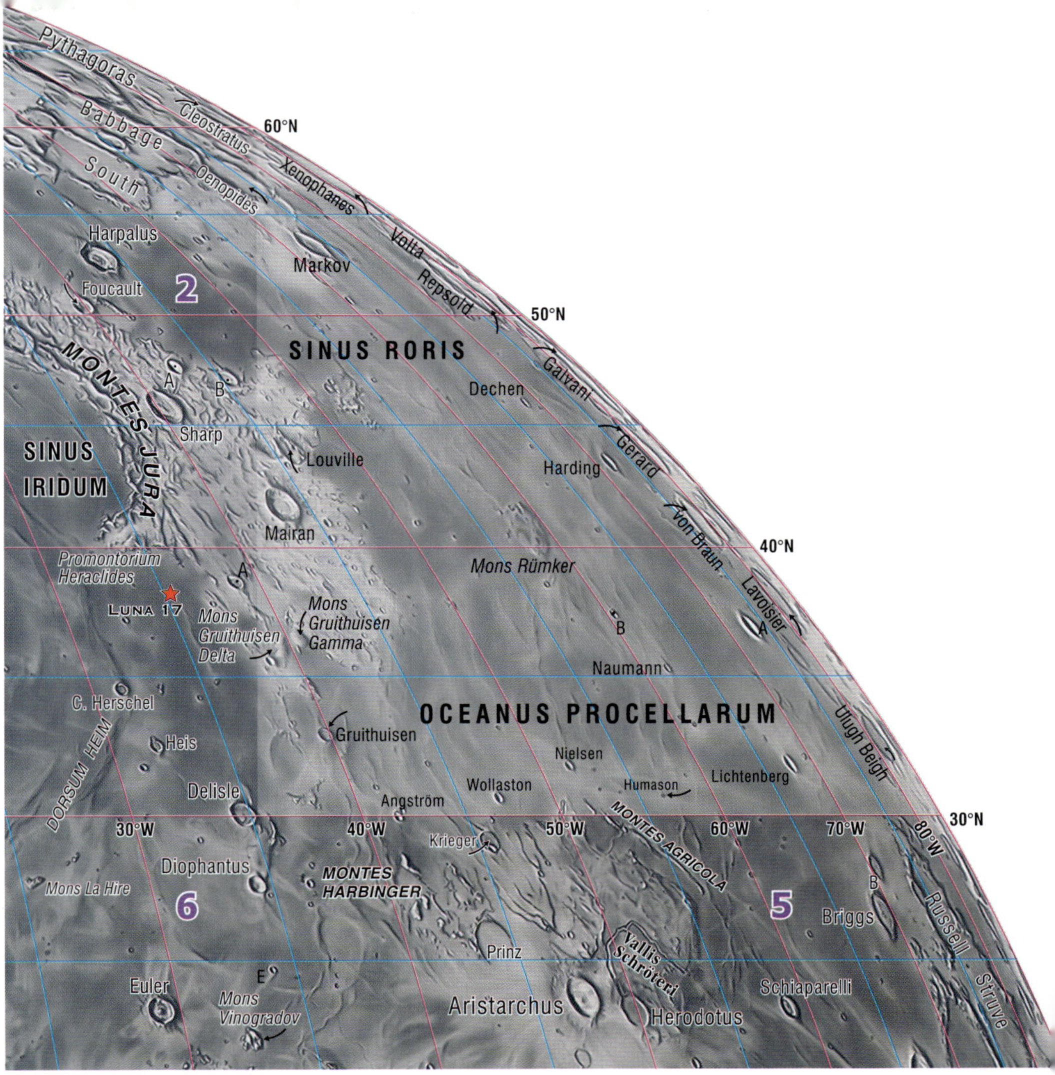

Abgesehen von den Kratern entlang des Mondrandes ist die einzige Hochebene das recht tief liegende Gebiet westlich der Montes Jura um Sinus Iridum. Dort liegen der Krater Mairan (41,°6 N, 43,°4 W, 40 km), der einen scharfen Rand hat, und der erodierte Krater Louville (44,°0 N, 46,°0 W, 36 km). Auf der anderen Seite des Sinus Roris befinden sich Markov (53,°4 N, 62,°7 W, 40 km) und ein weiterer Krater mit einem scharfen Rand.

In der Librationszone gibt es einige recht große Krater, die man am besten vor Vollmond sieht. Beginnend im Norden sind dies: Xenophanes (57,°5 N, 82,°0 W, 125 km), Volta (53,°9 N, 84,°4 W, 123 km), der teilweise erodierte Repsold (51,°3 N, 78,°6 W, 109 km), Galvani (49,°6 N, 84,°6 W, 80 km), der Kraterrest Gerard (44,°5 N, 80,°0 W, 90 km), von Braun (41,°1 N, 78,°0 W, 60 km), Lavoisier (38,°2 N, 81,°2 W, 70 km) und der zerfallene, lavaüberflutete Ulugh Beigh (32,°7 N, 81,°9 W, 54 km).

Es gibt drei erwähnenswerte Bergregionen. Die auffälligste und auf dem Mond tatsächlich einzigartige ist Mons Rümker (41° N, 58° W). Dabei handelt es sich um eine 70 km große Hochebene, die wohl aus einer Vielzahl von Lunardomen besteht. Einige sind einzeln zu erkennen, aber die meisten sind miteinander verbunden und bilden eine sanft geschwungene Hügellandschaft, die sich aus dem umgebenden Mare erhebt.

Name	**Übersetzung**
Oceanus Procellarum	Ozean der Stürme
Sinus Roris	Bucht des Taues
Formation	**Mondalter (Tage)**
Mons Rümker	12, 26
Sinus Iridum	10, 24
Sinus Roris	11, 25

Richtung Osten, südlich von Mairan liegen Mons Gruithuisen Gamma und Mons Gruithuisen Delta. Ersterer ist ein großes, leicht längliches, glattes halbkugelförmiges Massiv mit einem 2 km großen Gipfelkrater. Zweiterer hat weniger regelmäßige Umrisse, aber eine ähnliche Höhe. Beide sind ungefähr 20 km groß. Gruithuisen (32,°9 N, 39,°7 W, 15 km, 1860 m) selbst ist ein kleiner, aber recht tiefer Krater weiter südlich.

2 | Plato

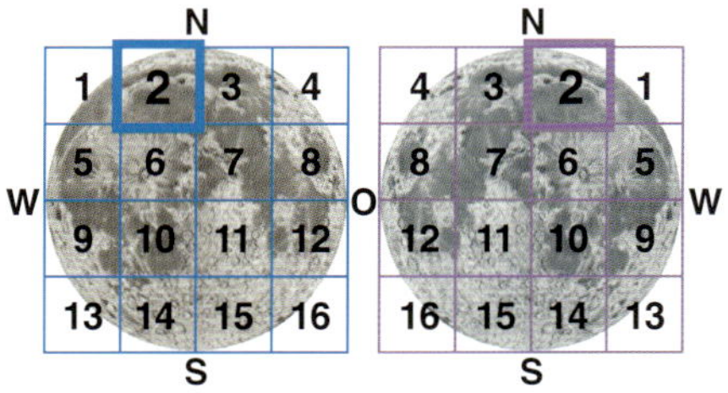

Mare Imbrium dominiert diese Gegend. Es hat einen Durchmesser von 1250 km und eine Fläche von 830 000 km², also etwas mehr als die Hudson Bay in Kanada. Nur das Mare Orientale ist noch jünger als das Imbrium-Einschlagbecken, und nur das Südpol-Aitken-Becken ist noch größer.

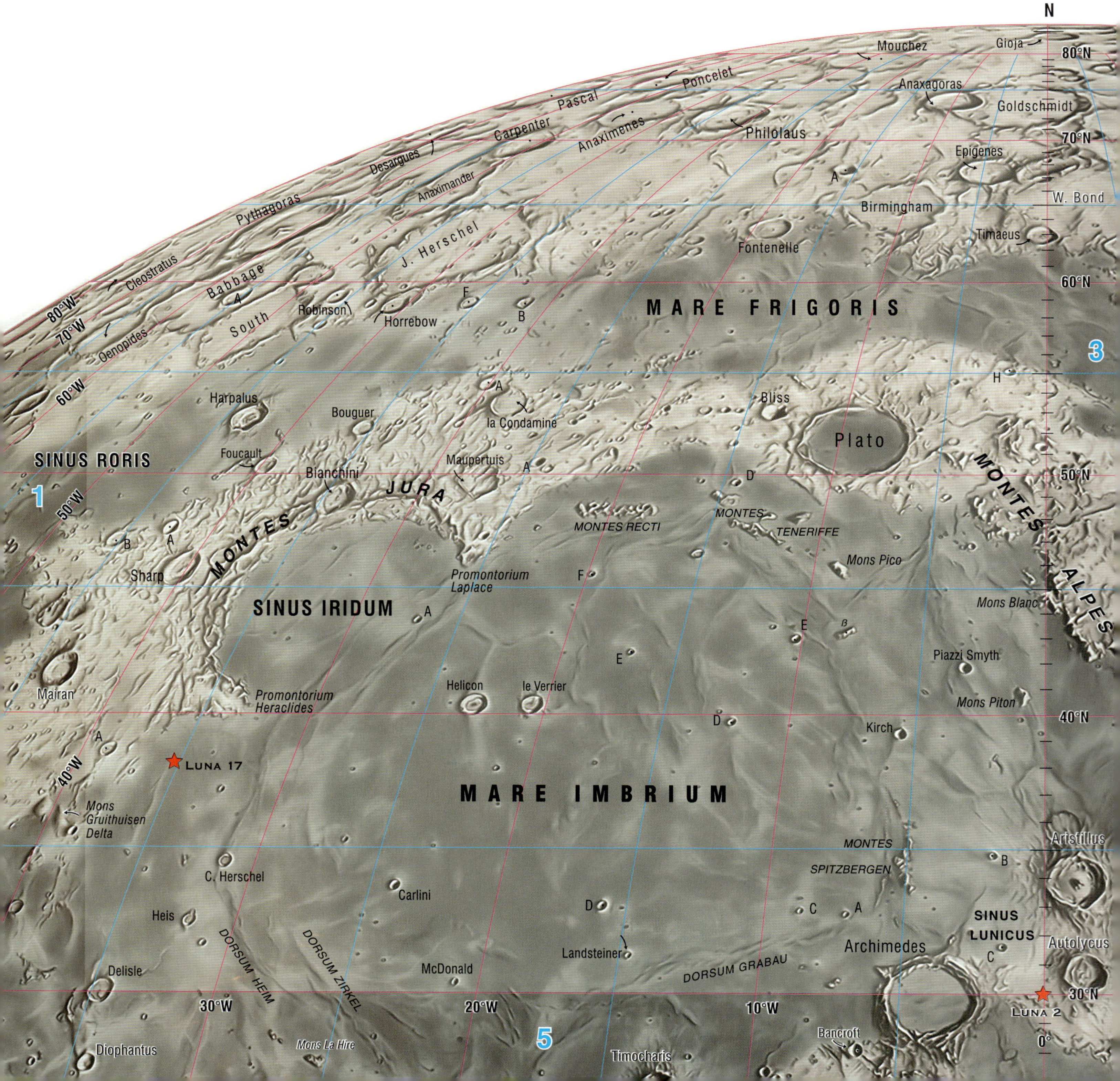

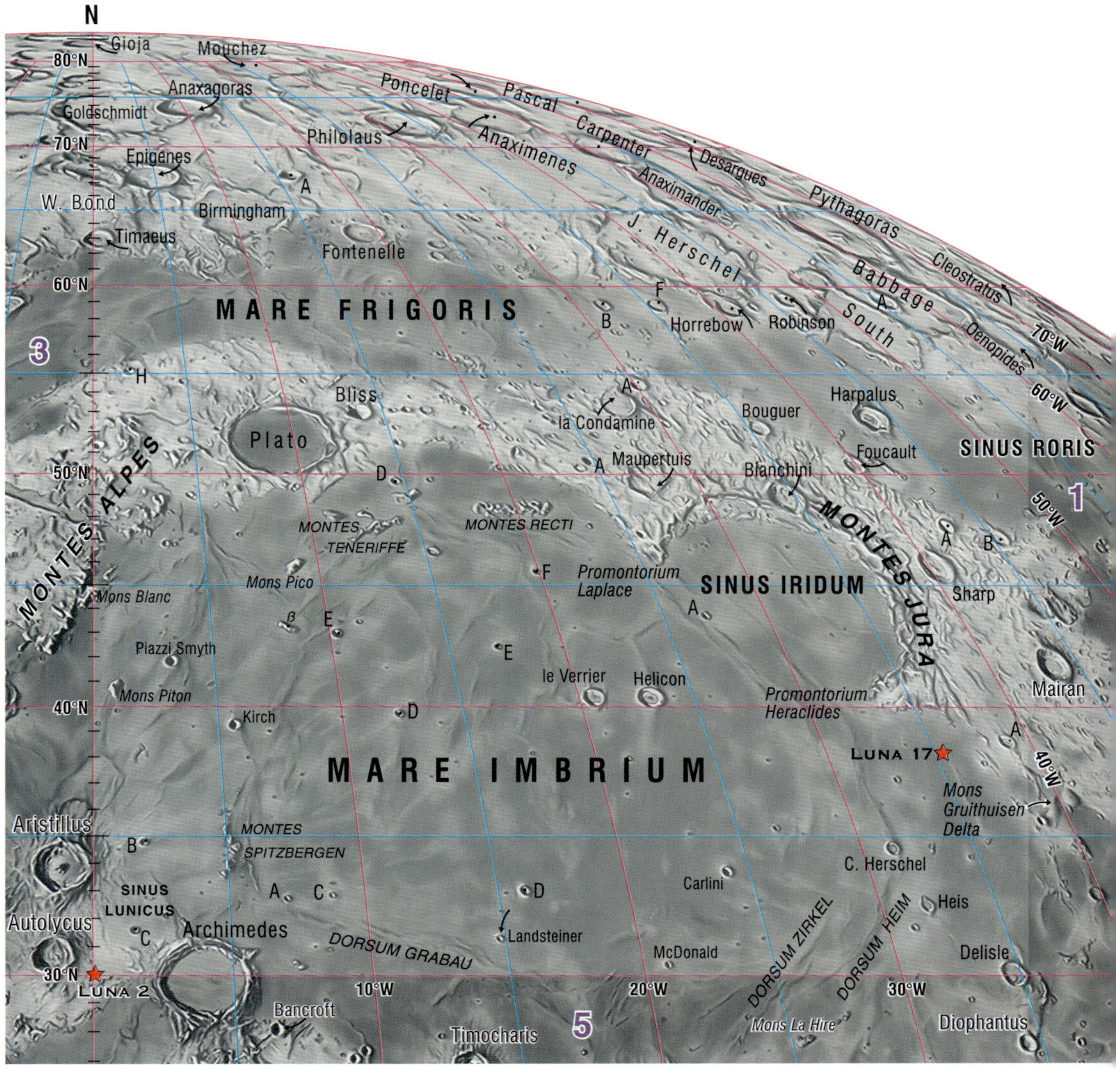

Wie im Mare Orientale (Karte 9) erzeugte der Imbrium-Einschlag eine Reihe von konzentrischen Gebirgsringen. Teile davon sind gut erhalten: Montes Alpes und Caucasus sowie Montes Carpates und Apenninus im Süden. Die innersten Ringe sind erodiert oder mit Lava überzogen, nur noch ein paar Reste sind erkennbar: Montes Recti, Teneriffe und Spitzbergen sowie isolierte Gipfel wie Mons Pico und Mons Piton. Die Position der diversen Meeresrücken (Dorsum Grabau, Zirkel und Heim) könnte durch die Topografie des unter ihnen liegenden Geländes beeinflusst worden sein. Montes Archimedes (Karte 6) stellt eine relativ hohe Fläche dar, die nicht von Lava überflutet wurde.

Sowohl die Wallebene Plato (51,6° N, 9,4° W, 109 km), mit ihrem dunklen Boden, als auch Sinus Iridum (260 km Durchmesser) sind durch spätere Einschläge entstanden, aber ungefähr zur selben Zeit überflutet worden, wie der Großteil des Imbrium-Beckens. Montes Jura sind womöglich die ursprünglichen Wände des Sinus Iridum.

Eine schmale Landzunge trennt Mare Imbrium von Mare Frigoris. Auf dieser Hochfläche gibt es schöne Krater, etwa Sharp (45,7° N, 40,2° W, 39 km), Bianchini (48,7° N, 34,3° W, 38 km) am Rande des Sinus Iridum, La Condamine (53,4° N, 28,2° W, 37 km) und der zerstörte Krater Maupertuis (49,6° N, 27,3° W, 45 km).

Mare Frigoris verläuft über die gesamte Nordregion des Mondes, von Sinus Roris und dem Strahlenkrater Harpalus (52,6° N, 43,4° W, 39 km) im Westen bis zu Lacus Mortis und Hercules (Karte 3) im Osten. Es ist eines der Maria, das keine runde Form hat und keinem bestimmten Einschlag zuzuordnen ist, sondern wo die Lava einfach eine Reihe von benachbarten, tief liegenden Gebieten überflutet hat. Seine Fläche ist ungefähr 435 000 km² groß, was etwas weniger als das irdische Rote Meer ist.

Im zerklüfteten Gelände am nördlichen und nordwestlichen Mondrand gibt es mehrere Krater, die unterschiedlich gut erhalten sind. Einige, wie der helle Strahlenkrater Anaxagoras (73,4° N, 10,1° W, 50 km), sind relativ jung, dagegen sind die großen Krater J. Herschel (62,0° N, 42,0° W, 165 km) und South (58,0° N, 50,8° W, 104 km) stark zerstört. Goldschmidt (73,2° N, 3,6° W, 113 km), Birmingham (65,1° N, 10,5° W, 92 km) und Babbage (59,7° N, 57,1° W, 143 km) sind dagegen besser erhalten.

Ein komplexer Krater dominiert am nordwestlichen Mondrand: Pythagoras (63,5° N, 63,0° W, 142 km) hat terrassierte Innenwände und einen auffälligen Zentralberg. Weiter Richtung Nordpol gibt es einige gut definierte Krater, vor allem Anaximander (66,9° N, 51,3° W, 67 km), Carpenter (69,4° N, 50,9° W, 59 km), Anaximenes (72,5° N, 44,5° W, 80 km) und Philolaus (72,1° N, 32,4° W, 70 km), der im Inneren Terrassen und mehrere Zentralberge hat.

Name	Übersetzung
Lacus Mortis	See des Todes
Mare Frigoris	Meer der Kälte
Mare Imbrium	Regenmeer
Sinus Iridum	Regenbogenbucht
Sinus Lunicus	Lunabucht
Sinus Roris	Bucht des Taues

Formation	Mondalter (Tage)
Anaxagoras	13, 17
Anaximenes	11, 25
Archimedes	8, 22
Hercules	5, 18
Mons Pico	8, 22
Mons Piton	8, 22
Montes Alpes	8, 21
Montes Caucasus	6, 20
Philolaus	9, 23
Plato	9, 22
Pythagoras	12, 26

3 | Aristoteles

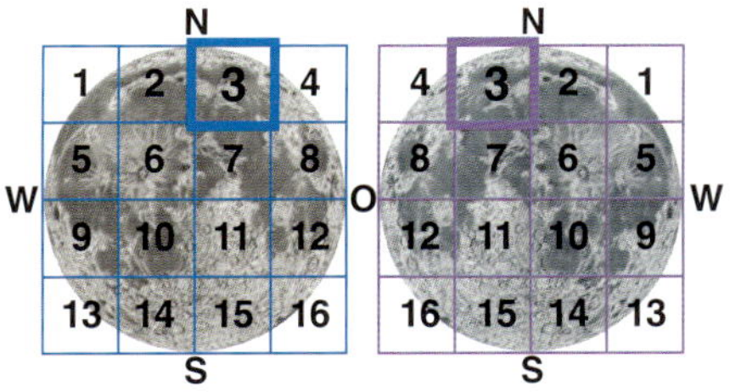

Gegensätzliche Maria charakterisieren diese Mondregion, insbesondere das östliche Ende des Mare Frigoris und der Nordrand des kreisförmigen Mare Serenitatis. Die lavaüberfluteten Flächen des Lacus Mortis und Lacus Somniorum verbinden die beiden.

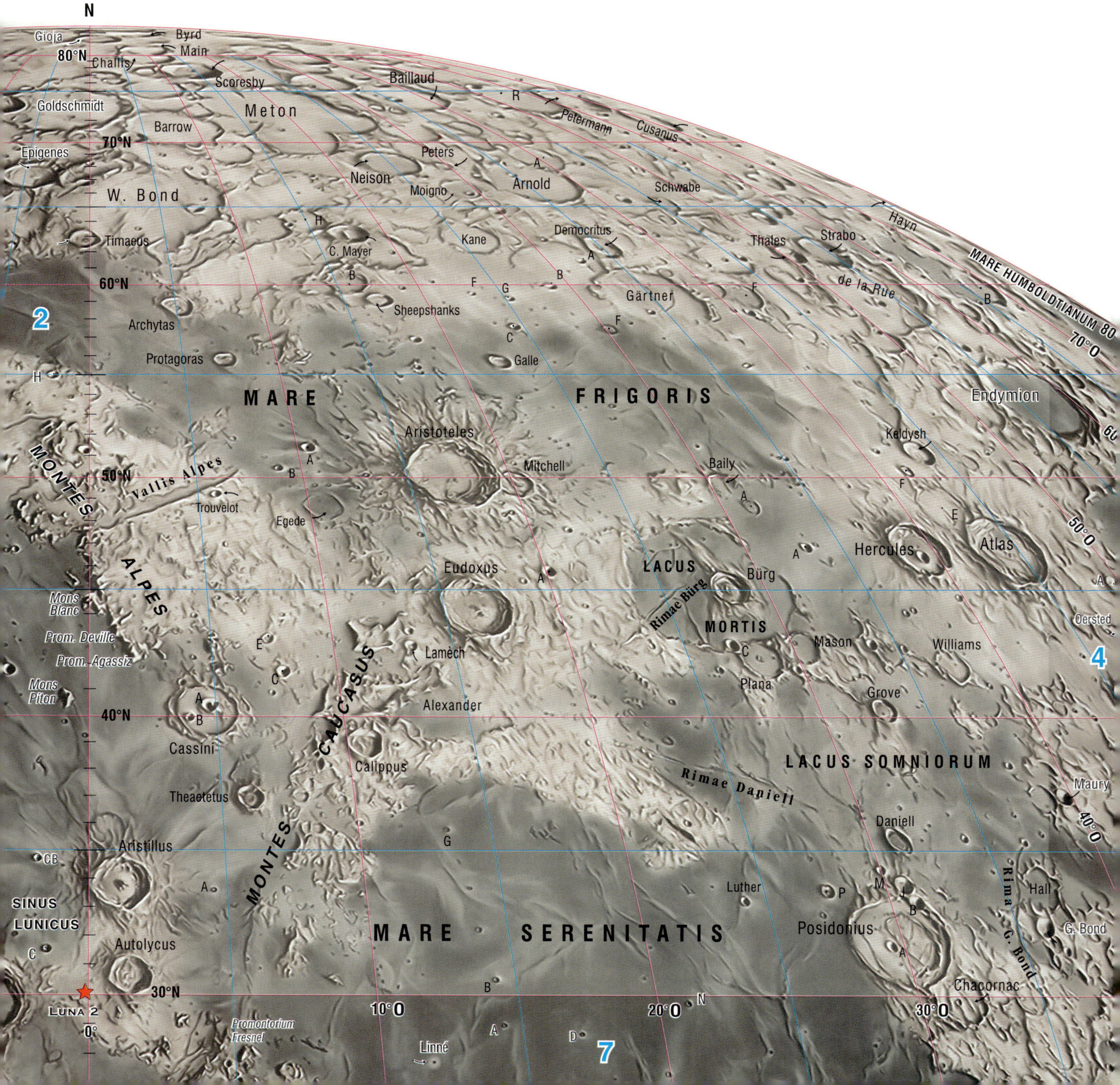

Das Ende des Mare Frigoris ist durch Hercules (46,°7 N, 39,°1 O, 69 km) bestimmt, auf dessen Boden es dunkle Flecken und einen kleinen Zentralkrater gibt. Östlich von Hercules liegt Atlas (46,°7 N, 44,°4 O, 87 km), der Terrassen und ein Rillensystem hat.

Nördlich des Mare Frigoris liegt der große Krater W. Bond (65,°3 N, 3,°7 O, 156 km), der einen ziemlich unregelmäßigen äußeren Ring besitzt. Noch unregelmäßiger ist Meton (73,°8 N, 19,°2 O, 130 km). Zwischen diesen beiden Kratern liegt Barrow (71,°3 N, 7,°7 O, 92 km), dessen südöstliche Wand zwei Ausbuchtungen zieren. Weiter östlich hat Gärtner (59,°1 N, 34,°6 O, 115 km) seine ursprüngliche Wand Richtung Mare Frigoris verloren. Der Rand von De la Rue (59,°1 N, 53,°0 O, 134 km) ist durch spätere Einschläge zerstört worden, unter anderem durch Strabo (61,°9 N, 54,°3 O, 55 km) im Norden. Thales (61,°8 N, 50,°3 O, 31 km) ist sehr hell bei Vollmond. Am Rand der Karte liegt Endymion (53,°6 N, 56,°6 O, 123 km) mit seinem dunklen, glatten Boden.

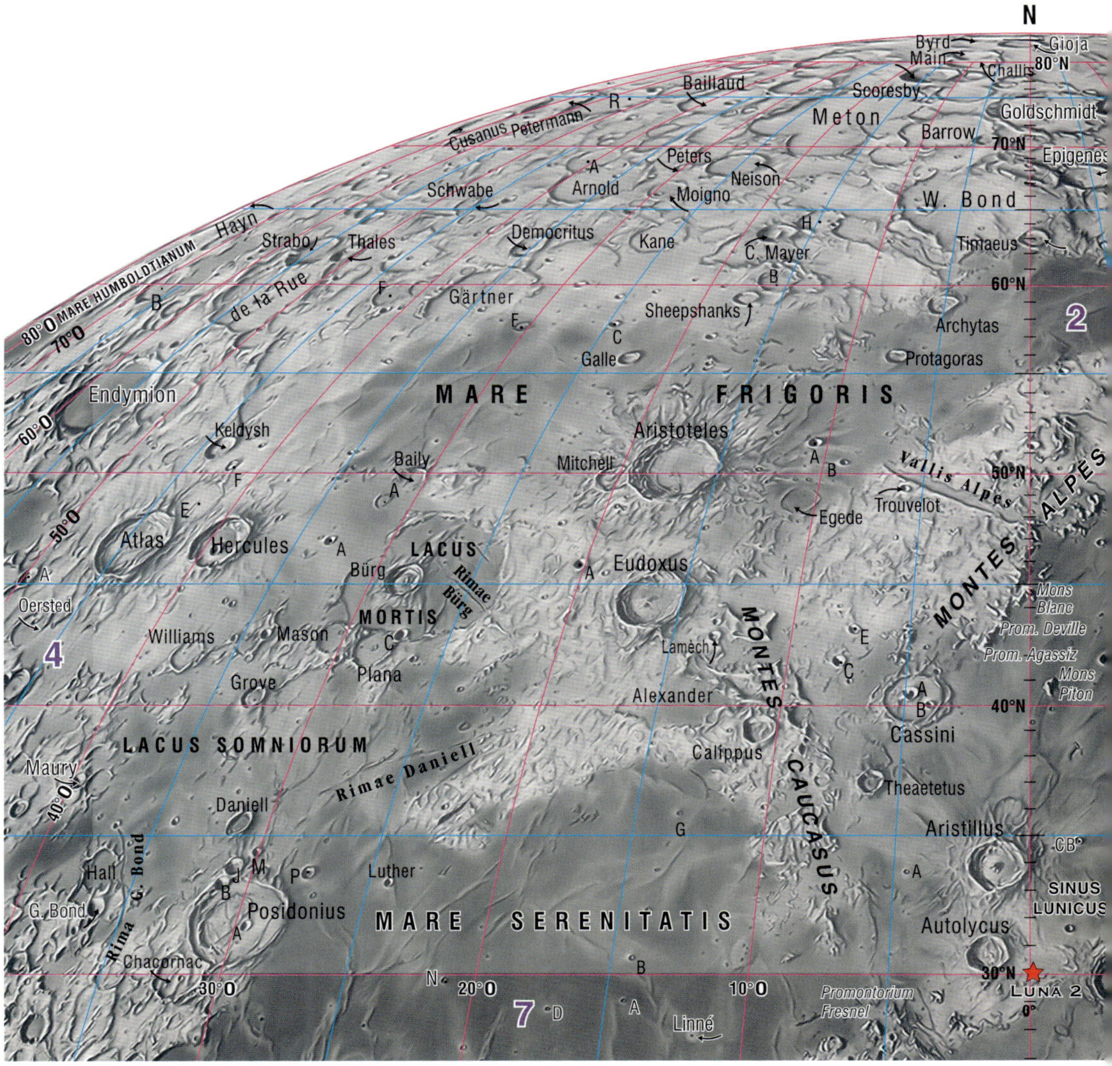

Die Montes Alpes am Rand des Mare Imbrium werden vom 180 km langen Vallis Alpes durchzogen, auf dessen Boden eine Spalte klafft. Zwischen den Enden der Montes Alpes und des Montes Caucasus liegt am nordwestlichen Rand des Mare Serenitatis der Krater Cassini (40,°2 N, 4,°6 O, 56 km, 1240 m). Er hat einen lavabedeckten Boden und zwei auffällige Krater im Innern, von denen der größere (Cassini A) 17 km Durchmesser hat.

Der gut sichtbare Krater Aristoteles (50,°2 N, 17,°4 O, 87 km) hat Terrassen und Zentralberge im Innern sowie eine deutliche, radial strukturierte Decke aus Auswurfmaterial um sich herum. Südlich von ihm liegt der kleinere Krater Eudoxus (11,°3 N, 16,°3 O, 67 km), der ebenfalls komplexe Terrassen im Innern hat. Südwestlich stößt man auf den Strahlenkrater Aristillus (33,°9 N, 1,°2 O, 55 km, 3650 m) mit seinen drei Zentralbergen.

Zwischen Eudoxus und Hercules befindet sich die komplexe Region des Lacus Mortis (45° N, 27° E), die ein großer, stark verfallener Krater sein dürfte, der mit Lava überflutet ist und einen Durchmesser von 150 km hat. Sein Boden ist von Verwerfungen, Rücken und der Rima Bürg durchzogen. Der auffallende Krater Bürg (45,°0 N, 28,°2 O, 39 km) liegt in der Mitte.

Südlich von Lacus Mortis liegt Lacus Somniorum, eine unregelmäßige Lavafläche, die zum Mare Serenitatis hin weit geöffnet ist. Dort befindet sich Posidonius (31,°8 N, 29,°9 O, 95 km, 2300 m) mit dem Krater Posidonius A. Die auffällige Rima G. Bond liegt im Osten und umfängt die Krater Hall (33,°7 N, 37,°0 O, 35 km, 1140 m) und G. Bond (32,°4 N, 36,°2 O, 20 km, 2780 m).

Name	Übersetzung
Lacus Mortis	See des Todes
Lacus Somniorum	See der Träume
Mare Frigoris	Meer der Kälte
Mare Humboldtianum	Humboldtmeer
Mare Imbrium	Regenmeer
Mare Serenitatis	Meer der Heiterkeit
Sinus Lunicus	Lunabucht
Vallis Alpes	Alpental

Formation	Mondalter (Tage)
Aristillus	8, 21
Aristoteles	6, 20
Atlas	5, 18
Autolycus	7, 21
Barrow	7, 21
Bürg	5, 19
Cassini	7, 21
Endymion	4, 18
Eudoxus	6, 20
Hercules	5, 18
Lacus Somniorum	4, 18
Meton	6, 20
Montes Alpes	8, 21
Posidonius	5, 20
Sinus Iridum	10, 24
Thales	13–17
Vallis Alpes	8, 22

4 | Gauss

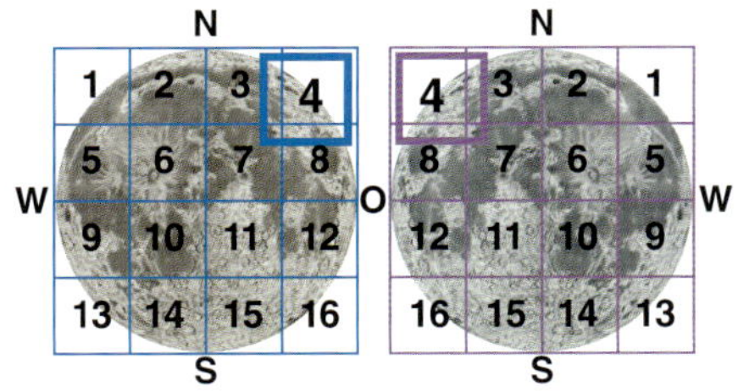

Dies ist eine Hochebene, die nur von wenigen Mare-ähnlichen Lavagebieten im Lacus Somniorum, Lacus Temporis, Lacus Spei und Mare Humboldtianum am äußersten Mondrand unterbrochen wird.

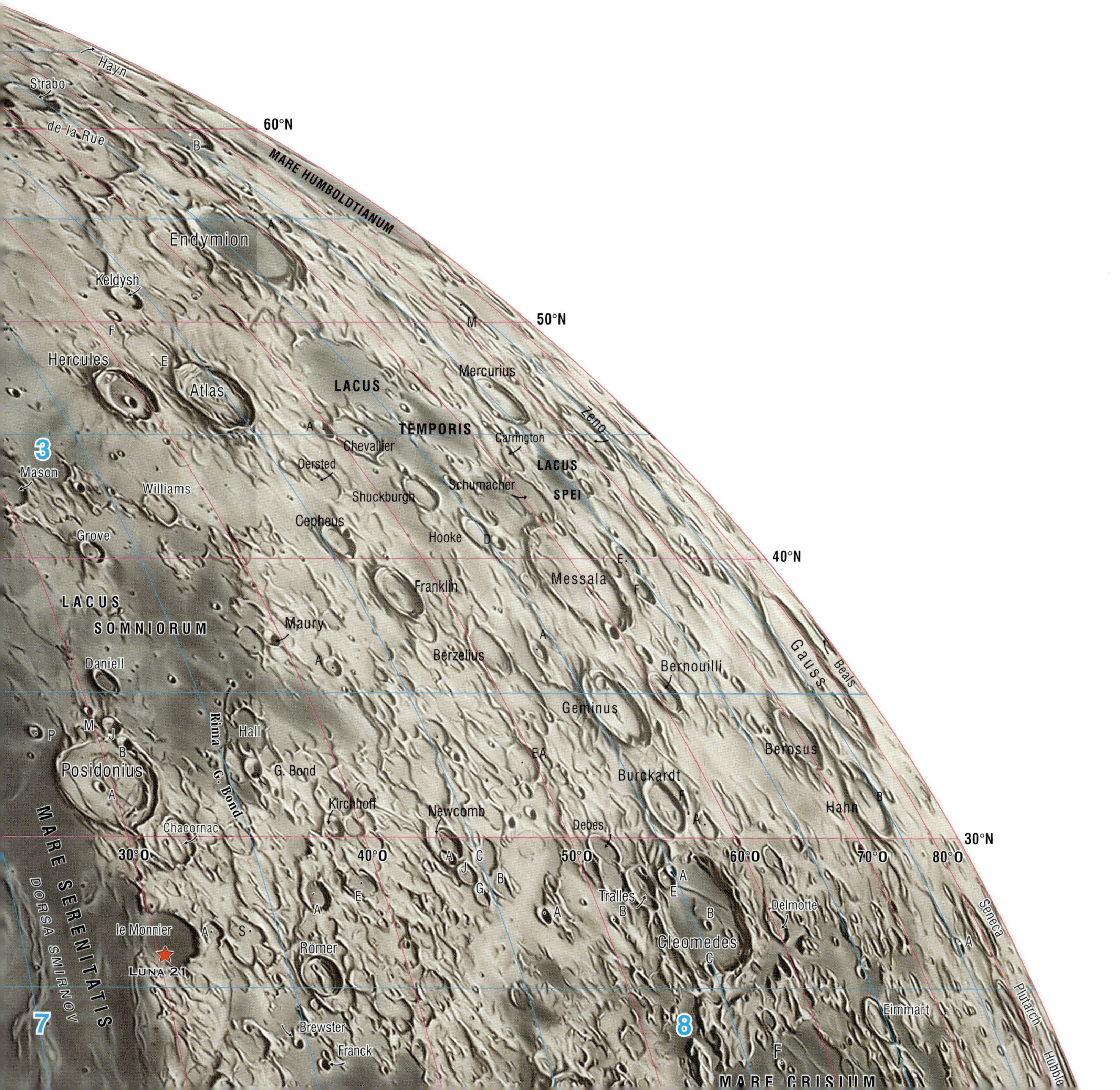

Benennung untergeordneter Strukturen

Die Namen der Mondformationen wurden offiziell von der Internationalen Astronomischen Union (IAU) festgelegt. Die Bezeichnung vieler kleinerer Krater mit Buchstaben, die sich auf einen nahe gelegenen Hauptkrater bezieht, ist dagegen nicht offiziell. Die Konvention sieht vor, dass sich der Buchstabe auf den Hauptkrater bezieht, dem der zu benennende Kleinkrater am nächsten liegt. Zur Klarheit wurde das Zentrum eines jeden Kleinkraters mit einem Kreuz markiert. Hier auf Karte 4 beispielsweise gibt es den Hauptkrater Römer und den Kleinkrater Römer A.

Andere Strukturen bezeichnet man ebenfalls anhand des Namens eines nahen Kraters und eines griechischen Buchstabens. Auf Karte 1 gibt es Mons Gruithuisen Gamma und Mons Gruithuisen Delta nördlich des Kraters Gruithuisen.

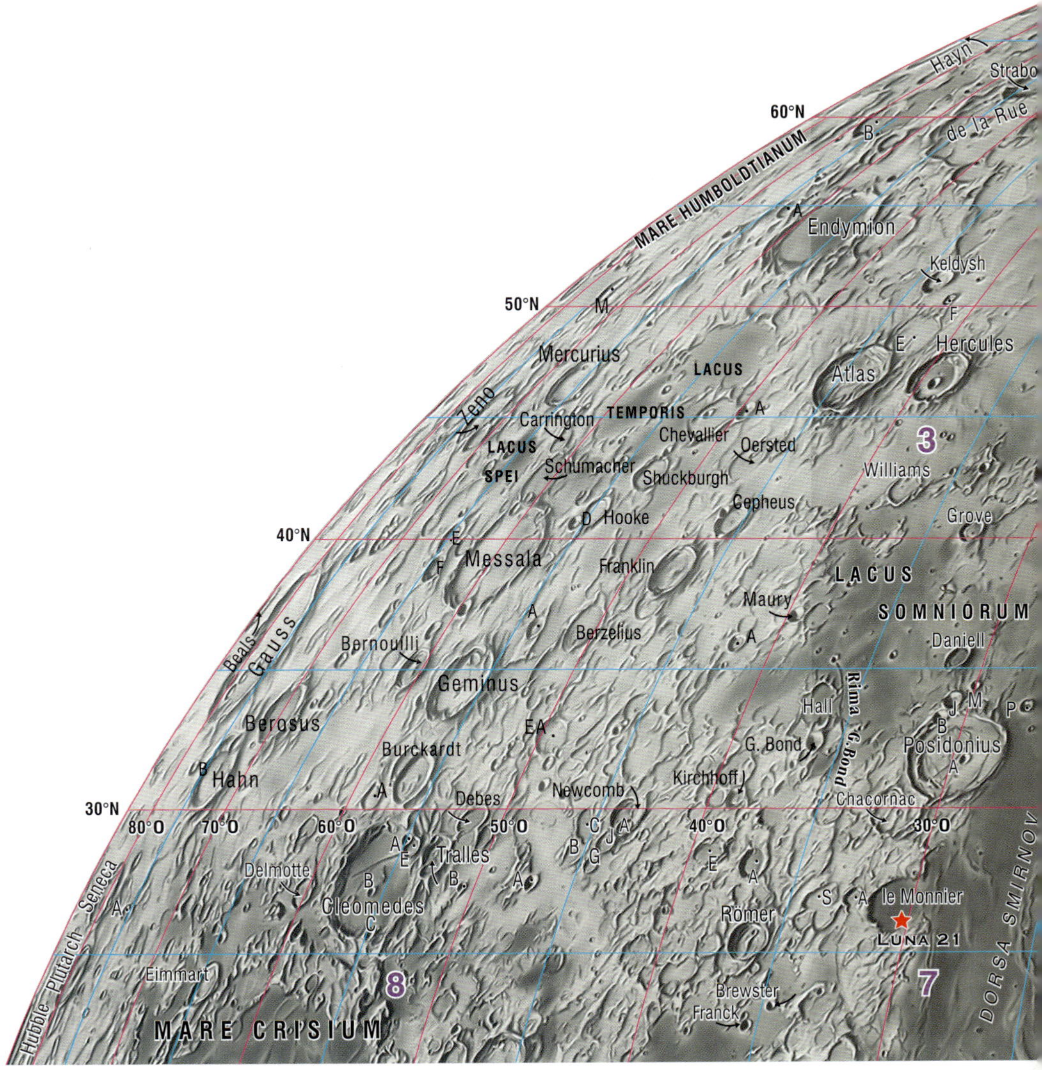

Im Südwesten liegt ein kleiner Flecken aus Mare-Lava, der die am weitesten östlich gelegene Ausdehnung des Lacus Somniorum darstellt. Weiter im Norden und Osten befinden sich die sehr unregelmäßigen, blassen, tief liegenden Flecken des Lacus Temporis (46° N, 57° E) und noch weiter östlich das kleine, aber auffallend dunklere Gebiet des Lacus Spei (43° N, 65° E). Direkt am Mondrand liegt das viel größere Mare Humboldtianum (Karte L1, S. 193), das am besten bei günstiger Libration zu sehen ist. Dabei handelt es sich tatsächlich um das lavaüberflutete Zentrum eines größeren Beckens, dessen äußere Wände ausgehend von Strabo, östlich von De la Rue und Endymion B (alle Karte 3) und nördlich von Mercurius (44,°6 N, 66,°2 O, 67 km) verlaufen, bevor sie hinter dem Mondrand verschwinden. Sie schließt Krater wie Endymion B, Mercurius M und den kleineren Mercurius E ein.

Der größte Krater dieses Abschnitts ist Gauss (35,°7 N, 79,°0 O; 177 km), der mehrere Krater enthält. Gauss liegt knapp innerhalb der Librationszone, weshalb er manchmal bis auf seine westliche Wand unsichtbar bleibt. Die Krater Zeno (45,°2 N, 72,°9 O, 65 km) und Hahn (31,°3 N, 73,°6 O, 84 km) sowie der überflutete Krater Berosus (33,°5 N, 69,°9 O, 74 km) liegen knapp außerhalb der Librationszone.

Name	Übersetzung
Lacus Temporis	See der Zeit
Lacus Somniorum	See der Träume
Lacus Spei	See der Hoffnung
Mare Crisium	Meer der Gefahren
Mare Humboldtianum	Humboldtmeer
Mare Serenitatis	Meer der Heiterkeit
Formation	**Mondalter (Tage)**
Endymion	4, 18
Franklin	4, 18
Geminus	3, 17
Lacus Somniorum	4, 18

Drei auffällige Strukturen findet man südlich des Lacus Temporis: den großen Krater Messala (39,°2 N, 60,°5 O, 125 km), Geminus (34,°5 N, 56,°7 O, 85 km) und Burckhardt (31,°1 N, 56,°5 O, 56 km). Westlich des Lacus Temporis befinden sich der teils zerstörte, überflutete Chevallier (44,°9 N, 51,°2 O, 52 km), Shuckburgh (42,°6 N, 52,°8 O, 38 km) und Hooke (41,°2 N, 54,°9 O, 36 km). Noch weiter westlich und leicht nach Süden versetzt liegen die auffälligen Krater Cepheus (40,°8 N, 45,°8 O, 39 km) und Franklin (38,°8 N, 47,°7 O, 56 km). Beide haben kleine Zentralberge.

5 | Kepler

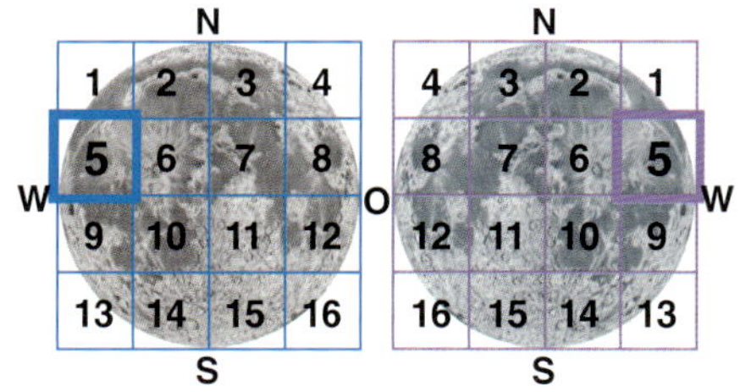

Obwohl der Basalt des Oceanus Procellarum den Großteil dieser Gegend bedeckt, findet man hier einige der interessantesten Mondformationen, einige sind sogar einzigartig.

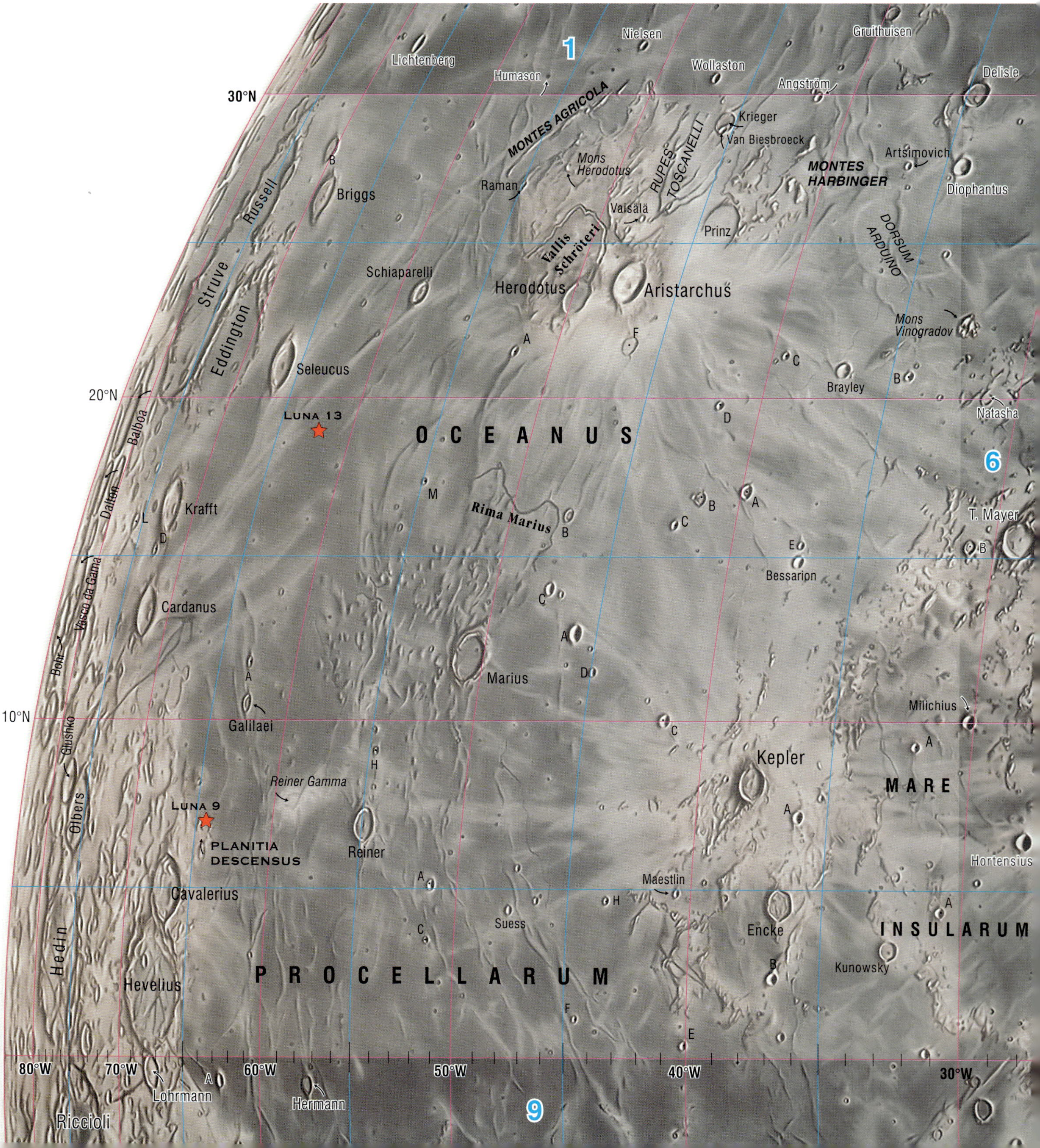

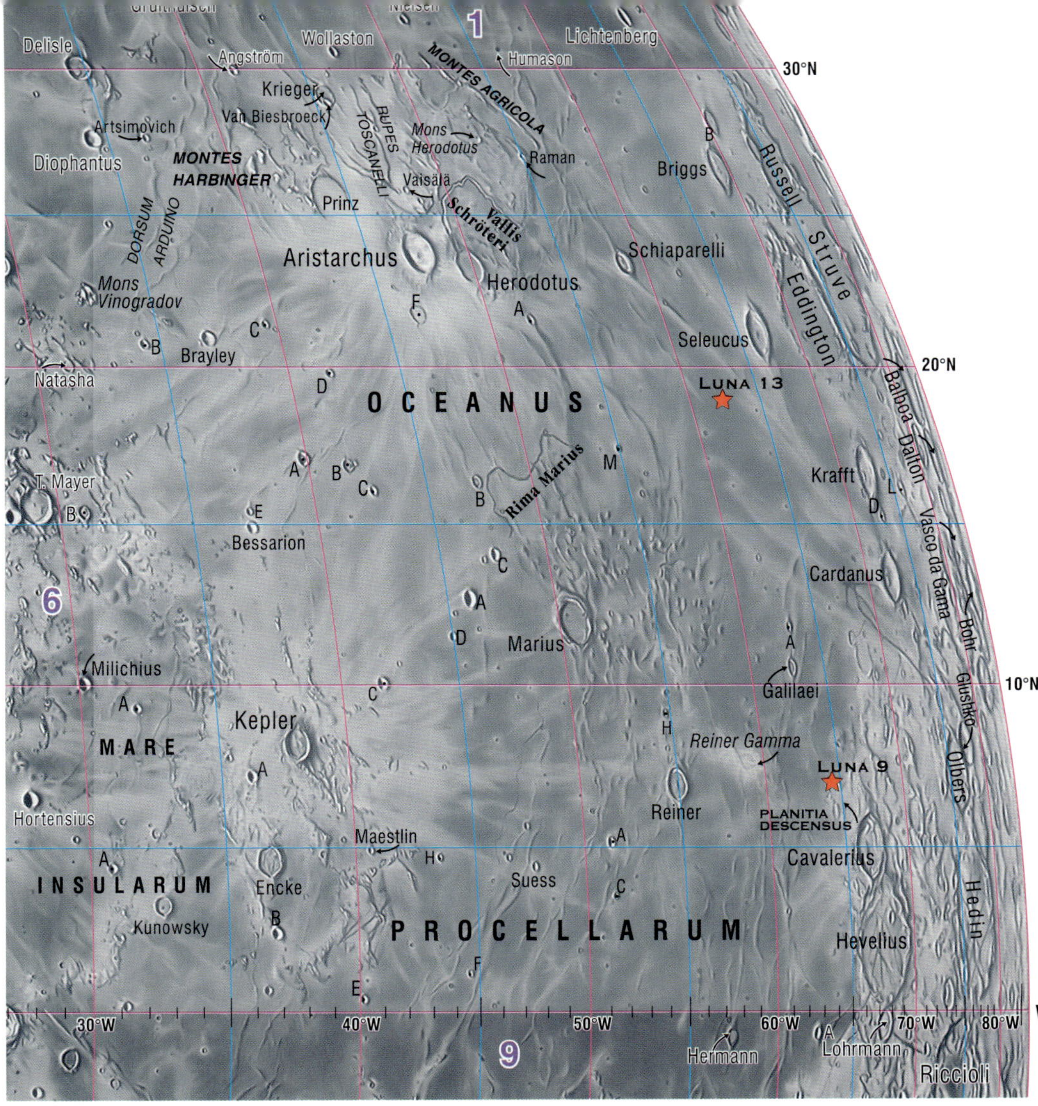

Im Norden gibt es ein ungefähr rechteckiges Hochland, das vom Vallis Schröteri durchzogen wird. Diese längste gewundene Rille hat ihren Ursprung in einem kleinen (6 km) Krater, 25 km nördlich des überfluteten Kraters Herodotus (23°,2 N, 49°,7 W, 34 km) und weitet sich bis auf 10 km. An seinem Anfang hat es die Form eines Kobrakopfes, und im weiteren Verlauf Richtung Nord-Nordwest verengt es sich auf 0,5 km, bevor es schließlich nach Süden abknickt. Seine Gesamtlänge beträgt 160 km, wobei die anfängliche Tiefe von rund 1000 m allmählich abnimmt.

Östlich von Herodotus liegt Aristarchus (23°,7 N, 47°,4 W, 40 km, 3000 m). Dieser Krater ist mit seinen Strahlen die hellste Formation des Mondes – häufig ist er sogar im aschgrauen Licht oder während einer Mondfinsternis sichtbar. Nördlich von Aristarchus befinden sich der Steilhang der Rupes Toscanelli und die Spalte der Rimae Aristarchus. Im Osten liegt der überflutete und teilweise zerstörte Prinz (25°,5 N, 44°,1 W, 46 km), dessen Rest erhaltener Kraterwand bis zu 1100 m Höhe erreicht. Der Rand des Mare-Imbrium-Beckens liegt östlich dieses Gebiets und wird durch Montes Harbinger, Dorsum Arduino und weitere Meeresrücken markiert.

Südlich von Herodotus und Aristarchus gibt es eine weitere gewundene Rille: Die rund 250 km lange und 2 km breite Rima Marius beginnt in der Nähe des Kraters Marius C. Zwischen der Rille und dem überfluteten Krater Marius (11°,9 N, 50°,8 W, 41 km) sowie westlich und südwestlich des Kraters liegt ein ausgedehntes Gebiet, das so genannte Marius-Hügelland. Dort gibt es viele vulkanische Strukturen, darunter Dome, Kegel mit Gipfelkratern sowie Bergspitzen und -kämme.

Kepler (8°,1 N, 38°,0 W, 31 km, 2570 m) ist ein unübersehbarer Krater mit unebenem Boden und einem großen Strahlensystem. Westlich liegen Reiner (7°,0 N, 54°,9 W, 29 km) und Reiner Gamma, bei dem es sich um eine gänzlich platte Formation aus sehr hellem Material handelt, deren Ursprung ungewiss ist. Einst hielt man diese einzigartige Formation der erdzugewandten Mondseite für Auswurfmaterial von Cavalerius (5°,1 N, 66°,8 W, 57 km). Sowohl der Boden als auch der Wall des benachbarten komplexen Kraters Hevelius (2°,2 N, 67°,6 W, 115 km) sind von starken Brüchen durchzogen. Dem zerfallenen Hedin (2°,9 N, 76°,5 W, 150 km) ging es ähnlich. Weiter nördlich liegt der Strahlenkrater Olbers (7°,4 N, 75°,9 W, 74 km).

Am westlichen Mondrand liegen Vasco da Gama (13°,6 N, 83°,9 W, 83 km), Bohr (12°,4 N, 86°,6 W, 71 km), Dalton (17°,1 N, 84°,3 W, 60 km) und der lavagefüllte Balboa (19°,1 N, 83°,2 W, 69 km) in der Librationszone. In nördlicher Richtung befinden sich weitere drei zerfallene Krater: Struve (22°,4 N, 77°,1 W, 164 km), der nahtlos in Russell (26°,5 N, 75,°4 W, 103 km) übergeht, und weiter östlich Eddington (21°,3 N, 72°,2 W, 118 km), dessen Südostseite weitgehend zerstört ist.

Name	Übersetzung
Mare Insularum	Inselmeer
Oceanus Procellarum	Ozean der Stürme
Planitia Descensus	Ebene des Abstiegs

Formation	Mondalter (Tage)
Aristarchus	11, 25
Herodotus	11, 25
Hevelius	13, 27
Kepler	11, 25
Reiner Gamma	13, 26
Vallis Schröteri	11, 25

6 | Copernicus

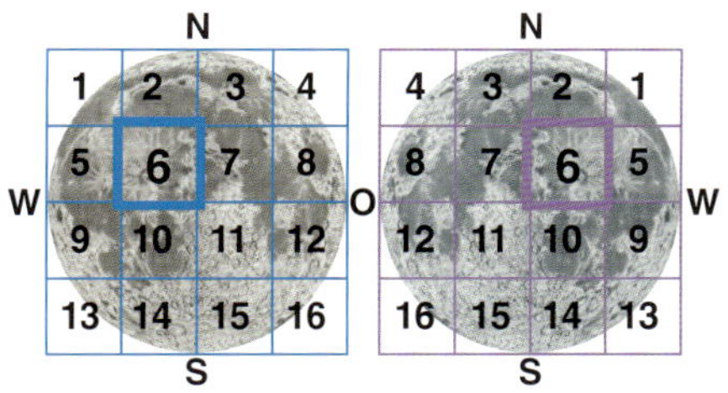

Die bedeutendsten Formationen in diesem Gebiet sind der Strahlenkrater Copernicus und der Südteil des Mare Imbrium. Es wird im Osten von den Montes Apenninus, dem höchsten Mondgebirge, und im Westen von den unscheinbaren Montes Carpatus begrenzt.

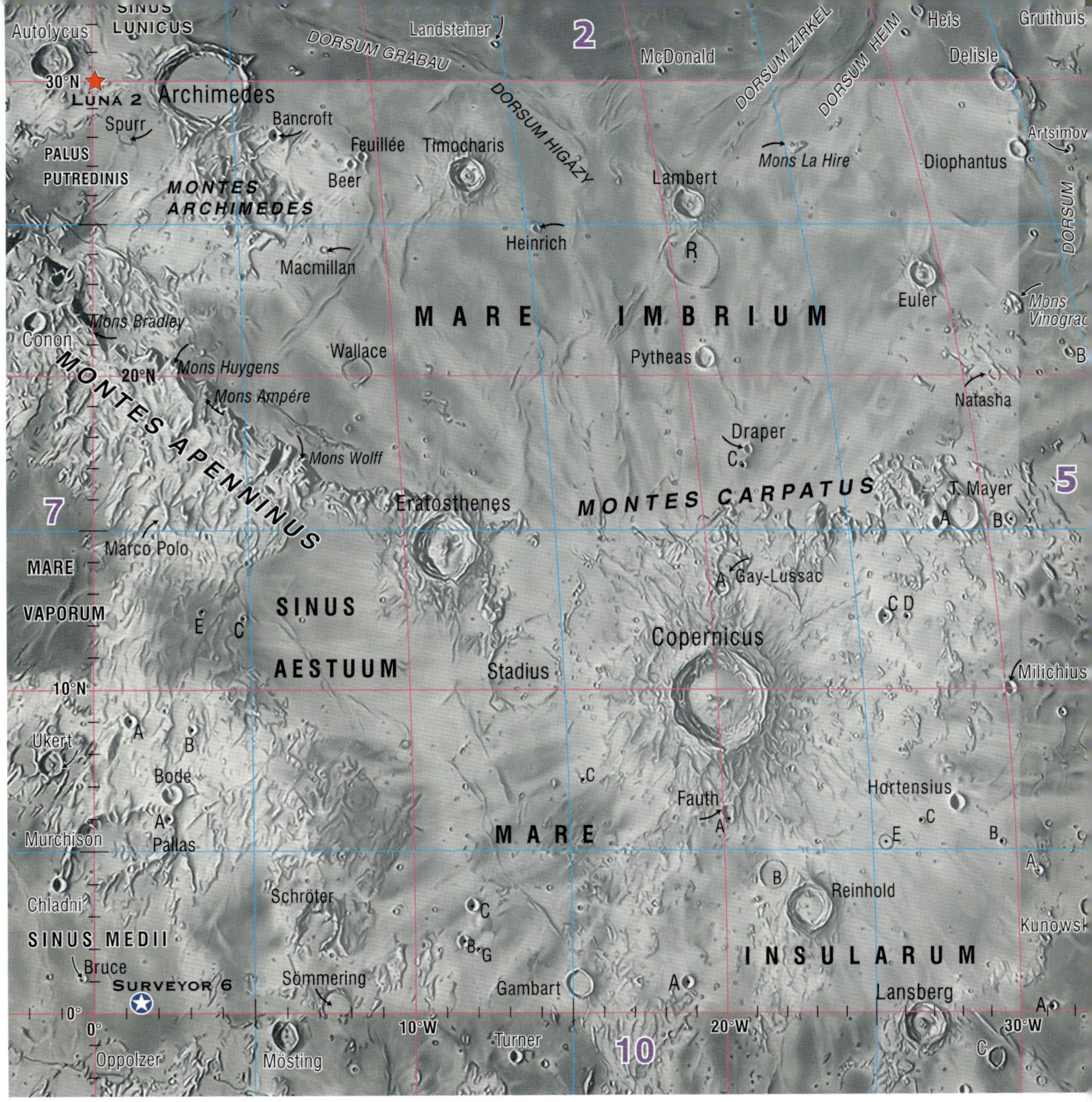

Copernicus (9°,7 N, 20,°1 W, 93 km, 3800 m) hat einen Rand, der sich rund 900 m über die Umgebung erhebt. Die durch Erdrutsche entstandenen Terrassen an den Innenwänden sind wie die Zentralberge leicht zu sehen. Die höchsten Gipfel erreichen 1200 m über dem Kraterboden. Copernicus' Strahlensystem ist auffällig, weil er ein relativ junger Krater ist.

Mitten im Mare Imbrium liegt Timocharis (26°,7 N, 13°,1 W, 33 km), an den sich nach Osten das isoliert liegende Gebirge Montes Archimedes anschließt. Den Südrand des Mare Imbrium bilden die Montes Apenninus und Carpatus. Die Montes Apenninus erreichen Höhen bis zu 5000 m und fallen im Norden für Mondverhältnisse relativ steil ab (25-30°). Die Südseite Richtung Mare Vaporum läuft sehr viel sanfter aus. Das ist ein schönes Beispiel für die radiale Struktur des Auswurfmaterials aus dem Imbrium-Gebiet. Dagegen sind die Montes Carpatus mit 1000 bis 2000 m sehr viel niedriger.

Befindet sich Eratosthenes (14°,5N, 11°,3 W, 58 km, 3570 m), ein Krater am Ende der Montes Apenninus, am Terminator, so ist er eine sehr markante Formation. Er ist fast so tief wie Copernicus und zeigt ähnliche Terrassen und Zentralberge im Innern. Reinhold (3°,3 N, 22°,8 W, 42 km), südwestlich von Copernicus, besitzt ebenfalls Terrassen, aber keinen Zentralberg.

Östlich von Copernicus und südwestlich von Eratosthenes liegt der berühmte Geisterkrater Stadius (10°,5 N, 13°,7 W, 69 km), der fast vollständig von Lava überflutet worden ist. Nur bei Sonnenaufgang und -untergang ist sein Rand erkennbar (inklusive einiger Minikrater), aber bei senkrechtem Lichteinfall verschwindet er vollständig. Das nordöstliche Stück des Kraterrandes (Richtung Eratosthenes) hat eine Höhe von 650 m. Bei Wallace (20°,3 N, 8°,7 W, 26 km) und Lambert R im Mare Imbrium handelt es sich ebenfalls um lavagefüllte Krater. Eine Kraterkette verläuft nordwestlich der Westseite von Stadius.

Es gibt mehrere Lunardome in diesem Gebiet. Vor allem die schöne Gruppe nordöstlich von Hortensius (6°,5 N, 28°,0 W, 14,0 km, 2860 m), die viele Kratergruben hat, ist sehenswert, sowie die Lunardome westlich von Milichius (10°,0 N, 30°,2 W, 12 km, 2510 m). Ein großer Lunardom liegt südwestlich Gambart C. Bei streifendem Lichteinfall werden dunkle Lavaströme sichtbar, die nordwestlich des Gebiets Richtung Sinus Aestuum verlaufen, sowie mehrere Meeresrückensysteme, vor allem im Mare Imbrium. Die stark zerstörten Krater Pallas (5°,5 N, 1°,6 W, 46 km) und Schröter (2°,6 N, 7°,0 W, 35 km) liegen nordwestlich bzw. westlich von Sinus Medii.

Name	Übersetzung
Mare Imbrium	Regenmeer
Mare Insularum	Inselmeer
Mare Vaporum	Meer der Dünste
Palus Putredinis	Sumpf der Fäulnis
Sinus Aestuum	Bucht der Hitze
Sinus Lunicus	Lunabucht
Sinus Medii	Bucht der Mitte

Formation	Mondalter (Tage)
Copernicus	9, 22
Eratosthenes	8, 22
Montes Apenninus	8, 22
Montes Carpatus	9, 23
Pallas	8, 22
Reinhold	9, 23
Timocharis	8, 22

7 | Julius Caesar

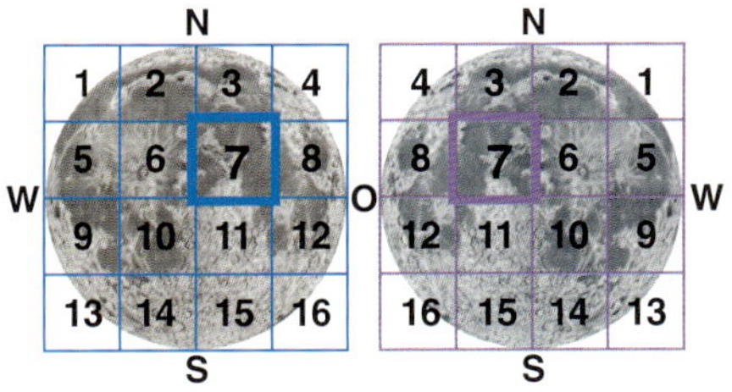

Maria bedecken weite Teile dieser Gegend. Mare Serenitatis ist ein rundes Mare, das den Großteil seines Einschlagbeckens ausfüllt, dagegen hat Mare Tranquillitatis eine unregelmäßige Form und ist keinem Becken zuzuordnen.

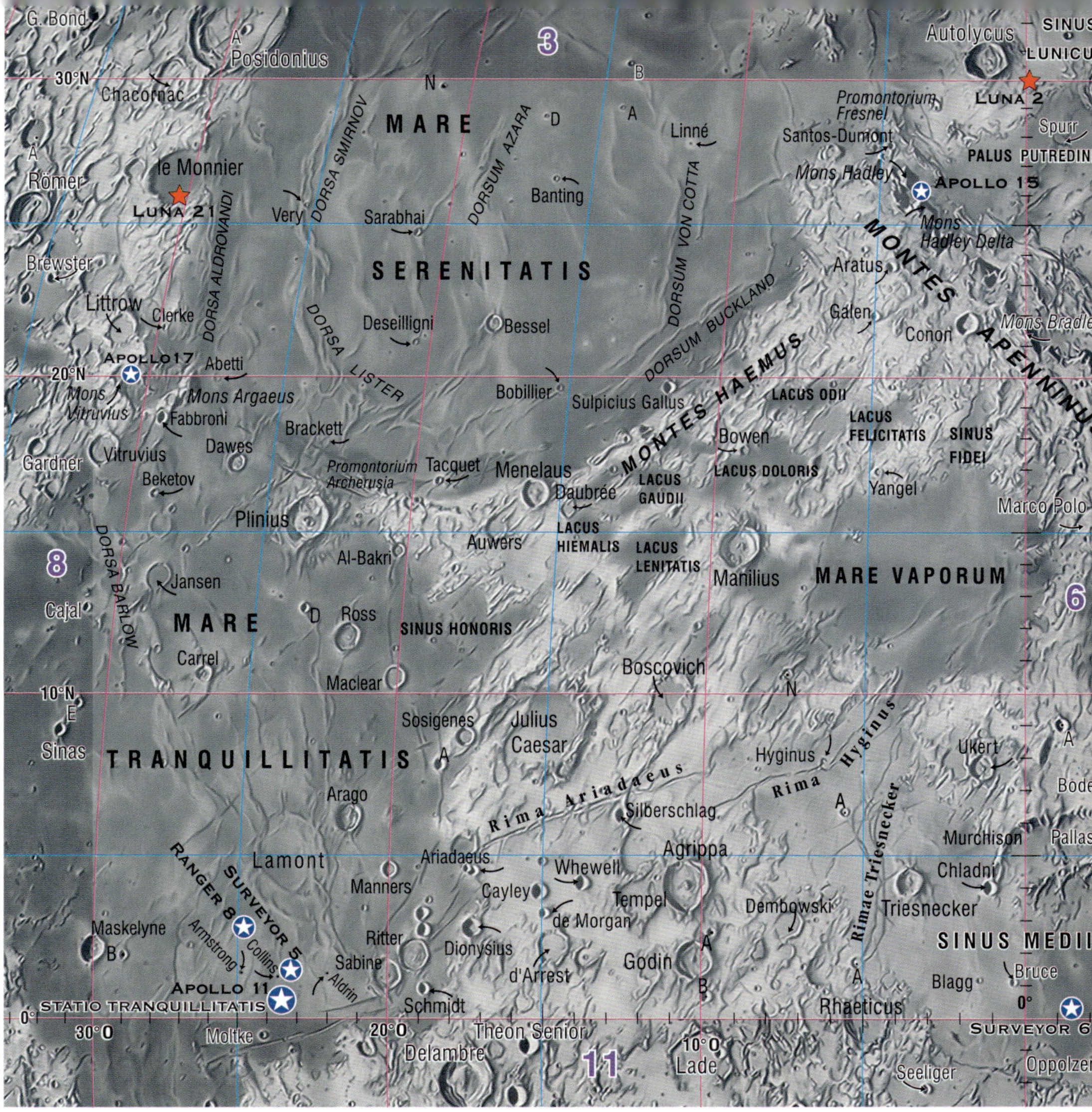

Mare Vaporum und Sinus Medii sind ganz gut zu sehen, aber es gibt einige andere lavaüberflutete Bereiche wie Palus Putredinis im Norden bei der Rima Hadley, dem Landeplatz von Apollo 15 (26,°08 N, 3,°66 O). Außerdem gibt es mehrere kleinere Regionen, die vom Lacus Felicitatis im Norden zum Lacus Hiemalis zwischen Mare Vaporum und Mare Serenitatis verlaufen, sowie Sinus Fidei und Sinus Honoris.

Die Dorsae im Mare Serenitatis folgen ungefähr dem Verlauf des Randes, aber es fällt auf, dass andere Meeresrücken (inklusive Montes Haemus am Rand des Mare Serenitatis) radial von Mare Imbrium wegzeigen. Bei ihnen handelt es sich um Auswurfmaterial des Imbrium-Einschlags.

Innerhalb des Mare Serenitatis liegt der winzige Krater Linné (27,°7 N, 11,°8 O, 2,0 km), der im Jahr 1866 Berühmtheit erlangte, als Schmidt behauptete, dass dieser Krater verschwunden sei. Tatsächlich hatten der Krater und seine Umgebung sich nicht verändert. Fast auf der gleichen Breite östlich davon liegt der zerstörte Krater Le Monnier (26,°6 N, 30,°6 O, 60 km), wo der Mondrover „Luna 21" gelandet ist. Direkt im Süden von Le Monnier liegt die Taurus-Littrow-Region mit dem Krater Littrow (21,°5 N, 31,°4 O, 30 km), der seine Südwand eingebüßt hat, sowie dem Landeplatz von Apollo 17 (20,°17 N, 30,°77 O).

Auf beiden Seiten des Übergangs zwischen Mare Serenitatis und Mare Tranquillitatis befinden sich zwei charakteristische Krater: Vitruvius (17,°6 N, 31,°3 O, 29 km), der einen glatten Boden hat, und Plinius (15,°4 N, 23,°7 O, 43 km) mit einem Zentralberg. Weiter westlich liegen zwei komplexe Krater: Menelaus (16,°3 N, 16,°0 O, 26 km) und Manilius (14,°5 N, 9,°1 O, 38 km). Auf die zerstörten Krater Boscovich (9,°8 N, 11,°1 O, 46 km) und Julius Caesar (9,°0 N, 15,°4 O, 90 km) stößt man noch weiter südlich.

Einige der größten Rillen des Mondes liegen in dieser Region: Rimae Triesnecker, ein ausgedehntes Netz östlich von Triesnecker (4,°2 N, 3,°6 O, 26 km), Rima Hyginus, die von dem winzigen Hyginus (7,°8 N, 6,°3 O, 9 km) unterbrochen wird, und Rima Ariadaeus, die sich von Ariadaeus (4,°6 N, 17,°3 O, 11 km) aus erstreckt.

In Richtung des Zentrums von Mare Tranquillitatis zeichnen flache Meeresrücken die Umrisse des versunkenen Kraters Lamont (4,°4 N, 23,°7 O, 106 km) nach. Er ist nur bei sehr schrägem Lichteinfall zu sehen. Südlich davon befindet sich der Landeplatz von Apollo 11, Statio Tranquillitatis oder Basis der Ruhe (0,°8 N, 23,°46 O). Weiter im Westen nahe des Mare-Rands liegen die Krater Sabine (1,°4 N, 20,°1 O, 30 km) und Ritter (2,°0 N, 19,°2 O, 29 km).

Name	Übersetzung
Lacus Doloris	See der Qual
Lacus Felicitatis	See des Glücks
Lacus Gaudii	See der Freude
Lacus Hiemalis	Wintersee
Lacus Lenitatis	See der Sanftheit
Lacus Odii	See des Hasses
Mare Serenitatis	Meer der Heiterkeit
Mare Tranquillitatis	Meer der Ruhe
Mare Vaporum	Meer der Dünste
Palus Putredinis	Sumpf der Fäulnis
Sinus Fidei	Bucht des Glaubens
Sinus Honoris	Bucht der Ehre
Sinus Lunicus	Lunabucht
Sinus Medii	Bucht der Mitte

Formation	Mondalter (Tage)
Agrippa	7, 21
Julius Caesar	6, 20
Manilius	7, 21
Montes Haemus	6, 20
Palus Putredinus	8, 21
Plinius	6, 20
Rima Ariadaeus	6, 20
Sinus Medii	7, 21

Noch weiter im Westen im Hochland stößt man auf den versunkenen Krater d'Arrest (2,°3 N, 14,°7 O, 30 km) sowie auf Tempel (3,°9 N, 11,°9 O, 45 km) und zwei weitere Krater mit Zentralberg: Agrippa (4,°1 N, 10,°5 O, 44 km) und Godin (1,°8 N, 10,°2 O, 34 km).

8 | Mare Crisium

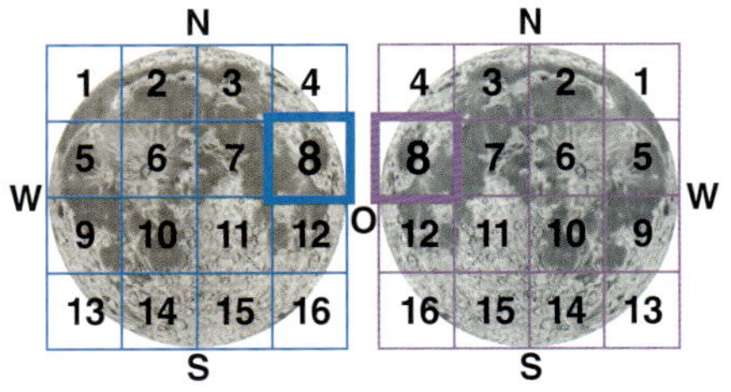

In diesem Abschnitt liegt der nordöstliche Teil des Mare Tranquillitatis, der Nordteil des ebenfalls unregelmäßigen Mare Fecunditatis und eine der auffälligsten Formationen des Mondes: Mare Crisium.

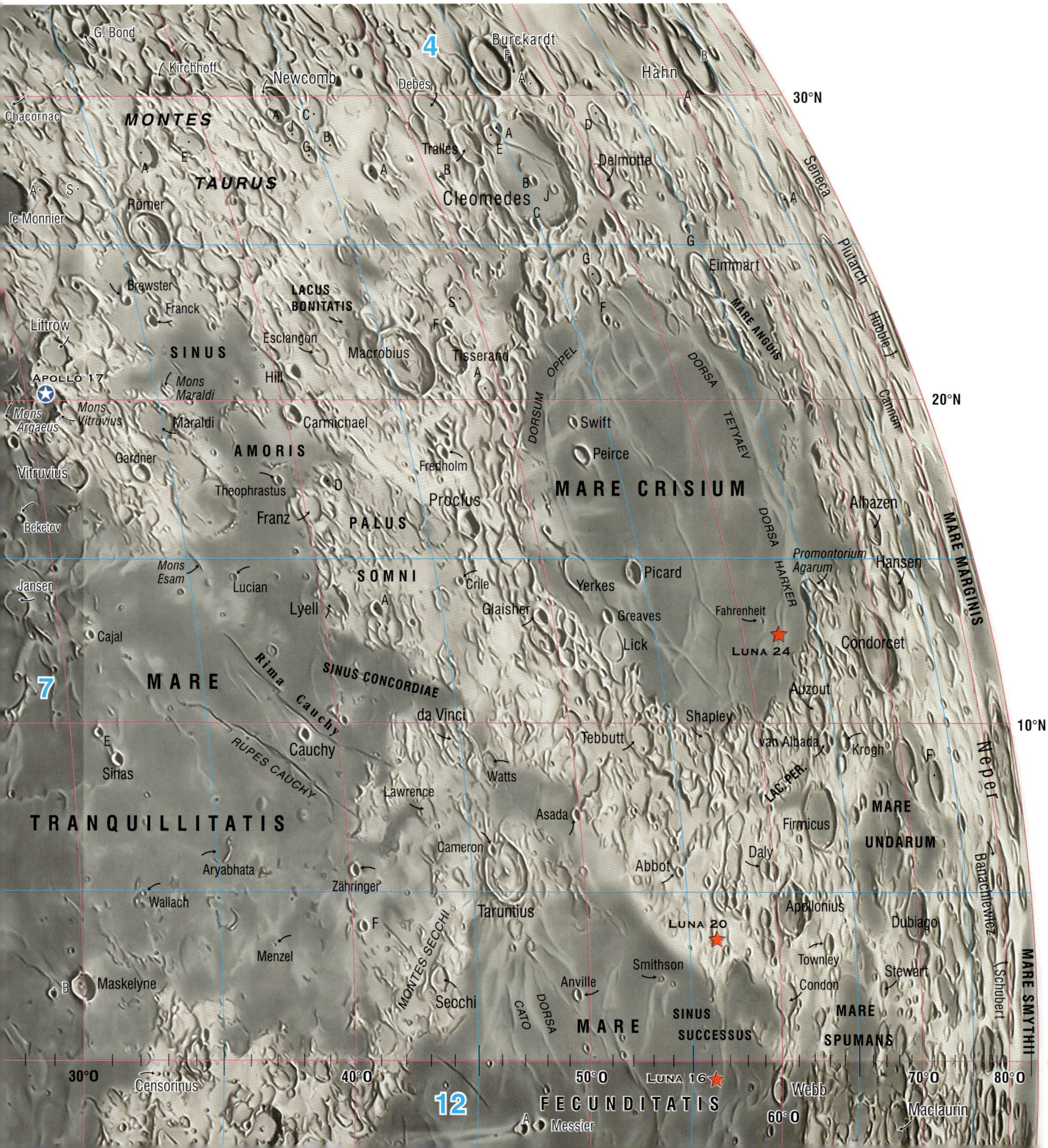

Mare Crisium ist ein ungefähr elliptisches Mare, dessen Hauptachse in Ost-West-Richtung verläuft. Es erstreckt sich über eine Fläche von 176 000 km² und ist damit etwas mehr als doppelt so groß wie der Lake Superior in Nordamerika. Das Mare liegt in der Mitte des viel größeren Crisium-Einschlagbeckens, zu dem auch Cleomedes, Mare Undarum, Mare Spumans und der Großteil des Palus Somni gehören.

Außerhalb dieses Bereichs gibt es Mare-ähnliches Material auch noch in Lacus Bonitatis, in dem winzigen Mare Anguis (östlich des Mare Crisium), sowie im Mare Marginis und im Mare Smythii. Die beiden letztgenannten Formationen befinden sich in der Librationszone. Der komplexe Krater Neper (8°,5 N, 84°,6 O, 137 km) hat einen dunklen Boden, Zentralberge und liegt zwischen den Maria.

Cleomedes (27°,7 N, 56°,0 O, 125 km) ist ein komplexer Krater mit einen Zentralberg, einem gespaltenen Boden und einem kleinen Krater im Innern. Westlich von ihm, am Westrand des Montes Taurus, stößt man auf den auffälligen Krater Römer (25°,4 N, 36°,4 O, 39 km), mit Terrassen und Zentralbergen. Am Rand des Sinus Amoris liegt Maraldi (19°,4 N, 34°,9 O, 39 km), der einen lavagefluteten Boden hat, und südlich davon zwei stark zerstörte namenlose Krater: Maraldi E und weiter draußen im Mare Tranquillitatis Maraldi B.

Zwischen Sinus Amoris und Mare Crisium stößt man auf den auffälligen Krater Macrobius (21°,3 N, 46°,0 O, 64 km) und auf den kleineren Tisserand (21°,4 N, 48°,2 O, 36 km). Südlich von Macrobius und östlich von Palus Somni liegt der helle Krater Proclus (16°,1 N, 46°,8 O, 28 km), dessen Strahlen sowohl in den Mare als auch in den Hochländern der Umgebung zu sehen sind.

Südwestlich des Palus Somni in Richtung Mare Tranquillitatis befindet sich Sinus Concordiae und die breite Rille Rima Cauchy. Sie ist rund 210 km lang und verläuft nach Südosten in Richtung des lavaüberfluteten Kraters Lawrence (7°,4 N, 43°,2 O, 24 km). Cauchy selbst (9°,6 N, 38°,6 O, 12 km) ist bei Vollmond recht hell. Weiter drin im Mare liegt Rupes Cauchy, eine 150 km lange Rille.

Südöstlich des Mare Crisium befindet sich der lavagefüllte Krater Condorcet (12°,1 N, 69°,6 O, 74 km), der einen dunklen Boden hat, und südlich davon befindet sich der ähnlich aussehende Firmicus (7°,3 N, 63°,4 O, 56 km). In seiner Nähe stößt man auf einen winzigen Fleck Mare-ähnlichen Materials, das als Lacus Perseverantiae bekannt ist („Lac. Per." in der Karte). Ein ähnlicher lavaüberfluteter Krater ist Dubiago (4°,4 N, 70°,0 O, 51 km) sowie Mare Undarum und Mare Spumans.

Name	Übersetzung
Lacus Bonitatis	See der Güte
Lacus Perseverantiae	See der Ausdauer
Mare Anguis	Schlangenmeer
Mare Crisium	Meer der Gefahren
Mare Fecunditatis	Meer der Fruchtbarkeit
Mare Marginis	Randmeer
Mare Smythii	Smythmeer
Mare Spumans	Schäumendes Meer
Mare Tranquillitatis	Meer der Ruhe
Mare Undarum	Wellenmeer
Palus Somni	Sumpf des Schlafs
Sinus Amoris	Bucht der Liebe
Sinus Concordiae	Bucht der Eintracht
Sinus Successus	Bucht des Erfolgs

Formation	Mondalter
Cleomedes	3, 16
Macrobius	4, 18
Proclus	4, 18
Taruntius	4, 18

Am Rand des Mare Fecunditatis befindet sich Taruntius (5°,6 N, 46°,5 O, 56 km) mit einem ausgeprägten Zentralberg und einem konzentrischen Wall im Innern. Im Südwesten stößt man auf eine niedrige Hügelkette: die Montes Secchi, die Mare Tranquillitatis von Mare Fecunditatis trennt.

9 | Gassendi

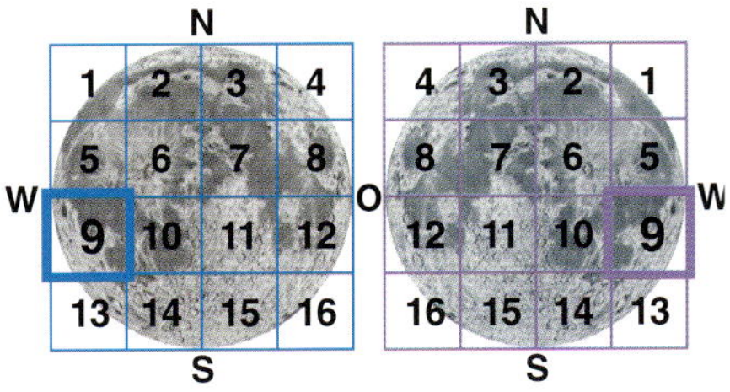

Es gibt nur wenige bemerkenswerte Formationen im südwestlichen Teil des Oceanus Procellarum und im Mare Humorum, aber das Hochland im Westen hat viele interessante Strukturen und einen flüchtigen Blick auf das Mare Orientale zu bieten.

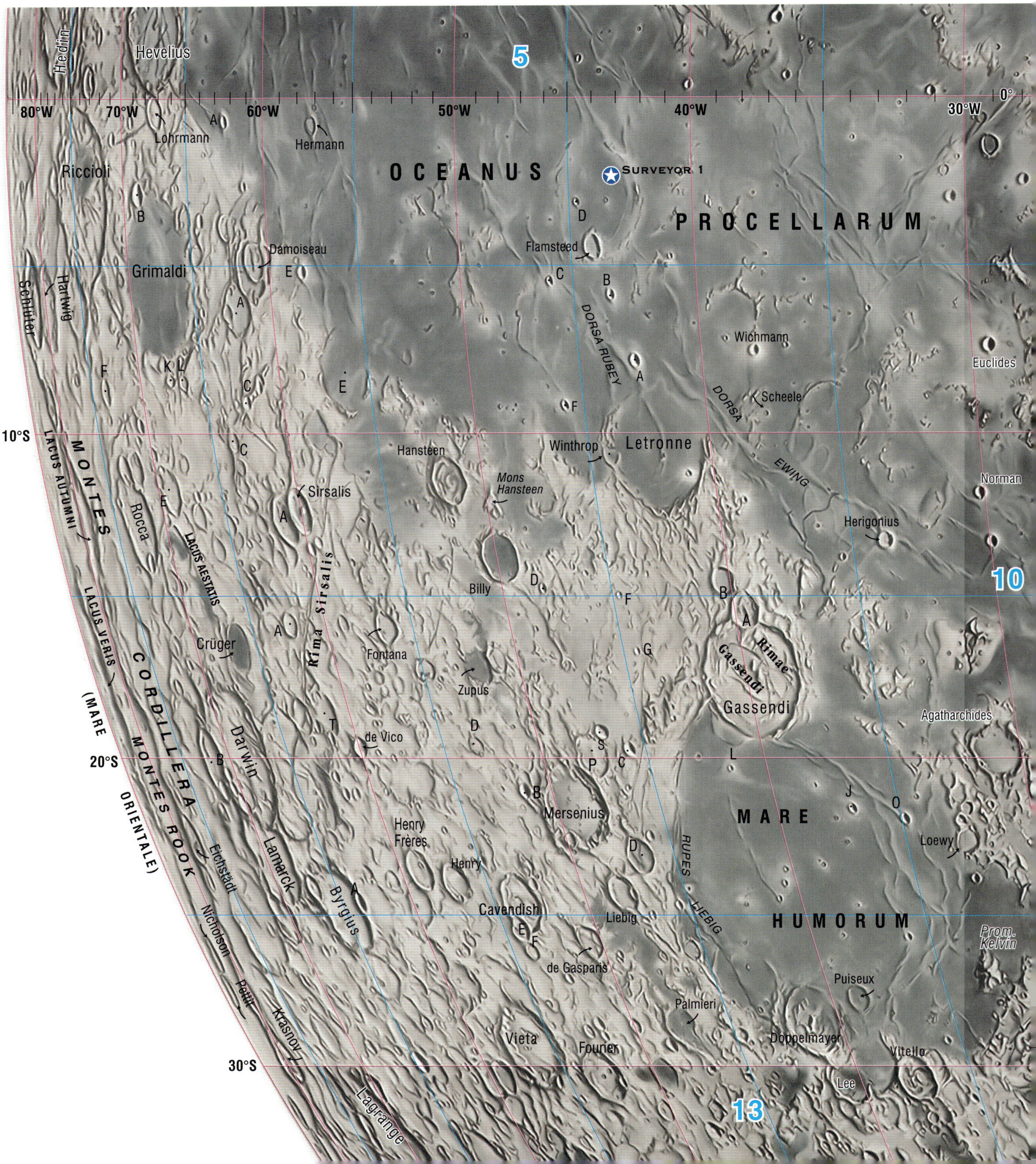

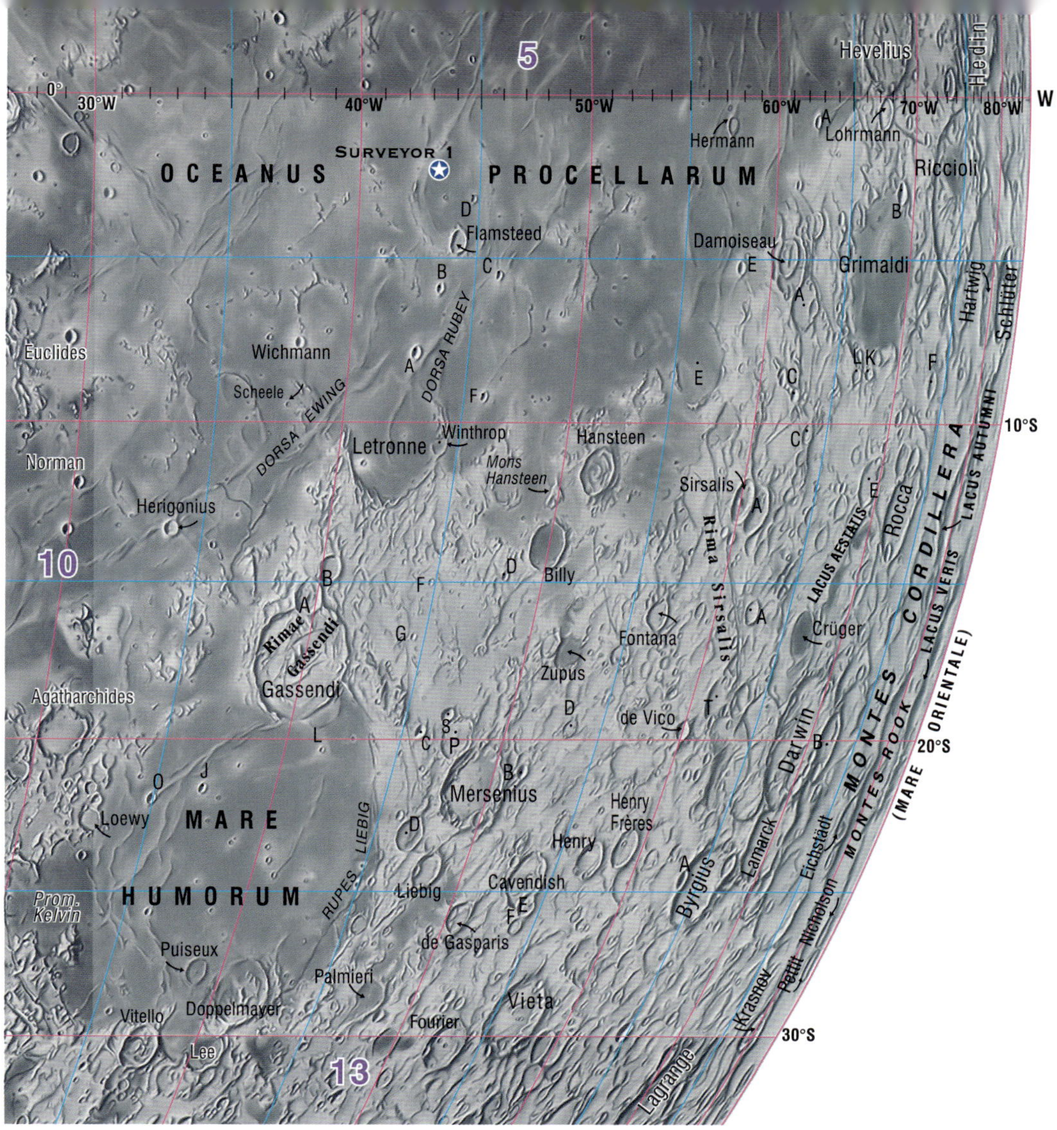

Am Rand des Oceanus Procellarum liegt der zerstörte, lavaüberflutete Krater Letronne (10,°8 S, 42,°5 W, 116 km) und knapp außerhalb dieses Mare gibt es weitere auffällige Strukturen. Im Nordwesten ist Riccioli (3,°3 S, 74,°6 W, 139 km), ein komplexer Krater mit zahlreichen Rissen im Boden, der nach dem Astronomen benannt ist, der das noch heute gebräuchliche System der auf dem Mond üblichen Nomenklatur eingeführt hat. Richtung Südosten liegt Grimaldi (5,°5 S, 68,°3 W, 139 km), ein unübersehbarer Krater mit dunklem Boden und stark erodierten Wänden. Westlich davon in der Librationszone befindet sich der Krater Schlüter (5,°9 S, 83,°3 W, 89 km), der Terrassen an den Innenwänden hat.

Weiter nach Süden liegt das Mare Orientale am Mondrand, das nur auf Aufnahmen von Raumsonden vollständig zu sehen ist. Dabei handelt es sich um das jüngste lunare Einschlagbecken und ein Musterbeispiel für die Struktur dieser Becken. Wie so oft ist der zentrale Bereich von Lava überflutet worden, beim Mare Orientale sind jedoch auch die äußeren Gebirgsringe erhalten geblieben: Montes Rook (der innerste Ring) und Montes Cordillera. Teile davon liegen knapp außerhalb der Librationszone, weshalb sie jenseits des großen, zerfallenen Kraters Darwin (20,°2 S, 69,°5 W, 120 km) immer zu sehen sind. Mare-ähnliches Material ergoss sich über Teile des tief liegenden Gebietes zwischen den Gebirgsringen des Mare Orientale. Sie bilden Lacus Autumni und Lacus Veris. Außerhalb des Beckens, nördlich von Darwin haben ähnliche Prozesse Lacus Aestatis und den dunklen Boden von Crüger (16,°7 S, 66,°8 W, 45 km) gebildet. Weiter östlich befindet sich der ähnliche Krater Billy (13,°8 S, 50,°1 W, 45 km).

Mare Humorum ist ein weiteres kreisförmiges Mare, das das Zentrum seines Beckens ausfüllt. Im Ostteil hat es Meeresrücken und im Westen einen Steilhang namens Rupes Liebig. Im Süden liegt der stark zerstörte Krater Doppelmayer (28,°5 S, 41,°4 O, 63 km), der einen auffälligen Zentralberg hat, von dessen Nordrand aber nur noch Spuren erkennbar sind. Nördlich des Mare Humorum stößt man auf den sehr markanten Krater Gassendi (17,°6 S, 40,°1 W, 101 km, 1860 m), der einen stark zerfurchten Boden (Rimae Gassendi) und verschiedene Zentralberge hat. Sein Nordrand wird von dem 33 km großen Gassendi A unterbrochen.

Name	Übersetzung
Lacus Aestatis	Sommersee
Lacus Autumni	Herbstsee
Lacus Veris	Frühlingssee
Mare Humorum	Meer der Feuchtigkeit
Mare Orientale	Ostmeer
Oceanus Procellarum	Ozean der Stürme

Formation	Mondalter (Tage)
Billy	12, 26
Byrgius A	14–23
Gassendi	11, 25
Grimaldi	13, 27
Letronne	11, 25

Südwestlich Gassendis liegt Mersenius (21,°5 S, 49,°2 W, 84 km); südlich von Mersenius befindet sich ein namenloser Mare-ähnlicher Fleck, der sich bis zu Palmieri (28,°6 S, 47,°7 W, 40 km) erstreckt. Im Westen ist Vieta (29,°2 S, 56,°3 W, 87 km) auffällig und zwischen ihm und Mersenius liegt Cavendish (24,°5 S, 53,°7 W, 56 km), dessen Rand von Cavendish E unterbrochen wird. Jenseits der gleich großen Krater Henry (24,°0 S, 56,°8 W, 41 km) und Henry Frères (23,°5 S, 58,°9 W, 42 km) befindet sich Byrgius (24,°7 S, 65,°3 W, 87 km). Byrgius A an seiner östlichen Wand ist der Ausgangspunkt eines Strahlensystems. Der stark erodierte Krater Lamarck (22,°9 S, 69,°8 W, 100 km) liegt zwischen Byrgius und Darwin.

10 | Bullialdus

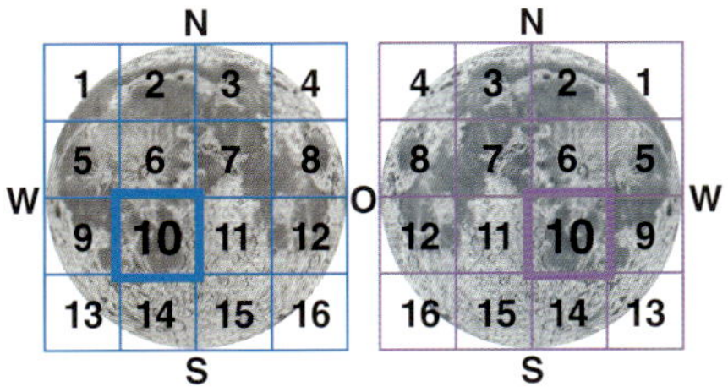

Am äußersten Südrand des Oceanus Procellarum liegen die Montes Riphaeus, das die Grenze zum Mare Cognitum bildet. Mare Cognitum geht wiederum ins Mare Nubium über. Eine Kette auffälliger Krater verläuft am Ostrand der Region.

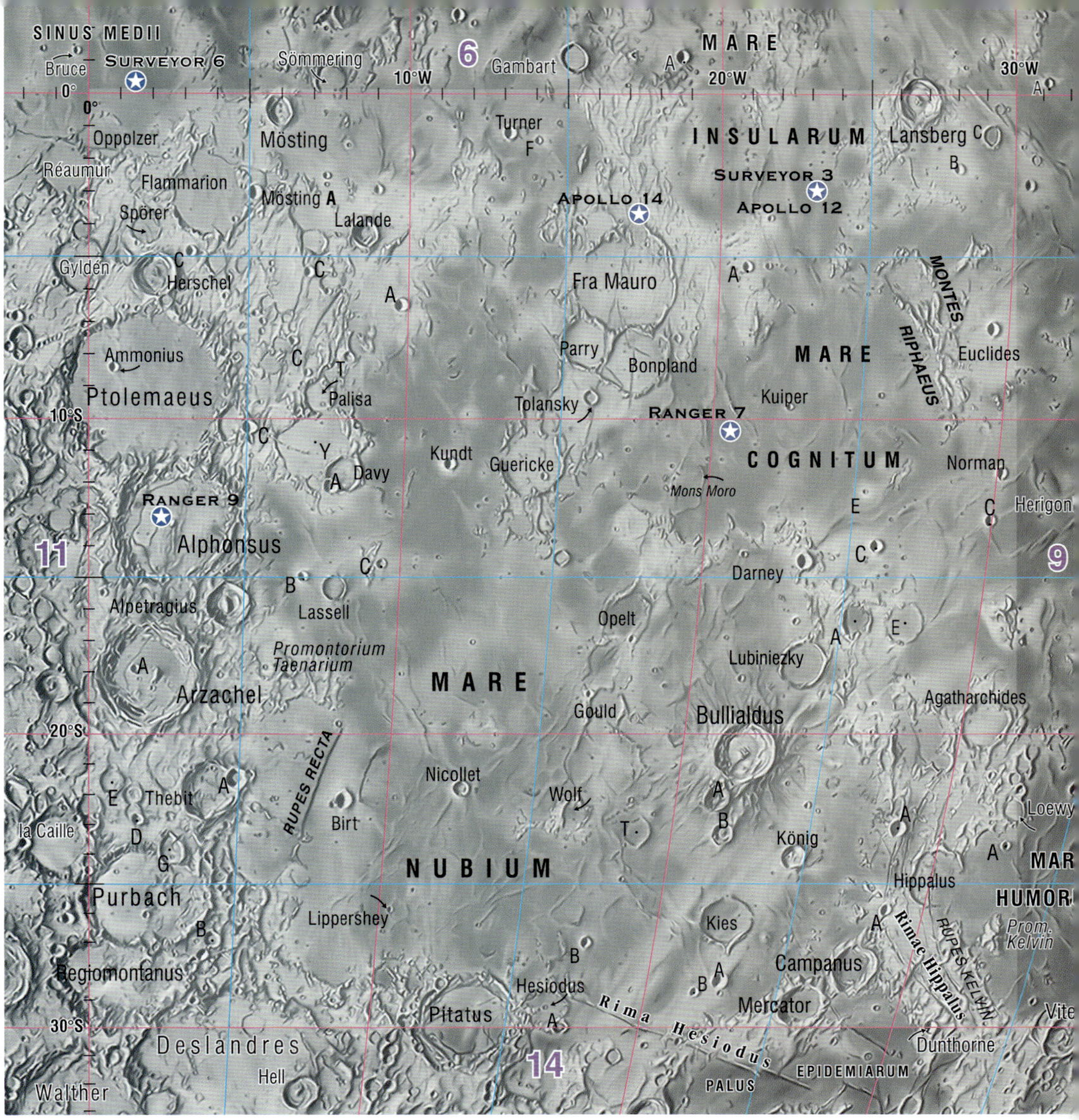

Im Norden, am Rande des Mare Insularum liegt Landsberg (0°,3 S, 26°,6 W, 38 km) mit seinem markanten Zentralberg. Im Osten befindet sich eine Reihe erodierter Krater: Fra Mauro (6°,1 S, 17°,0 W, 101 km), der nahe beim Apollo-14-Landeplatz (3°,67 S, 17°,47 W) liegt, sowie Bonpland (8°,3 S, 17°,4 W, 60 km) und Guericke (11°,5 S, 14°,1 W, 63 km). Nur Parry (7°,9 S, 15°,8 W, 47 km) ist besser erhalten.

Südlich des Mare Cognitum liegt der lavagefüllte Krater Lubiniezky (17°,8 S, 23°,8 W, 43 km), dessen Wand auf der Seite zu Bullialdus (20°,7 S, 22°,2 W, 60 km) unterbrochen ist. Bullialdus ist ein Krater mit auffälligen Terrassen und einem Zentralberg. Im Westen gibt es zwei weitere lavagefüllte Krater: Agatharchides (19°,8 S, 30°,9 W, 48 km) und am Rand des Mare Humorum den Krater Hippalus (24°,8 S, 30°,2 W, 57 km). Er wird von sehr vielen auffälligen Rillen der Rimae Hippalus durchzogen, die ungefähr 250 km lang ist. Südlich davon, entlang des Mare Humorum, liegt Rupes Kelvin.

Am Südrand des Mare Nubium befinden sich: die Zwillingskrater Campanus (28°,0 S, 27°,8 W, 48 km) und Mercator (29°,3 S, 26°,1 W, 46 km), Kies (6°,4 S, 84°,0 W, 63 km), der stark zerstörte Hesiodus (29°,4 S, 16°,3 W, 42 km) und der auffällige komplexe Krater Pitatus (29°,9 S, 13°,5 W, 106 km), der einen lavaüberfluteten, zerfurchten Boden hat.

Im östlichen Mare Nubium befindet sich eine der berühmtesten Formationen des Mondes: Rupes Recta, die „gerade Wand" (22° S, 7° W). Der Hang ist 110 km lang, 2,5 km breit und bis zu 450 m hoch. Obwohl er bei schrägem Lichteinfall sehr steil wirkt, hat er tatsächlich nur eine Neigung von 7-10°, vielleicht bis zu 25° an manchen Stellen. Jenseits von ihm gelangt man zu den mit vielen Kratern übersäten südlichen Hochländern. Im Süden liegt der unregelmäßige Krater Regiomontanus (28°,3 S, 1°,0 W, 108 km), dessen Nordwand durch den Krater Purbach (25°,5 S, 2°,3 W, 115 km) zerstört worden ist. Weiter im Norden stößt man auf Thebit (22°,0 S, 4°,0 W, 56 km) mit Thebit A auf dem nordwestlichen Rand.

Noch weiter nördlich sind Arzachel (18°,2 S, 1°,9 W, 96 km), ein komplexer Krater mit konzentrischen Terrassen und einem Zentralberg, sowie Alpetragius (16°,0 S, 4°,5 W, 39 km) mit einem gewaltigen Zentralberg. Alphonsus (13°,7 S, 3°,2 W, 108 km) ist ein komplexer Krater mit auffälligen dunklen Flecken auf seinem zerfurchten Boden. Man vermutet, dass sie durch Lavafontänen entstanden sind. Alphonsus' Nachbar ist Ptolemaeus (9°,3 S, 1°,9 W, 164 km). Dieser Krater sticht mit seinem glattem Boden und durch seine schiere Größe ins Auge. Nördlich von ihm liegen Herschel (5°,7 S, 2°,1 W, 40 km) mit seinen markanten Terrassen und Flammarion (3°,4 S, 3°,7 W, 74 km). Auf dessen Wand sitzt der Strahlenkrater Mösting A (3°12′43,″2 S, 5°12′39,″6 W, 13 km), der als Referenzpunkt für das Koordinatensystem des Mondes dient.

Name	Übersetzung
Mare Cognitum	Meer der Erkenntnis
Mare Humorum	Meer der Feuchtigkeit
Mare Insularum	Inselmeer
Mare Nubium	Wolkenmeer
Palus Epidemiarum	Sumpf der Seuchen
Sinus Medii	Bucht der Mitte

Formation	Mondalter (Tage)
Alphonsus	8, 22
Arzachel	8, 22
Birt	8, 22
Bullialdus	9, 23
Campanus	10, 24
Fra Mauro	9, 23
Landsberg	10, 24
Mercator	10, 24
Montes Riphaeus	10, 24
Pitatus	8, 22
Ptolemaeus	8, 22
Purbach	8, 22
Rupes Recta	8, 23
Thebit	8, 22

11 | Theophilus

Eine mit Kratern übersäte Region im zentralen Hochland. Einzige Ausnahme ist Sinus Asperitatis zwischen dem Südrand des Mare Tranquillitatis und dem Westrand des Mare Nectaris.

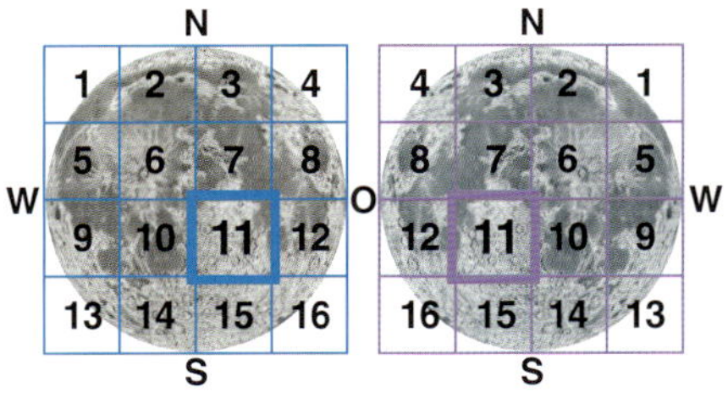

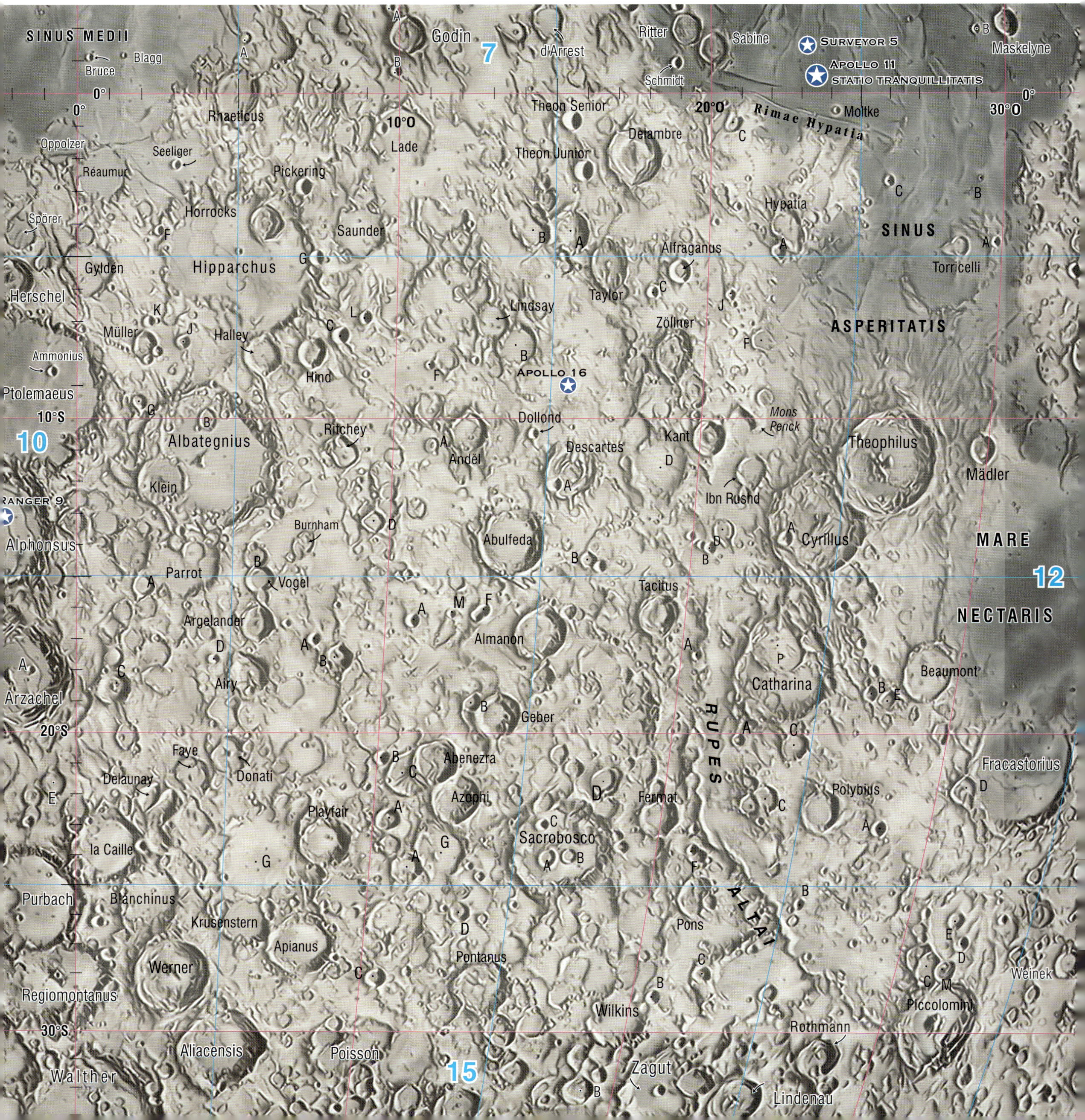

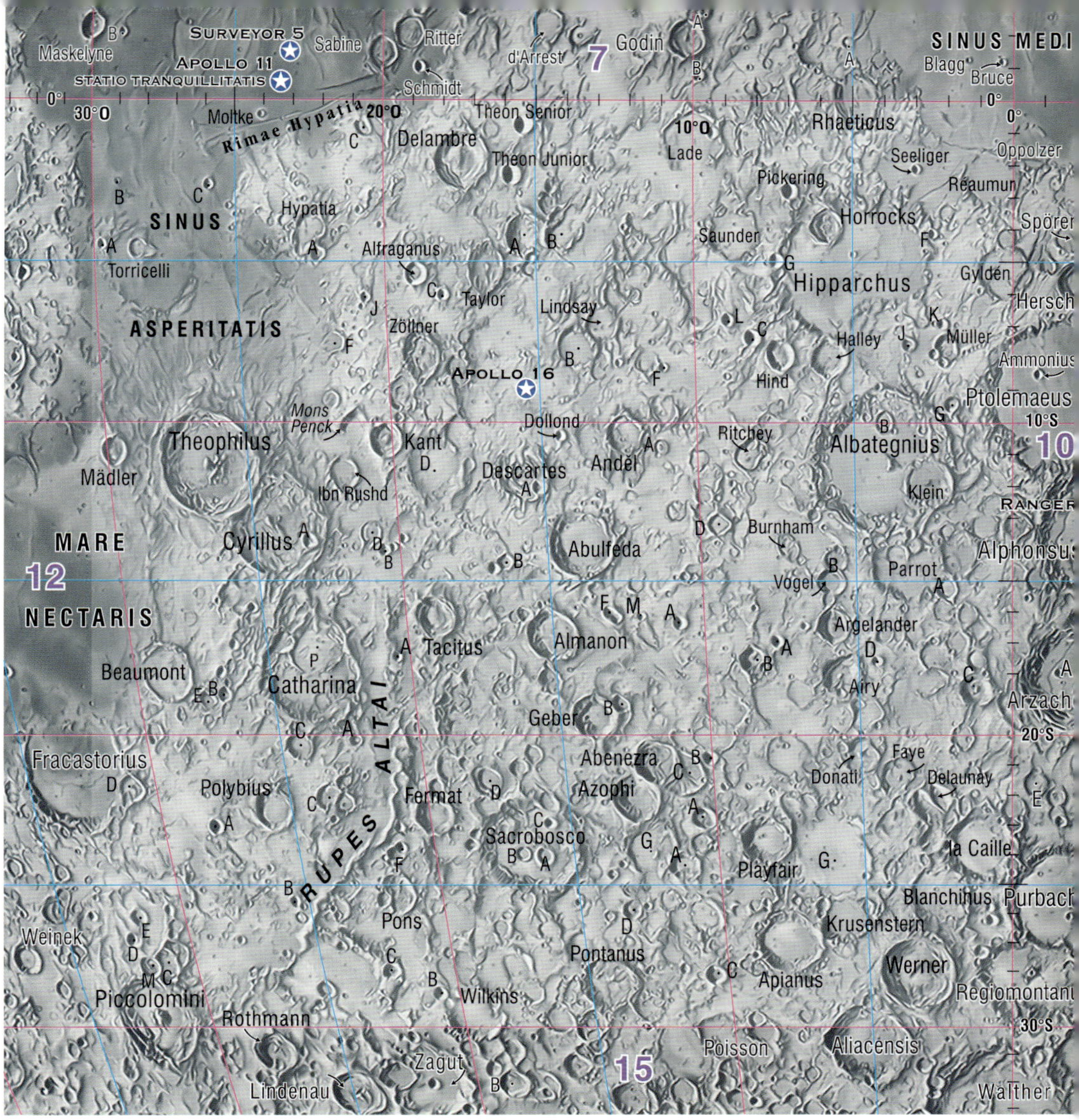

Im Nordwesten liegen der unregelmäßige, stark erodierte Krater Rhaeticus (0,°0 N, 4,°9 O, 45 km) und der verfallene Krater Réaumur (2,°4 S, 0,°7 O, 52 km) am Rande der Sinus Medii. Richtung Südost befinden sich die unregelmäßigen Überreste von Hipparchus (5,°1 S, 5,°2 O, 138 km), die den tiefen Krater Horrocks (4,°0 S, 5,°9 O, 30 km, 2980 m) umschließen. Halley (8,°0 S, 5,°7 O, 36 km) liegt direkt südlich davon. Albategnius (11,°7 S, 4,°3 O, 114 km) ist der größte Krater in dieser Gegend. Er hat einen Zentralberg, und der Krater Klein (12,°0 S, 2,°6 O, 44 km) füllt einen Großteil des Bodens von Albategnius aus.

Im Südwesten gibt es drei große Krater: La Caille (23,°8 S, 1,°1 O, 67 km) mit einem lavaüberfluteten Boden, Blanchinus (25,°4 S, 2,°5 O, 61 km) und Werner (28,°0 S, 3,°3 O, 70 km) mit auffälligen Terrassen und einem Zentralberg. Östlich davon befinden sich der zerfallene Krater Playfair G, Playfair selbst (23,°5 S, 8,°4 O, 47 km), Krusenstern (26,°2 S, 5,°9 O, 47 km) und Apianus (26,°9 S, 7,°9 O, 63 km). Weiter im Osten stößt man auf Pontanus (28,°4 S, 14,°4 O, 57 km), der einen unebenen Boden hat, und weiter in Richtung Norden auf Sacrobosco (23,°7 S, 16,°7 O, 98 km), auf dessen Boden drei klar unterscheidbare Krater (A, B, C) liegen.

Nordwestlich von Sacrobosco befinden sich drei Krater ähnlicher Größe: Azophi (22,°1 S, 12,°7 O, 47 km), Abenezra (21,°0 S, 11,°9 O, 42 km) und Geber (19,°4 S, 13,°9 O, 44 km). Die größeren Krater Almanon (16,°8 S, 15,°2 O, 49 km) und Abulfeda (13,°8 S, 13,°9 O, 65 km, 3110 m) liegen nördlich davon. Der Landeplatz von Apollo 16 (9,°00 S, 15,°51 O) befindet sich in dem relativ ebenen Bereich nördlich von Descartes (11,°7 S, 15,°7 O, 48 km) und südwestlich von Taylor (5,°3 S, 16,°7 O), einem fast elliptischen Krater mit 42 × 34 km Ausdehnung. Richtung Norden liegt Delambre (1,°9 S, 17,°5 O, 51 km), der ein auffälliges Zentralmassiv besitzt.

Am Rand des Mare Tranquillitatis stößt man auf das 180 km lange Rillensystem Rimae Hypatia. Der unregelmäßige Krater Hypatia (4,°3 S, 22,°6 O) liegt südlich davon und ist rund 40 km lang und 28 km breit. Direkt südlich von Sinus Asperitatis liegt ein markantes Kratertrio: Theophilus (11,°4 S, 26,°4 O, 110 km) mit bis zu 1400 m hohen Zentralbergen, Cyrillus (13,°2 S, 24,°0 O, 98 km) mit einer stark zerstörten Wand und Catharina (18,°1 S, 23,°4 O, 104 km), dessen Nordwand durch einen Einschlag zerstört wurde, der Catharina P erzeugt hat.

Name	**Übersetzung**
Mare Nectaris	Nektarmeer
Sinus Asperitatis	Bucht der Rauheit
Sinus Medii	Bucht der Mitte

Formation	**Mondalter (Tage)**
Abulfeda	6, 20
Albategnius	7, 22
Catharina	6, 20
Cyrillus	5, 19
Delambre	6, 20
Fracastorius	6, 20
Hipparchus	7, 21
Mädler	5, 19
Piccolomini	5, 18
Theophilus	5, 19
Werner	7, 21

Südwestlich von Catharina befindet sich Rupes Altai, die sich bis zum Krater Piccolomini (29,°7 S, 32,°2 O, 87 km) erstreckt. Diese Furche ist rund 480 km lang und ein Teil des Außenrandes des Nectaris-Beckens. Sie fällt nach Innen ab. Östlich von ihr liegt Polybius (22,°4 S, 25,°6 O, 41 km), und am Rand des Mare Nectaris die Krater Beaumont (18,°0 S, 28,°8 O, 53 km) und Fracastorius (21,°5 S, 32,°2 O, 112 km), der zerfallen ist.

12 | Langrenus

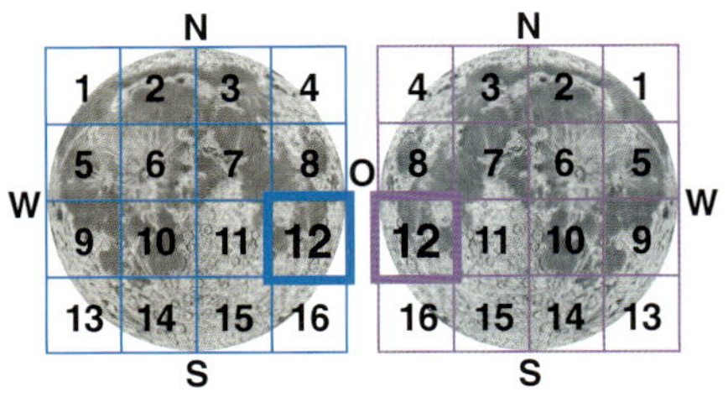

In diesem Bereich gibt es sowohl Mare als auch Hochländer. Mare Fecunditatis hat eine Gesamtfläche von 325 000 km², etwas weniger als Adria und Ägäisches Meer auf der Erde zusammen aufweisen.

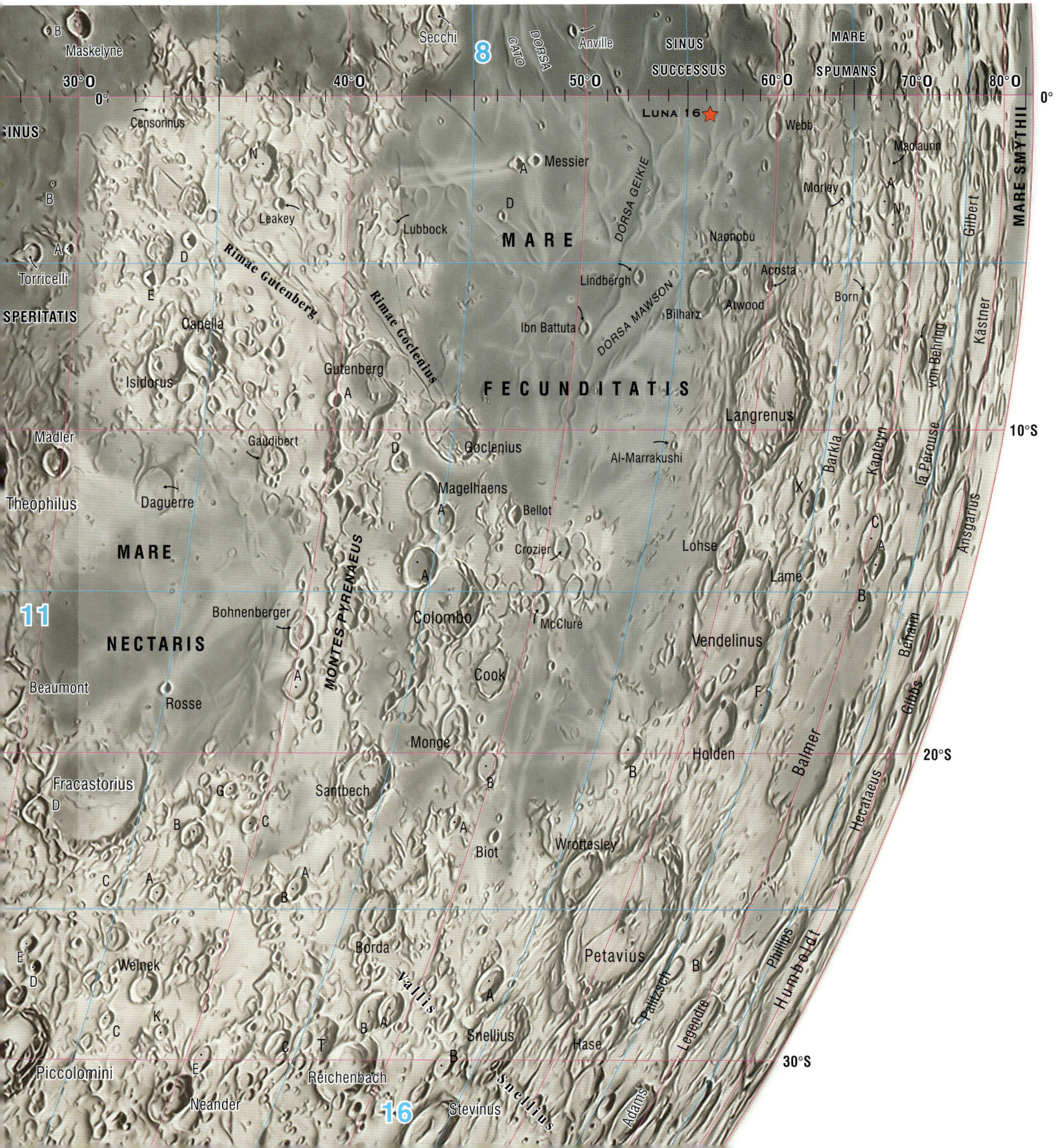

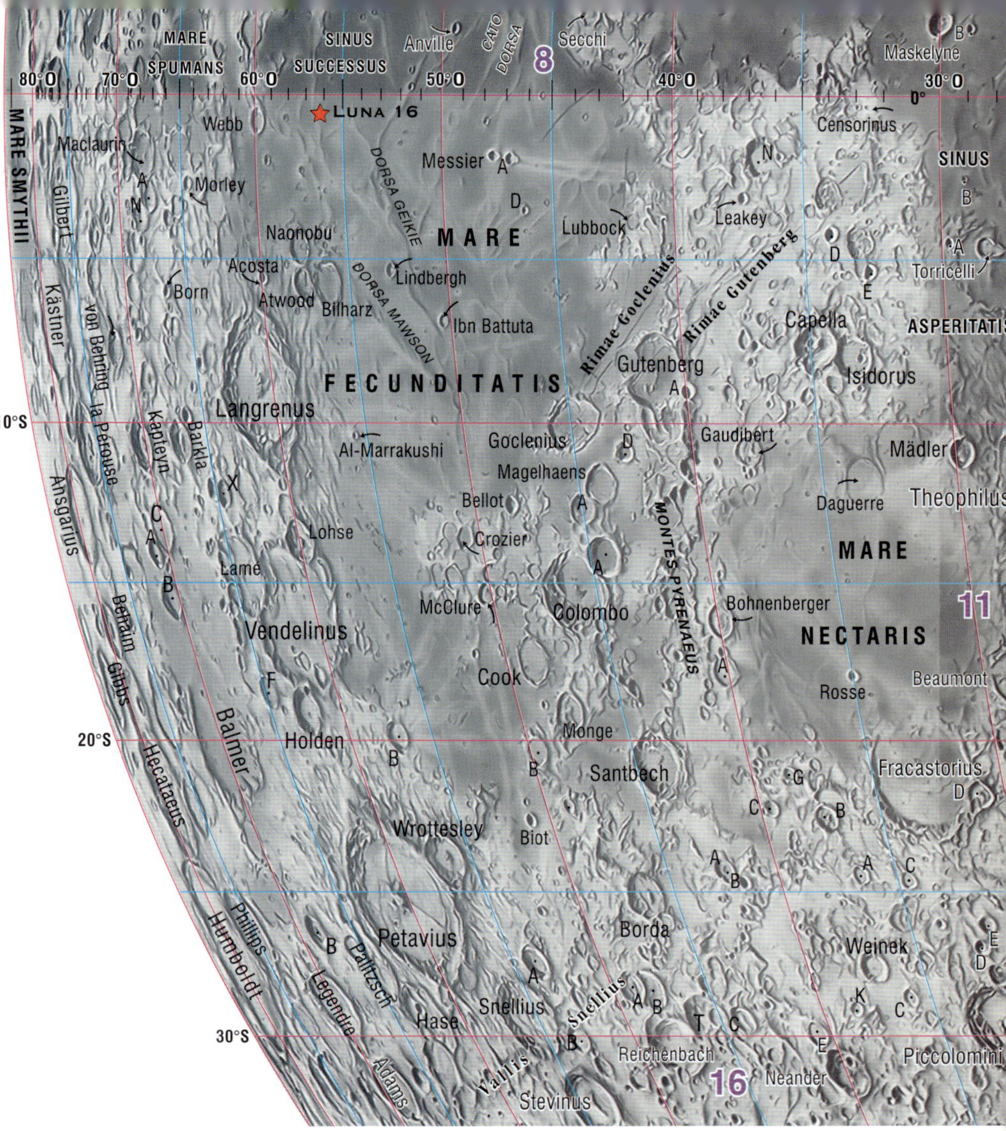

Mare Fecunditatis gehört nicht zu einem bestimmten Einschlagbecken, Mare Nectaris dagegen schon. Sein Becken reicht bis zum komplexen Krater Gutenberg (8°,6 S, 41°,2 O, 74 km), an dessen Ostflanke Gutenberg E und Goclenius (10°,0 S, 45°,0 O, 72 km) liegen. Beide Krater haben zerfurchte Böden. Im Nordosten stößt man auf die Rillen der Rimae Goclenius, die 240 km lang sind. Ein anderes auffälliges Rillensystem, Rimae Gutenberg, erstreckt sich nach Nordwesten fast bis zu Sinus Asperitatis. Nördlich des Mare Nectaris liegen Capella (7°,5 S, 35°,0 O, 49 km), durch den eine Kraterkette (Vallis Capella) verläuft, und Isidorus (8°,0 S, 33°,5 O, 42 km) mit Isidorius A.

Die Montes Pyrenaeus erstrecken sich südlich von Gutenberg, die im Westen von Mare Nectaris und Bohnenberger (16°,2 S, 40°,0 O, 33 km) begrenzt werden. Südlich von Goclenius liegen Magelhaens (11°,9 S, 44°,1 O, 40 km), Colombo A und Colombo (15°,1 S, 45°,8 O, 76 km). Cook (17°,5 S, 48°,9 O, 46 km) mit seinem dunklen Boden befindet sich am Rand des Mare Fecunditatis. Ein namenloses Gebiet mit Mare-ähnlichem Material liegt in der Nähe von Santbech (20°,9 S, 44°,0 O, 64 km).

Innerhalb des Mare Fecunditatis stößt man auf die kleinen Krater Messier (1°,9 S, 47°,6 O) und Messier A. Messier ist elliptisch (11 × 9 km) und Messier A ein Doppelkrater, von dem zwei helle Strahlen nach Westen ausgehen. Östlich und südlich davon erstrecken sich markante Meeresrücken: Dorsa Geikie und Dorsa Mawson. Östlich des Mare liegt der auffällige komplexe Krater Langrenus (8°,9 S, 61°,1 O, 127 km), der Terrassen an den Innenwänden hat, einen hügeligen Boden und ein Zentralmassiv. Nördlich befindet sich der Südteil des Mare Spumans, und am Mondrand liegt Mare Smythii (beide Karte 8).

Südlich des Mare Smythii stößt man auf eine Reihe großer Krater am Rand der Librationszone: Gilbert (3°,2 S, 76°,0 O, 112 km), Kästner (6°,8 S, 78°,5 O, 108 km), La Pérouse (10°,7 S, 76°,3 O, 77 km) und Ansgarius (12°,7 S, 79°,7 O, 94 km). Südlich von Langrenus ist der große Krater Vendelinus (16°,4 S, 61°,6 O, 131 km), dessen nordöstlicher Rand von Lamé (14°,7 S, 64°,5 O, 84 km) durchbrochen worden ist. Südöstlich liegt Balmer (20°,3 S, 69°,8 O, 138 km), der Überrest eines großen Kraters, dessen Nordwall fehlt. Richtung Mondrand stößt man auf Hecataeus (21°,8 S, 79°,4 O, 167 km) und südlich von ihm auf den großen komplexen Krater Humboldt (27°,0 S, 80°,9 O, 189 km), der konzentrische Brüche hat.

Der auffällige Petavius (25°,1 S, 60°,4 O, 188 km) hat ein komplexes Zentralmassiv, Spalten im Boden und dunkle Flecken. Richtung Nordwest ist Wrottesley (23°,9 S, 56°,8 O, 57 km), der einen markanten Zentralberg hat, und im Osten liegt Palitzsch, eine 110 km lange Formation, die einem Tal ähnelt. Auf Legendre (28°,9 S, 70°,2 O, 78 km) stößt man in der Nähe des Mondrandes und im Südwesten auf Snellius (29°,3 S, 55°,7 O, 82 km). Vallis Snellius ist eine lange Kette (592 km) aus miteinander verbundenen Senken, die radial vom Mare Nectaris wegläuft, so dass sie womöglich mit dessen Entstehung zusammenhängt. Dabei handelt es sich um die längste Struktur dieser Art, die man auf der erdzugewandten Seite des Mondes beobachten kann.

Name	Übersetzung
Mare Fecunditatis	Meer der Fruchtbarkeit
Mare Nectaris	Nektarmeer
Mare Smythii	Smythmeer
Mare Spumans	Schäumendes Meer
Sinus Asperitatis	Bucht der Rauheit
Sinus Successus	Bucht des Erfolgs

Formation	Mondalter (Tage)
Goclenius	4, 18
Gutenberg	5, 19
Langrenus	2, 16
Petavius	3, 17
Snellius	3, 17
Vendelinus	2, 16

13 | Schickard

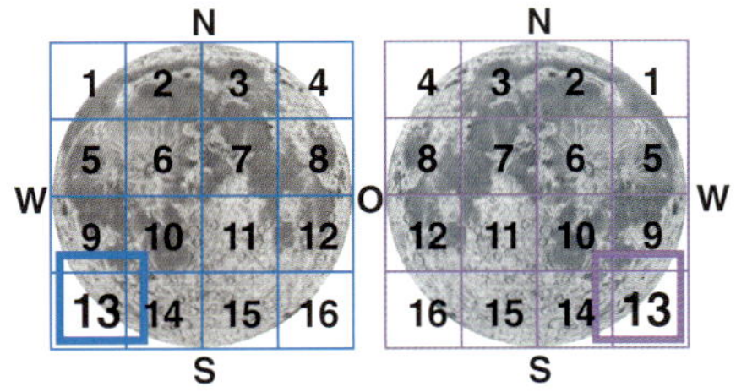

Das Hochland südwestlich des Mare Humorum wird nur vom Lacus Excellentiae unterbrochen und ist ansonsten ziemlich strukturlos. Richtung Mondrand gibt es trotzdem einige interessante Strukturen, darunter Wargentin, der bis zum Rand mit Lava voll gelaufen ist.

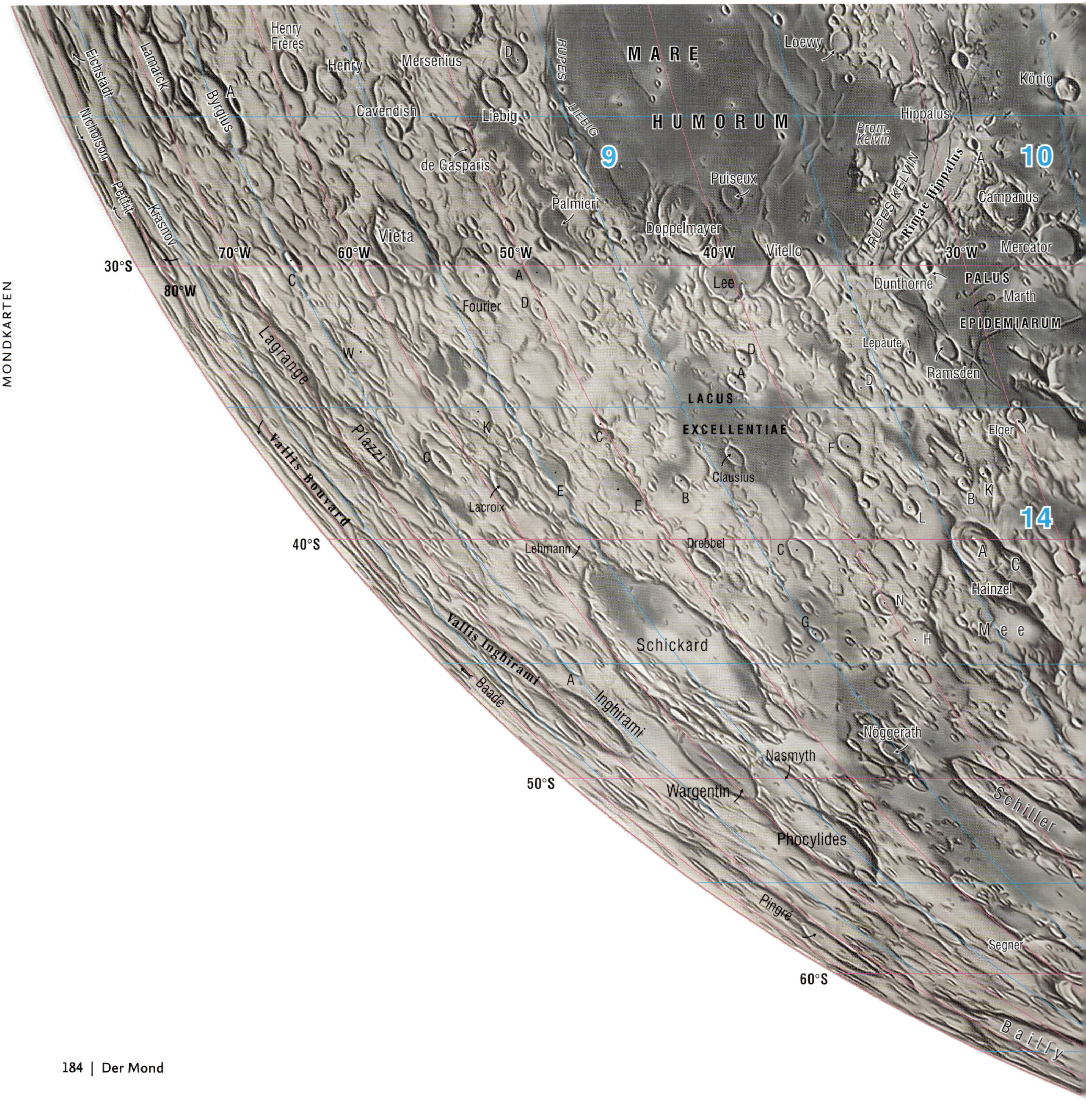

Namen der Mondbecken

In den 1960er Jahren erkannte man, dass Einschlagbecken besondere Strukturen auf dem Mond sind. Ihre Untersuchung wurde seit der Kartierung des Mondes durch Raumsonden intensiv betrieben. Die Namen der Becken leiten sich vom Namen der Meere ab, die ihren zentralen Teil ausfüllen (z. B. das Imbrium-Becken nach dem Mare Imbrium), oder von den Namen der Krater, die in den Becken liegen (z. B. Mendel-Rydberg-Becken). Einige Becken hielt man ursprünglich für Krater. In diesen Fällen stimmt daher der Name des Beckens mit dem des Kraters überein (z. B. Korolev- oder Schrödinger-Becken).

Die Becken des Mondes sind auf den Karten der erdzugewandten und erdabgewandten Seite verzeichnet (S. 196-197).

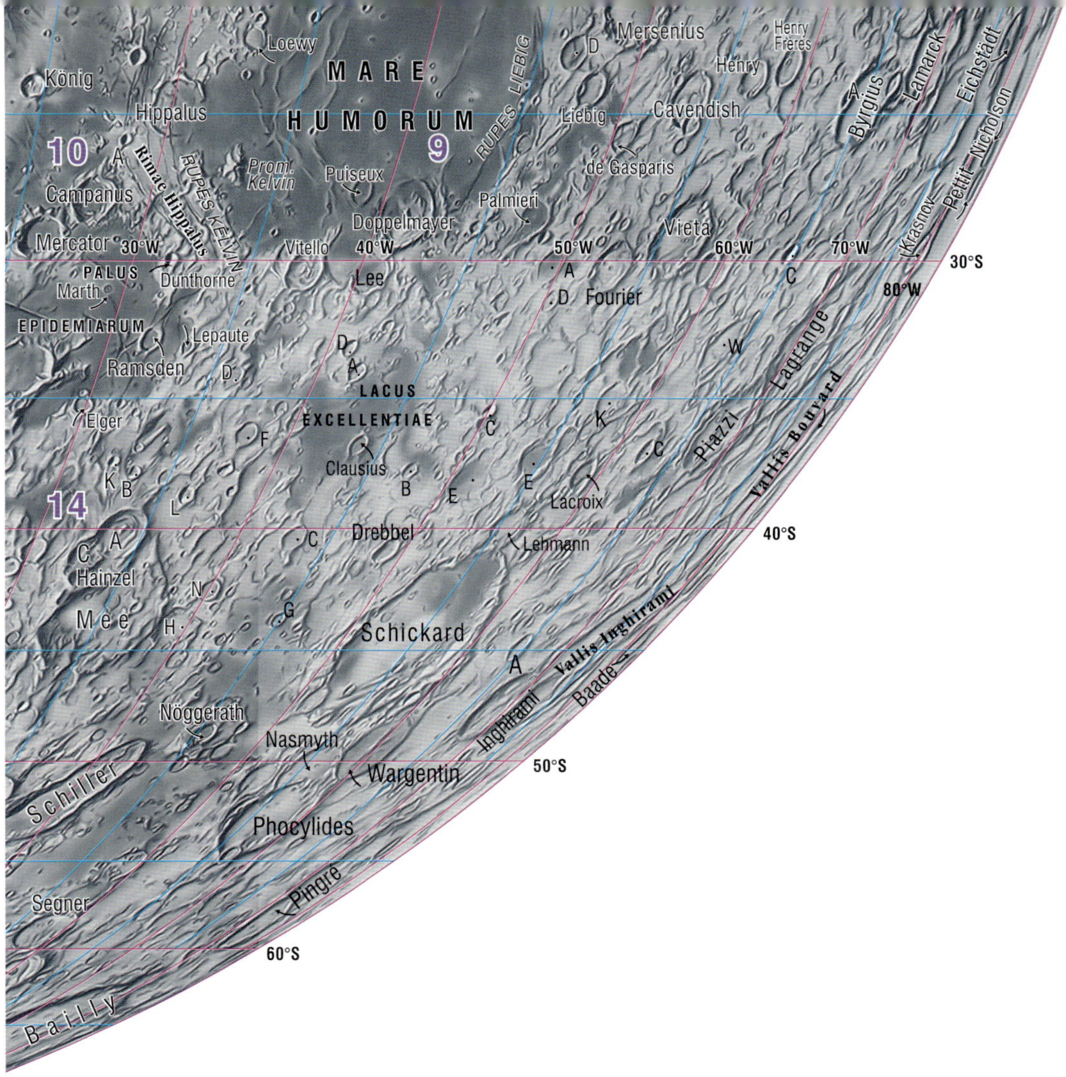

Am Südrand des Mare Humorum liegt Vitello (30°,4 S, 37°,5 W, 42 km) und der zerstörte Krater Lee (30°,7 S, 40°,7 W, 41 km). Richtung Westen, jenseits der recht strukturlosen Fläche zum Mondrand hin, befinden sich die zerstörten Krater Lagrange (32°,3 S, 72°,8 W, 225 km) und Piazzi (36°,6 S, 67°,9 W, 134 km). Direkt am Mondrand und daher nur bei günstigen Librationen zu sehen, stößt man auf zwei Talsysteme: Vallis Bouvard (rund 280 km lang) und Vallis Inghirami (rund 140 km lang). Inghirami (47°,5 S, 68°,8 W, 91 km) ist ein recht markanter Krater mit unregelmäßigen Hügeln im Innern.

Die auffälligste Formation ist der große Krater Schickard (44°,3 S, 55°,3 W, 206 km), der einen teils lavaüberfluteten Boden hat. Richtung Südwesten liegt Wargentin (49°,6 S, 60°,2 W, 84 km), der bis zum Rand mit Lava gefüllt ist, auf der Mare-ähnliche Rücken zu sehen sind. Neben ihm befindet sich Nasmyth (50°,5 S, 56°,2 W, 76 km), dessen Südwand durch den Einschlag zerstört wurde, der Phocylides (52°,7 S, 57°,0 W, 121 km) erzeugt hat. Am Mondrand ist Pingré (58°,7 S, 73°,7 W, 88 km) nur bei günstiger Libration zu sehen.

Name	Übersetzung
Lacus Excellentiae	See der Vortrefflichkeit
Mare Humorum	Meer der Feuchtigkeit
Palus Epidemiarum	Sumpf der Seuchen
Formation	**Mondalter (Tage)**
Schickard	12, 26

14 | Tycho

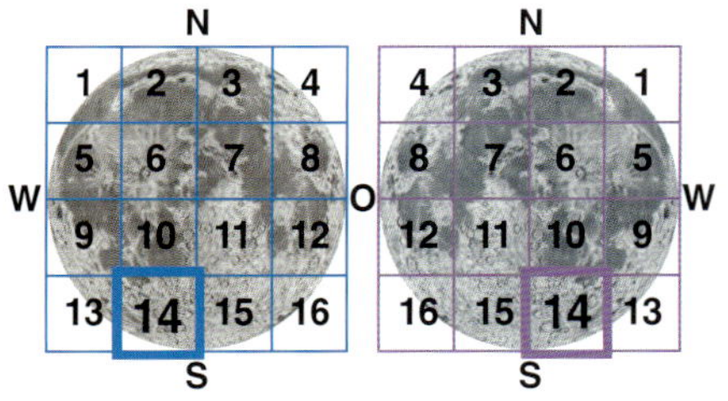

Die von Kratern übersäten südlichen Hochländer charakterisieren diese Region. Besonders auffällig sind Tycho, Ausgangspunkt des längsten Strahlensystems auf dem Mond, der unverwechselbare Clavius sowie Bailly, einer der größten Krater, der gelegentlich auch als kleines Becken bezeichnet wird. Nur im Nordwesten findet man Mare-ähnliches Material.

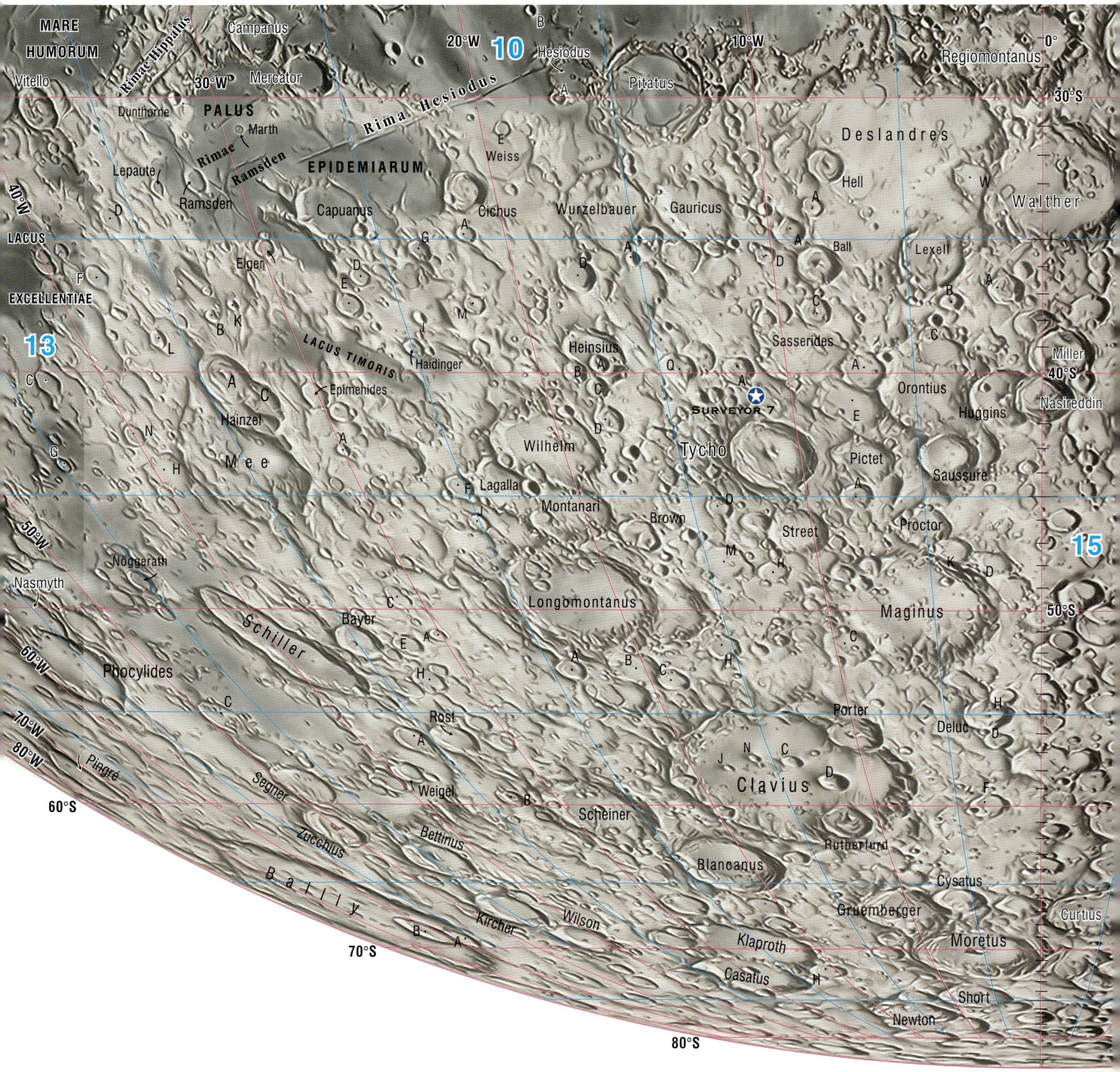

Im Palus Epidemiarum liegen Rimae Ramsden, eine interessante Rillengruppe, und Rima Hesiodus, die 300 km lang ist und Richtung Mare Nubium verläuft. In der Nähe befindet sich der lavagefüllte Krater Capuanus (34°,1 S, 26°,7 W, 59 km). Im Süden stößt man auf drei sich überlagernde Krater: Hainzel (41°,3 S, 33°,5 W, 70 km), Hainzel A (41°,3 S, 33°,5 W, 70 km) und Hainzel C. An Hainzel grenzt südlich der stark erodierte Krater Mee (43°,7 S, 35°,3 W, 70 km) an.

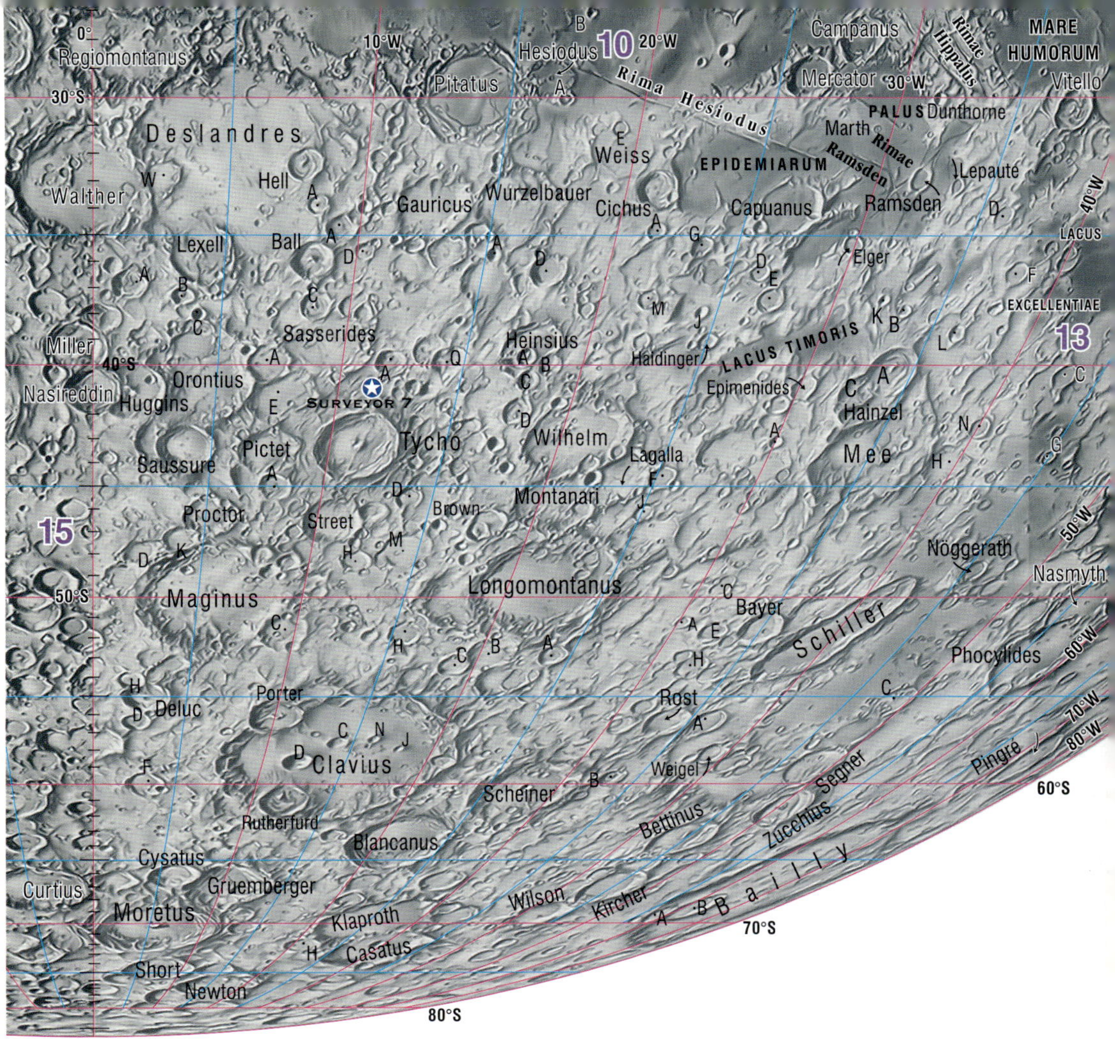

Noch weiter im Süden befindet sich Schiller (51°,9 S, 39°,0 W), der rund 180 km lang und 70 km breit ist. Hinter Segner (58°,9 S, 48°,3 W, 67 km) und Zucchius (61°,4 S, 50°,3 W, 64 km) liegt Bailly (66°,5 S, 69°,1 W, 287 km), der größte Mondkrater. Er füllt sein eigenes Einschlagbecken aus. Weiter Richtung Mitte der Mondscheibe stößt man auf drei ähnlich große Krater: Bettinus (63°,4 S, 44°,8 W, 71 km), Kircher (67°,1 S, 45°,3 W, 72 km) und der zerstörte Wilson (69°,2 S, 42°,4 W, 69 km). Näher am Südpol liegen Casatus (72°,8 S, 29°,5 W, 108 km), Klaproth (69°,8 S, 26°,0 W, 119 km) und Newton (76°,7 S, 16°,9 W, 78 km). Nordöstlich davon drängen sich Short (74°,6 S, 7°,3 W, 70 km), Moretus (70°,6 S, 5°,8 W, 111 km) mit seinem auffälligen Zentralberg, Gruemberger (66°,9 S, 10°,0 W, 93 km) und Cysatus (66°,2 S, 6°,1 W, 48 km).

Nördlich dieser Region liegen Blancanus (63°,8 S, 21°,4 W, 117 km), Scheiner (60°,5 S, 27°,5 W, 110 km) und Clavius (58°,8 S, 14°,1 W, 245 km). Dieser berühmte Krater ist in vielerlei Hinsicht bemerkenswert: wegen Rutherfurd (60°,9 S, 12°,1 W, 48 km) und der gebogenen Kraterkette auf dem Boden sowie wegen Porter (56°,1 S, 10°,1 W, 51 km) auf dem Nordrand. Nordwestlich von Clavius befindet sich der auffällige Krater Longomontanus (49°,6 S, 21°,8 W, 157 km), weiter nördlich Montanari (45°,8 S, 20°,6 W, 76 km), dessen Westrand von Sekundärkratern unterbrochen wird, Wilhelm (43°,4 S, 20°,4 W, 106 km) und Lagalla (44°,6 S, 22°,5 W, 85 km).

Nördlich von Heinsius (39°,5 S, 17°,7 W, 64 km) mit dessen auffälligen Sekundärkratern (Heinsius A, B und C) und südlich von Pitatus am Rand des Mare Nubium liegen die stark zerstörten Krater Wurzelbauer (33°,9 S, 15°,9 W, 88 km) und Gauricus (33°,8 S, 12°,6 W, 79 km). Östlich von Wilhelm stößt man auf Tycho (43°,4 S, 11°,1 W, 102 km, 4850 m), ein sehr markanter Krater mit ausgeprägtem Zentralberg und einem dunklen äußeren Halo. Tycho ist der Ursprung des ausgedehntesten Strahlensystems auf dem Mond.

Im Norden befindet sich Deslandres (33°,1 S, 4°,8 W, 256 km), dessen äußerer Ring teilweise durch mehrere Einschläge zerstört wurde, darunter Hell (32°,4 S, 7°,8 W, 33 km), Ball (35°,9 S, 8°,4 W, 41 km) und Lexell (35°,8 S, 4°,2 W, 62 km). Zurück in Richtung Tycho stößt man auf den ebenfalls zerstörten Sasserides (39°,1 S, 9°,3 W, 90 km). Weiter östlich liegt Orontius (40°,6 S, 4°,6 W, 105 km), dessen Ostwand von Huggins (41°,1 S, 1°,4 W, 65 km) unterbrochen wird, den wiederum Nasireddin (41°,0 S, 0°,2 W, 52 km) teilweise überlagert. Richtung Süden überdeckt Saussure (43°,4 S, 3°,8 W, 54 km) weitgehend einen ähnlich großen Krater. Proctor (46°,4 S, 5°,1 W, 52 km) und Maginus (50°,5 S, 6°,3 W, 194 km) liegen südlich von Saussure.

Name	**Übersetzung**
Lacus Excellentiae	See der Vortrefflichkeit
Mare Humorum	Meer der Feuchtigkeit
Mare Nubium	Wolkenmeer
Palus Epidemiarum	Sumpf der Seuchen

Formation	**Mondalter (Tage)**
Blancanus	9, 23
Clavius	8, 22
Deslandres	8, 22
Longomontanus	8, 22
Maginus	8, 22
Moretus	8, 22
Orontius	8, 22
Palus Epidemiarum	10, 24
Saussure	8, 22
Scheiner	9, 22
Schiller	11, 25
Tycho	8, 13, 24
Wilhelm	9, 23

15 | Maurolycus

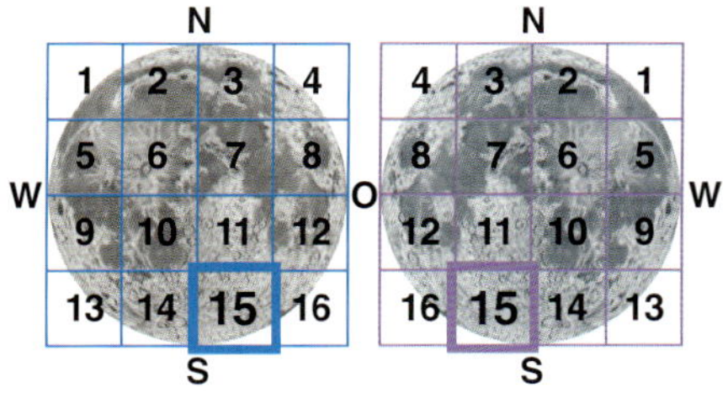

Das südliche Hochland in diesem Gebiet ist ein sehr ursprüngliches Gelände, weshalb die Spuren des extremen Bombardements, kurz nachdem die Kruste des Mondes erstarrte, erhalten geblieben sind. Es gibt nur Krater, kein Mare-Material.

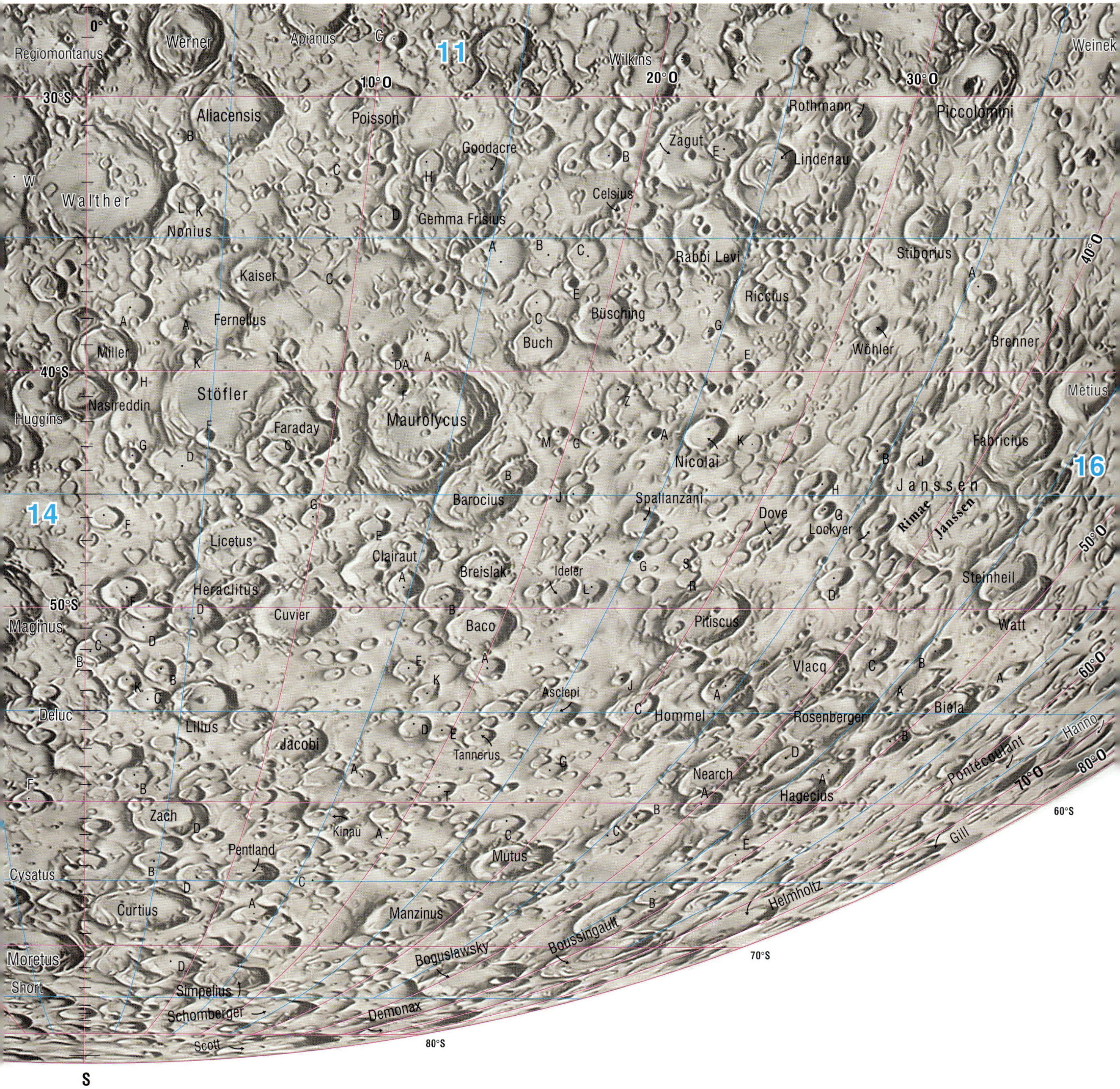

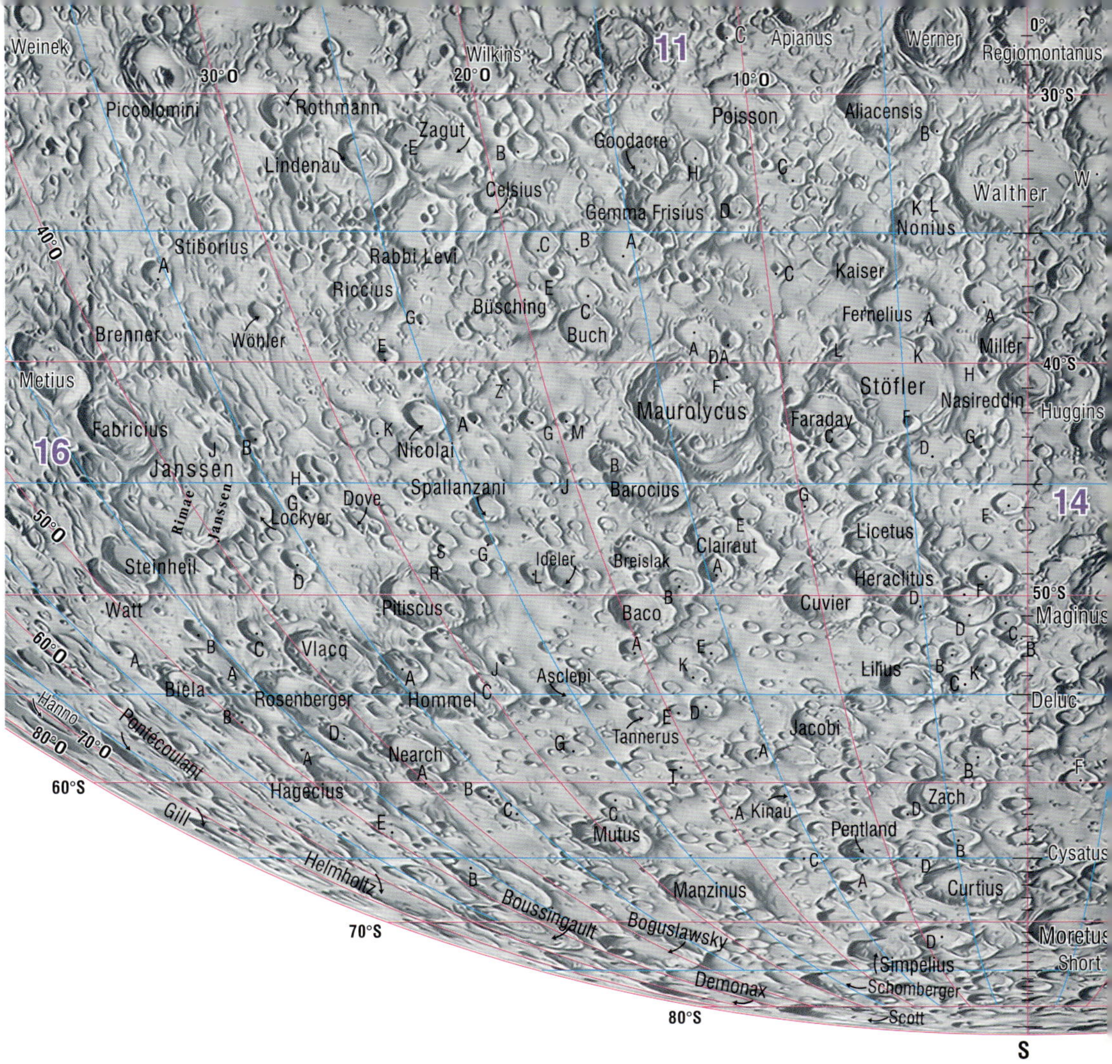

Im Nordwesten liegen Walther (33,°1 S, 1,°0 O, 128 km, 4130 m), Aliacensis (30,°6 S, 5,°2 O, 79 km) und der stark erodierte Nonius (34,°8 S, 3,°8 O, 69 km). In Richtung Osten stößt man auf Poisson (30,°4 S, 10,°6 O, 42 km). Südöstlich davon befindet sich Gemma Frisius (34,°2 S, 13,°3 O, 87 km), dessen Wall teils von Goodacre (32,°7 S, 14,°1 O, 46 km) unterbrochen wird. Richtung Süden sind der große, namenlose Krater Goodacre A sowie Buch (38,°8 S, 17,°7 O, 53 km) und Büsching (38,°0 S, 20,°0 O, 52 km).

Südlich von Walther befinden sich Miller (39,°3 S, 0,°8 O, 61 km) und Nasireddin (41,°0 S, 0,°2 O, 52 km). Östlich davon liegen Fernelius (38,°1 S, 4,°9 O, 65 km), Stöfler (41,°1 S, 6,°0 O, 126 km), dessen Südostwand von Faraday unterbrochen wird, Maurolycus (42,°0 S, 14,°0 O, 114 km) und Barocius (44,°9 S, 16,°8 O, 82 km). Südlich von Stöfler und Maurolycus liegen Licetus (47,°1 S, 6,°7 O, 74 km), der stark erodierte Heraclitus (49,°2 S, 6,°2 O, 90 km), der lavaüberflutete Cuvier (50,°3 S, 9,°9 O, 75 km) und Clairaut (47,°7 S, 13,°9 O, 75 km), dessen Südwand von zwei Sekundärkratern unterbrochen wird.

Südlich von Heraclitus sind Lilius (54,°5 S, 6,°2 O, 61 km) mit seinem auffälligen Zentralberg, Zach (60,°9 S, 5,°3 O, 70 km) und Curtius (67,°2 S, 4,°4 O, 95 km). Schomberger (76,°7 S, 24,°9 O, 85 km) liegt knapp außerhalb der Librationszone, dagegen befinden sich Scott (82,°1 S, 48,°5 O, 103 km), Demonax (77,°9 S, 60,°8 O, 128 km) und Helmholtz (68,°1 S, 64,°1 O, 94 km) in ihr. Die weiter östlich gelegenen Boguslawsky (72,°9 S, 43,°2 O, 97 km), der einen großen Krater im Innern hat (Boguslawsky A), und Boussingault (70,°2 S, 54,°6 O, 142 km) bleiben immer sichtbar. Weiter Richtung Scheibenmitte befinden sich Manzinus (67,°7 S, 26,°8 O, 98 km) und Mutus (63,°6 S, 30,°1 O, 77 km).

In der Nähe von Hommel (54,°7 S, 33,°8 O, 126 km) stößt man auf eine Ansammlung mehrerer Krater, deren Wände von Sekundärkratern unterbrochen werden. Richtung Norden liegt der markante Krater Pitiscus (50,°4 S, 30,°9 O, 82 km); Richtung Osten Vlacq (53,°3 S, 38,°8 O, 89 km), Rosenberger (55,°4 S, 43,°1 O, 95 km) und Biela (54,°9 S, 51,°3 O, 76 km); sowie Richtung Süden Nearch (58,°5 S, 39,°1 O, 75 km) und Hagecius (59,°8 S, 46,°6 O, 76 km). Östlich von Hagecius liegt Pontécoulant (58,°7 S, 66,°0 O, 91 km).

Formation	Mondalter (Tage)
Aliacensis	7, 21
Fabricius	4, 18
Hommel	5, 19
Janssen	4, 24
Manzinus	5, 19
Maurolycus	6, 20
Pitiscus	5, 19
Rabbi Levi	6, 20
Stöfler	7, 21
Vlacq	5, 19
Walther	7, 21
Zagut	6, 20

Im Osten befindet sich die große Formation Janssen (45,°4 S, 40,°3 O, 199 km), die Spalten im Boden, Zentralberge, Sekundärkrater und eine von Fabricius (42,°9 S, 42,°0 O, 78 km) unterbrochene Wand hat. Richtung Süden liegen die auffälligen Krater Steinheil (48,°6 S, 46,°5 O, 67 km) und Watt (49,°5 S, 48,°6 O, 66 km). Nordwestlich von Janssen befindet sich eine weitere Kratergruppe: Zagut (32,°0 S, 22,°1 O, 84 km), der einen Zentralkrater (Zagut A) und eine durch Zagut E unterbrochene Ostwand besitzt, Lindenau (32,°3 S, 24,°9 O, 53 km) im Nordwestteil eines großen, erodierten namenlosen Kraters, Rabbi Levi (34,°7 S, 23,°6 O, 81 km) mit Sekundärkratern im Innern sowie Riccius (36,°9 S, 26,°5 O, 71 km), dessen Osthälfte zerstört ist.

16 | Rheita

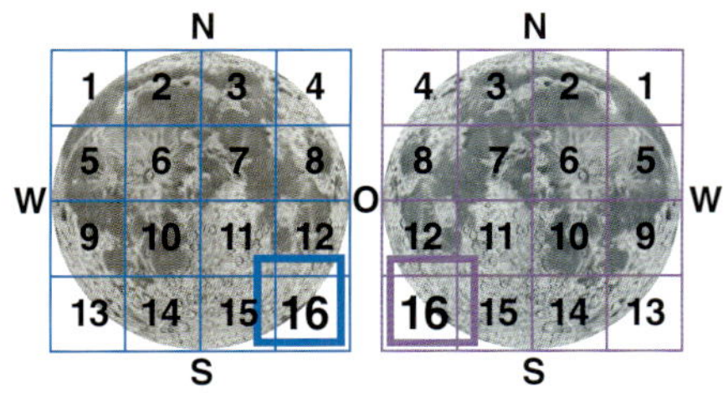

Dieser Bereich besteht größtenteils aus Hochländern, die von Kratern überzogen sind, aber auch aus einem Teil des Mare Australe am Mondrand. Hier findet man zwei auffällige Kraterketten.

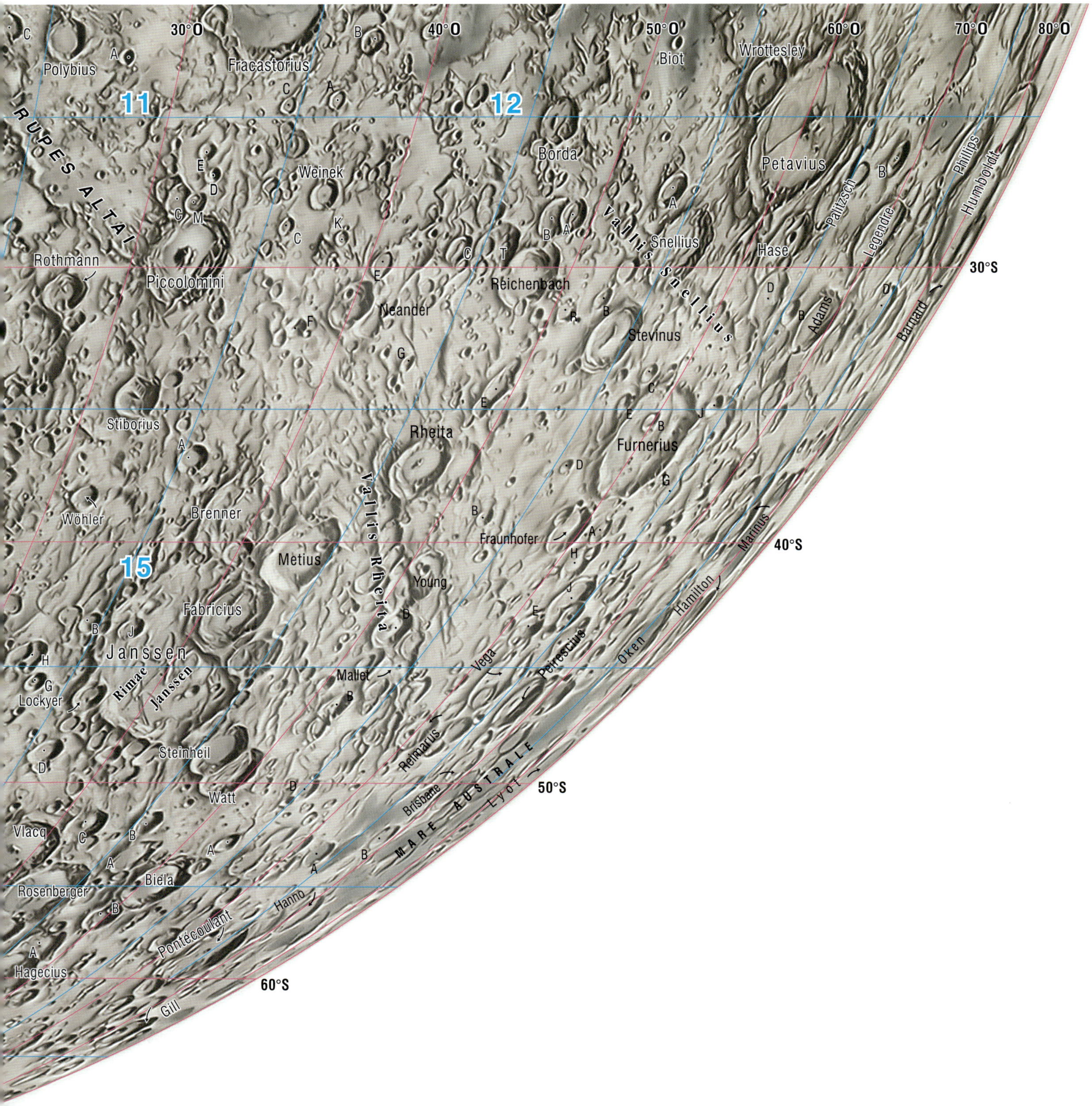

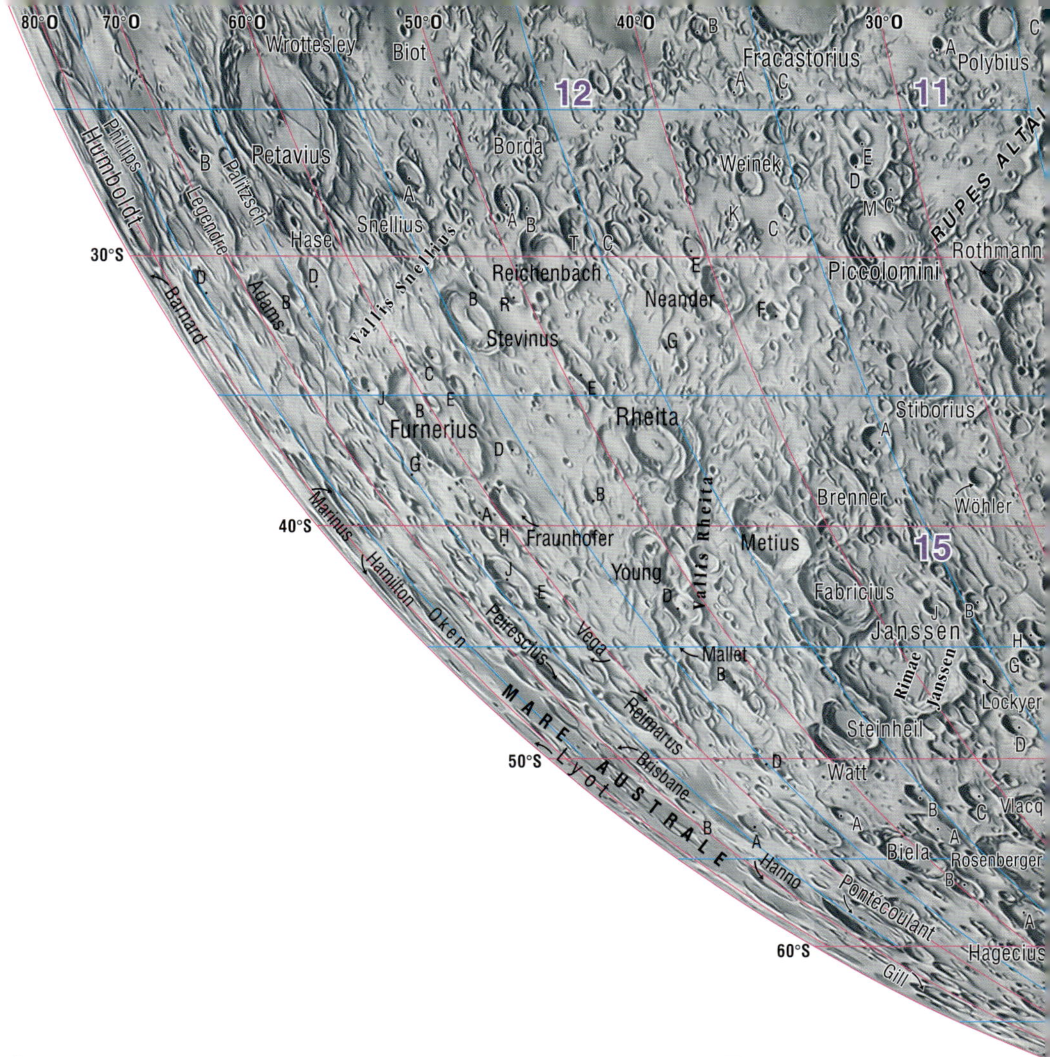

Verwendung lateinischer Namen

Die verschiedenen Strukturen auf dem Mond, den Planeten und deren Monden tragen vereinbarungsgemäß lateinische Namen. Eine Übersicht der auf dem Mond verwendeten Begriffe und deren Bedeutung findet man in Tabelle L1 (S. 157).

Manche Begriffe werden nur für Mondformationen verwendet, nicht für Strukturen auf den Planeten oder auf deren Monden. Dies sind mit ihrem Plural (sofern verwendet): Lacus, Mare (Maria), Palus (Paludes), Promontorium (Promontoria) und Rima (Rimae).

Um Verwirrungen zu vermeiden, hat man einige Namen beibehalten, obwohl unser heutiges Wissen über den Mond einen anderen Begriff nahe legen würde. Beispielsweise würde man in manchen Fällen den Begriff „Vallis" (Tal) durch „Catena" (Kraterkette) ersetzen.

Die Kraterkette, die Vallis Rheita bildet, hat viele Ähnlichkeiten mit dem bereits beschriebenen Vallis Snellius (Karte 12). Sie liegt wie Vallis Snellius radial zum Mare Nectaris und ist 450 km lang. Daher könnte sie mit der Entstehung des Mare in Zusammenhang stehen. Am auffälligsten ist Vallis Rheita zwischen Rheita (37,°1 S, 47,°2 O, 70 km) und Reimarus (47,°7 S, 60,°3 O, 48 km).

Nordwestlich von Rheita liegt Neander (31,°3 S, 39,°9 O, 50 km) mit seinen Zentralbergen, Richtung Südwesten Metius (40,°3 S, 43,°3 O, 87 km). Im Nordosten liegen Reichenbach (30,°3 S, 48,°0 O, 71 km), Stevinus (32,°5 S, 54,°2 O, 74 km) mit seinem auffälligen Zentralberg sowie der sehr markante Furnerius (36,°0 S, 60,°6 O, 135 km) mit einem gespalteten Boden und einem auffälligen Krater im Innern (Furnerius B). Diese Krater liegen ungefähr parallel zum Vallis Snellius. Östlich von Stevenius stößt man auf Adams (31,°9 S, 68,°2 O, 66 km) und ganz am Mondrand auf Barnard (29,°5 S, 85,°6 O, 105 km).

Richtung Mondrand hinter Brisbane (49,°1 S, 68,°5 O, 44 km) und Peirescius (46,°5 S, 67,°6 O, 61 km) liegt Mare Australe, das sich von Hanno (56,°3 S, 71,°2 O, 56 km) bis zu Marinus (39,°4 S, 76,°5 O, 58 km) nach Norden erstreckt (die beiden Krater liegen in der Librationszone). Das Mare umgibt den großen, lavaüberfluteten Krater Lyot (49,°8 S, 84,°5 O, 132 km).

Name	Übersetzung
Mare Australe	Südmeer
Formation	**Mondalter (Tage)**
Furnerius	2, 16
Metius	4, 18
Rheita	4, 18
Stevinus	5–9

Libration

Nordost- (L1) und Nordwest-Abschnitte (L2)

Diese beiden Librationskarten decken den Bereich um den Nordpol des Mondes ab. Auf dem Nordwest-Abschnitt sind Krater, die für gewöhnlich am Mondrand liegen, wie Galvani, Repsold, Volta und Xenophanes (Karte 1) besser erkennbar, genauso wie Pythagoras, Carpenter, Anaximenes, Philolaus, Anaxagoras und Goldschmidt (alle Karte 2). Mehr noch: Strukturen wie Brianchon (75°,0 N, 86°,2 W, 134 km) sowie in Polnähe Peary (88°,6 N, 33°,0 O, 73 km) und Byrd (85°,3 N, 9°,8 O, 93 km) sind deutlicher. McLaughlin (47°,1 N, 92°,9 W, 79 km), Smoluchowski (60°,3 N, 96°,8 W, 83 km), der große Krater Rozhdestvenskiy (85°,2 N, 155°,4 W, 177 km), Plaskett (82°,1 N, 174°,3 O, 109 km) und Nansen (82°,1 N, 174°,3 O, 109 km) sind gelegentlich sichtbar.

Im Nordwesten sind Krater wie Röntgen (33°,0 N, 91°,4 W, 126 km) oder Nernst (35°,3 N, 94°,8 W, 116 km) gelegentlich erkennbar. Diese beiden Krater sowie Laue (28°,0 N, 96°,7 W, 87 km) liegen auf der Wand des sehr großen, zerfallenen Kraters Lorentz (32°,6 N, 95°,3 W, 312 km), den man ganz selten flüchtig sehen kann.

Weiter südlich lässt sich bei günstiger Libration der große Krater Einstein mit

Farbschattierungen

Neutral	immer sichtbar
Rosa	gelegentlich sichtbar
Blau	selten sichtbar

L2

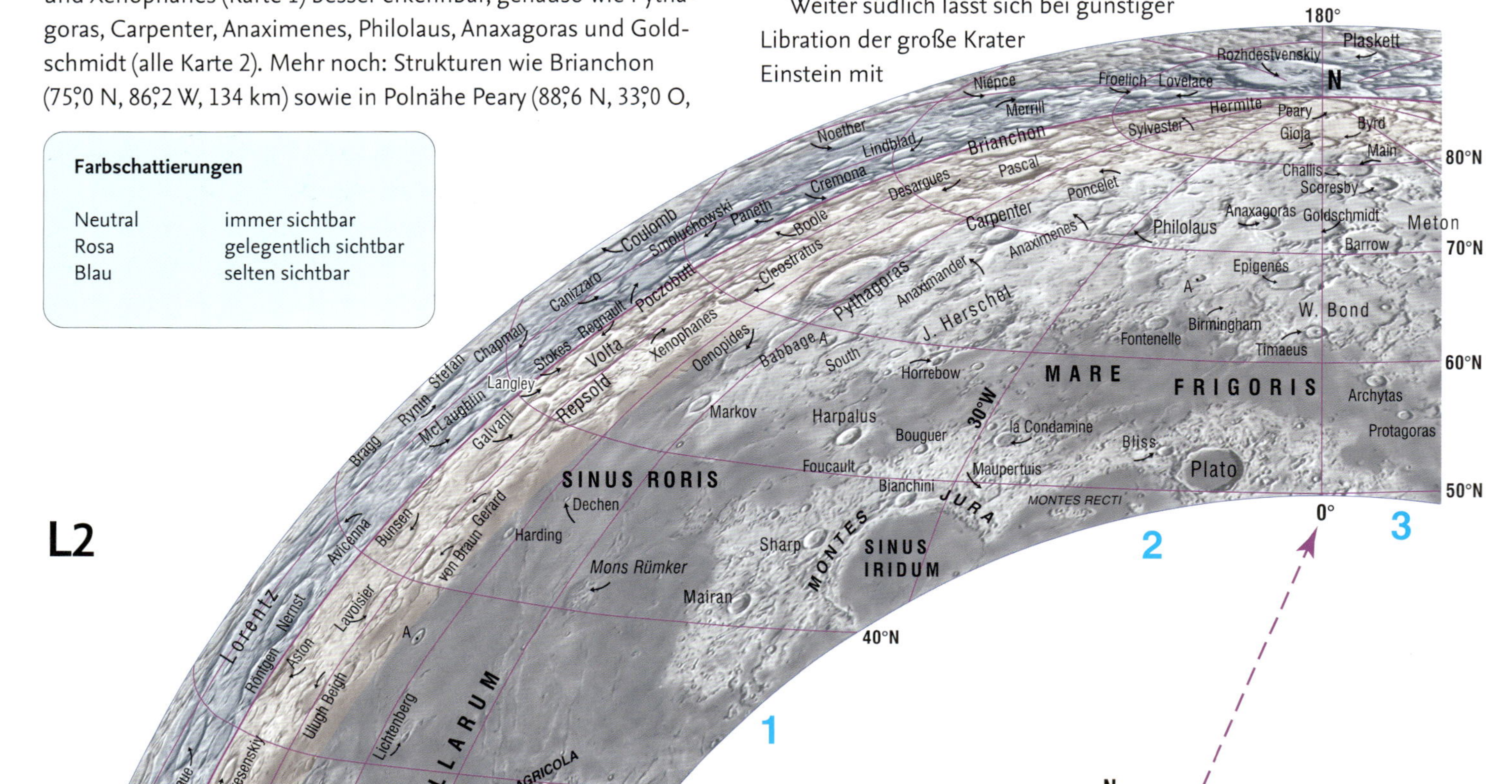
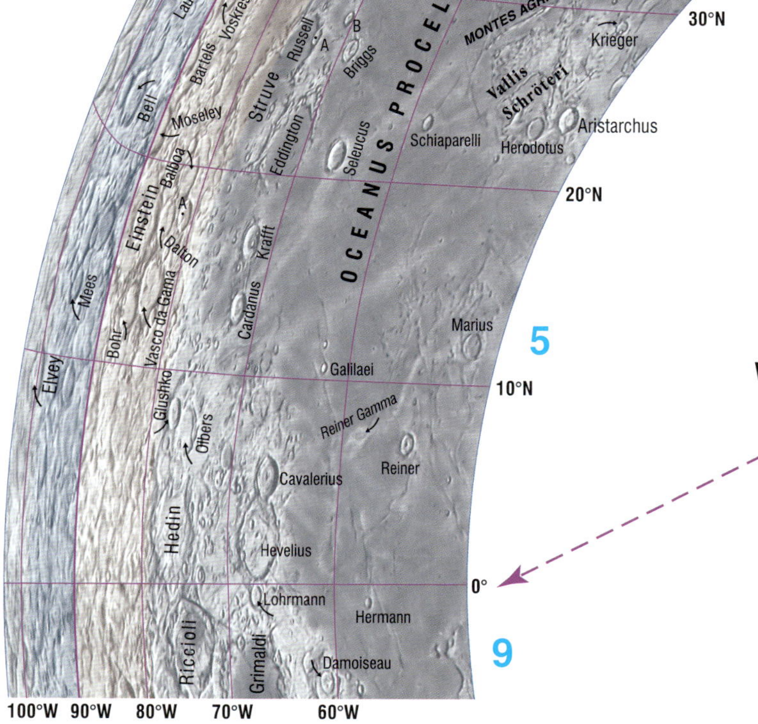

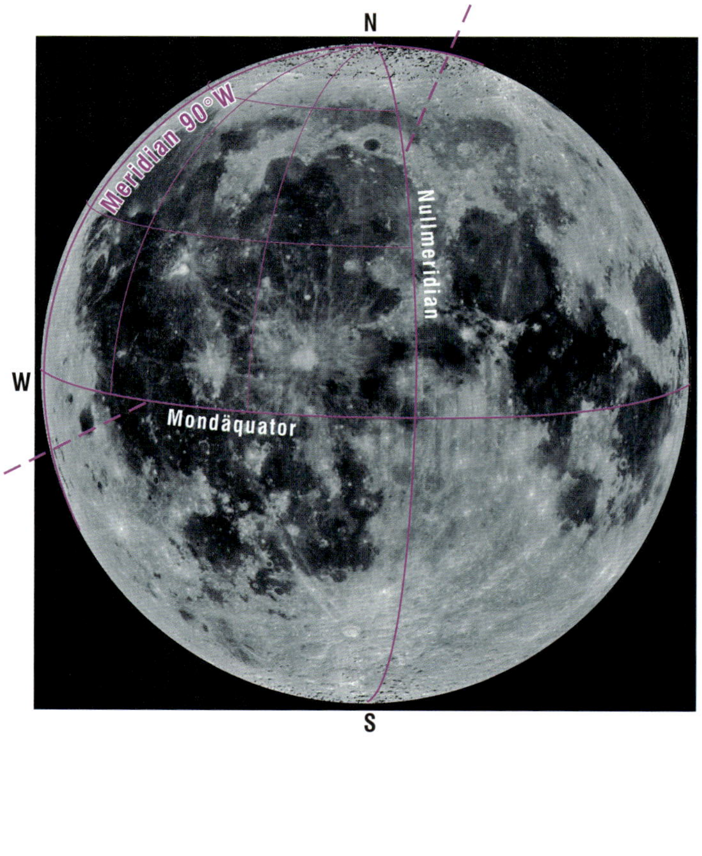

seinem Zentralkrater erkennen, ähnlich ist es mit den benachbarten Balboa, Dalton, Vasco da Gama und Bohr (alle Karte 5). Jenseits von ihnen liegen so gut wie keine klar erkennbaren Strukturen, aber gelegentlich sind Elvey (8,°8 N, 100,°5 W, 74 km), Mees (13,°6 N, 96,°1 W, 50 km) und Bell (21,°8 N, 96,°4 W, 86 km) sichtbar.

Auf dem Nordost-Abschnitt kann der große Krater Schwarzschild (70,°1 N, 121,°2 O, 212 km) sichtbar werden. Es ist auch möglich, Petermann (74,°2 N, 66,°3 O, 73 km), Cusanus (72,°0 N, 70,°8 O, 63 km) und Hayn (64,°7 N, 85,°2 O, 87 km) mit seinem großen Zentralberg zu erkennen. Das gesamte Gebiet im und um das Mare Humboldtianum (Karte 4) und sein Becken lässt sich besser verstehen. Belkovich (61,°1 N, 90,°2 O, 214 km) und sogar der weiter östlich gelegene Compton (55,°3 N, 103,°8 O, 162 km) kommen zum Vorschein.

Weiter im Süden ist das Innere von Gauss (Karte 4) und Riemann (38,°9 N, 86,°8 O, 163 km) mit weniger perspektivischer Verzerrung zu sehen. Zu den bedeutenden Kratern, die teilweise sichtbar werden, gehört Harkhebi (39,°6 N, 98,°3 O, 237 km). Möglicherweise kann man Details bei Fabry (42,°9 N, 100,°7 O, 184 km) ausfindig machen, der in Harkhebi liegt, womöglich sogar etwas von Maxwell (30,°2 N, 98,°9 O, 107 km) oder Lomonosov (27,°3 N, 98,°0 O, 92 km). Andere große Krater sind Vestine (33,°9 N, 93,°9 O, 96 km) und Joliot (25,°8 N, 93,°1 O, 164 km).

In der Nähe des Mondäquators sieht man Mare Marginis, Neper und Mare Smythii (alle Karte 8) besser. In seltenen Fällen lassen sich womöglich auch Biruni (17,°9 N, 92,°5 O, 77 km), Dreyer (10,°0 N, 96,°9 O, 61 km) und Babcock (4,°2 N, 93,°9 O, 99 km) beobachten.

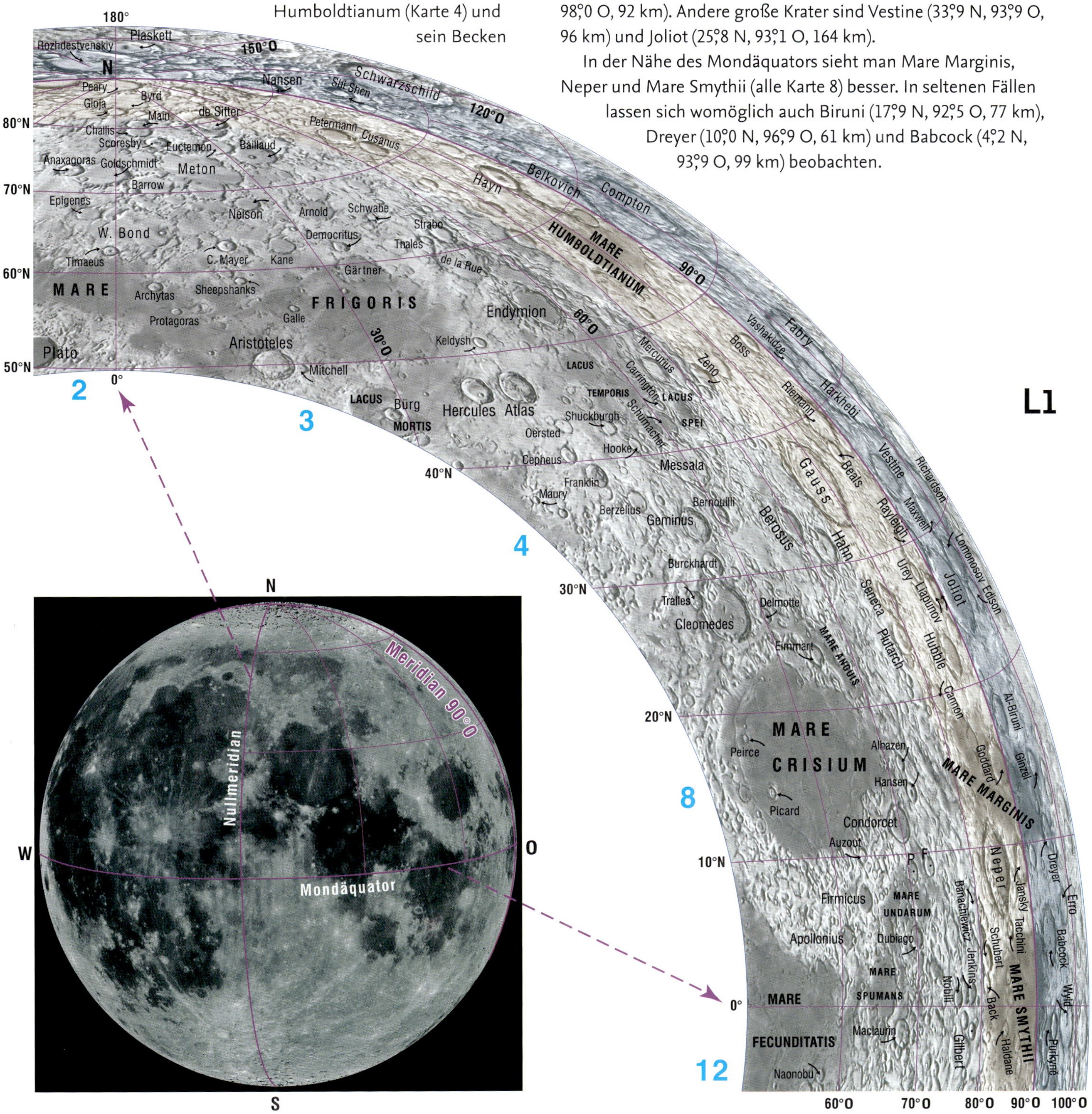

Südwest- (L3) und Südost-Abschnitte (L4)

Bei günstiger Libration ist im südwestlichen Sektor das Mare Orientale (Karte 9) imposant. Dann liegen nicht nur die Montes Cordillera und Montes Rook auf dem sichtbaren Teil des Mondes, sondern es wird auch der lavaüberflutete Zentralbereich sichtbar, sowie die kleineren Dunkelflächen Lacus Autumni und Lacus Veris.

Weiter im Süden tauchen drei Talsysteme vollständig auf: Vallis Bouvard, Vallis Inghirami und Vallis Baade. Die großen Krater Lagrange und Inghirami sowie der einzigartige, lavaüberflutete Wargentin (alle Karte 13) sind besser zu erkennen.

Auch die Größe des riesigen Kraters Bailly (Karte 14) lässt sich besser würdigen. Jenseits von ihm liegt Hausen (65,°0 S, 88,°1 W, 167 km), ein weiterer großer Krater mit Terrassen und einem Zentralberg im Innern. Richtung Süden stößt man auf den zerfallenen Krater Le Gentil (74,°6 S, 75,°7 W, 128 km) und auf Drygalski (79,°3 S, 84,°9 W, 149 km).

In der Nähe des Südpols sind Formationen wie Newton (Karte 14) besser zu sehen, und Krater wie Scott, Demonax und Helm-

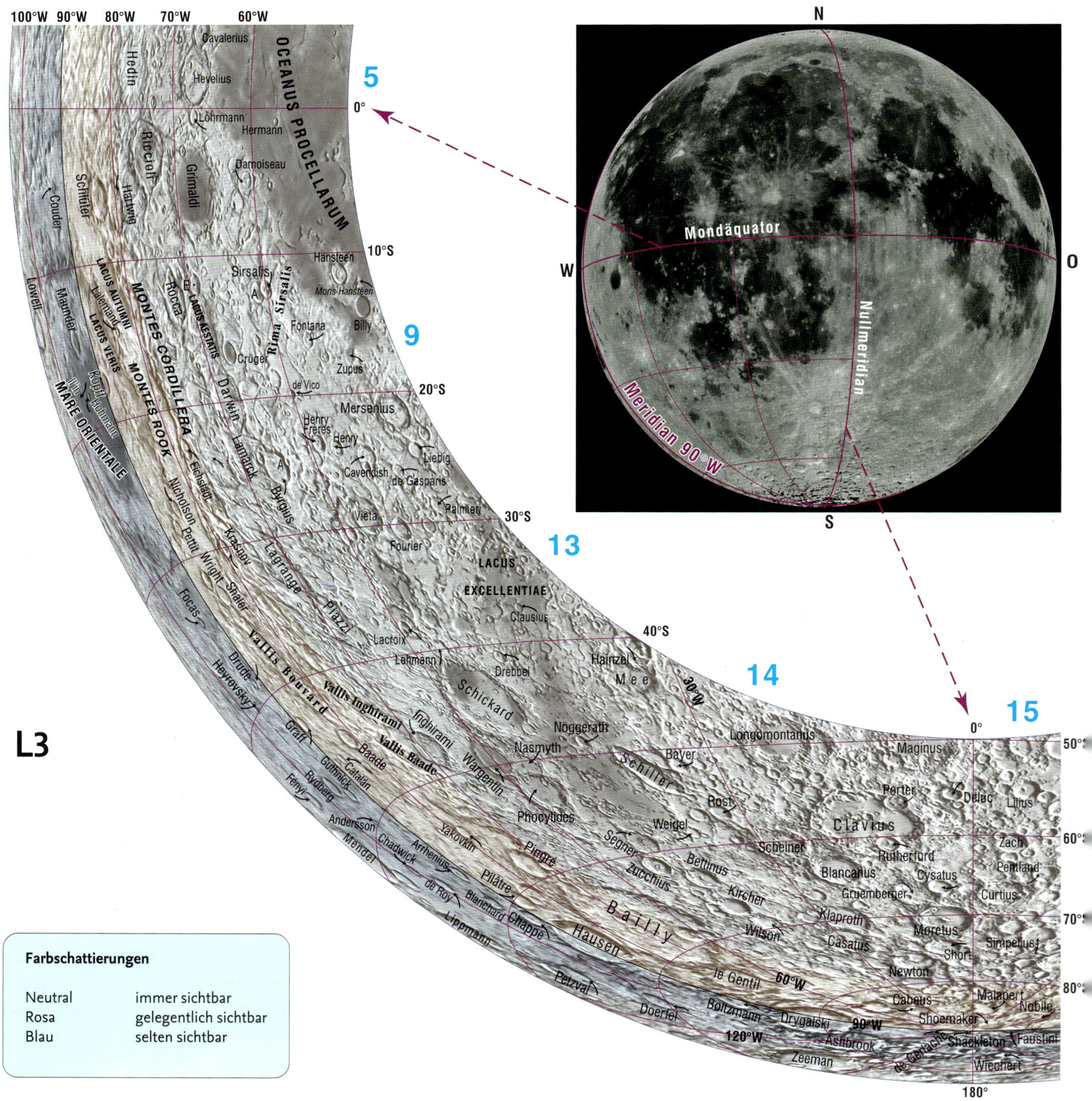

Farbschattierungen

Neutral	immer sichtbar
Rosa	gelegentlich sichtbar
Blau	selten sichtbar

holtz (Karte 15) kommen zum Vorschein. Hinter diesen können Amundsen (84,3° S, 85,6° O, 101 km) und der noch weiter am Rand gelegene Riesenkrater Schrödinger (75,0° S, 132,4° O, 312 km) sichtbar werden. Schrödinger ist ein eigenständiges Einschlagbecken. Etwas weiter nördlich kann man Vallis Schrödinger erspähen.

Mare Australe ist ein unregelmäßiges Mare, aber bei idealer Libration zerfällt es in zahlreiche Flecken aus Mare-Material und dazwischen liegenden helleren Abschnitten um den lavagefüllten Krater Lyot (Karte 16). Es bedarf maximaler Libration, um auch den großen Krater Lebedev (47,3° S, 107,8° O, 102 km) zu erhaschen.

Richtung Nordost werden die weiter entfernt liegenden Wälle der komplexen Krater Hecataeus und Humboldt (Karte 12) sichtbar. Abel (34,5° S, 87,3° O, 122 km) und Barnard (29,5° S, 91,0° O, 151 km) sind deutlicher, und die großen Krater Curie (22,9° S, 91,0° O, 151 km) und Sklodowska (18,2° S, 95,5° O, 127 km) tauchen auf.

Jenseits von Kästner und Ansgarius (beide Karte 12) taucht der Krater Kiess (6,4° S, 84,0° O, 63 km) auf. Mare Smythii ist meist nur schwer zu erkennen. Bei maximaler Libration sieht man, dass es sich um ein recht großes Mare handelt. Weiter in Richtung Mondrand liegt der große Krater Hirayama (6,1° S, 93,5° O, 132 km).

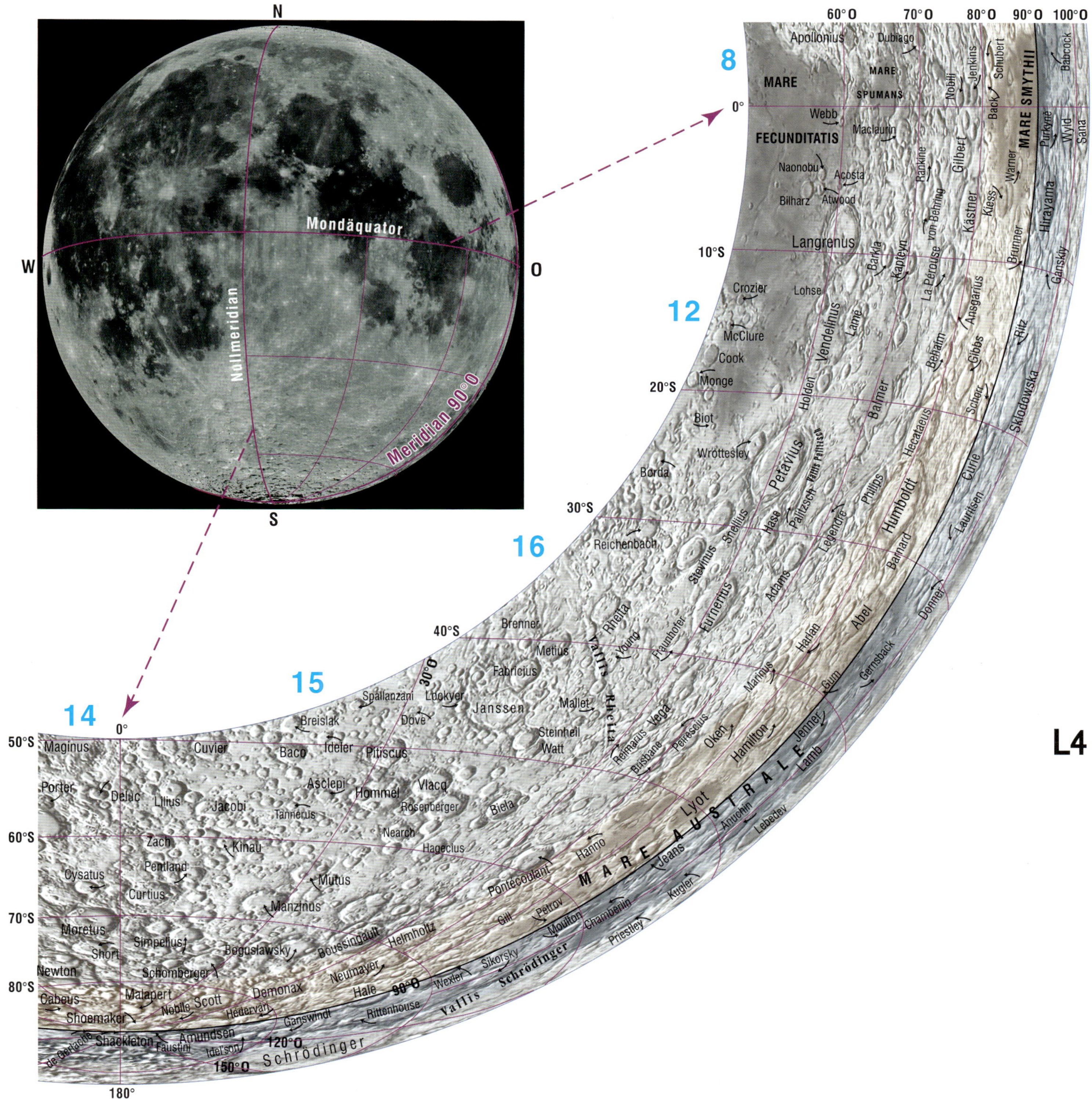

MONDKARTEN

L4

Erdzugewandte und erdabgewandte Seite des Mondes

Die Verteilung Mare-ähnlicher Gebiete unterscheidet sich sehr stark zwischen der erdzugewandten und der erdabgewandten Seite des Mondes. Auf der zur Erde zeigenden Seite werden 31,2% der Oberfläche von Maria bedeckt, auf der erdabgewandten Seite nur 2,5%: Mare Orientale, Mare Ingenii, Mare Moscoviense, Teile des Mare Australe, Mare Marginis und Mare Smythii. Teile der Einschlagbecken auf der erdabgewandten Seite (Hertzsprung, Apollo, Poincaré) sind mit dunklem Material aufgefüllt.

Auch die Verteilung von Höhenzügen fällt auf dem Mond sehr unterschiedlich aus. Die mittlere Höhe der erdzugewandten und erdabgewandten Seite differiert um ungefähr 3 km. Die mit Kratern übersäte abgewandte Seite ist im Allgemeinen höher, und, wie bereits früher erwähnt, ist die Kruste dort viel dicker. Daher war es für Lava sehr viel schwieriger aus dem Mondinnern an die Oberfläche zu steigen und dort Maria zu erzeugen.

Einschlagbecken

Die groben Umrisse und Namen (in Farbe) markieren 30 sichere Einschlagbecken und das hypothetische Procellarum-Becken. Die

Erdzugewandte Seite

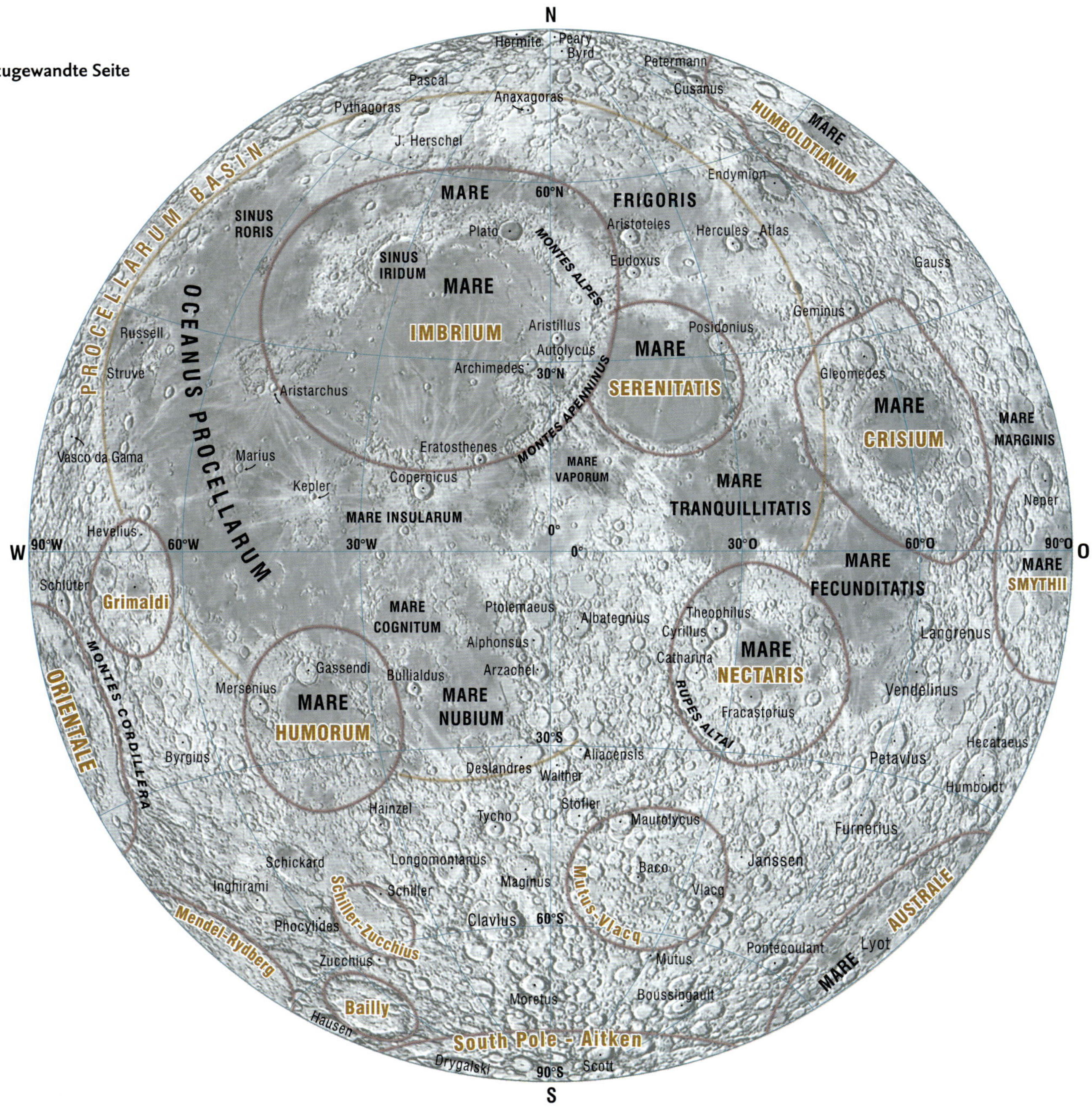

Namen der Becken sind noch kein Bestandteil der IAU-Nomenklatur, aber die hier genannten werden regelmäßig in der wissenschaftlichen Literatur benutzt. Details zu den Becken s. S. 222.

Die größte topografische Struktur auf dem Mond (wenn auch nicht direkt auf Bildern erkennbar) ist das Südpol-Aitken-Becken. Galileos Fernerkundungssensoren und Clementines Laserhöhenmessungen haben es entdeckt; es handelt sich um das älteste erkennbare lunare Becken. Mit 2500 km Durchmesser und einer durchschnittlichen Tiefe von fast 13 km (von der Oberkante des Randes bis zum Bodenniveau) ist es eines der größten Einschlagbecken des Sonnensystems. Der Krater Aitken (17° S, 173° O) und der Südpol liegen in der Nähe des Beckenrandes und standen daher als Namensgeber Pate. Das zweitgrößte Becken ist das Imbrium-Becken, das von einem eindrucksvollen Ringbogen begrenzt wird, zu dem Montes Carpatus, Apenninus und Caucasus gehören.

Das Orientale-Becken am Westrand des Mondes ist ein wunderbares Beispiel. Man erkennt einen kompletten Satz an Gebirgsringen – Teile davon sind Montes Cordillera und Montes Rook. Ein weiteres Beispiel ist das Nectaris-Becken. Sein Hauptrand ist dank Rupes Altai klar erkennbar. Wenn Nectaris das nächste Mal geeignet beleuchtet wird, könnten Sie sich auf die Suche nach weiteren Resten des Beckenrandes machen.

Name	Übersetzung
Lacus Luxuriae	See des Überflusses
Mare Australe	Südmeer
Mare Humboldtianum	Humboldtmeer
Mare Ingenii	Meer der Begabung
Mare Moscoviense	Moskauer Meer
Mare Orientale	Ostmeer
Mare Smythii	Smythmeer

Erdabgewandte Seite

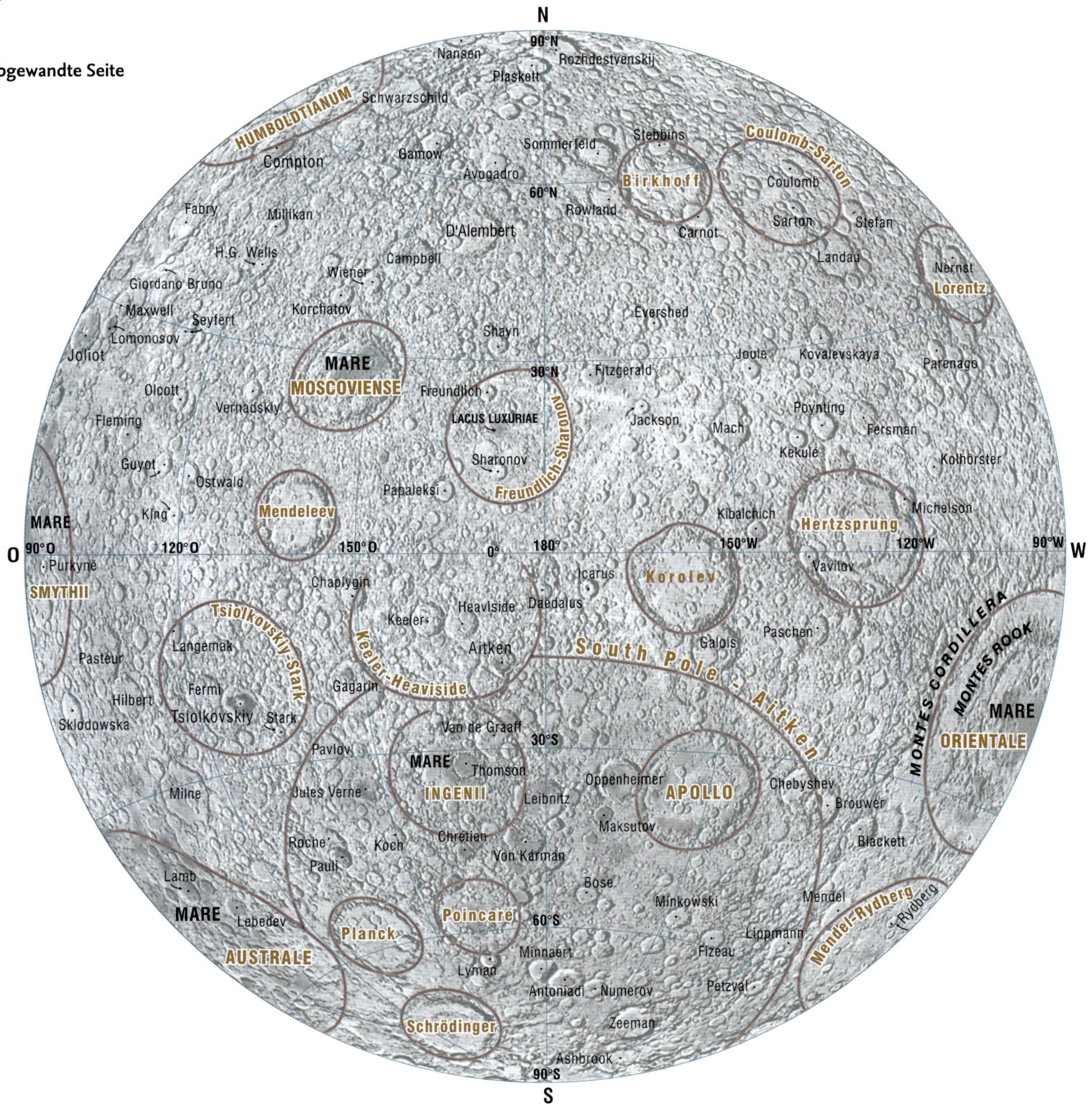

Die Beobachtung von Objekten des Sonnensystems

Sonnenaufgang und Sonnenuntergang, die Dauer der Dämmerung

Die Zeitpunkte für den Sonnenaufgang und -untergang sowie die Dauer der Dämmerung und der Nacht hängen sehr stark von der geografischen Breite ab. Am Äquator dauern Tag und Nacht immer ungefähr gleich lang, dagegen folgt an den Polen einer mehrmonatigen Dunkelheit eine Monate dauernde Phase, in der die Sonne über dem Horizont verbleibt.

Es gibt drei Dämmerungsphasen. Während der bürgerlichen Dämmerung steht die Sonnenmitte weniger als 6° unter dem Horizont. In dieser Zeit sind nur sehr helle Planeten wie Venus und Jupiter am Himmel zu sehen. In der Phase der nautischen Dämmerung steht die Sonnenmitte zwischen 6° und 12° unter dem Horizont. Die hellen Sterne werden sichtbar, und auch den Horizont kann man noch erkennen. Während der astronomischen Dämmerung steht die Sonnenmitte zwischen 12° und 18° unter dem Horizont. Zu Beginn werden auch schwache Sterne im Zenit sichtbar. Steht die Sonne mehr als 18° unter dem Horizont, sind die schwächsten Sterne überall am Himmel zu sehen. Selbstverständlich laufen diese Dämmerungsphasen in den Morgenstunden in umgekehrter Reihenfolge ab.

Die Diagramme auf den folgenden Seiten zeigen für vier verschiedene geografische Breiten die Zeitpunkte für Sonnenaufgang und -untergang sowie die Länge der drei Phasen der Dämmerung. Wie man sieht, wird es auf 50° N im Sommer nicht mehr völlig dunkel, auf 60° N hält die nautische Dämmerung sogar die ganze Nacht an. Die Diagramme beziehen sich auf die lokale Ortszeit, d. h. sie gelten für jeden Längengrad der Erde. Sie berücksichtigen also nicht die Sommerzeit oder den Unterschied zur bürgerlichen (Uhr-)Zeit, die in einer Zeitzone gilt.

Datum und Uhrzeit

Datum und Uhrzeit astronomischer Ereignisse werden normalerweise in der international akzeptierten, wissenschaftlichen Schreibweise angegeben: Jahr, Monat (in Buchstaben), Tag, Stunde (im 24-Stunden-Schema), Minute und Sekunde. Ein Venusdurchgang vor der Sonne begann also um 2004 Jun. 08, 05:15 UT. Die Universal Time (UT, Weltzeit) wird im Allgemeinen für die Zeitangaben astronomischer Ereignisse verwendet. Die Weltzeit bezieht sich auf den Meridian in Greenwich; Korrekturen für die Sommerzeit gibt es keine. Für bestimmte Ereignisse kann man eine Zeitangabe als Dezimalteile eines Tages oder einer Minute angeben.

Die Bewegung des Mondes

Wie bereits erwähnt, bewegen sich der Mond und die Planeten immer entlang der Ekliptik innerhalb des Streifens der Tierkreissternbilder. Jenseits von der durch die Erdrotation bedingten Bewegung über den Himmel von Ost nach West, haben Mond und Planeten Eigenbewegungen. Der Mond wandert dadurch langsam nach Osten vor dem Hintergrund der Sterne. Pro Stunde bewegt er sich ungefähr um seinen eigenen Durchmesser weiter, so dass er einen Umlauf innerhalb eines siderischen Monats ($27\overset{d}{.}32166$) vollendet. Die Mondphasen hängen dagegen von der Stellung des Mondes bezogen auf die Sonne ab. Dieser Monat von einem Neumond zum nächsten heißt synodischer Monat ($29\overset{d}{.}53059$). Die Zeitpunkte für Neu- und Vollmond stehen ebenfalls in den Diagrammen.

Der Mond beschreibt eine sehr komplexe Bewegung – zu komplex, um sie hier im Detail zu besprechen. Jedenfalls schwankt seine Entfernung von der Ekliptik (seine ekliptikale Breite) mit einer Periode von vielen Jahren. Zudem ändert sich die Position der Ekliptik am Himmel mit der Breite des Beobachtungsorts.

Sonnenfinsternisse treten auf, wenn der Mond exakt zwischen Erde und Sonne vorbeizieht. Solche Ereignisse sind recht selten. Sie ereignen sich nicht monatlich bei Neumond, da der Mond bei seinem Umlauf um die Erde für gewöhnlich ober- oder unterhalb der Sonnenscheibe vorbeizieht. Der Schattenkegel des Mondes besteht aus dem Kernschatten, in den kein Sonnenlicht gelangt, und dem Halbschatten, in den Licht von einem Teil der Sonnenscheibe gelangt. Berührt der Kernschattenkegel die Erdoberfläche, so findet entlang einer schmalen Zentrallinie eine totale Sonnenfinsternis statt. Die maximale Dauer einer totalen Sonnenfinsternis beträgt $7^{m}31^{s}$, aber meistens fällt sie viel kürzer aus. Bedeckt der Mond aufgrund der geometrischen Verhältnisse die Sonne nicht vollständig, obwohl er genau vor ihr steht, ereignet sich eine ringförmige Sonnenfinsternis. Gelegentlich kann bei einer ringförmigen Sonnenfinsternis auf der Mitte der Zentrallinie eine sehr kurze Totalität eintreten. Meistens jedoch bedeckt der Mond die Sonne nur unvollständig, so dass lediglich eine partielle Sonnenfinsternis auftritt. Solange bei einer partiellen Finsternis nicht wenigstens 70 Prozent der Sonnenscheibe verdeckt sind, nimmt die Öffentlichkeit ein solches Ereignis nicht wahr. In der Tabelle 6 steht eine Liste kommender Sonnenfinsternisse.

Für die Beobachtung einer Sonnenfinsternis, von Sonnenflecken oder eines Durchgangs von Merkur oder Venus ist es unerlässlich, seine Augen zu schützen. Die unsichtbare Infrarotstrahlung ist selbst bei geringer Sonnenhöhe vorhanden, so dass man niemals ungeschützt in die Sonne schauen darf. Eine sichere Methode ist die Projektion der Sonne oder die Verwendung eines Filters, das den Großteil des Lichts und alle Wärme vom Auge des

Tabelle 6: Sonnenfinsternisse

Jahr	Datum	Art	Finsternismitte (UT)	Dauer	Ort
2005	8. Apr.	ringförmig/total	20:36	0^m42^s	Neuseeland, mittlerer Pazifik, Venezuela
	3. Okt.	ringförmig	10:32	4^m31^s	Spanien, Nordafrika, Sudan, Kenia, Ind. Ozean
2006	29. Mrz.	total	10:11	4^m07^s	West- und Nordafrika, Türkei, Zentralasien
2006	22. Sept.	ringförmig	11:40	7^m09^s	Nördliches Südamerika, Südatlantik, Ostasien
2007	19. Mrz.	partiell	02:32		Ostasien
	11. Sept.	partiell	12:31		Südamerika, Antarktis
2008	7. Feb.	ringförmig	03:55	2^m12^s	Südlicher Pazifik, Antarktis
	1. Aug.	total	10:21	2^m27^s	Nordkanada, Grönland, Novaja Semlja, Siberien, China
2009	26. Jan.	ringförmig	07:58	7^m56^s	Südatlantik, Indischer Ozean, Sumatra, Borneo
	22. Juli	total	02:35	6^m40^s	Asien, Pazifischer Ozean

Beobachters fernhält. Die Okularsonnenfilter billiger Teleskope sind unsicher und sollten nie verwendet werden!

Mondfinsternisse, bei denen der Mond durch den Erdschatten wandert, sind immer von einem großen Teil der Erde aus zu sehen. Wie bei Sonnenfinsternissen gibt es Kern- und Halbschatten sowie partielle und totale Finsternisse. Die maximale Dauer einer totalen Mondfinsternis tritt ein, wenn der Mond durch das Zentrum des Kernschattens wandert. Sie beträgt 1^h47^m. Eine Liste kommender Mondfinsternisse liefert Tabelle 7. Halbschattenfinsternisse, bei denen der Mond nur den hellen Halbschatten durchwandert, sind nicht auffällig und daher nicht berücksichtigt worden.

Die Bewegung der Planeten

Die Planeten beschreiben ihre eigenen Bewegungsmuster vor dem Hintergrund der Sterne. Die scheinbaren Bahnen hängen davon ab, ob ein Planet innerhalb der Erde um die Sonne läuft oder außerhalb. Die inneren Planeten Merkur und Venus entfernen sich am Himmel nie weit von der Sonne. Vier Positionen sind bei ihnen von besonderem Interesse: untere und obere Konjunktion sowie östliche und westliche Elongation (Abb. 10). Am leichtesten sieht man die Planeten in östlicher und westlicher Elongation, wobei ihre Sichtbarkeit letztlich noch von ihrer Entfernung zur Ekliptik und der Position des Beobachters auf der Erde abhängt. Merkur kann $-1^m{,}7$ hell werden, also etwas heller als Sirius. Venus kann sogar $-4^m{,}4$ hell werden.

Tabelle 7: Mondfinsternisse

Jahr	Datum	Art	Finsternismitte (UT)	Ort
2005	17. Okt.	partiell	12:03	Nordamerika, Asien (nicht in Europa)
2006	7. Sept.	partiell	18:51	W.asien, Indien, O.afrika
2007	3. Mrz.	total	23:21	Europa, Afrika
	28. Aug.	total	10:37	Pazifik, Ostaustralien
2008	21. Feb.	total	03:26	Westeuropa und Afrika, Südamerika, Nordamerika (außer Westküste)
	16. Aug.	partiell	21:10	Indien, Afrika, O.europa
2009	31. Dez.	partiell	19:23	Europa, Afrika, Südamerika

Merkur und Venus sind um ihre untere und obere Konjunktion unsichtbar, außer sie wandern in unterer Konjunktion vor der Sonnenscheibe vorbei. Das kommt allerdings sehr selten vor, bei Merkur noch häufiger als bei Venus. Künftige Vorübergänge des Merkurs ereignen sich am 8. November 2006, am 9. Mai 2016 und am 11. November 2019. Venusvorübergänge treten immer paarweise auf (mit acht Jahren Abstand). Das aktuelle Transitpaar ist der 8. Juni 2004 und der 5./6. Juni 2012. Das vorherige Paar war am 9. Dezember 1874 und am 6. Dezember 1882.

Entsprechende Positionen gibt es bei den äußeren Planeten Mars, Jupiter, Saturn, Uranus, Neptun (und Pluto). Man kann sie am besten in Opposition sehen, wenn sie der Sonne am Himmel gegenüberstehen (Abb. 11). Da Mars eine deutlich elliptische Umlaufbahn hat, verändert sich sein Abstand zur Erde von Opposition zu Opposition stark. Der Planet erscheint am größten, wenn

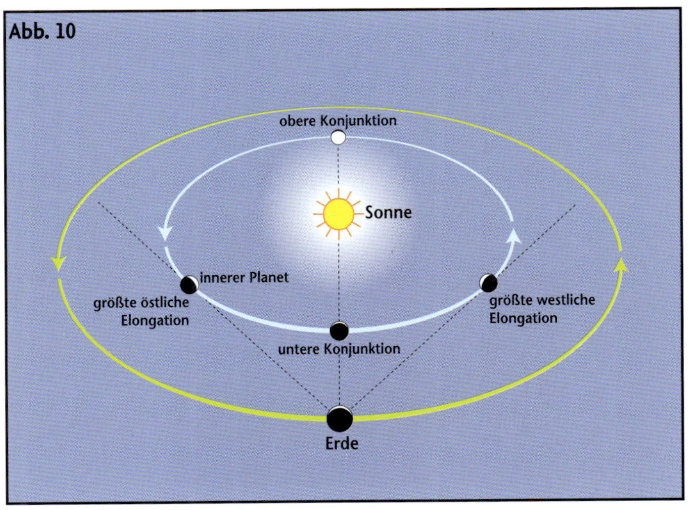

Abb. 10

die Opposition in der Nähe des Perihels eintritt (dem sonnennächsten Punkt der Umlaufbahn), und besonders groß, wenn der Mars im Perihel und die Erde im Aphel (der sonnenfernste Punkt der Umlaufbahn) ihrer Bahn stehen. Im August 2003 trat diese Situation ein: so nahe wird Mars der Erde in den nächsten 60 000 Jahren nicht mehr kommen.

Meistens wandern die Planeten wie der Mond von West nach Ost am Himmel. Gelegentlich kommt es durch die Überlagerung der Bewegungen des Planeten und der Erde jedoch zu der Situation, dass der Planet scheinbar rückwärts läuft (retrograd), bevor er

Abb. 11

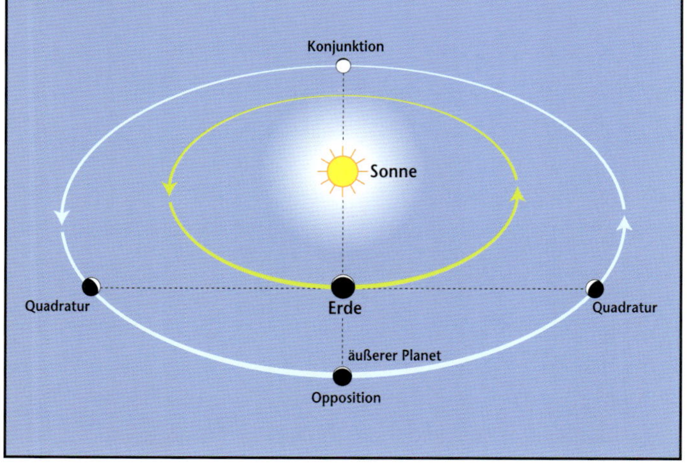

wieder umkehrt und sich weiter vorwärts bewegt (Abb. 12). Abhängig von den geometrischen Verhältnissen beschreiben die Planeten dabei Schleifen oder S-förmige Bahnen. Die Opposition tritt in der Phase retrograder Bewegung auf, wenn die Erde den äußeren Planeten „überholt".

Wegen der Länge seiner Umlaufzeit erreicht Mars seine Opposition nur jedes zweite Kalenderjahr. Trotzdem gibt es fast in jedem Jahr eine Phase, in der er hell und gut zu sehen ist. Die anderen Planeten kommen faktisch jedes Kalenderjahr in Opposition, gelegentlich (wie Saturn in 2004) überspringen sie auch mal eines.

Abb. 12

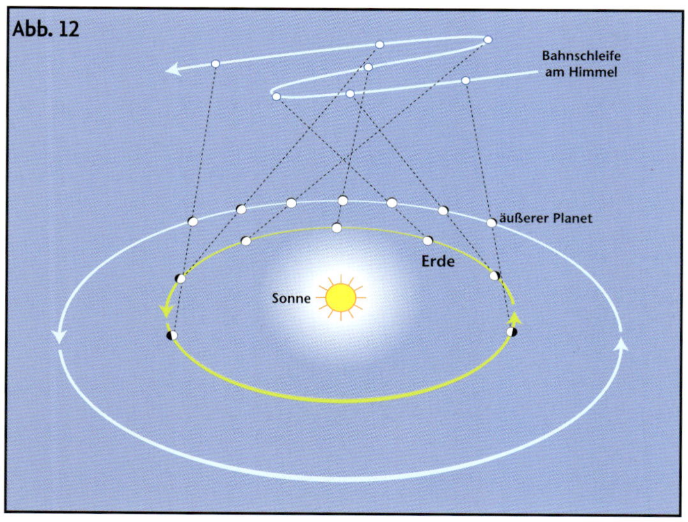

Die Positionen der Planeten

Die Position der äußeren Planeten und der Kleinplaneten kann man in einem Diagramm darstellen, das weltweit gültig ist. Leider geht das nicht bei Merkur und Venus, da ihre Höhe über dem Horizont stark von der geografischen Breite des Beobachters abhängt. Daher sind ihre Positionen in Bezug zur Sonne in den Dämmerungsdiagrammen aufgeführt: für Venus als durchgezogene Linie, für Merkur als gestrichelte. Steht ein Planet in der linken Hälfte des Diagramms, ist er nach Sonnenuntergang sichtbar, steht er in der rechten Hälfte, kann man ihn vor Sonnenaufgang sehen. Die Diagramme zeigen, dass die Sichtbarkeiten dieser beiden Planeten stark im Laufe eines Jahres variieren.

Die inneren Planeten

Die Beobachtung des Merkurs ist immer schwierig, weil er sich nie weiter als 28° von der Sonne am Himmel entfernt. Direkt nach Sonnenuntergang oder vor Sonnenaufgang sieht man aber nur wenige Sterne, die als Orientierungshilfe dienen könnten. Von der Nordhalbkugel aus sind die Beobachtungsbedingungen am besten während einer östlichen Elongation im Frühling oder einer westlichen Elongation im Herbst. Aber dann wird der Abstand zur Sonne nie größer als 18°. Beobachter auf der Südhalbkugel haben es da besser, weil Merkur sogar seinen maximal möglichen Abstand zur Sonne erreichen kann. Er lässt sich von dort am besten in westlicher Elongation im Herbst (April) und in östlicher Elongation im Frühling (September) beobachten. Beobachter in den Tropen können den Planeten sogar bei fast jeder Elongation sehen. Künftige Elongationen stehen in Tabelle 8. Es sind nur wenige Details auf Merkur erkennbar, außer mit einer fortgeschrittenen CCD-Ausrüstung, dafür zeigt der innerste Planet des Sonnensystems Phasen.

Venus ist heller und erreicht größere Elongationen (bis zu 47°), so dass sie länger sichtbar ist. In manchen Jahren kann man sie monatelang sehen. Strukturen auf ihrer dichten Wolkenhülle sind kaum zu erkennen, aber die Phasen umso besser. Man kann Venus mit einem Fernrohr sogar am Taghimmel in unterer Konjunktion beobachten, wenn in der Venusatmosphäre gebrochenes Sonnenlicht einen schmalen Lichtring um das dunkle Planetenscheibchen bildet. Künftige Konjunktionen und Elongationen stehen in Tabelle 9.

Die äußeren Planeten

Natürlich kann man die komplexen Bewegungen der inneren Planeten auf Sternkarten darstellen, aber solche Abbildungen sind von begrenztem Wert, weil nur wenige Hintergrundsterne in der Dämmerung sichtbar sind, wenn man Venus und Merkur beobachten kann. Bei den äußeren Planeten ist die Situation günstiger, weshalb wir entsprechende Diagramme für Mars, Jupiter, Saturn, Uranus und Neptun für die kommenden fünf Jahre aufgenommen haben. Diese Planeten sind um die Opposition am hellsten und am einfachsten zu beobachten.

Tabelle 8: Elongationen von Merkur

Jahr	Östliche Elongation				Westliche Elongationen			
2005	Mrz. 12	18°20′	Jul. 09	26°15′	Apr. 26	27°10′	Aug. 23	18°24′
	Nov. 03	23°31′			Dez. 12	21°05′		
2006	Feb. 24	18°08′	Jun. 20	24°56′	Apr. 08	27°46′	Aug. 07	19°11′
	Okt. 17	24°49′			Nov. 25	19°54′		
2007	Feb. 07	18°14′	Jun. 02	23°22′	Mrz. 22	27°44′	Jul. 20	20°19′
	Sep. 29	25°59′			Nov. 08	18°59′		
2008	Jan. 22	18°39′	Mai 14	21°48′	Mrz. 03	27°09′	Jul. 01	21°47′
	Sep. 11	26°52′			Okt. 22	18°19′		
2009	Jan. 04	19°21′	Apr. 26	20°25′	Feb. 13	26°06′	Jul. 13	23°27′
	Aug. 24	27°22′	Dez. 18	20°18′	Okt. 06	17°57′		
2010	Apr. 08	19°21′	Aug. 07	27°22′	Jan. 27	24°45′	Mai 26	25°08′
	Dez. 01	21°27′			Sep. 19	17°52′		
2011	Mrz. 23	18°37′	Jul. 20	26°49′	Jan. 09	23°17′	Mai 07	26°33′
	Nov. 14	22°45′			Sep. 03	18°07′	Dez. 23	21°51′
2012	Mrz. 05	18°13′	Jul. 01	25°45′	Apr. 18	27°30′	Aug. 16	18°42′
	Okt. 26	24°05′			Dez. 04	20°33′		
2013	Feb. 16	18°08′	Jun. 12	24°17′	Mrz. 31	27°50′	Jul. 30	19°38′
	Okt. 09	25°20′			Nov. 18	19°29′		
2014	Jan. 31	18°22′	Mai 25	22°41′	Mrz. 14	27°33′	Jul. 12	20°55′
	Sep. 21	26°24′			Nov. 01	18°40′		

Mars

Wie schon erwähnt sind einige Oppositionen günstiger für die Beobachtung als andere. Die kommenden Oppositionen sind in Tabelle 10 aufgeführt, zum Vergleich findet man dort auch die besonders schöne Opposition des Jahres 2003. Die günstigsten Oppositionen treten im August und September auf, wenn Mars nahe seines Perihels steht und eine südliche Deklination hat. Dabei sind Beobachter auf der Südhalbkugel im Vorteil. Bei solchen Gelegenheiten ist die Südpolregion des Mars sichtbar, wobei in Perihelnähe auch die Erwärmung am stärksten ist, was zu großen Staubstürmen führen kann.

Das kleine Marsscheibchen erfordert Fernrohre von mindestens 100 mm Öffnung, deutlich mehr ist besser. Auch wenn Mars im Gegensatz zu Merkur und Venus keinen vollständigen Phasenwechsel zeigt, ist eine kleine Phase erkennbar. Das muss man bei der Beobachtung, vor allem beim Zeichnen, berücksichtigen. Die Polkappen sind gewöhnlich deutlich sichtbar, gelegentlich sind sie jedoch von einer polaren Dunstglocke überzogen, die bis in Breiten von 50° und mehr reicht. Die Oberfläche selbst zeigt vielfältige dunkle Flecken, die sich im Laufe der Zeit leicht verändern. Die markantesten, ziemlich dauerhaften Strukturen zeigt die Karte (Abb. 13). Im Gegensatz zu den anderen Karten und Fotografien in diesem Atlas befindet sich bei den Karten von Mars, Jupiter und Saturn Süden oben. Geduld und die Ausnutzung von Momenten besonders geringer Luftunruhe fördern eine überraschende Menge an Details auf Mars zutage. Staubstürme können einen großen Teil der Oberfläche bedecken, und weißer Dunst am Terminator verschwindet teils nicht sofort nach Sonnenaufgang. Blaue Dunstschleier können ebenfalls einen beträchtlichen Teil der Oberfläche überziehen. Natürlich kann kein Amateur erwarten, dass er so viele Details sieht wie das Hubble-Weltraumteleskop (Abb. 14).

Tabelle 9: Konjunktionen und Elongationen von Venus

Obere Konjunktion	Östliche Elongation		Untere Konjunktion	Westliche Elongation	
2005 Mrz. 31	2005 Nov. 03	47°	2006 Jan. 13	2006 Mrz. 25	47°
2006 Okt. 27	2007 Jun. 09	45°	2007 Aug. 18	2007 Okt. 28	46°
2008 Jun. 09	2009 Jan. 14	47°	2009 Mrz. 27	2009 Jun. 05	46°
2010 Jan. 11	2010 Aug. 20	46°	2010 Okt. 29	2011 Jan. 08	47°
2011 Aug. 16	2012 Mrz. 27	46°	2012 Jun. 06	2012 Aug. 15	46°
2013 Mrz. 28	2013 Nov. 01	47°	2014 Jan. 11	2014 Mrz. 22	47°
2014 Okt. 25	2015 Jun. 06	45°	2015 Aug. 15	2015 Okt. 26	46°

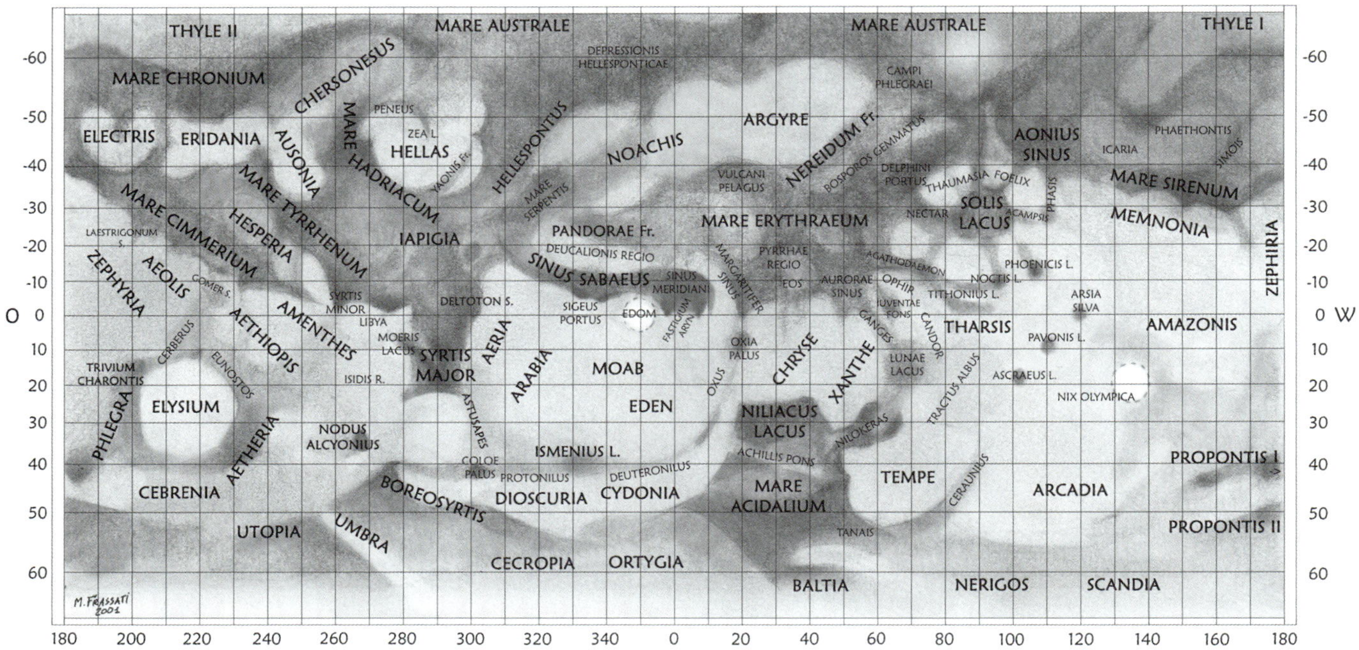

Abb. 13

Abb. 14

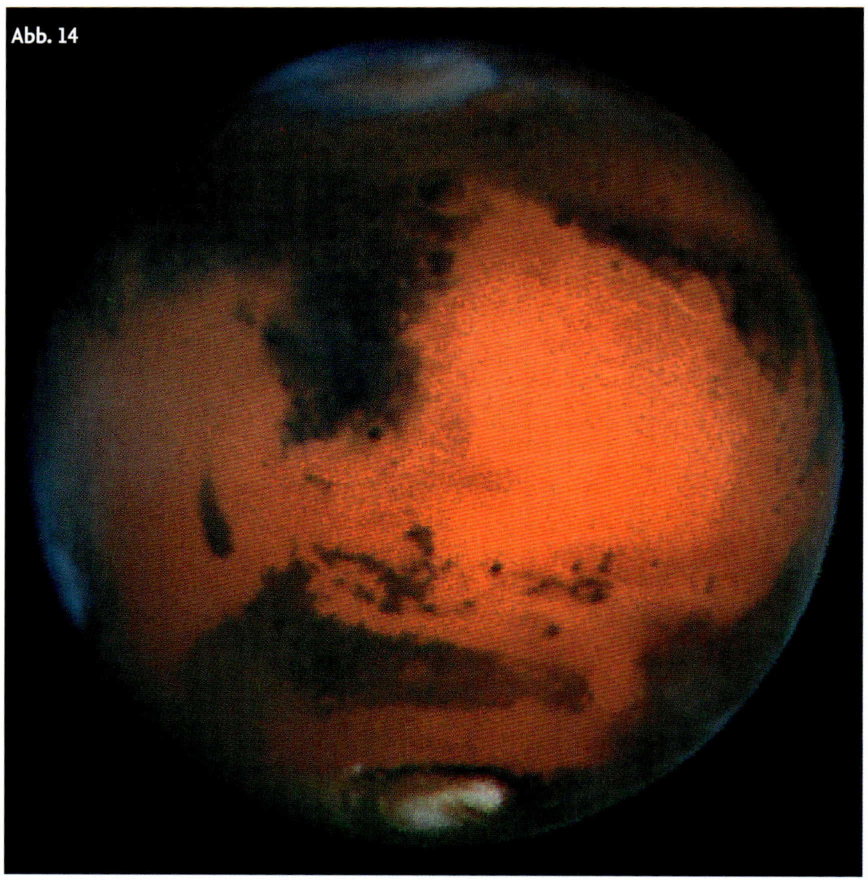

Abb. 15 & 17: Nomenklatur der Jupiter- und Saturnatmosphäre

B Belt (Gürtel)	**E** Equatorial (Äquator-)	**P** Polar	**S** South (Süd)	**Tr** Tropical (tropisch)
Ba Band	**N** North (Nord)	**R** Region	**T** Temperate (gemäßigt)	**Z** Zone

Tabelle 10: Oppositionen von Mars

Datum	Deklination	Durchmesser	Helligkeit
2003 Aug. 28	−15°49′	25″	$-2{,}^{m}7$
2005 Nov. 07	+15°54′	20″	$-2{,}^{m}1$
2007 Dez. 24	+26°46′	16″	$-1{,}^{m}4$
2010 Jan. 29	+22°09′	14″	$-1{,}^{m}1$
2012 Mrz. 03	+10°17′	14″	$-1{,}^{m}0$
2014 Apr. 08	−05°08′	15″	$-1{,}^{m}3$

Jupiter

Selbst mit einem kleinen Fernrohr von 50 bis 75 mm Öffnung sieht man die dunklen Bänder und hellen Zonen des Jupiters. Die Bezeichnungen für diese Strukturen stehen in Abb. 15, die auch den Großen Roten Fleck (GRF) im südlichen Äquatorband zeigt.

Abb. 15

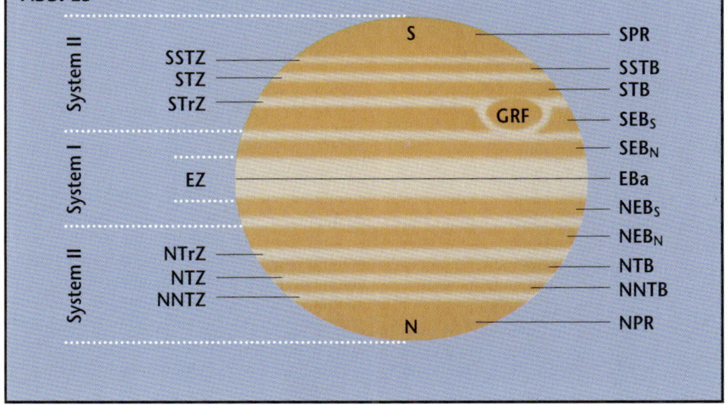

Abb. 16

Tabelle 11: Oppositionen von Jupiter

Datum	Deklination	Helligkeit
2005 Apr. 03	−04°03′	$-2{,}^{m}0$
2006 Mai 04	−14°46′	$-2{,}^{m}0$
2007 Jun. 05	−21°54′	$-2{,}^{m}1$
2008 Jul. 09	−22°29′	$-2{,}^{m}3$
2009 Aug. 14	−15°10′	$-2{,}^{m}4$
2010 Sep. 21	−02°06′	$-2{,}^{m}5$
2011 Okt. 29	+11°53′	$-2{,}^{m}5$
2012 Dez. 03	+21°21′	$-2{,}^{m}4$
2014 Jan. 05	+22°40′	$-2{,}^{m}2$

Mit großen Teleskopen sind viele dunkle und helle Flecken und Streifen zu sehen – und auch die gelegentlich auftretenden markanten weißen Ovale. All diese Strukturen verändern sich im Lauf der Zeit und bewegen sich mit unterschiedlichen Geschwindigkeiten, denn Jupiters Atmosphäre rotiert unterschiedlich schnell: System I ($9^{h}50^{m}30^{s}$) gilt für die Äquatorregion, System II ($9^{h}55^{m}40^{s}$) für den Rest des Planeten. Die Bänder und Zonen in jedem Rotationssystem sind ebenfalls in Abb. 15 dargestellt und können mit der Aufnahme des Hubble-Weltraumteleskops (Abb. 16) verglichen werden.

Tabelle 12: Jupitermondereignisse

Durchgang	Mond zieht vor dem Planeten vorbei
Schattendurchgang	Schatten d. Satelliten fällt a. d. Planeten
Verfinsterung	Mond wird v. Planetenschatten verfinstert
Bedeckung	Mond wird vom Planeten bedeckt

Jupiteroppositionen treten durchschnittlich alle 13 Monate auf (Tab. 11), weshalb der Planet im Laufe eines jeden Kalenderjahres gut zu sehen ist. Anders als Mars zeigt Jupiter nur eine minimale Phase. Die vier hellsten Jupitersatelliten Io, Europa, Ganymed und Callisto sind bereits mit einem Fernglas zu sehen, und gelegentlich wandern sie oder ihre Schatten vor dem Jupiterscheibchen vorbei, oder der Planet verfinstert oder bedeckt sie. Die verschiedenen Erscheinungen lassen sich mit kleinen Fernrohren beobachten (50 bis 75 mm Öffnung) und sind in Tab. 12 aufgeführt.

Saturn

Dank seines Ringsystems ist Saturn ein Paradeobjekt für die Beobachtung. Oppositionen treten ungefähr alle 378 Tage auf, so dass gelegentlich ein Kalenderjahr vergeht, ohne dass eine Opposition stattfindet. Der Planet ist dann aber trotzdem für einige Zeit zu Beginn oder zum Ende eines Jahres sichtbar. Saturnoppositionen stehen in Tab. 13. Die Struktur seiner Atmosphäre ist der der Jupiteratmosphäre sehr ähnlich (Abb. 16), allerdings sind die Bänder und Zonen schwächer ausgeprägt, weil sie von einer Dunstschicht überzogen sind. Nur gelegentlich sind in den Bändern

Tabelle 13: Oppositionen von Saturn

Datum	Deklination	Helligkeit
2005 Jan. 13	+21°20′	$-0{,}^{m}2$
2006 Jan. 27	+18°58′	$-0{,}^{m}0$
2007 Feb. 10	+15°32′	$+0{,}^{m}2$
2008 Feb. 24	+11°20′	$+0{,}^{m}4$
2009 Mrz. 08	+06°41′	$+0{,}^{m}7$
2010 Mrz. 22	+01°51′	$+0{,}^{m}7$
2011 Apr. 03	−02°57′	$+0{,}^{m}6$
2012 Apr. 15	−07°31′	$+0{,}^{m}4$
2013 Apr. 28	−11°42′	$+0{,}^{m}3$
2014 Mai 10	−15°21′	$+0{,}^{m}3$

Abb. 17

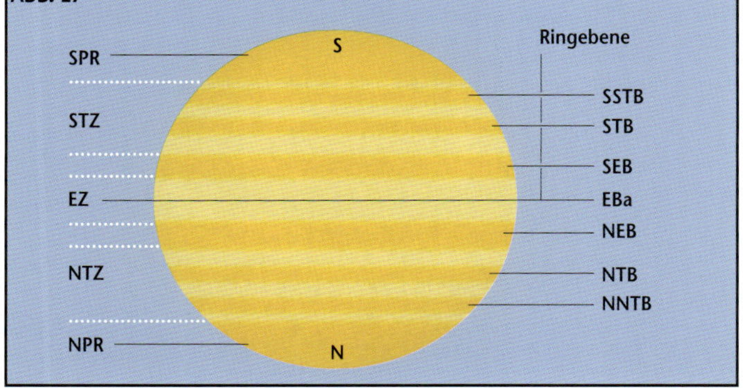

und Zonen daher Details erkennbar. In Perihelnähe bilden sich manchmal einzelne, große weiße Flecken.

Die Saturnringe haben eine sehr komplexe Struktur, von der in Amateurteleskopen vor allem die Ringe A und B zu sehen sind. B ist der hellere der beiden und durch die Cassini-Teilung von A abgesetzt. Der innere C-Ring ist schwieriger zu sehen, da er dünn und schwach ist. Gelegentlich taucht er vor dem Hintergrund des Planetenscheibchens auf und ähnelt dann einem schwachen dunklen Band. Die ganz außen liegenden Ringe D bis G sind schmal und mit Amateurmitteln nicht erkennbar.

Durchgänge durch die Ringebene finden zweimal im Saturnjahr statt, d. h. alle 15 Jahre. Derzeit kehrt uns der Planet seine Südhalbkugel zu. Der nächste Durchgang durch die Ringebene findet 2010 statt, dann wird die Nordhalbkugel zu uns zeigen. Die Ringe sind extrem dünn (durchschnittlich nur 100 m dick), weshalb sie verschwinden, wenn man sie von der Kante sieht.

Saturn besitzt mindestens 30 Monde, von denen acht mit Amateurmitteln sichtbar sind, darunter Titan als der größte und hellste sowie Iapetus, der in westlicher Elongation deutlich heller wird als in östlicher.

Uranus und Neptun

Diese beiden Planeten sind so weit weg, dass auf ihren kleinen Scheibchen keine Details erkennbar sind. Von der Voyager-Sonde wissen wir, dass Uranus tatsächlich weitgehend strukturlos ist, aber Neptun zeigt einige Wolkenformationen. Uranus ist gerade

Abb. 18

hell genug (rund $5^{\mathrm{m}}{,}7$ in Opposition), um mit dem bloßen Auge gesehen werden zu können, wenn man weiß, wo er steht. Neptun erreicht während der Opposition rund $7^{\mathrm{m}}{,}8$, weshalb man für ihn immer ein optisches Hilfsmittel benötigt. Fortgeschrittene Amateure können die Monde der beiden Planeten nachweisen, für viele Amateure liegt dies jedoch jenseits der Möglichkeiten. Die Oppositionen von Uranus und Neptun stehen in Tab. 14. bzw. 15.

Pluto, der kleinste und entfernteste Planet im Sonnensystem, ist mit ca. 14^{m} so lichtschwach, dass man zu seiner Beobachtung ein großes Teleskop und eine exakte Aufsuchkarte benötigt, wie man sie z. B. alljährlich im Kosmos Himmelsjahr findet.

Kleinkörper: Planetoiden, Kometen und Meteore

Viele der zigtausend Kleinplaneten (Planetoiden, Asteroiden) umlaufen die Sonne zwischen Mars und Jupiter. Vier von ihnen sind mit Fernglas oder kleinem Teleskop während der Opposition sichtbar: Ceres, Pallas, Juno und Vesta. Vesta kann sogar mit $5^{\mathrm{m}}{,}9$ in die Reichweite des bloßen Auges kommen.

Helle Kometen sind naturgemäß nicht vorhersagbar. Solche mit kurzen Umlaufzeiten sind im Allgemeinen schwach, nur Komet Halley (76^{a} Umlaufzeit) ist hell genug, um leicht beobachtet werden zu können. Die meisten hellen Kometen wie Hyakutake (1996) und Hale-Bopp (1997) tauchen unerwartet auf, so dass ihre Positionen in Zirkularen, in Zeitschriften oder im Internet zu finden sind.

Kometen bestehen aus Eiskristallen und Staubteilchen. Werden sie durch die Sonne erwärmt, geben sie Gas und Staub an den interplanetaren Raum ab. Diese Staubteilchen sind die Hauptquelle für Meteore, die in der Erdatmosphäre jede Nacht verglühen. Die zufällige Verteilung dieses Staubes verursacht dabei die so genannten sporadischen Meteore. Wichtiger sind die Staubwolken, die sich entlang der Kometenbahnen verteilen. Zu bestimmten Zeiten im Jahr kreuzt die Erde dann diese Bahnen, und es treten vorhersagbare Meteorschauer auf. Die Meteore eines bestimmten Stroms kommen scheinbar von einem bestimmten Punkt am Himmel (dem Radianten), und werden nach dem Sternbild benannt, in dem der Radiant liegt. Mitglieder eines Meteorstroms haben auch ähnliche Farben, Geschwindigkeiten und Helligkeiten. Kurze Angaben zu den wichtigsten Strömen findet man in Tab. 16, weitere Informationen findet man bei den jeweiligen Sternbildern.

Tabelle 14: Oppositionen von Uranus

Datum	Deklination	Durchmesser	Helligkeit
2005 Sep. 01	−9°02′	3″,60	$6^{\mathrm{m}}{,}06$
2006 Sep. 05	−7°32′	3″,59	$6^{\mathrm{m}}{,}07$
2007 Sep. 09	−6°00′	3″,59	$6^{\mathrm{m}}{,}07$
2008 Sep. 13	−4°26′	3″,59	$6^{\mathrm{m}}{,}07$
2009 Sep. 17	−2°52′	3″,59	$6^{\mathrm{m}}{,}07$
2010 Sep. 21	−1°17′	3″,59	$6^{\mathrm{m}}{,}07$
2011 Sep. 26	+0°19′	3″,59	$6^{\mathrm{m}}{,}07$
2012 Sep. 29	+1°55′	3″,60	$6^{\mathrm{m}}{,}06$
2013 Okt. 03	+3°30′	3″,60	$6^{\mathrm{m}}{,}06$
2014 Okt. 07	+5°04′	3″,61	$6^{\mathrm{m}}{,}05$

Tabelle 15: Oppositionen von Neptun

Datum	Deklination	Durchmesser	Helligkeit
2005 Aug. 08	−16°07′	2″,52	$7^{\mathrm{m}}{,}66$
2006 Aug. 11	−15°30′	2″,52	$7^{\mathrm{m}}{,}65$
2007 Aug. 13	−14°53′	2″,52	$7^{\mathrm{m}}{,}65$
2008 Aug. 15	−14°14′	2″,52	$7^{\mathrm{m}}{,}65$
2009 Aug. 17	−13°33′	2″,52	$7^{\mathrm{m}}{,}65$
2010 Aug. 20	−12°52′	2″,52	$7^{\mathrm{m}}{,}65$
2011 Aug. 22	−12°09′	2″,52	$7^{\mathrm{m}}{,}65$
2012 Aug. 24	−11°26′	2″,52	$7^{\mathrm{m}}{,}65$
2013 Aug. 27	−10°42′	2″,52	$7^{\mathrm{m}}{,}64$
2014 Aug. 29	−09°56′	2″,52	$7^{\mathrm{m}}{,}64$

Tabelle 16: Meteorströme

Strom	Maximum	Zeitraum
Quadrantiden	Jan. 04	Jan. 01–06
Virginiden	Apr. 10	Mrz.–Apr.
		Apr. 07–18
Lyriden	Apr. 22	Apr. 19–25
η-Aquariden	Mai 05	Apr. 24–Mai 20
α-Scorpiden	Apr. 27	Apr. 20–Mai 19
	Mai 12	
Ophiuchiden	Jun. 09	Mai 19–Jul.
	Jun. 19	
α-Cygniden	Jul. 21	Jul.–Aug.
	Aug. 21	
Capricorniden	Jul. 08	Jul.–Aug.
	Jul. 15	
	Jul. 26	
δ-Aquariden	Jul. 28	Jul. 15–Aug. 20
	Aug. 06	
Piscis-Australiden	Jul. 31	Jul. 15–Aug. 20
α-Capricorniden	Aug. 02	Jul. 15–Aug. 20
ι-Aquariden	Aug. 06	Jul.–Aug.
Perseiden	Aug. 12	Jul. 23–Aug. 20
Pisciden	Sep. 08	Sep.–Okt.
	Sep. 31	
	Okt. 13	
Orioniden	Okt. 21	Okt. 16–26
Tauriden	Nov. 03	Okt. 20–Nov. 30
Leoniden	Nov. 17	Nov. 15–20
Puppids-Veliden	Dez. 08	Nov. 27–Jan.
	Dez. 25	
Geminiden	Dez. 13	Dez. 07–15
Ursiden	Dez. 22	Dez. 17–25

2005

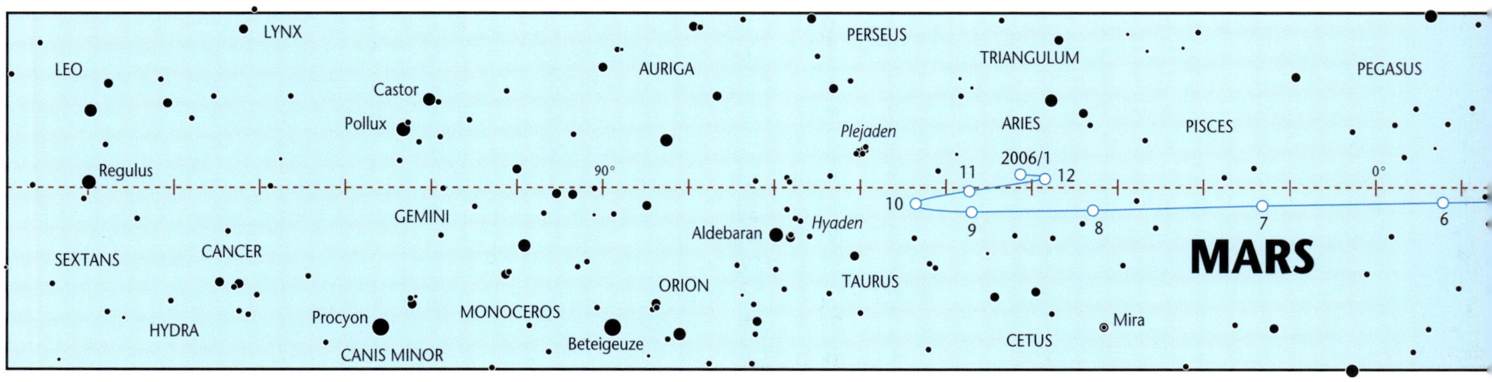
LYNX
LEO
PERSEUS
TRIANGULUM
PEGASUS
AURIGA
Castor
Pollux
ARIES
PISCES
Plejaden
2006/1
Regulus
90°
0°
GEMINI
Hyaden
Aldebaran
SEXTANS
CANCER
MARS
ORION
TAURUS
HYDRA
Procyon
MONOCEROS
Mira
CANIS MINOR
Beteigeuze
CETUS

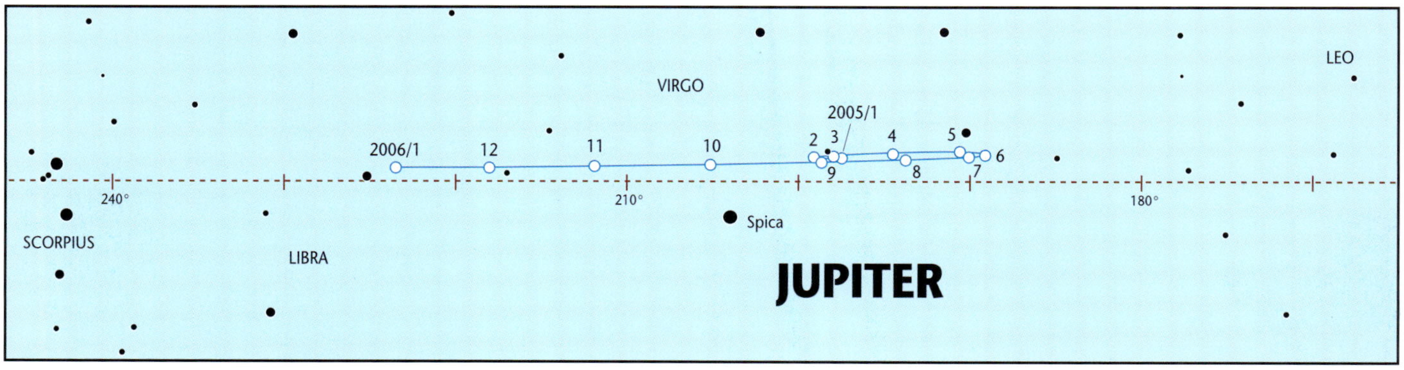
LEO
VIRGO
2005/1
2006/1
240°
210°
180°
SCORPIUS
LIBRA
Spica
JUPITER

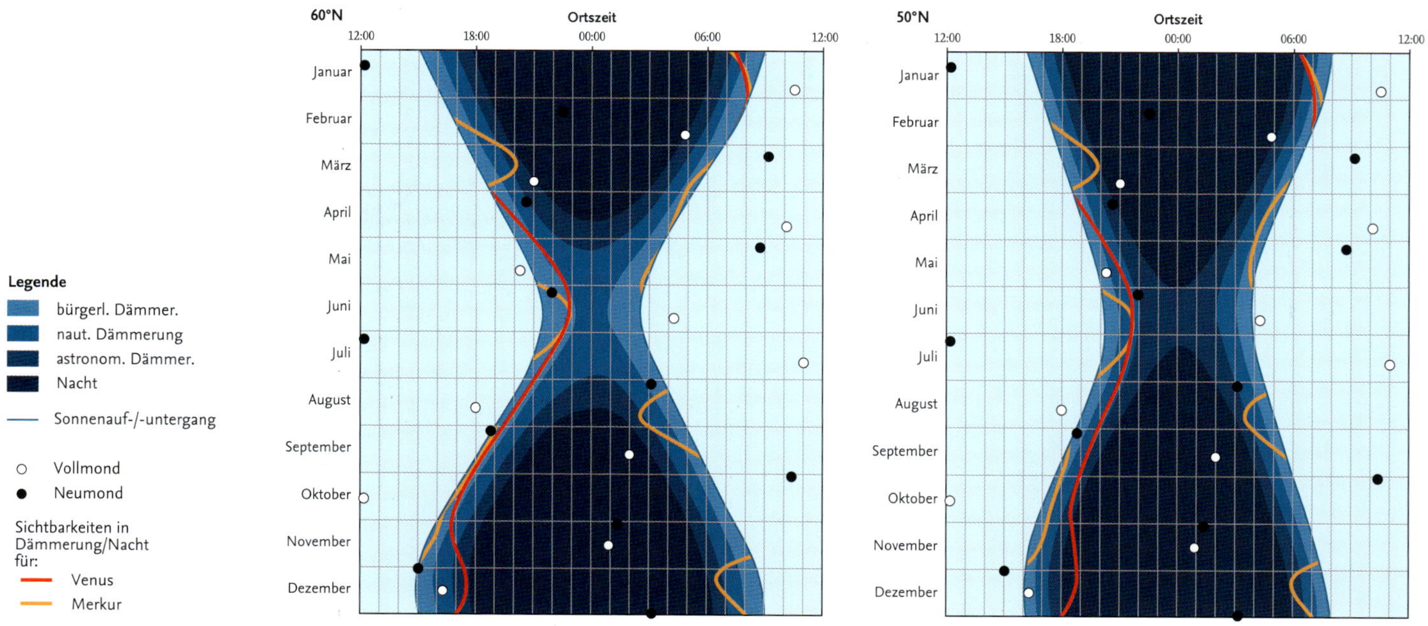
Legende
bürgerl. Dämmer.
naut. Dämmerung
astronom. Dämmer.
Nacht
Sonnenauf-/-untergang
Vollmond
Neumond
Sichtbarkeiten in Dämmerung/Nacht für:
Venus
Merkur
60°N
Ortszeit
12:00
18:00
00:00
06:00
12:00
Januar
Februar
März
April
Mai
Juni
Juli
August
September
Oktober
November
Dezember
50°N
Ortszeit

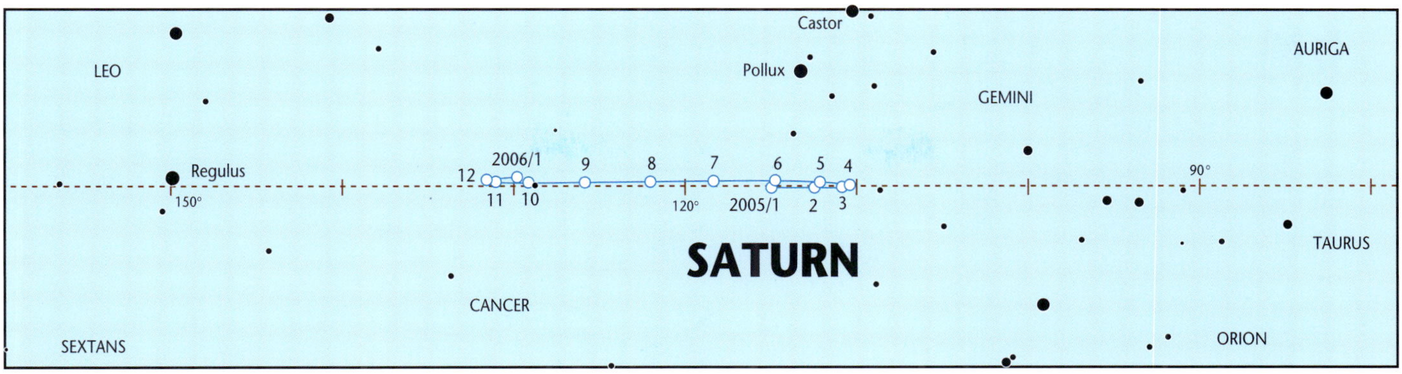

SATURN
LEO
Regulus
150°
SEXTANS
CANCER
Castor
Pollux
GEMINI
AURIGA
TAURUS
ORION
120°
90°
2006/1
12
11
10
9
8
7
6
5
4
3
2
2005/1

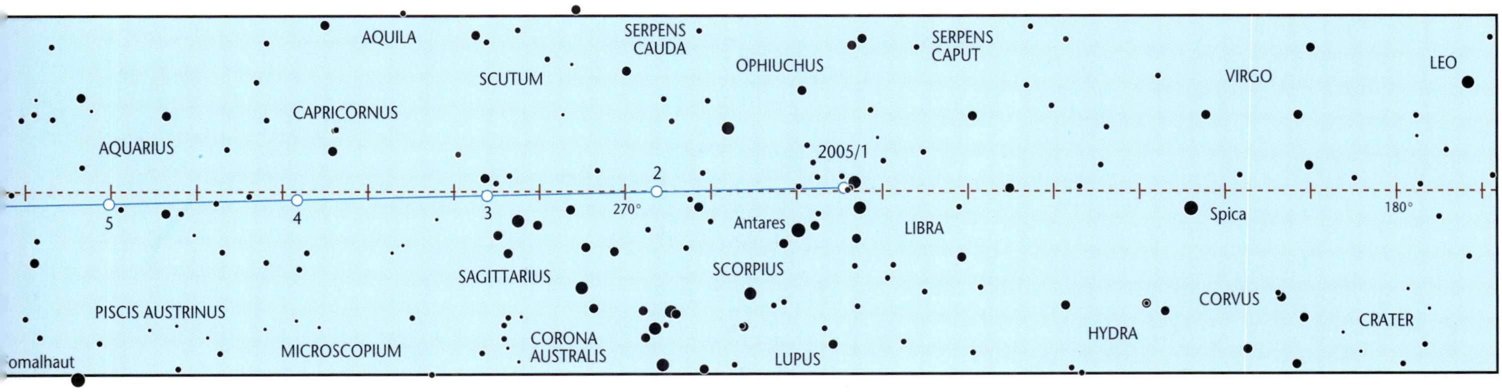

AQUILA
SERPENS CAUDA
SERPENS CAPUT
SCUTUM
OPHIUCHUS
VIRGO
LEO
CAPRICORNUS
AQUARIUS
2005/1
2
3
4
5
270°
180°
Antares
Spica
LIBRA
SAGITTARIUS
SCORPIUS
CORVUS
CRATER
PISCIS AUSTRINUS
CORONA AUSTRALIS
HYDRA
MICROSCOPIUM
LUPUS
omalhaut

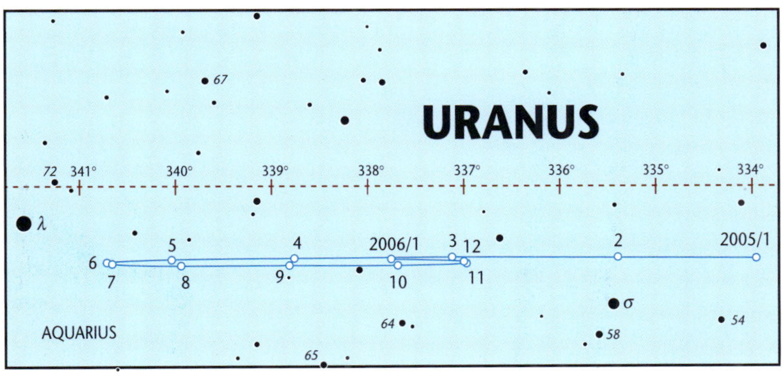

URANUS
67
72
341°
340°
339°
338°
337°
336°
335°
334°
λ
6
5
4
2006/1
3
12
2
2005/1
7
8
9
10
11
σ
AQUARIUS
64
65
58
54

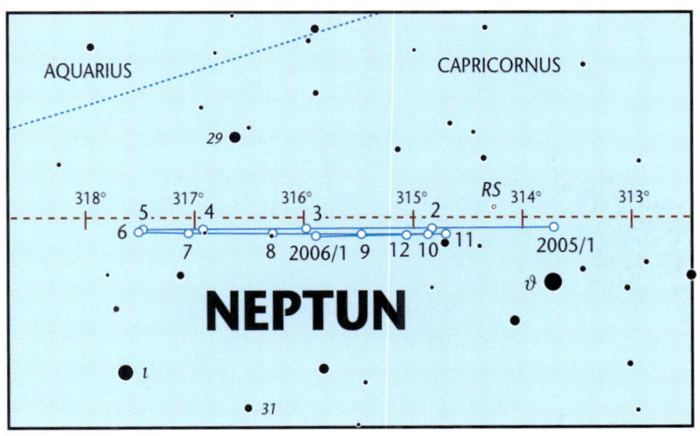

AQUARIUS
CAPRICORNUS
29
318°
317°
316°
315°
314°
313°
RS
5
4
3
2
6
7
8
2006/1
9
12
10
11
2005/1
ϑ
NEPTUN
ι
31

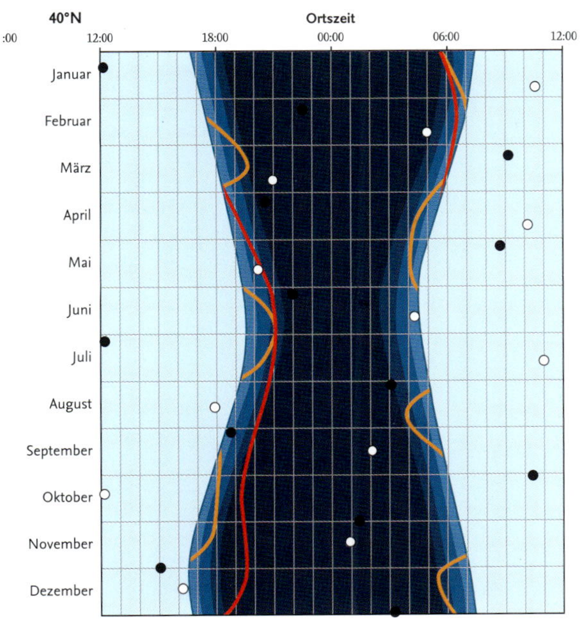

40°N
Ortszeit
12:00
18:00
00:00
06:00
12:00
Januar
Februar
März
April
Mai
Juni
Juli
August
September
Oktober
November
Dezember

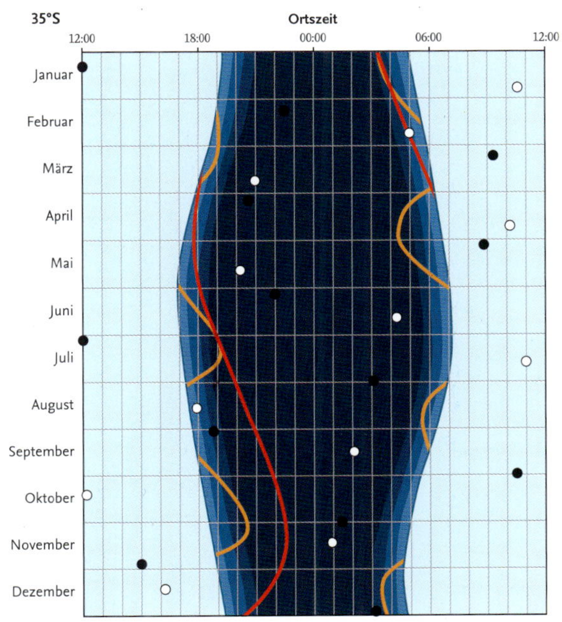

35°S
Ortszeit
12:00
18:00
00:00
06:00
12:00
Januar
Februar
März
April
Mai
Juni
Juli
August
September
Oktober
November
Dezember

2006

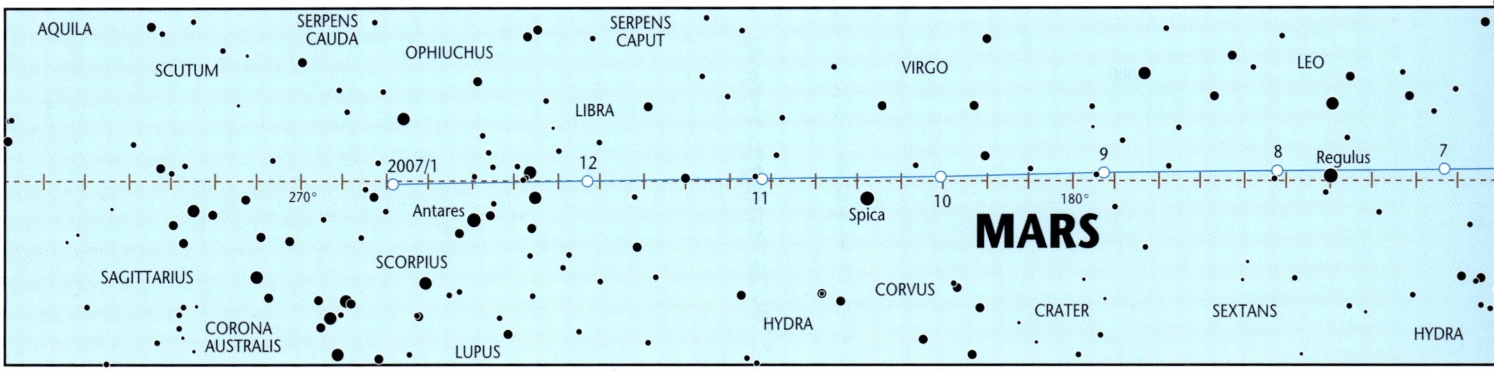
AQUILA
SCUTUM
SERPENS CAUDA
OPHIUCHUS
SERPENS CAPUT
LIBRA
VIRGO
LEO
2007/1
12
11
10
9
8
7
Regulus
270°
180°
Antares
Spica
MARS
SAGITTARIUS
SCORPIUS
CORVUS
CRATER
SEXTANS
HYDRA
CORONA AUSTRALIS
LUPUS

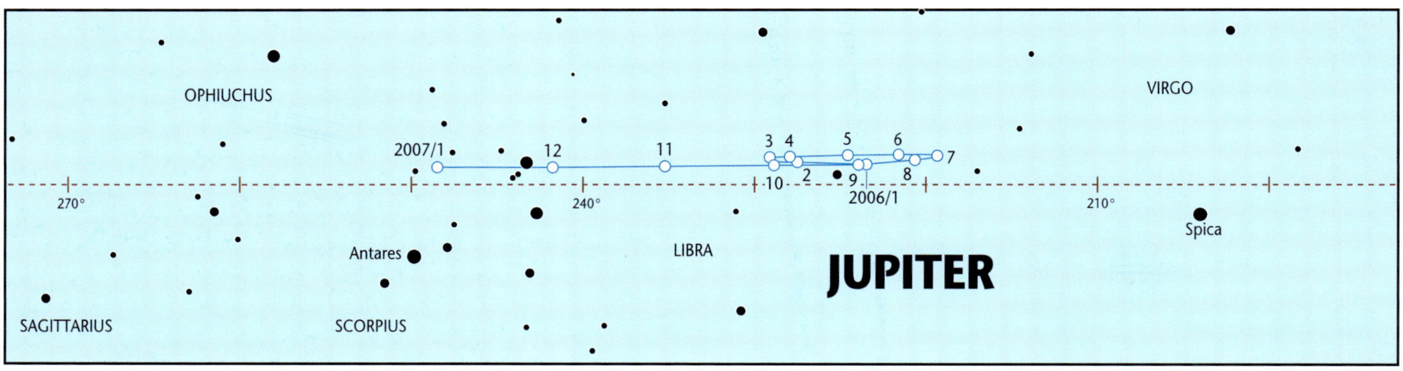
OPHIUCHUS
VIRGO
2007/1
12
11
3
4
5
6
7
8
9
10
2
2006/1
270°
240°
210°
Antares
Spica
LIBRA
JUPITER
SAGITTARIUS
SCORPIUS

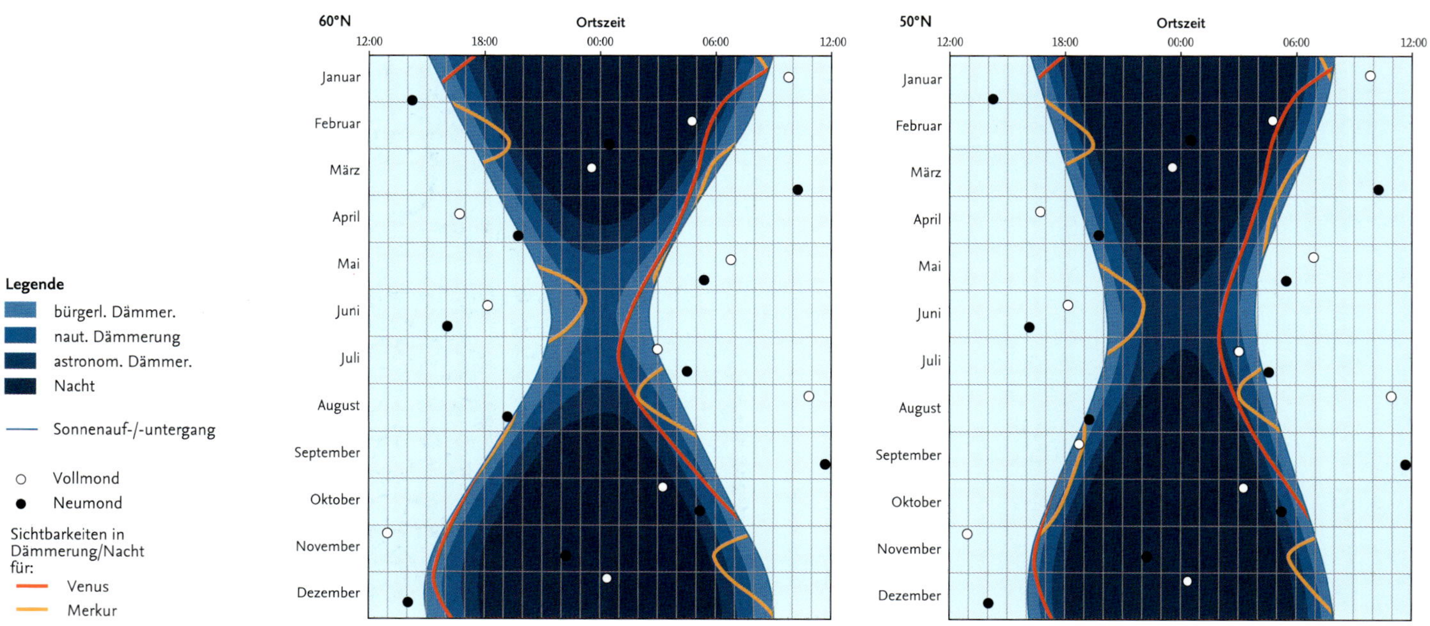
Legende
bürgerl. Dämmer.
naut. Dämmerung
astronom. Dämmer.
Nacht
Sonnenauf-/-untergang
Vollmond
Neumond
Sichtbarkeiten in Dämmerung/Nacht für:
Venus
Merkur
60°N
Ortszeit
12:00
18:00
00:00
06:00
12:00
Januar
Februar
März
April
Mai
Juni
Juli
August
September
Oktober
November
Dezember
50°N
Ortszeit

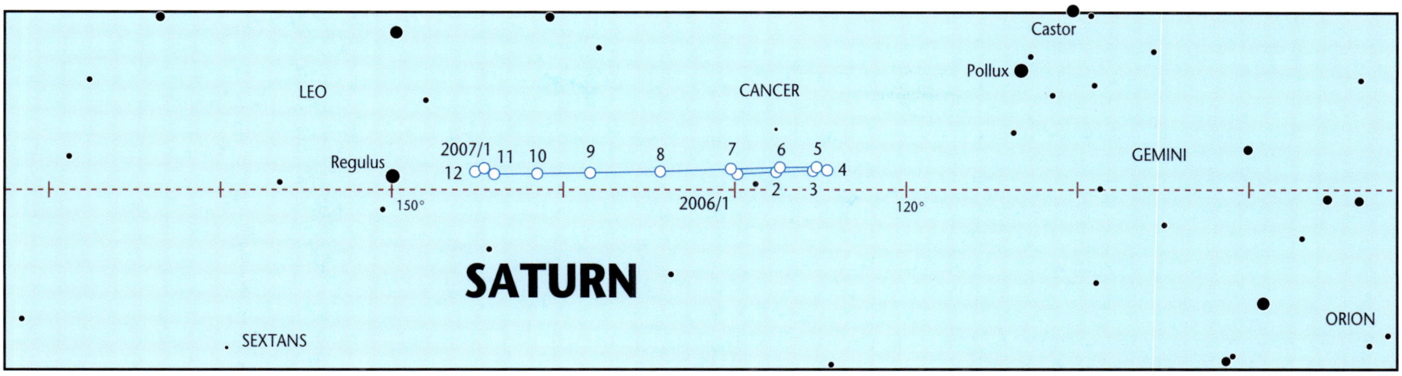
Castor
Pollux
LEO
CANCER
GEMINI
Regulus
2007/1
12
11
10
9
8
7
6
5
4
2
3
150°
2006/1
120°
SATURN
ORION
SEXTANS

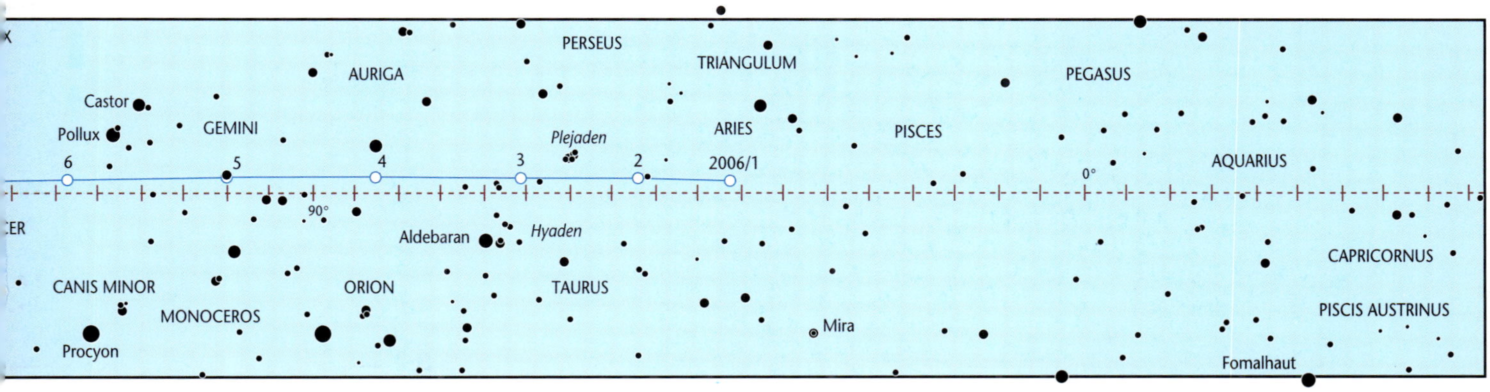
PERSEUS
TRIANGULUM
AURIGA
PEGASUS
Castor
GEMINI
Pollux
Plejaden
ARIES
PISCES
AQUARIUS
6
5
4
3
2
2006/1
0°
90°
Aldebaran
Hyaden
CAPRICORNUS
CANIS MINOR
ORION
TAURUS
MONOCEROS
PISCIS AUSTRINUS
Mira
Procyon
Fomalhaut

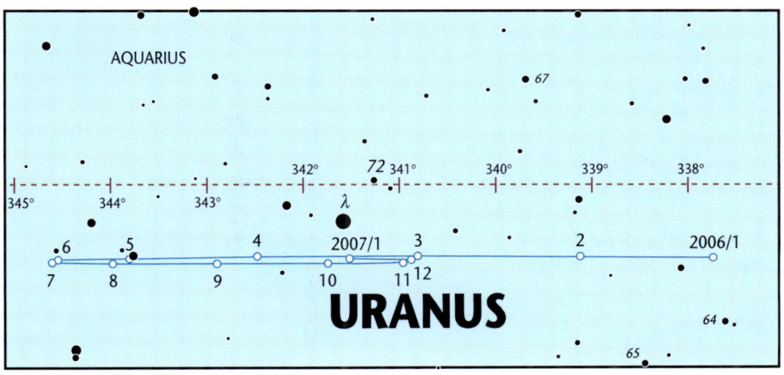
AQUARIUS
67
72
342°
341°
340°
339°
338°
345°
344°
343°
λ
6
5
4
2007/1
3
2
2006/1
7
8
9
10
11
12
URANUS
64
65

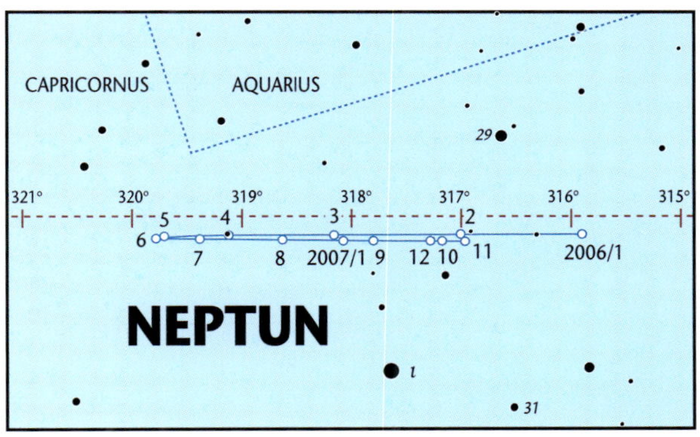
CAPRICORNUS
AQUARIUS
29
321°
320°
319°
318°
317°
316°
315°
5
4
3
2
6
7
8
2007/1
9
12
10
11
2006/1
NEPTUN
ι
31

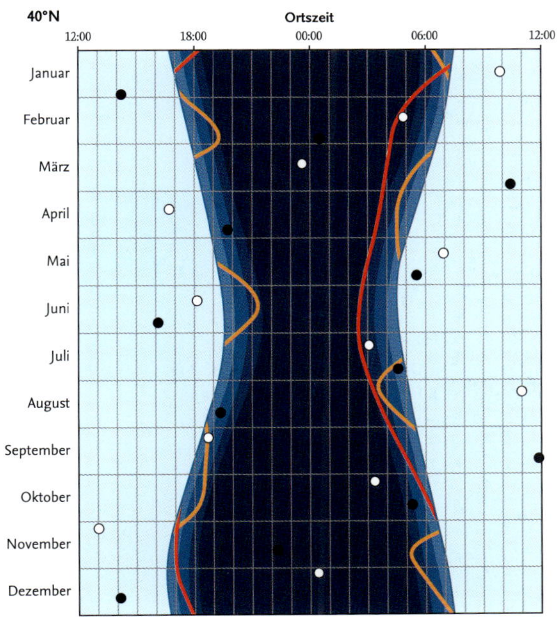
40°N
Ortszeit
12:00
18:00
00:00
06:00
12:00
Januar
Februar
März
April
Mai
Juni
Juli
August
September
Oktober
November
Dezember

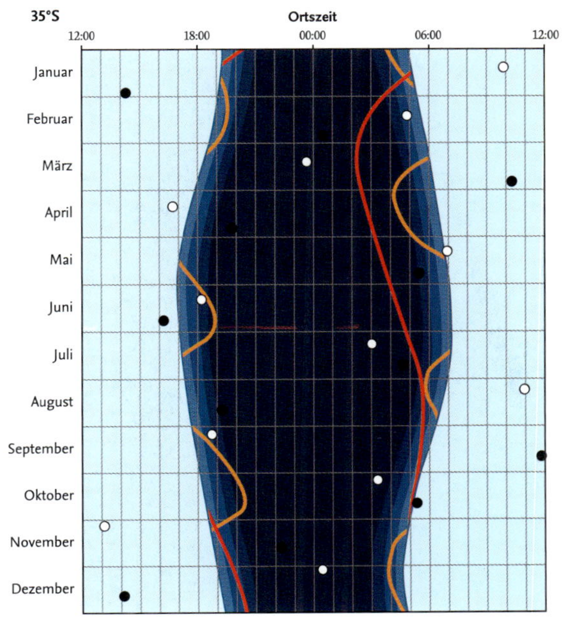
35°S
Ortszeit
12:00
18:00
00:00
06:00
12:00
Januar
Februar
März
April
Mai
Juni
Juli
August
September
Oktober
November
Dezember

2007

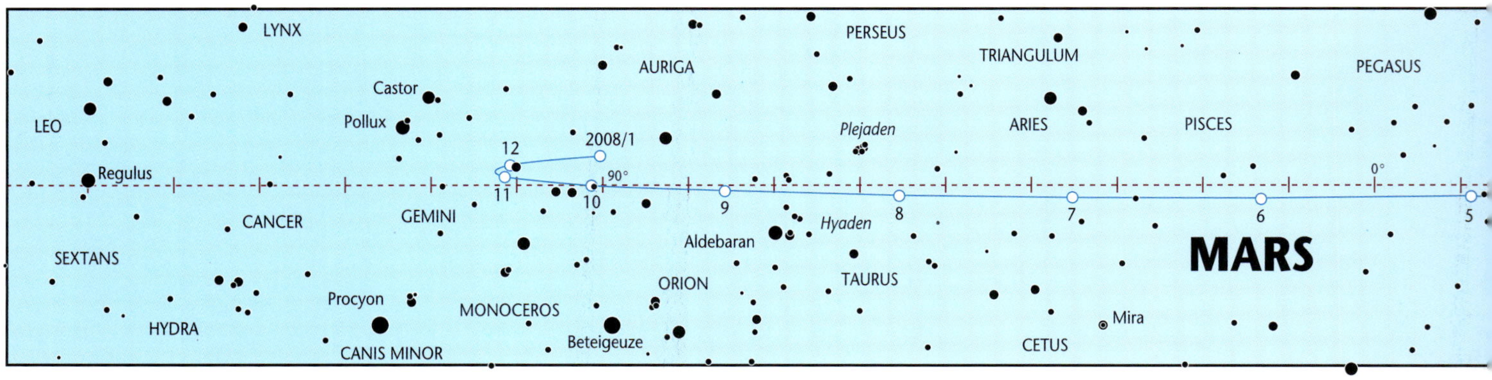

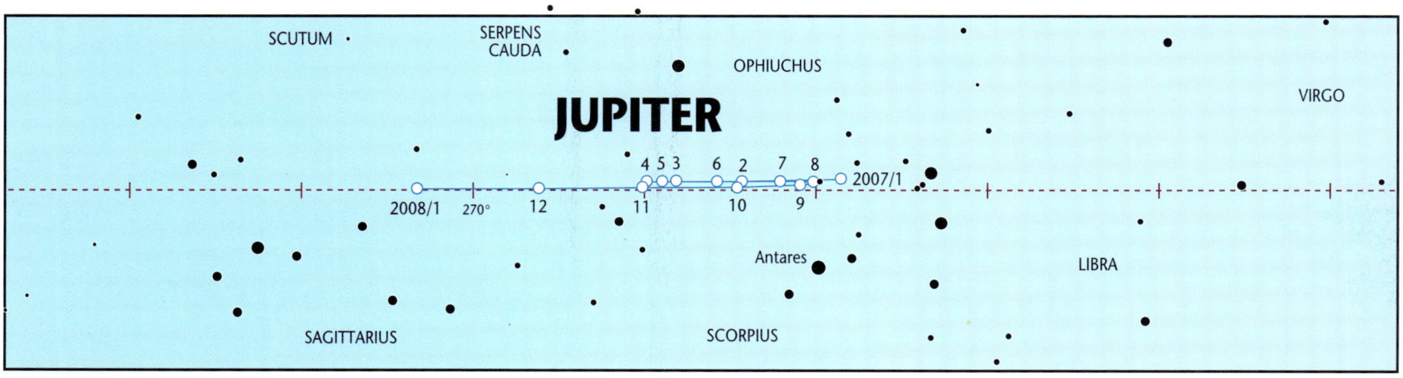

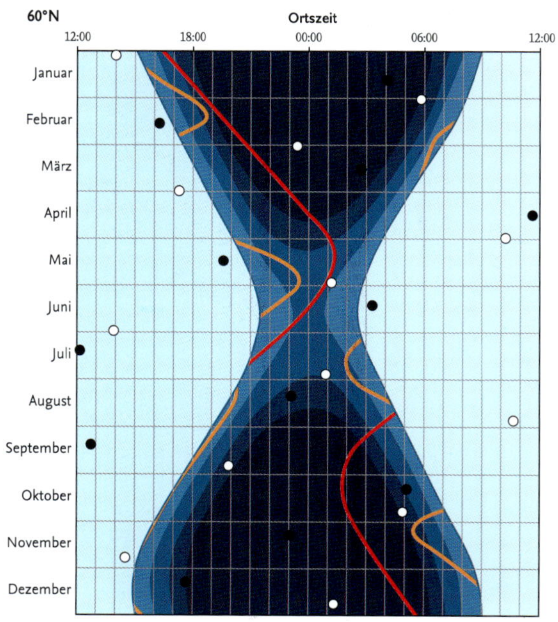

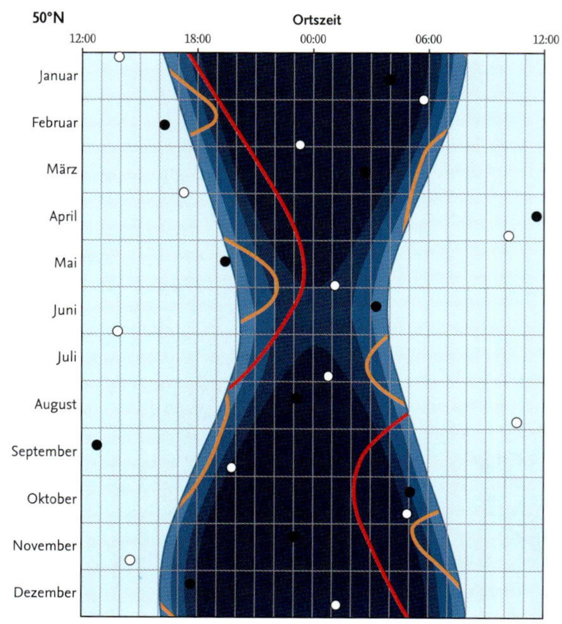

Legende
- bürgerl. Dämmer.
- naut. Dämmerung
- astronom. Dämmer.
- Nacht
- Sonnenauf-/-untergang

- ○ Vollmond
- ● Neumond

Sichtbarkeiten in Dämmerung/Nacht für:
- Venus
- Merkur

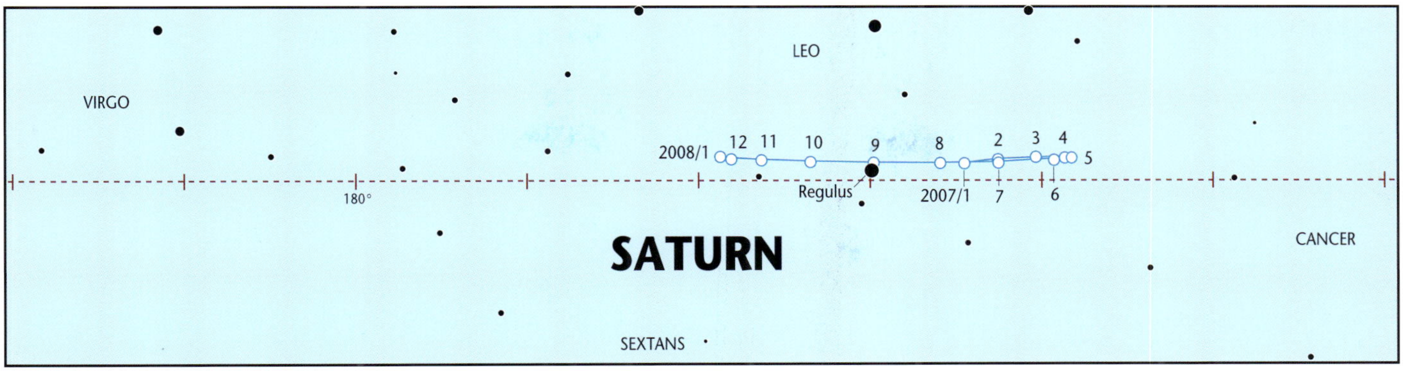
VIRGO
LEO
CANCER
SEXTANS
SATURN
Regulus
2008/1
12
11
10
9
8
2
3
4
5
2007/1
7
6
180°

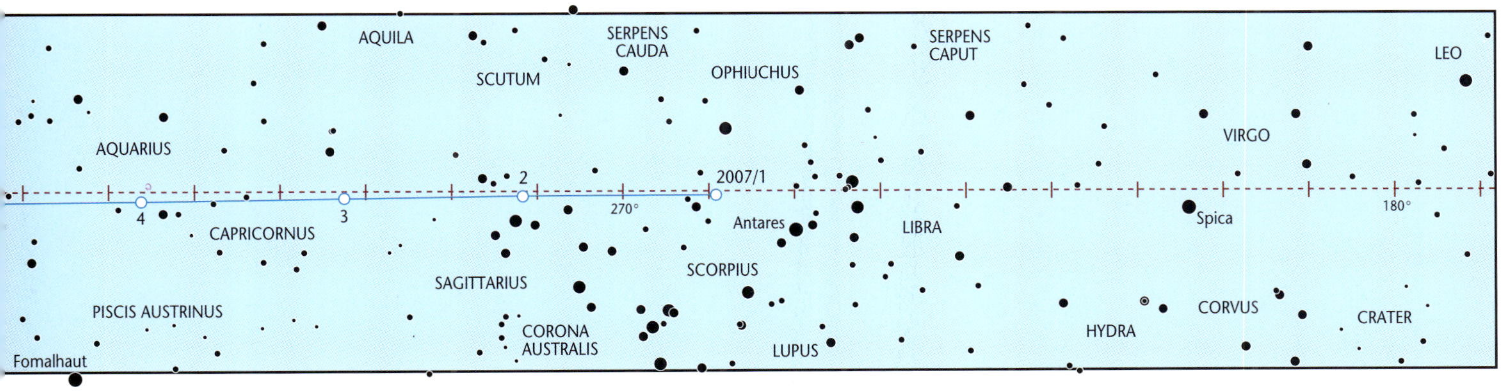
AQUILA
SERPENS CAUDA
SERPENS CAPUT
LEO
SCUTUM
OPHIUCHUS
AQUARIUS
VIRGO
CAPRICORNUS
Antares
LIBRA
Spica
SAGITTARIUS
SCORPIUS
PISCIS AUSTRINUS
CORONA AUSTRALIS
HYDRA
CORVUS
CRATER
LUPUS
Fomalhaut
2007/1
270°
180°

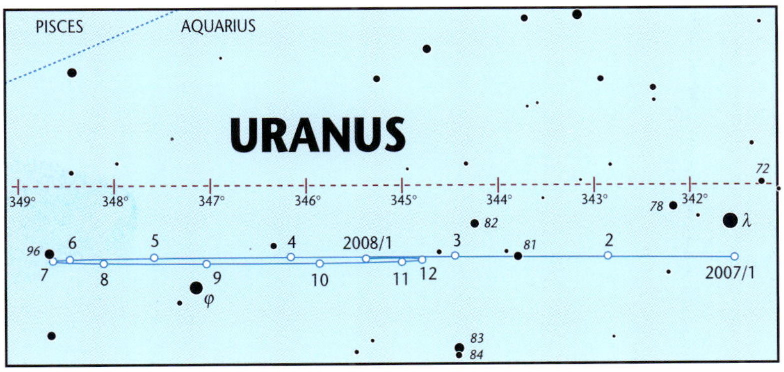
PISCES
AQUARIUS
URANUS
349°
348°
347°
346°
345°
344°
343°
342°
2008/1
2007/1
φ
λ

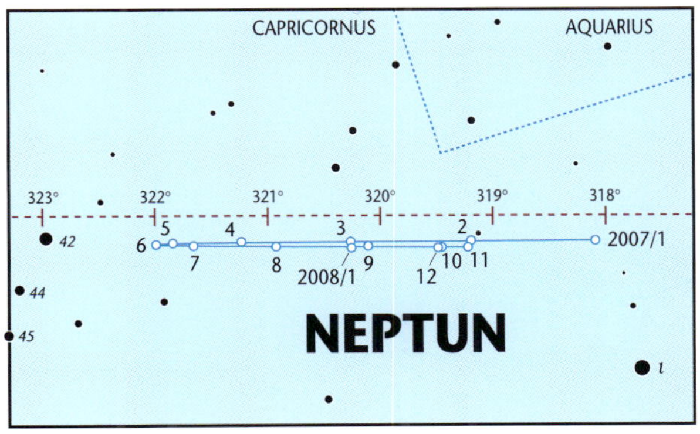
CAPRICORNUS
AQUARIUS
323°
322°
321°
320°
319°
318°
2007/1
2008/1
NEPTUN
ι

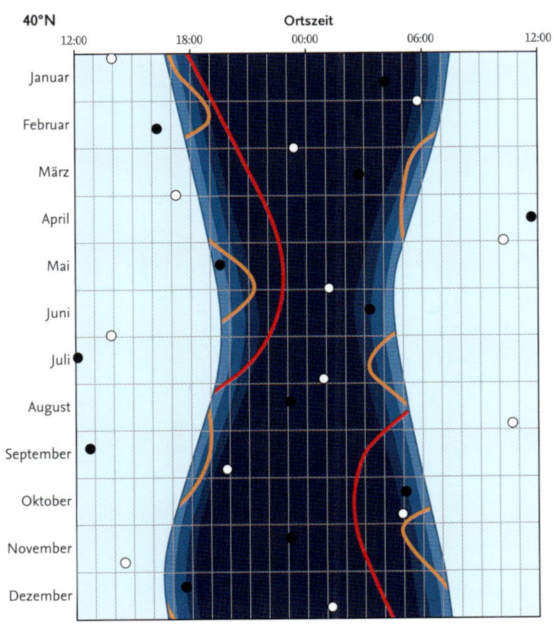
40°N
Ortszeit
12:00
18:00
00:00
06:00
12:00
Januar
Februar
März
April
Mai
Juni
Juli
August
September
Oktober
November
Dezember

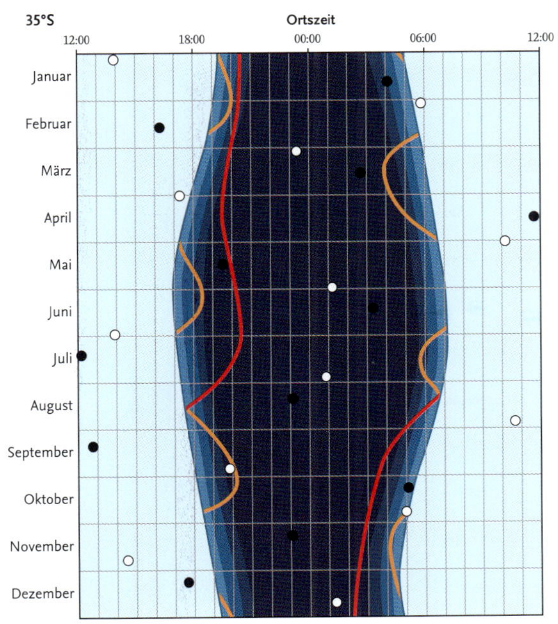
35°S
Ortszeit
12:00
18:00
00:00
06:00
12:00
Januar
Februar
März
April
Mai
Juni
Juli
August
September
Oktober
November
Dezember

2008

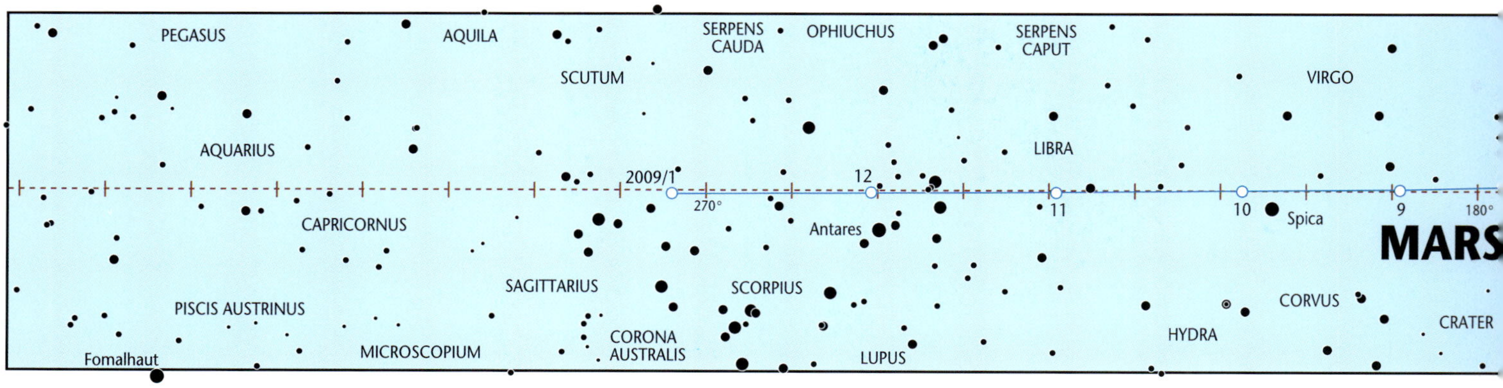

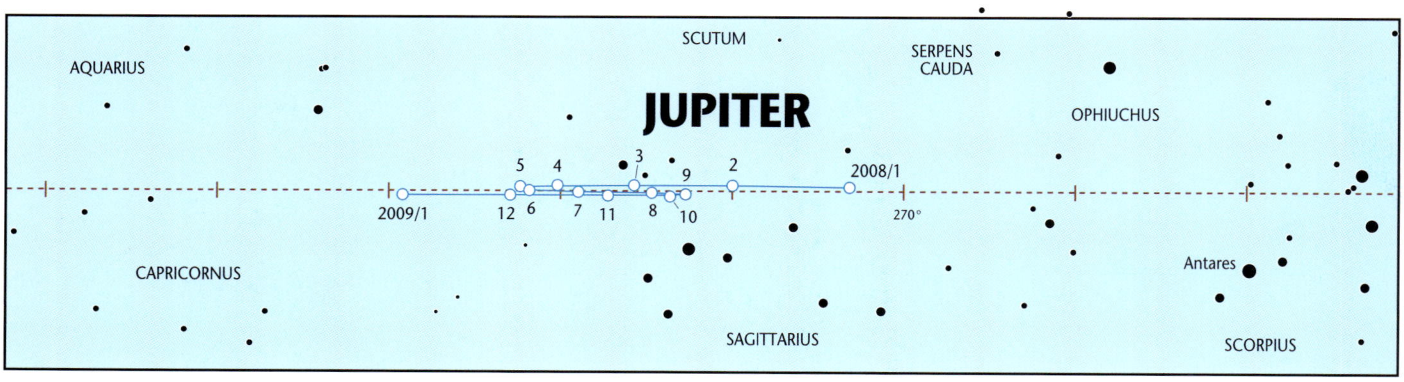

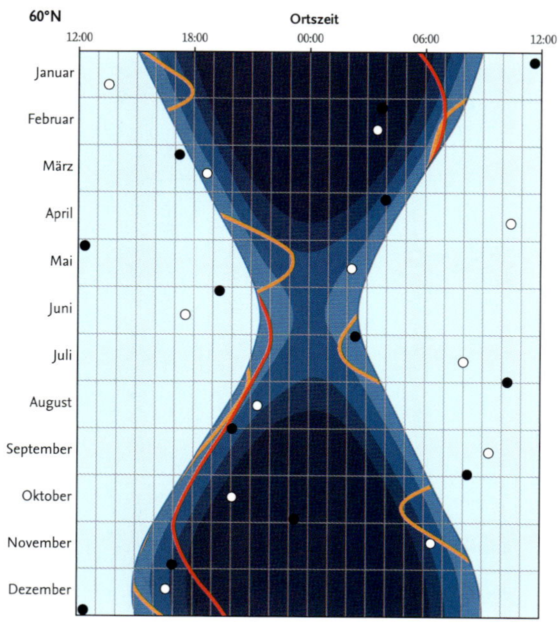

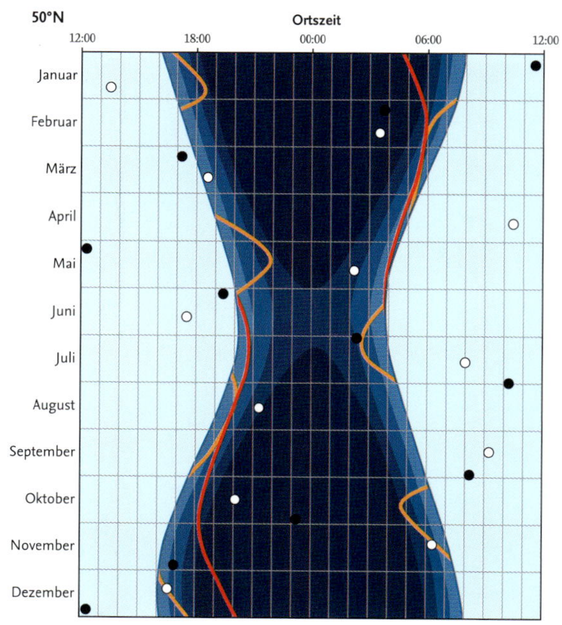

Legende

- bürgerl. Dämmer.
- naut. Dämmerung
- astronom. Dämmer.
- Nacht
- Sonnenauf-/-untergang
- Vollmond
- Neumond

Sichtbarkeiten in Dämmerung/Nacht für:

- Venus
- Merkur

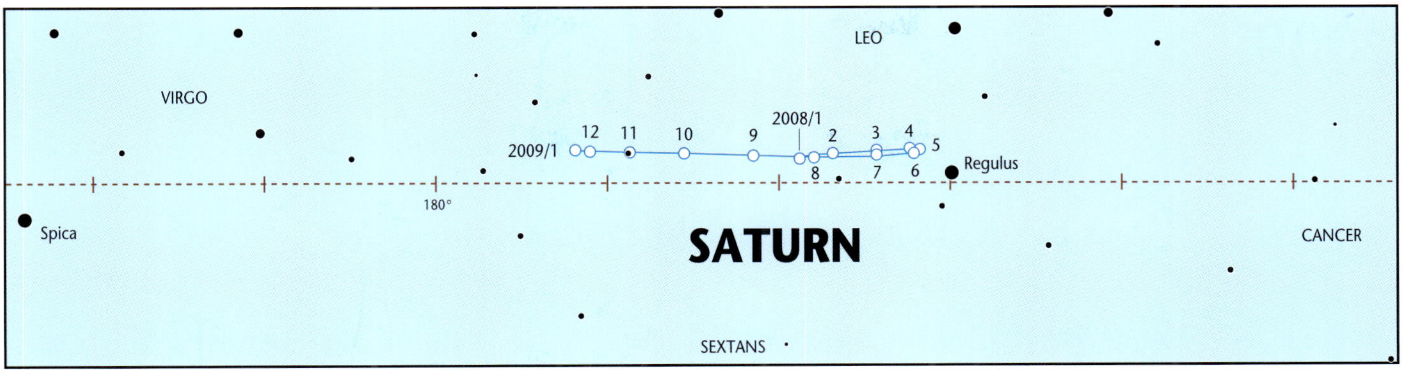
SATURN
LEO
VIRGO
2009/1
2008/1
Regulus
180°
Spica
CANCER
SEXTANS

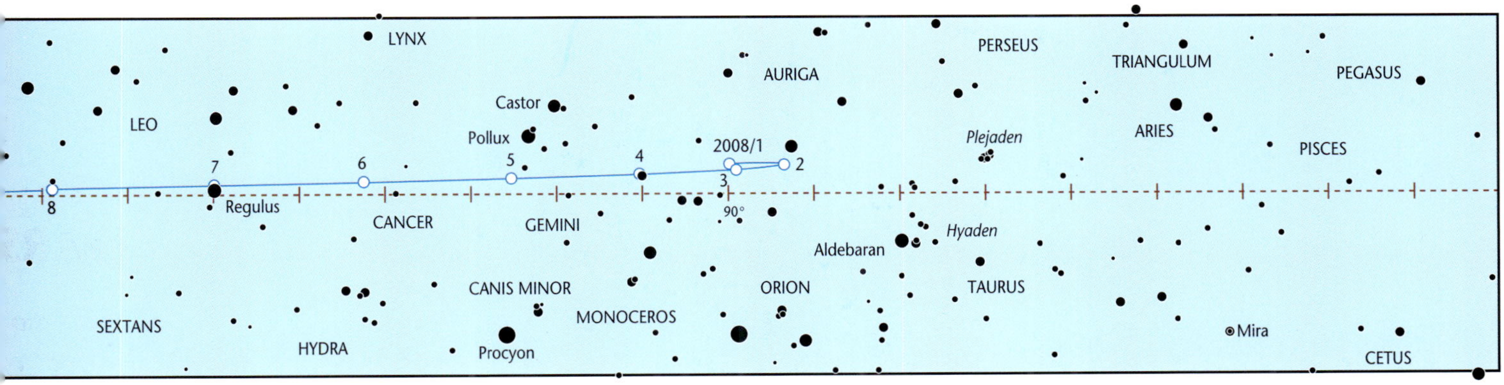
LYNX
AURIGA
PERSEUS
TRIANGULUM
PEGASUS
LEO
Castor
Pollux
2008/1
Plejaden
ARIES
PISCES
Regulus
CANCER
GEMINI
90°
Hyaden
Aldebaran
CANIS MINOR
ORION
TAURUS
SEXTANS
MONOCEROS
Mira
HYDRA
Procyon
CETUS

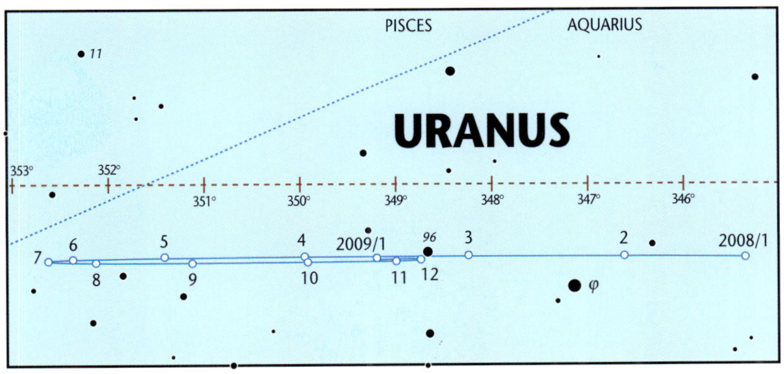
PISCES
AQUARIUS
URANUS
353°
352°
351°
350°
349°
348°
347°
346°
2009/1
2008/1
φ

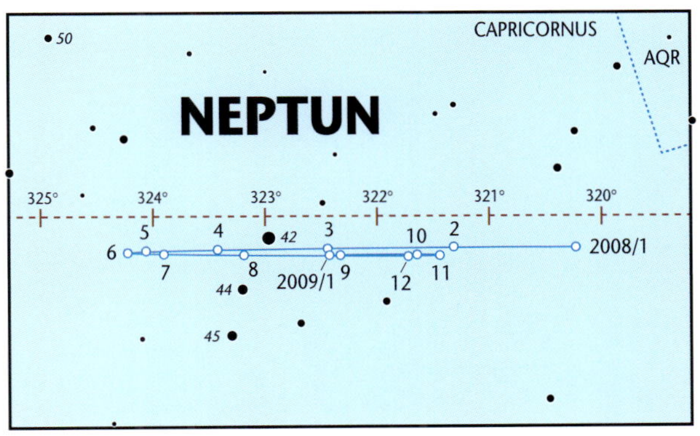
CAPRICORNUS
AQR
NEPTUN
325°
324°
323°
322°
321°
320°
2008/1
2009/1

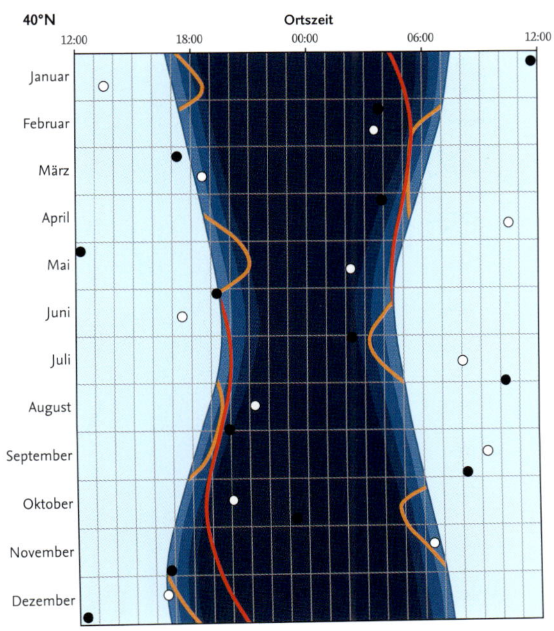
40°N
Ortszeit
12:00
18:00
00:00
06:00
12:00
Januar
Februar
März
April
Mai
Juni
Juli
August
September
Oktober
November
Dezember

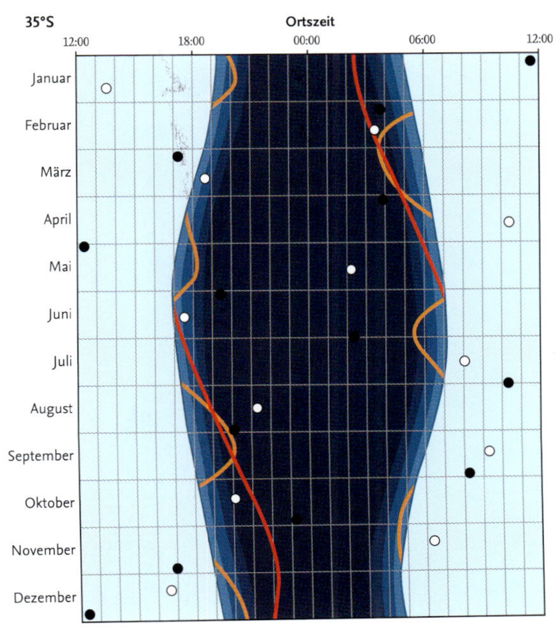
35°S
Ortszeit
12:00
18:00
00:00
06:00
12:00
Januar
Februar
März
April
Mai
Juni
Juli
August
September
Oktober
November
Dezember

2009

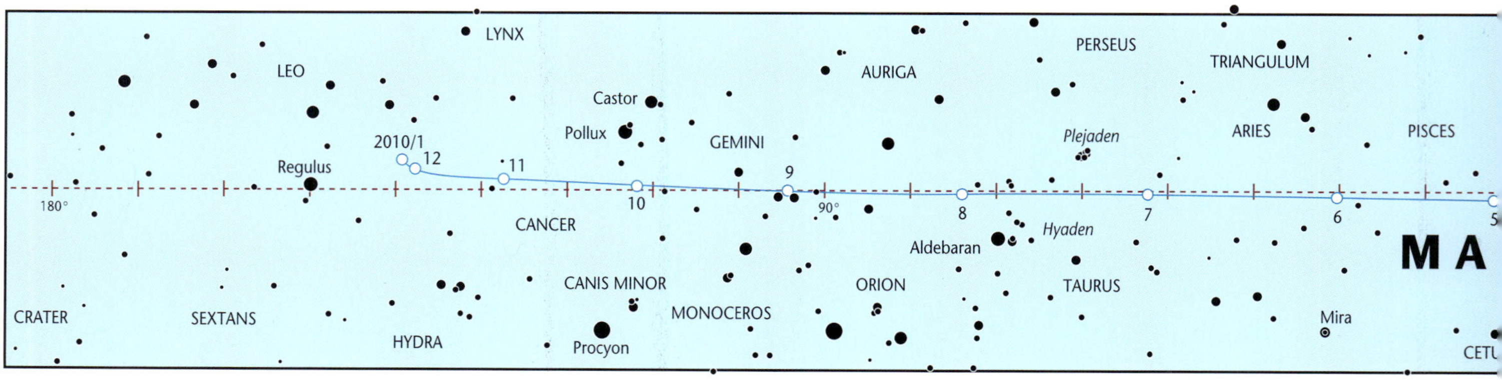

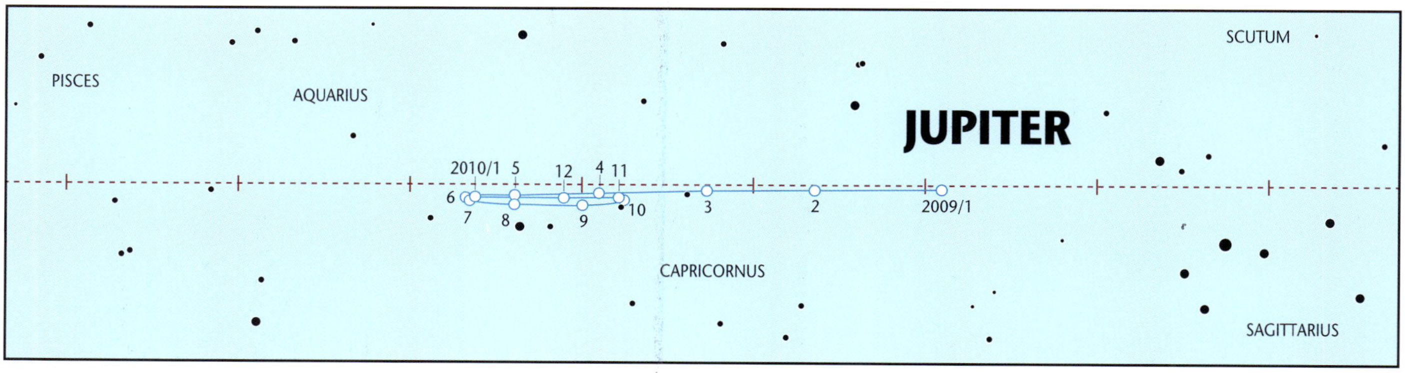

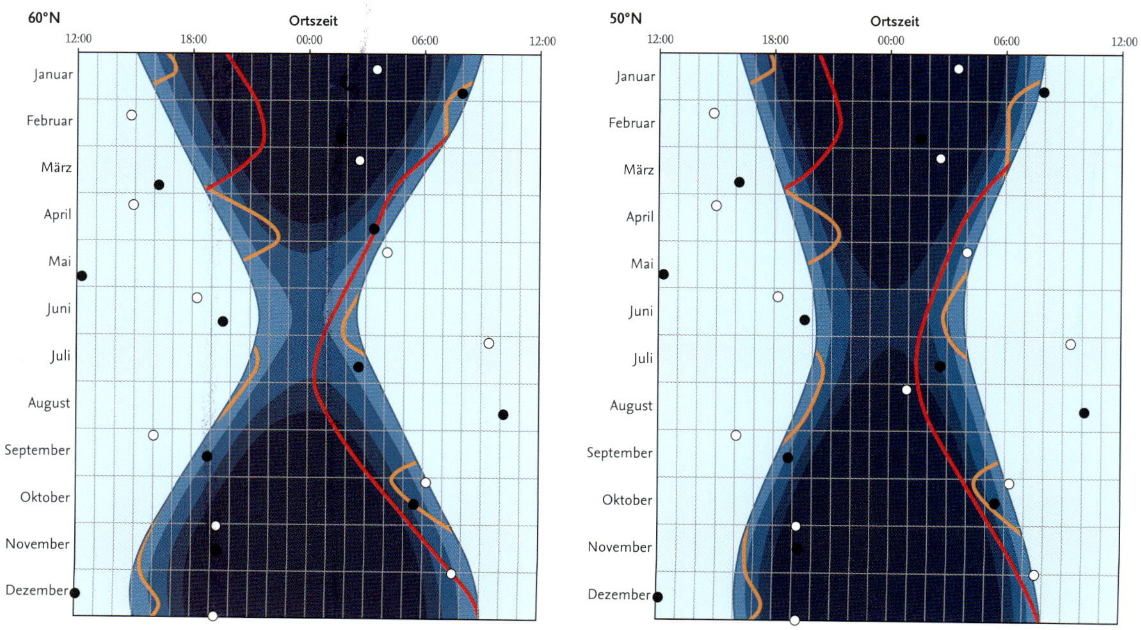

Legende

- bürgerl. Dämmer.
- naut. Dämmerung
- astronom. Dämmer.
- Nacht

- Sonnenauf-/-untergang

- ○ Vollmond
- ● Neumond

Sichtbarkeiten in Dämmerung/Nacht für:

- Venus
- Merkur

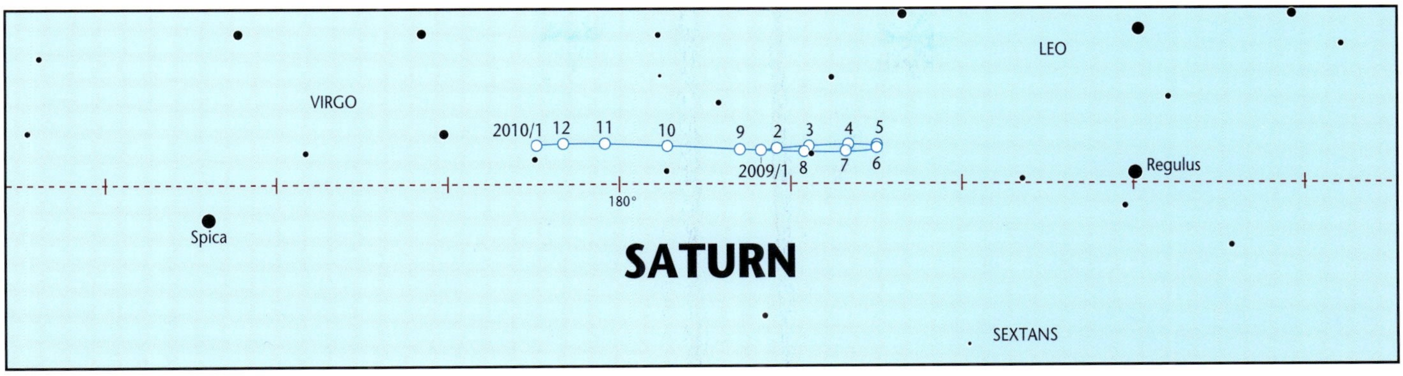
SATURN
VIRGO
LEO
SEXTANS
Spica
Regulus
180°
2010/1 12 11 10 9 2 3 4 5
2009/1 8 7 6

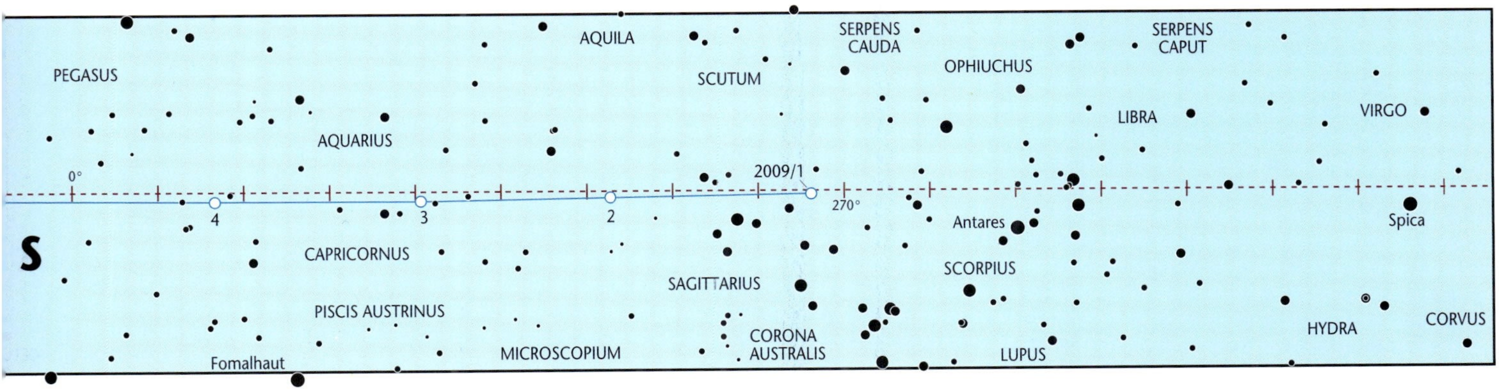
S
PEGASUS
AQUARIUS
CAPRICORNUS
PISCIS AUSTRINUS
Fomalhaut
MICROSCOPIUM
AQUILA
SCUTUM
SAGITTARIUS
CORONA AUSTRALIS
SERPENS CAUDA
OPHIUCHUS
Antares
SCORPIUS
LUPUS
SERPENS CAPUT
LIBRA
VIRGO
Spica
HYDRA
CORVUS
0°
270°
2009/1
4 3 2

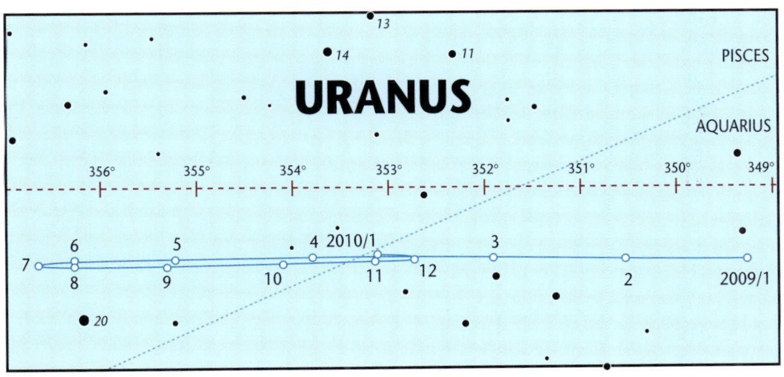
URANUS
PISCES
AQUARIUS
356° 355° 354° 353° 352° 351° 350° 349°
13 14 11 20
7 6 8 5 9 10 4 2010/1 11 12 3 2 2009/1

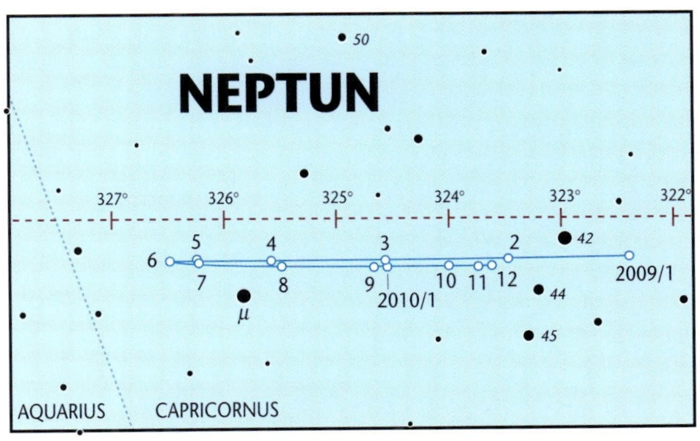
NEPTUN
327° 326° 325° 324° 323° 322°
50 42 44 45
6 5 7 4 8 3 9 2010/1 10 11 12 2 2009/1
μ
AQUARIUS
CAPRICORNUS

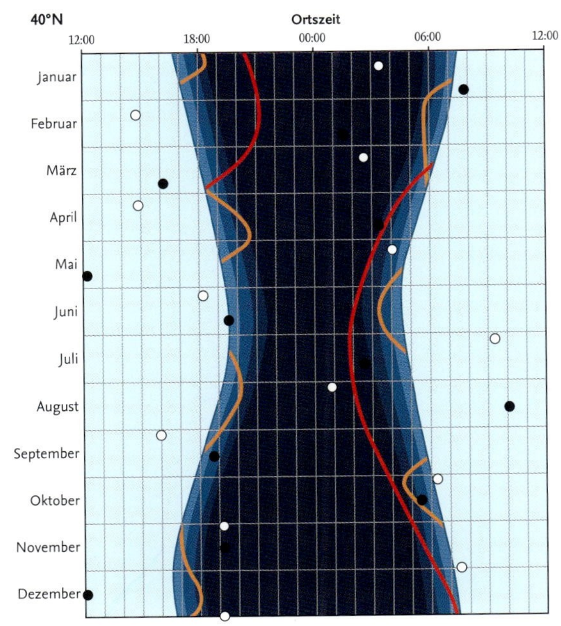
40°N
Ortszeit
12:00 18:00 00:00 06:00 12:00
Januar
Februar
März
April
Mai
Juni
Juli
August
September
Oktober
November
Dezember

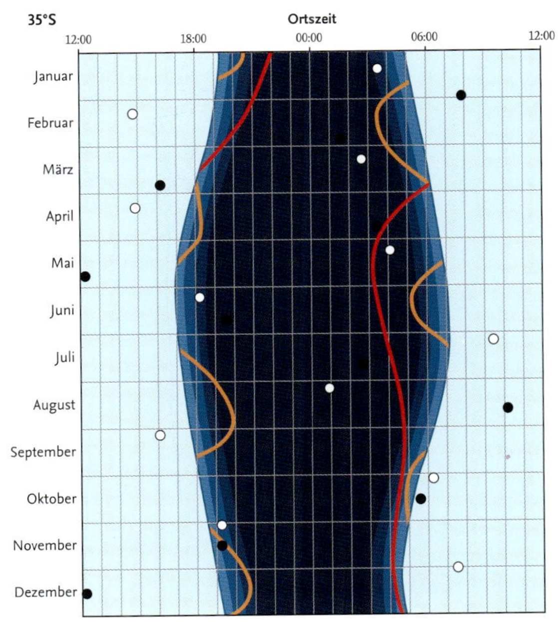
35°S
Ortszeit
12:00 18:00 00:00 06:00 12:00
Januar
Februar
März
April
Mai
Juni
Juli
August
September
Oktober
November
Dezember

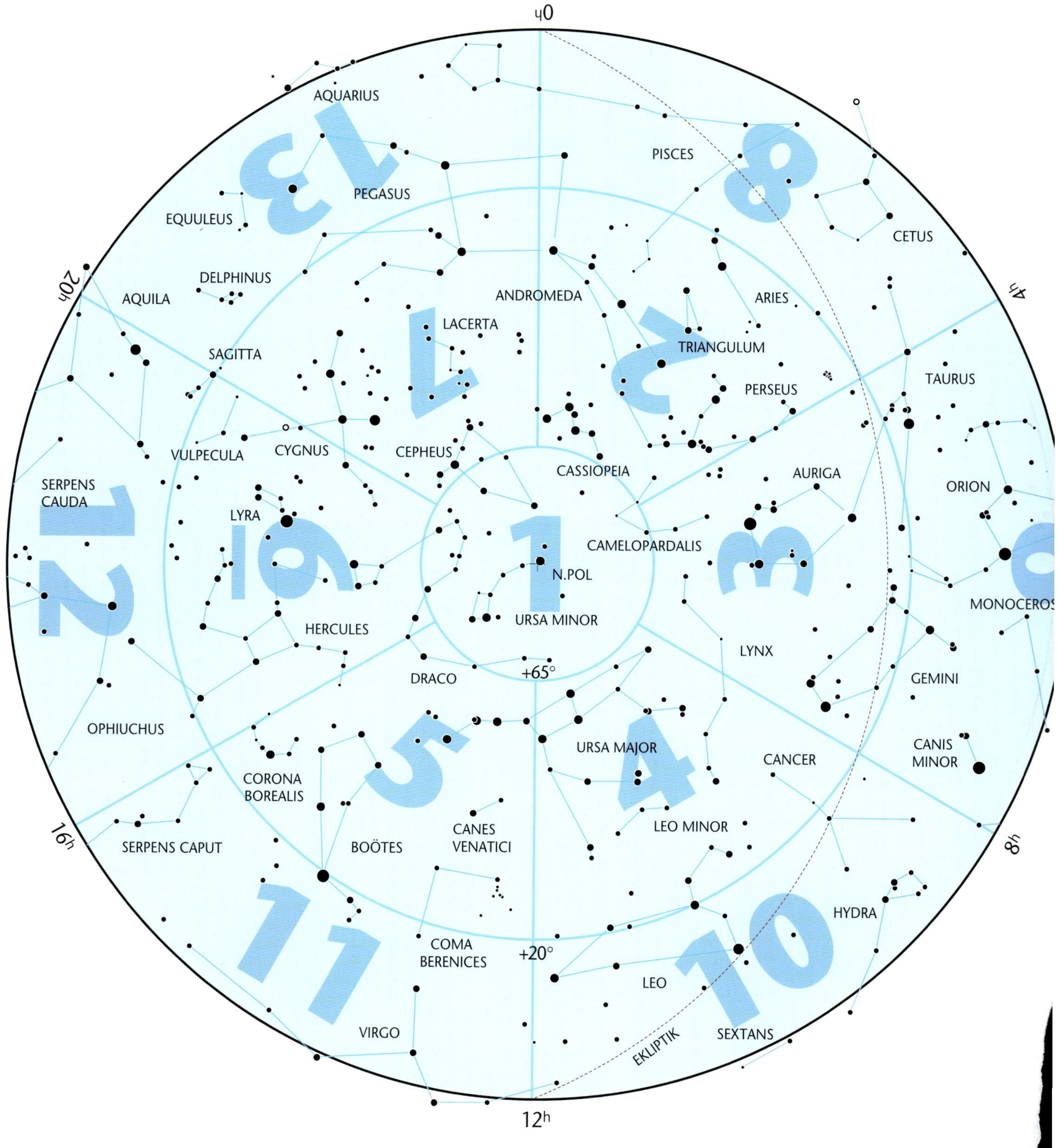

Nördlicher Sternhimmel

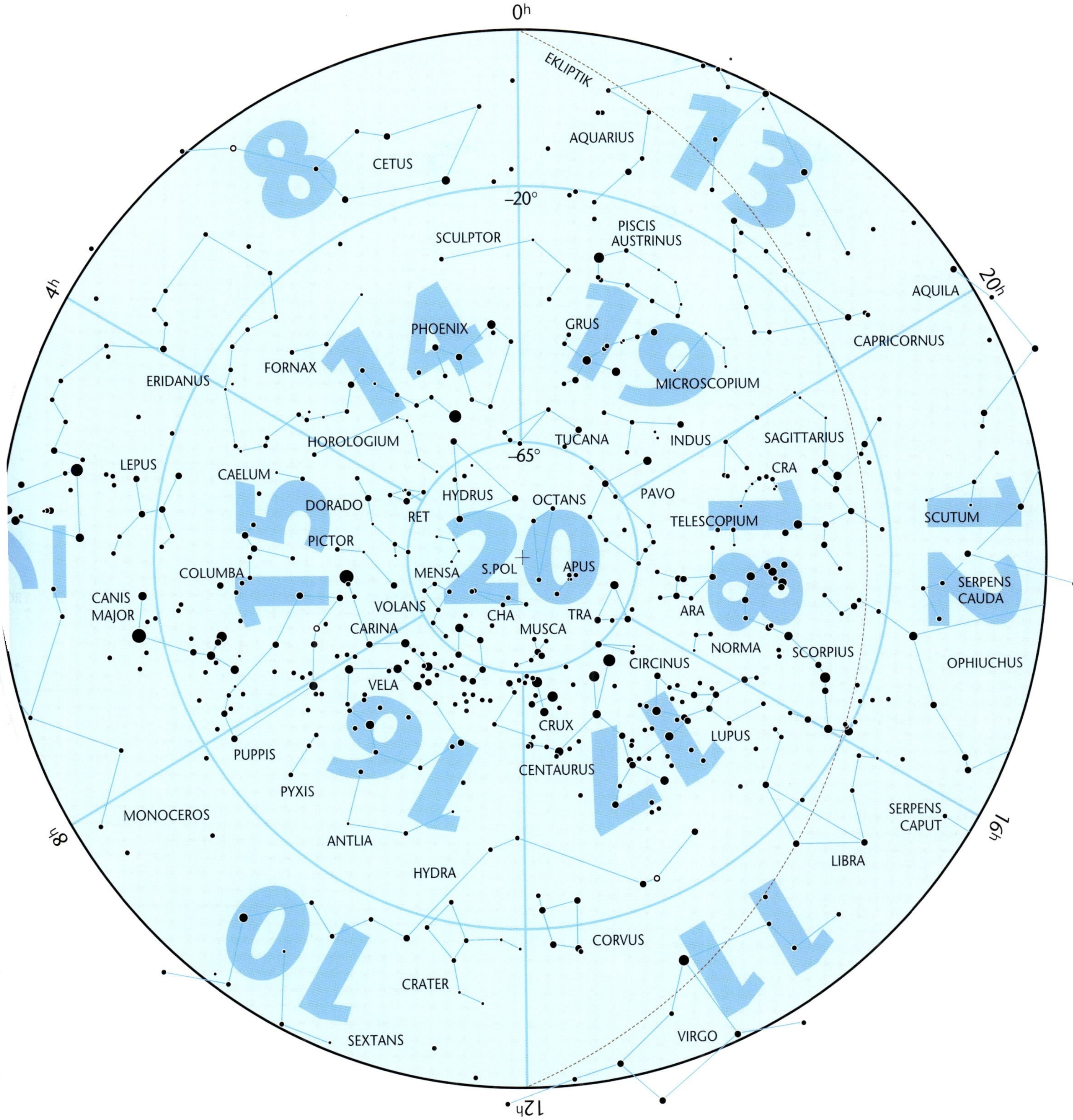

Südlicher Sternhimmel

Übersicht der Mondformationen

Übersicht der Sternbilder

Der Haupteintrag ist fett hervorgehoben. Die anderen Seitennummern beziehen sich auf die Übersichtssternkarten, auf denen das Sternbild auftaucht.

Sternbild	Genitiv	Abkürzung	Deutscher Name	Seitenzahl der Sternkarten
Andromeda	Andromedae	And	Andromeda	**53**, 14–5 (12–3, 16–7, 24–5)
Antlia	Antliae	Ant	Luftpumpe	**54**, 42–3 (40–1, 44–5)
Apus	Apodis	Aps	Paradiesvogel	**55**, 50–1 (44–5, 46–7)
Aquarius	Aquarii	Aqr	Wassermann	**56**, 36–7 (48–9)
Aquila	Aquilae	Aql	Adler	**58**, 34–5 (36–7)
Ara	Arae	Ara	Altar	**59**, 46–7 (44–5, 48–9, 50–1)
Aries	Arietis	Ari	Widder	**60**, 14–5, 26–7 (28–9)
Auriga	Aurigae	Aur	Fuhrmann	**61**,16–7 (14–5, 18–9)
Boötes	Boötis	Boo	Rinderhirte	**62**, 20–1 (32–3)
Caelum	Caeli	Cae	Grabstichel	**64**, 40–1 (38–9)
Camelopardalis	Camelopardalis	Cam	Giraffe	**64**, 12–3, 16–7
Cancer	Cancri	Cnc	Krebs	**66**, 30–1 (16–7, 18–9, 28–9)
Canes Venatici	Canum Venaticorum	CVn	Jagdhunde	**67**, 20–1 (18–9)
Canis Major	Canis Majoris	CMa	Großer Hund	**68**, 28–9, 40–1 (30–1, 42–3)
Canis Minor	Canis Minoris	CMi	Kleiner Hund	**69**, 28–9 (30–1)
Capricornus	Capricorni	Cap	Steinbock	**70**, 36–7, 48–9 (34–5, 46–7)
Carina	Carinae	Car	Schiffskiel	**71**, 42–3 (40–1, 44–5, 50–1)
Cassiopeia	Cassiopeiae	Cas	Kassiopeia	**72**, 14–5 (12–3, 24–5)
Centaurus	Centauri	Cen	Zentaur	**74**, 44–5 (42–3, 46–7, 50–1)
Cepheus	Cephei	Cep	Kepheus	**76**, 12–3, 24–5 (14–5, 22–3)
Cetus	Ceti	Cet	Walfisch	**78**, 26–7 (36–7, 38–9)
Chamaeleon	Chamaeleontis	Cha	Chamäleon	**80**, 50–1
Circinus	Circini	Cir	Zirkel	**81**, 44–5, 50–1
Columba	Columbae	Col	Taube	**81**, 40–1 (38–9)
Coma Berenices	Comae Berenices	Com	Haar der Berenike	**82**, 20–1, 32–3 (18–9, 30–1)
Corona Australis	Coronae Australis	CrA	Südliche Krone	**83**, 46–7 (48–9)
Corona Borealis	Coronae Borealis	CrB	Nördliche Krone	**84**, 20–1, 22–3 (32–3)
Corvus	Corvi	Crv	Rabe	**85**, 32–3, 30–1 (42–3, 44–5)
Crater	Crateris	Crt	Becher	**85**, 30–1, 32–3 (42–3, 44–5)
Crux	Crucis	Cru	Kreuz des Südens	**86**, 44–5 (42–3, 50–1)
Cygnus	Cygni	Cyg	Schwan	**86**, 24–5 (14–5, 22–3)
Delphinus	Delphini	Del	Delfin	**88**, 36–7 (22–3, 24–5, 34–5)
Dorado	Doradûs	Dor	Schwertfisch	**89**, 40–1 (50–1)
Draco	Draconis	Dra	Drache	**90**, 22–3, 12–3 (18–9, 24–5)
Equuleus	Equulei	Equ	Füllen	**92**, 36–7
Eridanus	Eridani	Eri	Eridanus	**92**, 26–7, 28–9, 38–9, 40–1
Fornax	Fornacis	For	Chemischer Ofen	**94**, 38–9 (26–7, 40–1)
Gemini	Geminorum	Gem	Zwillinge	**96**, 16–7 (18–9, 28–9, 30–1)
Grus	Gruis	Gru	Kranich	**97**, 48–9 (38–9, 46–7, 50–1)
Hercules	Herculis	Her	Herkules	**98**, 22–3, 34–5 (20–1, 24–5, 32–3)
Horologium	Horologii	Hor	Pendeluhr	**100**, 38–9 (40–1, 50–1)
Hydra	Hydrae	Hya	Wasserschlange	**101**, 30–1, 42–3, 44–5 (32–3)
Hydrus	Hydri	Hyi	Kleine Wasserschlange	**104**, 50–1 (40–1, 48–9)
Indus	Indi	Ind	Indianer	**104**, 48–9, 50–1 (46–7)
Lacerta	Lacertae	Lac	Eidechse	**104**, 24–5 (12–3, 14–5, 22–3)
Leo	Leonis	Leo	Löwe	**106**, 30–1 (18–9, 20–1, 32–3)
Leo Minor	Leonis Minoris	LMi	Kleiner Löwe	**108**, 18–9 (20–1)
Lepus	Leporis	Lep	Haase	**108**, 28–9 (40–1)
Libra	Librae	Lib	Waage	**109**, 32–3 (44–5)
Lupus	Lupi	Lup	Wolf	**110**, 44–5, 46–7
Lynx	Lyncis	Lyn	Luchs	**111**, 16–7, 18–9
Lyra	Lyrae	Lyr	Leier	**112**, 22–3 (24–5)
Mensa	Mensae	Men	Tafelberg	**113**, 50–1 (40–1)
Microscopium	Microscopii	Mic	Mikroskop	**114**, 48–9 (46–7)
Monoceros	Monocerotis	Mon	Einhorn	**114**, 28–9 (30–1)
Musca	Muscae	Mus	Fliege	**116**, 50–1 (44–5)
Norma	Normae	Nor	Winkelmaß	**116**, 44–5, 46–7
Octans	Octantis	Oct	Oktant	**117**, 50–1
Ophiuchus	Ophiuchi	Oph	Schlangenträger	**118**, 34–5 (46–7)
Orion	Orionis	Ori	Orion	**120**, 28–9 (16–7)
Pavo	Pavonis	Pav	Pfau	**122**, 46–7, 50–1
Pegasus	Pegasi	Peg	Pegasus	**122**, 36–7 (24–5, 14–5, 26–7)
Perseus	Persei	Per	Perseus	**124**, 14–5 (12–3, 16–7)
Phoenix	Phoenicis	Phe	Phönix	**126**, 38–9 (48–9)
Pictor	Pictoris	Pic	Maler	**127**, 40–1 (42–3)
Pisces	Piscium	Psc	Fische	**128**, 26–7 (14–5, 36–7)
Piscis Austrinus	Piscis Austrini	PsA	Südlicher Fisch	**128**, 48–9 (36–7)
Puppis	Puppis	Pup	Hinterdeck	**130**, 40–1, 42–3 (28–9, 30–1)
Pyxis	Pyxidis	Pyx	Schiffskompass	**132**, 42–3 (30–1, 40–1)
Reticulum	Reticuli	Ret	Netz	**132**, 38–9 (40–1, 50–1)
Sagitta	Sagittae	Sge	Pfeil	**133**, 34–5, 36–7 (22–3, 24–5)

Sagittarius	Sagittarii	Sgr	Schütze	**134**, 46–7, 34–5 (36–7)
Scorpius	Scorpii	Sco	Skorpion	**136**, 44–5, 46–7 (32–3, 34–5)
Sculptor	Sulptoris	Scu	Bildhauer	**138**, 38–9 (48–9)
Scutum	Scuti	Sct	Schild	**139**, 34–5
Serpens	Serpentis	Ser	Schlange	**140**, 32–3, 34–5 (20–1, 22–3)
Serpens caput			Kopf der Schlange	**140**, 32–3 (20–1, 22–3)
Serpens cauda			Schwanz der Schlange	**140**, 34–5
Sextans	Sextantis	Sex	Sextant	**142**, 30–1
Taurus	Tauri	Tau	Stier	**143**, 28–9 (14–5, 16–7, 26–7)
Telescopium	Telescopii	Tel	Teleskop	**145**, 46–7, 48–9
Triangulum	Trianguli	Tri	Dreieck	**146**, 14–5
Triangulum Australe	Trianguli Australis	TrA	Südliches Dreieck	**146**, 50–1 (46–7, 48–9)
Tucana	Tucanae	Tuc	Tukan	**147**, 50–1 (38–9, 46–7, 48–9)
Ursa Major	Ursae Majoris	UMa	Großer Bär	**148**, 18–9 (12–3, 20–1, 22–3)
Ursa Minor	Ursae Minoris	UMi	Kleiner Bär	**150**, 12–3 (20–1)
Vela	Velorum	Vel	Segel	**150**, 42–3 (40–1, 44–5, 50–1)
Virgo	Virginis	Vir	Jungfrau	**152**, 32–3 (30–1)
Volans	Volantis	Vol	Fliegender Fisch	**153**, 50–1 (40–1, 42–3)
Vulpecula	Vulpeculae	Vul	Füchschen	**154**, 22–3, 24–5 (34–5, 36–7)

Tabelle L2: Becken des Mondes

	Karte	Breite	Höhe	Durchmesser (km) D1	D2
Apollo	FS	36°S	151°W	505	250
Australe	NS, FS	51,5°S	94,5°W	880	550
Bailly	NS	67°S	68°W	300	150
Birkhoff	FS	59°N	147°W	330	150
Coulomb-Sarton	FS	52°N	123°W	530	400, 180
Crisium	NS	17,5°N	58,5°O	1060	635, 500, 380
Freundlich-Sharonov	FS	18,5°N	175°O	600	–
Grimaldi	NS	5°S	68°W	430	230
Hertzsprung	FS	1,5°N	128,5°W	570	265, 140
Humboldtianum	NS, FS	61°N	84°O	600	275
Humorum	NS	24°S	39,5°W	820?	440, 325
Imbrium	NS	33°N	18°W	1160	670
Ingenii	FS	34°S	163°O	560?	325
Keeler-Heaviside	FS	10°S	162°O	780?	–
Korolev	FS	4,5°S	157°W	440	220
Lorentz	FS	34°N	97°W	360	185
Mendel-Rydberg	NS, FS	50°S	94°W	630?	460, 200
Mendeleev	FS	6°N	141°O	330	140
Moscoviense	FS	26°N	147°O	445	210
Mutus-Vlacq	NS, FS	51,5°S	21°O	690	–
Nectaris	NS	16°S	34°O	860	600, 450, 35
Orientale	NS, FS	20°S	95°W	930	620, 480, 320
Planck	FS	57,5°S	135,5°O	325	175
Poincaré	FS	57,5°S	162°O	340	175
Serenitatis	NS	27°N	19°O	740	420
Schiller-Zucchius	NS, FS	56°S	44,5°W	325	165
Schrödinger	FS	75°S	134°O	320	155
Smythii	NS, FS	2°S	87°O	840	360
South Pole-Aitken	NS, FS	56°S	180°	2500	1800
Tsiolkovskiy-Stark	FS	15°S	128°O	700	–

Die Breite und Länge beziehen sich auf die Mitte, Durchmesser D1 (km) auf den Haupt- oder äußeren Ring, Durchmesser D2 auf den inneren Ring/die inneren Ringe (soweit sie beobachtet worden sind, „?“ falls unsicher). NS = erdzugewandte Seite (S. 196), FS = erdabgewandte Seite (S. 197).

Leserservice

Lesetipps aus dem Kosmos-Verlag

Berthier, D.: *Sternbeobachtung in der Stadt*
Tipps & Tricks für lichtgeplagte Stadtbeobachter
Bourge, P.; Lacroux, J.: *Sternbeobachtung für Einsteiger*
Mit bloßem Auge und dem Fernglas
Burillier, H.: *Sternführer für Einsteiger*
Die 60 wichtigsten Sternbilder
Celnik, W. E.: *Kosmos Himmelspraxis*
Das Jahrbuch für aktive Beobachter mit Praxistipps, erscheint jährlich im Herbst
Dunlop, S.; Tirion, W.: *Der Kosmos Sternführer*
Alle Sternbilder mit Fotos und Sternkarten
Ferris, T.: *Fasziniert von den Sternen*
Gute Unterhaltung bei schlechtem Wetter
Hahn, H.: *Was tut sich am Himmel*
Das Jahrbuch für neugierige Naturbeobachter, erscheint jährlich im Frühjahr
Hahn, H.: *Welches Sternbild ist das?*
Der kleine Sternführer für die Jackentasche
Hahn, H., Celnik W. E.: *Astronomie für Einsteiger*
Alle Infos für den praktischen Einstieg ins Hobby Astronomie
Herrmann, D. B.: *Die Kosmos Himmelskunde*
Hintergrundwissen von Planeten bis Galaxien für Astro-Einsteiger
Herrmann, D. B.: *Die Milchstraße*
Sterne – Nebel – Sternsysteme
Herrmann, J.: *Welcher Stern ist das?*
Der Klassiker für den Anfang
Keller, H.-U.: *Astrowissen*
Grundkurs und Lexikon zugleich
Keller, H.-U.: *Kosmos Himmelsjahr*
Das beliebteste Jahrbuch mit allen Infos für Hobby-Astronomen, erscheint jährlich im Herbst
Keller, H.-U.: *Von Ringplaneten und Schwarzen Löchern*
Die besten Himmelsjahr-Monatsthemen
Klötzler, H.-J.: *Das Astro-Teleskop für Einsteiger*
Vom Fernglas bis zum Spiegelteleskop
Korth, S.; Koch, B.: *Stars am Nachthimmel*
Die 50 schönsten Nebel und Galaxien
Lorenzen, D. H.: *Deep Space*
Blick an den Rand des Universums
Lorenzen, D. H.: *Geheimnisvolles Universum*
Europas Astronomen entschleiern das Weltall
Lorenzen, D. H.: *Mission: Mars*
Die Entdeckungen der Raumsonden
Lorenzen, D. H.: *Mission: Saturn*
Die Raumsonde Cassini erforscht den Ringplaneten
Mackowiak, B.: *Warum leuchten Sterne?*
100 spannende Fragen rund um die Astronomie
Ridpath, I.; Tirion W.: *Der Kosmos Himmelsführer*
Alle Sternbilder des Nord- und Südhimmels
Roth, H.: *Der Sternenhimmel*
Umfangreiches Jahrbuch für Amateur-Astronomen, erscheint jährlich im Herbst
Schilling, G.: *Das Kosmos-Buch der Astronomie*
Leicht verständliches Basiswissen
Schilling, G.: *Unser Universum*
Bildband vom Urknall in die Unendlichkeit
Schröder, K. P.: *Astrofotografie für Einsteiger*
Die ersten Astrofotos mit und ohne Fernrohr
Schröder, K. P.: *Praxishandbuch Astrofotografie*
Den Sternenhimmel, Deep Sky und Planeten analog und digital fotografieren
Steinike, W.: *Praxishandbuch Deep Sky*
Sterne, Nebel und Galaxien selbst beobachten
Wesp, U.: *Der Kosmos Wetterführer*
Mit Wetterscheibe für die eigene Vorhersage

Zeitschriften

Astronomie und Raumfahrt im Unterricht, Erhard Friedrich Verlag
Astronomie-Zeitschrift für Lehrer und Schüler
Astronomie Heute, Spektrum der Wissenschaft Verlagsgesellschaft, Heidelberg
Das moderne Astronomie-Magazin
Interstellarum, Oculum-Verlag, Erlangen
Zeitschrift für Amateur-Astronomen
Sterne und Weltraum, Spektrum der Wissenschaft Verlagsgesellschaft, Heidelberg
Fachzeitschrift für Astronomie
Star Observer, Star Observer Verlag, Gräfelfing
Bei Einsteigern beliebte Astronomiezeitschrift
Sky & Telescope, Sky Publishing Corp., USA
Das populärste englischsprachige Magazin

Sternkarten und -atlanten

Hahn H., Weiland G.: *Sternkarte für Einsteiger*
Sternkarte easy – ein Dreh genügt
Hahn H., Weiland G.: *Nachtleuchtende Sternkarte für Einsteiger*
Einfach zu bedienen, leuchtet im Dunkeln
Hahn H., Weiland G.: *Drehbare Mini-Sternkarte*
Die handliche für unterwegs
Hahn H., Weiland G.: *Drehbare Kosmos-Sternkarte*
Der Klassiker für Hobby-Astronomen
Karkoschka, E.: *Atlas für Himmelsbeobachter*
Der Klassiker unter den Atlanten mit über 250 Objekten für Fernglas und Teleskop
Mellinger A., Hoffmann S.: *Der große Kosmos Himmelsatlas*
Der ganze Himmel auf fotografischen Sternkarten; mit Overlay-Folien
Dunlop, S.; Tirion, W.: *Drehbare Sternkarte Polaris*
Die größte und beste drehbare Sternkarte
Karkoschka, E.: *Drehbare Weltsternkarte*
Eine Sternkarte, die man auf der ganzen Welt benutzen kann

Software

Guide 8.0, astro-shop, Hamburg
Besonders bei Amateur-Astronomen beliebt
Kosmos Himmelsjahr DeLuxe
Das beliebte Jahrbuch plus CD-ROM, erscheint jährlich im Herbst
Kosmos Planetarium Bessel 4.0, United Soft Media, München
Zur exakten Berechnung der Positionen von Sonne, Mond, Planeten und Sternen
Redshift 5, United Soft Media, München
Preisgekröntes Planetariums-Programm für den heimischen Computer
Der Mars, United Soft Media, München
Detaillierter Planetenatlas mit hochauflösenden 3D-Ansichten
Mission Mond, United Soft Media, München
Mondatlas mit allem Wissenswerten über unseren Nachbarn
The Sky, Intercon Spacetec, Augsburg
Professionelle Sternkartensoftware

Astronomie im Internet

http://www.astrolink.de
Immer aktuelle Infos über den Weltraum
http://www.astronomie.de
Das große Portal in Deutschland
http://antwrp.gsfc.nasa.gov/apod/archivepix.html
Das Astrofoto des Tages
http://www.eso.org
Die Europäische Südsternwarte ESO
http://oposite.stsci.edu/pubinfo/latest.html
Das Neueste vom Hubble-Weltraumteleskop
http://sohowww.estec.esa.nl
Raumsonde SOHO, aktuelle Sonnenbilder
http://www.spaceweather.com
Aktuelle Angaben zur Sonnenaktivität
http://meteosat.e-technik.uni-ulm.de
Aktuelle Wettersatelliten-Bilder
http://www.heavens-above.com
Infos über Satelliten-Passagen
http://www.br-online.de/alpha/centauri
Alpha Centauri auf Bayern 3
http://sunearth.gsfc.nasa.gov
Alles über Sonnenfinsternisse

Teleskope und Astronomie-Zubehör

Astrocom GmbH
Lochhamer Schlag 5, 82166 Gräfelfing
Astrostudio Kamera
Thaliastraße 83, 1160 Wien
Baader Planetarium
Zur Sternwarte, 82291 Mammendorf
Fujinon GmbH
Halskestraße 4, 47877 Willich
Intercon Spacetec
Gablinger Weg 9, 86154 Augsburg
Meade Europe GmbH,
Siemensstraße 6, 46325 Borken
OSDV GmbH
Herbert-Wehner-Straße 1, 59174 Kamen
Photo Universal
Max-Planck-Straße 28, 70736 Fellbach
Pro Astro P. Wyss
Dufourstraße 124, 8034 Zürich
Teleskop-Service
Keferloher Marktstraße 19c, 85640 Putzbrunn
APM Telescopes
Goebenstraße 35, 66117 Saarbrücken
Vehrenberg KG,
Siemensring 44c, 47877 Willich

Astronomische Vereinigungen

Vereinigung der Sternfreunde e.V.
Am Tonwerk 6, 64646 Heppenheim
Österreichischer Astronomischer Verein
Baumgartenstraße 23/4, 1140 Wien
Schweizerische astronomische Gesellschaft
Gristenbühl 13, 9315 Neukirch